Springer-Lehrbuch

Springer
Berlin
Heidelberg
New York
Hongkong
London
Mailand
Paris
Tokio

Konrad Königsberger

Analysis 1

Sechste, durchgesehene Auflage

mit 161 Abbildungen
und 250 Aufgaben samt ausgearbeiteten Lösungen

 Springer

Prof. Dr. Konrad Königsberger
Technische Universität
Zentrum Mathematik
Boltzmannstr. 3
85748 Garching, Deutschland
e-mail: kk@mathematik.tu-muenchen.de

Mathematics Subject Classification (2000): 26, 26A

Bibliografische Information Der Deutschen Bibliothek
Die Deutsche Bibliothek verzeichnet diese Publikation in der Deutschen Nationalbibliografie;
detaillierte bibliografische Daten sind im Internet über <http://dnb.ddb.de> abrufbar.

ISBN 3-540-40371-X   Springer-Verlag Berlin Heidelberg New York

ISBN 3-540-41282-4 5. Aufl. Springer-Verlag Berlin Heidelberg New York

Springer-Verlag Berlin Heidelberg New York
ein Unternehmen der Springer Science+Business Media

http://www.springer.de

© Springer-Verlag Berlin Heidelberg 1990, 1992, 1995, 1999, 2001, 2004
Printed in Germany

Satz: Datenerstellung durch den Autor unter Verwendung eines Springer TeX-Makropakets
Einbandgestaltung: *design & production* GmbH, Heidelberg

Gedruckt auf säurefreiem Papier   44/3111ck - 5 4 3 2 1   SPIN 11012801

Vorwort zur sechsten Auflage

An der neuen Auflage habe ich nur einige, geringfügige Änderungen oder Korrekturen angebracht. Für Hinweise dazu danke ich meinem Mitarbeiter Frank Hofmaier.

München, im Juni 2003   Konrad Königsberger

Vorwort zur fünften Auflage

Für die neue Auflage wurden im Wesentlichen die Kapitel 15 und 16 etwas erweitert: Kapitel 15 um den Approximationssatz von Stone, Kapitel 16 um die Poissonsche Summenformel und das Beispiel von Fejér einer stetigen periodischen Funktion, deren Fourierreihe nicht überall konvergiert.

Die Änderungen hat Herr Frank Hofmaier ausgeführt; dafür danke ich ihm vielmals.

München, im November 2000   Konrad Königsberger

Vorwort zur vierten Auflage

In der neuen Auflage wurde der gesamte Text noch einmal sorgfältig überarbeitet und in einigen Teilen straffer und schärfer gefaßt. Der Themenkreis der globalen Approximation von Funktionen erhielt in der Faltung mit Dirac-Folgen eine wesentliche Vereinheitlichung und Vertiefung. Entsprechend wurde für die Fouriertheorie die Faltung mit Fejér-Kernen an die Spitze der Betrachtung gestellt.

Einem vielfach geäußerten Wunsch entsprechend habe ich in der neuen Auflage Lösungen zu den etwa 250 Übungsaufgaben erstellt und in einem Anhang zusammengefaßt. Bei der Anfertigung unterstützten mich meine Mitarbeiter Herr Dr. Th. Honold, Frau Dr. M. Rösler und Herr Dr. G. Zumbusch. Herr Dr. T. Theobald hat große Teile des Textes nochmals aufmerksam gelesen und dabei manchen Fehler ausgemerzt. Ihnen allen bin ich zu großem Dank verpflichtet. Ein ganz besonderes Wort des Dankes aber schulde ich meinem studentischen Mitarbeiter Niklas Beisert. Mit seinem hohen technischen Können und seinem ausgeprägten Sinn für Gestaltung meisterte er in unermüdlichem Einsatz und sorgfältig mitdenkend die umfangreiche Arbeit am Computer.

München, im Juli 1999   Konrad Königsberger

Vorwort zur dritten Auflage

Für die neue Auflage wurde der gesamte Text gründlich überarbeitet. Ich habe einen Abschnitt über summierbare Familien aufgenommen und das Kapitel über elementar integrierbare Differentialgleichungen ergänzt. Ferner wurde die Behandlung der Exponentialfunktion und der trigonometrischen Funktionen zusammengezogen. Schließlich habe ich konsequent die Klasse der Funktionen, die Stammfunktionen von Regelfunktionen sind, siehe 11.4, ins Spiel gebracht. Diese Klasse ist umfangreicher als die Klasse der stetigen, stückweise stetig differenzierbaren Funktionen. Ihr großer Nutzen für die elementare Analysis und auch für zahlreiche Anwendungen wird oft zu wenig beachtet.

Bei der Überarbeitung hat mich eine Reihe von Mitarbeitern mit Rat und Tat unterstützt. Herr Dipl.-Mathematiker M. Kahlert hat die gesamte Druckvorlage einschließlich aller Abbildungen mit hervorragender Sachkenntnis, großem Engagement und feinem Gespür neu gestaltet. Ihm möchte ich an dieser Stelle besonders herzlich danken. Herr Dr. Th. Honold, Frau cand. math. H. Mündlein und Frau Dipl.-Mathematikerin B. Mayer-Eggert lasen mit viel Sorgfalt die Korrekturen. Hierfür und für manche weitere Hilfe und Anregung danke ich auch ihnen sehr herzlich.

München, im Juli 1995   Konrad Königsberger

Vorwort zur zweiten Auflage

Die positive Aufnahme meiner Analysis 1 veranlaßt den Verlag, bereits nach kurzer Zeit eine neue Auflage herauszubringen. In dieser habe ich lediglich einige kleine Berichtigungen vorgenommen.

München, im Januar 1992   Konrad Königsberger

Vorwort zur ersten Auflage

Das vorliegende Buch ist der erste Teil einer zweibändigen Darstellung der reellen Analysis. Es ist aus einer Vorlesung entstanden und beinhaltet den kanonischen Stoff der Analysiskurse des ersten Semesters an deutschen Universitäten und Technischen Hochschulen, dazu einfache Differentialgleichungen, Fourierreihen und ein größeres Kapitel über differenzierbare Kurven. Eingeflochten sind auch einige Perlen der elementaren Analysis: der Beweis von Niven für die Irrationalität von π, die Hurwitzsche Lösung zum isoperimetrischen Problem, die Eulersche Summenformel sowie die Gammafunktion nach Artin. Die numerische Seite der Analysis wird wiederholt angesprochen unter Anerkennung der Existenz des Computers. Zahlreiche Beispiele, Aufgaben und historische Anmerkungen ergänzen den Text.

Besonderen Wert habe ich darauf gelegt, zentrale Gegenstände aus sachbezogenen Fragestellungen heraus zu entwickeln. Bei der Einführung der elementaren Funktionen wird der Kenner auch neue Varianten finden. Der Begriff der Stammfunktion ist etwas allgemeiner und flexibler als üblich gefaßt. Im übrigen habe ich in diesem ersten Teil der Analysis abstrakte Begriffsbildungen sehr maßvoll verwendet.

Zum Schluß möchte ich all meinen Mitarbeitern danken, die mich mit Rat und Tat unterstützten. Insbesondere hat Herr Dr. G. Fritz das Manuskript mit Engagement und kritischer Sorgfalt durchgesehen und zahlreiche Verbesserungen angeregt. Die Erstellung von TEX-Makros und die umfangreiche Arbeit der Textgestaltung führte Herr Dipl.-Mathematiker S. Büddefeld mit großer Sachkenntnis, Zuverlässigkeit und unermüdlicher Geduld aus. Herr Dr. Th. Dietmair las Korrekturen und fertigte einen erheblichen Teil der Abbildungen an. Herzlich danke ich auch meiner Frau, der Hüterin meiner Arbeitsruhe. Schließlich gilt mein Dank dem SpringerVerlag für die vertrauensvolle Zusammenarbeit.

München, im Juli 1990 Konrad Königsberger

Inhaltsverzeichnis

1 Natürliche Zahlen und vollständige Induktion

> Die ganzen Zahlen hat der liebe Gott gemacht,
> alles andere ist Menschenwerk.
>
> (L. Kronecker)

Wir setzen das System $\mathbb{N}$ der natürlichen Zahlen $1, 2, 3, \ldots$ als bekannt voraus. Zu seinen Strukturmerkmalen gehört das Prinzip der vollständigen Induktion. Im Kern besagt dieses, daß man die Folge aller natürlichen Zahlen ohne Wiederkehr durchläuft, wenn man beginnend bei 1 stets von einer natürlichen Zahl zur nächsten weiterschreitet.

1.1 Vollständige Induktion

Zu jeder natürlichen Zahl n sei eine Aussage $A(n)$ gegeben. Eine Strategie zu deren Beweis ist das

Beweisprinzip der vollständigen Induktion:
Alle Aussagen $A(n)$ sind richtig, wenn man (I) und (II) beweisen kann:

(I) $A(1)$ *ist richtig (Induktionsanfang).*

(II) *Für jedes n, für welches $A(n)$ richtig ist, ist auch $A(n + 1)$ richtig (Induktionsschluß).*

Beispiel 1: Für jede natürliche Zahl n gilt:

$$A(n) : 1 + 2 + 3 + \ldots + n = \frac{1}{2}\, n(n + 1).$$

(I) Für $n = 1$ stimmt diese Formel offensichtlich.

(II) Schluß von $A(n)$ auf $A(n + 1)$: Unter der Voraussetzung, daß die Formel $A(n)$ gilt, gilt auch die Formel $A(n + 1)$; mittels $A(n)$ folgt nämlich

$$1+2+3+\ldots+n+(n+1) = \frac{1}{2}\, n(n+1)+(n+1) = \frac{1}{2}\,(n+1)(n+2). \quad \square$$

Die Summenformel $A(n)$ läßt sich auch eleganter beweisen. So löste Gauß (1777–1855) als Kind die Aufgabe, alle Zahlen von 1 bis 100 zu addieren, durch Bildung der 50 gleichen Summen $1 + 100, 2 + 99, 3 + 98, \ldots, 50 + 51$.

Beispiel 2: Für jede Zahl $x \neq 1$ gilt die *geometrische Summenformel*

$$1 + x + x^2 + \ldots + x^n = \frac{1 - x^{n+1}}{1 - x}.$$

(I)　　Für $n = 1$ stimmt diese Formel offensichtlich.

(II)　　Schluß von n auf $n + 1$:

$$1 + x + x^2 + \ldots + x^n + x^{n+1} = \frac{1 - x^{n+1}}{1 - x} + x^{n+1} = \frac{1 - x^{n+2}}{1 - x}. \quad \square$$

Manchmal ist zu jeder ganzen Zahl $n \geq n_1$ eine Aussage $A(n)$ gegeben. Vollständige Induktion kann sinngemäß auch in dieser Situation angewendet werden. Als Induktionsanfang hat man $A(n_1)$ zu beweisen und der Induktionsschluß $A(n) \to A(n + 1)$ ist für die $n \geq n_1$ zu erbringen.

Ebenso wichtig wie der Beweis durch vollständige Induktion ist die *Konstruktion durch vollständige Induktion*, auch *rekursive Definition* genannt. Es soll jeder natürlichen Zahl n ein Element $f(n)$ einer Menge X zugeordnet werden durch

(I)　　die Angabe von $f(1)$ und

(II)　　eine Vorschrift F, die für jedes $n \in \mathbb{N}$ das Element $f(n+1)$ aus den Elementen $f(1), \ldots, f(n)$ zu berechnen gestattet:

$$f(n + 1) = F\big(f(1), \ldots, f(n)\big).$$

Beispielsweise erklärt man die Potenzen einer Zahl x durch

(I)　　$x^1 := x$ und

(II)　　die Rekursionsformel $x^{n+1} := x^n \cdot x$ für jedes $n \in \mathbb{N}$.

Daß ein solches Verfahren sinnvoll ist, besagt der sog. *Rekursionssatz.*

Für den Rekursionssatz wie überhaupt für die Begründung der natürlichen Zahlen mittels der Peanoschen Axiome verweisen wir den Leser auf den Band „Zahlen" der Reihe Grundwissen bei Springer [4].

1.2　Fakultät und Binomialkoeffizienten

Für jede natürliche Zahl n definiert man $n!$, sprich n-*Fakultät*, durch

$$n! := 1 \cdot 2 \cdot 3 \cdots n.$$

Für $n!$ gibt es keine ähnlich einfache Formel wie für $1 + 2 + \ldots + n$. Man sieht leicht, daß $n!$ mit n ungeheuer rasch anwächst; zum Beispiel ist $10! = 3\,628\,800$ und $1000! > 4 \cdot 10^{2568}$ (siehe die Stirlingsche Formel in Kapitel 11.10).

Die Fakultät spielt eine große Rolle in der Kombinatorik. Es gilt:

Satz 1: *Die Anzahl aller Anordnungen n verschiedener Elemente ist n!.*

Beweis: Wir bezeichnen die Elemente mit $1, 2, \ldots, n$. Für $1, 2$ gibt es die zwei Anordnungen $1\,2$ und $2\,1$, für $1, 2, 3$ die sechs Anordnungen

$$1\,2\,3, \quad 2\,1\,3, \quad 3\,1\,2,$$
$$1\,3\,2, \quad 2\,3\,1, \quad 3\,2\,1.$$

Für $n = 2$ und $n = 3$ ist die Behauptung damit bewiesen.

Schluß von n auf $n + 1$: Die Klasse derjenigen Anordnungen der Elemente $1, \ldots, n + 1$, die das Element k auf Platz eins haben bei beliebiger Anordnung der übrigen n Elemente, enthält nach Induktionsannahme $n!$ Anordnungen. Es gibt $n + 1$ derartige Klassen. Die Anzahl aller Anordnungen der Elemente $1, \ldots, n + 1$ ist also $(n + 1)n! = (n + 1)!.$ ◻

Unter einer *Permutation* einer Menge M versteht man eine eineindeutige Abbildung der Menge auf sich. Ist $M = \{1, \ldots, n\}$, so bewirkt jede Permutation P eine Anordnung der Zahlen $1, \ldots, n$, nämlich $P(1), \ldots, P(n)$; umgekehrt wird jede Anordnung $k_1, \ldots, k_n$ dieser Zahlen durch eine Permutation von M bewirkt. Eine mit Satz 1 gleichwertige Aussage ist also

Satz 1′: *Die Anzahl der Permutationen n verschiedener Elemente ist n!.*

Es ist zweckmäßig, die Definition der Fakultät auf 0 auszudehnen. Dazu fordert man, daß die *Rekursionsformel*

(F) $$(n + 1)! = (n + 1) \cdot n!$$

auch für $n = 0$ weiter gelte: $1! = 1 \cdot 0!$. Daher definiert man

$$0! := 1.$$

In Kapitel 17 wird die Fakultät unter sinngemäßer Beibehaltung der Formel (F) sogar auf alle reellen Zahlen $\neq -1, -2, -3, \ldots$ ausgedehnt.

Binomialkoeffizienten

Satz 2 und Definition: *Die Anzahl der k-elementigen Teilmengen einer nicht leeren Menge mit n Elementen ist im Fall $0 < k \leq n$*

(1) $$\frac{n(n - 1) \cdots (n - k + 1)}{k!} =: \binom{n}{k}$$

und im Fall $k = 0$

$$1 =: \binom{n}{0}.$$

Beweis: Es sei zunächst $k \neq 0$. Zur Bildung k-elementiger Teilmengen stehen für ein erstes Element einer Teilmenge alle n Elemente der gegebenen Menge zur Auswahl; für ein zweites Element bleiben dann noch $n - 1$ Elemente zur Auswahl usw. Insgesamt hat man $n(n - 1) \cdots (n - k + 1)$ Möglichkeiten, k-elementige Teilmengen herzustellen. Dabei ergeben solche Möglichkeiten dieselbe k-elementige Teilmenge, die sich nur in der Reihenfolge der ausgewählten k Elemente unterscheiden. Nach Satz 1 ist also die vorhin errechnete Anzahl durch $k!$ zu dividieren. Für die gesuchte Anzahl erhält man damit obigen Ausdruck.

Der Fall $k = 0$: Die leere Menge ist die einzige 0-elementige Teilmenge. Die gesuchte Zahl ist also 1.   □

Beispiel: „6 aus 49". Eine Menge mit 49 Elementen enthält

$$\binom{49}{6} = \frac{49 \cdot 48 \cdot 47 \cdot 46 \cdot 45 \cdot 44}{1 \cdot 2 \cdot 3 \cdot 4 \cdot 5 \cdot 6} = 13\,983\,816$$

6-elementige Teilmengen. Die Wahrscheinlichkeit, beim Lotto „6 aus 49" die richtigen sechs Zahlen zu erraten, ist also ungefähr 1 : 14 Millionen.

Die Zahlen $\binom{n}{k}$ heißen wegen ihres Auftretens in der Binomialentwicklung *Binomialkoeffizienten.*

Satz 3 (Binomialentwicklung): *Für jeden Exponenten $n \in \mathbb{N}$ gilt*

$$(1 + x)^n = 1 + \binom{n}{1}x + \binom{n}{2}x^2 + \ldots + \binom{n}{n-1}x^{n-1} + x^n.$$

Beweis: Es gibt $\binom{n}{k}$ Möglichkeiten, k Klammern aus den n Klammern $(1 + x)$ der linken Seite auszuwählen und daraus dann x als Faktor zu nehmen. Beim Ausmultiplizieren des links stehenden Produktes entsteht also nach Satz 2 $\binom{n}{k}$-mal die Potenz x^k.   □

Die Binomialkoeffizienten besitzen nach (1) auch die Darstellung

$$\binom{n}{k} = \frac{n!}{k!\,(n-k)!} = \binom{n}{n-k}.$$

Ferner gilt die *Rekursionsformel*:

$$\binom{n+1}{k+1} = \binom{n}{k} + \binom{n}{k+1}.$$

Für $k = 0$ ist diese Formel offensichtlich richtig; für $k > 0$ gilt:

$$\binom{n}{k} + \binom{n}{k+1} = \frac{n(n-1)\cdots(n-k+1)}{k!} + \frac{n(n-1)\cdots(n-k)}{k!\,(k+1)}$$

$$= \frac{n(n-1)\cdots(n-k+1)(k+1+n-k)}{(k+1)!}$$

$$= \frac{(n+1)\,n\cdots(n+1-k)}{(k+1)!} = \binom{n+1}{k+1}. \qquad \square$$

Mit Hilfe der Rekursionsformel und der Randwerte $\binom{n}{0} = \binom{n}{n} = 1$ können alle Binomialkoeffizienten sukzessive berechnet werden. Besonders übersichtlich gestaltet sich die Rechnung im *Pascalschen Dreieck*:

$n = 0$						1							
$n = 1$					1		1						
$n = 2$				1		2		1					
$n = 3$			1		3		3		1				
$n = 4$		1		4		6		4		1			
$n = 5$	1		5		10		10		5		1		
$n = 6$	1	6		15		20		15		6		1	
$n = 7$	1	7	21		35		35		21		7		1

$\cdots$

Die Ränder des Pascalschen Dreiecks bestehen aus lauter Einsen, und jede weitere Zahl ist die Summe der beiden schräg darüber stehenden.

Historisches. Das nach *Blaise Pascal* (1623–1662) benannte Dreieck findet sich bereits 1527 in einem Lehrbuch der Arithmetik. Pascal (Philosoph und Mathematiker, eine der großen Gestalten des 17. Jahrhunderts, Verfasser der *Pensées*) hat Beziehungen dieses *triangle arithmétique* zur Kombinatorik und Wahrscheinlichkeitstheorie hergestellt.

1.3 Aufgaben

1. Man beweise:

   a) $1^2 + 2^2 + \ldots + n^2 = \frac{1}{6} n(n+1)(2n+1)$;

   b) $1^3 + 2^3 + \ldots + n^3 = \left(\frac{1}{2} n(n+1)\right)^2$;

   c) $(1+x)(1+x^2)(1+x^4)\cdots(1+x^{2^n}) = \dfrac{1 - x^{2^{n+1}}}{1-x}$ $(x \neq 1)$.

2. Für die *Potenzsummen*

$$S_n^p := 1^p + 2^p + 3^p + \ldots + n^p$$

beweise man die von Pascal stammende Identität

$$(p+1)S_n^p + \binom{p+1}{2}S_n^{p-1} + \binom{p+1}{3}S_n^{p-2} + \ldots + S_n^0 = (n+1)^{p+1} - 1.$$

Man berechne damit S_n^4; siehe auch 14.3 (17).

3. Man beweise und deute im Pascalschen Dreieck

$$\binom{n}{0} + \binom{n}{1} + \binom{n}{2} + \ldots + \binom{n}{n} = 2^n.$$

4. Eine Menge mit n Elementen besitzt genau 2^n Teilmengen.

5. Grundaufgabe der *klassischen* Statistik: Auf n Zellen sollen k unterscheidbare Teilchen so verteilt werden, daß in der Zelle i genau k_i Teilchen liegen, $k_1 + k_2 + \ldots + k_n = k$. Eine Anordnung innerhalb jeder Zelle werde nicht berücksichtigt.

   Man zeige: Es gibt genau $\dfrac{k!}{k_1! k_2! \cdots k_n!}$ verschiedene Verteilungen.

6. Grundaufgabe der *Fermi*-Statistik: Auf n Zellen sollen k nicht unterscheidbare Teilchen so verteilt werden, daß jede Zelle höchstens ein Teilchen enthält.

   Man zeige: Es gibt genau $\binom{n}{k}$ verschiedene Verteilungen.

7. Grundaufgabe der *Bose-Einstein*-Statistik: Auf n Zellen sollen k nicht unterscheidbare Teilchen verteilt werden, wobei jede Zelle beliebig viele Teilchen aufnehmen kann.

   Man zeige: Es gibt genau $\binom{n+k-1}{k}$ verschiedene Verteilungen.

   Hinweis: Bezeichnet man die Teilchen mit $\bullet$ und die Trennwände mit $|$, so entspricht jeder Verteilung ein Muster $\bullet|\bullet\bullet||\ldots\bullet|\bullet$; zum Beispiel im Fall $n = 6$, $k = 7$ der Verteilung $\underline{|\bullet\bullet|\bullet\bullet|\ |\ |\bullet\bullet\bullet|}$ das Muster $\bullet\bullet|\bullet\bullet|||\bullet\bullet\bullet|$.

8. Das *Schubfachprinzip:* Für $n \in \mathbb{N}$ sei $\mathbb{N}_n := \{1, \ldots, n\}$. Man zeige, daß es für jede Abbildung $f : \mathbb{N}_n \to \mathbb{N}_m$ mit $n > m$ zwei verschiedene Zahlen $n_1, n_2 \in \mathbb{N}_n$ gibt so, daß $f(n_1) = f(n_2)$.

9. Es sei $a_1, \ldots, a_n$ irgendeine Anordnung der Zahlen $1, 2, \ldots, n$ und n sei ungerade. Mit Hilfe des Schubfachprinzips zeige man, daß das Produkt $(a_1 - 1)(a_2 - 2) \cdots (a_n - n)$ gerade ist.

2 Reelle Zahlen

Die reellen Zahlen bilden die Grundlage der Analysis. Sie umfassen neben $\mathbb{N}$ und $\mathbb{N}_0 := \mathbb{N} \cup \{0\}$

a) die Menge $\mathbb{Z}$ der ganzen Zahlen $0, \pm 1, \pm 2, \pm 3, \ldots$,

b) die Menge $\mathbb{Q}$ der rationalen Zahlen $\dfrac{m}{n}$, wobei $m \in \mathbb{Z}$ und $n \in \mathbb{N}$.

Die Erweiterung von $\mathbb{N}$ zu $\mathbb{Z}$ bewirkt, daß die Subtraktion stets ausführbar wird, die Erweiterung von $\mathbb{Z}$ zu $\mathbb{Q}$, daß auch die Division durch Zahlen $\neq 0$ ausführbar wird. Das System der reellen Zahlen, das mit $\mathbb{R}$ bezeichnet wird und das wir als gegeben voraussetzen, ist charakterisiert durch die Körperstruktur, die Anordnung und die Vollständigkeit.

2.1 Die Körperstruktur von $\mathbb{R}$

Die Körperstruktur besteht in der Gesamtheit der Gesetze, die sich aus den folgenden Regeln für die Addition und die Multiplikation ergeben:

(K1)   Addition und Multiplikation sind *kommutativ*:
$$a + b = b + a, \qquad\qquad ab = ba.$$

(K2)   Addition und Multiplikation sind *assoziativ*:
$$(a + b) + c = a + (b + c), \qquad (ab)c = a(bc).$$

(K3)   Folgende Gleichungen sind lösbar:
$$a + x = b, \qquad\qquad ax = b \text{ im Fall } a \neq 0.$$

(K4)   Es gilt das *Distributivgesetz*:
$$a(b + c) = ab + ac.$$

Die bekannten Regeln für die vier Grundrechnungsarten können alle mittels (K1) bis (K4) abgeleitet werden, z.B.: *Ein Produkt ab ist genau dann Null, wenn mindestens einer der beiden Faktoren a oder b Null ist.*

Sind a und b rationale Zahlen, dann auch $a + b$ und ab. Ferner gelten für die Addition und Multiplikation rationaler Zahlen die Regeln (K1) bis (K4), wobei die Gleichungen in (K3) durch rationale Zahlen lösbar sind. $\mathbb{Q}$ und $\mathbb{R}$ haben also die Körperstruktur gemeinsam.

2.2 Die Anordnung von $\mathbb{R}$

Diese ist dadurch definiert, daß gewisse Zahlen als *positiv* (Schreibweise > 0) ausgezeichnet sind und dafür folgende drei Axiome gelten:

(A1) Für jede reelle Zahl a gilt genau eine der drei Relationen

$$a > 0, \quad a = 0, \quad -a > 0.$$

(A2) Aus $a > 0$ und $b > 0$ folgen $a + b > 0$ und $ab > 0$.

(A3) Zu jeder reellen Zahl a gibt es eine natürliche Zahl n so, daß $n - a > 0$ (*Archimedisches Axiom*).

Ist $-a$ positiv, so heißt a *negativ*. Die Menge der positiven Zahlen bezeichnen wir mit $\mathbb{R}_+$, die der negativen mit $\mathbb{R}_-$. Ferner setzt man:

$$a > b \ (a \ \textit{größer als } b), \text{ falls } a - b > 0,$$
$$b < a \ (b \ \textit{kleiner als } a), \text{ falls } a > b,$$
$$a \leq b, \text{ falls } a < b \text{ oder } a = b.$$

Alle Regeln für das Rechnen mit Ungleichungen folgen aus den drei Anordnungsaxiomen. (A1) und (A2) allein implizieren bereits:

1. Für beliebige reelle Zahlen a, b gilt genau eine der Relationen

$$a > b, \quad a = b, \quad a < b.$$

2. Aus $a > b$ und $b > c$ folgt $a > c$ (*Transitivität*).

3. Aus $a > b$ folgen $\begin{cases} \dfrac{1}{a} < \dfrac{1}{b}, & \text{falls } b > 0, \\ a + c > b + c & \text{für jedes } c \in \mathbb{R}, \\ ac \gtrless bc, & \text{falls } c \gtrless 0. \end{cases}$

4. Aus $a > b$ und $\alpha > \beta$ folgen $\begin{cases} a + \alpha > b + \beta & \text{in jedem Fall}, \\ a\alpha > b\beta, & \text{falls } b, \beta > 0. \end{cases}$

5. Für $a \neq 0$ gilt $a^2 > 0$.

6. Jede natürliche Zahl ist positiv.

Beweise: 1. Man wende (A1) auf $a - b$ an.

2. Man wende (A2) auf $a - b$ und $b - c$ an.

3. Die letzten zwei Behauptungen folgen direkt aus der Definition und (A2). Die erste Behauptung: Wäre $1/a \geq 1/b$, so folgte durch Multiplikation mit der positiven Zahl ab der Widerspruch $b \geq a$.

4. Für die zweite Behauptung: Nach 3. gilt zunächst $a\alpha > b\alpha$ und $b\alpha > b\beta$, und mittels 2. folgt $a\alpha > b\beta$.

5. Ist $a > 0$, so folgt $a^2 > 0$ aus (A2); ist $-a > 0$, gilt $a^2 = (-a)^2 > 0$.

6. Mittels vollständiger Induktion; dabei gilt $1 = 1^2 > 0$ nach 5. $\quad\square$

(A1) und (A2) implizieren weiter die

Bernoullische Ungleichung: *Für $x \in \mathbb{R}$ mit $x > -1$, $x \neq 0$ und $n = 2, 3, \ldots$ gilt*

$$\boxed{(1 + x)^n > 1 + nx.}$$

Beweis durch vollständige Induktion: Für $n = 2$ gilt die Behauptung wegen $x^2 > 0$. Der Schluß von n auf $n + 1$ ergibt sich wegen $1 + x > 0$ ebenso:

$$(1 + x)^{n+1} > (1 + nx)(1 + x) = 1 + (n + 1)x + nx^2 > 1 + (n + 1)x. \quad\square$$

Eine Folge der Anordnungsaxiome einschließlich (A3) ist

Satz 1: *Es sei $q > 0$. Dann gilt:*

a) *Ist $q > 1$, so gibt es zu jedem $K \in \mathbb{R}$ ein $n \in \mathbb{N}$ so, daß $q^n > K$.*

b) *Ist $0 < q < 1$, so gibt es zu jedem $\varepsilon > 0$ ein $n \in \mathbb{N}$ so, daß $q^n < \varepsilon$.*

Beweis: a) Wir schreiben $q = 1 + x$, wobei $x > 0$ ist. Die Bernoullische Ungleichung liefert dann $q^n \geq 1 + nx$. Weiter gibt es nach (A3) eine natürliche Zahl n so, daß $nx > K$. Mit dieser gilt erst recht $q^n > K$.

b) Man wende a) an auf $q' := q^{-1} > 1$ und $K = \varepsilon^{-1}$. $\quad\square$

Der Absolutbetrag. Für $a \in \mathbb{R}$ setzt man

$$|a| := \begin{cases} a, & \text{falls } a \geq 0, \\ -a, & \text{falls } a < 0. \end{cases}$$

Offensichtlich ist $a \leq |a|$ für alle a. Ferner gelten folgende Regeln:

$$|ab| = |a| \cdot |b|,$$
$$|a + b| \leq |a| + |b| \qquad (\text{Dreiecksungleichung}),$$
$$\big||a| - |b|\big| \leq |a - b|.$$

Beweis: Die erste verifiziert man leicht anhand einer Fallunterscheidung. Die Dreiecksungleichung folgt aufgrund der Definition des Absolutbetrages aus $a + b \leq |a| + |b|$ und $-(a + b) \leq |a| + |b|$.

Mit Hilfe der Dreiecksungleichung folgt weiter

$$|a| = |a - b + b| \leq |a - b| + |b|,$$

also $|a| - |b| \leq |a - b|$; und durch Vertauschen von a und b

$$\pm(|a| - |b|) \leq |a - b|.$$

Das beweist die dritte Regel.   □

Die Anordnung von $\mathbb{R}$ drückt sich geometrisch in der vertrauten Darstellung der reellen Zahlen auf einer Zahlengeraden aus. Dabei bedeutet $a < b$: Der Punkt a liegt *links* vom Punkt b. Ferner mißt $|a-b|$ den *Abstand* von a und b. Die Addition $x \mapsto x + b$ wird zur Translation um b und die Multiplikation $x \mapsto x \cdot b$ mit einem $b > 0$ zur Streckung mit dem Faktor b. Bei dieser Deutung sind die Anordnungsaxiome evident.

Alle bisherigen Feststellungen gelten ohne Unterschied für $\mathbb{Q}$ wie für $\mathbb{R}$. Sowohl $\mathbb{Q}$ als auch $\mathbb{R}$ sind sogenannte *archimedisch angeordnete Körper*. Sie unterscheiden sich aber hinsichtlich der Vollständigkeit.

2.3 Die Vollständigkeit von $\mathbb{R}$

Schon die Pythagoräer des 5. Jahrhunderts v. Chr. hatten erkannt, daß es auf jeder Strecke Punkte gibt, die diese in keinem ganzzahligen Verhältnis teilen, zum Beispiel die Punkte des goldenen Schnittes. Ein Punkt P teilt eine Einheitsstrecke OE im goldenen Schnitt, wenn für die Längen $h = \overline{OP}$ und $1 - h = \overline{PE}$ gilt:

$$1 : h = h : (1 - h).$$

Nach Satz 2 (siehe unten) gibt es genau eine *reelle Zahl* $h > 0$ mit dieser Eigenschaft. Die zu ihr reziproke Zahl $g := h^{-1}$ heißt *goldener Schnitt*. Es gilt:

$$h^2 = 1 - h, \quad g^2 = 1 + g, \quad g = 1 + h.$$

Konstruktion von h mit Zirkel und
Lineal aufgrund von

$$\left(h + \frac{1}{2}\right)^2 = 1 + \frac{1}{4},$$

$$\overline{ME} = \frac{1}{2}\overline{OE} = \overline{MQ}, \quad \overline{OP} = \overline{OQ}.$$

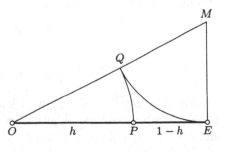

Die Zahl g ist nicht rational. Angenommen, es sei $g = \dfrac{m}{n}$ mit teilerfremden $m, n \in \mathbb{N}$. Dann folgt $m^2 = n^2 + mn$. Demnach teilt jeder Primfaktor von n auch m^2, also m. Wegen der Teilerfremdheit von m und n hat n also keinen Primfaktor; d.h., es ist $n = 1$. Ebenso ergibt sich $m = 1$, und es folgt $g = 1$, was $g^2 = 1 + g$ widerspricht. □

Der goldene Schnitt tritt am regelmäßigen Fünfeck als Verhältnis von Diagonale zu Seite auf (siehe 3.5 Aufgabe 7). Das von den Diagonalen des Fünfecks gebildete Pentagramm war das Ordenssymbol der Pythagoräer. Die Entdeckung einer Irrationalität, noch dazu an ihrem Ordenssymbol, stürzte sie in eine Weltanschauungskrise.

Die Existenz von Punkten auf einer Strecke, die diese in keinem ganzzahligen Verhältnis teilen, ist eine geometrische Konsequenz der Unvollständigkeit des Körpers der rationalen Zahlen. Im Körper der reellen Zahlen ist diese Unvollständigkeit beseitigt.

Die Vollständigkeit des Körpers $\mathbb{R}$ kann auf verschiedene Weisen erfaßt werden. Wir formulieren sie hier I. mittels Intervallschachtelungen wie auch II. mittels der Supremumseigenschaft. Eine dritte Version mittels Fundamentalfolgen findet sich in 5.6.

I. Intervallschachtelungen und Vollständigkeit

Wir legen zunächst Bezeichnungen fest. Für $a, b \in \mathbb{R}$ mit $a < b$ heißt

$$[a; b] := \{x \in \mathbb{R} \mid a \le x \le b\} \quad \text{abgeschlossenes Intervall,}$$
$$(a; b) := \{x \in \mathbb{R} \mid a < x < b\} \quad \text{offenes Intervall,}$$
$$[a; b) := \{x \in \mathbb{R} \mid a \le x < b\} \quad \text{(nach rechts) halboffenes Intervall,}$$
$$(a; b] := \{x \in \mathbb{R} \mid a < x \le b\} \quad \text{(nach links) halboffenes Intervall.}$$

Ferner heißen in jedem Fall a, b *Randpunkte* des Intervalls I und die Zahl $b - a = |I|$ dessen *Länge*. Die abgeschlossenen Intervalle nennt man auch *kompakt*.

Definition: Eine *Intervallschachtelung* ist eine Folge $I_1, I_2, I_3, \ldots$ kompakter Intervalle, kurz (I_n), mit den beiden Eigenschaften:

(I.1) $I_{n+1} \subset I_n$ für $n = 1, 2, 3, \ldots$.

(I.2)   Zu jedem $\varepsilon > 0$ gibt es ein Intervall I_n mit einer Länge $|I_n| < \varepsilon$.

Ein klassisches Beispiel einer Intervallschachtelung liefert die Kreismessung des Archimedes (287?–212 v.Chr.). Dabei wird die Kreisfläche eingeschlossen von einer Folge von Flächen ein- und umbeschriebener regelmäßiger $3 \cdot 2^n$-Ecke; siehe Aufgabe 7.

Die Vollständigkeit von $\mathbb{R}$ besteht nun in der Gültigkeit der Aussage

---

(V)   Zu jeder Intervallschachtelung in $\mathbb{R}$ gibt es eine reelle Zahl, die
      allen ihren Intervallen angehört (*Intervallschachtelungsprinzip*)

Eine solche Zahl ist eindeutig bestimmt. Wären nämlich α, β ($\alpha < \beta$) zwei
solche, so läge das Intervall $[\alpha; \beta]$ in jedem Intervall I_n und jedes Intervall
I_n hätte eine Länge $\geq \beta - \alpha$ im Widerspruch zu (I.2).

Bei einer axiomatischen Beschreibung von $\mathbb{R}$ wird die Vollständigkeit
durch (V) oder ein gleichwertiges Axiom gefordert. Bei einer Konstruktion
von $\mathbb{R}$, zum Beispiel mittels Fundamentalfolgen rationaler Zahlen, wird (V)
oder eine gleichwertige Aussage bewiesen. Ferner kann man zeigen, daß $\mathbb{R}$
im wesentlichen der einzige *archimedisch angeordnete, vollständige Körper*
ist. Im übrigen verweisen wir zur Begründung von $\mathbb{R}$ auf den Grundwissen-
Band „Zahlen" bei Springer [4].

Wie eingangs bereits gesagt betrachten wir die reellen Zahlen als gegeben und beziehen uns im folgenden nur noch auf die Körperaxiome, die
Anordnungsaxiome und das Vollständigkeitsaxiom.

Als erste Konsequenz der Vollständigkeit von $\mathbb{R}$ beweisen wir

Satz 2 (Existenz von Wurzeln): *Zu jeder reellen Zahl $x > 0$ und jeder
natürlichen Zahl k gibt es genau eine reelle Zahl $y > 0$ mit $y^k = x$. In
Zeichen: $y = x^{1/k}$ oder $y = \sqrt[k]{x}$.*

Beweis: Es genügt, den Fall $x > 1$ zu behandeln. Den Fall $x < 1$ führt
man darauf zurück durch Übergang zu $x' := 1/x$.

Wir konstruieren durch vollständige Induktion eine Intervallschachtelung in $\mathbb{R}_+$, deren Intervalle $I_n = [a_n; b_n]$ folgende Eigenschaften haben:

(1_n) $a_n^k \leq x \leq b_n^k$ für $n = 1, 2, 3, \ldots$,

(2_n) $|I_n| = \left(\frac{1}{2}\right)^{n-1} \cdot |I_1|$ für $n = 1, 2, 3, \ldots$

Wir beginnen mit $I_1 := [1; x]$. Die Forderungen (1_1) und (2_1) sind damit
offensichtlich erfüllt.
Der Induktionsschritt: Sei $I_n = [a_n; b_n]$ bereits konstruiert so, daß (1_n) und
(2_n) gelten. I_{n+1} erzeugen wir dann aus I_n durch Halbierung wie folgt: Sei
$m := \frac{1}{2}(a_n + b_n)$ der Mittelpunkt von I_n. Wir setzen dann

$$I_{n+1} = [a_{n+1}; b_{n+1}] := \begin{cases} [a_n; m], & \text{falls } m^k \geq x, \\ [m; b_n], & \text{falls } m^k < x. \end{cases}$$

I_{n+1} hat laut Konstruktion die Eigenschaft (1_{n+1}) und wegen $|I_{n+1}| =
\frac{1}{2}|I_n|$ auch die Eigenschaft (2_{n+1}).

Weiter stellen wir fest, daß die Folge der Intervalle I_n eine Intervallschachtelung ist. Denn $I_{n+1} \subset I_n$ gilt laut Konstruktion und zu gegebenem $\varepsilon > 0$ gibt es nach Satz 1b) ein n so, daß $\left(\frac{1}{2}\right)^{n-1} < \varepsilon \cdot |I_1|^{-1}$, also $|I_n| < \varepsilon$ gilt.

Es sei nun y die in allen I_n liegende Zahl. Wir beweisen: $y^k = x$.

Zunächst zeigen wir, daß auch die Intervalle $I_n^k := [a_n^k; b_n^k]$, $n = 1, 2, \ldots$, eine Intervallschachtelung bilden:

(1^k) $I_{n+1}^k \subset I_n^k$ gilt für jedes n wegen $I_{n+1} \subset I_n$.

(2^k) Die Länge eines jeden Intervalls I_n^k unterliegt der Abschätzung:

$$|I_n^k| = (b_n - a_n)\left(b_n^{k-1} + b_n^{k-2} a_n + \ldots + a_n^{k-1}\right) < |I_n| \cdot k \, b_1^{k-1}.$$

Sei nun $\varepsilon > 0$ gegeben. Da (I_n) eine Intervallschachtelung ist, gibt es einen Index ν so, daß $|I_\nu| < \varepsilon' := \varepsilon / k \, b_1^{k-1}$. Mit diesem ν ist dann $|I_\nu^k| < \varepsilon$.

Weiter gilt: Sowohl x als auch y^k liegen in jedem Intervall I_n^k. Das folgt aus (1_n) bzw. aus der Inklusion $y \in I_n$. Da es nur eine Zahl gibt, die allen I_n^k angehört, folgt $y^k = x$.

Zu zeigen bleibt die Einzigkeit. Wäre η eine weitere positive Zahl mit $\eta^k = x$ und etwa $\eta > y$, so folgte $\eta^k > y^k$ im Widerspruch zu $\eta^k = x = y^k$.

Satz 2 ist damit bewiesen. $\qquad\qquad\qquad\qquad\qquad\qquad\qquad\qquad\qquad\quad$ □

Bemerkung: Einen besonders übersichtlichen Beweis für die Existenz von Wurzeln erbringen wir mit Hilfe des Zwischenwertsatzes; siehe 7.4.

II. Supremumseigenschaft und Vollständigkeit

Obere und untere Schranken. Eine Menge $M \subset \mathbb{R}$ heißt *nach oben* bzw. *unten beschränkt*, wenn es ein $s \in \mathbb{R}$ gibt so, daß für jedes $x \in M$

$$x \le s \quad \text{bzw.} \quad s \le x$$

gilt. s heißt dann eine *obere* bzw. *untere Schranke* für M. Ferner heißt M *beschränkt*, wenn M sowohl nach oben als auch nach unten beschränkt ist.

In einer beschränkten Menge braucht es keine größte Zahl zu geben. Als Beispiel betrachte man das offene Intervall $I = (0; 1)$. Jede Zahl $x \in I$ wird von $\frac{1}{2}(1 + x)$ übertroffen; es gibt also keine Zahl x in $(0; 1)$, welche die größte wäre. Die Zahl 1 ist zwar eine obere Schranke für das offene Intervall $(0; 1)$, gehört aber nicht dazu. 1 ist die kleinste obere Schranke des Intervalls $(0; 1)$.

Supremum und Infimum. Eine Zahl $s \in \mathbb{R}$ heißt *Supremum* der Menge $M \subset \mathbb{R}$, falls s die kleinste obere Schranke für M ist; das meint:

(i) s ist eine obere Schranke für M, und

(ii) jede Zahl $s' < s$ ist keine obere Schranke für M.

Es gibt höchstens ein solches s. Im Existenzfall schreibt man

$$s = \sup M.$$

Entsprechend wird das *Infimum* einer Menge $M \subset \mathbb{R}$ als die größte untere Schranke definiert; gegebenenfalls schreibt man dafür inf M.

Beispiele:

1. Sei I ein Intervall mit den Randpunkten a, b ($a < b$). Gleichgültig, ob I abgeschlossen, offen oder halboffen ist, in jedem Fall gilt: $\sup I = b$ und inf $I = a$.

2. M enthalte ein *Maximum*, d.i. ein Element $m \in M$ mit $m \geq x$ für alle $x \in M$; in Zeichen: $m = \max M$. Dann besitzt M erst recht ein Supremum, und es gilt $\sup M = \max M$. Besitzt M ein Minimum, so gilt analog inf $M = \min M$.

3. Die Menge $\mathbb{N} \subset \mathbb{R}$ besitzt nach dem Archimedischen Axiom keine obere Schranke, also auch kein Supremum.

Satz 3 (Supremumseigenschaft von $\mathbb{R}$): *Jede nach oben (unten) beschränkte, nicht leere Menge $M \subset \mathbb{R}$ besitzt ein Supremum (Infimum).*

Beweis: Wir betrachten den Fall einer nach oben beschränkten Menge. Das erforderliche Supremum konstruieren wir durch eine Intervallschachtelung ($[a_n; b_n]$) mit folgenden Eigenschaften:

(i) Alle b_n sind obere Schranken für M.

(ii) Alle a_n sind keine oberen Schranken für M.

Die Intervallschachtelung konstruieren wir rekursiv. Wir beginnen mit irgendeiner oberen Schranke b_1 und irgendeinem a_1, das keine obere Schranke ist (z.B. $a_1 := \alpha - 1$, wobei $\alpha \in M$).

Es sei $[a_n; b_n]$ konstruiert. Durch Halbierung erzeugen wir das nächste Intervall: Ist m der Mittelpunkt von $[a_n; b_n]$, so setzen wir

$$[a_{n+1}; b_{n+1}] := \begin{cases} [a_n; m], & \text{falls } m \text{ obere Schranke für } M \text{ ist,} \\ [m; b_n], & \text{falls } m \text{ keine obere Schranke ist.} \end{cases}$$

Sei s die allen $[a_n; b_n]$ angehörende Zahl. s ist eine obere Schranke für M. Sonst gäbe es ein Element $x \in M$ mit $x > s$ und dazu ein Intervall $[a_n; b_n]$ mit $b_n - a_n < x - s$. Wegen $s \in [a_n; b_n]$ folgte $b_n - s < x - s$, also $b_n < x$ im Widerspruch zur Eigenschaft (i). Ferner ist s die kleinste obere

Schranke. Wäre auch $s' < s$ eine obere Schranke, so gäbe es ein Intervall $[a_n; b_n]$ mit einer Länge $< s - s'$. Wegen $s \in [a_n; b_n]$ folgte $s - a_n < s - s'$, also $a_n > s'$. Damit wäre dieses a_n eine obere Schranke im Widerspruch zu (ii). Also ist s ein Supremum für M. □

Bemerkung: Nach diesem Beweis ist die Supremumseigenschaft von $\mathbb{R}$ eine Konsequenz der Vollständigkeit. Wir zeigen noch, daß auch umgekehrt die Vollständigkeit aus der Supremumseigenschaft folgt. Ist nämlich $([a_n; b_n])$ eine Intervallschachtelung, so ist die Menge $A := \{a_1, a_2, \ldots\}$ nach oben beschränkt. Obere Schranken sind alle b_n, und für die kleinste obere Schranke s gilt $a_n \leq s \leq b_n$, $n \in \mathbb{N}$. Also ist $s = \sup A$ eine Zahl, die allen $[a_n; b_n]$ angehört. □

In $\mathbb{Z}$ hat man als Konsequenz des Prinzips der vollständigen Induktion folgendes wichtige Analogon zu Satz 3:

Satz 4: *Jede nach oben (unten) beschränkte, nicht leere Menge ganzer Zahlen enthält eine größte (kleinste) Zahl.*

Beweis: Wir zeigen: *Jede nicht leere Menge A natürlicher Zahlen enthält eine kleinste.* Die übrigen Fälle lassen sich darauf durch Verschiebung, d.h. Übergang zu einer Menge $v + A := \{v + a \mid a \in A\}$, und Spiegelung an 0, d.h. Übergang zu $-A := \{-a \mid a \in A\}$, zurückführen.

Angenommen, es sei $A \subset \mathbb{N}$ eine nicht leere Teilmenge, die keine kleinste Zahl enthält. Dann gilt: (∗) $A \cap \{1, \ldots, n\}$ ist leer für jedes $n \in \mathbb{N}$. Das stimmt für $n = 1$; sonst wäre 1 eine kleinste Zahl von A. Ferner folgt aus „$A \cap \{1, \ldots, n\} = \emptyset$" auch „$A \cap \{1, \ldots, n+1\} = \emptyset$"; sonst wäre $n + 1$ eine kleinste Zahl von A. Die hiermit gezeigte Feststellung (∗) impliziert nun $A = \emptyset$ im Widerspruch zur Voraussetzung. □

Als Anwendung von Satz 4 beweisen wir, daß $\mathbb{Q}$ in $\mathbb{R}$ *dicht* liegt; gemeint ist damit die folgende Aussage:

Satz 5: *Zu je zwei reellen Zahlen x, y mit $x < y$ gibt es eine rationale Zahl q mit $x < q < y$.*

Beweis: Man wähle ein $n \in \mathbb{N}$ mit $\dfrac{1}{n} < y - x$. Sei dann A die Menge der ganzen Zahlen $> nx$. A ist nach dem Archimedischen Axiom nicht leer, enthält also nach Satz 4 eine kleinste Zahl m. Damit gilt

$$x < \frac{m}{n} = \frac{m - 1}{n} + \frac{1}{n} < x + y - x = y.$$

Die rationale Zahl $q := \dfrac{m}{n}$ liegt also zwischen x und y. □

2.4   ℝ ist nicht abzählbar

Aus der Vollständigkeit des Körpers ℝ folgern wir noch, daß die Menge der reellen Zahlen eine größere Mächtigkeit hat als die der rationalen Zahlen.

Nach Cantor heißen zwei Mengen A und B *gleichmächtig*, wenn es eine bijektive Abbildung $A \to B$ gibt; ferner sagt man, B *habe eine größere Mächtigkeit als* A, wenn zwar A zu einer Teilmenge von B gleichmächtig ist, B aber zu keiner Teilmenge von A. Zum Beispiel hat nach dem Dirichletschen Schubfachprinzip (siehe 1.3 Aufgabe 8) die Menge $\{1, \dots, n\}$ eine größere Mächtigkeit als $\{1, \dots, m\}$, falls $n > m$ ist.

Eine Menge A heißt *abzählbar*, wenn sie die gleiche Mächtigkeit hat wie die Menge der natürlichen Zahlen; das heißt, wenn eine Abbildung $f : \mathbb{N} \to A$ existiert derart, daß es zu jedem $a \in A$ genau eine Nummer $n \in \mathbb{N}$ mit $f(n) = a$ gibt. Mit der Bezeichnung a_n für $f(n)$ wird eine abzählbare Menge A auch wie folgt angeschrieben: $A = \{a_1, a_2, a_3, \dots\}$. Eine Menge heißt *höchstens abzählbar*, wenn sie leer oder endlich oder abzählbar ist.

Cantor, Georg (1845–1918). Schöpfer der Mengenlehre, insbesondere der Theorie der transfiniten Zahlen. Seine Ideen sind zunächst von vielen Zeitgenossen abgelehnt worden.

Lemma: *Die Menge* $\mathbb{Z}$ *ist abzählbar.*

Beweis: Eine Bijektion $f : \mathbb{N} \to \mathbb{Z}$ liefert zum Beispiel die Zuordnung

$$
\begin{array}{ccccccc}
1 & 2 & 3 & 4 & 5 & 6 & 7 \cdots \\
\downarrow & \downarrow & \downarrow & \downarrow & \downarrow & \downarrow & \downarrow \cdots \\
0 & 1 & -1 & 2 & -2 & 3 & -3 \cdots
\end{array}
$$

mit $f(n) := \dfrac{n}{2}$ für gerades n und $f(n) := \dfrac{1-n}{2}$ für ungerades n.   □

Das Lemma erscheint paradox insofern danach $\mathbb{Z}$ mit einer echten Teilmenge gleichmächtig ist. Bei endlichen Mengen tritt ein solches Phänomen nicht auf. Die endlichen Mengen können geradezu dadurch charakterisiert werden, daß sie zu keiner echten Teilmenge gleichmächtig sind.

Satz 6: *Der Körper* $\mathbb{Q}$ *ist abzählbar.*

Beweis: Wir stellen jede rationale Zahl als einen Bruch m/n mit teilerfremden $m \in \mathbb{Z}$ und $n \in \mathbb{N}$ dar und ordnen ihr dann den Punkt (m, n) eines ebenen Gitters zu. Diese Punkte numerieren wir nun längs des im folgenden Gitter gezeichneten Streckenzuges durch, wobei wir die Paare (m, n) überspringen, bei denen m, n nicht teilerfremd sind. Das erzeugt eine bijektive Abbildung $\mathbb{N} \to \mathbb{Q}$.   □

$$-\frac{3}{1} \quad -\frac{2}{1} \quad -\frac{1}{1} \quad \frac{0}{1} \quad \frac{1}{1} \quad \frac{2}{1} \quad \frac{3}{1}$$

$$-\frac{3}{2} \quad -\frac{2}{2} \quad -\frac{1}{2} \quad \frac{0}{2} \quad \frac{1}{2} \quad \frac{2}{2} \quad \frac{3}{2}$$

$$-\frac{3}{3} \quad -\frac{2}{3} \quad -\frac{1}{3} \quad \frac{0}{3} \quad \frac{1}{3} \quad \frac{2}{3} \quad \frac{3}{3}$$

$$-\frac{3}{4} \quad -\frac{2}{4} \quad -\frac{1}{4} \quad \frac{0}{4} \quad \frac{1}{4} \quad \frac{2}{4} \quad \frac{3}{4}$$

Eine Abzählung der rationalen Zahlen;
diese beginnt mit $0, 1, \frac{1}{2}, -\frac{1}{2}, -1, -2$.

Bemerkung: Analog beweist man auch, daß eine Vereinigung abzählbar vieler abzählbarer Mengen abzählbar ist.

Satz 7: *Der Körper* ℝ *ist nicht abzählbar.*

Beweis: Wir nehmen an, es gäbe eine Abzählung $\mathbb{R} = \{x_1, x_2, x_3, \ldots\}$, in der alle reellen Zahlen vorkommen. Dazu konstruieren wir eine Intervallschachtelung (I_n) derart, daß

$$(*) \qquad x_n \notin I_n \text{ für jedes } n \in \mathbb{N}.$$

Die I_n werden rekursiv definiert. Wir beginnen mit $I_1 := [x_1 + 1; x_1 + 2]$. I_{n+1} konstruieren wir dann aus I_n wie folgt: Wir teilen I_n in drei gleichlange Intervalle und wählen als I_{n+1} ein solches abgeschlossenes Teilintervall, das x_{n+1} nicht enthält.

Es sei nun s die Zahl, die in allen Intervallen liegt: $s \in I_n$ für alle n. Hat s in obiger Auflistung die Nummer k, so folgt $x_k = s \in I_k$. Das widerspricht aber $(*)$. Es kann also keine Abzählung von ℝ geben. □

Folgerung: *Die Menge* $\mathbb{R} \setminus \mathbb{Q}$ *der irrationalen Zahlen ist nicht abzählbar.*

Sonst wäre auch ℝ als Vereinigung von ℚ und $\mathbb{R} \setminus \mathbb{Q}$ abzählbar.

Historisches. Die Entdeckung der Sätze 6 und 7 durch Cantor leitete die Entwicklung der Mengenlehre ein. Cantor stellte 1878 die *Kontinuumshypothese* auf, nach der es keine Menge mit einer Mächtigkeit zwischen der von ℕ und ℝ gibt. Inzwischen gelang der Nachweis, daß diese Hypothese auf der Basis der heute üblichen mengentheoretischen Axiomensysteme weder beweisbar (Cohen 1963) noch widerlegbar (Gödel 1938) ist.

2.5 Aufgaben

1. Für $0 < x < 1$ und $n \in \mathbb{N}$ gilt $(1 - x)^n < \dfrac{1}{1 + nx}$.

2. Für $0 < a < b$ und $k \in \mathbb{N}$, $k > 1$, gilt

$$0 < \sqrt[k]{b} - \sqrt[k]{a} < \sqrt[k]{b - a}.$$

3. Für $x_1, \ldots, x_n > 0$ mit $x_1 \cdots x_n = 1$ gilt

$$x_1 + \ldots + x_n \geq n;$$

dabei tritt das Gleichheitszeichen nur ein im Fall $x_1 = \ldots = x_n = 1$.

4. Für positive Zahlen a, b definiert man das *arithmetische, geometrische* und *harmonische Mittel* durch

$$A(a,b) := \frac{a+b}{2}, \quad G(a,b) := \sqrt{ab}, \quad H(a,b) := \frac{1}{A\left(\frac{1}{a}, \frac{1}{b}\right)} = \frac{2ab}{a+b}.$$

Man beweise die Ungleichungen

$$H(a,b) \leq G(a,b) \leq A(a,b)$$

und zeige, daß eine Gleichheit der Mittel nur für $a = b$ eintritt.

5. *Eine Intervallschachtelung für die Quadratwurzel.* Es sei $0 < a < b$. Man definiere Intervalle $[a_n; b_n]$, $n \in \mathbb{N}$, rekursiv durch $[a_1; b_1] := [a; b]$ sowie durch

$$a_{n+1} := H(a_n, b_n) \quad \text{und} \quad b_{n+1} := A(a_n, b_n),$$

und zeige, daß sie eine Intervallschachtelung bilden mit $\sqrt{ab} \in [a_n; b_n]$ für alle n. Man zeige ferner die Abschätzung

$$b_{n+1} - a_{n+1} \leq \frac{1}{4a}(b_n - a_n)^2.$$

6. *Das arithmetisch-geometrische Mittel.* Es sei $0 < a < b$. Man definiere Intervalle $[a_n; b_n]$, $n \in \mathbb{N}$, rekursiv durch $[a_1; b_1] := [a; b]$ sowie durch

$$a_{n+1} := G(a_n, b_n) \quad \text{und} \quad b_{n+1} := A(a_n, b_n).$$

Man zeige, daß sie eine Intervallschachtelung bilden. Man zeige ferner die Abschätzung

$$b_{n+1} - a_{n+1} \leq \frac{1}{8a}(b_n - a_n)^2.$$

Die in allen Intervallen $[a_n; b_n]$ liegende Zahl heißt *arithmetisch-geometrisches* Mittel der Zahlen a und b und wird mit $\mathrm{M}(a, b)$ bezeichnet.

Das arithmetisch-geometrische Mittel stellt ein vorzügliches Hilfsmittel zur Berechnung sogenannter elliptischer Integrale dar; siehe 11.11 Aufgabe 25.

7. *Die Kreismessung des Archimedes.* Sei f_n bzw. F_n die Fläche des dem Einheitskreis einbeschriebenen bzw. umbeschriebenen regelmäßigen n-Ecks. Zum Beispiel ist $f_6 = \frac{3}{2}\sqrt{3}$ und $F_6 = 2\sqrt{3}$. Man zeige

$$f_{2n} = G(f_n, F_n), \quad F_{2n} = H(f_{2n}, F_n).$$

Ferner, daß die Intervalle $[a_k; b_k]$ mit $a_k := f_{3 \cdot 2^k}$ und $b_k := F_{3 \cdot 2^k}$ eine Intervallschachtelung bilden.

Es bezeichne π die allen Intervallen angehörende Zahl. Durch Rechnung bis zum 192-Eck fand Archimedes die berühmte Einschachtelung $3\frac{10}{71} < \pi < 3\frac{1}{7}$.

8. Für natürliche Zahlen k, n ist $\sqrt[k]{n}$ entweder eine natürliche Zahl oder eine irrationale.

9. Zur Teilmenge $M := \{2^{-m} + n^{-1} \mid m, n \in \mathbb{N}\}$ von $\mathbb{R}$ ermittle man gegebenenfalls Supremum, Infimum, Maximum, Minimum.

10. Es sei A eine nicht leere Teilmenge von $\mathbb{R}$. Man zeige:

    a) Ist A nach oben beschränkt, so ist $-A$ nach unten beschränkt, und es gilt $\inf(-A) = -\sup A$;

    b) ist A nach unten beschränkt mit $\inf A > 0$, so ist die Menge $A^{-1} := \{a^{-1} \mid a \in A\}$ nach oben beschränkt, und für diese gilt $\sup A^{-1} = (\inf A)^{-1}$.

11. Zu jedem $x \in \mathbb{R}$ gibt es eine Intervallschachtelung derart, daß alle Intervalle x enthalten und rationale Randpunkte haben.

12. Jedes Intervall ist eine Vereinigung von abzählbar vielen kompakten Intervallen.

13. Man beweise folgende „Abschwächung" des Induktionsprinzips:
    Zu jedem $n \in \mathbb{N}$ sei eine Aussage $A(n)$ gegeben. Alle $A(n)$ sind richtig, wenn man (I) *und* (II) *beweisen kann:*

    (I) $A(1)$ *ist richtig.*

    (II) *Für jedes n, für welches $A(1), \ldots, A(n)$ richtig sind, ist auch $A(n+1)$ richtig.*

14. Die Menge $\mathscr{E}(\mathbb{N})$ der endlichen Teilmengen von $\mathbb{N}$ ist abzählbar, die Menge $\mathscr{P}(\mathbb{N})$ aller Teilmengen von $\mathbb{N}$ dagegen nicht.

    Hinweis: Zu einer eventuellen Bijektion $f : \mathbb{N} \to \mathscr{P}(\mathbb{N})$ betrachte man die Menge $A := \{n \in \mathbb{N} \mid n \notin f(n)\}$.

15. Es sei M eine Menge, die die gleiche Mächtigkeit hat wie $\mathbb{R}$; ferner sei A eine höchstens abzählbare, zu M disjunkte Menge. Dann hat auch $M \cup A$ die gleiche Mächtigkeit wie $\mathbb{R}$. Man folgere, daß alle Intervalle die gleiche Mächtigkeit haben wie $\mathbb{R}$.

3 Komplexe Zahlen

Die Erweiterung des Zahlensystems, die von den natürlichen Zahlen über die rationalen zu den reellen Zahlen führt, wird durch die Einführung der komplexen Zahlen abgeschlossen. Dadurch wird insbesondere die Lösbarkeit der Gleichung $z^2 = -1$ erreicht. Bereits 1545 rechnete Cardano (1501–1576) bei Gleichungen 3. Grades „unter Überwindung geistiger Qualen" mit Quadratwurzeln aus negativen Zahlen. Unbedenklicher und mit großem Gewinn benützte Euler (1707–1783) komplexe Zahlen in der Analysis.

3.1 Der Körper der komplexen Zahlen

Wir nehmen zunächst an, daß es einen Erweiterungskörper von $\mathbb{R}$ gibt, in dem $z^2 + 1 = 0$ lösbar ist, und bezeichnen mit i eine Lösung. Dann ist mit $x, y \in \mathbb{R}$ auch $x + \mathrm{i}y$ ein Element dieses Erweiterungskörpers. Nach den Rechenregeln in einem Körper und wegen $\mathrm{i}^2 = -1$ gilt ferner für $z = x + \mathrm{i}y$ und $w = u + \mathrm{i}v$

$$z + w = (x + u) + \mathrm{i}(y + v),$$
$$z \cdot w = (xu - yv) + \mathrm{i}(xv + yu).$$

Die Gesamtheit der Elemente der Gestalt $x + \mathrm{i}y$ $(x, y \in \mathbb{R})$ ist also gegenüber Addition und Multiplikation abgeschlossen. Aus $x + \mathrm{i}y = u + \mathrm{i}v$ folgt ferner $(x - u)^2 = -(v - y)^2$ und damit $x = u$ und $y = v$. Diese Betrachtung motiviert folgende

Definition der komplexen Zahlen als Paare reeller Zahlen: Eine *komplexe Zahl* ist ein Element $z := (x, y)$ der Menge $\mathbb{R} \times \mathbb{R}$, in welcher wie folgt *addiert* und *multipliziert* wird:

(A) $\qquad\qquad (x, y) + (u, v) := (x + u, y + v),$

(M) $\qquad\qquad (x, y) \cdot (u, v) := (xu - yv, xv + yu).$

Historisches. Geometrische Versionen dieser Definition finden sich kurz vor 1800 bei Argand und Gauß. Erst Hamilton (1805–1865) definiert komplexe Zahlen formal als geordnete Paare reeller Zahlen.

Satz: *Die Menge der komplexen Zahlen mit der Addition* (A) *und der Multiplikation* (M) *bildet einen Körper. Dieser wird mit* $\mathbb{C}$ *bezeichnet. In ihm hat die Gleichung* $z^2 = -1$ *zwei Lösungen.*

Beweis: Man hat zunächst die Körperaxiome (siehe 2.1) zu verifizieren.

Die Gültigkeit der Kommutativgesetze, der Assoziativgesetze und des Distributivgesetzes bestätigt man einfach durch Nachrechnen, was dem Leser überlassen sei. Wir untersuchen nur die Lösbarkeit der Gleichungen

(1) $$a + z = b,$$

(2) $$a \cdot z = b,$$

Mit $a = (a_1, a_2)$ und $b = (b_1, b_2)$ hat (1) offensichtlich genau die Lösung $z = (b_1 - a_1, b_2 - a_2)$. Insbesondere hat die Gleichung $a + z = a$ genau die Lösung $(0, 0)$.

Die Gleichung (2) im Fall $a \neq (0, 0)$: Wir bemerken zunächst, daß das Element $(1, 0)$ als Eins wirkt; d.h. für jedes $b = (b_1, b_2)$ gilt

$$(1, 0) \cdot b = b.$$

Wir setzen ferner für $a = (a_1, a_2) \neq (0, 0)$:

$$\frac{1}{a} := \left(\frac{a_1}{a_1^2 + a_2^2}, \frac{-a_2}{a_1^2 + a_2^2} \right).$$

Damit gilt $a \cdot \dfrac{1}{a} = (1, 0)$, und für (2) folgt als Lösung $z = \dfrac{1}{a} \cdot b$.

$\mathbb{R}$ **als Unterkörper von** $\mathbb{C}$**.** Für die Zahlen der Gestalt $(x, 0)$ gilt:

$$(x, 0) + (u, 0) = (x + u, 0),$$
$$(x, 0) \cdot (u, 0) = (x \cdot u, 0).$$

Die komplexen Zahlen der Gestalt $(x, 0)$ werden also wie die entsprechenden reellen Zahlen x addiert und multipliziert; man sagt: *Sie bilden einen zu $\mathbb{R}$ isomorphen* (d.h. gleichstrukturierten) *Unterkörper von* $\mathbb{C}$. Die Zahlen $(x, 0)$ heißen auch reell und für $(x, 0)$ schreibt man kürzer x; insbesondere 0 statt $(0, 0)$ und 1 statt $(1, 0)$. Für jede komplexe Zahl z gilt damit $z + 0 = z$ und $1 \cdot z = z$.

Die imaginäre Einheit. Darunter versteht man die nicht reelle Zahl

$$\mathrm{i} := (0, 1).$$

(Die Bezeichnung i geht auf Euler zurück.) Ihr Quadrat ist

$$\mathrm{i}^2 = (-1, 0) = -1.$$

Somit sind i und $-\mathrm{i}$ Lösungen der Gleichung $z^2 = -1$.

Der Satz ist damit bewiesen. $\square$

Die Identität $(x, y) = (x, 0) + (0, 1) \cdot (y, 0)$ führt mit obigen Abkürzungen zu der für komplexe Zahlen gebräuchlichen Darstellung

$$z = x + iy.$$

Die reellen Zahlen x, y heißen *Real-* bzw. *Imaginärteil* von z und werden mit $\operatorname{Re} z$ bzw. $\operatorname{Im} z$ bezeichnet. Ferner heißt z *rein imaginär*, wenn $z = iy$ mit $y \in \mathbb{R}$.

Die Konjugation. Für $z = x + iy$ $(x, y \in \mathbb{R})$ setzt man

$$\overline{z} := x - iy.$$

Es gelten folgende leicht beweisbare Rechenregeln:

a) $\overline{z + w} = \overline{z} + \overline{w}, \qquad \overline{zw} = \overline{z} \cdot \overline{w},$

b) $z + \overline{z} = 2 \operatorname{Re} z, \qquad z - \overline{z} = 2i \operatorname{Im} z,$

c) $\overline{z} = z$ genau dann, wenn $z \in \mathbb{R},$

d) $z\overline{z} = x^2 + y^2;$ $z\overline{z}$ ist also reell und ≥ 0.

Der Betrag einer komplexen Zahl z. Darunter versteht man die nicht negative Zahl

$$|z| := \sqrt{z\overline{z}} = \sqrt{x^2 + y^2}.$$

Für reelles z stimmt dieser Betrag mit dem in 2.2 eingeführten überein. Ferner gelten folgende Rechenregeln:

a) $|z| > 0$ für $z \neq 0$,

b) $|\overline{z}| = |z|$,

c) $|\operatorname{Re} z| \leq |z|$ und $|\operatorname{Im} z| \leq |z|$,

d) $|z \cdot w| = |z| \cdot |w|$,

e) $|z + w| \leq |z| + |w|$ \qquad (*Dreiecksungleichung*).

Beweise: a), b) und c) sind trivial. Ferner folgen

d) aus $|zw|^2 = zw \cdot \overline{zw} = z\overline{z} \cdot w\overline{w} = |z|^2 \cdot |w|^2.$

e) aus $|z + w|^2 = (z + w)(\overline{z} + \overline{w}) = z\overline{z} + 2 \operatorname{Re}(z\overline{w}) + w\overline{w}$
$$\leq |z|^2 + 2|z\overline{w}| + |w|^2 = \left(|z| + |w|\right)^2. \qquad \square$$

3.2 Die komplexe Zahlenebene

Der Darstellung der reellen Zahlen auf einer Geraden entspricht die Darstellung der komplexen Zahlen in einer Ebene. Nach Wahl eines cartesischen Koordinatensystems wird die komplexe Zahl $z = x + iy$ durch den Punkt (x, y) dargestellt. Reellen Zahlen entsprechen die Punkte der x-Achse, rein imaginären jene der y-Achse. $|z|$ ist der Abstand des Punktes z von 0 und $|z_1 - z_2|$ der Abstand der Punkte z_1, z_2 voneinander.

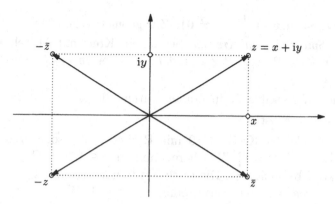

Die komplexe Zahlenebene, auch Gaußsche Zahlenebene genannt

Die Addition. Die komponentenweise Addition der komplexen Zahlen bedeutet geometrisch die Addition von Vektoren. Damit stellt die Abbildung $z \mapsto z + w$ eine *Translation um w* dar. Auch die Dreiecksungleichung erhält nun ihre Deutung in dem elementargeometrischen Satz: Eine Seite in einem Dreieck ist nicht länger als die Summe der Längen der beiden anderen Seiten.

Die Multiplikation. Die durch $z \mapsto w \cdot z$ mit $w \neq 0$ erklärte Abbildung $\mathbb{C} \to \mathbb{C}$ ist wegen $|wz_1 - wz_2| = |w| \cdot |z_1 - z_2|$ eine *Ähnlichkeitsabbildung mit dem Streckungsfaktor $|w|$*. Sie hat den Nullpunkt als Fixpunkt und führt die Punkte 1 und i in die Punkte $w = u + iv$ $(u, v \in \mathbb{R})$ und $iw = -v + iu$ über. Als lineare Abbildung ist sie durch die Bilder der Punkte $0, 1, i$ festgelegt. Speziell ist

a) $z \mapsto iz$ *die Drehung um 0, die den Punkt 1 in den Punkt i überführt.*

b) $z \mapsto rz$ *für reelles $r > 0$ die Streckung mit dem Zentrum 0 und dem Streckungsfaktor r.*

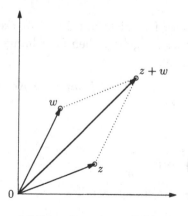

Addition komplexer Zahlen

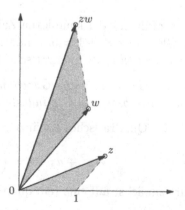

Multiplikation komplexer Zahlen

Die Inversion $z \mapsto \dfrac{1}{z}$, $(z \neq 0)$. Zur geometrischen Deutung verwenden wir die *Spiegelung an Kreisen*. Sei K ein Kreis mit Mittelpunkt 0 und Radius r. Zwei Punkte $P \neq 0$ und $P' \neq 0$ heißen *Spiegelpunkte bezüglich K*, wenn

1. beide auf derselben Halbgeraden durch 0 liegen,

2. $\overline{OP} \cdot \overline{OP'} = r^2$ ist.

Es sei nun K der Kreis um 0 mit Radius 1, die sogenannte *1-Sphäre*, $S^1 := \{ z \in \mathbb{C} \mid |z| = 1 \}$. Wir berechnen zu $z \in \mathbb{C}^* := \mathbb{C} \setminus \{0\}$ den Spiegelpunkt z' bezüglich S^1. Die erste Forderung verlangt $z' = az$ mit einer reellen Zahl $a > 0$; die zweite sodann $a|z|^2 = 1$. Wegen $|z|^2 = z\overline{z}$ ist also $z' = \dfrac{1}{\overline{z}}$. Wir erhalten damit: *Die Inversion* $\mathbb{C}^* \to \mathbb{C}^*$, $z \mapsto \dfrac{1}{z} = \overline{z'}$, *ist zusammengesetzt aus der Spiegelung an der 1-Sphäre und der Spiegelung an der reellen Achse.*

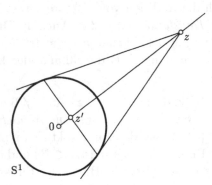

Spiegelung an der 1-Sphäre

3.3 Algebraische Gleichungen in $\mathbb{C}$

Die Einführung der komplexen Zahlen ermöglicht nicht nur die Lösbarkeit der Gleichung $z^2 + 1 = 0$, sondern sogar aller algebraischen Gleichungen. Wir behandeln hier quadratische Gleichungen.

Satz: *Jede quadratische Gleichung $z^2 + az + b = 0$ mit komplexen Koeffizienten a, b besitzt in $\mathbb{C}$ mindestens eine Lösung.*

Beweis: Quadratisches Ergänzen

$$(3) \qquad z^2 + az + b = \left(z + \frac{a}{2} \right)^2 + b - \frac{a^2}{4} = 0$$

führt zunächst auf eine rein quadratische Gleichung. Sei diese

$$(4) \qquad z^2 = c.$$

Mit $c = \alpha + i\beta$ ($\alpha, \beta \in \mathbb{R}$) ist (4) identisch mit dem reellen Gleichungspaar

$$x^2 - y^2 = \alpha, \quad 2xy = \beta.$$

Für eine Lösung von (4) gilt ferner $|z|^2 = x^2 + y^2 = |c|$. Damit folgt

$$2x^2 = |c| + \alpha, \quad 2y^2 = |c| - \alpha.$$

Die einzig möglichen Werte für x und y sind also

(5) $$x = \pm\sqrt{\frac{1}{2}(|c| + \alpha)}, \quad y = \pm\sqrt{\frac{1}{2}(|c| - \alpha)}.$$

Im Fall $\beta > 0$ sind zwecks $2xy = \beta$ nur die Vorzeichenkombinationen $(+, +)$ und $(-, -)$ möglich, im Fall $\beta < 0$ nur $(+, -)$ und $(-, +)$; ist schließlich $\beta = 0$, d.h. c reell, so hat $z^2 = c = \alpha$ für $\alpha \geq 0$ die Lösungen $\pm\sqrt{\alpha}$ und für $\alpha < 0$ die Lösungen $\pm\sqrt{|\alpha|} \cdot i$. Man verifiziert nachträglich, daß die gefundenen Zahlen die Gleichung (4) lösen.

Die Lösungen von (3) erhalten dann wieder die altbekannte Form

$$z_{1,2} = -\frac{a}{2} \pm \frac{1}{2}\sqrt{a^2 - 4b}.$$

Hier ist unter $\sqrt{a^2 - 4b}$ eine der Wurzeln von $a^2 - 4b$ zu verstehen, d.h. eine der Lösungen von $z^2 = a^2 - 4b$. $\square$

Die dritten Einheitswurzeln. Diese sind die Lösungen der Gleichung

$$z^3 = 1.$$

Wegen $z^3 - 1 = (z - 1)(z^2 + z + 1)$ hat $z^3 - 1 = 0$ neben 1 noch die beiden Nullstellen von $z^2 + z + 1$ als Lösungen. Diese sind

$$\zeta_1 = -\frac{1}{2} + \frac{1}{2}\sqrt{3}i \quad \text{und} \quad \zeta_2 = -\frac{1}{2} - \frac{1}{2}\sqrt{3}i.$$

Es gilt:

$$|1 - \zeta_1| = |1 - \zeta_2| = |\zeta_1 - \zeta_2| = \sqrt{3}.$$

Die 3. Einheitswurzeln sind also die Ecken eines gleichseitigen Dreiecks. Ferner stellt man sofort fest, daß $\zeta_2 = \zeta_1^2$ gilt.

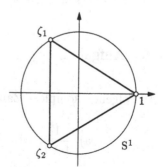

Die 3. Einheitswurzeln

Fundamentalsatz der Algebra: *Jede Gleichung*

$$z^n + a_{n-1}z^{n-1} + \ldots + a_1 z + a_0 = 0 \quad (n > 0)$$

mit komplexen Koeffizienten a_k besitzt in $\mathbb{C}$ mindestens eine Lösung.

Historisches. Fast alle führenden Mathematiker des 17. und 18. Jahrhunderts versuchten, den Satz zu beweisen. Die ersten einwandfreien Beweise stammen von Laplace (1795) und Gauß (1799). Einen besonders einfachen und schönen gab Argand (1814); wir bringen diesen in 7.6. Heute kennt man weit mehr als ein Dutzend verschiedener Beweise. Alle benützen nicht-algebraische Hilfsmittel. Besonders elegant sind die funktionentheoretischen Beweise; siehe Band 2.

3.4 Die Unmöglichkeit einer Anordnung von $\mathbb{C}$

Die Lösbarkeit der Gleichung $z^2 + 1 = 0$ macht es unmöglich, auf $\mathbb{C}$ einen Positivitätsbegriff wie auf $\mathbb{R}$ mit analogen Eigenschaften (A1) und (A2) einzuführen. Gegebenenfalls wäre dann auch $z^2 > 0$ für jede komplexe Zahl $z \neq 0$ und damit $0 < i^2 + 1^2 = 0$ im Widerspruch zu (A1).

Da zwar der Unterkörper $\mathbb{R}$ von $\mathbb{C}$ angeordnet ist, $\mathbb{C}$ selbst aber nicht, vereinbaren wir, daß Formeln wie $a > 0$ und $a < 0$ stets $a \in \mathbb{R}$ voraussetzen.

Die Mathematiker des 17. und 18. Jahrhunderts unterstellten unreflektiert die Möglichkeit eines Größenvergleichs der komplexen Zahlen. Die damit bedingten Widersprüche verursachten das Mißtrauen gegen diese.

Mit der Einführung der komplexen Zahlen ist der Aufbau des der Analysis zugrunde liegenden Zahlensystems abgeschlossen. Eine Erweiterung des Körpers $\mathbb{C}$ zu hyperkomplexen Systemen erzwingt gravierende Struktureinbrüche, die Erweiterung zum 4-dimensionalen System der Hamiltonschen Quaternionen etwa den Verlust der Kommutativität der Multiplikation. Den an solchen Fragen interessierten Leser verweisen wir auf den Grundwissen-Band „Zahlen" bei Springer [4].

3.5 Aufgaben

1. Folgende komplexe Zahlen stelle man in der Form $a + ib$ dar:

   a) $\dfrac{1}{1+i}$;   b) $\dfrac{3+4i}{2-i}$;   c) $\left(\dfrac{1+i}{1-i}\right)^k$, $k \in \mathbb{Z}$;   d) $\sqrt{i}$.

2. Für $z \in S^1$ ist $z^{-1} = \bar{z}$. Mit $z, w \in S^1$ gilt auch $zw \in S^1$ und $z/w \in S^1$.

3. Man zeichne die Punktmengen

   a) $M_1 = \{ z \in \mathbb{C} \mid |z - 1| = |z + 1| \}$,

   b) $M_2 = \{ z \in \mathbb{C} \mid 1 < |z - \mathrm{i}| < 2 \}$,

   c) $M_3 = \{ z \in \mathbb{C} \mid |z| \geq 1, |\mathrm{Re}\, z| \leq \frac{1}{2}, \mathrm{Im}\, z > 0 \}$ (*Modulfigur*).

4. Man beweise

   a) $\bigl| |z| - |w| \bigr| \leq |z - w|$,

   b) $|z + w|^2 + |z - w|^2 = 2\bigl(|z|^2 + |w|^2 \bigr)$ (*Parallelogramm-Gesetz*).

5. Drei verschiedene Punkte $z_1, z_2, z_3 \in \mathbb{C}$ liegen genau dann auf einer Geraden, wenn es eine reelle Zahl r gibt mit $z_3 - z_1 = r(z_2 - z_1)$.

6. Man berechne die Lösungen der Gleichung $z^6 = 1$ (*6. Einheitswurzeln*), und zeige, daß sie die Ecken eines regelmäßigen 6-Ecks bilden.

7. *Die 5. Einheitswurzeln und der goldene Schnitt.*

   a) Man berechne die Lösungen der Gleichung $z^5 = 1$.
      Hinweis: $z^4 + z^3 + z^2 + z + 1 = (z^2 + gz + 1)(z^2 - hz + 1)$.
      (g = goldener Schnitt, $h = g^{-1}$; siehe 2.3.)

   b) Mit $\zeta = \frac{1}{2}\bigl(h + \mathrm{i}\sqrt{4 - h^2} \bigr)$ haben alle Einheitswurzeln die Gestalt ζ^n, $n = 1, \dots, 5$. Es gilt $\zeta^3 = \overline{\zeta^2}$ und $\zeta^4 = \bar{\zeta}$.

   c) Die 5. Einheitswurzeln bilden die Ecken eines regelmäßigen 5-Ecks.

   d) Man zeige und deute $|\zeta^2 - 1| : |\zeta - 1| = g$.

8. Jeder Kreis und jede Gerade in der komplexen Ebene ist die Lösungsmenge einer Gleichung

$$a|z|^2 + \bar{b}z + b\bar{z} + c = 0 \quad \text{mit } a, c \in \mathbb{R},\ b \in \mathbb{C} \text{ und } |b|^2 - ac > 0.$$

Umgekehrt ist die Lösungsmenge jeder solchen Gleichung ein Kreis oder eine Gerade.

9. *Kreistreue der Inversion* $\mathbb{C}^* \to \mathbb{C}^*$, $z \mapsto \dfrac{1}{z}$. Man zeige, daß die Inversion Kreise und Geraden in Kreise und Geraden abbildet; man präzisiere diese Behauptung.

10. Es seien $a = m^2 + n^2$ und $b = p^2 + q^2$ Summen von je zwei Quadraten ganzer Zahlen m, n, p, q. Man zeige: Auch ab ist eine solche Summe.

4   Funktionen

4.1   Grundbegriffe

Definition: Unter einer *komplexwertigen Funktion auf einer Menge X* (kurz: komplexen Funktion auf X) versteht man eine Vorschrift f, die jedem Element $x \in X$ in eindeutiger Weise eine komplexe Zahl $f(x)$ zuordnet. Man verwendet die Bezeichnungen $f : X \to \mathbb{C}$ und $x \mapsto f(x)$, gelegentlich auch nur $f(x)$. Die Menge X heißt *Definitionsbereich*, die Menge $f(X) := \{ f(x) \in \mathbb{C} \mid x \in X \}$ *Wertebereich* von f. Analog ist eine *reelle Funktion* eine Vorschrift mit $f(x) \in \mathbb{R}$ für alle x.

Bei diesem Funktionsbegriff unterliegt die Vorschrift f keiner Einschränkung; insbesondere verlangt man für f keine „analytische" Darstellung, wie das die Mathematiker des 18. Jahrhunderts taten. Den allgemeinen Funktionsbegriff hat erstmals Dirichlet (1805–1859) in seinen Arbeiten über trigonometrische Reihen formuliert.

Gelegentlich werden Funktionen nicht durch Angabe einer Zuordnungsvorschrift, sondern indirekt durch andere Maßgaben, zum Beispiel Funktionalgleichungen, definiert. Es ist dann eine Aufgabe der Analysis, eine Zuordnungsvorschrift zu ermitteln. Siehe etwa die Einführung der Exponentialfunktion in Kapitel 8.

Unter dem *Graphen* von $f : X \to \mathbb{C}$ versteht man die Menge

$$G(f) := \{ (x, f(x)) \mid x \in X \} \subset X \times \mathbb{C}.$$

Im Fall einer reellen Funktion auf einer Teilmenge $X \subset \mathbb{R}$ stellt man den Graphen oft als „Kurve" im $\mathbb{R}^2$ dar.

Beispiel: Die Gauß-Klammer [ ] : $\mathbb{R} \to \mathbb{R}$.

Für $x \in \mathbb{R}$ bezeichnet man mit $[x]$ die größte ganze Zahl $\leq x$; d.h., $[x]$ ist diejenige ganze Zahl mit $x - 1 < [x] \leq x$. Der Wertebereich von [ ] ist die Menge $\mathbb{Z}$.

Eine Funktion $f : X \to \mathbb{R}$ auf einer Menge $X \subset \mathbb{R}$ heißt *monoton wachsend* bzw. *fallend*, wenn für alle Paare $x_1, x_2 \in X$ mit $x_1 < x_2$ die Ungleichung $f(x_1) \leq f(x_2)$ bzw. $f(x_1) \geq f(x_2)$ gilt; ferner *streng* monoton wachsend bzw. fallend, wenn sogar $f(x_1) < f(x_2)$ bzw. $f(x_1) > f(x_2)$ gilt. Zum Beispiel ist die Gauß-Klammer $[\ ]$ monoton wachsend, aber nicht streng.

Komplexwertige Funktionen deutet man oft geometrisch als Abbildungen; beispielsweise $f : \mathbb{C} \to \mathbb{C}$ mit $f(z) = az$, $a \in \mathbb{C}^*$, als Drehstreckung. Umgekehrt führen zahlreiche geometrisch erklärte Abbildungen zu komplexen Funktionen.

Beispiel: Die stereographische Projektion $\sigma : \mathbb{R} \to S^1$. Die Verbindungsgerade eines Punktes $x \in \mathbb{R} \subset \mathbb{C}$ mit dem Punkt i schneidet die 1-Sphäre in genau einem Punkt $\sigma(x) \neq$ i. Die dadurch definierte Abbildung $\sigma : \mathbb{R} \to S^1$ heißt stereographische Projektion; ihr Wertebereich ist $S^1 \setminus \{i\}$.

Für $\sigma(x) = \xi + i\eta$ hat man im Fall $x \neq 0$ die beiden Gleichungen

$$\xi : x = (1 - \eta) : 1$$

und

$$\xi^2 + \eta^2 = 1.$$

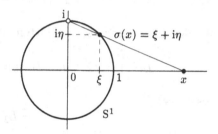

Als Lösung, die offensichtlich auch für $\sigma(0)$ gilt, erhält man

$$\sigma(x) = \frac{2x + i(x^2 - 1)}{x^2 + 1}.$$

Stereographische Projektion
$\sigma : \mathbb{R} \to S^1 \setminus \{i\}$

Wir führen im folgenden drei Standardverfahren an, mit denen man in vielen Fällen Funktionen aus gegebenen erzeugt oder auf bekannte zurückführt. Es handelt sich um die algebraischen Operationen, um die Komposition und um die Umkehrung.

Algebraische Operationen. Zu $f, g : X \to \mathbb{C}$ definiert man $f + g$, $f \cdot g$ auf X durch

$$(f + g)(x) := f(x) + g(x),$$
$$(f \cdot g)(x) := f(x) \cdot g(x),$$

sowie f/g auf $\{x \in X \mid g(x) \neq 0\}$ durch

$$\left(\frac{f}{g}\right)(x) := \frac{f(x)}{g(x)}.$$

Man definiert ferner $\overline{f}$, $\mathrm{Re}\, f$ und $\mathrm{Im}\, f$ durch

$$\overline{f}(x) := \overline{f(x)}, \quad (\mathrm{Re}\, f)(x) := \mathrm{Re}\, f(x), \quad (\mathrm{Im}\, f)(x) := \mathrm{Im}\, f(x).$$

Zusammensetzung von Funktionen. Der Wertebereich der Funktion $f : X \to \mathbb{C}$ sei enthalten im Definitionsbereich einer weiteren Funktion $g : Y \to \mathbb{C}$. Diese Situation kennzeichnet man oft durch das Diagramm

$$X \xrightarrow{f} Y \xrightarrow{g} \mathbb{C}.$$

Die *zusammengesetzte* Funktion $g \circ f : X \to \mathbb{C}$ ist dann definiert durch

$$(g \circ f)(x) := g\big(f(x)\big).$$

Beispiel: Zerlegung einer *gebrochen-linearen* Transformation

$$T : \mathbb{C} \setminus \left\{ -\frac{d}{c} \right\} \to \mathbb{C}, \quad T(z) = \frac{az + b}{cz + d},$$

mit $c \neq 0$ und $D := ad - bc \neq 0$ $(a, b, c, d \in \mathbb{C})$. Es gilt

$$(*) \qquad\qquad T(z) = \frac{a}{c} - \frac{D}{c} \cdot \frac{1}{cz + d}.$$

Mit den folgendermaßen erklärten Abbildungen

$$L_1(z) := cz + d, \quad I(w) := \frac{1}{w}, \quad L_2(u) := -\frac{D}{c}u + \frac{a}{c}$$

besagt $(*)$:

$$T = L_2 \circ I \circ L_1.$$

Somit ist jede gebrochen-lineare Funktion T aus linearen Funktionen L_1, L_2 und der Inversion I zusammengesetzt.

Als Anwendung zeigen wir die **Invarianz des Doppelverhältnisses unter gebrochen-linearen Transformationen.** Das *Doppelverhältnis* vier verschiedener Zahlen $z_1, \ldots, z_4$ ist die Zahl

$$DV(z_1, z_2, z_3, z_4) := \frac{z_1 - z_2}{z_1 - z_4} : \frac{z_3 - z_2}{z_3 - z_4}.$$

Behauptung: Für $z_1, \ldots, z_4 \neq -d/c$ (Bezeichnungen wie oben) gilt

$$DV(Tz_1, Tz_2, Tz_3, Tz_4) = DV(z_1, z_2, z_3, z_4).$$

Wegen $T = L_2 \circ I \circ L_1$ hat man diese Behauptung lediglich für lineare Transformationen L und die Inversion I zu zeigen. Beides ist trivial. $\quad\Box$

Umkehrung einer Funktion. Sei $f : X \to \mathbb{C}$ injektiv, und sei $X \subset \mathbb{C}$. *Injektiv* bedeutet, daß es zu jedem Funktionswert $y \in f(X)$ *genau ein* $x \in X$ mit $y = f(x)$ gibt. Die Vorschrift g, die jedem $y \in f(X)$ dieses sogenannte *Urbild* x zuordnet, heißt die *Umkehrfunktion* zu f:

$$g : f(X) \to \mathbb{C}, \quad g\big(f(x)\big) = x.$$

Injektiv sind beispielsweise alle streng monotonen Funktionen. *Folglich besitzt jede streng monotone Funktion $f : X \to \mathbb{R}$ auf einer Teilmenge $X \subset \mathbb{R}$ eine Umkehrfunktion $g : f(X) \to \mathbb{R}$, und diese ist monoton im selben Sinn.*

Für reellwertiges f und $X \subset \mathbb{R}$ entsteht der Graph der Umkehrfunktion $G(g) = \{(y, x) \mid y = f(x), x \in X\}$ aus dem Graphen von f durch Spiegelung an der Diagonalen des $\mathbb{R}^2$; unter der Diagonalen versteht man die Menge aller Punkte $(x, x) \in \mathbb{R}^2$.

Potenzfunktionen mit rationalen Exponenten

Die ganzzahligen Potenzen einer Zahl $x \neq 0$ genügen dem Gesetz

$$x^{m+n} = x^m \cdot x^n.$$

D.h. die Funktion $\varphi : \mathbb{Z} \to \mathbb{R}$, $\varphi(n) := x^n$, erfüllt das *Additionstheorem* $\varphi(m + n) = \varphi(m)\varphi(n)$. Im Fall $x > 0$ kann φ unter Wahrung dieses Gesetzes mit Hilfe von Wurzeln auf ganz $\mathbb{Q}$ erweitert werden:

Es gibt genau eine Funktion $\Phi : \mathbb{Q} \to \mathbb{R}$ mit $\Phi(n) = x^n$ für $n \in \mathbb{Z}$ und

(A) $\qquad\qquad \Phi(r + s) = \Phi(r)\Phi(s) \quad$ *für alle $r, s \in \mathbb{Q}$.*

Die Lösung dieses Fortsetzungsproblems lautet

(1) $\qquad \Phi(r) = x^r := \sqrt[q]{x^p}, \quad$ *wobei* $\quad r = \dfrac{p}{q}, p \in \mathbb{Z}$ *und* $q \in \mathbb{N}$.

Beweis: x^r hängt wegen $(x^p)^{1/q} = (x^{kp})^{1/kq}$ für $k \in \mathbb{N}$ nicht von der speziellen Darstellung $r = p/q$ ab. Φ ist also sinnvoll definiert, und es gilt $\Phi(n) = x^n$, falls n ganz ist.

Zum Nachweis von (A), d.h. von $x^{r+s} = x^r \cdot x^s$, schreibe man $r = m/q$, $s = n/q$ mit gleichem Nenner q und potenziere mit q.

Die Zwangsläufigkeit der Definition (1) schließlich erkennt man so: Wegen (A) ergibt vollständige Induktion zunächst $\Phi(nr) = (\Phi(r))^n$ für $n \in \mathbb{N}$. Damit folgt dann $x^p = \Phi(p) = \Phi(q \cdot p/q) = \Phi(r)^q$ und daraus schließlich die Darstellung (1). $\qquad\qquad\qquad\qquad\qquad\qquad\qquad\qquad\qquad\square$

Die Funktion $x \mapsto x^r$, $x \in \mathbb{R}_+$, wächst streng monoton für $r > 0$ und fällt streng monoton für $r < 0$. Ihre Umkehrfunktion ist $x \mapsto x^{1/r}$. Die einfachen Beweise überlassen wir dem Leser; sie beruhen auf 2.5 Aufgabe 2.

Wir weisen noch darauf hin, daß die Potenzen x^a für beliebiges $a \in \mathbb{C}$ erst mit Hilfe der Exponentialfunktion in 8.4 erklärt werden.

4.2 Polynome

Polynome stellen wichtige Funktionen der Analysis dar. Sie werden zur Approximation und Interpolation verwendet und sind der Ausgangspunkt der Theorie der Potenzreihen.

Für die Analysis ist ein Polynom eine Funktion, die in der Gestalt

$$(2) \qquad f(x) = a_n x^n + a_{n-1} x^{n-1} + \ldots + a_1 x + a_0$$

dargestellt werden kann, wobei die Koeffizienten $a_0, \ldots, a_n$ komplexe Zahlen sind. Ist $a_n \neq 0$, so heißen n der *Grad* des Polynoms und a_n sein *Leitkoeffizient*. Sind alle a_k Null, so heißt f das *Nullpolynom*, in Zeichen $f = 0$. Diesem wird kein Grad zugeordnet. Jedoch sei in der Sprechweise „f ist ein Polynom eines Grades $\leq n$" das Nullpolynom eingeschlossen. Die Gesamtheit der Polynome mit Koeffizienten in $\mathbb{C}$ bzw. $\mathbb{R}$ bezeichnet man mit $\mathbb{C}[x]$ bzw. $\mathbb{R}[x]$.

Für die Algebra ist ein Polynom eine formale Summe. Dabei können anstelle der *Unbestimmten* x auch andere Objekte als Zahlen, etwa quadratische Matrizen oder Differentialoperatoren eingesetzt werden.

Summen und Produkte von Polynomen sind wieder Polynome. Das Produkt des Polynoms (2) und des Polynoms

$$(3) \qquad g(x) = b_m x^m + \ldots + b_1 x + b_0$$

ist das Polynom

$$(fg)(x) = c_{m+n} x^{m+n} + \ldots + c_1 x + c_0$$

mit den Koeffizienten

$$c_k = \sum_{r+s=k} a_r b_s, \qquad k = 0, \ldots, m+n.$$

Satz von der Division mit Rest: *Sei g ein Polynom $\neq 0$. Dann gibt es zu jedem Polynom f eindeutig bestimmte Polynome q und r mit*

$$(4) \qquad \boxed{f = qg + r, \quad \text{wobei } r = 0 \text{ oder } \operatorname{Grad} r < \operatorname{Grad} g.}$$

Beweis: Im Fall $\operatorname{Grad} f < \operatorname{Grad} g$ ist $f = 0 \cdot g + f$ eine Zerlegung (4). Im anderen Fall gehen wir von (2) und (3) mit $m \leq n$ und $b_m \neq 0$ aus.

Subtrahiert man von f das Polynom $a_n b_m^{-1} x^{n-m} g$, erhält man ein Polynom f_1 eines Grades $n_1 < n$. Ist $n_1 \geq m$, subtrahieren wir auch von f_1 ein Vielfaches von g so, daß die Differenz ein Polynom eines Grades $n_2 < n_1$ wird. So fortfahrend, erhält man schließlich ein Polynom r, das einen Grad $< m$ hat. Mit einem geeigneten Polynom q ist dann $f - qg = r$.

Die Einzigkeit: Für eine weitere derartige Zerlegung $f = q'g + r'$ mit $q' \neq q$ folgte $(q' - q)g = r - r'$ und damit der Widerspruch $\mathrm{Grad}(q' - q)g = \mathrm{Grad}(r - r') < \mathrm{Grad}\, g$.   □

Sprechweisen: Ist in (4) $r = 0$, so heißt g ein *Teiler von* f. Ferner heißen f und g *teilerfremd,* wenn es kein Polynom eines Grades ≥ 1 gibt, das sowohl f als auch g teilt.

Nullstellen. Abspaltung von Linearfaktoren

Bei der Division eines Polynoms f durch $x - \alpha$, $\alpha \in \mathbb{C}$, erhält man nach (4) als Rest eine Zahl $r \in \mathbb{C}$. Diese ist 0, wenn α eine Nullstelle von f ist; dabei heißt eine Zahl $\alpha \in \mathbb{C}$ *Nullstelle* von f, wenn $f(\alpha) = 0$.

Lemma: *Ist α eine Nullstelle von f, so ist f durch $x - \alpha$ teilbar; d.h., es gibt ein Polynom q mit $\mathrm{Grad}\, q = \mathrm{Grad}\, f - 1$ derart, daß*

$$f(x) = (x - \alpha)q(x).$$

Hat auch q eine Nullstelle, so läßt sich erneut ein Linearfaktor abspalten. Kann n-mal ein Linearfaktor abgespalten werden, $n = \mathrm{Grad}\, f$, so erhält man

$$f(x) = a_n(x - \alpha_1) \cdots (x - \alpha_n).$$

Folgerung 1: *Ein Polynom $\neq 0$ vom Grad n hat höchstens n Nullstellen.*

Ist f durch $(x - \alpha)^k$, aber nicht durch $(x - \alpha)^{k+1}$ teilbar, so heißt α eine *k-fache Nullstelle* von f.

Folgerung 2 (Identitätssatz): *Stimmen die Werte der Polynome*

$$f(x) = a_n x^n + \ldots + a_1 x + a_0,$$
$$g(x) = b_n x^n + \ldots + b_1 x + b_0$$

an $n + 1$ verschiedenen Stellen überein, so gilt $a_k = b_k$ für $k = 0, \ldots, n$, und damit $f(x) = g(x)$ für alle $x \in \mathbb{C}$.

Beweis: $f - g$ hat $n + 1$ verschiedene Nullstellen und einen Grad $\leq n$. Folglich ist $f - g$ das Nullpolynom.   □

Bemerkung zum Gleichheitsbegriff für Polynome: $f = g$ bedeutet

in der Analysis $f(x) = g(x)$ für alle Stellen $x \in \mathbb{C}$;
in der Algebra $a_k = b_k$ für $k = 0, 1, \ldots, n$.

Aus dem Identitätssatz folgt, daß der analytische und der algebraische Gleichheitsbegriff übereinstimmen.

Auf dem Identitätssatz beruht die Methode des **Koeffizientenvergleichs**: *Hat man für ein Polynom zwei Darstellungen, so sind die entsprechenden Koeffizienten einander gleich.* Das führt oft zu wichtigen Identitäten. Als Beispiel beweisen wir das Additionstheorem der allgemeinen Binomialko-effizienten. Mit dessen Hilfe leiten wir dann in 6.4 das Additionstheorem der Binomialreihen her.

Die *allgemeinen Binomialkoeffizienten* werden für beliebige komplexe Zahlen z und ganze Zahlen k definiert, und zwar durch

$$(5) \qquad \binom{z}{k} := \begin{cases} \dfrac{z(z-1)\cdots(z-k+1)}{k!}, & \text{falls } k > 0, \\ 1, & \text{falls } k = 0, \\ 0, & \text{falls } k < 0. \end{cases}$$

Zum Beispiel ergibt sich für $k \in \mathbb{N}$

$$\binom{-1}{k} = (-1)^k, \qquad \binom{-\frac{1}{2}}{k} = (-1)^k \frac{1 \cdot 3 \cdot 5 \cdots (2k-1)}{2^k k!}.$$

Für $k > 0$ stellt $\binom{z}{k}$ das Polynom mit Grad k, Leitkoeffizienten $\dfrac{1}{k!}$ und Nullstellen in $0, 1, \ldots, k-1$ dar.

Additionstheorem der Binomialkoeffizienten: *Für alle* $s, t \in \mathbb{C}$ *und* $n = 0, 1, 2, \ldots$ *gilt*

$$(6) \qquad \sum_{k=0}^{n} \binom{s}{k}\binom{t}{n-k} = \binom{s+t}{n}.$$

Beweis: 1. *Das Additionstheorem gilt, falls* s *und* $t \in \mathbb{N}$. Zum Beweis stellen wir $(1+x)^{s+t}$ auf zwei Weisen dar:

$$(1+x)^{s+t} = \sum_{n=0}^{s+t} \binom{s+t}{n} x^n,$$

$$(1+x)^s (1+x)^t = \sum_{k=0}^{s} \binom{s}{k} x^k \cdot \sum_{q=0}^{t} \binom{t}{q} x^q = \sum_{n=0}^{s+t} \left(\sum_{k=0}^{n} \binom{s}{k}\binom{t}{n-k} \right) x^n.$$

Der Koeffizientenvergleich ergibt sofort die Behauptung.

2. *Das Additionstheorem gilt, falls* $t \in \mathbb{N}$. Zum Beweis sei $t \in \mathbb{N}$ fest gewählt. Dann stellen beide Seiten in (6) Polynome in s dar. Diese stimmen nach 1. für alle $s \in \mathbb{N}$ überein, nach dem Identitätssatz also für alle $s \in \mathbb{C}$.

3. *Das Additionstheorem gilt.* Zum Beweis sei $s \in \mathbb{C}$ fest gewählt. Dann stellen beide Seiten in (6) Polynome in t dar. Diese stimmen nach 2. für alle $t \in \mathbb{N}$ überein, nach dem Identitätssatz also für alle $t \in \mathbb{C}$. $\qquad \square$

Wir ziehen jetzt auch noch den Fundamentalsatz der Algebra heran. Nach diesem kann von jedem Polynom $f \in \mathbb{C}[z]$ eines Grades $n > 0$ ein Linearfaktor $z - \alpha$, $\alpha \in \mathbb{C}$, abgespalten werden. Durch $(n-1)$-maliges Abspalten und Zusammenfassen gleicher Linearfaktoren erhält man den

Satz von der Linearfaktorzerlegung: *Jedes nicht konstante Polynom* $f \in \mathbb{C}[z]$ *besitzt eine Darstellung*

$$f(z) = a(z - \alpha_1)^{k_1} \cdots (z - \alpha_s)^{k_s}.$$

Reelle Polynome. Ein Polynom f heißt *reell*, wenn seine Koeffizienten $a_0, a_1, \ldots, a_n$ reell sind. Ein reelles Polynom kann im allgemeinen nicht in *reelle* Linearfaktoren zerlegt werden, wie $x^2 + 1$ zeigt. Ein solches Polynom hat aber mit einer Nullstelle $\alpha \in \mathbb{C}$ auch α als Nullstelle, denn

$$f(\overline{\alpha}) = \sum_k a_k \overline{\alpha}^k = \overline{\sum_k a_k \alpha^k} = \overline{f(\alpha)} = 0.$$

Die nicht reellen Nullstellen treten also in Paaren konjugierter auf. Durch Zusammenmultiplizieren konjugierter Linearfaktoren $x - \alpha$ und $x - \overline{\alpha}$ entsteht ein Polynom 2. Grades, $(x - \alpha)(x - \overline{\alpha}) = x^2 - 2\operatorname{Re}(\alpha)x + \alpha\overline{\alpha}$, dessen Koeffizienten reell sind. Insgesamt erhält man folgendes Korollar zum Satz von der Linearfaktorzerlegung:

Satz von der Zerlegung reeller Polynome: *Jedes reelle Polynom kann als Produkt reeller Polynome mit Graden ≤ 2 dargestellt werden.*

4.3 Rationale Funktionen

Der Analytiker versteht unter einer *rationalen Funktion R* eine Funktion, die auf ganz $\mathbb{C}$ bis auf eine höchstens endliche Ausnahmemenge A definiert ist und sich in $\mathbb{C} \setminus A$ mittels Polynomen f, g als Quotient

$$R(z) = \frac{f(z)}{g(z)}$$

darstellen läßt. Bei anderer Wahl von Zähler und Nenner hat der darstellende Quotient möglicherweise einen größeren Definitionsbereich. Entsteht durch Kürzen der gemeinsamen Teilerpolynome von f und g der Quotient F/G, so nennen wir $D := \{z \in \mathbb{C} \mid G(z) \neq 0\}$ den *vollständigen* Definitionsbereich von R, und wir erhalten die Darstellung

$$R(z) := \frac{F(z)}{G(z)} \quad \text{für alle } z \in D.$$

Damit ist R zusätzlich definiert für die z mit $g(z) = 0$ aber $G(z) \neq 0$.

Beispiel: $R(z) = \frac{z}{z}$ hat $\mathbb{C}$ als vollständigen Definitionsbereich, und es gilt $R(0) = 1$.

In einer Darstellung $R = f/g$ mit teilerfremden Polynomen f und g sind diese bis auf konstante Faktoren bestimmt; insbesondere ist der vollständige Definitionsbereich D durch R eindeutig festgelegt. Zum Beweis sei $R = F/G$ eine weitere Darstellung mit teilerfremden Polynomen. Für die unendlich vielen z mit $g(z) \neq 0$ und $G(z) \neq 0$ gilt dann $F(z)g(z) = G(z)f(z)$ und nach dem Identitätssatz also $Fg = Gf$. Daraus folgt wegen der Teilerfremdheit, daß $G = cg$ ist mit einem $c \in \mathbb{C}$ und ebenso $F = cf$.

Pole. Abspaltung von Partialbrüchen

Ein Punkt $\alpha \in \mathbb{C}$ heißt *n-facher Pol* der rationalen Funktion R, wenn es eine Darstellung $R = f/g$ gibt, bei der $f(\alpha) \neq 0$ ist und g in α eine n-fache Nullstelle hat. Es gibt dann ein Polynom h mit $h(\alpha) \neq 0$ und

$$(7) \qquad\qquad R(z) = \frac{f(z)}{(z-\alpha)^n h(z)}.$$

Neben der zu einem Pol gehörigen multiplikativen Zerlegung (7) spielt auch eine additive Zerlegung eine wichtige Rolle. Die Bausteine für diese sind die sogenannten *Partialbrüche* $\frac{1}{(z-\alpha)^\nu}$.

Lemma von der Abspaltung eines Hauptteils: *Ist α ein n-facher Pol der rationalen Funktion R, so gibt es genau eine Zerlegung*

$$R(z) = H(z) + R_0(z)$$

folgender Art: H ist eine rationale Funktion der speziellen Gestalt

$$(8) \quad H(z) = \frac{a_n}{(z-\alpha)^n} + \frac{a_{n-1}}{(z-\alpha)^{n-1}} + \ldots + \frac{a_1}{z-\alpha} \qquad mit\ a_n \neq 0,$$

und R_0 ist eine rationale Funktion, die in α keinen Pol hat.
H heißt Hauptteil von R im Punkt α.

Beweis durch Induktion nach n: Vorweg formen wir die Darstellung (7) um. Da $f(z)h(\alpha) - f(\alpha)h(z)$ die Nullstelle α hat, gibt es ein Polynom p so, daß

$$\frac{f(z)}{h(z)} - \frac{f(\alpha)}{h(\alpha)} = \frac{f(z)h(\alpha) - f(\alpha)h(z)}{h(z)h(\alpha)} = \frac{(z-\alpha)p(z)}{h(z)}.$$

Damit folgt aus (7)

$$(9) \qquad R(z) = \frac{a_n}{(z-\alpha)^n} + \underbrace{\frac{p(z)}{(z-\alpha)^{n-1}h(z)}}_{=:\, \tilde{R}(z)} \quad \text{mit } a_n := \frac{f(\alpha)}{h(\alpha)}.$$

Der Induktionsbeweis: Im Fall $n = 1$ ist (9) bereits eine gewünschte Zerlegung, da $R_0 = p/h$ wegen $h(\alpha) \neq 0$ in α keinen Pol mehr hat.

Schluß von $n-1$ auf n: $\tilde{R}$ ist eine rationale Funktion, die in α keinen oder einen höchstens $(n-1)$-fachen Pol hat. Im ersten Fall nehme man diese als R_0, im zweiten zerlege man sie gemäß Induktionsannahme. Zusammenfassend erhält man eine Zerlegung wie gewünscht.

Wir nehmen nun an, es gäbe zwei Zerlegungen:

$$\sum_{\nu=1}^n \frac{a_\nu}{(z-\alpha)^\nu} + R_0(z) = \sum_{\nu=1}^n \frac{b_\nu}{(z-\alpha)^\nu} + S_0(z).$$

Multipliziert man mit $(z - \alpha)^n$ und setzt in der entstehenden Identität $z = \alpha$, so ergibt sich $a_n = b_n$. Nach Entfernen von $a_n/(z-\alpha)^n$ aus beiden Seiten zeigt man analog $a_{n-1} = b_{n-1}$ usw. $\qquad\qquad\square$

Wir unterstellen jetzt wieder den Fundamentalsatz der Algebra und nehmen den Nenner der rationalen Funktion R in folgender Gestalt an:

$$(10) \qquad g(z) = (z-\alpha_1)^{n_1} \cdots (z-\alpha_s)^{n_s}.$$

Außerdem nehmen wir an, daß $\alpha_1, \ldots, \alpha_s$ keine Nullstellen des Zählers f sind. $R = f/g$ hat dann genau in $\alpha_1, \ldots, \alpha_s$ Pole und diese mit den Vielfachheiten $n_1, \ldots, n_s$. Sind $H_1, \ldots, H_s$ die jeweiligen Hauptteile von R bestehend aus Linearkombinationen von $n_1, \ldots, n_s$ *Partialbrüchen*, so gilt

$$(11) \qquad \boxed{R = H_1 + \ldots + H_s + q.}$$

Dabei ist q eine rationale Funktion ohne Pole in $\mathbb{C}$, nach dem Fundamentalsatz der Algebra also der Quotient eines Polynoms und einer Konstanten, folglich ein Polynom. q heißt der *Polynom-Anteil* von R.

Satz von der Partialbruchzerlegung: *Jede rationale Funktion ist die Summe ihrer Hauptteile und ihres Polynom-Anteils.*

Herstellung der Partialbruchzerlegung (PBZ)

1. *Den Polynom-Anteil q von $R = f/g$ gewinnt man durch Division mit Rest aus $f = qg + r$.*

Beweis: $r := (H_1 + \ldots + H_s)g$ ist nach der Bauart (8) von Hauptteilen ein Polynom mit $\operatorname{Grad} r < \operatorname{Grad} g$. Die aus (11) folgende Darstellung $f = qg + r$ ist also eine Darstellung wie bei der Division mit Rest. Wegen der Einzigkeit dieser Darstellung folgt die Behauptung.   □

2. Nach Abspaltung des Polynoms q bleibt noch eine rationale Funktion mit Zählergrad < Nennergrad zu zerlegen. Welche Partialbrüche dabei auftreten können, entnimmt man der Linearfaktorzerlegung (10) des Nenners. Weiter kann sofort für jeden Hauptteil der Koeffizient mit dem höchsten Index berechnet werden: Ist α ein n-facher Pol, so gilt nach (9) unter Verwendung der dortigen Bezeichnungen

$$(9^*) \qquad a_n = \frac{f(\alpha)}{h(\alpha)} = \text{Funktionswert von } R(z) \cdot (z - \alpha)^n \text{ bei } \alpha.$$

Die weiteren Koeffizienten kann man etwa durch Koeffizientenvergleich ermitteln. Multipliziert man die mit unbekannten a_{ik} angesetzte Partialbruchzerlegung $\dfrac{f}{g} = \sum_{i,k} \dfrac{a_{ik}}{(z - \alpha_i)^k}$ auf beiden Seiten mit g, so entsteht eine Identität zwischen Polynomen, aus der durch Koeffizientenvergleich lineare Gleichungen für die a_{ik} resultieren. Auch durch Einsetzen spezieller z erhält man solche Gleichungen.   □

Beispiel: Sei $R(z) = \dfrac{z+1}{z(z-1)^2}$. Die Partialbruchzerlegung hat die Gestalt

$$(12) \qquad\qquad R(z) = \frac{a}{z} + \frac{b_2}{(z-1)^2} + \frac{b_1}{z-1}.$$

a und b_2 berechnen wir nach (9^*):

$$a = \text{Funktionswert von } z \cdot R = \frac{z+1}{(z-1)^2} \text{ bei } z = 0: \quad a = 1;$$

$$b_2 = \text{Funktionswert von } (z-1)^2 \cdot R = \frac{z+1}{z} \text{ bei } z = 1: \quad b_2 = 2.$$

Zur Bestimmung von b_1 multiplizieren wir beide Seiten von (12) mit dem Nenner von R und vergleichen in der entstehenden Identität

$$z + 1 = (z - 1)^2 + 2z + b_1 z(z - 1)$$

die Koeffizienten bei z^2. Wir erhalten $0 = 1 + b_1$, also $b_1 = -1$.

Zur Bestimmung von b_1 kann man auch in (12) z spezialisieren. $z = 2$ etwa ergibt die Gleichung $\frac{3}{2} = \frac{1}{2} + 2 + b_1$. Insgesamt folgt

$$\frac{z+1}{z(z-1)^2} = \frac{1}{z} + \frac{2}{(z-1)^2} - \frac{1}{z-1}.$$ □

4.4 Aufgaben

1. Die Funktion $f(x) := [x] + \sqrt{x - [x]}$ auf $\mathbb{R}$ wächst streng monoton.

2. Zu einer nicht leeren Teilmenge $A \subset \mathbb{C}$ definiert man die sogenannte *Abstandsfunktion* $d_A : \mathbb{C} \to \mathbb{R}$ durch $d_A(z) := \inf \{|z - a| \mid a \in A\}$.

   a) Man bestimme diese für $A = \mathbb{Z}$.

   b) Man zeige: $|d_A(z) - d_A(w)| \le |z - w|$.

3. Es sei $X \subset \mathbb{C}$ eine Teilmenge derart, daß mit $x \in X$ auch $-x$ zu X gehört. Dann heißt eine Funktion $f : X \to \mathbb{C}$ *gerade* bzw. *ungerade*, wenn $f(-x) = f(x)$ bzw. $f(-x) = -f(x)$ für alle $x \in X$ gilt. Man charakterisiere die geraden und die ungeraden Polynome. Ferner zeige man, daß jede Funktion $\varphi : X \to \mathbb{C}$ genau eine Zerlegung $\varphi = g + u$ besitzt, in der g gerade und u ungerade ist; g heißt der *gerade Anteil* von φ, u der *ungerade*.

4. Ein Polynom $f : \mathbb{C} \to \mathbb{C}$ nimmt genau dann für alle $x \in \mathbb{R}$ reelle Werte an, wenn seine Koeffizienten reell sind.

5. Für den sogenannten mittleren Binomialkoeffizienten gilt

$$\binom{2n}{n} = \sum_{k=0}^{n} \binom{n}{k}^2.$$

6. Für ein Polynom $f(z) = a_n z^n + \ldots + a_1 z + a_0$ definiere man formal

$$f'(z) := \sum_{k=1}^{n} k a_k z^{k-1} \qquad (z^0 := 1).$$

   Man zeige: Eine k-fache Nullstelle von f ist eine $(k-1)$-fache von f'. Hinweis: Man zeige zunächst die Produktregel $(fg)' = f'g + fg'$.

7. Man berechne die Partialbruchzerlegung von $\dfrac{z^7 + 1}{z^5 + z^3}$.

8. Man zeige: $\dfrac{n!}{z(z+1) \cdots (z+n)} = \sum_{k=0}^{n} \binom{n}{k} \dfrac{(-1)^k}{z+k}$.

9. *Newtonsche Interpolation.* Gegeben seien $n + 1$ verschiedene Stellen $z_0, \ldots, z_n \in \mathbb{C}$ und $n + 1$ beliebige Werte $w_0, \ldots, w_n \in \mathbb{C}$. Man zeige:

   a) Es gibt eindeutig bestimmte Zahlen $c_0, \ldots, c_n$ so, daß das Polynom

$$P(z) = c_0 + \sum_{k=0}^{n-1} c_{k+1} (z - z_0) \cdots (z - z_k)$$

   die Interpolationseigenschaft $P(z_k) = w_k$, $k = 0, \ldots, n$, besitzt.

b) Im Fall $z_k = k$ für $k = 0, \ldots, n$ kann man P wie folgt schreiben:

$$P(z) = \sum_{k=0}^{n} b_k \binom{z}{k}, \qquad b_k = k!\, c_k.$$

10. *Ganzwertige Polynome.* Ein Polynom P heißt *ganzwertig*, wenn seine Funktionswerte $P(m)$ für alle $m \in \mathbb{Z}$ ganze Zahlen sind. Man zeige:

a) Die Polynome $\binom{z}{k}$ sind ganzwertig.

b) Ein Polynom P n-ten Grades ist genau dann ganzwertig, wenn es eine Darstellung wie in Aufgabe 9b) mit $b_0, \ldots, b_n \in \mathbb{Z}$ besitzt.

11. Eine gebrochen-lineare Transformation $T : \mathbb{C} \setminus \{-d/c\} \to \mathbb{C}$,

$$T(z) = \frac{az + b}{cz + d} \quad \text{mit } c \neq 0 \text{ und } ad - bc \neq 0,$$

ist *kreistreu* in folgendem Sinn: Das Bild $T(k)$ eines Kreises $k \subset \mathbb{C}$ mit $-d/c \notin k$ ist wieder ein Kreis.

12. *Algebraische Zahlen.* Eine komplexe Zahl ξ heißt *algebraisch*, wenn sie Nullstelle eines Polynoms $P(z) = a_n z^n + \ldots + a_1 z + a_0$ mit Koeffizienten $a_0, \ldots, a_n \in \mathbb{Z}$ ist: $P(\xi) = 0$. Zum Beispiel ist jede rationale Zahl a/b als Nullstelle von $bz - a$ algebraisch. Man beweise den Satz von Cantor:

Die Menge aller algebraischen Zahlen ist abzählbar, die Menge der nicht algebraischen (= transzendenten) Zahlen somit nicht abzählbar.

Obwohl es also wesentlich mehr transzendente Zahlen als algebraische gibt, können wir bis jetzt keine einzige benennen. Der Nachweis der Transzendenz einzelner Zahlen, zum Beispiel von π, bietet in der Regel besondere Schwierigkeiten.

5 Folgen

Mit diesem Kapitel beginnen wir die Diskussion von Grenzprozessen. Diese gehören zu den wichtigsten Prinzipien der Mathematik und bilden ein konstituierendes Element der Analysis. Grenzprozesse wurden erstmals von den Griechen zur Berechnung von Flächen durchgeführt.

5.1 Konvergenz von Folgen

Unter einer *Folge komplexer Zahlen*, kurz *Folge in* $\mathbb{C}$, versteht man eine Funktion $f : \mathbb{N} \to \mathbb{C}$ mit der Menge der natürlichen Zahlen als Definitionsbereich. Ist $f(n) = a_n$, so schreibt man für f meistens

$$(a_n) \quad \text{oder} \quad a_1, a_2, a_3, \dots.$$

Definition: Eine Folge (a_n) heißt *konvergent*, wenn es eine Zahl $a \in \mathbb{C}$ mit folgender Eigenschaft gibt: Zu jedem $\varepsilon > 0$ existiert ein $N \in \mathbb{R}$ so, daß

$$(1) \qquad\qquad |a_n - a| < \varepsilon \quad \text{für alle} \quad n > N.$$

Die Zahl a heißt *Grenzwert* oder *Limes* der Folge, und man schreibt

$$\lim_{n \to \infty} a_n = a \quad \text{oder} \quad a_n \to a \text{ für } n \to \infty.$$

Eine Folge, die gegen 0 konvergiert, heißt auch *Nullfolge*.

Im Konvergenzfall ist der Grenzwert einer Folge eindeutig bestimmt. Wären $a' \neq a$ zwei Grenzwerte, so gäbe es zu $\varepsilon := \frac{1}{3}|a' - a| > 0$ Indizes N und N' derart, daß $|a_n - a| < \varepsilon$ für $n > N$ und $|a_n - a'| < \varepsilon$ für $n > N'$. Mit einem $n > \max(N', N)$ folgte dann $|a' - a| \leq |a' - a_n| + |a_n - a| < 2\varepsilon$, was der Wahl von ε widerspricht. $\qquad\qquad\square$

Geometrisch bedeutet die Forderung (1), daß alle Folgenglieder mit einem Index $n > N$ in der Kreisscheibe

$$K_\varepsilon(a) := \left\{ z \in \mathbb{C} \mid |z - a| < \varepsilon \right\}$$

mit Mittelpunkt a und Radius ε liegen.

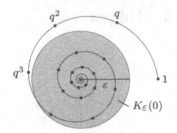

Glieder der Folge (q^n) für $|q| < 1$. Die
Glieder liegen auf einer logarithmischen
Spirale; siehe 12.10. Nach Beispiel 4. unten konvergiert die Folge gegen den Nullpunkt. In der Abbildung liegen die Glieder q^n für $n \geq 4$ in $K_\varepsilon(0)$.

Bei dieser Gelegenheit führen wir auch die Bezeichnung *Umgebung ei-
nes Punktes* ein. Unter der *ε-Umgebung von* $a \in \mathbb{C}$ versteht man die Kreisscheibe $K_\varepsilon(a)$. Ferner wird jede Menge U, die eine Obermenge einer ε-
Umgebung von a ist, *Umgebung von* a genannt. Ist $a \in \mathbb{R}$, so versteht man
unter der *ε-Umgebung von* a *in* $\mathbb{R}$ das Intervall

$$I_\varepsilon(a) := \left\{ x \in \mathbb{R} \mid |x - a| < \varepsilon \right\}$$

und unter einer Umgebung wieder jede Obermenge einer ε-Umgebung.

Ferner verwendet man in diesem Zusammenhang oft den Terminus *fast
alle*: Gegeben seien für alle $n \in \mathbb{N}$ Aussagen $A(n)$. Dann sagt man „*fast alle
$A(n)$ sind richtig*", wenn es ein N gibt so, daß die $A(n)$ mit $n > N$ richtig
sind. Mit dieser Terminologie lautet die Bedingung für die Konvergenz
einer Folge (a_n) gegen a: *Jede Umgebung von a enthält fast alle a_n.*

Wichtige Folgen und ihre Grenzwerte:

1. $\displaystyle\lim_{n \to \infty} \frac{1}{n^s} = 0$ für jedes positive $s \in \mathbb{Q}$.

2. $\displaystyle\lim_{n \to \infty} \sqrt[n]{a} = 1$ für jedes reelle $a > 0$.

3. $\displaystyle\lim_{n \to \infty} \sqrt[n]{n} = 1$.

4. $\displaystyle\lim_{n \to \infty} q^n = 0$ für jedes $q \in \mathbb{C}$ mit $|q| < 1$; siehe Abbildung oben.

5. $\displaystyle\lim_{n \to \infty} \frac{n^k}{z^n} = 0$ für jedes $k \in \mathbb{N}$ und $z \in \mathbb{C}$ mit $|z| > 1$.

In 5. werden die Wachstumsgeschwindigkeiten der Folgen n^k und $|z|^n$ ver-
glichen. Die Tatsache, daß die Quotienten eine Nullfolge bilden, formuliert
man oft so: Die Folge $|z|^n$ wächst im Fall $|z| > 1$ schneller als jede noch so
große Potenz von n. Man beachte auch, daß 5. mit $q := 1/z$ den Grenzwert
4. verschärft.

Beweise: 1. Zu vorgegebenem $\varepsilon > 0$ setze man $N := \varepsilon^{-1/s}$. Für alle $n > N$
gilt dann $|1/n^s| < \varepsilon$.

2. Wir behandeln zunächst den Fall $a \geq 1$. Für $x_n := \sqrt[n]{a} - 1$ ergibt die Bernoullische Ungleichung $a = (1 + x_n)^n \geq 1 + nx_n$. Es ist also $x_n < a/n$. Somit gilt

$$\left| \sqrt[n]{a} - 1 \right| = x_n < \varepsilon \quad \text{für alle } n > N := \frac{a}{\varepsilon}.$$

Den Fall $a < 1$ führen wir durch Übergang zu $a^{-1} > 1$ auf den bewiesenen zurück: Mit der im nächsten Abschnitt aufgestellten Rechenregel Ic) gilt

$$\lim \sqrt[n]{a} = \left(\lim \sqrt[n]{a^{-1}} \right)^{-1} = 1.$$

3. Für $x_n := \sqrt[n]{n} - 1 \geq 0$ ergibt die Binomialentwicklung

$$n = (1 + x_n)^n \geq 1 + \binom{n}{2} x_n^2, \quad \text{also} \quad n - 1 \geq \frac{n(n-1)}{2} x_n^2.$$

Hieraus folgt $x_n \leq \sqrt{2/n}$. Damit ergibt sich für alle $n > N := 2/\varepsilon^2$

$$\left| \sqrt[n]{n} - 1 \right| = x_n < \varepsilon.$$

4. Nach 2.2 Satz 1b) gibt es eine natürliche Zahl N so, daß $|q|^N < \varepsilon$. Für $n > N$ gilt dann erst recht $|q^n| < \varepsilon$.

5. Wir setzen $|z| = 1 + x$, wobei $x > 0$ ist. Für jedes $n > 2k$ ergibt dann die Binomialentwicklung

$$(1 + x)^n > \binom{n}{k+1} x^{k+1} = \frac{n(n-1) \cdots (n-k)}{(k+1)!} x^{k+1} > \frac{n^{k+1} x^{k+1}}{2^{k+1}(k+1)!};$$

für diese n gilt also

$$\left| \frac{n^k}{z^n} \right| < \frac{2^{k+1}(k+1)!}{x^{k+1}} \cdot \frac{1}{n}.$$

Damit folgt

$$\left| \frac{n^k}{z^n} \right| < \varepsilon \quad \text{für alle } n > N := \max \left\{ \frac{2^{k+1}(k+1)!}{x^{k+1}} \cdot \frac{1}{\varepsilon}, 2k \right\}. \qquad \square$$

5.2 Rechenregeln

Regel I: *Für die Folgen (a_n) und (b_n) gelte $a_n \to a$ und $b_n \to b$. Dann gilt:*

a) $a_n + b_n \to a + b$,

b) $a_n \cdot b_n \to a \cdot b$.

c) *Ist $b \neq 0$, so sind fast alle $b_n \neq 0$, und es gilt:* $\dfrac{a_n}{b_n} \to \dfrac{a}{b}$.

Beweis: a) Zu gegebenem $\varepsilon > 0$ wählen wir Zahlen N' und N'' so, daß $|a_n - a| < \varepsilon/2$ für alle $n > N'$ bzw. $|b_n - b| < \varepsilon/2$ für alle $n > N''$. Für die Indizes $n > \max(N', N'')$ bestehen dann beide Ungleichungen, und für diese n folgt

$$\left| a_n + b_n - (a + b) \right| \leq |a_n - a| + |b_n - b| < \varepsilon.$$

b) Wir verwenden die Identität

$$(*) \qquad\qquad a_n b_n - ab = a_n(b_n - b) + b(a_n - a).$$

Zu $\varepsilon > 0$ wählen wir nun ein N so, daß für alle $n > N$ zugleich gilt:

$$|a_n - a| < \min\left\{\frac{\varepsilon}{2|b| + 2}, 1\right\}, \qquad |b_n - b| < \frac{\varepsilon}{2|a| + 2}.$$

Aus der ersten Ungleichung folgt zunächst $|a_n| \leq |a| + |a_n - a| < |a| + 1$ und aus beiden mittels $(*)$ schließlich

$$|a_n b_n - ab| < (|a| + 1)\frac{\varepsilon}{2|a| + 2} + |b|\frac{\varepsilon}{2|b| + 2} < \varepsilon \text{ für } n > N.$$

c) Zu $\eta := \frac{1}{2}|b| > 0$ wählen wir zunächst ein N' so, daß $|b_n - b| < \eta$ ist für $n > N'$. Für diese n gilt dann $|b_n| \geq |b| - \eta \geq \frac{1}{2}|b| > 0$. Zu gegebenem $\varepsilon > 0$ wählen wir ferner ein $N \geq N'$ derart, daß außerdem für alle n die Ungleichung $|b - b_n| < \frac{1}{2}\varepsilon|b|^2$ gilt. Für $n > N$ folgt damit

$$\left| \frac{1}{b_n} - \frac{1}{b} \right| = \frac{|b_n - b|}{|b_n||b|} < \varepsilon.$$

Das beweist zunächst $\dfrac{1}{b_n} \to \dfrac{1}{b}$. Zusammen mit b) folgt c) allgemein. $\qquad\square$

Beispiel: Für jedes $k \in \mathbb{N}$ gilt $\sqrt[n]{n^k} \to 1$. Zum Beweis wende man auf $\sqrt[n]{n} \to 1$ mehrmals die Regel Ib) an.

Regel II: *Für die Folge (a_n) gelte $a_n \to a$. Dann gilt auch*

$$|a_n| \to |a|, \quad \overline{a_n} \to \bar{a}, \quad \operatorname{Re} a_n \to \operatorname{Re} a, \quad \operatorname{Im} a_n \to \operatorname{Im} a.$$

Insbesondere sind Grenzwerte reeller Folgen reell. Ferner folgt

$$\lim a_n = \lim(\operatorname{Re} a_n) + \mathrm{i} \cdot \lim(\operatorname{Im} a_n).$$

Beweis: Es bezeichne f eine der Funktionen $|\ \ |, \ \overline{}, \ \operatorname{Re}, \operatorname{Im}$. Ferner sei zu $\varepsilon > 0$ ein N gewählt so, daß $|a_n - a| < \varepsilon$ ist für $n > N$. Dann gilt auch $|f(a_n) - f(a)| \leq |a_n - a| < \varepsilon$. Das beweist die Behauptung. $\qquad\square$

Regel III: *Es gelte $a_n \to a$ und $b_n \to b$, ferner $a_n \leq b_n$ für fast alle n. Dann gilt auch $a \leq b$.*

Beweis: Zu jedem $\varepsilon > 0$ gibt es ein N so, daß für $n > N$ gleichzeitig gilt $a - \varepsilon < a_n \leq b_n < b + \varepsilon$. Hieraus folgt $a - b < 2\varepsilon$ für jedes $\varepsilon > 0$. Das ist nur bei $a - b \leq 0$ möglich. $\qquad\square$

Folgerung: *Liegen fast alle Glieder einer konvergenten Folge (a_n) in einem abgeschlossenen Intervall $[A; B]$, dann auch ihr Grenzwert.*

Ähnlich wie III zeigt man das folgende nützliche Konvergenzkriterium:

Einschließungsregel: *Zur Folge (a_n) gebe es konvergente Folgen (A_n) und (B_n) mit $A_n \leq a_n \leq B_n$ für fast alle n und mit $\lim A_n = \lim B_n$. Dann konvergiert auch (a_n), und es gilt $\lim a_n = \lim A_n$.*

Beispiele:

1. Für jedes (rationale) $s > 0$ gilt $\sqrt[n]{n^s} \to 1$.

Mit einer natürlichen Zahl $k \geq s$ gilt die Einschließung $1 \leq \sqrt[n]{n^s} \leq \sqrt[n]{n^k}$. Aus dieser folgt die Behauptung wegen $\sqrt[n]{n^k} \to 1$.

2. Für $a, b \geq 0$ gilt $\sqrt[n]{a^n + b^n} \to \max\{a, b\}$.

Es sei etwa $b \geq a$; man hat dann die Einschließung $b \leq \sqrt[n]{a^n + b^n} \leq \sqrt[n]{2}\, b$. Aus dieser folgt die Behauptung wegen $\sqrt[n]{2} \to 1$.

Asymptotische Gleichheit: Zwei Folgen (a_n) und (b_n) von Zahlen $\neq 0$ heißen *asymptotisch gleich*, falls die Folge (a_n/b_n) gegen 1 konvergiert,

$$\lim_{n \to \infty} \frac{a_n}{b_n} = 1; \quad \text{in Zeichen:} \quad a_n \simeq b_n \quad \text{für } n \to \infty.$$

Nach der Regel Ic) sind asymptotisch gleiche Folgen entweder zugleich konvergent oder zugleich divergent. Asymptotisch gleiche, divergente Folgen bilden zum Beispiel $a_n = n^2$ und $b_n = n^2 + n$. Diese Folgen zeigen auch, daß die Differenz asymptotisch gleicher Folgen unbeschränkt sein kann.

Beispiele:

1. $\dfrac{1}{n} - \dfrac{1}{n+1} \simeq \dfrac{1}{n^2}$ für $n \to \infty$.

Der Quotient von rechter und linker Seite ist $1 + \dfrac{1}{n}$, geht also gegen 1.

2. Es sei P ein Polynom vom Grad k und mit Leitkoeffizient a. Dann gilt

$$P(n) \simeq an^k \quad \text{für } n \to \infty.$$

Denn mit gewissen $c_1, \ldots, c_n \in \mathbb{C}$ ist $\dfrac{P(n)}{an^k} = 1 + \sum_{s=1}^{k} \dfrac{c_s}{n^s}$.

5.3   Monotone Folgen

Eine Folge (a_n) heißt *beschränkt*, wenn es eine Zahl s gibt so, daß für alle
Glieder $|a_n| \le s$ gilt.

Lemma: *Jede konvergente Folge ist beschränkt.*

Beweis: Sei a der Grenzwert und N ein Index mit $|a_n - a| < 1$ für $n > N$;
dann gilt $|a_n| \le s := \max \{|a| + 1, |a_1|, \dots, |a_N|\}$ für alle n.   □

Die Beschränktheit einer Folge reicht keineswegs zur Konvergenz, wie
die Folge $a_n = (-1)^n$ zeigt. Sie reicht jedoch bei monotonen Folgen.

Definition: Eine Folge (a_n) reeller Zahlen heißt
a) *monoton wachsend*, wenn für alle n gilt: $a_n \le a_{n+1}$;
b) *monoton fallend*, wenn für alle n gilt: $a_n \ge a_{n+1}$;
c) *monoton*, wenn sie monoton wachsend oder monoton fallend ist.

Satz: *Jede beschränkte, monotone Folge (a_n) konvergiert, und zwar*
a) *eine wachsende gegen* sup A, *wobei* $A := \{a_n \mid n \in \mathbb{N}\}$;
b) *eine fallende gegen* inf A.

Beweis: a) Sei $s := \sup A$. Da s die kleinste obere Schranke für A ist,
gibt es zu jedem $\varepsilon > 0$ ein a_N mit $s - \varepsilon < a_N$. Damit folgt wegen des
monotonen Wachstums der Folge $s - \varepsilon < a_n \le s$ für alle $n \ge N$.
b) kann analog gezeigt oder mit Hilfe der Folge $(-a_n)$ auf a) zurückgeführt
werden.   □

Beispiel: Das **Wallissche Produkt** und Verwandtes.

Wallis, John (1616–1703). Priester und Professor für Geometrie in Oxford.

Es soll das Anwachsen der Produkte

$$(2) \qquad p_n := \frac{2}{1} \cdot \frac{4}{3} \cdot \frac{6}{5} \cdots \frac{2n}{2n - 1}$$

wenigstens asymptotisch erfaßt werden. Wir zeigen:

Es gibt eine Zahl p mit $\sqrt{2} \le p \le 2$ so, daß gilt:

$$(2^\infty) \qquad \boxed{p_n \simeq p\sqrt{n} \quad \text{für } n \to \infty.}$$

Beweis: Wir zeigen zunächst:

a) Die Folge $\dfrac{p_n}{\sqrt{n}}$ fällt monoton.

b) Die Folge $\dfrac{p_n}{\sqrt{n + 1}}$ wächst monoton.

a) folgt aus

$$\left(\frac{p_{n+1}}{\sqrt{n+1}} : \frac{p_n}{\sqrt{n}}\right)^2 = \frac{4n^2 + 4n}{4n^2 + 4n + 1} < 1,$$

und b) aus

$$\left(\frac{p_{n+1}}{\sqrt{n+2}} : \frac{p_n}{\sqrt{n+1}}\right)^2 = \frac{4n^3 + 12n^2 + 12n + 4}{4n^3 + 12n^2 + 9n + 2} > 1.$$

Nach a) und b) gilt für alle n weiter

$$\sqrt{2} = \frac{p_1}{\sqrt{2}} \leq \frac{p_n}{\sqrt{n+1}} < \frac{p_n}{\sqrt{n}} \leq p_1 = 2.$$

Mithin besitzt die Folge $\left(\dfrac{p_n}{\sqrt{n}}\right)$ einen Grenzwert p mit $\sqrt{2} \leq p \leq 2$. □

Bemerkung: Die Berechnung von p führt man üblicherweise zurück auf die Berechnung des Grenzwertes der *Wallisschen* Produktfolge

$$w_n := \frac{2 \cdot 2}{1 \cdot 3} \cdot \frac{4 \cdot 4}{3 \cdot 5} \cdots \frac{2n \cdot 2n}{(2n-1)(2n+1)} = p_n^2 \cdot \frac{1}{2n+1}.$$

In 11.5 zeigen wir mit Hilfe der Integralrechnung, daß $\lim\limits_{n \to \infty} w_n = \dfrac{\pi}{2}$ ist. Damit folgt dann

$$\frac{\pi}{2} = \frac{p^2}{2}, \qquad p = \sqrt{\pi}.$$

Aus (2^∞) folgen sofort wichtige asymptotische Darstellungen gewisser Binomialkoeffizienten:

(3)
$$\binom{2n}{n} \simeq \frac{2^{2n}}{p\sqrt{n}},$$

(4)
$$\left|\binom{\frac{1}{2}}{n}\right| \simeq \frac{1}{2pn\sqrt{n}}.$$

Es ist nämlich

$$\binom{2n}{n} = \frac{(2n)! \, 2^{2n}}{(2 \cdot 4 \cdot 6 \cdots 2n)^2} = \frac{1 \cdot 3 \cdot 5 \cdots (2n-1) \cdot 2^{2n}}{2 \cdot 4 \cdot 6 \cdots 2n} = \frac{2^{2n}}{p_n}$$

bzw. für $n > 1$

$$\left|\binom{\frac{1}{2}}{n}\right| = \frac{1}{n!} \cdot \frac{1}{2} \cdot \frac{1}{2} \cdot \frac{3}{2} \cdots \frac{2n-3}{2} = \frac{1 \cdot 3 \cdots (2n-3)}{2 \cdot 4 \cdots 2n} = \frac{1}{(2n-1)p_n}.$$

5.4   Eine Rekursionsfolge zur Berechnung von Quadratwurzeln

In zahlreichen Fällen legt man Folgen nicht durch Angabe der Zuordnung $n \mapsto a_n$ fest, sondern durch einen *Startwert* und eine *Rekursionsformel*. Ein Beispiel liefert das bereits den Babyloniern bekannte Verfahren der schrittweisen Verbesserung von Näherungswerten für Quadratwurzeln.

Gegeben sei $a > 0$. Durch einen Startwert $x_0 > 0$ und die Rekursionsformel

(5)
$$x_{n+1} = \frac{1}{2}\left(x_n + \frac{a}{x_n}\right) \qquad \text{für } n = 0, 1, 2, \ldots$$

wird *rekursiv* eine Folge definiert. Z.B. erhält man für $a = 2$ und $x_0 = 1$:

$$x_1 = \frac{1}{2}\left(1 + \frac{2}{1}\right) = \frac{3}{2} = 1.5,$$

$$x_2 = \frac{1}{2}\left(\frac{3}{2} + \frac{2 \cdot 2}{3}\right) = \frac{17}{12} = 1.416\ldots,$$

$$x_3 = \frac{1}{2}\left(\frac{17}{12} + \frac{2 \cdot 12}{17}\right) = \frac{577}{408} = 1.414215\ldots$$

Satz: *Bei beliebig gewähltem Startwert $x_0 > 0$ konvergiert die durch (5) definierte Folge gegen $\sqrt{a}$.*

Beweis: Durch Induktion zeigt man $x_n > 0$ für alle n; insbesondere ist die Folge definiert. Weiter gilt sogar

$$x_n \geq \sqrt{a} \quad \text{für} \quad n = 1, 2, \ldots$$

Denn

$$x_n^2 - a = \frac{1}{4}\left(x_{n-1} + \frac{a}{x_{n-1}}\right)^2 - a = \frac{1}{4}\left(x_{n-1} - \frac{a}{x_{n-1}}\right)^2 \geq 0.$$

Damit folgt auch, daß (x_n) ab $n = 1$ monoton fällt; denn:

$$x_n - x_{n+1} = \frac{1}{2x_n}(x_n^2 - a) \geq 0.$$

Somit besitzt (x_n) einen Grenzwert $x \geq \sqrt{a}$. Für diesen erhalten wir aus (5) nach $n \to \infty$ die Gleichung

(5^∞)
$$x = \frac{1}{2}\left(x + \frac{a}{x}\right), \quad \text{d.h.} \quad x^2 = a.$$

Mit $x > 0$ folgt also $x = \sqrt{a}$.   □

Wir weisen ausdrücklich darauf hin, daß das Konvergenzkriterium für monotone Folgen, das ein reiner Existenzsatz ist und keine Handhabe zur Berechnung des Grenzwertes bietet, doch wesentlich in den Beweis einging. Erst die Erkenntnis, daß ein Grenzwert existiert, erlaubt es, die Rekursionsformel (5) in die Gleichung (5$^\infty$) überzuführen.

Bemerkungen zum Algorithmus (5):

1. *Fehlerabschätzung und Konvergenzgeschwindigkeit:* Für den Fehler

$$f_n := x_n - \sqrt{a}$$

erhält man mit (5) $f_{n+1} = \dfrac{1}{2x_n} f_n^2$ und wegen $x_n \geq \sqrt{a}$ für $n \geq 1$ weiter

(∗) $$\left| f_{n+1} \right| \leq \frac{1}{2\sqrt{a}} f_n^2.$$

Diese Abschätzung zeigt, daß bei der Folge (x_n) sogenannte *quadratische Konvergenz* vorliegt. Allgemein sagt man, eine Folge (x_n) mit Grenzwert ξ sei *quadratisch konvergent*, wenn es eine Konstante C gibt so, daß $|x_{n+1} - \xi| \leq C \cdot |x_n - \xi|^2$ gilt.
Wiederholte Anwendung von (∗) führt schließlich auf

$$\left| f_{n+1} \right| \leq \left(\frac{1}{2\sqrt{a}} \right)^{1+2+\ldots+2^{n-1}} \cdot f_1^{2^n} = \left(\frac{1}{2\sqrt{a}} \right)^{2^n - 1} \cdot f_1^{2^n}.$$

Im oben betrachteten Beispiel mit $a = 2$ und Startwert $x_0 = 1$ ist $x_1 = 1.5$. Wegen $1.4 < \sqrt{2} < 1.5$ folgt $|f_1| = |x_1 - \sqrt{2}| < 10^{-1}$. Damit ergibt sich schließlich

$$\left| x_{n+1} - \sqrt{2} \right| < \frac{1}{2^N} \cdot 10^{-2^n} \text{ mit } N := 2^n + 2^{n-1} - 2.$$

Hiernach ist zum Beispiel

$$\left| x_3 - \sqrt{2} \right| < 2^{-4} \cdot 10^{-4}, \qquad \left| x_4 - \sqrt{2} \right| < 2^{-10} \cdot 10^{-8}.$$

2. *Stabilität:* Da jede positive Zahl als Startwert genommen werden darf, können Rechenfehler und insbesondere Rundungsfehler den Ablauf des Algorithmus (5) nicht gänzlich verfälschen, höchstens verzögern. Der Algorithmus (5) ist *selbst-korrigierend*.

3. *Rationalität:* Sind a und der Startwert x_0 rational, so sind alle x_n rational. Häufig erhält man Näherungsbrüche für $\sqrt{a}$, die viel kleinere Nenner haben als etwa gleich gut approximierende Dezimalbrüche (siehe obiges Beispiel). Auch muß man sich nicht um Rundungsfehler kümmern, solange man mit gewöhnlichen Brüchen rechnet.

5.5 Der Satz von Bolzano-Weierstraß

Dieser Satz ist grundlegend für die Konvergenztheorie beschränkter Folgen. Er tritt in zwei Fassungen auf: Die erste besagt die Existenz von Häufungswerten, die zweite die Existenz konvergenter Teilfolgen.

Häufungswerte. $h \in \mathbb{C}$ heißt *Häufungswert der Folge* (a_n), wenn jede Umgebung $K_\varepsilon(h)$ von h unendlich viele Folgenglieder a_n enthält, d.h., wenn gilt:

$$|h - a_n| < \varepsilon \quad \text{für unendlich viele } n.$$

Beispiele:

1. Eine konvergente Folge hat genau ihren Grenzwert als Häufungswert.

2. Die Folge $a_n = i^n$ hat genau die vier Häufungswerte $1, i, -1, -i$.

3. Eine surjektive Folge $f : \mathbb{N} \to \mathbb{Q}$ hat jede reelle Zahl als Häufungswert, da jedes Intervall unendlich viele rationale Zahlen enthält.

Satz von Bolzano-Weierstraß, 1. Fassung: *Jede beschränkte Folge komplexer Zahlen besitzt einen Häufungswert. Jede beschränkte Folge* (a_n) *reeller Zahlen hat einen größten Häufungswert* h^* *und einen kleinsten Häufungswert* h_*; *diese haben die Eigenschaft, daß für jedes* $\varepsilon > 0$ *gilt:*

$$(6^*) \qquad\qquad a_n < h^* + \varepsilon \quad \text{für fast alle } n,$$

$$(6_*) \qquad\qquad a_n > h_* - \varepsilon \quad \text{für fast alle } n.$$

h^* heißt *Limes superior*, h_* *Limes inferior* von (a_n). Bezeichnung:

$$h^* =: \limsup a_n \quad \text{bzw.} \quad h_* =: \liminf a_n.$$

Beweis: Wir betrachten zunächst eine reelle Folge (a_n) und zeigen, daß sie einen größten Häufungswert besitzt. Dazu konstruieren wir rekursiv eine Intervallschachtelung $([A_k; B_k])$ so, daß für jedes $[A_k; B_k]$ gilt:

$$(\mathrm{I}'_k) \qquad\qquad a_n \in [A_k; B_k] \quad \text{für unendlich viele } n,$$

$$(\mathrm{I}''_k) \qquad\qquad a_n \leq B_k \quad \text{für fast alle } n.$$

Wir beginnen mit einem Intervall $[A_1; B_1]$, welches alle a_n enthält. Der Schritt $k \to k+1$: Ist M der Mittelpunkt von $[A_k; B_k]$, so setzen wir

$$[A_{k+1}; B_{k+1}] := \begin{cases} [A_k; M], & \text{falls } a_n \leq M \text{ für fast alle } n, \\ [M; B_k], & \text{andernfalls.} \end{cases}$$

Sei nun h^* die in allen $[A_k; B_k]$ liegende Zahl. Wir zeigen, daß sie ein Häufungswert mit (6^*) ist: Zu $\varepsilon > 0$ wähle man k so, daß $[A_k; B_k] \subset I_\varepsilon(h^*)$. Nach (I'_k) enthält $I_\varepsilon(h^*)$ unendlich viele a_n; h^* ist also ein Häufungswert. Weiter gilt nach (I''_k) $a_n \leq B_k < h^* + \varepsilon$ für fast alle n, also (6^*).

Schließlich folgt aus (6*), daß kein $h' > h^*$ ein Häufungswert ist. Mit $\varepsilon_0 := \frac{1}{2}(h' - h^*)$ gilt nämlich $a_n < h^* + \varepsilon_0 = h' - \varepsilon_0$ für fast alle n, so daß $I_{\varepsilon_0}(h')$ höchstens endlich viele Folgenglieder enthält.

Die Aussagen betreffend h_* beweist man analog.

Damit ist der Satz für *reelle* Folgen bewiesen. Bevor wir ihn für komplexe Folgen beweisen, bringen wir erst die 2. Fassung des Satzes.

Teilfolgen. Ist (a_n) eine Folge komplexer Zahlen und (n_k) eine streng monoton wachsende Folge von Indizes, so heißt die durch $k \mapsto a_{n_k}$, $k \in \mathbb{N}$, definierte Folge $\left(a_{n_k}\right)_{k \in \mathbb{N}}$ *Teilfolge von* (a_n).

Jede Teilfolge einer konvergenten Folge konvergiert und besitzt denselben Grenzwert. Denn jede Umgebung des Grenzwertes enthält fast alle Glieder der Gesamtfolge, erst recht fast alle Glieder einer Teilfolge.

Wir charakterisieren zunächst die Häufungswerte einer Folge als die Grenzwerte der konvergenten Teilfolgen.

Lemma: $h \in \mathbb{C}$ *ist Häufungswert einer Folge* (a_n) *genau dann, wenn h der Grenzwert einer Teilfolge* (a_{n_k}) *ist.*

Beweis: Sei h der Grenzwert einer Teilfolge (a_{n_k}). Dann enthält jede Umgebung $K_\varepsilon(h)$ fast alle a_{n_k} und damit unendlich viele a_n. Also ist h ein Häufungswert von (a_n).

Sei nun h ein Häufungswert von (a_n). Wir konstruieren schrittweise eine gegen h konvergente Teilfolge (a_{n_k}). Da jede Umgebung $K_\varepsilon(h)$ unendlich viele a_n enthält, läßt sich in $K_1(h)$ ein a_{n_1} finden, dann in $K_{1/2}(h)$ ein a_{n_2} mit $n_2 > n_1$, allgemein in $K_{1/k}(h)$ ein a_{n_k} mit $n_k > n_{k-1}$. Man erhält so eine Teilfolge (a_{n_k}) mit $|a_{n_k} - h| < 1/k$, also mit $a_{n_k} \to h$. $\square$

Satz von Bolzano-Weierstraß, 2. Fassung: *Jede beschränkte Folge komplexer Zahlen besitzt eine konvergente Teilfolge.*

Beweis: Für eine reelle Folge resultiert diese 2. Fassung auf Grund des Lemmas aus der 1. Fassung.

Für eine komplexe Folge (a_n) setzen wir $a_n = a_n' + ia_n''$ $(a_n', a_n'' \in \mathbb{R})$. Die reellen Folgen (a_n') und (a_n'') sind dann ebenfalls beschränkt. Wir nehmen an, daß durch eine Vorweg-Auswahl einer Teilfolge die Konvergenz der Folge (a_n') bereits erreicht wurde. Aus (a_n'') kann wieder eine konvergente Teilfolge (a_{n_k}'') ausgewählt werden. Damit ist dann (a_{n_k}) eine konvergente Teilfolge von (a_n). $\square$

Es folgt der noch ausstehende Beweis der 1. Fassung des Satzes für eine *komplexe* beschränkte Folge (a_n): Nach der 2. Fassung des Satzes besitzt (a_n) eine konvergente Teilfolge. Der Grenzwert dieser Teilfolge ist ein Häufungswert von (a_n). $\square$

Bolzano, Bernhard (1781–1848). An der Scholastik orientierter böhmischer Prieter, Philosoph und Sozialkritiker. Die zu seinen Lebzeiten unbekannt gebliebenen mathematischen Schriften nehmen Ergebnisse von Weierstraß und Cantor vorweg.

Weierstraß, Karl Theodor (1815–1897). Wirkte ab 1856 in Berlin und baute die Analysis in mustergültiger sogenannter Weierstraßscher Strenge aus. Seine Neubegründung der elliptischen und Abelschen Funktionen gehört zu den großen Leistungen der Analysis im 19. Jahrhundert. Fundamental sind auch seine Arbeiten über Variationsrechnung und Minimalflächen. Aus der von ihm begründeten Berliner Schule sind zahlreiche bedeutende Mathematiker hervorgegangen.

5.6   Das Konvergenzkriterium von Bolzano-Cauchy. Nochmals die Vollständigkeit von $\mathbb{R}$

Dieses Kriterium charakterisiert die Konvergenz einer Folge ohne Bezug zu einem eventuellen Grenzwert. Es wurde von Cauchy 1821 in seinem *Cours d'Analyse* angegeben und als selbstverständlich angesehen. Bereits 1817 hatte es Bolzano formuliert und als beweisbedürftig erkannt. Es stellt eine besonders wichtige Version der Vollständigkeit des Körpers $\mathbb{R}$ dar.

Cauchy, Augustin L. (1789–1857). Ingenieur, Physiker und bedeutendster französischer Mathematiker seiner Zeit. Ab 1816 Professor der Mathematik an der berühmten École Polytechnique. Nach der Julirevolution 1830 im Exil, da er den Treueid verweigerte. Nach dessen Abschaffung 1848 Professor für Mathematische Astronomie an der Sorbonne. Seine Devise lautete *Dieu et la verité*.

Cauchy gilt als Begründer der Funktionentheorie einer komplexen Veränderlichen; siehe Band 2, Kapitel 6. In seinem Lehrbuch *Cours d'Analyse* (1821) entwickelt er die Analysis ab ovo konsequent aufbauend auf dem Grenzwertbegriff und gibt ihr die Gestalt, die sie im wesentlichen noch heute hat. Von ihm stammen auch wichtige Beiträge zur Algebra.

Konvergenzkriterium von Cauchy: *Eine Folge (a_n) komplexer Zahlen konvergiert genau dann, wenn es zu jedem $\varepsilon > 0$ ein N gibt so, daß gilt:*

$$|a_n - a_m| < \varepsilon, \quad \text{falls } n \text{ und } m > N \text{ sind.}$$

Beweis: a) Die Folge konvergiere und a sei ihr Grenzwert. Dann gibt es zu jedem $\varepsilon > 0$ ein N so, daß $|a_k - a| < \varepsilon/2$ ist für $k > N$. Damit folgt

$$|a_n - a_m| \leq |a_n - a| + |a - a_m| < \varepsilon \quad \text{für } n, m > N.$$

b) Die Folge erfülle die angegebene Bedingung. Wir stellen zunächst fest, daß sie beschränkt ist. Beweis: Es gibt ein N, so daß $|a_n - a_m| < 1$ ist für $n, m \geq N$, und damit folgt $|a_n| < |a_N| + 1$ für $n > N$; eine Schranke der Folge ist also die größte der Zahlen $|a_1|, \ldots, |a_{N-1}|$ und $|a_N| + 1$.

Nach dem Satz von Bolzano-Weierstraß besitzt (a_n) eine konvergente Teilfolge (a_{n_k}). Wir zeigen, daß auch (a_n) gegen den Grenzwert a der Teilfolge konvergiert. Sei $\varepsilon > 0$ gegeben. Wir wählen dazu ein N' mit $|a_n - a_m| < \varepsilon/2$ für $n, m > N'$, ferner ein $n_k > N'$ mit $|a_{n_k} - a| < \varepsilon/2$. Für $n > N'$ folgt $|a_n - a| \leq |a_n - a_{n_k}| + |a_{n_k} - a| < \varepsilon$. Das beweist die Konvergenz der Folge (a_n). $\qquad\square$

Definition: Eine Folge (a_n) komplexer Zahlen heißt *Cauchyfolge* oder *Fundamentalfolge*, wenn es zu jedem $\varepsilon > 0$ ein N gibt so, daß

$$|a_n - a_m| < \varepsilon, \quad \text{falls } n \text{ und } m > N \text{ sind.}$$

Nach obigem Kriterium sind also *genau die Cauchyfolgen die konvergenten Folgen in* $\mathbb{C}$.

Vollständigkeit von $\mathbb{R}$. Der Satz von Bolzano-Weierstraß und das aus ihm abgeleitete Cauchysche Konvergenzkriterium beruhen auf der mittels Intervallschachtelungen formulierten Vollständigkeit von $\mathbb{R}$. Im Hinblick auf den Vollständigkeitsbegriff ist nun bemerkenswert, daß auch das Umgekehrte gilt: *Für einen archimedisch angeordneten Körper folgt das Intervallschachtelungsprinzip aus dem Cauchyschen Konvergenzkriterium.* Zum Beweis sei $([a_n; b_n])$ eine Intervallschachtelung. Dann ist (a_n) eine Cauchyfolge. Zu $\varepsilon > 0$ gibt es nämlich ein N mit $b_N - a_N < \varepsilon$, und wegen a_m, $a_n \in [a_N; b_N]$ für alle $m, n > N$ folgt $|a_m - a_n| < \varepsilon$. Sei dann $s := \lim a_n$. Da (a_n) monoton wächst, gilt $a_n \leq s$ für alle n; und da $a_k \leq b_n$ für alle k, n, folgt weiter $s \leq b_n$ für alle n. s ist also eine Zahl, die in allen $[a_n; b_n]$ liegt.

Wir erhalten damit für archimedisch angeordnete Körper die Schlußkette:

Intervallschachtelungsprinzip

$\Downarrow$

Satz von Bolzano-Weierstraß

$\Downarrow$

Cauchy-Kriterium

$\Downarrow$

Intervallschachtelungsprinzip

Folglich sind für solche Körper das Intervallschachtelungsprinzip, der Satz von Bolzano-Weierstraß und das Cauchysche Konvergenzkriterium logisch gleichwertig; jede dieser drei Aussagen ist eine Formulierung der Vollständigkeit. Insbesondere kann man in einem Axiomensystem für $\mathbb{R}$ als Vollständigkeitsaxiom fordern, daß alle Cauchyfolgen konvergieren.

Die Tatsache, daß im Körper $\mathbb{C}$ jede Cauchyfolge konvergiert, bezeichnet man entsprechend als *Vollständigkeit von* $\mathbb{C}$.

Vervollständigung von $\mathbb{Q}$ zu $\mathbb{R}$. Den verschiedenen Charakterisierungen der Vollständigkeit von $\mathbb{R}$ entsprechen jeweils Konstruktionen von $\mathbb{R}$ ausgehend von $\mathbb{Q}$. Der Analysis am besten angepaßt ist die bereits von Cantor 1883 ausgeführte Konstruktion mittels Äquivalenzklassen von Fundamentalfolgen rationaler Zahlen. Ein analoges Verfahren wird auch allgemeiner zur Vervollständigung metrischer Räume herangezogen.

5.7 Uneigentliche Konvergenz

Um gewissen divergenten Folgen in $\mathbb{R}$ wenigstens noch einen uneigentlichen Grenzwert zuordnen zu können, erweitert man $\mathbb{R}$ um zwei ideelle Elemente ∞ und $-\infty$ und setzt $\overline{\mathbb{R}} := \mathbb{R} \cup \{-\infty, \infty\}$. Die Ordnungsstruktur auf $\mathbb{R}$ ergänzt man dabei durch die Festsetzung $-\infty < x < \infty$ für alle $x \in \mathbb{R}$. Man definiert dann Intervalle in $\overline{\mathbb{R}}$ wie in 2.3, zum Beispiel:

$$(a; \infty] := \{x \in \overline{\mathbb{R}} \mid a < x \leq \infty\},$$
$$[-\infty; a) := \{x \in \overline{\mathbb{R}} \mid -\infty \leq x < a\}.$$

Die angeschriebenen Intervalle heißen auch *Umgebungen von ∞ bzw. $-\infty$*.

Ein **Modell für $\overline{\mathbb{R}}$** hat man in dem kompakten Intervall $[-1; 1]$ in Verbindung mit der bijektiven, monoton wachsenden Abbildung $\sigma : \overline{\mathbb{R}} \to [-1; 1]$ mit

$$\sigma(x) := \frac{x}{1 + |x|} \quad \text{für } x \in \mathbb{R}, \quad \sigma(\infty) := 1, \quad \sigma(-\infty) := -1.$$

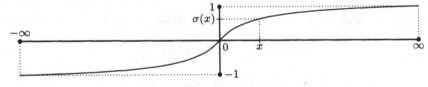

Die Modellabbildung σ

Definition: Eine Folge (a_n) in $\overline{\mathbb{R}}$ *konvergiert gegen ∞ bzw. $-\infty$*, wenn es zu jedem $K > 0$ eine Zahl $N \in \mathbb{R}$ gibt so, daß für alle $n \geq N$ gilt:

$$a_n \geq K \quad \text{bzw.} \quad a_n \leq -K.$$

Beispiel: Die Potenzfolge (a^n) konvergiert für $a > 1$ in $\overline{\mathbb{R}}$ gegen ∞, für $a \leq -1$ dagegen divergiert sie auch in $\overline{\mathbb{R}}$.

Die Modellabbildung $\sigma : \overline{\mathbb{R}} \to [-1; 1]$ führt die Konvergenz in $\overline{\mathbb{R}}$ auf eine Konvergenz in $[-1; 1]$ zurück; und zwar gilt für eine Folge (a_n) in $\overline{\mathbb{R}}$: $a_n \to \infty(-\infty)$ genau dann, wenn $\sigma(a_n) \to 1(-1)$.

Schließlich definiert man: $\limsup a_n = \infty$ bzw. $\liminf a_n = -\infty$, wenn es zu jedem $K > 0$ unendlich viele n gibt mit $a_n > K$ bzw. $a_n < -K$.

Vorsicht! Die in 5.2 aufgestellten Rechenregeln für in $\mathbb{R}$ konvergente Folgen gelten nur noch teilweise weiter, wie die folgenden drei Beispiele mit jeweils $a_n \to 0$ und $b_n \to \infty$ zeigen: Für

$$\left.\begin{array}{lll} a_n = 1/n^2 & \text{und} & b_n = n \\ a_n = \pm 1/n & \text{und} & b_n = n \\ a_n = \pm 1/\sqrt{n} & \text{und} & b_n = n \end{array}\right\} \quad \text{gilt} \quad a_n b_n \to \left\{\begin{array}{l} 0, \\ \pm 1, \\ \pm\infty. \end{array}\right\}$$

Um auch gewissen divergenten Folgen in $\mathbb{C}$ einen uneigentlichen Grenzwert zuordnen zu können, ergänzt man $\mathbb{C}$, *abweichend von* $\mathbb{R}$, um *ein* ideelles Element, welches in diesem Zusammenhang ebenfalls mit ∞ bezeichnet wird, und setzt $\overline{\mathbb{C}} := \mathbb{C} \cup \{\infty\}$. Die Erweiterung um nur ein Element trägt der Tatsache Rechnung, daß $\mathbb{C}$ keine Ordnungsstruktur wie $\mathbb{R}$ besitzt.

Ein **Modell für** $\overline{\mathbb{C}}$ hat man in der 2-Sphäre S^2, d.i. die Menge der Punkte $(x_1, x_2, x_3) \in \mathbb{R}^3$ mit $x_1^2 + x_2^2 + x_3^2 = 1$, in Verbindung mit der durch $\sigma(\infty) := N = (0, 0, 1)$ erweiterten stereographischen Projektion σ von $\overline{\mathbb{C}}$ auf S^2; zur stereographischen Projektion in höheren Dimensionen siehe Band 2.

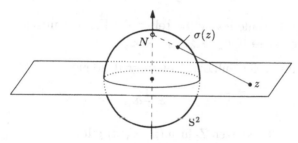

Stereographische Projektion

Historisches. Die stereographische Projektion wurde bereits von dem griechischen Astronomen und Mathematiker Ptolemäus (? - 161 n.Chr.) verwendet, um Himmelskarten zu entwerfen.

Definition: Eine Folge (a_n) in $\overline{\mathbb{C}}$ *konvergiert gegen* ∞, wenn es zu jedem $K > 0$ eine Zahl $N \in \mathbb{R}$ gibt so, daß $|a_n| \geq K$ für alle $n \geq N$ gilt.

Beispiel: Wir betrachten nochmals die Potenzfolge (a^n). In $\overline{\mathbb{C}}$ konvergiert diese für *jedes* $a \in \mathbb{C}$ mit $|a| > 1$ gegen ∞.

Vorsicht! Eine Folge reeller Zahlen, die in $\overline{\mathbb{R}}$ konvergiert, konvergiert, aufgefaßt als Folge komplexer Zahlen, auch in $\overline{\mathbb{C}}$. Dagegen impliziert die Konvergenz in $\overline{\mathbb{C}}$ nicht notwendig die in $\overline{\mathbb{R}}$, wie die Folge $((-2)^n)$ zeigt.

5.8   Aufgaben

1. Man berechne im Konvergenzfall den Grenzwert der Folge (a_n), wobei a_n einen der folgenden Werte hat:

   a) $\dfrac{1}{2^n}\dbinom{n}{k}$,   b) $\left(\dfrac{3+4\mathrm{i}}{5}\right)^n$,   c) $\sqrt[n]{a^n+b^n+c^n}$ $(a,b,c\in\mathbb{R}_+)$,

   d) $\sqrt[n]{|P(n)|}$, P ein Polynom,   e) $\dfrac{a^n-n^s}{a^n+n^s}$ $(a\in\mathbb{R}_+, s\in\mathbb{Q})$.

2. Man zeige: Für $n\to\infty$ gilt

$$\sqrt{n}\cdot\left(\sqrt[n]{n}-1\right)\to 0.$$

3. Es sei (a_n) eine konvergente Folge positiver Zahlen mit Grenzwert a. Für jedes $k\in\mathbb{N}$ konvergiert dann auch die Folge $\left(\sqrt[k]{a_n}\right)$, und es gilt $\sqrt[k]{a_n}\to\sqrt[k]{a}$.

4. Mit einer beliebigen positiven Zahl a (zum Beispiel $10^{10^{10}}$) definiere man drei Folgen (a_n), (b_n) und (c_n) durch

$$a_n:=\sqrt{n+a}-\sqrt{n}, \quad b_n:=\sqrt{n+\sqrt{n}}-\sqrt{n}, \quad c_n:=\sqrt{n+n/a}-\sqrt{n}.$$

   Man zeige: Für alle $n<a^2$ bestehen die Ungleichungen $a_n>b_n>c_n$; es gilt aber $a_n\to 0$, $b_n\to\frac{1}{2}$, $c_n\to\infty$.

5. Ist (a_n) eine reelle Nullfolge mit $a_n\neq 0$, so gilt

$$\sqrt{1+a_n}-1\simeq\frac{1}{2}a_n \quad\text{für } n\to\infty.$$

6. Mit der in 5.3 erklärten Zahl p $(p=\sqrt{\pi})$ gilt

$$\binom{-\frac{1}{2}}{n}\simeq\frac{(-1)^n}{p\sqrt{n}} \quad\text{für } n\to\infty.$$

7. *Division durch Multiplikation.* Es sei $a>0$. Man zeige, daß die Folge (x_n) mit beliebigem $x_0\in(0;2/a)$ und $x_{n+1}:=x_n\cdot(2-ax_n)$ ab $n=1$ monoton wächst und quadratisch gegen $1/a$ konvergiert. Für $a=3$ und $x_0:=0.3$ berechne man x_1, x_2 und x_3.

8. Es sei $a>0$. Man zeige, daß die Folge (x_n) mit beliebigem $x_0>0$ und

$$x_{n+1}:=\frac{x_n^2+3a}{3x_n^2+a}x_n$$

   kubisch gegen $\sqrt{a}$ konvergiert.

9. Die Absicht der Pythagoräer, am regelmäßigen 5-Eck die Kommensurabilität von Diagonale und Seite nachzuweisen, führte sie auf den Kettenbruch

$$1 + \cfrac{1}{1 + \cfrac{1}{1 + \cfrac{1}{1 + \dots}}}$$

Darunter versteht man die Folge (x_n) mit $x_0 := 1$ und $x_{n+1} := 1 + \dfrac{1}{x_n}$. Man zeige: Mit dem goldenen Schnitt g, siehe 2.3, gilt

$$|x_n - g| \le \frac{1}{g^{n+1}} \quad \text{und} \quad x_n \to g.$$

Analog deute und zeige man $\sqrt{1 + \sqrt{1 + \sqrt{1 + \dots}}} = g$.

10. Als *Fibonacci-Folge* bezeichnet man die Folge (f_n) mit $f_0 := f_1 := 1$ und $f_{n+1} := f_n + f_{n-1}$ für $n \ge 1$. Man zeige: Zum goldenen Schnitt g bestehen die Beziehungen

$$\left| \frac{f_{n+1}}{f_n} - g \right| = \frac{1}{f_n} \cdot \frac{1}{g^{n+1}} \quad \text{und} \quad \frac{f_{n+1}}{f_n} \to g.$$

g wird hiernach sehr gut durch die Quotienten f_{n+1}/f_n approximiert. Zur Berechnung der Fibonacci-Zahlen siehe 6.5 Aufgabe 12.

Die Fibonacci-Zahlen f_n treten in zahlreichen Anwendungen in Mathematik und Naturwissenschaft auf, zum Beispiel in der Botanik. Eine leicht lesbare Einführung gibt das Büchlein [7] von Hogatt.

Fibonacci (ca. 1170 bis ca. 1240). Gelehrter um Friedrich II. und Kaufmann, der von seinen Reisen auch indische Rechenkunst nach Europa brachte. In seinem Rechenbuch *Liber abbaci* untersuchte er die nach ihm benannte Folge als Modell für das Wachstum einer Population, allerdings unter sehr idealisierenden Annahmen.

11. Einer Folge (a_n) ordne man die Folge (s_n) zu, wobei

$$s_n := \frac{1}{n}(a_1 + a_2 + \dots + a_n) \quad \text{für} \quad n \in \mathbb{N}.$$

a) Man zeige: Aus $a_n \to a$ folgt auch $s_n \to a$.

b) Man gebe eine divergente Folge (a_n) an, für die (s_n) konvergiert.

Das Konzept, auch gewissen divergenten Reihen durch eine Mittelbildung einen „Limes" zuzuordnen, geht auf Euler zurück. Das hier angewendete Verfahren spielt in der Theorie der Fourierreihen eine wichtige Rolle; siehe den Darstellungssatz in 16.2.

12. Man bestimme die Häufungswerte der Folge $\mathrm{i}^n + 1/2^n$, $n = 1, 2, \dots$

13. Zu $x \in \mathbb{R}$ bestimme man die Häufungswerte der Folge $nx - [nx]$, $n \in \mathbb{N}$.

14. Seien (a_n) und (b_n) beschränkte Folgen in $\mathbb{R}$. Man zeige:

$$\limsup(a_n + b_n) \leq \limsup a_n + \limsup b_n,$$
$$\limsup(a_n + b_n) \geq \limsup a_n + \liminf b_n.$$

Man gebe *ein* Folgenpaar an, für welches in der ersten Regel $<$ und in der zweiten $>$ gilt.

15. Für eine beschränkte Folge (a_n) in $\mathbb{R}$ sei $s_k := \sup\{a_n \mid n \geq k\}$. Man zeige: Die Folge (s_k) fällt monoton, und es gilt $\limsup a_n = \lim\limits_{k\to\infty} s_k$. Entsprechend charakterisiere man den Limes inferior.

16. Jede Folge reeller Zahlen besitzt eine monotone Teilfolge.

17. Eine beschränkte Folge in $\mathbb{C}$, die nicht konvergiert, hat mindestens zwei verschiedene Häufungspunkte und besitzt daher zwei Teilfolgen mit unterschiedlichen Grenzwerten.

18. Man zeige, daß die Gültigkeit des Konvergenzkriteriums für monotone Folgen zur Vollständigkeit von $\mathbb{R}$ gleichwertig ist.

19. Einer Folge $n_1, n_2, \ldots$ natürlicher Zahlen ordne man die Folge (a_k) mit

$$a_k := \left(\frac{1}{2}\right)^{n_1} + \left(\frac{1}{2}\right)^{n_1+n_2} + \ldots + \left(\frac{1}{2}\right)^{n_1+\ldots+n_k}$$

zu und zeige:

a) Die Folge (a_k) konvergiert gegen eine mit $[n_1, n_2, \ldots]$ bezeichnete Zahl in $(0; 1]$.

b) Jede Zahl $x \in (0; 1]$ besitzt genau eine Darstellung $x = [n_1, n_2, \ldots]$.

Aus b) folgt, daß die Menge $\mathbb{N}^{\mathbb{N}}$ der Folgen natürlicher Zahlen die gleiche Mächtigkeit hat wie das Intervall $(0; 1]$ und damit wie $\mathbb{R}$.

20. Mit Hilfe von 19b) zeige man: Das direkte Produkt I^2 eines Intervalls I mit sich hat die gleiche Mächtigkeit wie das Intervall; ebenso hat $\mathbb{R}^2$ die gleiche Mächtigkeit wie $\mathbb{R}$.

Die Existenz einer bijektiven Abbildung $\mathbb{R} \to \mathbb{R}^2$ wurde erstmals von Cantor gezeigt. Die Tatsache, daß $\mathbb{R}^2$ die gleiche Mächtigkeit hat wie $\mathbb{R}$, hat die Klärung des Begriffs „Dimension" notwendig gemacht.

6 Reihen

Reihen sind Folgen (s_n), die mit Hilfe der Zuwächse $a_n = s_n - s_{n-1}$ ange-schrieben werden. Ihre Verwendung in der Analysis beginnt mit der Auf-stellung der Logarithmusreihe durch Nicolaus Mercator (1620–1687) und der Exponentialreihe durch Isaac Newton (1642–1727). Reihen sind eines der wichtigsten Mittel zur Konstruktion und Darstellung von Funktionen.

6.1 Konvergenz von Reihen

Gegeben sei eine Folge (a_n) komplexer Zahlen. Durch

$$s_1 = a_1,$$
$$s_2 = a_1 + a_2,$$
$$s_3 = a_1 + a_2 + a_3,$$
$$\ldots$$
$$s_n = a_1 + a_2 + \ldots + a_n = \sum_{k=1}^{n} a_k,$$
$$\ldots$$

wird der Folge (a_n) eine weitere Folge (s_n) zugeordnet; letztere heißt *un-endliche Reihe* oder kurz eine *Reihe*, und man schreibt für sie

$$\sum_{k=1}^{\infty} a_k \quad \text{oder} \quad a_1 + a_2 + a_3 + \ldots.$$

Die Zahlen a_n heißen die *Glieder*, die Zahlen s_n die *Partialsummen* der Reihe. Konvergiert die Folge (s_n), so heißt die Reihe *konvergent*. Gegebe-nenfalls heißt die Zahl $s = \lim_{n\to\infty} s_n$ die *Summe* oder der *Wert* der Reihe, und man schreibt

$$s = \sum_{k=1}^{\infty} a_k = a_1 + a_2 + a_3 + \ldots.$$

Man beachte, daß das Symbol $\sum_{k=1}^{\infty} a_k$ zwei Bedeutungen hat: Es bezeich-net die Folge (s_n) und im Konvergenzfall auch ihren Grenzwert.

Analog definiert man $\sum_{k=p}^{\infty} a_k = a_p + a_{p+1} + a_{p+2} + \dots$. Spielt die
Kenntnis des Summationsbeginns keine Rolle, schreiben wir gelegentlich
nur $\sum_k a_k$. Sind alle Glieder a_k reell und konvergiert die Folge (s_n) in $\overline{\mathbb{R}}$
gegen ∞ bzw. $-\infty$, so schreibt man auch $\sum_k a_k = \infty$ bzw. $\sum_k a_k = -\infty$.

Beispiel 1: Die *geometrische Reihe*. Diese konvergiert für $z \in \mathbb{C}$ mit $|z| < 1$,
und es gilt

$$1 + z + z^2 + z^3 + \dots = \sum_{k=0}^{\infty} z^k = \frac{1}{1-z}.$$

Damit gleichbedeutend ist nämlich, daß für $n \to \infty$

$$s_n = 1 + z + \dots + z^n = \frac{1 - z^{n+1}}{1-z} \to \frac{1}{1-z}. \qquad \square$$

Beispiel 2: Die *harmonische Reihe*. Diese divergiert:

$$1 + \frac{1}{2} + \frac{1}{3} + \frac{1}{4} + \dots = \sum_{k=1}^{\infty} \frac{1}{k} = \infty.$$

Für beliebiges $n \geq 2^\nu$, $\nu \in \mathbb{N}$, gilt nämlich

$$\begin{aligned}
s_n &= 1 + \frac{1}{2} + \frac{1}{3} + \dots + \frac{1}{n} \\
&\geq 1 + \frac{1}{2} + \left(\frac{1}{3} + \frac{1}{4}\right) + \left(\frac{1}{5} + \dots + \frac{1}{8}\right) + \dots + \left(\frac{1}{2^{\nu-1} + 1} + \dots + \frac{1}{2^\nu}\right) \\
&\geq 1 + \frac{1}{2} + 2 \cdot \frac{1}{4} + 4 \cdot \frac{1}{8} + \dots + 2^{\nu-1} \cdot \frac{1}{2^\nu} = 1 + \frac{\nu}{2}. \qquad \square
\end{aligned}$$

Beispiel 3: Es gilt $\dfrac{1}{1 \cdot 2} + \dfrac{1}{2 \cdot 3} + \dfrac{1}{3 \cdot 4} + \dots = \displaystyle\sum_{k=1}^{\infty} \frac{1}{k(k+1)} = 1$.

Mittels der PBZ $\dfrac{1}{x(x+1)} = \dfrac{1}{x} - \dfrac{1}{x+1}$ ergibt sich nämlich

$$s_n = 1 - \frac{1}{2} + \frac{1}{2} - \frac{1}{3} + \frac{1}{3} - \frac{1}{4} + \dots + \frac{1}{n} - \frac{1}{n+1} = 1 - \frac{1}{n+1}$$

und damit $s_n \to 1$ für $n \to \infty$. $\qquad \square$

Eine triviale **notwendige Bedingung** *für die Konvergenz einer Reihe*
$\sum_k a_k$ *ist, daß die Glieder eine Nullfolge bilden.* Aus $s_n \to s$ folgt nämlich
$a_n = s_n - s_{n-1} \to s - s$. Umgekehrt konvergiert eine Reihe keineswegs
bereits dann, wenn ihre Glieder eine Nullfolge bilden, wie die harmonische
Reihe zeigt.

6.2 Konvergenzkriterien

I. Reihen mit reellen Gliedern

Reihen mit nicht-negativen Gliedern. Die Folge der Partialsummen solcher Reihen wächst monoton. Das Konvergenzkriterium für monotone Folgen ergibt daher den

Satz: *Eine Reihe $\sum_k a_k$ mit Gliedern $a_k \geq 0$ konvergiert genau dann, wenn die Folge ihrer Partialsummen beschränkt ist; für diesen Sachverhalt schreibt man kurz: $\sum_k a_k < \infty$.*

Beispiel: Für $s \in \mathbb{Q}$ ist

$$\sum_{n=1}^{\infty} \frac{1}{n^s} \begin{cases} \text{konvergent,} & \text{falls } s > 1, \\ \text{divergent,} & \text{falls } s \leq 1. \end{cases}$$

Unter diesen Reihen grenzt also die harmonische die divergenten Reihen von den konvergenten Reihen ab.

Beweis: Im Fall $s > 1$ schätzen wir die Partialsummen s_n mit Hilfe der Partialsummen $s_{2^\nu - 1}$ mit $2^\nu - 1 \geq n$ ab:

$$s_n \leq s_{2^\nu - 1} = 1 + \left(\frac{1}{2^s} + \frac{1}{3^s} \right) + \ldots + \left(\frac{1}{2^{(\nu-1)s}} + \ldots + \frac{1}{(2^\nu - 1)^s} \right)$$

$$\leq 1 + 2 \cdot \frac{1}{2^s} + \ldots + 2^{\nu-1} \cdot \frac{1}{2^{(\nu-1)s}}$$

$$= \frac{1 - 2^{(1-s)\nu}}{1 - 2^{1-s}} < \frac{1}{1 - 2^{1-s}}.$$

Die Folge der Partialsummen ist also beschränkt und damit konvergent.

Im Fall $s \leq 1$ benützen wir die Abschätzung

$$s_n = 1 + \frac{1}{2^s} + \frac{1}{3^s} + \ldots + \frac{1}{n^s} \geq 1 + \frac{1}{2} + \frac{1}{3} + \ldots + \frac{1}{n}.$$

Mit der Partialsummenfolge der harmonischen Reihe wächst also auch (s_n) unbeschränkt. Das beweist die Divergenz. $\square$

Bemerkung: Durch

$$\zeta(s) := \sum_{n=1}^{\infty} \frac{1}{n^s}, \quad s > 1,$$

wird (vorläufig für $s \in \mathbb{Q}$) die sogenannte *Riemannsche Zetafunktion* definiert. Diese spielt eine hervorragende Rolle in den Untersuchungen über die Verteilung der Primzahlen. Der Ansatzpunkt hierfür ist die in Aufgabe 15 formulierte Eulersche Produktdarstellung.

Historisches. Die Aufgabe, $\zeta(2)$ zu berechnen, wurde als Baseler Problem bekannt. Leibniz und die Brüder Jakob und Johann Bernoulli bemühten sich vergeblich um eine Lösung. Erst Euler gelang sie 1734; er fand ein Verfahren zur schrittweisen Berechnung von $\zeta(s)$ für jedes gerade s und zeigte zum Beispiel

$$\zeta(2) = \frac{\pi^2}{6}, \qquad \zeta(4) = \frac{\pi^4}{90}, \qquad \zeta(6) = \frac{\pi^6}{945}.$$

Wir beweisen diese Formeln in 15.4.

b-adische Brüche. Diese verallgemeinern die bekannten Dezimalbrüche und dienen ebenfalls der Darstellung der reellen Zahlen. Dabei tritt an die Stelle der mathematisch nicht ausgezeichneten Basis 10 eine beliebige natürliche Zahl $b \geq 2$. Im Fall $b = 2$ spricht man auch von *Dualbrüchen,* im Fall $b = 3$ von *triadischen Brüchen.*

Unter dem *b-adischen Bruch mit den Ziffern $z_1, z_2, z_3, \ldots$* versteht man die Reihe

$$0, z_1 z_2 z_3 \ldots := \sum_{k=1}^{\infty} \frac{z_k}{b^k},$$

wobei die Ziffern ganze Zahlen mit $0 \leq z_\nu \leq b-1$ sind. Die Partialsummen

$$0, z_1 \ldots z_n := \sum_{k=1}^{n} z_k b^{-k}$$

bilden eine monoton wachsende Folge nicht negativer Zahlen, die durch $\sum_{k=1}^{\infty}(b-1)b^{-k} = 1$ beschränkt ist. Ein b-adischer Bruch stellt also eine Zahl aus dem Intervall $[0; 1]$ dar. Umgekehrt kann jede Zahl $x \in [0; 1)$ in einen solchen Bruch entwickelt werden. Zum Beweis bestimme man sukzessive Zahlen $z_1, z_2, z_3, \ldots \in \{0, 1, \ldots, b-1\}$ derart, daß für alle $n \in \mathbb{N}$ gilt:

(1) $$0, z_1 \ldots z_n \leq x < 0, z_1 \ldots z_n + \frac{1}{b^n};$$

dazu setze man mit Hilfe der Gauß-Klammer

$$z_1 := [bx], \qquad z_n := \left[b^n(x - 0, z_1 \ldots z_{n-1})\right] \quad \text{für } n \geq 2.$$

Durch vollständige Induktion zeigt man leicht, daß $z_n \in \{0, 1, \ldots, b-1\}$, und, daß (1) gilt. Der mit diesen Zahlen als Ziffern gebildete b-adische Bruch konvergiert nach (1) gegen x: $x = 0, z_1 z_2 z_3 \ldots$

Alternierende Reihen. Darunter versteht man Reihen, deren Glieder abwechselnde Vorzeichen haben. Ein Beispiel ist die *alternierende harmonische Reihe*

$$1 - \frac{1}{2} + \frac{1}{3} - \frac{1}{4} + \frac{1}{5} - \ldots = \sum_{n=0}^{\infty} (-1)^n \frac{1}{n+1}.$$

Konvergenzkriterium von Leibniz: *Es sei (a_n) eine monoton fallende Nullfolge. Dann gilt:*

1. *Die Reihe $\sum_{n=0}^{\infty}(-1)^n a_n$ konvergiert.*

2. *Die Partialsumme s_k approximiert den Reihenwert s bis auf einen Fehler, der höchstens so groß ist wie der Betrag des ersten weggelassenen Summanden:*

$$(2) \qquad \left| s - \sum_{n=0}^{k}(-1)^n a_n \right| \leq a_{k+1}.$$

Beweis: Aus $s_k - s_{k-2} = (-1)^k(a_k - a_{k-1})$ folgt wegen des monotonen Fallens der Folge (a_k):

$$s_1 \leq s_3 \leq s_5 \leq \dots \quad \text{und} \quad \dots \leq s_4 \leq s_2 \leq s_0.$$

Für gerade Indizes k ist ferner $s_{k-1} \leq s_k$, da $s_k - s_{k-1} = (-1)^k a_k \geq 0$. Die Intervalle $[s_{k-1}; s_k]$ für $k = 2, 4, 6, \dots$ sind also ineinander geschachtelt und ihre Längen gehen wegen $a_k \to 0$ gegen Null. Ist s die durch diese Intervallschachtelung definierte Zahl, so gilt $s_k \to s$.

Die Fehlerabschätzung (2) folgt daraus, daß s zwischen s_k und s_{k+1} liegt und $|s_{k+1} - s_k| = a_{k+1}$ ist. □

Die alternierende harmonische Reihe ist nach diesem Kriterium konvergent und hat einen Wert zwischen 1 und $1 - \frac{1}{2}$. In 8.5 zeigen wir, daß sie gegen $\ln 2$ konvergiert.

Konvergenzverbesserung. Wir betrachten eine Reihe wie im Leibniz-Kriterium. Durch Mittelbildung mit der durch Indexverschiebung entstehenden Reihe erhält man für den Wert s die gelegentlich wesentlich rascher konvergente Darstellung

$$s = \frac{1}{2}a_0 + \frac{1}{2}\sum_{n=0}^{\infty}(-1)^n(a_n - a_{n+1}).$$

Für den Wert L der alternierenden harmonischen Reihe etwa folgt

$$L = \frac{1}{2} + \frac{1}{2}\left(\frac{1}{1 \cdot 2} - \frac{1}{2 \cdot 3} + \frac{1}{3 \cdot 4} - \frac{1}{4 \cdot 5} + \dots\right).$$

Die k-te Partialsumme dieser Reihe approximiert L nach (2) mit einem Fehler $< \frac{1}{2} \cdot \frac{1}{(k+1)(k+2)}$, während die analoge Partialsumme der Ausgangsreihe L mit einem Fehler annähert, der nach (2) nur kleiner als $\frac{1}{k+1}$ ist.

II.   Reihen mit beliebigen Gliedern. Absolute Konvergenz

Wir betrachten jetzt Reihen $\sum_n a_n$ mit Gliedern $a_n \in \mathbb{C}$. Wendet man das Cauchysche Konvergenzkriterium in 5.6 auf die Folge der Partialsummen an, erhält man sofort das vor allem theoretisch wichtige, notwendige und hinreichende

Konvergenzkriterium von Cauchy: $\sum_n a_n$ *konvergiert genau dann, wenn es zu jedem* $\varepsilon > 0$ *ein* N *gibt so, daß für alle* $n > m \geq N$ *gilt:*

$$|s_n - s_m| = |a_{m+1} + \ldots + a_n| < \varepsilon.$$

Die Konvergenz oder Divergenz einer Reihe zeigt man häufig durch Vergleich mit bekannten Reihen. Die Grundlage dazu bietet das

Majorantenkriterium: *Es seien* $\sum_n a_n$ *und* $\sum_n b_n$ *Reihen derart, daß ab einem Index* p *die Abschätzungen* $|a_n| \leq |b_n|$ *bestehen. Dann gilt:*

1. *Konvergiert* $\sum_n |b_n|$, *so konvergiert auch* $\sum_n a_n$, *und es gilt*

$$\left| \sum_{n=p}^{\infty} a_n \right| \leq \sum_{n=p}^{\infty} |b_n|.$$

2. *Divergiert* $\sum_n a_n$, *so divergiert auch* $\sum_n |b_n|$.

Die Reihe $\sum_{n=p}^{\infty} b_n$ heißt eine *Majorante* für die Reihe $\sum_{n=p}^{\infty} a_n$.

Beweis: Wir zeigen die erste Behauptung; das genügt.

Zu jedem $\varepsilon > 0$ gibt es einen Index $N \geq p$ so, daß $\sum_{k=m+1}^{n} |b_k| < \varepsilon$ für alle $n > m \geq N$ gilt. Damit folgt $\left| \sum_{k=m+1}^{n} a_k \right| < \varepsilon$ für dieselben n, m. Also erfüllt auch die Reihe $\sum_k a_k$ die Cauchysche Konvergenzbedingung. Schließlich ergibt sich nach den Rechenregeln für Folgen

$$\left| \sum_{k=p}^{\infty} a_k \right| = \lim_{n \to \infty} \left| \sum_{k=p}^{n} a_k \right| \leq \lim_{n \to \infty} \sum_{k=p}^{n} |b_k| = \sum_{k=p}^{\infty} |b_k|. \qquad \square$$

Beispiele:

1. Die Reihe $\sum_{n=1}^{\infty} \dfrac{n!}{n^n}$ konvergiert, da

$$\frac{n!}{n^n} = \frac{1 \cdot 2 \cdots n}{n \cdot n \cdots n} \leq \frac{2}{n^2} \text{ für } n \geq 2 \text{ und } \sum_{n=1}^{\infty} \frac{1}{n^2} < \infty.$$

2. Die Reihe $\sum_{n=1}^{\infty} \dfrac{1}{\sqrt{n(n+1)}}$ divergiert, da

$$\frac{1}{\sqrt{n(n+1)}} > \frac{1}{2n} \text{ und } \sum_{n=1}^{\infty} \frac{1}{n} = \infty.$$

Definition: Eine Reihe $\sum_n a_n$ heißt *absolut konvergent*, falls die Reihe $\sum_n |a_n|$ konvergiert.

Die absolut konvergenten Reihen sind nach dem Majorantenkriterium schlechthin konvergent. Die Umkehrung gilt nicht, wie die alternierende harmonische Reihe zeigt. Im nächsten Abschnitt werden wir sehen, daß die absolut konvergenten Reihen besonders günstige Eigenschaften haben. Durch Vergleich mit der geometrischen Reihe gewinnt man folgende zwei hinreichende Kriterien:

Quotientenkriterium: *Es sei $\sum_n a_n$ eine Reihe mit $a_n \neq 0$ für fast alle n. Ferner existiere $\lim\limits_{n\to\infty} \left|\dfrac{a_{n+1}}{a_n}\right| =: q$. Dann gilt:*

1. *Ist $q < 1$, so konvergiert die Reihe absolut.*
2. *Ist $q > 1$, so divergiert die Reihe.*

Bemerkung: Im Fall $q = 1$ bleibt die Konvergenzfrage unentschieden; zum Beispiel ist $q = 1$ für alle Reihen $\sum_n n^{-s}$, aber nur jene mit $s > 1$ konvergieren.

Beweis: 1. Es sei q' eine Zahl mit $q < q' < 1$. Dann gibt es ein N so, daß $|a_{k+1}/a_k| \leq q'$ für $k \geq N$. Damit folgt $|a_n| \leq q'|a_{n-1}| \leq \cdots \leq q'^{\,n-N}|a_N|$ für $n \geq N$. Die Reihe $\sum_{n=N}^{\infty} |a_n|$ hat also in $|a_N|q'^{\,-N} \sum_{n=N}^{\infty} q'^{\,n}$ eine konvergente Majorante. Damit ist die erste Behauptung gezeigt.
2. Im Fall $q > 1$ wächst die Folge $(|a_n|)$ ab einem gewissen Index streng monoton, ist also keine Nullfolge. Das beweist die zweite Behauptung. $\square$

Beispiel: Die Binomialreihen zu einem Exponenten $s \in \mathbb{C}$. Unter diesen versteht man die Reihen

$$(3) \qquad B_s(z) := \sum_{n=0}^{\infty} \binom{s}{n} z^n = 1 + sz + \frac{s(s-1)}{2} z^2 + \ldots \qquad (z \in \mathbb{C}).$$

In den Fällen $s = 0, 1, 2, \ldots$ ist $\binom{s}{n} = 0$ für $n > s$; nach dem Satz von der Binomialentwicklung gilt dann $B_s(z) = (1+z)^s$ für alle $z \in \mathbb{C}$.

Im Fall $s \neq 0, 1, 2, \ldots$ ist $\binom{s}{n} \neq 0$ für $n \in \mathbb{N}$. Zur Untersuchung der Konvergenz von $B_s(z)$ sei $z \neq 0$; dann gilt für $n \to \infty$

$$\left| \binom{s}{n+1} z^{n+1} \middle/ \binom{s}{n} z^n \right| = \left| \frac{s-n}{n+1} \right| \cdot |z| \to |z|.$$

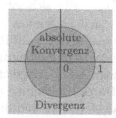

Das Quotientenkriterium ergibt damit:

Die Binomialreihe $B_s(z)$ zu $s \neq 0, 1, 2, \ldots$ konvergiert für $|z| < 1$ absolut und divergiert für $|z| > 1$.

Wurzelkriterium: *Es sei* $L := \limsup \sqrt[n]{|a_n|}$. *Für* $\sum_n a_n$ *gilt dann:*

1. *Ist* $L < 1$, *so konvergiert die Reihe absolut.*
2. *Ist* $L > 1$, *so divergiert die Reihe.*

Bemerkungen:

1. Falls die Folge $\sqrt[n]{|a_n|}$ konvergiert, ist $L = \lim\limits_{n\to\infty} \sqrt[n]{|a_n|}$.

2. Im Fall $L = 1$ bleibt die Konvergenzfrage unentschieden: ein Beispiel liefern wie bereits beim Quotientenkriterium die Reihen $\sum_n n^{-s}$.

Beweis: 1. Sei q eine Zahl mit $L < q < 1$. Dann gibt es einen Index N so, daß $\sqrt[n]{|a_n|} \leq q$ für alle $n \geq N$. Die Reihe $\sum_{n=N}^{\infty} |a_n|$ hat also in $\sum_{n=N}^{\infty} q^n$ eine konvergente Majorante. Das beweist 1.
2. Im Fall $L > 1$ gibt es unendlich viele n mit $\sqrt[n]{|a_n|} > 1$, d.h. $|a_n| > 1$. Die Glieder der Reihe bilden also keine Nullfolge. Das beweist 2.   □

Die Leistungsfähigkeit der beiden Kriterien ist verschieden. Zunächst kann man ähnlich wie beim Quotientenkriterium zeigen, daß unter den Voraussetzungen dieses Kriteriums $L = \limsup \sqrt[n]{|a_n|} \leq q$ gilt; insbesondere ist dann $L < 1$, falls $q < 1$. Hieraus folgt: Wenn man die Konvergenz einer Reihe mit dem Quotientenkriterium feststellen kann, dann auch mit dem Wurzelkriterium. Die Umkehrung gilt im allgemeinen nicht. Ein Beispiel hierfür liefert die Reihe $\sum_n a_n$ mit $a_n = 2^{-n}$ für gerades n und $a_n = 3^{-n}$ für ungerades n; das Wurzelkriterium zeigt wegen $\limsup \sqrt[n]{a_n} = \frac{1}{2}$ Konvergenz an, während das Quotientenkriterium nicht angewendet werden kann, da die Folge der Quotienten a_{n+1}/a_n nicht beschränkt ist. Dieses Beispiel zeigt ferner, daß ein Quotientenkriterium in Analogie zum Wurzelkriterium mit $\limsup |a_{n+1}/a_n|$ an Stelle von $\lim |a_{n+1}/a_n|$ nicht gilt.

6.3 Summierbare Familien

Konvergieren die Reihen $\sum_n a_n$ und $\sum_n b_n$, dann konvergieren auch folgende links von den Gleichheitszeichen stehende Reihen, und es gilt

$$\sum_n (\alpha a_n + \beta b_n) = \alpha \sum_n a_n + \beta \sum_n b_n, \quad \sum_n \overline{a_n} = \overline{\sum_n a_n}.$$

Das ergibt sich sofort aus den entsprechenden Regeln für Folgen.

Jedoch können nicht alle für endliche Summen gültigen Rechenregeln ohne weiteres auf Reihen ausgedehnt werden. Weder das Assoziativgesetz noch das Kommutativgesetz gelten uneingeschränkt. Ein Gegenbeispiel zum Assoziativgesetz liefert die Reihe $(1-1)+(1-1)+(1-1)+\ldots = 0$. Durch Umklammern zu $1+(-1+1)+(-1+1)+\ldots$ entsteht eine Reihe mit dem Wert 1 und durch Entfernen aller Klammern eine divergente Reihe.

Allerdings dürfen in einer konvergenten Reihe Klammern beliebig gesetzt werden, denn dieses bedeutet für die Folge der Partialsummen den Übergang zu einer Teilfolge, und eine solche konvergiert gegen denselben Wert.

Wir bringen auch noch ein Gegenbeispiel zum Kommutativgesetz: Wir ordnen die alternierende harmonische Reihe

$$S = 1 - \frac{1}{2} + \frac{1}{3} - \frac{1}{4} + \ldots + \frac{1}{2k-1} - \frac{1}{2k} + \cdots$$

so um, daß auf ein positives Glied zwei negative folgen:

$$T = 1 - \frac{1}{2} - \frac{1}{4} + \frac{1}{3} - \frac{1}{6} - \frac{1}{8} + \ldots + \frac{1}{2k-1} - \frac{1}{4k-2} - \frac{1}{4k} + \cdots.$$

Zwischen den Partialsummen $t_3, t_6, t_9, \ldots$ von T und den Partialsummen $s_2, s_4, s_6, \ldots$ von S bestehen wegen $\frac{1}{2k-1} - \frac{1}{4k-2} - \frac{1}{4k} = \frac{1}{2}\left(\frac{1}{2k-1} - \frac{1}{2k}\right)$ die Beziehungen $t_{3n} = \frac{1}{2}s_{2n}$. Da s_{2n} gegen S und die Glieder der Reihe T gegen 0 gehen, gibt es zu jedem $\varepsilon > 0$ ein N so, daß für $n > N$ zugleich $\left|t_{3n} - \frac{1}{2}S\right| < \frac{1}{2}\varepsilon$ und $|t_{3n+1} - t_{3n}| < \frac{1}{2}\varepsilon$ und $|t_{3n+2} - t_{3n}| < \frac{1}{2}\varepsilon$ gilt. Daraus folgt $\left|t_m - \frac{1}{2}S\right| < \varepsilon$ für alle $m > 3N + 2$, d.h., die umgeordnete Reihe T konvergiert zwar, aber nicht gegen S, sondern gegen $\frac{1}{2}S$. $\qquad\square$

Bemerkung: Man kann jede konvergente, aber nicht absolut konvergente Reihe reeller Zahlen zu einer Reihe mit beliebig vorgegebenem Wert $s \in \mathbb{R}$ umordnen. Diese erzeugt man, indem man abwechselnd so viele positive Glieder aufsummiert, bis man s überschreitet und dann wieder so viele negative, bis man s unterschreitet.

Die genannten Phänomene treten nicht auf bei summierbaren Familien. In diese geht von vornehrein keine Anordnung der Indexmenge ein und somit keine Reihenfolge der Summanden. Der Begriff der Summierbarkeit ist im Fall der Indexmenge $\mathbb{N}$ mit absoluter Konvergenz gleichbedeutend; er greift aber auch bei Reihen mit „mehrdimensionalen" Indexmengen, etwa $\mathbb{N}^n$.

Wir führen zunächst Sprechweisen ein. Es sei I eine beliebige nicht leere Menge und $a : I \to \mathbb{C}$ eine Funktion. Im folgenden bezeichnen wir den Funktionswert $a(i)$ mit a_i, nennen a eine *Familie* komplexer Zahlen mit I als *Indexmenge* und schreiben dafür meistens $(a_i)_{i \in I}$ oder auch nur $(a_i)_I$. Weiter bezeichnen wir die Menge der endlichen Teilmengen von I mit $\mathscr{E}(I)$ und setzen für $J \in \mathscr{E}(I)$

$$a_J := \sum_{i \in J} a_i, \quad |a|_J := \sum_{i \in J} |a_i|.$$

a_J heißt *Partialsumme* der Familie a zur Indexmenge J.

Definition: Eine Familie $(a_i)_{i \in I}$ heißt *summierbar*, wenn eine Zahl $s \in \mathbb{C}$ mit folgender Eigenschaft existiert: Zu jedem $\varepsilon > 0$ gibt es eine endliche Indexmenge $I_\varepsilon \subset I$ derart, daß für diese und alle $J \subset \mathscr{E}(I)$ mit $J \supset I_\varepsilon$

$$|s - a_J| \leq \varepsilon$$

gilt. Eine solche Zahl s heißt *Summe* der Familie. Wir zeigen sogleich, daß eine Familie höchstens eine Summe hat. Gegebenenfalls bezeichnet man diese mit $\sum_{i \in I} a_i$ oder auch $\sum_i a_i$.

Eine Familie hat höchstens eine Summe s: Wäre nämlich auch $s' \neq s$ eine Summe, so gäbe es zu $\varepsilon := \frac{1}{3}|s' - s|$ Indexmengen I_ε und I'_ε derart, daß für $J := I_\varepsilon \cup I'_\varepsilon$ sowohl $|s - a_J| \leq \varepsilon$ als auch $|s' - a_J| \leq \varepsilon$ gelten würde; das aber widerspräche der Wahl von ε. $\square$

Die Begriffe Summierbarkeit und Summe einer Familie $(a_i)_{i \in I}$ sind offensichtlich invariant gegen eine Permutation der Indexmenge, d.h.: Ist $\pi : I \to I$ eine Permutation, so ist $(a_{\pi(i)})_{i \in I}$ genau dann summierbar, wenn $(a_i)_{i \in I}$ es ist, und dann gilt $\sum_{i \in I} a_{\pi(i)} = \sum_{i \in I} a_i$.

Einer Familie $(a_i)_{i \in \mathbb{N}}$ mit der Indexmenge $\mathbb{N}$ kann man die Reihe $\sum_{i=1}^{\infty} a_i$ zuordnen. Dabei entsprechen die Summierbarkeit und die Summe der Familie der absoluten Konvergenz und dem Wert der Reihe.

Satz: *Eine Familie $a = (a_i)_{i \in \mathbb{N}}$ ist genau dann summierbar, wenn die Reihe $\sum_{i=1}^{\infty} a_i$ absolut konvergiert, und dann sind die jeweiligen Summen gleich:*

$$\sum_{i \in \mathbb{N}} a_i = \sum_{i=1}^{\infty} a_i.$$

Beweis: Die Reihe $\sum_{i=1}^{\infty} a_i$ konvergiere absolut und habe den Wert s. Zu $\varepsilon > 0$ wählen wir ein $N \in \mathbb{N}$ so, daß $\sum_{i=N+1}^{\infty} |a_i| < \varepsilon$ gilt. Mit s und $I_\varepsilon := \{1, \ldots, N\}$ ist dann die Definition der Summierbarkeit von a erfüllt: Für jede Indexmenge $J \in \mathscr{E}(\mathbb{N})$ mit $J \supset I_\varepsilon$ gilt $|s - a_J| \leq \sum_{i=N+1}^{\infty} |a_i| < \varepsilon$.

Zum Nachweis der Umkehrung entnehmen wir dem unten folgenden Hauptkriterium, daß die Menge der Partialsummen $\{|a|_J \mid J \in \mathscr{E}(\mathbb{N})\}$ der Familie $|a|$ beschränkt ist; insbesondere ist die Folge der Partialsummen $\sum_{i=1}^{n} |a_i|$, $n \in \mathbb{N}$, beschränkt. Die Reihe $\sum_{i=1}^{\infty} a_i$ konvergiert also absolut. Ihr Wert ist nach dem ersten Teil des Beweises die Summe der Familie. $\square$

Kombiniert man diese Äquivalenz mit der Invarianz der Summierbarkeit und Summe einer Familie gegen Permutationen der Indexmenge, erhält man bereits einen ersten Umordnungssatz.

Umordnungssatz: *Jede Umordnung einer absolut konvergenten Reihe konvergiert ebenfalls absolut und hat denselben Wert.*

Hauptkriterium für Summierbarkeit: *Eine Familie* $(a_i)_{i \in I}$ *ist genau dann summierbar, wenn die Menge* $\{|a|_J \mid J \in \mathscr{E}(I)\}$ *der Partialsummen der Familie* $|a|$ *beschränkt ist.*

Beweis: Es sei a summierbar. Dann sind auch die Familien Re a und Im a summierbar. Wegen $|a|_J \leq |\operatorname{Re} a|_J + |\operatorname{Im} a|_J$ genügt es also die behauptete Beschränktheit für reelle summierbare Familien zu zeigen. Es sei a eine solche und s ihre Summe. Dann existiert ein $I_1 \in \mathscr{E}(I)$ mit $|s - a_K| \leq 1$ für alle $K \in \mathscr{E}(I)$ mit $K \supset I_1$. Für jede endliche Menge $J \subset I$ folgt dann

$$|a_J| = |a_{J \cup I_1} - a_{I_1 \setminus J}| \leq 1 + |s| + |a|_{I_1} =: A.$$

Anhand der Zerlegung $|a|_J = a_{J^+} - a_{J^-}$ mit $J^+ := \{j \in J \mid a_j \geq 0\}$ und $J^- := \{j \in J \mid a_j < 0\}$ folgt schließlich $|a|_J \leq 2A$ für jedes $J \in \mathscr{E}(I)$.

Es sei jetzt $\{|a|_J \mid J \in \mathscr{E}(I)\}$ beschränkt. Zum Nachweis der Summierbarkeit von a zeigen wir zunächst, daß a die „Cauchy-Eigenschaft" hat:

Zu jedem $\varepsilon > 0$ *gibt es ein* $J_0 \in \mathscr{E}(I)$ *so, daß* $|a|_K \leq \varepsilon$ *gilt für jede zu* J_0 *disjunkte endliche Indexmenge* $K \subset I$.

Zum Beweis sei $\sigma := \sup \{|a|_J \mid J \in \mathscr{E}(I)\}$ und $J_0 \in \mathscr{E}(I)$ eine Indexmenge mit $|a|_{J_0} \geq \sigma - \varepsilon$. Für jedes zu J_0 disjunkte $K \in \mathscr{E}(I)$ gilt dann

$$|a|_{J_0} + |a|_K = |a|_{J_0 \cup K} \leq \sigma.$$

Damit folgt $|a|_K \leq \varepsilon$.

Wir kommen zur Konstruktion einer Summe. Aufgrund der Cauchy-Eigenschaft gibt es endliche Indexmengen $J_n \subset I$, $n \in \mathbb{N}$, so, daß gilt:

$$(*) \qquad |a|_K \leq 2^{-n} \quad \text{für alle } K \in \mathscr{E}(I) \text{ mit } K \cap J_n = \emptyset.$$

Indem wir J_n durch $J_1 \cup \ldots \cup J_n$ ersetzen, dürfen wir annehmen, daß $J_1 \subset J_2 \subset J_3 \subset \ldots$. Wir bilden dann die Partialsummen $s_n := a_{J_n}$ und zeigen, daß (s_n) eine Cauchyfolge ist. Sei $\varepsilon > 0$ gegeben und ein N mit $2^{-N+1} < \varepsilon$ gewählt. Für beliebige $p, q > N$ gilt dann wegen $(*)$

$$\begin{aligned} |s_p - s_q| &\leq |a_{J_p} - a_{J_N}| + |a_{J_q} - a_{J_N}| \\ &\leq |a|_{J_p \setminus J_N} + |a|_{J_q \setminus J_N} \leq 2 \cdot 2^{-N} < \varepsilon. \end{aligned}$$

Wir zeigen schließlich, daß $s := \lim s_n$ eine Summe der Familie ist. Dazu sei wieder $\varepsilon > 0$ gegeben und ein n so gewählt, daß sowohl $2^{-n} \leq \varepsilon/2$ als auch $|a_{J_n} - s| \leq \varepsilon/2$ gilt. $I_\varepsilon := J_n$ leistet dann das Gewünschte: Für $J \in \mathscr{E}(I)$ mit $J \supset I_\varepsilon$ gilt nämlich wegen $(*)$ und nach Wahl von n

$$|a_J - s| \leq |a_J - a_{J_n}| + |a_{J_n} - s| \leq |a|_{J \setminus J_n} + \frac{\varepsilon}{2} < 2^{-n} + \frac{\varepsilon}{2} \leq \varepsilon. \qquad \square$$

Beispiel: Die „geometrische Reihe in $\mathbb{C}^{2}$". Es seien z, w komplexe Zahlen mit $|z| < 1, |w| < 1$. Dann ist die Familie $(z^n w^m)$, $(n, m) \in \mathbb{N}_0^2$, summierbar. Denn zu jeder endlichen Menge $J \subset \mathbb{N}_0^2$ gibt es eine endliche Menge $K \subset \mathbb{N}_0$ so, daß $J \subset K^2$; damit folgt die von J unabhängige Abschätzung

$$\sum_{(n,m)\in J} |z^n w^m| \leq \left(\sum_{n\in K} |z|^n\right) \cdot \left(\sum_{m\in K} |w|^m\right)$$

$$\leq \frac{1}{1-|z|} \cdot \frac{1}{1-|w|}.$$

Wir kommen zum Hauptsatz:

Großer Umordnungssatz: *Es sei $(a_i)_{i\in I}$ eine summierbare Familie. Ferner seien I_k, $k \in K$, paarweise disjunkte Teilmengen von I, deren Vereinigung I ist. Dann ist sowohl jede Teilfamilie $(a_i)_{i\in I_k}$ summierbar als auch die Familie $(s_k)_{k\in K}$ der Summen $s_k := \sum_{i\in I_k} a_i$, und es gilt*

$$\boxed{\sum_{i\in I} a_i = \sum_{k\in K} s_k = \sum_{k\in K} \left(\sum_{i\in I_k} a_i\right).}$$

Dieser Satz wird oft auch das *Große Assoziativgesetz* genannt.

Beweis: Die Summierbarkeit jeder Teilfamilie ergibt sich unmittelbar mit dem Hauptkriterium; ebenso die Summierbarkeit der Familie $(s_k)_{k\in K}$ aufgrund der für alle Teilmengen $\{k_1, \ldots, k_n\} \subset K$ gültigen Abschätzung

$$\sum_{\nu=1}^n |s_{k_\nu}| \leq \sum_{\nu=1}^n \sup_{J_\nu \in \mathscr{E}(I_{k_\nu})} \{|a|_{J_\nu}\} = \sup_{J_\nu \in \mathscr{E}(I_{k_\nu})} \left\{\sum_{\nu=1}^n |a|_{J_\nu}\right\} \leq \sup_{J \in \mathscr{E}(I)} \{|a|_J\}.$$

Zum Nachweis der Formel setzen wir $S := \sum_{i\in I} a_i$. Ferner sei $\varepsilon > 0$ gegeben. Wir haben dann eine endliche Indexmenge $K_\varepsilon \subset K$ zu finden so, daß mit $S_M := \sum_{k\in M} s_k, M \in \mathscr{E}(K)$, gilt:

$(*)$ $\qquad \left|S_M - S\right| \leq \varepsilon$ für alle $M \in \mathscr{E}(K)$ mit $M \supset K_\varepsilon$.

Nach Definition von S gibt es eine endliche Indexmenge $I_\varepsilon \subset I$ derart, daß $|a_J - S| \leq \varepsilon/2$ für alle $J \in \mathscr{E}(I)$ mit $J \supset I_\varepsilon$. Zu I_ε wählen wir eine endliche Menge $K_\varepsilon \subset K$ so, daß die Vereinigung der I_k, $k \in K_\varepsilon$, ganz I_ε enthält, und zeigen, daß sie die Forderung $(*)$ erfüllt. Hierzu wählen wir, wenn m die Anzahl der Elemente von M ist, für jede Teilfamilie $(a_i)_{i\in I_k}$ eine endliche Indexmenge $I_{k,\varepsilon} \subset I_k$ mit

$$\left|a_{I_{k,\varepsilon}} - s_k\right| \leq \frac{\varepsilon}{2m} \quad \text{und} \quad I_{k,\varepsilon} \supset (I_k \cap I_\varepsilon).$$

Für $|S_M - S|$ erhalten wir dann die Abschätzung

$$\left| \sum_{k \in M} s_k - S \right| \leq \sum_{k \in M} \left| s_k - a_{I_{k,\varepsilon}} \right| + \left| \sum_{k \in M} a_{I_{k,\varepsilon}} - S \right| \leq m \frac{\varepsilon}{2m} + \frac{\varepsilon}{2} = \varepsilon;$$

dabei haben wir verwendet, daß $\bigcup_{k \in M} I_{k,\varepsilon} =: J$ eine Vereinigung disjunkter Mengen ist, also $a_J = \sum_{k \in M} a_{I_{k,\varepsilon}}$ gilt, und daß $|a_J - S| \leq \varepsilon/2$ ist, da J nach Konstruktion I_ε umfaßt. $\qquad\square$

Ist die Indexmenge ein direktes Produkt $I \times K$, so hat man die Zerlegung in die Teilmengen $I \times \{k\}$, $k \in K$. Diese Teilmengen werden im folgenden Satz etwas ungenau mit I bezeichnet. Ebenso hat man die Zerlegung in die Teilmengen $\{i\} \times K, i \in I$. Wendet man den Großen Umordnungssatz mit diesen beiden Zerlegungen an, erhält man den sogenannten Doppelreihensatz.

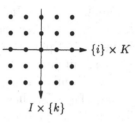

Zerlegung von $I \times K$ in Zeilen und in Spalten

Doppelreihensatz: *Die Familie $(a_{ik})_{(i,k) \in I \times K}$ sei summierbar. Dann ist jede der Familien $(a_{ik})_{i \in I}$ und $(a_{ik})_{k \in K}$ summierbar, und es gilt*

$$\sum_{(i,k) \in I \times K} a_{ik} = \sum_{i \in I} \left(\sum_{k \in K} a_{ik} \right) = \sum_{k \in K} \left(\sum_{i \in I} a_{ik} \right).$$

Bemerkung: Der Doppelreihensatz besitzt ein Analogon in der mehrdimensionalen Integrationstheorie: Es ist dies der wichtige Satz von Fubini; siehe Band 2, Kapitel 8.

Beispiel: Wert der „2-dimensionalen geometrischen Reihe". Es seien z, w komplexe Zahlen mit $|z| < 1, |w| < 1$. Die Familie $(z^n w^m)$, $(n,m) \in \mathbb{N}_0^2$, ist summierbar, wie wir bereits oben gezeigt haben. Der Doppelreihensatz darf also angewendet werden und ergibt

$$\sum_{(n,m) \in \mathbb{N}_0 \times \mathbb{N}_0} z^n w^m = \sum_{n \in \mathbb{N}_0} z^n \left(\sum_{m \in \mathbb{N}_0} w^m \right) = \frac{1}{1-z} \cdot \frac{1}{1-w}. \qquad\square$$

Der Doppelreihensatz führt oft zu interessanten Identitäten.

Beispiel: $\displaystyle\sum_{k=2}^{\infty} (\zeta(k) - 1) = 1.$

Beweis: Die Familie (n^{-k}) mit $(n,k) \in \mathbb{N}^{*2}$, $\mathbb{N}^* := \mathbb{N} \setminus \{1\}$, ist summierbar; die geometrische Reihe und Beispiel 3 in 6.1 liefern nämlich für ihre

Partialsummen die einheitliche Abschätzung

$$\sum_{k=2}^{K}\sum_{n=2}^{N}\frac{1}{n^k} < \sum_{n=2}^{N}\sum_{k=2}^{\infty}\frac{1}{n^k} = \sum_{n=2}^{N}\frac{1}{n(n-1)} < 1.$$

Der Doppelreihensatz ist also anwendbar und ergibt

$$\sum_{k=2}^{\infty}(\zeta(k)-1) = \sum_{n=2}^{\infty}\sum_{k=2}^{\infty}\frac{1}{n^k} = \sum_{n=2}^{\infty}\frac{1}{n(n-1)} = 1. \qquad \square$$

Familien, deren Indexmenge ein direktes Produkt ist, entstehen bei der Multiplikation von Reihen. Multipliziert man jedes Glied der Reihe $\sum_{i=0}^{\infty}a_i$ mit jedem der Reihe $\sum_{k=0}^{\infty}b_k$, so erhält man die Familie (a_ib_k), $(i,k) \in \mathbb{N}_0 \times \mathbb{N}_0$. Wir zerlegen nun $\mathbb{N}_0 \times \mathbb{N}_0$ diagonalweise in die Teilmengen $D_n := \{(i,k) \mid i+k=n\}$, $n \in \mathbb{N}_0$. Die Partialsummen dazu sind

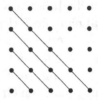

Zerlegung von $\mathbb{N}_0^2$ in $D_0, D_1, D_2, \ldots$

$$d_n := \sum_{(i,k)\in D_n} a_ib_k = \sum_{i=0}^{n}a_ib_{n-i} = a_0b_n + a_1b_{n-1} + \ldots + a_nb_0.$$

Die Reihe $\displaystyle\sum_{n=0}^{\infty}d_n$ heißt *Cauchy-Produkt* der Reihen $\displaystyle\sum_{i=0}^{\infty}a_i$ und $\displaystyle\sum_{k=0}^{\infty}b_k$.

Satz vom Cauchy-Produkt: *Das Cauchy-Produkt $\sum_{n=0}^{\infty}d_n$ absolut konvergenter Reihen $\sum_{i=0}^{\infty}a_i$ und $\sum_{k=0}^{\infty}b_k$ konvergiert ebenfalls absolut, und es gilt*

$$\boxed{\sum_{n=0}^{\infty}d_n = \left(\sum_{i=0}^{\infty}a_i\right)\cdot\left(\sum_{k=0}^{\infty}b_k\right).}$$

Beweis: Die Familie $(a_ib_k)_{\mathbb{N}_0 \times \mathbb{N}_0}$ ist unter den genannten Voraussetzungen summierbar. Denn jede endliche Menge $J \subset \mathbb{N}_0 \times \mathbb{N}_0$ liegt in einer endlichen Menge $I \times K$ mit $I, K \subset \mathbb{N}_0$, und daher gilt die Abschätzung

$$\sum_{(i,j)\in J}|a_ib_k| \le |a|_I \cdot |b|_K \le \left(\sum_{i\in\mathbb{N}_0}|a_i|\right)\cdot\left(\sum_{k\in\mathbb{N}_0}|b_k|\right).$$

Nach dem Großen Umordnungssatz ist die Reihe $\sum_{n=0}^{\infty}d_n$ also absolut konvergent und mit dem Doppelreihensatz folgt

$$\sum_{n=0}^{\infty}d_n = \sum_{(i,k)\in\mathbb{N}_0\times\mathbb{N}_0}a_ib_k = \sum_{i=0}^{\infty}\left(a_i\sum_{k=0}^{\infty}b_k\right) = \left(\sum_{i=0}^{\infty}a_i\right)\cdot\left(\sum_{k=0}^{\infty}b_k\right). \quad \square$$

Anwendung: Multiplikation von Binomialreihen. In 6.2 haben wir gezeigt, daß alle Reihen $B_s(z) = \sum_{n=0}^{\infty} \binom{s}{n} z^n$, $s \in \mathbb{C}$, in jedem Punkt z der Einheitskreisscheibe $\mathbb{E} := K_1(0)$ absolut konvergieren. Der Satz vom Cauchy-Produkt ergibt nun für beliebige $s, t \in \mathbb{C}$ und $z \in \mathbb{E}$:

$$B_s(z) \cdot B_t(z) = \sum_{n=0}^{\infty} \left(\sum_{k=0}^{n} \binom{s}{k} \binom{t}{n-k} \right) z^n.$$

Der Koeffizient bei z^n ist nach dem Additionstheorem der Binomialkoeffizienten 4.2 (6) gleich $\binom{s+t}{n}$; damit folgt:

Satz (Additionstheorem der Binomialreihen): *Für alle $s, t \in \mathbb{C}$ und jedes $z \in \mathbb{E}$ gilt*

$$(4) \qquad \boxed{B_s(z) \cdot B_t(z) = B_{s+t}(z).}$$

Folgerung: *Für jeden Exponenten $s \in \mathbb{Q}$ und jedes reelle $x \in (-1; 1)$ ist*

$$(5) \qquad \boxed{B_s(x) = (1+x)^s.}$$

(In 8.5 zeigen wir, daß diese Formel für alle $s \in \mathbb{C}$ gilt.)

Beweis: Die Formel gilt zunächst für die Exponenten $s \in \mathbb{N}_0$. Sodann erhalten wir für $s = p/q$ mit $p, q \in \mathbb{N}$ mit Hilfe des Additionstheorems für den Fall $\mathbb{N}_0$ und wegen der Eindeutigkeit der Wurzel

$$\left(B_{p/q}(x) \right)^q = B_{q \cdot p/q}(x) = (1+x)^p.$$

Daraus folgt (5) für positive $s \in \mathbb{Q}$. Für negative s schließlich folgt (5) aus $B_s(x) \cdot B_{-s}(x) = B_0(x) = 1$. $\qquad \square$

Für $s = \frac{1}{2}$ und $s = -\frac{1}{2}$ schreiben wir den Anfang der Binomialentwicklung (5) noch explizit an; für $x \in (-1; 1)$ gilt:

$$(6) \qquad \sqrt{1+x} = 1 + \frac{1}{2}x - \frac{1}{2 \cdot 4}x^2 + \frac{1 \cdot 3}{2 \cdot 4 \cdot 6}x^3 - \ldots;$$

$$(7) \qquad \frac{1}{\sqrt{1+x}} = 1 - \frac{1}{2}x + \frac{1 \cdot 3}{2 \cdot 4}x^2 - \frac{1 \cdot 3 \cdot 5}{2 \cdot 4 \cdot 6}x^3 + \ldots$$

Ersetzt man in (7) x durch $-x^2$, erhält man die wichtige Entwicklung

$$(7') \qquad \frac{1}{\sqrt{1-x^2}} = 1 + \frac{1}{2}x^2 + \frac{1 \cdot 3}{2 \cdot 4}x^4 + \frac{1 \cdot 3 \cdot 5}{2 \cdot 4 \cdot 6}x^6 + \ldots$$

Die Voraussetzung der absoluten Konvergenz im Satz vom Cauchy-Produkt darf man nicht ersatzlos fallen lassen. Als Beispiel dazu betrachten wir das Cauchy-Produkt der alternierenden Reihe $\sum\limits_{n=0}^{\infty} (-1)^n \dfrac{1}{\sqrt{n+1}}$ mit sich selbst. Diese Reihe konvergiert nach dem Leibniz-Kriterium; sie konvergiert jedoch nicht absolut. Ihr Cauchy-Produkt mit sich divergiert: Für dessen Glieder gilt nämlich wegen $\sqrt{ab} \leq \frac{1}{2}(a+b)$ die Abschätzung

$$|d_n| = \left| \sum_{k=0}^{n} \frac{(-1)^k \cdot (-1)^{n-k}}{\sqrt{k+1} \cdot \sqrt{n+1-k}} \right| \geq (n+1) \cdot \frac{2}{n+2} \geq 1.$$

6.4 Potenzreihen

Die wichtigsten Reihen der Analysis sind die Potenzreihen

(P) $P(z) = \sum\limits_{n=0}^{\infty} a_n z^n = a_0 + a_1 z + a_2 z^2 + a_3 z^3 + \ldots$

Beispiele sind die geometrische Reihe und die Binomialreihen (3); ein weiteres die Exponentialreihe

$$\sum_{n=0}^{\infty} \frac{z^n}{n!} = 1 + z + \frac{z^2}{2!} + \frac{z^3}{3!} + \ldots$$

Diese konvergiert für alle $z \in \mathbb{C}$, wie man mit dem Quotientenkriterium leicht sieht, und stellt die Exponentialfunktion dar. Die Exponentialfunktion wird in Kapitel 8 eingehend behandelt; ebenso ihre Abkömmlinge, die trigonometrischen Funktionen.

Zu den grundlegenden Eigenschaften einer Potenzreihe gehört die Existenz eines Konvergenzkreises. Der Radius R dieses Kreises, der auch 0 oder ∞ sein kann, ist dadurch ausgezeichnet, daß $P(z)$ für $|z| < R$ konvergiert und für $|z| > R$ divergiert. Zum Beispiel haben die Binomialreihen B_s mit $s \neq 0, 1, 2, \ldots$ als Konvergenzkreis den Einheitskreis $\mathbb{E}$, siehe 6.2, die Exponentialreihe als Konvergenz„kreis" ganz $\mathbb{C}$. Die Existenz eines Konvergenzkreises beruht auf dem trivialen

Lemma: *Konvergiert die Potenzreihe P in einem Punkt $z_0 \neq 0$, so konvergiert sie absolut in jedem Punkt $z \in \mathbb{C}$ mit $|z| < |z_0|$.*

Beweis: Es gibt ein S mit $|a_n z_0^n| \leq S$ für alle n. Dann ist $|a_n z^n| \leq Sq^n$ mit $q := |z/z_0| < 1$. Die Reihe $P(z)$ besitzt also die konvergente Majorante $S \cdot \sum_n q^n$ und ist damit absolut konvergent.   □

Wir setzen nun

$$R = R(P) := \sup \{r \in \mathbb{R} \mid P(r) \text{ konvergiert}\}.$$

Satz: *Die Potenzreihe P ist*

a) *für alle z mit $|z| < R$ absolut konvergent,*

b) *für alle z mit $|z| > R$ divergent.*

$R = R(P)$ heißt *Konvergenzradius* und $K_R(0)$ *Konvergenzkreis* von P.

Beweis: Sei $|z| < R$. Dann gibt es ein r mit $|z| < r < R$ so, daß $P(r)$ konvergiert. Nach dem Lemma konvergiert dann $P(z)$ absolut. Es sei jetzt $|z| > R$. Wäre $P(z)$ konvergent, so wäre $P(r)$ in jedem r mit $R < r < |z|$ konvergent im Widerspruch zur Supremumseigenschaft von R. □

Formeln zur Berechnung des Konvergenzradius von $\sum\limits_{n=0}^{\infty} a_n z^n$:

$$R = \frac{1}{L} \quad \text{mit} \quad L = \limsup \sqrt[n]{|a_n|} \qquad \text{(Cauchy-Hadamard)}.$$

$$R = \frac{1}{q} \quad \text{mit} \quad q = \lim \left| \frac{a_{n+1}}{a_n} \right|, \text{ falls der Grenzwert existiert (Euler)}.$$

In diesem Zusammenhang setzt man $\dfrac{1}{0} := \infty$ und $\dfrac{1}{\infty} := 0$.

Beweis: Für $z \neq 0$ gilt

$$L^* := \limsup \sqrt[n]{|a_n z^n|} = |z| \cdot \limsup \sqrt[n]{|a_n|} \begin{cases} < 1, & \text{falls } |z| < 1/L, \\ > 1, & \text{falls } |z| > 1/L. \end{cases}$$

$P(z)$ konvergiert also nach dem Wurzelkriterium, falls $|z| < 1/L$, und divergiert, falls $|z| > 1/L$; d.h. $1/L$ ist der Konvergenzradius.

In den Fällen $L = 0$ und ∞ ist $L^* = 0$ bzw. ∞ für alle $z \neq 0$; $P(z)$ konvergiert dann also für alle z bzw. kein $z \neq 0$.

Die Eulersche Formel folgt analog aus dem Quotientenkriterium. □

Beispiel: Die „Lückenreihe" $\sum\limits_{\nu=0}^{\infty} z^{\nu!} = z + z + z^2 + z^6 + z^{24} + \dots$

Hier ist $a_n = 1$, falls $n = \nu!$, und $a_n = 0$ andernfalls. Die Lückenreihe hat nach der Formel von Cauchy-Hadamard den Konvergenzradius 1: Da $\sqrt[n]{|a_n|}$ nur die Werte 0 und 1 annimmt und 1 unendlich oft, gilt nämlich $\limsup \sqrt[n]{|a_n|} = 1$. Dagegen ist die Formel von Euler nicht anwendbar. Am einfachsten argumentiert man aber direkt: Für $|z| > 1$ divergiert die Reihe, weil die Glieder keine Nullfolge bilden, für $|z| < 1$ konvergiert sie, weil sie dann von der geometrischen Reihe majorisiert wird. □

Über Konvergenz oder Divergenz auf dem Rand $\{z \in \mathbb{C} \mid |z| = R\}$ des Konvergenzkreises kann keine allgemeine Aussage gemacht werden. Zum Beispiel haben die drei Potenzreihen

$$\text{a) } \sum_{n=1}^{\infty} z^n, \qquad \text{b) } \sum_{n=1}^{\infty} \frac{z^n}{n}, \qquad \text{c) } \sum_{n=1}^{\infty} \frac{z^n}{n^2}$$

den Konvergenzradius 1. Für die z mit $|z| = 1$ gilt jedoch unterschiedlich:
Die Reihe a) divergiert für alle solchen z.
Die Reihe b) divergiert für $z = 1$ und konvergiert für alle anderen z.
(Beweis siehe Aufgabe 13.)
Die Reihe c) konvergiert für alle solchen z, da $\sum_n 1/n^2$ konvergiert.

Die Tatsache, daß eine Potenzreihe in jedem Punkt ihres Konvergenzkreises absolut konvergiert, erlaubt es, die Ergebnisse über summierbare Familien anzuwenden. Hiernach gelten für Potenzreihen der Große Umordnungssatz und der Satz vom Cauchy-Produkt. Der letztere liefert nun:

Cauchy-Produkt von Potenzreihen: *Konvergieren* $f(z) = \sum_{i=0}^{\infty} a_i z^i$ *und* $g(z) = \sum_{k=0}^{\infty} b_k z^k$ *im Punkt z absolut, so gilt*

$$\boxed{f(z) \cdot g(z) = \sum_{n=0}^{\infty} \left(\sum_{k=0}^{n} a_k b_{n-k} \right) z^n.}$$

Zur Untersuchung von $f(z) = \sum_k a_k z^k$ „nahe bei 0" betrachtet man oft nur einen Anfangsabschnitt der Reihe. Die Approximationsgüte dieses Abschnittes beurteilt man dann durch Abschätzung des *Reihenrestes*

$$R_n(z) := \sum_{k=n}^{\infty} a_k z^k.$$

Lemma (Restabschätzung): $\sum_{k=0}^{\infty} a_k z^k$ *habe einen Konvergenzradius* $R > 0$. *Dann gibt es zu jedem positiven $r < R$ eine Konstante c so, daß* $|R_n(z)| \leq c|z|^n$ *für* $|z| \leq r$.

Beweis: Mit $c := \sum_{\nu=0}^{\infty} |a_{n+\nu}| r^{\nu}$ gilt $|R_n(z)| \leq \sum_{k=n}^{\infty} |a_k||z|^k \leq c|z|^n$. $\quad \square$

Als Anwendung beweisen wir eine wichtige Aussage über die Lage der Nullstellen einer durch eine Potenzreihe darstellbaren Funktion; nämlich: Ihre Nullstellen häufen sich nicht am Nullpunkt.

Satz: *Der Konvergenzradius von $f(z) = \sum_n a_n z^n$ sei positiv; ferner seien nicht alle a_n Null. Dann gibt es einen Kreis um 0, der höchstens endlich viele Nullstellen von f enthält.*

Beweis: Sei N der kleinste Index mit $a_N \neq 0$. Zu irgendeinem Radius $r < R(f)$ wählen wir gemäß dem Lemma ein c so, daß für alle $z \in K_r(0)$ die Abschätzung $(*)$ $|f(z) - a_N z^N| \leq c|z|^{N+1}$ gilt. Wäre der Satz falsch, enthielte jeder der Kreise $K_{r/k}(0)$, $k \in \mathbb{N}$, eine Nullstelle $z_k \neq 0$. Mit dieser ergäbe sich aus $(*)$ die Abschätzung $|a_N| \leq c|z_k|$. Wegen $z_k \to 0$ für $k \to \infty$ folgte daraus $a_N = 0$. Widerspruch! $\qquad\square$

Wendet man den Satz auf die Differenz zweier Potenzreihen an, erhält man den wichtigen Identitätssatz für Potenzreihen.

Identitätssatz: *Die Potenzreihen*

$$f(z) = a_0 + a_1 z + a_2 z^2 + a_3 z^3 + \dots,$$
$$g(z) = b_0 + b_1 z + b_2 z^2 + b_3 z^3 + \dots$$

mögen Konvergenzradien $\neq 0$ haben. Ferner gebe es eine Nullfolge (z_k) mit $z_k \neq 0$ und $f(z_k) = g(z_k)$ für alle k. (Es sei zum Beispiel $f(z) = g(z)$ in einer Kreisscheibe um 0.) Dann gilt $a_n = b_n$ für alle $n = 0, 1, 2, \dots$

6.5 Aufgaben

1. Man zeige

   a) $1 + \dfrac{1}{3^2} + \dfrac{1}{5^2} + \dfrac{1}{7^2} + \dots = \dfrac{3}{4}\zeta(2)$ $\quad\left(= \dfrac{\pi^2}{8}\right)$;

   b) $\dfrac{1}{1 \cdot 2 \cdot 3} + \dfrac{1}{2 \cdot 3 \cdot 4} + \dfrac{1}{3 \cdot 4 \cdot 5} + \dots = \dfrac{1}{4}$ $\quad$ (Leibniz);

   c) $\displaystyle\sum_{n=0}^{\infty} \dfrac{1}{f_n f_{n+2}} = 1$ $\quad$ (f_n: n-te Fibonacci-Zahl; siehe 5.8 Aufgabe 10).

2. Man gebe eine Partialsumme an, die den Wert der Reihe $\displaystyle\sum_{n=0}^{\infty} \dfrac{i^n}{n!}$ bis auf einen Fehler $< 10^{-6}$ approximiert.

3. Man untersuche das Konvergenzverhalten der Reihe $\sum_n a_n$, in der a_n einen der folgenden Werte hat:

   a) $\dfrac{a^n}{1 + a^n}$ $(a > 0)$, $\quad$ b) $\dfrac{n^a}{n!}$ $(a \in \mathbb{Q})$, $\quad$ c) $\dbinom{-\frac{1}{2}}{n}$, $\quad$ d) $\left(\sqrt[n]{n} - 1\right)^2$.

4. Man beweise das folgende nützliche Vergleichskriterium: Sind (a_n) und (b_n) asymptotisch gleiche Folgen positiver Zahlen, so sind die Reihen $\sum_n a_n$ und $\sum_n b_n$ entweder beide konvergent oder beide divergent. Für welche $s \in \mathbb{Q}$ konvergiert $\displaystyle\sum_{n=1}^{\infty} \left(\sqrt{1 + 1/n^s} - 1\right)$?

5. *Verdichtungskriterium.* Man zeige:

   a) Für eine monotone Folge (a_n) sind die Reihen $\sum_n a_n$ und $\sum_k 2^k a_{2^k}$ entweder beide konvergent oder beide divergent. Man untersuche damit die ζ-Reihe $\sum_n 1/n^s$ auf Konvergenz.

   b) Es bezeichne $d(n)$ die Anzahl der Dezimalstellen von $n \in \mathbb{N}$. Obwohl $d(n)$ gegen ∞ geht (etwa wie $\log_{10} n$), divergieren die Reihen

   $$\sum_{n=1}^{\infty} \frac{1}{n\,d(n)}, \quad \sum_{n=1}^{\infty} \frac{1}{n\,d(n)\,d(d(n))}, \quad \sum_{n=1}^{\infty} \frac{1}{n\,d(n)\,d(d(n))\,d(d(d(n)))}, \quad \text{usw.}$$

   Hinweis: Das Verdichtungskriterium ist nicht an die Zahl 2 gebunden.

6. Die Zahl $x \in [0;1)$ habe die b-adische Entwicklung $x = 0,z_1 z_2 z_3 \ldots$ Man zeige: x ist genau dann rational, wenn diese Entwicklung von einer Stelle N an periodisch ist (das bedeutet: es gibt ein $p \in \mathbb{N}$ so, daß $z_{n+p} = z_n$ ist für $n \geq N$).

7. Eine Folge (a_n) komplexer Zahlen heißt *quadratsummierbar*, wenn die Reihe $\sum_{n=1}^{\infty} |a_n|^2$ konvergiert. Man zeige: Sind (a_n) und (b_n) quadratsummierbar, so gilt:

   a) Die Folge $(a_n b_n)$ ist summierbar; d.h. $\sum_{n=1}^{\infty} |a_n b_n|$ konvergiert.

   b) Die Folge $(a_n + b_n)$ ist quadratsummierbar.

   Aus b) folgt, daß die quadratsummierbaren Folgen einen Vektorraum bilden, den sogenannten *Hilbertschen Folgenraum* ℓ^2, und aus a), daß mittels $\sum_{n=1}^{\infty} a_n \overline{b_n}$ ein Skalarprodukt auf ℓ^2 erklärt ist.

8. a) Eine Familie $a = (a_i)_{i \in I}$ mit $a_i \geq 0$ ist genau dann summierbar, wenn die Menge der Partialsummen a_J, $J \in \mathcal{E}(I)$, beschränkt ist, und dann ist das Supremum dieser Menge die Summe der Familie.

   b) Es seien $a = (a_i)_{i \in I}$ und $b = (b_i)_{i \in I}$ Familien mit derselben Indexmenge. b sei summierbar und majorisiere a, d.h., es gelte $|a_i| \leq |b_i|$ für alle $i \in I$. Dann ist auch a summierbar.

9. Für $x = (x_1, \ldots, x_d) \in \mathbb{R}^d$ setze man $\|x\| := \sqrt{\sum_{\nu=1}^{d} x_\nu^2}$. Man zeige:

   a) Für $s \in \mathbb{Q}$ ist die Familie $a : \mathbb{N}^d \to \mathbb{R}$, $a(n) := \|n\|^{-s}$, genau dann summierbar, wenn $s > d$ ist.

   b) Die Familie $(1/(m+ni)^3)$, $(m,n) \in \mathbb{N}^2$, ist summierbar.

10. Man bestimme den Konvergenzradius der Potenzreihe $\sum_{n=0}^{\infty} a_n z^n$, in der a_n einen der folgenden Werte hat:

   a) n^s $(s \in \mathbb{Q})$, b) q^{n^2} $(q \in \mathbb{C})$, c) $\begin{cases} a^n & \text{für gerades } n, \\ b^n & \text{für ungerades } n, \end{cases}$ $(a, b \in \mathbb{C})$.

11. Die Konvergenzradien der Potenzreihen $\sum_{n=0}^{\infty} a_n z^n$ und $\sum_{n=0}^{\infty} b_n z^n$ seien R_a bzw. R_b. Dann hat die Potenzreihe $\sum_{n=0}^{\infty} a_n b_n z^n$ einen Konvergenzradius $R \geq R_a R_b$.

12. *Berechnung der Fibonacci-Zahlen.* Zur Berechnung der in 5.8 Aufgabe 10 eingeführten Zahlen f_n untersuche man die Potenzreihe

$$f(z) := \sum_{n=0}^{\infty} f_n z^n.$$

   a) Man zeige: f hat den Konvergenzradius $1/g$ (g = goldener Schnitt) und für $|z| < 1/g$ gilt $(1 - z - z^2)f(z) = 1$.

   b) Mittels der PBZ von $\dfrac{1}{1 - z - z^2}$ berechne man die Potenzreihe f.

13. Sei (a_n) eine monoton fallende Nullfolge. Dann konvergiert $\sum_{n=0}^{\infty} a_n z^n$ für jedes z mit $|z| \leq 1$, außer möglicherweise für $z = 1$.

   Hinweis: Man schätze $(1 - z) \sum_{\nu=n}^{m} a_\nu z^\nu$ ab.

14. Es sei $(a_i)_{i \in I}$ eine summierbare Familie. Man zeige, daß ihr *Träger* $\{i \in I \mid a_i \neq 0\}$ höchstens abzählbar ist. Für die Theorie der summierbaren Familien könnte man sich also von vornherein auf abzählbare Indexmengen beschränken.

15. Die *Eulersche Produktdarstellung für* $\zeta(s)$. Es sei (p_k) die Folge der Primzahlen und J_N die Menge der natürlichen Zahlen, deren Primfaktoren zu $\{p_1, \ldots, p_N\}$ gehören. Man zeige: Für jedes (rationale) $s > 0$ ist die Familie (n^{-s}), $n \in J_N$, summierbar und hat die Summe

$$(8) \qquad \sum_{n \subset J_N} n^{-s} = \prod_{k=1}^{N} \frac{1}{1 - p_k^{-s}} =: P_N.$$

Man verwende dazu die geometrische Reihe für $1/(1 - p_k^{-s})$. Im Fall $s > 1$ folgere man die Eulersche Produktdarstellung

$$\zeta(s) = \prod_{k=1}^{\infty} \frac{1}{1 - p_k^{-s}} := \lim_{N \to \infty} P_N.$$

Bemerkung: In 8.13 Aufgabe 23 wird aus (8) die weitere Folgerung gezogen, daß $\sum_{k=1}^{\infty} \frac{1}{p_k}$ divergiert (Euler).

7 Stetige Funktionen. Grenzwerte

Der in Kapitel 4 eingeführte Funktionsbegriff ist sehr allgemein. Erst zusätzliche Eigenschaften wie die Stetigkeit oder Differenzierbarkeit machen ihn für die Analysis fruchtbar.

Wir behandeln in diesem Kapitel stetige Funktionen und den damit zusammenhängenden Begriff des Grenzwertes einer Funktion. Hierbei kommen für uns nur Funktionen mit einem Definitionsbereich $D \subset \mathbb{R}$ oder $D \subset \mathbb{C}$ in Betracht.

7.1 Stetigkeit

Definition: Eine Funktion $f : D \to \mathbb{C}$ heißt *stetig im Punkt* $x_0 \in D$, wenn es zu jedem $\varepsilon > 0$ ein $\delta > 0$ gibt derart, daß gilt:

$$(1) \qquad |f(x) - f(x_0)| < \varepsilon \quad \text{für alle } x \in D \text{ mit } |x - x_0| < \delta.$$

f heißt *stetig in D*, wenn f in jedem Punkt von D stetig ist.

Geometrische Deutung, falls $D \subset \mathbb{R}$ und f reell ist: Zu jedem beliebig schmal vorgegebenen Streifen $S_\varepsilon = \{(x,y) \mid f(x_0) - \varepsilon < y < f(x_0) + \varepsilon\}$ gibt es ein Intervall $I_\delta(x_0)$ so, daß der Graph über diesem Intervall innerhalb dieses Streifens verläuft.

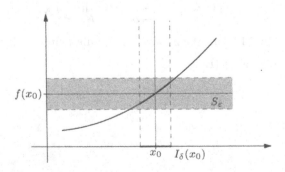

Der Graph von f verläuft über $I_\delta(x_0)$ im Streifen S_ε

Historisches. Den Mathematikern im 18. Jahrhundert galt eine Funktion stetig, wenn sie in ihrem ganzen Definitionsbereich durch ein und dasselbe analytische Gesetz dargestellt werden kann. Die Erkenntnis von Fourier, daß auch gewisse unstetige Funktionen durch trigonometrische Reihen dargestellt werden können (siehe Kapitel 16), verlangte eine Präzisierung des Stetigkeitsbegriffes. Der heute allgemein akzeptierte Stetigkeitsbegriff geht auf Bolzano (1817) zurück, seine ε-δ-Formulierung stammt von Weierstraß.

Beispiel 1: Die Funktion $f(z) = z^2$ ist stetig in ganz $\mathbb{C}$.

Beweis: Es seien $z_0 \in \mathbb{C}$ und $\varepsilon > 0$ beliebig vorgegeben. Wegen $|z + z_0| \le |z - z_0| + 2|z_0|$ gilt $|z^2 - z_0^2| = |z + z_0| \cdot |z - z_0| < \varepsilon$ für all jene z, die den beiden Ungleichungen

$$|z - z_0| + 2|z_0| < 1 + 2|z_0| \quad \text{und} \quad |z - z_0| < \frac{\varepsilon}{2|z_0| + 1}$$

genügen. Mit $\delta = \delta(\varepsilon, z_0) := \min\left\{1, \dfrac{\varepsilon}{2|z_0| + 1}\right\}$ gilt dann die Implikation

$$|z - z_0| < \delta \implies |z^2 - z_0^2| < \varepsilon. \qquad \square$$

Beispiel 2: *Für jedes $k \in \mathbb{N}$ ist die Funktion $x \mapsto \sqrt[k]{x}$ auf $[0; \infty)$ stetig.*

Beweis: Nach 2.5 Aufgabe 2 ist $|\sqrt[k]{x} - \sqrt[k]{x_0}| \le \sqrt[k]{|x - x_0|}$. Dementsprechend wählen wir zu vorgegebenem $\varepsilon > 0$ $\delta := \varepsilon^k$. Damit gilt dann die Implikation

$$|x - x_0| < \delta \implies |\sqrt[k]{x} - \sqrt[k]{x_0}| < \varepsilon.$$

Man beachte, daß δ unabhängig von x_0 gewählt werden konnte. $\qquad \square$

Beispiel 3: *Lipschitz-stetige Funktionen auf D sind stetig auf D.*

$f : D \to \mathbb{C}$ heißt *Lipschitz-stetig auf D*, wenn es eine Konstante L gibt so, daß für alle $x, y \in D$ gilt:

$$|f(x) - f(y)| \le L|x - y|.$$

Geometrisch bedeutet diese Bedingung, daß die Abstandsverzerrung unter der Abbildung f beschränkt ist. Kann man die Konstante L kleiner als 1 wählen, so heißt f eine *Kontraktion*.

Für den Stetigkeitsbeweis setze man $\delta := \varepsilon / L$ im Fall $L \ne 0$ und $\delta := 1$ im Fall $L = 0$.

Beispiele Lipschitz-stetiger Funktionen auf $\mathbb{C}$ sind:

a) die linearen Funktionen $az + b$ und zwar mit $L = |a|$;
b) die Funktionen $|\ |$, $\overline{}$, Re, Im mit $L = 1$;
c) die Abstandsfunktion d_A einer Teilmenge $A \subset \mathbb{C}$; siehe 4.4 Aufgabe 2.

Die auf ganz $\mathbb{R}$ definierte Funktion f mit $f(x) = 0$ für irrationales x und $f(x) = 1$ für rationales x ist in jedem Punkt unstetig, da jedes Intervall sowohl rationale als auch irrationale Punkte enthält. Es ist ferner leicht, Funktionen auf $\mathbb{R}$ zu konstruieren, die genau in den Punkten einer beliebig vorgegebenen abzählbaren Menge $A \subset \mathbb{R}$ unstetig und sonst stetig sind, insbesondere Funktionen, deren Stetigkeits- und Unstetigkeitsstellen ineinander dicht liegen; siehe Aufgabe 19.

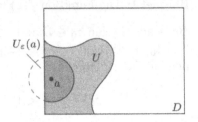

U ist eine D-Umgebung von a

Bei Stetigkeitsdiskussionen ist es zweckmäßig, den Begriff *Umgebung relativ zu einer Menge D* zu verwenden. Sei $a \in D$. Unter einer *D-Umgebung von a* oder auch *Umgebung von a in D* versteht man jede Teilmenge $U \subset D$, die eine Menge der Gestalt $U_\varepsilon(a) \cap D$ umfaßt; dabei sei $U_\varepsilon(a)$ eine ε-Umgebung von a.

Beispiel: Umgebungen der Randpunkte a und b eines Intervalls $[a; b]$ relativ zu $[a; b]$ sind die Intervalle $[a; a + \varepsilon)$ bzw. $(b - \varepsilon; b]$ mit $0 < \varepsilon \le b - a$ und alle Obermengen dieser Intervalle.

Triviale, aber oft gebrauchte Tatsachen:

1. *Jede Obermenge $V \subset D$ einer Umgebung U von a in D ist auch eine Umgebung von a in D.*
2. *Der Durchschnitt zweier Umgebungen von a in D ist ebenfalls eine Umgebung von a in D.*

Formulierung der Stetigkeit in der Sprache der Umgebungen:
$f : D \to \mathbb{C}$ *ist genau dann stetig in $x_0 \in D$, wenn es zu jedem $\varepsilon > 0$ eine D-Umgebung U von x_0 gibt so, daß für alle $x \in U$ gilt:* $|f(x) - f(x_0)| < \varepsilon$.

Folgenkriterium für Stetigkeit: $f : D \to \mathbb{C}$ *ist genau dann stetig in $x_0 \in D$, wenn für jede Folge von Punkten $x_n \in D$ mit $x_n \to x_0$ gilt:*

$$f(x_n) \to f(x_0).$$

Beweis: a) Sei f stetig in x_0. Dann gibt es zu jedem $\varepsilon > 0$ eine Umgebung U von x_0 in D so, daß $|f(x) - f(x_0)| < \varepsilon$ für alle $x \in U$ gilt. Ist nun (x_n) eine gegen x_0 konvergierende Punktfolge in D, so gilt $x_n \in U$ und damit $|f(x_n) - f(x_0)| < \varepsilon$ für fast alle n. Das beweist $f(x_n) \to f(x_0)$.
b) Die Folgenbedingung sei erfüllt. Angenommen, zu einem $\varepsilon_0 > 0$ gibt es kein δ, das die Stetigkeitsbedingung (1) erfüllt. Zu jedem $n \in \mathbb{N}$ gibt es dann einen Punkt $x_n \in D$ mit $|x_n - x_0| < 1/n$ und $|f(x_n) - f(x_0)| \ge \varepsilon_0$. Damit gilt $x_n \to x_0$, jedoch nicht $f(x_n) \to f(x_0)$. Widerspruch. $\qquad\Box$

7.2 Rechnen mit stetigen Funktionen

Regel I: *Sind $f, g : D \to \mathbb{C}$ stetig in $x_0 \in D$, dann sind auch $f + g$ und fg stetig in x_0. Ist außerdem $g(x_0) \neq 0$, so ist f/g in einer D-Umgebung von x_0 definiert und ebenfalls stetig in x_0.*

Beweis: Ist (x_n) eine Punktfolge in D mit $x_n \to x_0$, so gilt $f(x_n) \to f(x_0)$ und $g(x_n) \to g(x_0)$. Daraus folgt nach den Rechenregeln für Folgen

$$(f + g)(x_n) \to (f + g)(x_0) \quad \text{und} \quad (f \cdot g)(x_n) \to (f \cdot g)(x_0).$$

Nach dem Folgenkriterium sind also $f + g$ und fg stetig in x_0.

Im Fall $g(x_0) \neq 0$ gibt es nach der anschließenden Bemerkung eine D-Umgebung von x_0, in der g keine Nullstelle hat. In dieser liegen fast alle x_n, und es gilt $(f/g)(x_n) \to (f/g)(x_0)$. Also ist auch f/g stetig in x_0. □

Bemerkung: *Ist $g : D \to \mathbb{C}$ stetig in x_0, so gibt es eine D-Umgebung V von x_0 derart, daß $|g(x)| \geq \frac{1}{2}|g(x_0)|$ für alle $x \in V$.*

Beweis: Im Fall $g(x_0) = 0$ ist $V = D$ eine solche Umgebung. Im Fall $g(x_0) \neq 0$ aber gibt es zu $\varepsilon := \frac{1}{2}|g(x_0)| > 0$ eine D-Umgebung V von x_0 so, daß $|g(x) - g(x_0)| < \varepsilon$ für $x \in V$. Mit $|g(x)| \geq |g(x_0)| - |g(x_0) - g(x)|$ folgt bereits die Behauptung. □

Folgerung: *Die rationalen Funktionen sind in ihrem ganzen Definitionsbereich stetig, die Polynome insbesondere in ganz $\mathbb{C}$.*

Beispiel: Die stereographische Projektion $\sigma : \mathbb{R} \to S^1 \setminus \{i\}$ ist stetig; zur Definition von σ siehe 4.1; σ hat nämlich eine Darstellung durch eine rationale Funktion:

$$\sigma(x) = \frac{2x + i(x^2 - 1)}{x^2 + 1}.$$

Regel II: *In der Situation $D \xrightarrow{f} E \xrightarrow{g} \mathbb{C}$ sei f stetig in x_0 und g stetig in $y_0 = f(x_0)$. Dann ist auch $g \circ f$ stetig in x_0.*

Beweis: Sei (x_n) eine Punktfolge in D mit $x_n \to x_0$. Dann ist $(f(x_n))$ eine Folge in E mit $f(x_n) \to f(x_0)$. Damit gilt wegen der Stetigkeit von g in $f(x_0)$ weiter $g(f(x_n)) \to g(f(x_0))$. Nach dem Folgenkriterium ist also $g \circ f$ stetig in x_0. □

Folgerung 1: *Sei $f : D \to \mathbb{R}$ stetig in x_0 und nicht negativ. Dann ist die Funktion $\sqrt[k]{f}$ für jedes $k \in \mathbb{N}$ stetig in x_0. Insbesondere ist die Funktion $x \mapsto x^s$ für $s \in \mathbb{Q}$, $s > 0$, stetig auf $[0; \infty)$.*

Beweis: mittels 7.1 Beispiel 2. □

Folgerung 2: *Mit f sind auch die Funktionen $\overline{f}$, $|f|$, Re f, Im f stetig.*

Sie entstehen nämlich aus f durch Komposition mit $g = {}^{\overline{}}$, $|\ |$, Re, Im.

Die Folgerung 2 impliziert, daß mit stetigen reellen Funktionen f und g auch die Funktionen

$$\max(f,g) = \frac{1}{2}\left(f + g + |f - g|\right) \quad \text{und} \quad \min(f,g) = \frac{1}{2}\left(f + g - |f - g|\right)$$

stetig sind.

Regel III: *Sei $f : [a;b] \to \mathbb{C}$ stetig und injektiv; ferner sei $B := f([a;b])$ die Bildmenge. Dann ist auch die Umkehrfunktion $g : B \to [a;b]$ stetig.*

Beweis: Sei (y_n) eine Folge in B mit $y_n \to y_0 \in B$. Wir zeigen, daß die Folge der $x_n := g(y_n)$ gegen $x_0 = g(y_0)$ konvergiert. Dazu genügt es nach 5.8 Aufgabe 17 zu zeigen, daß alle konvergenten Teilfolgen von (x_n) gegen x_0 konvergieren. Sei ξ der Grenzwert einer konvergenten Teilfolge (x_{n_k}). Nach den Rechenregeln für Folgen liegt ξ in $[a;b]$. Wegen $f(\xi) = \lim f(x_{n_k}) = \lim y_{n_k} = y_0$ und der Injektivität von f ist also $\xi = x_0$. $\qquad \square$

7.3 Erzeugung stetiger Funktionen durch normal konvergente Reihen

Die wichtigsten Funktionen der Analysis werden durch Grenzprozesse gewonnen, häufig durch Folgen oder Reihen.

Gegeben sei eine Folge von Funktionen $f_n : D \to \mathbb{C}$. Diese heißt *punktweise konvergent*, wenn für jedes $x \in D$ die Folge $\big(f_n(x)\big)$ der Funktionswerte konvergiert. Gegebenenfalls wird durch

$$f(x) := \lim_{n \to \infty} f_n(x), \quad x \in D,$$

die sogenannte *Grenzfunktion* $f : D \to \mathbb{C}$ definiert. Analog mit Reihen.

Der Grenzprozeß $f_n \to f$ führt oft zum Verlust guter Eigenschaften; zum Beispiel pflanzt sich die Stetigkeit der f_n nicht notwendig auf die Grenzfunktion fort. Siehe hierzu das

Beispiel: Es sei $f_n(x) = x^n$ für $x \in [0;1]$.

Die Grenzfunktion f ist gegeben durch

$$f(x) = \lim_{n \to \infty} x^n = \begin{cases} 0 & \text{für } x \in [0;1), \\ 1 & \text{für } x = 1. \end{cases}$$

f ist unstetig auf $[0;1]$.

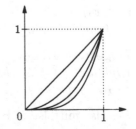

Eine besonders günstige Art der Erzeugung von Funktionen ist die durch normal konvergente Reihen. Zu deren Definition benötigen wir den Begriff der Norm einer Funktion.

Eine Funktion $f : D \to \mathbb{C}$ heißt *beschränkt*, wenn es eine Zahl s gibt mit $|f(x)| \leq s$ für alle $x \in D$. Gegebenenfalls setzt man

$$\|f\|_D := \sup \left\{ |f(x)| \mid x \in D \right\}.$$

Die Zahl $\|f\|_D$ heißt *Norm*, genauer *Supremumsnorm, von f bezüglich D*. Oft schreiben wir dafür nur $\|f\|$. Nach dem Satz vom Maximum in 7.5 hat jede stetige Funktion auf einer kompakten Menge D eine endliche Norm.

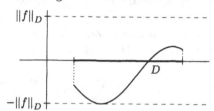

Die Supremumsnorm
einer reellen Funktion

Rechenregeln für die Norm:

1. $\|f\|_D = 0 \Longleftrightarrow f(x) = 0$ für alle $x \in D$;
2. $\|cf\|_D = |c| \cdot \|f\|_D$ für $c \in \mathbb{C}$, falls $\|f\|_D$ endlich ist;
3. $\|f + g\|_D \leq \|f\|_D + \|g\|_D$ (*Dreiecksungleichung*).

Die Regel 3. folgt aus der für alle $x \in D$ gültigen Ungleichung

$$|f(x) + g(x)| \leq |f(x)| + |g(x)| \leq \|f\|_D + \|g\|_D.$$

Definition: Eine Reihe $\sum_{n=1}^{\infty} f_n$ von Funktionen auf D heißt *normal konvergent auf D*, wenn jeder Summand f_n auf D beschränkt ist und die Reihe der Normen bezüglich D konvergiert: $\sum_{n=1}^{\infty} \|f_n\|_D < \infty$.

Beispiel 1: *Eine Potenzreihe $\sum_{n=0}^{\infty} a_n z^n$ mit Konvergenzradius $R > 0$ konvergiert normal in jedem Kreis $K_r(0)$ mit $r < R$.*

Beweis: Die Funktionen $f_n(z) = a_n z^n$ haben bezüglich $K_r(0)$ die Norm $\|f_n\|_{K_r(0)} = |a_n| r^n$. Die Behauptung folgt nun daraus, daß die Potenzreihe im Punkt $r \in K_R(0)$ absolut konvergiert: $\sum_{n=0}^{\infty} |a_n| r^n < \infty$. $\square$

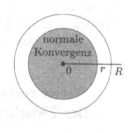

Warnung! Ohne Beschränkung auf Kreise mit Radius $r < R$ kann die Aussage falsch sein. Zum Beispiel konvergiert die geometrische Reihe $\sum_{n=0}^{\infty} z^n$ in ihrem Konvergenzkreis $K_1(0)$ *nicht* normal: Jeder ihrer Summanden hat bezüglich $K_1(0)$ die Norm 1; folglich divergiert $\sum_{n=0}^{\infty} \|z^n\|_{K_1(0)}$.

Beispiel 2: Die Reihe $\sum_{n=1}^{\infty} \dfrac{1}{n(x-n)}$, $x \in \mathbb{R} \setminus \mathbb{N}$, konvergiert normal auf jedem kompakten Intervall $[a;b] \subset \mathbb{R} \setminus \mathbb{N}$.

Beweis: Es sei $f_n(x) := 1/n(x-n)$. Man wähle eine Zahl $R > 0$ so groß, daß $[a;b] \subset [-R;R]$. Für $n \geq 2R$ und $x \in [a;b]$ gilt dann $|x - n| > n/2$. Damit folgt für die Norm bezüglich $[a;b]$ $\|f_n\|_{[a;b]} \leq 2/n^2$, falls $n \geq 2R$. Da $\sum_n 1/n^2$ konvergiert, konvergiert auch die Reihe der Normen. $\square$

Satz: *Die Reihe $f = \sum_{k=1}^{\infty} f_k$ konvergiere normal auf D. Dann gilt: Sind alle f_k stetig im Punkt $x_0 \in D$, so ist auch f stetig in x_0.*

Beweis: Zu $\varepsilon > 0$ wähle man zunächst n so groß, daß $\sum_{k=n+1}^{\infty} \|f_k\|_D < \dfrac{1}{3}\varepsilon$. Für jedes $x \in D$ gilt dann

$$\left|f(x) - f(x_0)\right| \leq \left|\sum_{k=1}^{n} f_k(x) - \sum_{k=1}^{n} f_k(x_0)\right| + \sum_{k=n+1}^{\infty} \left|f_k(x)\right| + \sum_{k=n+1}^{\infty} \left|f_k(x_0)\right|$$

$$\leq \left|\sum_{k=1}^{n} f_k(x) - \sum_{k=1}^{n} f_k(x_0)\right| + \dfrac{2}{3}\varepsilon.$$

Wegen der Stetigkeit von $\sum_{k=1}^{n} f_k$ gibt es ferner eine Umgebung U von x_0 in D so, daß für $x \in U$ gilt:

$$\left|\sum_{k=1}^{n} f_k(x) - \sum_{k=1}^{n} f_k(x_0)\right| < \dfrac{1}{3}\varepsilon.$$

Für $x \in U$ folgt damit $\left|f(x) - f(x_0)\right| < \varepsilon$. $\square$

Folgerung: *Jede Potenzreihe stellt im Konvergenzkreis $K_R(0)$ eine stetige Funktion dar.*

Beweis: Jeder Punkt $z_0 \in K_R(0)$ liegt in einem Kreis $K_r(0)$ mit $r < R$. In diesem konvergiert die Potenzreihe normal und stellt dort eine stetige Funktion dar. Insbesondere ist die Potenzreihe in z_0 stetig. $\square$

7.4 Stetige reelle Funktionen auf Intervallen. Der Zwischenwertsatz

Der Zwischenwertsatz bildet die Grundlage vieler Existenzaussagen der Analysis. Die Beweisbedürftigkeit dieses evidenten Satzes hat erstmals Bolzano (1817) erkannt. Tatsächlich handelt es sich bei diesem Satz um eine der zahlreichen Versionen der Vollständigkeit von $\mathbb{R}$.

Zwischenwertsatz (ZWS): *Eine stetige Funktion $f : [a; b] \to \mathbb{R}$ nimmt jeden Wert γ zwischen $f(a)$ und $f(b)$ an mindestens einer Stelle $c \in [a; b]$ an: $\gamma = f(c)$.*

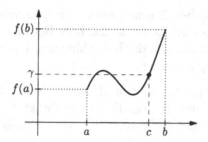

Beweis: Wir betrachten o.B.d.A. den Fall $f(a) \leq f(b)$. Man kann dann mit $[a_1; b_1] := [a; b]$ beginnend durch sukzessive Intervallhalbierung eine Intervallschachtelung $([a_n; b_n])$ konstruieren derart, daß $f(a_n) \leq \gamma \leq f(b_n)$, $n = 1, 2, \ldots$, gilt. Die Folgen (a_n) und (b_n) konvergieren gegen den in allen Intervallen liegenden Punkt c; nach dem Folgenkriterium ist dort $f(c) = \lim f(a_n) \leq \gamma$ und $f(c) = \lim f(b_n) \geq \gamma$. Also gilt $f(c) = \gamma$.   □

Als einfache Anwendung zeigen wir noch einmal die Existenz von Wurzeln. Wir hatten diese bereits in 2.3 direkt aus der Vollständigkeit von $\mathbb{R}$ mit Hilfe einer Intervallschachtelung hergeleitet.

Folgerung: *Jedes Polynom $P(x) = x^n - \alpha$ mit $\alpha > 0$ hat eine positive Nullstelle.*

Beweis: Es ist $P(0) < 0$ und $P(1 + \alpha) > 0$ (Bernoullische Ungleichung). P hat also im Intervall $(0; 1 + \alpha)$ eine Nullstelle.   □

Als weitere Anwendung beweisen wir einen Fixpunktsatz.

Fixpunktsatz: *Jede stetige Funktion $f : [a; b] \to \mathbb{R}$ mit Bild $f([a; b]) \subset [a; b]$ besitzt einen Fixpunkt; darunter versteht man einen Punkt $\xi \in [a; b]$ mit $f(\xi) = \xi$.*

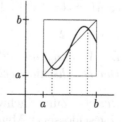

Beweis: Wir betrachten die Funktion $g : [a; b] \to \mathbb{R}$, $g(x) := f(x) - x$. g ist stetig, und wegen $f(a), f(b) \in [a; b]$ gilt $g(a) \geq 0$ und $g(b) \leq 0$. g hat also eine Nullstelle; diese ist ein Fixpunkt von f.   □

Bemerkung: Bei diesem Fixpunktsatz handelt es sich um einen sehr einfachen Fall des sogenannten Brouwerschen Fixpunktsatzes; siehe Band 2. In 14.4 lernen wir einen weiteren Fixpunktsatz kennen. Fixpunktsätze sind ein starkes Hilfsmittel zum Beweis von Existenzaussagen.

7.5 Stetige Funktionen auf kompakten Mengen. Der Satz vom Maximum und Minimum

Stetige Funktionen haben Eigenschaften von grundlegender Bedeutung, wenn ihr Definitionsbereich kompakt ist. Zum Beispiel gilt für sie der Satz vom Maximum und Minimum, der bei zahlreichen Extremalproblemen die Existenz einer Lösung garantiert.

Definition: Eine Teilmenge A von $\mathbb{R}$ oder $\mathbb{C}$ heißt *abgeschlossen*, wenn der Grenzwert jeder konvergenten Folge von Punkten $a_n \in A$ ebenfalls in A liegt. Ferner heißt auch die leere Menge abgeschlossen.

Jedes abgeschlossene Intervall ist nach dieser Definition abgeschlossen, hingegen kein offenes Intervall $(a; b)$. Die erste Feststellung folgt unmittelbar aus der Regel III in 5.2, die zweite daraus, daß der Grenzwert der Folge $a + (b - a)/2^n$, $n \in \mathbb{N}$, nicht in $(a; b)$ liegt.

Die folgenden zwei Lemmata beschreiben wichtige Verfahren zur Konstruktion abgeschlossener Mengen.

Lemma 1: *Sind $f_1, \ldots, f_s : \mathbb{C} \to \mathbb{R}$ stetige Funktionen und $a_1, \ldots, a_s \in \mathbb{R}$ Konstanten, so ist die Menge $A := \left\{ z \in \mathbb{C} \mid f_1(z) \le a_1, \ldots, f_s(z) \le a_s \right\}$ abgeschlossen.*

Beweis: Es sei (z_n) eine konvergente Folge von Punkten in A und $z_0 \in \mathbb{C}$ ihr Grenzwert. Wegen $z_n \in A$ ist $f_\sigma(z_n) \le a_\sigma$ für $n \in \mathbb{N}$ und $\sigma = 1, \ldots, s$; nach dem Folgenkriterium ist daher auch $f_\sigma(z_0) = \lim_n f_\sigma(z_n) \le a_\sigma$ für alle σ. Der Grenzwert z_0 gehört also ebenfalls zu A.   □

Beispiele abgeschlossener Mengen:

1. die beranndeten Kreisscheiben
   $\overline{K}_r(a) := \left\{ z \in \mathbb{C} \mid |z - a| \le r \right\}$;
2. die 1-Sphäre $S^1 := \left\{ z \in \mathbb{C} \mid |z| = 1 \right\}$;
3. $M := \left\{ z \in \mathbb{C} \mid |z| \ge 1, |\operatorname{Re} z| \le \tfrac{1}{2}, \operatorname{Im} z \ge 0 \right\}$.

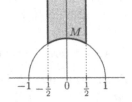

Lemma 2:

Die Vereinigung endlich vieler abgeschlossener Mengen ist abgeschlossen. Der Durchschnitt beliebig vieler abgeschlossener Mengen ist abgeschlossen.

Beweis: Zum Nachweis der ersten Behauptung genügt es, den Fall zweier abgeschlossener Mengen A und B zu behandeln. Sei dazu (x_k) eine konvergente Punktfolge mit $x_k \in A \cup B$. Diese besitzt eine Teilfolge, deren sämtliche Glieder in A liegen oder in B; nehmen wir an, in A. Der Grenzwert der Teilfolge liegt dann in A, der Grenzwert der Gesamtfolge damit ebenfalls und insbesondere in $A \cup B$. Die zweite Behauptung ist trivial.   □

Definition: Eine Menge $K \subset \mathbb{C}$ heißt *kompakt*, wenn sie abgeschlossen und beschränkt ist. (Beschränkt bedeutet: Es gibt eine Zahl R so, daß $|z| \leq R$ ist für alle $z \in K$.) Ferner heißt auch die leere Menge kompakt.

Zum Beispiel sind die berandeten Kreisscheiben $\overline{K}_r(a)$ und die 1-Sphäre S^1 kompakt; dagegen ist die Menge M des dritten Beispiels nicht kompakt.

Die vorangehenden zwei Lemmata ergeben unmittelbar analoge Lemmata; das zweite etwa ergibt:

Lemma 2*: *Die Vereinigung endlich vieler kompakter Mengen ist kompakt. Und: Der Durchschnitt beliebig vieler kompakter Mengen ist kompakt. Zusätzlich gilt: Der Durchschnitt $A \cap K$ einer abgeschlossenen Menge A und einer kompakten Menge K ist kompakt.*

Kompakte Mengen können eine komplizierte Struktur haben. Als Beispiel betrachten wir das *Cantorsche Diskontinuum*. Dieses hat eine gewisse Bedeutung in der fraktalen Geometrie. Zur Konstruktion gehen wir von der Menge $A_0 := \bigcup_{k \in \mathbb{Z}} [2k; 2k+1]$ aus. A_0 ist abgeschlossen, da fast alle Glieder einer konvergenten Folge (x_n) mit $x_n \in A_0$ in einem der abgeschlossenen Intervalle $[2k; 2k+1]$ liegen müssen und in diesem dann auch der Grenzwert. Weiter sei $A_n := (\frac{1}{3})^n A_0$, $n \in \mathbb{N}$, und $A := \bigcap_{n=0}^{\infty} A_n$. Nach Lemma 1 ist A abgeschlossen. Der in $[0; 1]$ gelegene Teil von A, $C := A \cap [0; 1]$, heißt *Cantorsches Diskontinuum*. Das Cantorsche Diskontinuum ist kompakt nach Lemma 2* und hat die weitere Darstellung

$$C = \bigcap_{n=0}^{\infty} C_n \quad \text{mit } C_n := A_0 \cap \ldots \cap A_n \cap [0; 1].$$

Man sieht leicht: C_n ist die Vereinigung von 2^n kompakten Intervallen der Länge $1/3^n$, und C_{n+1} entsteht aus C_n durch Entfernen der offenen mittleren Drittel aus allen 2^n Intervallen, die C_n zusammensetzen.

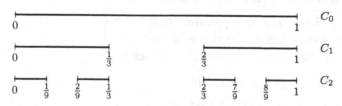

Genese des Cantorschen Diskontinuums

Das folgende Lemma bringt eine für Beweise besonders zweckmäßige Charakterisierung kompakter Mengen.

Lemma 3 (Bolzano-Weierstraß-Charakterisierung): *Eine Teilmenge $K \subset \mathbb{C}$ ist genau dann kompakt, wenn jede Folge in K eine Teilfolge besitzt, die gegen einen Punkt in K konvergiert.*

Beweis: Sei K kompakt. Dann ist jede Folge in K beschränkt, besitzt also eine konvergente Teilfolge. Der Grenzwert einer solchen Teilfolge liegt in K, da K abgeschlossen ist.

Umgekehrt besitze jede Folge in K eine Teilfolge wie angegeben. Dann ist K beschränkt. Sonst gäbe es in K eine Folge (x_n) mit $|x_n| \geq n$ für jedes n; diese besäße aber keine konvergente Teilfolge. K ist auch abgeschlossen. Der Grenzwert ξ jeder konvergenten Folge (x_n) in K liegt nämlich ebenfalls in K, da nach Voraussetzung der Grenzwert einer geeigneten Teilfolge von (x_n) in K liegt und dieser mit ξ übereinstimmt. $\qquad\square$

Wir kommen zu den stetigen Funktionen auf kompakten Mengen. Die Hauptergebnisse sind der Satz vom Maximum und Minimum sowie der Satz von der gleichmäßigen Stetigkeit. Zunächst noch ein wichtiges Lemma.

Lemma 4: *Das Bild $f(K)$ einer kompakten Menge $K \subset \mathbb{C}$ unter einer stetigen Funktion $f : K \to \mathbb{C}$ ist ebenfalls kompakt.*

Beweis: Wir zeigen, daß mit K auch $f(K)$ die Bolzano-Weierstraß-Eigenschaft hat. Sei $(f(x_n))$, $x_n \in K$, eine Folge in $f(K)$. (x_n) besitzt eine Teilfolge (x_{n_k}), die gegen einen Punkt $x \in K$ konvergiert. Wegen der Stetigkeit von f konvergiert dann die Folge $(f(x_{n_k}))$ gegen $f(x) \in f(K)$. Das beweist nach Lemma 3 die Kompaktheit von $f(K)$. $\qquad\square$

Eine besonders wichtige Anwendung dieses Lemmas ist der

Satz vom Maximum und Minimum: *Jede stetige Funktion $f : K \to \mathbb{R}$ auf einem Kompaktum K nimmt ein Maximum und ein Minimum an, d.h., es gibt ξ_1 und $\xi_2 \in K$ so, daß für alle $x \in K$ gilt: $f(\xi_1) \leq f(x) \leq f(\xi_2)$.*

Beweis: Das Bild $f(K)$ ist als kompakte Menge beschränkt, besitzt also ein Supremum M und ein Infimum m. Diese gehören zu $f(K)$, da $f(K)$ abgeschlossen ist. Damit ist der Satz bereits bewiesen. $\qquad\square$

Beispiel: Sei K ein Kompaktum in $\mathbb{R}$ oder $\mathbb{C}$. Dann gibt es zu jedem Punkt $p \notin K$ einen Punkt $k \in K$ so, daß für alle $z \in K$ die Ungleichung

$$|k - p| \leq |z - p|$$

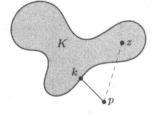

besteht. Denn die stetige Funktion $z \mapsto |z - p|$ nimmt auf K ein Minimum an.

Bemerkung: Der Kern des Satzes vom Maximum und Minimum ist das Lemma 4. Um dessen Rolle zu unterstreichen, erwähnen wir noch folgende interessante Konsequenz. Nach 2.5 Aufgabe 15 kann man jedes kompakte Intervall bijektiv auf jedes offene Intervall abbilden. Nach Lemma 4 kann es aber keine stetige bijektive Abbildung geben.

Die Stetigkeit einer Funktion $f : D \to \mathbb{C}$ in einem Punkt $x_0 \in D$ verlangt, daß zu jedem $\varepsilon > 0$ ein $\delta(\varepsilon) > 0$ existiert so, daß $|f(x) - f(x_0)| < \varepsilon$ gilt für $x \in D$ mit $|x - x_0| < \delta(\varepsilon)$. Die Schranke $\delta(\varepsilon)$ darf dabei von x_0 abhängen. Ein besonderer Fall liegt vor, wenn sich zu jedem $\varepsilon > 0$ ein universelles $\delta(\varepsilon)$ finden läßt. Man spricht dann von gleichmäßiger Stetigkeit.

Definition: Eine Funktion $f : D \to \mathbb{C}$ heißt *gleichmäßig stetig auf D*, wenn es zu jedem $\varepsilon > 0$ ein $\delta > 0$ gibt so, daß $|f(x) - f(x')| < \varepsilon$ gilt für alle Punktepaare $x, x' \in D$ mit einem Abstand $|x - x'| < \delta$.

Satz: *Jede stetige Funktion $f : K \to \mathbb{C}$ auf einer kompakten Menge K ist dort sogar gleichmäßig stetig.*

Beweis: Angenommen, f sei nicht gleichmäßig stetig. Dann gibt es ein $\varepsilon_0 > 0$ ohne geeignetes δ; zu jedem $n \in \mathbb{N}$ läßt sich also ein Paar von Punkten $x_n, x'_n \in K$ finden mit $|x_n - x'_n| < 1/n$ und $|f(x_n) - f(x'_n)| \geq \varepsilon_0$. Die Folge (x_n) besitzt eine Teilfolge (x_{n_k}), die gegen einen Punkt $\xi \in K$ konvergiert. Wegen $|x_n - x'_n| < 1/n$ konvergiert dann auch (x'_{n_k}) gegen ξ. Damit folgt $\lim f(x_{n_k}) = f(\xi) = \lim f(x'_{n_k})$ im Widerspruch zu $|f(x_n) - f(x'_n)| \geq \varepsilon_0$ für alle n. $\square$

Abschließend bringen wir ein Beispiel einer beschränkten, stetigen Funktion auf dem nicht kompakten Intervall $[0; 1)$, die nicht gleichmäßig stetig ist. Wir erklären diese stückweise linear. Dazu sei $x_n := 1 - (\frac{1}{2})^n$, $n \in \mathbb{N}_0$. Damit definieren wir

$$(2) \qquad f(x) := \begin{cases} \frac{1}{2}(1 + (-1)^n)x_n & \text{für } x = x_n, \\ L_n(x) & \text{für } x \in [x_n; x_{n+1}], \end{cases}$$

wobei L_n die lineare Funktion ist, die in den Randpunkten von $[x_n; x_{n+1}]$ die bereits erklärten Werte $f(x_n)$ bzw. $f(x_{n+1})$ annimmt. Wir zeigen:

Die durch (2) auf $[0; 1)$ erklärte Funktion f ist nicht gleichmäßig stetig.

Beweis: Andernfalls gibt es ein $\delta > 0$ derart, daß

$$|f(x) - f(x')| < \frac{1}{2} \text{ für alle Paare } x, x' \in [0; 1) \text{ mit } |x - x'| < \delta.$$

Nun ist für jedes Paar x_n, x_{n+1} mit $n > 1/\delta$ $|x_{n+1} - x_n| < \delta$; für ein solches Paar muß also $|f(x_{n+1}) - f(x_n)| < \frac{1}{2}$ gelten. Tatsächlich aber gilt $|f(x_{n+1}) - f(x_n)| \geq \frac{1}{2}$ für alle $n \geq 1$. $\square$

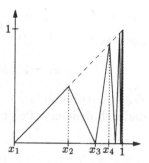

Eine beschränkte, stetige Funktion auf $[0; 1)$, die nicht gleichmäßig stetig ist

7.6   Anwendung: Beweis des Fundamentalsatzes der Algebra

Satz: *Jedes Polynom eines Grades ≥ 1 mit komplexen Koeffizienten besitzt in $\mathbb{C}$ eine Nullstelle.*

Wir geben den Beweis von Argand (1814) wieder. Dieser verwendet nur
a) den Satz vom Minimum,
b) die Existenz k-ter Wurzeln ($k \in \mathbb{N}$).
Die Tatsache b) nehmen wir hier vorweg. Sie wird, selbstverständlich unabhängig vom Fundamentalsatz, in 8.9 bewiesen.

Es genügt, ein Polynom der Gestalt

$$P(z) = z^n + a_{n-1} z^{n-1} + \ldots + a_1 z + a_0$$

zu betrachten. Die Existenz einer Nullstelle ergibt sich dann unmittelbar aus folgenden zwei Hilfssätzen über die Funktion $|P|$.

Hilfssatz 1: *$|P|$ nimmt auf $\mathbb{C}$ ein Minimum an.*

Beweis: Zunächst schätzen wir $|P|$ außerhalb einer noch festzulegenden kompakten Kreisscheibe $\overline{K}_R(0)$ ab. Dazu schreiben wir für $z \neq 0$

$$P(z) = z^n \big(1 + r(z)\big), \qquad r(z) := \frac{a_{n-1}}{z} + \ldots + \frac{a_0}{z^n}.$$

Mit $A := |a_0| + \ldots + |a_{n-1}|$ ist dann $|r(z)| \leq A/|z|$ für $|z| \geq 1$ und weiter $|r(z)| \leq \frac{1}{2}$ für $|z| \geq \max\{1, 2A\}$. Damit erhalten wir zunächst

$$(*) \qquad |P(z)| \geq \frac{1}{2}|z|^n \geq A \quad \text{für } |z| \geq R := \max\{1, 2A\}.$$

Andererseits nimmt $|P|$ nach dem Satz vom Minimum in der kompakten Kreisscheibe $\overline{K}_R(0)$ ein Minimum an, welches wegen $|P(0)| = |a_0| \leq A$ einen Wert $\leq A$ hat. Dieses Minimum ist wegen $(*)$ das Minimum von $|P|$ sogar auf ganz $\mathbb{C}$.   □

Hilfssatz 2: *$|P|$ hat an einer Stelle z_0 mit $P(z_0) \neq 0$ kein Minimum.*

Beweis: Sei $p(w) := \dfrac{1}{P(z_0)} P(z_0 + w)$. Das Polynom p hat das konstante Glied $p(0) = 1$; also ist

$$p(w) = 1 + bw^k + \text{höhere Potenzen}, \quad b \neq 0, k \geq 1$$

Wir wählen nun ein $\beta \in \mathbb{C}$ mit $\beta^k = -b^{-1}$ und setzen $q(w) := p(\beta w)$. Das dadurch definierte Polynom q hat die Gestalt

$$q(w) = 1 - w^k + Q(w),$$

wobei $Q(w) = w^{k+1}S(w)$ gilt mit einem weiteren Polynom S. Mit einer oberen Schranke $c > 0$ für $|S|$ auf $\overline{K}_1(0)$ gilt $|Q(w)| \le c|w|^{k+1}$, falls $|w| \le 1$, und weiter

$$|Q(w)| < |w|^k, \quad \text{falls } 0 < |w| < \min\{1, c^{-1}\}.$$

Für jedes reelle w_0 mit $0 < w_0 < \min\{1, c^{-1}\}$ folgt nun

$$|q(w_0)| \le 1 - w_0^k + |Q(w_0)| < 1.$$

Das aber impliziert $|p(\beta w_0)| < 1$ und schließlich $|P(z_0 + \beta w_0)| < |P(z_0)|$. Damit ist auch der zweite Hilfssatz bewiesen. $\qquad\square$

Bemerkung: Einen weiteren Beweis bringen wir in 12.8.

7.7 Stetige Fortsetzung. Grenzwerte von Funktionen

Gegeben seien eine Funktion $f : D \to \mathbb{C}$ und ein Punkt $x_0 \in \mathbb{C}$, der nicht zu D gehören muß, aber darf. Wir fragen, ob es auf $D \cup \{x_0\}$ eine in x_0 stetige Funktion F gibt, die auf $D \setminus \{x_0\}$ mit f übereinstimmt. Gegebenenfalls heißt F *eine stetige Fortsetzung von f in den Punkt x_0*. Selbst wenn der Definitionsbereich D eine „einfache" Menge wie etwa ein offenes Intervall ist, und die Funktion f stetig auf ganz D ist, muß es keine stetige Fortsetzung in die Randpunkte geben. Zum Beispiel kann man die in 7.5 (2) angegebene stetige Funktion f auf $[0;1)$ nicht stetig in den Punkt 1 fortsetzen, da die Folge ihrer Funktionswerte $f(x_n)$ nicht konvergiert.

Beim Fortsetzungsproblem hat man zwei Fälle zu unterscheiden, je nachdem, ob x_0 ein Häufungspunkt des Definitionsbereichs der betrachteten Funktion ist oder nicht.

Definition: $x_0 \in \mathbb{C}$ heißt *Häufungspunkt einer Menge D*, wenn jede Umgebung von x_0 unendlich viele Punkte aus D enthält.

Beispiele:

1. Die Häufungspunkte eines beschränkten Intervalls $(a;b) \subset \mathbb{R}$ sind die Punkte des Intervalls sowie seine beiden Randpunkte a und b. Entsprechend sind die Häufungspunkte einer Kreisscheibe $K_r(a) \subset \mathbb{C}$ die Punkte der abgeschlossenen Kreisscheibe $\overline{K}_r(a)$.

2. Die Menge aller Häufungspunkte von $\mathbb{Q}$ ist die Menge $\mathbb{R}$.

3. Die Menge $\{1/n \mid n \in \mathbb{N}\}$ hat nur den Punkt 0 als Häufungspunkt.

Wir kommen zum Fortsetzungsproblem.

Fall 1: x_0 *ist kein Häufungspunkt von D.* Dann wird bei jeder Festsetzung eines Funktionswertes $F(x_0)$ die Funktion F stetig in x_0.

Fall 2: x_0 *ist ein Häufungspunkt von D.* Dann gilt zunächst der

Einzigkeitssatz: *Jede Funktion f auf $D \setminus \{x_0\}$ besitzt höchstens eine in x_0 stetige Fortsetzung F auf $D \cup \{x_0\}$.*

Beweis: Nach der Bemerkung in 7.2 gibt es zu in x_0 stetigen Fortsetzungen F_1, F_2 eine Umgebung U von x_0 in $D \cup \{x_0\}$ so, daß für $x \in U$ gilt: $|F_1(x) - F_2(x)| \geq \frac{1}{2}|F_1(x_0) - F_2(x_0)|$. Da x_0 ein Häufungspunkt ist, gibt es in U einen Punkt $x \neq x_0$. In x ist $F_1(x) - F_2(x) = f(x) - f(x) = 0$. Damit folgt $F_1(x_0) = F_2(x_0)$.   □

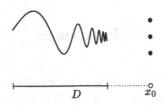

Drei stetige Fortsetzungen, falls x_0 kein Häufungspunkt von D ist

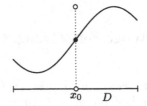

Die stetige Fortsetzung, falls x_0 ein Häufungspunkt von D ist. o deutet einen evtl. vorhandenen, aber von der stetigen Fortsetzung abweichenden Funktionswert an

Grenzwerte

Besitzt f im Fall 2 eine in x_0 stetige Fortsetzung, so sagt man auch, f besitze in x_0 einen Grenzwert; genauer:

Definition: Die Funktion $f : D \to \mathbb{C}$ *hat im Häufungspunkt x_0 von D den Grenzwert a,* wenn die Funktion $F : D \cup \{x_0\} \to \mathbb{C}$ mit

$$(3) \qquad F(x) := \begin{cases} f(x) & \text{für } x \in D \setminus \{x_0\}, \\ a & \text{für } x = x_0 \end{cases}$$

im Punkt x_0 stetig ist. Dafür sagt man auch, $f(x)$ *konvergiere für $x \to x_0$ gegen a,* und schreibt:

$$\lim_{x \to x_0} f(x) = a \quad \text{oder} \quad f(x) \to a \text{ für } x \to x_0.$$

Gehört x_0 zum Definitionsbereich von f und ist f stetig in x_0, so ist der Funktionswert auch Grenzwert: $\lim_{x \to x_0} f(x) = f(x_0)$.

Beispiel 1: Für $s \in \mathbb{Q}$ gilt $\lim\limits_{x \to 0} \dfrac{(1+x)^s - 1}{x} = s$;

hierbei ist $D = (-1; \infty) \setminus \{0\}$.

Beweis: Für $x \in D$ mit $|x| < 1$ liefert die Binomialreihe B_s

$$\frac{(1+x)^s - 1}{x} = \sum_{n=1}^{\infty} \binom{s}{n} x^{n-1}.$$

Die Potenzreihe $F(x) = \sum_{n=1}^{\infty} \binom{s}{n} x^{n-1}$ definiert eine stetige Fortsetzung auf das Intervall $(-1; 1)$ einschließlich 0 und zwar mit dem Funktionswert $F(0) = s$. Dieser ist der gesuchte Grenzwert. $\qquad\qquad \square$

Die ε-δ-Definition der Stetigkeit der Fortsetzung F übersetzt sich für den Grenzwert von f in die folgende *ε-δ-Formulierung:* $f : D \to \mathbb{C}$ hat in x_0 den Grenzwert a, wenn es zu jedem $\varepsilon > 0$ ein $\delta > 0$ gibt so, daß gilt:

$$\big|f(x) - a\big| < \varepsilon \text{ für alle } x \in D \setminus \{x_0\} \text{ mit } |x - x_0| < \delta.$$

Beispiel 2: $\lim_{x \to 0} x \cdot \left[\dfrac{1}{x}\right] = 1 \quad ([\,] = \text{Gauß-Klammer}).$

Beweis: Für $x > 0$ hat man die Einschließung $1 - x < x \cdot [1/x] \leq 1$ und für $x < 0$: $1 - x > x \cdot [1/x] \geq 1$. Sei $\varepsilon > 0$ gegeben; mit $\delta := \varepsilon$ gilt dann

$$\left| x \cdot \left[\frac{1}{x}\right] - 1 \right| < \varepsilon \text{ für } x \in \mathbb{R}^* \text{ mit } |x| < \delta. \qquad\qquad \square$$

Definition: Zwei Funktionen $f, g : D \to \mathbb{C}$ heißen *asymptotisch gleich für* $x \to x_0$ (x_0 ein Häufungspunkt von D), falls

$$\lim_{x \to x_0} \frac{f(x)}{g(x)} = 1; \quad \text{in Zeichen:} \quad f(x) \simeq g(x) \text{ für } x \to x_0.$$

Beispiel 1 lautet damit im Fall $s \neq 0$:

$$(1+x)^s - 1 \simeq sx \quad \text{für } x \to 0.$$

Wie die Stetigkeit mit Umgebungen, so kann der Grenzwertbegriff mit punktierten Umgebungen formuliert werden. Unter einer *punktierten Umgebung von x_0 in D* versteht man eine Menge der Gestalt $U^* := U \setminus \{x_0\}$, wobei U eine Umgebung von x_0 in D ist. Die Definition der Konvergenz $f(x) \to a$ für $x \to x_0$ lautet damit:

Zu jedem $\varepsilon > 0$ gibt es eine punktierte Umgebung U^* von x_0 in D so, daß für alle $x \in U^*$ gilt: $\big|f(x) - a\big| < \varepsilon$.

Rechnen mit Grenzwerten

Regel I: *Gilt $f(x) \to a$ und $g(x) \to b$ für $x \to x_0$, so gilt auch*

$$f(x) + g(x) \to a + b,$$
$$f(x) \cdot g(x) \to a \cdot b,$$
$$\frac{f(x)}{g(x)} \to \frac{a}{b}, \quad \text{falls } b \neq 0.$$

Beweis: Seien F, G die stetigen Fortsetzungen von f bzw. g in x_0; also $F(x_0) = a$, $G(x_0) = b$. Dann sind $F + G$, FG und F/G im Fall $b \neq 0$ die stetigen Fortsetzungen von $f + g$, fg und f/g. Die Funktionswerte der Fortsetzungen in x_0 aber sind gerade $a + b$ bzw. ab bzw. a/b. □

Regel II: *Gegeben $D \xrightarrow{f} E \xrightarrow{g} \mathbb{C}$. Es gelte $f(x) \to a \in E$ für $x \to x_0$ und g sei stetig in a. Dann gilt: $g\big(f(x)\big) \to g(a)$ für $x \to x_0$.*

Beweis: Mit der in x_0 stetigen Fortsetzung F von f ist $g \circ F$ die in x_0 stetige Fortsetzung von $g \circ f$. Damit folgt $g\big(f(x)\big) \to g\big(F(x_0)\big) = g(a)$. □

Beispiel: $\lim\limits_{x \to 0} \sqrt{x \cdot \left[\dfrac{1}{x}\right]} = \sqrt{1} = 1$ nach Beispiel 2.

Mit $g := \mathrm{Re}, \mathrm{Im}, |\ |$ ergibt diese Regel: Existiert $\lim f(x)$ für $x \to x_0$, so existieren auch folgende links stehende Limiten, und es gilt

$$\lim \mathrm{Re}\, f = \mathrm{Re} \lim f, \qquad \lim \mathrm{Im}\, f = \mathrm{Im} \lim f, \qquad \lim |f| = |\lim f|.$$

Insbesondere sind Grenzwerte reeller Funktionen reell.

Regel III: *Seien f, g Funktionen in D mit Grenzwerten in x_0. Aus $f \leq g$ in einer punktierten Umgebung von x_0 in D folgt $\lim\limits_{x \to x_0} f(x) \leq \lim\limits_{x \to x_0} g(x)$.*

Konvergenzkriterien

Das Folgenkriterium für Stetigkeit impliziert für Grenzwerte das

Folgenkriterium: *Die Funktion $f : D \to \mathbb{C}$ hat in x_0 genau dann den Grenzwert a, wenn für jede Folge (x_n) in $D \setminus \{x_0\}$ mit $x_n \to x_0$ gilt:*

$$\lim_{n \to \infty} f(x_n) = a.$$

Beweis: Mit der durch (3) auf $D \cup \{x_0\}$ erklärten Funktion F bestehen nämlich die Äquivalenzen

$$\lim_{x \to x_0} f(x) = a \iff F \text{ ist stetig in } x_0 \iff \text{Die Folgen-Bedingung gilt.} \quad \square$$

Wie bei Folgen hat man ferner das grenzwertfrei formulierte

Konvergenzkriterium nach Cauchy: *Die Funktion $f : D \to \mathbb{C}$ hat in x_0 genau dann einen Grenzwert, wenn es zu jedem $\varepsilon > 0$ eine punktierte Umgebung U^* von x_0 in D gibt so, daß für alle Paare $x, x' \in U^*$ gilt:*

$$\left| f(x) - f(x') \right| < \varepsilon.$$

Beweis: a) f habe den Grenzwert a. Dann gibt es zu $\varepsilon > 0$ eine punktierte Umgebung U^* von x_0 in D so, daß $\left| f(x) - a \right| < \varepsilon/2$ ist für $x \in U^*$. Für $x, x' \in U^*$ folgt damit $\left| f(x) - f(x') \right| \le \left| f(x) - a \right| + \left| a - f(x') \right| < \varepsilon$.
b) Die Cauchy-Bedingung sei erfüllt. Zu $\varepsilon > 0$ werde eine punktierte Umgebung U^* von x_0 in D gewählt so, daß $\left| f(x) - f(x') \right| < \varepsilon/2$ für alle $x, x' \in U^*$ gilt. Man wähle ferner eine Folge (x_n) in $D \setminus \{x_0\}$ mit $x_n \to x_0$. Es gibt dann einen Index N derart, daß x_n für $n \ge N$ in U^* liegt und somit für $n, m \ge N$ die Ungleichung $\left| f(x_n) - f(x_m) \right| < \varepsilon/2$ besteht. Hiernach ist $\left(f(x_n) \right)$ eine Cauchyfolge. Deren Grenzwert a ist auch der Grenzwert von f für $x \to x_0$; für $x \in U^*$ gilt nämlich

$$\left| f(x) - a \right| \le \left| f(x) - f(x_N) \right| + \left| f(x_N) - a \right| < \frac{\varepsilon}{2} + \frac{\varepsilon}{2} = \varepsilon. \qquad \square$$

7.8 Einseitige Grenzwerte. Uneigentliche Grenzwerte

Wir betrachten Funktionen $f : D \to \mathbb{C}$ auf einer Teilmenge $D \subset \mathbb{R}$.

Definition: Es sei x_0 ein Häufungspunkt von $D^- := D \cap (-\infty; x_0)$ bzw. $D^+ := D \cap (x_0; \infty)$. Man sagt, f habe in x_0 *linksseitig* bzw. *rechtsseitig* den Grenzwert a, wenn die Einschränkung von f auf D^- bzw. D^+ den Grenzwert a hat; gegebenenfalls schreibt man

$$a = \lim_{x \uparrow x_0} f(x) = f(x_0-) \quad \text{(linksseitig)},$$

$$\text{bzw.} \quad a = \lim_{x \downarrow x_0} f(x) = f(x_0+) \quad \text{(rechtsseitig)}.$$

Gehört x_0 zu D und ist $f(x_0-) = f(x_0)$ bzw. $f(x_0+) = f(x_0)$, so heißt f *linksseitig* bzw. *rechtsseitig stetig* in x_0.

Beispiel: Die Gauß-Klammer $[\ ]$ besitzt an jeder Stelle $g \in \mathbb{Z}$ linksseitig den Grenzwert $g - 1$, rechtsseitig den Grenzwert g und ist dort rechtsseitig stetig.

Die Rechenregeln und Konvergenzkriterien für Grenzwerte gelten für einseitige Grenzwerte sinngemäß weiter.

Satz: *Eine beschränkte monotone Funktion $f : (a; b) \to \mathbb{R}$ besitzt an jeder Stelle $x_0 \in [a; b]$ einseitige Grenzwerte.*

Beweis: Wir zeigen für eine monoton wachsende Funktion f und den Fall $x_0 > a$, daß f linksseitig gegen $s := \sup \{f(x) \mid x \in (a, x_0)\}$ konvergiert. Dazu sei $\varepsilon > 0$ gegeben und ein $\xi \in (a; x_0)$ mit $s - \varepsilon < f(\xi)$ gewählt. Dann ist $s - \varepsilon < f(x) \le s$ für alle $x \in (\xi; x_0)$. Das beweist, daß $\lim\limits_{x \uparrow x_0} f(x) = s$. $\square$

Wir verallgemeinern nun den Begriff des Grenzwertes einer Folge zum Begriff des Grenzwertes einer Funktion in ∞.

Definition: Es sei $f : D \to \mathbb{C}$ eine Funktion mit einem nach oben nicht beschränkten Definitionsbereich $D \subset \mathbb{R}$. Dann heißt $a \in \mathbb{C}$ *Grenzwert von f in ∞*, wenn es zu jedem $\varepsilon > 0$ eine Zahl N gibt so, daß

$$|f(x) - a| < \varepsilon \quad \text{für } x \in D \text{ mit } x > N.$$

Schreibweisen: $a = \lim\limits_{x \to \infty} f(x)$ oder $f(x) \to a$ für $x \to \infty$.

Entsprechend definiert man *Grenzwerte in $-\infty$*.

Beispiel 1: $\lim\limits_{x \to \infty} \dfrac{1}{x^s} = 0$ für jedes positive $s \in \mathbb{Q}$.

Beweis wörtlich wie in 5.1 für die Folge $1/n^s$.

Beispiel 2: $\lim\limits_{x \to \infty} (\sqrt{x + 1} - \sqrt{x}) = 0$.

Beweis: Für $x > 0$ gilt $\sqrt{x + 1} - \sqrt{x} = \dfrac{1}{\sqrt{x + 1} + \sqrt{x}} < \dfrac{1}{2\sqrt{x}}$. Damit folgt

$$|\sqrt{x + 1} - \sqrt{x}| < \varepsilon \quad \text{für } x > 1/4\varepsilon^2. \qquad \square$$

Die Untersuchung auf Grenzwerte in ∞ kann man durch die Substitution $x \mapsto \xi = 1/x$ auf die Untersuchung auf einseitige Grenzwerte in 0 zurückführen.

Reduktionslemma: *Setzt man $\varphi(\xi) := f\left(\dfrac{1}{\xi}\right)$, falls $\dfrac{1}{\xi} \in D$, so gilt: f besitzt in ∞ einen Grenzwert genau dann, wenn φ in 0 einen rechtsseitigen Grenzwert besitzt, und dann ist*

$$\lim\limits_{x \to \infty} f(x) = \varphi(0+).$$

Analog gilt gegebenenfalls $\lim\limits_{x \to -\infty} f(x) = \varphi(0-)$.

Beweis: Die Aussage „$|\varphi(\xi) - a| < \varepsilon$ für $0 < \xi < \delta$" ist nämlich gleichbedeutend mit der Aussage „$|f(x) - a| < \varepsilon$ für $x > \delta^{-1} > 0$". $\square$

Definition: $f, g : D \to \mathbb{C}$ heißen *asymptotisch gleich für $x \to \infty$*, falls

$$\lim_{x \to \infty} \frac{f(x)}{g(x)} = 1; \quad \text{in Zeichen:} \quad f(x) \simeq g(x) \text{ für } x \to \infty.$$

Beispiel: Ein Polynom $P(x) = a_n x^n + \ldots + a_1 x + a_0$ mit $a_n \neq 0$ ist für $x \to \infty$ asymptotisch gleich $a_n x^n$. Nach dem Reduktionslemma ist nämlich

$$\lim_{x \to \infty} \frac{P(x)}{a_n x^n} = \lim_{\xi \downarrow 0} \frac{a_n + a_{n-1}\xi + \ldots + a_0 \xi^n}{a_n} = 1. \qquad \square$$

Das Reduktionslemma ermöglicht auch die Übertragung der bisherigen Rechenregeln und Konvergenzkriterien auf Grenzwerte in Unendlich:

Satz: *Eine beschränkte monotone Funktion $f : (c; \infty) \to \mathbb{R}$ besitzt in ∞ einen Grenzwert.*

Konvergenzkriterium von Cauchy: *$f : (c; \infty) \to \mathbb{C}$ hat in ∞ genau dann einen Grenzwert, wenn es zu jedem $\varepsilon > 0$ eine Zahl N gibt so, daß $|f(x) - f(x')| < \varepsilon$ gilt für alle Paare $x, x' > N$.*

Abschließend definieren wir den Begriff des uneigentlichen Grenzwertes. Wir betrachten dabei nur reellwertige Funktionen.

Definition: $f : D \to \mathbb{R}$ hat in $x_0 \in \overline{\mathbb{R}}$ den *uneigentlichen Grenzwert ∞ bzw. $-\infty$*, wenn es zu jedem $K \in \mathbb{R}$ eine punktierte Umgebung U^* von x_0 in D gibt so, daß für alle $x \in U^*$ $f(x) > K$ bzw. $f(x) < K$ gilt.

Man schreibt dafür $\lim\limits_{x \to x_0} f(x) = \infty$ bzw. $\lim\limits_{x \to x_0} f(x) = -\infty$.

(Punktierte Umgebungen von ∞ bzw. $-\infty$ entstehen aus Umgebungen von ∞ bzw. $-\infty$ durch Entfernen dieser Punkte.)

Rechenregeln:

a) $\lim\limits_{x \to x_0} \dfrac{1}{f(x)} = 0$ und $f(x) > 0$ für alle $x \Longrightarrow \lim\limits_{x \to x_0} f(x) = \infty$.

b) $\lim\limits_{x \to x_0} |f(x)| = \infty \Longrightarrow \lim\limits_{x \to x_0} \dfrac{1}{f(x)} = 0$.

c) $\lim\limits_{x \to x_0} f(x) = \infty$ und $g(x) \geq A$ für alle $x \Longrightarrow \lim\limits_{x \to x_0} \big(f(x) + g(x)\big) = \infty$.

d) $\lim\limits_{x \to x_0} f(x) = \infty$ und $g(x) \geq A > 0$ für alle $x \Longrightarrow \lim\limits_{x \to x_0} \big(f(x)g(x)\big) = \infty$.

Aufgabe: Man beweise diese Regeln und belege durch Beispiele, daß man die Voraussetzungen über g nicht ersatzlos streichen darf.

7.9　Aufgaben

1. Man zeige, daß die Funktion $f : \mathbb{C}^* \to \mathbb{C}$, $f(z) := \bar{z}/|z|^s$, für jedes $s \in \mathbb{Q}$ stetig ist. Für welche s kann f stetig in den Nullpunkt fortgesetzt werden?

2. Man zeige: Die Funktion $h : \mathbb{Q} \to \mathbb{R}$ mit $h(x) = 0$ für $|x| < \sqrt{2}$ und $h(x) = 1$ für $|x| > \sqrt{2}$ ist auf ganz $\mathbb{Q}$ stetig.

3. Die Funktion $x \mapsto \sqrt[k]{x}$, k eine natürliche Zahl > 1, ist auf $[0; \infty)$ gleichmäßig stetig, aber nicht Lipschitz-stetig.

4. Man zeige: Die auf $\mathbb{C} \setminus \mathbb{Z}$ durch

$$g(z) := \frac{1}{z} + \sum_{n=1}^{\infty} \frac{2z}{z^2 - n^2}$$

definierte Funktion ist stetig und hat die Periode 1: $g(z + 1) = g(z)$.

5. Es sei A die Vereinigung der abgeschlossenen Mengen $A_1, \ldots, A_r \subset \mathbb{C}$. Man zeige: Eine Funktion $f : A \to \mathbb{C}$ ist genau dann stetig, wenn alle Beschränkungen $f|A_i$, $i = 1, \ldots, r$ stetig sind. Ferner zeige man, daß f im Fall beliebiger Mengen A_i unstetig sein kann.

6. Eine gleichmäßig stetige Funktion $f : D \to \mathbb{C}$ mit einem beschränkten Definitionsbereich ist beschränkt.

7. Man berechne im Existenzfall die Grenzwerte von

   a) $\dfrac{z^m - 1}{z^n - 1}$　für $z \in \mathbb{C} \setminus \{1\}$, $z \to 1$　$(n, m \in \mathbb{N})$;

   b) $x(x - [x])$　für $x \in \mathbb{R}$, $x \to 0$;

   c) $\sqrt{x + \sqrt{x}} - \sqrt{x}$　für $x \in \mathbb{R}$, $x \to \infty$;

   d) $\dfrac{\operatorname{Re} z}{|z|^s}$　für $z \in \mathbb{C}^*$, $z \to 0$　$(s \in \mathbb{Q})$.

8. Zu $a, b, c \in \mathbb{R}$ mit $a > 0$ bestimme man α, β so, daß

$$\lim_{x \to \infty} \left(\sqrt{ax^2 + bx + c} - \alpha x - \beta \right) = 0.$$

9. Jedes reelle Polynom ungeraden Grades hat eine reelle Nullstelle.

10. Sei $a_1 < a_2 < \ldots < a_n$. Man zeige: Die Gleichung

$$\frac{1}{x - a_1} + \frac{1}{x - a_2} + \ldots + \frac{1}{x - a_n} = c \quad (c \in \mathbb{R})$$

hat im Fall $c = 0$ genau $n - 1$ reelle Lösungen, im Fall $c \neq 0$ genau n.

11. Die Funktion $f : [0; 1] \to \mathbb{R}$ sei stetig, und es sei $f(0) = f(1)$. Dann gibt es ein $c \in \left[0; \frac{1}{2}\right]$ mit $f(c) = f\left(c + \frac{1}{2}\right)$.

12. Sei n eine natürliche Zahl > 1. Man zeige: Es gibt keine stetige reelle Funktion auf $[0; 1]$, die jeden ihrer Werte genau n-mal annimmt.

13. Eine stetige Funktion $f : I \to \mathbb{R}$ auf einem Intervall I ist genau dann injektiv, wenn sie streng monoton ist.

14. Es sei A eine kompakte Teilmenge von $\mathbb{C}$. Man zeige: Die Mengen $B := \{\operatorname{Re} z \mid z \in A\}$ und $A_x := \{z \in A \mid \operatorname{Re} z = x\}$ sind kompakt.

15. Besitzt die Funktion $f(x) := \dfrac{6x^2 + x}{x^3 + x^2 + x + 1}$ ein Maximum oder ein Minimum auf $[1; \infty)$?

16. Es sei $K \subset \mathbb{C}$ kompakt und $f : K \to \mathbb{C}$ injektiv und stetig; ferner sei $B := f(K)$. Dann ist auch die Umkehrung $g = f^{-1} : B \to K$ stetig.

17. Es gibt keine bijektive stetige Abbildung $f : [a; b] \to \mathrm{S}^1$ eines kompakten Intervalls auf die 1-Sphäre S^1.

18. Eine monotone Funktion $f : I \to \mathbb{R}$ auf einem Intervall I besitzt höchstens abzählbar viele Unstetigkeitsstellen.

19. Es sei $A = \{a_1, a_2, a_3, \dots\}$ eine abzählbare Menge in $\mathbb{R}$ und $\sum_{n=1}^{\infty} s_n$ eine absolut konvergente Reihe. Ferner sei $\operatorname{sign} : \mathbb{R} \to \mathbb{R}$ die durch

$$\operatorname{sign} x := \begin{cases} -1, & \text{falls } x < 0, \\ 0, & \text{falls } x = 0, \\ 1, & \text{falls } x > 0, \end{cases}$$

definierte Vorzeichenfunktion (*Signum*). Man zeige:

a) Durch $f(x) := \sum_{n=1}^{\infty} s_n \operatorname{sign}(x - a_n)$ wird eine Funktion $f : \mathbb{R} \to \mathbb{R}$ definiert, die in jedem Punkt aus $\mathbb{R} \setminus A$ stetig ist; in a_n aber gilt $f(a_n+) - f(a_n-) = s_n$.

b) Sind alle $s_n > 0$, so ist f monoton wachsend.

20. Die in 5.8 Aufgabe 19 erklärten Funktionen $f_1, f_2 : (0; 1] \to (0; 1]$ sind unstetig im Punkt $\frac{1}{2}$.

21. Es sei A eine nicht leere Menge in $\mathbb{C}$. Man zeige:

a) Ist A abgeschlossen, so gibt es zu jedem $z \in \mathbb{C}$ einen Punkt $a \in A$ mit $d_A(z) = |z - a|$; d_A die Abstandsfunktion. Man gebe eine nicht abgeschlossene Menge A an, bei der die Behauptung falsch ist.

b) Die Menge A ist genau dann abgeschlossen, wenn sie mit der Nullstellenmenge $\{z \in \mathbb{C} \mid d_A(z) = 0\}$ von d_A übereinstimmt.

22. Unter der *abgeschlossenen Hülle* einer Menge $M \subset \mathbb{C}$ versteht man den Durchschnitt aller abgeschlossenen Obermengen von M. Man bezeichnet sie mit $\overline{M}$. $\overline{M}$ ist nach 7.5 Lemma 2 abgeschlossen. Man zeige: $\overline{M}$ besteht genau aus den Punkten und Häufungspunkten von M.

23. Eine stetige Funktion $f : (a; b) \to \mathbb{C}$ auf einem beschränkten Intervall besitzt genau dann eine stetige Fortsetzung $F : [a; b] \to \mathbb{C}$ auf das kompakte Intervall $[a; b]$, wenn sie auf $(a; b)$ gleichmäßig stetig ist.

24. Zum Cantorschen Diskontinuum C. Man zeige:

   a) Jeder Punkt von C ist ein Häufungspunkt von C.

   b) C besteht genau aus den Zahlen der Gestalt $x = \sum\limits_{n=1}^{\infty} \dfrac{a_n}{3^n}$ mit $a_n = 0$ oder $a_n = 2$.

   Unter Verwendung der Darstellung in b) setze man für $x \in C$

$$\varphi(x) := \sum_{n=1}^{\infty} \frac{a_n}{2^{n+1}}$$

   und zeige weiter:

   c) φ ist eine surjektive, monotone, stetige Abbildung $C \to [0; 1]$; insbesondere hat C dieselbe Mächtigkeit wie $\mathbb{R}$!

   d) φ besitzt eine stetige Fortsetzung $f : [0; 1] \to [0; 1]$, die auf jedem offenen Intervall I in $[0; 1] \setminus C$ konstant ist.

   f heißt *Cantor-Funktion* zu C.

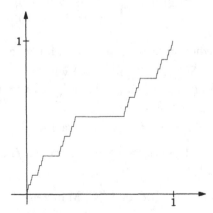

Die Cantor-Funktion im Rahmen der Zeichenmöglichkeit

8 Die Exponentialfunktion und die trigonometrischen Funktionen

In diesem Kapitel führen wir die klassischen transzendenten Funktionen ein. Im Zentrum steht die Exponentialfunktion, die wichtigste nicht rationale Funktion der Mathematik. Wir definieren sie als die (einzige) Lösung der Funktionalgleichung des natürlichen Wachstums mit Wachstumsgeschwindigkeit 1 zum Zeitpunkt 0, und zwar sogleich im Komplexen. Mit Hilfe der Exponentialfunktion definieren wir sodann die trigonometrischen Funktionen durch $\cos z = \frac{1}{2}(e^{iz} + e^{-iz})$ und $\sin z = \frac{1}{2i}(e^{iz} - e^{-iz})$ und leiten alle wichtigen Eigenschaften dieser Funktionen aus Eigenschaften der Exponentialfunktion her.

8.1 Definition der Exponentialfunktion

In Natur und Wirtschaft treten häufig Wachstums- oder Abnahmeprozesse auf, bei denen sich alle Teile eines Bestandes unabhängig voneinander zu allen Zeiten nach demselben Gesetz entwickeln. Beispiele sind der radioaktive Zerfall oder die Zunahme eines Kapitals durch Verzinsung. Bei Prozessen mit einer solchen Eigenschaft spricht man von *natürlichem Wachstum*. Wir bestimmen und untersuchen die Funktionen, die ein solches Wachstum beschreiben.

Es bezeichne $f(t)$ den Bestand, der sich aus einem Einheitsbestand in der Zeit t entwickelt; insbesondere ist $f(0) = 1$. Entwickelt sich der Bestand $f(t)$ weiter, so entsteht aus ihm in der weiteren Zeit s der Bestand $f(s) \cdot f(t)$. Da dieser in der Zeit $s+t$ aus dem ursprünglichen Bestand hervorgeht, gilt:

(I) $$f(s + t) = f(s) \cdot f(t).$$

Die Gleichung (I) bezeichnet man als *Funktionalgleichung des natürlichen Wachstums*. Diese Beziehung ist uns bereits im Additionstheorem $B_{s+t} = B_s \cdot B_t$ der Binomialreihen begegnet, siehe 6.4; sie tritt auch auf in den geometrischen Progressionen $s \mapsto a^s$; bei diesen ist die Variable s eine ganze Zahl.

Die Gleichung (I) hat unendlich viele Lösungen. Es zeigt sich aber, daß eine Lösung f durch die Wachstumsgeschwindigkeit zum Zeitpunkt $t = 0$ festgelegt ist, d.h. durch die Forderung

(II)
$$\lim_{t \to 0} \frac{f(t) - 1}{t} = c \quad \text{für vorgegebenes } c.$$

In den vorangehenden Überlegungen waren die Variablen s und t reell. Im Weiteren lassen wir auch komplexe Variable zu; erst dadurch treten gewisse wesentliche Sachverhalte zutage, zum Beispiel die Existenz einer Periode.

Es sei nun c eine beliebige komplexe Zahl. Wir bestimmen in diesem Abschnitt alle Funktionen $f : \mathbb{C} \to \mathbb{C}$ mit den Eigenschaften:

$$
\begin{aligned}
&(\mathrm{E}_1) \quad f(z + w) = f(z) \cdot f(w), \\
&(\mathrm{E}_2^c) \quad \lim_{z \to 0} \frac{f(z) - 1}{z} = c.
\end{aligned}
$$

Aus (E_1) und (E_2^c) leiten wir zunächst Darstellungen einer eventuellen Lösung her. Nach (E_1) gilt mit jeder natürlichen Zahl n

$$f(z) = f\left(n \cdot \frac{z}{n}\right) = f\left(\frac{z}{n} + \ldots + \frac{z}{n}\right) = \left(f\left(\frac{z}{n}\right)\right)^n$$

und damit

$$f(z) = \lim_{n \to \infty} \left(f\left(\frac{z}{n}\right)\right)^n.$$

Mit der durch $f\left(\dfrac{z}{n}\right) =: 1 + \dfrac{z_n}{n}$ definierten Folge (z_n) gilt also

(1)
$$f(z) = \lim_{n \to \infty} \left(1 + \frac{z_n}{n}\right)^n.$$

Die nicht näher bekannte Folge (z_n) hat nach (E_2^c) den Grenzwert

(2)
$$\lim_{n \to \infty} z_n = \lim_{n \to \infty} \frac{f(z/n) - 1}{1/n} = cz.$$

Das folgende Lemma zeigt nun, daß in (1) die Folge (z_n) durch eine beliebige andere Folge, die denselben Grenzwert hat, ersetzt werden darf.

Fundamentallemma: *Für jede Folge (w_n) mit dem Grenzwert w gilt*

$$\lim_{n \to \infty} \left(1 + \frac{w_n}{n}\right)^n = \sum_{k=0}^{\infty} \frac{w^k}{k!}.$$

Beweis: Zu gegebenem $\varepsilon > 0$ wähle man einen Index K so groß, daß für $n \geq K$ zugleich folgende zwei Abschätzungen gelten:

$$\sum_{k=K}^{\infty} \frac{(|w|+1)^k}{k!} < \frac{\varepsilon}{3} \quad \text{und} \quad |w_n| \leq |w| + 1.$$

Damit folgt dann für jedes $n \geq K$:

$$\left| \left(1 + \frac{w_n}{n}\right)^n - \sum_{k=0}^{\infty} \frac{w^k}{k!} \right| \leq \sum_{k=0}^{K-1} \left| \binom{n}{k} \frac{w_n^k}{n^k} - \frac{w^k}{k!} \right| + \sum_{k=K}^{n} \binom{n}{k} \frac{|w_n|^k}{n^k} + \sum_{k=K}^{\infty} \frac{|w|^k}{k!}.$$

Die letzte Summe ist nach Wahl von K kleiner als $\varepsilon/3$. Zur Abschätzung der mittleren Summe verwenden wir

$$\binom{n}{k} \frac{1}{n^k} = \frac{1}{k!} \left(1 - \frac{1}{n}\right) \left(1 - \frac{2}{n}\right) \cdots \left(1 - \frac{k-1}{n}\right) \leq \frac{1}{k!};$$

damit ergibt sich auch für diese Summe die Abschätzung

$$\sum_{k=K}^{n} \binom{n}{k} \frac{|w_n|^k}{n^k} < \sum_{k=K}^{n} \frac{(|w|+1)^k}{k!} < \frac{\varepsilon}{3}.$$

Die erste Summe schließlich konvergiert für $n \to \infty$ wegen $\binom{n}{k} \frac{1}{n^k} \to \frac{1}{k!}$ und $w_n \to w$ gegen 0. Es gibt also ein $N > K$ derart, daß die erste Summe der rechten Seite für $n > N$ kleiner als $\varepsilon/3$ wird. Für jedes $n > N$ gilt dann

$$\left| \left(1 + \frac{w_n}{n}\right)^n - \sum_{k=0}^{\infty} \frac{w^k}{k!} \right| < \varepsilon. \qquad \square$$

Wir kehren zur Untersuchung von f zurück. Ersetzen wir in (1) alle z_n durch cz, so erhalten wir wegen (2) nach dem Lemma zwangsläufig

$$(3) \qquad f(z) = \lim_{n \to \infty} \left(1 + \frac{cz}{n}\right)^n = \sum_{k=0}^{\infty} \frac{(cz)^k}{k!}.$$

Das veranlaßt uns zu der

Definition der Exponentialfunktion $\mathbb{C} \to \mathbb{C}$:

$$\exp z := \lim_{n \to \infty} \left(1 + \frac{z}{n}\right)^n = \sum_{k=0}^{\infty} \frac{z^k}{k!} = 1 + z + \frac{z^2}{2!} + \frac{z^3}{3!} + \cdots$$

Satz: *Die Exponentialfunktion hat die Eigenschaften* (E_1) *und* (E_2):

(E_1) $\exp(z + w) = \exp z \cdot \exp w$ *für alle* $z, w \in \mathbb{C}$,

(E_2) $\displaystyle\lim_{z \to 0} \frac{\exp z - 1}{z} = 1$.

Sie ist nach dem Vorangehenden die einzige Funktion auf $\mathbb{C}$ *mit diesen Eigenschaften.*

Beweis: (E_1): Nach der Definition und dem Fundamentallemma gilt

$$\exp z \cdot \exp w = \lim_{n \to \infty} \left(1 + \frac{z}{n}\right)^n \cdot \left(1 + \frac{w}{n}\right)^n$$

$$= \lim_{n \to \infty} \left(1 + \frac{z + w + zw/n}{n}\right)^n = \exp(z + w).$$

(E_2): Für $z \neq 0$ gilt $\dfrac{\exp z - 1}{z} = \displaystyle\sum_{k=1}^{\infty} \frac{z^{k-1}}{k!}$. Die Reihe stellt eine im Null-punkt stetige Funktion mit dem Funktionswert 1 dar; es existiert also ein Grenzwert, und dieser ist 1.   □

Nach diesem Satz ist die Exponentialfunktion die Lösung des eingangs formulierten Problems im Fall $c = 1$. Bei beliebigem c muß eine Lösung nach (3) die Gestalt $f(z) = \exp(cz)$ haben. Diese Funktion löst auch tat-sächlich das Problem, wie man aufgrund der Eigenschaften der Exponen-tialfunktion sofort feststellt. Wir fassen zusammen:

Satz: *Zu jedem* $c \in \mathbb{C}$ *gibt es genau eine Funktion* $f : \mathbb{C} \to \mathbb{C}$ *mit*

(E_1) $f(z + w) = f(z) \cdot f(w)$ *für alle* $z, w \in \mathbb{C}$,

(E_2^c) $\displaystyle\lim_{z \to 0} \frac{f(z) - 1}{z} = c$.

Diese ist gegeben durch $f(z) = \exp(cz)$.

Folgerungen aus dem Additionstheorem (E_1):

a) $\exp(-z) = (\exp z)^{-1}$ *und* $\exp z \neq 0$ *für alle* $z \in \mathbb{C}$;

b) $\exp r = e^r$ *für rationales* r; *dabei verwenden wir die Bezeichnung*

$$e := \exp 1 = \lim_{n \to \infty} \left(1 + \frac{1}{n}\right)^n = \sum_{k=0}^{\infty} \frac{1}{k!}.$$

Beweis: a) folgt aus $\exp z \cdot \exp(-z) = \exp 0 = 1$.

b) gilt zunächst für $r = n \in \mathbb{N}$, da $\exp n = (\exp 1)^n = e^n$;

sodann für $r = \dfrac{1}{n}$, da $e = \exp\dfrac{n}{n} = \left(\exp\dfrac{1}{n}\right)^n$;

weiter für $r = \dfrac{m}{n}$ $(m, n \in \mathbb{N})$, da $\exp\dfrac{m}{n} = \left(\exp\dfrac{1}{n}\right)^m$;

schließlich für $r = -\dfrac{m}{n}$ $(m, n \in \mathbb{N})$, da $\exp\left(-\dfrac{m}{n}\right) = \left(\exp\dfrac{m}{n}\right)^{-1}$. $\qquad\square$

Wegen Teil b) der Folgerung sind wir nunmehr berechtigt, für alle $z \in \mathbb{C}$ auch die Exponenten-Schreibweise

$$\boxed{e^z := \exp z}$$

zu verwenden. Damit lauten die Grundeigenschaften (E_1) und (E_2):

(E_1) $\qquad\qquad\qquad\qquad e^{z+w} = e^z \cdot e^w$,

(E_2) $\qquad\qquad\qquad\qquad \lim_{z \to 0} \dfrac{e^z - 1}{z} = 1$.

Die Exponentialfunktion ist stetig. Das folgt aus ihrer Darstellung als Potenzreihe, ergibt sich aber auch sofort aufgrund der Eigenschaften (E_1) und (E_2): $\lim\limits_{h \to 0} \left(e^{z+h} - e^z\right) = e^z \cdot \lim\limits_{h \to 0} \left(e^h - 1\right) = 0$.

Historisches. Die Folge $\left(1 + \dfrac{x}{n}\right)^n$ tauchte erstmals beim Problem der stetigen Verzinsung auf. Ein Anfangskapital K wächst bei einem Jahreszinsfuß p und bei Verzinsung jeweils nach einem n-ten Teil eines Jahres $(n - 1, 2, \ldots)$ in einem Jahr auf das Endkapital $K \cdot \left(1 + \dfrac{p}{100n}\right)^n$ an. Jakob Bernoulli (1654–1705) warf die Frage nach dem Endkapital bei kontinuierlicher Verzinsung, d.h. nach dem Grenzwert für $n \to \infty$, auf. Daniel Bernoulli (1700–1782) beantwortete sie 1728 mit der Aufstellung der Formel $\lim\limits_{n \to \infty} \left(1 + \dfrac{x}{n}\right)^n = e^x$. Die Reihendarstellung für e^x hatte bereits Newton um 1669 gefunden.

8.2 Die Exponentialfunktion für reelle Argumente

Satz:

a) *Für $x \in \mathbb{R}$ ist e^x reell und > 0.*

b) $\exp : \mathbb{R} \to \mathbb{R}$ *wächst streng monoton.*

c) $\exp : \mathbb{R} \to \mathbb{R}_+$ *ist bijektiv.*

Beweis: a) Daß e^x für $x \in \mathbb{R}$ reell ist, entnimmt man der Definition; die Positivität sodann der Darstellung $e^x = \left(e^{x/2}\right)^2$.

b) folgt aus $e^{x+h}/e^x = e^h$ in Verbindung mit

$$e^h = 1 + h + \frac{h^2}{2!} + \ldots > 1 \quad \text{für } h > 0.$$

c) Zu zeigen ist nur noch, daß jede positive Zahl y als Funktionswert angenommen wird: Im Fall $y \geq 1$ gibt es nach dem Zwischenwertsatz ein $x \in [0; y]$ mit $e^x = y$ wegen $e^0 = 1$ und $e^y > 1 + y$. Im Fall $0 < y < 1$ gibt es nach dem Bewiesenen ein x mit $e^x = y^{-1}$; dann ist $e^{-x} = y$. $\square$

Aus c) folgt bereits, daß die Exponentialfunktion nicht beschränkt ist. Eine wesentlich schärfere Aussage aber macht der

Satz vom Wachstum: *Für jede (noch so große) natürliche Zahl n gilt:*

$$(4) \qquad \lim_{x \to \infty} \frac{e^x}{x^n} = \infty,$$

$$(4') \qquad \lim_{x \to -\infty} x^n e^x = \lim_{\xi \to \infty} \frac{\xi^n}{e^\xi} = 0.$$

Kurz: *Die Exponentialfunktion wächst auf $\mathbb{R}$ für $x \to \infty$ schneller gegen ∞ als jede positive Potenz x^n und fällt für $x \to -\infty$ schneller gegen 0 als jede negative Potenz x^{-n}.*

Beweis: Aus der Exponentialreihe folgt für $x > 0$

$$e^x > \frac{x^{n+1}}{(n+1)!}$$

also

$$\frac{e^x}{x^n} > \frac{x}{(n+1)!}.$$

Daraus folgt (4).

(4') folgt aus (4) durch Übergang zum Reziproken. $\square$

Die Exponentialfunktion auf $\mathbb{R}$

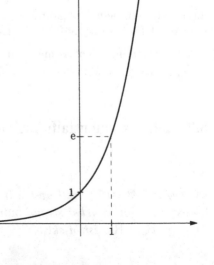

Berechnung der Exponentialfunktion. Setzt man $x = g + \xi$, wobei g die größte ganze Zahl $\leq x$ und $0 \leq \xi < 1$ ist, so gilt

$$e^x = e^g \cdot e^\xi.$$

Zur Berechnung von e und e^ξ verwendet man endliche Abschnitte der Exponentialreihe. Der Fehler wird dabei wie folgt abgeschätzt: Sei

$$e^x = \sum_{k=0}^{n} \frac{x^k}{k!} + R_{n+1}(x).$$

Für $|x| \leq 1$ gilt dann

(5)
$$\left| R_{n+1}(x) \right| \leq 2 \frac{|x|^{n+1}}{(n+1)!}.$$

Der Betrag des Fehlers ist also höchstens so groß wie der doppelte Betrag des ersten weggelassenen Summanden.

Beweis:

$$\left| R_{n+1}(x) \right| \leq \sum_{k=n+1}^{\infty} \frac{|x|^k}{k!} = \frac{|x|^{n+1}}{(n+1)!} \left(1 + \frac{|x|}{n+2} + \frac{|x|^2}{(n+2)(n+3)} + \ldots \right)$$

$$\leq \frac{|x|^{n+1}}{(n+1)!} \left(1 + \frac{1}{2} + \frac{1}{2^2} + \ldots \right) \qquad (\text{mit } |x| \leq 1)$$

$$= 2 \frac{|x|^{n+1}}{(n+1)!}. \qquad \qquad \square$$

Die Zahl e. Verwendet man zur Berechnung von e den Abschnitt

$$1 + \frac{1}{1!} + \frac{1}{2!} + \ldots + \frac{1}{n!},$$

so ist der Fehler

(5₁)
$$0 < R_{n+1}(1) < \frac{2}{(n+1)!}.$$

Für $n = 10$ etwa ist $R_{11}(1) < 6 \cdot 10^{-8}$. Rechnet man mit 8 Dezimalstellen, so ergibt sich unter Berücksichtigung der Rundungsfehler

$$e = 2.7182818 + R, \quad |R| < 2 \cdot 10^{-7}.$$

Die Restabschätzung (5₁) zeigt, daß die Exponentialreihe für e sehr schnell konvergiert. Dagegen konvergiert die Folge $a_n = \left(1 + \frac{1}{n} \right)^n$ nur langsam gegen e. Man kann zeigen, daß der Fehler $e - a_n$ asymptotisch gleich $e/2n$ ist (Kapitel 9.12 Aufgabe 8).

n	$s_n = \sum\limits_{k=0}^{n} \dfrac{1}{k!}$	$a_n = \left(1 + \dfrac{1}{n}\right)^n$
2	2.5	2.25
4	2.71	2.44
6	2.718	2.52
8	2.71828	2.57
10	2.7182818	2.59

Der weitere Wert $a_{1000} = 2.717$ (aufgerundet) zeigt deutlich die geringe Konvergenzgeschwindigkeit der Folge (a_n).

Wir verwenden die Restabschätzung (5_1) noch zum Nachweis der Irrationalität von e. Tatsächlich ist e sogar transzendent, wie der französische Mathematiker Charles Hermite (1822–1901) bewies.

Satz: e *ist irrational.*

Beweis: Wir nehmen an, e sei rational, etwa e $= m/n$ mit natürlichen Zahlen m, n und $n \geq 2$. Dann ist $n!$ e eine ganze Zahl und mit ihr auch

$$\alpha := n!\left(e - 1 - \frac{1}{1!} - \frac{1}{2!} - \ldots - \frac{1}{n!}\right).$$

Andererseits gilt nach (5_1)

$$0 < \alpha = n!\,R_{n+1}(1) \leq \frac{2}{n+1} < 1.$$

Das aber widerspricht der Ganzzahligkeit von α. $\qquad\qquad\square$

8.3 Der natürliche Logarithmus

Die Exponentialfunktion bildet $\mathbb{R}$ bijektiv auf $\mathbb{R}_+$ ab. Die dazugehörige Umkehrfunktion

$$\ln : \mathbb{R}_+ \to \mathbb{R}$$

heißt *natürlicher Logarithmus*. Definitionsgemäß sind also

$$\boxed{x = e^y \quad \text{und} \quad y = \ln x}$$

äquivalente Gleichungen.

Der natürliche Logarithmus hat als Wertevorrat ganz $\mathbb{R}$. Er ist also weder nach oben noch nach unten beschränkt. Ferner ist er wie die Exponentialfunktion stetig (siehe 7.2 III) und streng monoton wachsend.

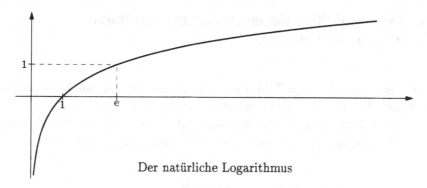

Der natürliche Logarithmus

Den charakteristischen Eigenschaften (E_1), (E_2) der Exponentialfunktion entsprechen beim Logarithmus die Eigenschaften (L_1) und (L_2):

Satz: *Der natürliche Logarithmus hat die Eigenschaften*

$$(L_1) \quad \ln xy = \ln x + \ln y \quad (x, y \in \mathbb{R}_+),$$

$$(L_2) \quad \lim_{x \to 0} \frac{\ln(1+x)}{x} = 1.$$

Beweis: (L_1) folgt aus der Identität

$$e^{\ln xy} = xy = e^{\ln x} \cdot e^{\ln y} = e^{\ln x + \ln y}.$$

Zum Nachweis von (L_2) sei (x_n) eine Nullfolge mit $x_n \neq 0$. Dann bildet auch $y_n := \ln(1 + x_n)$ eine Nullfolge, und es gilt nach (E_2)

$$\frac{\ln(1 + x_n)}{x_n} = \frac{y_n}{e^{y_n} - 1} \to 1 \quad \text{für } n \to \infty. \qquad \square$$

Historisches. Die Idee des schwäbischen Theologen und Mathematikers Michael Stifel (1486–1567), geometrische Folgen $1, q, q^2, q^3, \ldots$ auf arithmetische Folgen $0, l, 2l, 3l, \ldots$ zurückzuführen, initiierte die Entdeckung der Logarithmen. Deren Definition durch Umkehrung der Exponentialfunktion findet sich erstmals in dem Lehrbuch *Introductio in Analysin Infinitorum* von Leonhard Euler (1748). Zu Euler siehe die biographische Notiz Seite 361.

Satz vom Wachstum: *Der natürliche Logarithmus wächst für $x \to \infty$ schwächer als jede Wurzel; d.h., für jede natürliche Zahl n gilt*

$$(6) \qquad \lim_{x \to \infty} \frac{\ln x}{\sqrt[n]{x}} = 0.$$

Beweis: Die Substitution $x := e^{n\xi}$ reduziert die Behauptung auf (4). $\qquad \square$

8.4   Exponentialfunktionen zu allgemeinen Basen. Allgemeine Potenzen

Es sei a eine positive reelle Zahl. Bisher ist a^r nur für rationale Exponenten r definiert. Wir definieren jetzt a^z für beliebige komplexe z.

Zunächst stellt man wie in 8.1 fest, daß a^r, $r \in \mathbb{Q}$, die Darstellung $a^r = e^{r \ln a}$ hat. In Verallgemeinerung dieser Beziehung definiert man:

$$a^z := e^{z \ln a} \quad \text{für } a \in \mathbb{R}_+, z \in \mathbb{C}.$$

Die Funktion $z \mapsto a^z$, $z \in \mathbb{C}$, heißt *Exponentialfunktion zur Basis a*. Nach 8.1 hat sie folgende charakteristische Eigenschaften:

(E_1) $a^{z+w} = a^z a^w$ für alle $z, w \in \mathbb{C}$,

($E_2^{\ln a}$) $\displaystyle\lim_{z \to 0} \frac{a^z - 1}{z} = \ln a$.

Weitere Eigenschaften dieser Funktion:

a) Sie ist stetig.

b) Sie ist auf $\mathbb{R}$ streng monoton $\left\{ \begin{matrix} \text{wachsend} \\ \text{fallend} \end{matrix} \right\}$, falls $\left\{ \begin{matrix} a > 1 \\ a < 1 \end{matrix} \right\}$ ist.

c) Im Fall $a \neq 1$ nimmt sie auf $\mathbb{R}$ jeden Wert aus $\mathbb{R}_+$ genau einmal an.

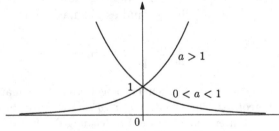

Funktionen a^x, $x \in \mathbb{R}$

Rechenregeln:

Es seien a und b positive reelle Zahlen. Dann gilt:

a) $(a^x)^y = a^{xy}$ für $x, y \in \mathbb{R}$;

b) $a^z b^z = (ab)^z$ für $z \in \mathbb{C}$.

Beweis: a) $(a^x)^y = e^{y \ln a^x} = e^{xy \ln a} = a^{xy}$;

b) $a^z b^z = e^{z \ln a} \cdot e^{z \ln b} = e^{z \ln ab} = (ab)^z$.   □

Potenzfunktionen zu beliebigen Exponenten bei positiver Basis

Die bislang nur zu rationalen Exponenten erklärten Potenzfunktionen sind jetzt zu beliebigen Exponenten $a \in \mathbb{C}$ definiert und zwar durch

$$x^a = e^{a \ln x} \quad \text{für } x \in \mathbb{R}_+.$$

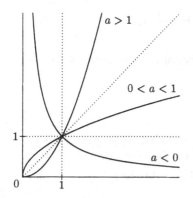

Die Funktionen $x \mapsto x^a$ mit reellen $a > 0$ wachsen streng monoton, die mit reellen $a < 0$ fallen streng monoton.

Wichtige Grenzwerte, die das Wachstum der Potenzfunktionen und des Logarithmus für $x \to 0$ und $x \to \infty$ betreffen:

(7)
$$\lim_{x \to \infty} x^a = \begin{cases} \infty & \text{für } a > 0, \\ 0 & \text{für } a < 0; \end{cases}$$

(7′)
$$\lim_{x \to 0} x^a = \begin{cases} 0 & \text{für } a > 0, \\ \infty & \text{für } a < 0; \end{cases}$$

(8)
$$\lim_{x \to \infty} \frac{\ln x}{x^a} = 0 \text{ für } a > 0;$$

(8′)
$$\lim_{x \to 0} x^a \ln x = 0 \text{ für } a > 0.$$

Beweis: Die Grenzwerte (7′) und (8′) können mittels der Substitution $x \mapsto x^{-1}$ auf die Grenzwerte (7) und (8) zurückgeführt werden. Es genügt daher, diese zu zeigen.

(7): Die Funktion $x \mapsto x^a$ mit $a > 0$ wächst monoton, hat als Wertevorrat $\mathbb{R}_+$, ist also nicht nach oben beschränkt. Daraus folgt $x^a \to \infty$ für $x \to \infty$. Den Fall $a < 0$ behandelt man analog oder führt ihn mittels $x^a = 1/x^{-a}$ auf den Fall $a > 0$ zurück.

(8): Sei n eine natürliche Zahl mit $1/n \leq a$. Damit hat man für $x \geq 1$ die Einschließung $0 \leq x^{-a} \ln x \leq x^{-1/n} \ln x$. Nach (6) folgt daraus (8).   □

Bemerkung: Ist $a > 0$, kann die Funktion $x \mapsto x^a$ nach (7′) stetig in den Nullpunkt fortgesetzt werden; man definiert daher: $0^a := 0$ für $a > 0$.

8.5   Binomialreihen und Logarithmusreihe

Wir ziehen in diesem Abschnitt eine wichtige Folgerung aus der Charakterisierung der allgemeinen Exponentialfunktion durch (E_1) und (E_2^c): Unter Verwendung der Einzigkeitsaussage berechnen wir für alle $s \in \mathbb{C}$ den Wert der Binomialreihen

$$B_s(x) = \sum_{n=0}^{\infty} \binom{s}{n} x^n, \quad x \in (-1; 1).$$

Zugleich erhalten wir dabei den Wert der sogenannten *Logarithmusreihe*

$$L(x) := \sum_{n=1}^{\infty} \frac{(-1)^{n-1}}{n} x^n, \quad x \in (-1; 1).$$

Zu diesem Zweck untersuchen wir $B_s(z)$ zunächst allgemeiner bei fest gewähltem $z \in \mathbb{E}$ in Abhängigkeit von $s \in \mathbb{C}$. Die Funktion $s \mapsto B_s(z)$ erfüllt nach 6.4 (4) zum einen das Additionstheorem (E_1):

(9) $$B_{s+t}(z) = B_s(z) \cdot B_t(z).$$

Sie hat weiter die Eigenschaft (E_2^c) mit $c = L(z)$:

(10) $$\lim_{s \to 0} \frac{B_s(z) - 1}{s} = L(z).$$

Beweis: Für $s \neq 0$ ist

$$\frac{B_s(z) - 1}{s} = \sum_{n=1}^{\infty} f_n(s),$$

wobei $f_1(s) := z$ und

$$f_n(s) := \frac{1}{s} \binom{s}{n} z^n = \frac{(s-1)\cdots(s-n+1)}{n!} z^n \text{ für } n > 1.$$

Die f_n sind Polynome mit $f_n(0) = \dfrac{(-1)^{n-1}}{n} z^n$. Es genügt zu zeigen, daß die Reihe $\sum_{n=1}^{\infty} f_n$ eine im Nullpunkt stetige Funktion darstellt; denn dann ist

$$\lim_{s \to 0} \frac{B_s(z) - 1}{s} = \sum_{n=1}^{\infty} f_n(0) = L(z).$$

Die Stetigkeit nun folgt daraus, daß die Reihe $\sum_{n=1}^{\infty} f_n$ in $\overline{K}_1(0)$ normal konvergiert; letzteres ergibt sich sofort aus $\|f_n\|_{\overline{K}_1(0)} = |z|^n$ (man beachte: $|s - k| \leq k + 1$ für $s \in \overline{K}_1(0)$ und $k \in \mathbb{N}$) und $\sum_{n=1}^{\infty} |z|^n < \infty$. $\square$

Aufgrund von (9) und (10) gilt nach den Sätzen in 8.1

(11) $$B_s(z) = e^{s \cdot L(z)}.$$

Wegen $B_1(z) = 1 + z$ folgt daraus für $z \in \mathbb{C}$ mit $|z| < 1$

(12) $$e^{L(z)} = 1 + z.$$

Sei nun $z = x$ reell, $|x| < 1$. Die Beziehung (12) ist dann gleichbedeutend mit $L(x) = \ln(1 + x)$. Wir setzen dies in (11) ein und erhalten nach Definition der allgemeinen Potenzen für beliebiges $s \in \mathbb{C}$ und reelles $x \in (-1; 1)$ schließlich

$$B_s(x) = e^{s \cdot \ln(1+x)} = (1 + x)^s.$$

Wir fassen zusammen:

Satz: *Für jedes $s \in \mathbb{C}$ und $x \in (-1; 1)$ gilt:*

$$
(1 + x)^s = \sum_{n=0}^{\infty} \binom{s}{n} x^n = 1 + sx + \binom{s}{2} x^2 + \binom{s}{3} x^3 + \dots,
$$

$$
\ln(1 + x) = \sum_{n=1}^{\infty} \frac{(-1)^{n-1}}{n} x^n = x - \frac{x^2}{2} + \frac{x^3}{3} - \frac{x^4}{4} + \frac{x^5}{5} - \dots.
$$

Historisches. Die Logarithmusreihe wurde von N. Mercator 1668 durch Flächenberechnung an der Hyperbel hergeleitet und diente ihm hauptsächlich zur Aufstellung einer Logarithmentafel. Newton errechnete aus ihr durch Umkehrung die Exponentialreihe. Die Binomialreihe schließlich fand Newton um 1669 bei seinen Bemühungen um die Integration der Funktionen $(1 - x^2)^s$.

Die Logarithmus*reihe* divergiert für $x > 1$, obwohl die Logarithmus*funktion* dort definiert ist. Für $x = 1$ ist die Logarithmus*reihe* noch konvergent; es ist aber keineswegs selbstverständlich, daß sie auch dort die Logarithmus*funktion* darstellt. Daß dies doch der Fall ist, besagt die faszinierende Formel

$$
\ln 2 = \sum_{k=1}^{\infty} \frac{(-1)^{k-1}}{k} = 1 - \frac{1}{2} + \frac{1}{3} - \frac{1}{4} + \frac{1}{5} \mp \dots.
$$

Zum Beweis beachten wir, daß für $x \in [0; 1)$ die Logarithmusreihe alterniert und nach der Fehlerabschätzung des Leibnizkriteriums

$$
\left| \ln(1 + x) - \sum_{k=1}^{n} \frac{(-1)^{k-1}}{k} x^k \right| \le \frac{x^{n+1}}{n + 1}
$$

gilt. Wegen der Stetigkeit der angeschriebenen Funktionen im Punkt $x = 1$ gilt diese Abschätzung auch noch in $x = 1$:

$$\left| \ln 2 - \sum_{k=1}^{n} \frac{(-1)^{k-1}}{k} \right| \le \frac{1}{n+1}.$$

Daraus folgt mit $n \to \infty$ die Behauptung.   □

Berechnung der Logarithmen. Die Grundlage hierfür bildet die von James Gregory (1638–1675) durch Subtraktion der Entwicklungen von $\ln(1 + x)$ und $\ln(1 - x)$ abgeleitete Reihe. Für $x \in (-1; 1)$ ergibt sich:

$$(13) \qquad \ln \frac{1+x}{1-x} = 2 \sum_{n=0}^{\infty} \frac{x^{2n+1}}{2n+1} = 2 \left(x + \frac{x^3}{3} + \frac{x^5}{5} + \frac{x^7}{7} + \dots \right).$$

Um den Logarithmus einer Zahl $y > 0$ zu berechnen, bringt man diese in die Form $y = \frac{1+x}{1-x}$, wozu man $x = \frac{y-1}{y+1}$ zu nehmen hat. Zum Beispiel ist $y = 2$ für $x = \frac{1}{3}$. Damit erhält man

$$\ln 2 = 2 \left(\frac{1}{3} + \frac{1}{3 \cdot 3^3} + \frac{1}{5 \cdot 3^5} + \frac{1}{7 \cdot 3^7} + \dots \right).$$

Die ersten sechs Summanden liefern

$$\ln 2 = 0.693147 \dots + R \quad \text{mit } |R| < 10^{-6}.$$

Die Abschätzung des Fehlers ergibt sich aus

$$(13') \qquad |R_{2n+1}(x)| \le \frac{2}{2n+1} \frac{|x|^{2n+1}}{1-x^2}, \quad R_{2n+1}(x) = \sum_{k=n}^{\infty} \frac{x^{2k+1}}{2k+1}.$$

Man beweist diese Restabschätzung in derselben Weise wie die Restabschätzung (5); wir überlassen die Durchführung dem Leser.

Zur Berechnung der Logarithmen rationaler Zahlen genügt die Kenntnis der Logarithmen der Primzahlen. Die Logarithmen von 2, 3 und 5 beispielsweise erhält man leicht mit großer Genauigkeit wie folgt: Man berechnet zunächst die Logarithmen für $y = 0.8$ und 0.9 und 1.2 mittels (13), wozu $x = -\frac{1}{9}$ bzw. $-\frac{1}{19}$ bzw. $\frac{1}{11}$ zu setzen ist, und benützt dann die Darstellungen

$$2 = \frac{1.2 \cdot 1.2}{0.8 \cdot 0.9}, \qquad 3 = \frac{2 \cdot 1.2}{0.8}, \qquad 5 = \frac{2 \cdot 2}{0.8}.$$

Newton berechnete mit solchen Kunstgriffen die Logarithmen zahlreicher Primzahlen auf 57 Dezimalstellen.

8.6 Definition der trigonometrischen Funktionen

Mit Hilfe der Exponentialfunktion erzeugen wir jetzt die trigonometrischen Funktionen. Wesentlich hierzu ist es, im Komplexen zu arbeiten; erst dort tritt die innere Verwandtschaft all dieser Funktionen zutage. Rückwirkend gewinnen wir neue Einsichten in die Exponentialfunktion, zum Beispiel die Erkenntnis, daß sie eine komplexe Periode besitzt.

Sinus und Cosinus auf $\mathbb{R}$

Wir betrachten dazu die Exponentialfunktion auf der imaginären Achse. Es sei $x \in \mathbb{R}$. Dann hat e^{ix} den Betrag 1, da

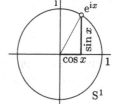

$$\left|e^{ix}\right|^2 = e^{ix} \cdot e^{-ix} = 1;$$

nach 5.2 II gilt nämlich $\overline{e^z} = e^{\bar{z}}$. Die Zahl e^{ix}, liegt also auf der 1-Sphäre S^1. Ihr Realteil heißt *Cosinus* von x, ihr Imaginärteil *Sinus* von x; d.h., es ist

$$\cos x := \frac{e^{ix} + e^{-ix}}{2}, \qquad \sin x := \frac{e^{ix} - e^{-ix}}{2i}.$$

Damit gilt

$$e^{ix} = \cos x + i \sin x.$$

Ferner besagt $\left|e^{ix}\right| = 1$, daß $\cos^2 x + \sin^2 x = 1$.

Sinus und Cosinus auf $\mathbb{C}$

Wir erweitern zunächst die Definitionen. Für beliebiges $z \in \mathbb{C}$ setzen wir

$$\cos z := \frac{e^{iz} + e^{-iz}}{2}, \qquad \sin z := \frac{e^{iz} - e^{-iz}}{2i}.$$

Zum Beispiel ist $\cos i = \frac{1}{2}(e + e^{-1}) > 1$ und $\sin i = \frac{i}{2}(e - e^{-1})$.

Der Cosinus ist der gerade Anteil der Funktion $z \mapsto e^{iz}$, $i \cdot$ Sinus deren ungerader Anteil; jedoch sind $\cos z$ und $\sin z$ im allgemeinen nicht mehr der Real- bzw. Imaginärteil von e^{iz}. Weiterhin aber gilt für alle $z \in \mathbb{C}$

(14) $$\boxed{e^{iz} = \cos z + i \sin z} \qquad (\textit{Eulersche Formel}).$$

Man verifiziert auch leicht die Identität

$$\cos^2 z + \sin^2 z = 1.$$

Den charakteristischen Eigenschaften (E_1) und (E_2) der Exponential-funktion und deren Darstellungen entsprechen analoge Eigenschaften und Darstellungen des Sinus und des Cosinus. Aus (E_1) etwa folgen die

Additionstheoreme: *Für alle $z, w \in \mathbb{C}$ gilt*

$$\cos(z + w) = \cos z \cos w - \sin z \sin w,$$
$$\sin(z + w) = \sin z \cos w + \cos z \sin w.$$

Beweis: Man verwendet die Identität

$$e^{i(z+w)} = e^{iz} \cdot e^{iw} = (\cos z + i \sin z)(\cos w + i \sin w)$$
$$= \cos z \cos w - \sin z \sin w + i(\sin z \cos w + \cos z \sin w),$$

sowie die analoge Identität für $e^{-i(z+w)}$. Addiert bzw. subtrahiert man beide, erhält man die Additionstheoreme des Cosinus bzw. Sinus.   □

Die Additionstheoreme enthalten zahlreiche nützliche Identitäten wie

$$\cos 2z = \cos^2 z - \sin^2 z, \quad \sin 2z = 2 \sin z \cos z.$$

Wendet man die Additionstheoreme auf $\frac{1}{2}(z + w) + \frac{1}{2}(z - w)$ sowie auf $\frac{1}{2}(z + w) + \frac{1}{2}(w - z)$ an und subtrahiert die entstehenden Identitäten, erhält man

(15)
$$\cos z - \cos w = -2 \sin \frac{z + w}{2} \sin \frac{z - w}{2},$$
$$\sin z - \sin w = 2 \cos \frac{z + w}{2} \sin \frac{z - w}{2}.$$

Ferner folgt aus (E_2), $\lim\limits_{z \to 0} \dfrac{e^z - 1}{z} = 1$, sofort der wichtige Grenzwert

$$\lim_{z \to 0} \frac{\sin z}{z} = 1.$$

Potenzreihendarstellungen: Die Exponentialreihe ergibt unmittelbar

$$\cos z = \sum_{k=0}^{\infty} (-1)^k \frac{z^{2k}}{(2k)!} = 1 - \frac{z^2}{2!} + \frac{z^4}{4!} - \frac{z^6}{6!} + \dots,$$
$$\sin z = \sum_{k=0}^{\infty} (-1)^k \frac{z^{2k+1}}{(2k+1)!} = z - \frac{z^3}{3!} + \frac{z^5}{5!} - \frac{z^7}{7!} + \dots$$

Historisches. Die Funktionen Cosinus und Sinus wurden lange vor der Entdeckung der Exponentialfunktion in der Geometrie eingeführt. Bereits Archimedes kannte ein den Additionstheoremen verwandtes Theorem. Systematisch an die Exponentialfunktion angebunden hat sie erstmals Euler in seinem bereits erwähnten Lehrbuch.

Tangens und Cotangens. Außerhalb der Nullstellen des Cosinus bzw. Sinus definiert man weiter die Funktionen Tangens bzw. Cotangens:

$$\tan z := \frac{\sin z}{\cos z}, \qquad \cot z := \frac{\cos z}{\sin z}.$$

Beide sind ungerade und haben ein Additionstheorem; zum Beispiel gilt

$$\tan(z + w) = \frac{\tan z + \tan w}{1 - \tan z \tan w}.$$

Potenzreihen für die Funktionen $\tan z$ und $z \cot z$ stellen wir nach Einführung der Bernoulli-Zahlen in 14.3 auf.

8.7 Nullstellen und Periodizität

Wir betrachten die Funktionen Cosinus und Sinus zunächst auf $\mathbb{R}$ und untersuchen sie insbesondere auf Nullstellen. Wir zeigen, daß der Cosinus im Intervall $(0; 2)$ genau eine Nullstelle p besitzt. Mit dieser definieren wir $\pi := 2p$. Die reelle Zahl 2π erweist sich als die kleinste positive Periode des Cosinus und des Sinus, die rein imaginäre Zahl $2\pi i$ als die Grundperiode der Exponentialfunktion. Den Ausgangspunkt bildet das

Einschließungslemma: *Für* $x \in (0; 2]$ *gilt*

$$(16) \qquad 1 - \frac{x^2}{2} < \cos x < 1 - \frac{x^2}{2} + \frac{x^4}{24},$$

$$(16') \qquad x - \frac{x^3}{6} < \sin x < x.$$

Insbesondere ist $\sin x > 0$ *in* $(0; 2]$.

Beweis: Die Reihen für cos und sin sind alternierend. Ferner bilden für $x \in (0; 2]$ die Beträge der Summanden ab $k = 1$ bzw. $k = 0$ streng monoton fallende Nullfolgen; die Quotienten der Beträge aufeinanderfolgender Summanden zum Beispiel der Cosinusreihe sind nämlich $\dfrac{x^2}{(2k + 1)(2k + 2)}$, also < 1. Damit ergibt der Beweis des Leibniz-Kriteriums für alternierende Reihen die Einschließungen (16) und (16'). $\qquad \square$

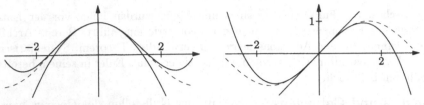

Einschließung des Cosinus   Einschließung des Sinus

Folgerung: *Der Cosinus fällt in* $[0; 2]$ *streng monoton.*

Beweis: Wir verwenden die Differenzendarstellung (15):

$$\cos x - \cos y = -2 \sin \frac{x-y}{2} \sin \frac{x+y}{2}.$$

In ihr sind für alle $x, y \in [0; 2]$ mit $x > y$ die beiden Sinusfaktoren positiv. Damit ergibt sich die Behauptung.   □

Satz und Definition der Zahl π: *Der Cosinus hat im Intervall* $[0; 2]$ *genau eine Nullstelle. Diese bezeichnet man mit* $\pi/2$. *Damit gilt*

(17)
$$\cos \frac{\pi}{2} = 0 \; und \; \sin \frac{\pi}{2} = 1.$$

Beweis: Es ist $\cos 0 = 1$ und $\cos 2 < -\frac{1}{3}$ (nach (16)). Als stetige Funktion hat der Cosinus also mindestens eine Nullstelle in $[0; 2]$. Ferner fällt er in $[0; 2]$ streng monoton; er hat also in $[0; 2]$ genau eine Nullstelle. Bezeichnet man diese mit $\pi/2$, so folgt wegen $\cos^2 \pi/2 + \sin^2 \pi/2 = 1$ weiter $\sin \pi/2 = \pm 1$ und wegen der Positivität des Sinus im Intervall $(0; 2]$ schließlich $\sin \pi/2 = 1$.   □

Bemerkung: Den Bezug der Zahl π zur Kreismessung stellen wir in 11.5 und 12.2 her. Die Bezeichnung π wurde durch das erwähnte Lehrbuch von Euler populär und deutet wohl auf das griechische Wort $\pi\epsilon\rho\iota\varphi\acute{\epsilon}\rho\epsilon\iota\alpha$ für Umfang hin.

Die beiden Formeln in (17) lassen sich aufgrund der Eulerschen Identität (14) prägnant in eine fundamentale Formel für die Exponentialfunktion zusammenziehen und dann weiter ausbauen: Zunächst erhält man

$$e^{i\pi/2} = \cos \frac{\pi}{2} + i \sin \frac{\pi}{2} = i.$$

Hieraus gewinnt man durch Potenzieren weiter die Wertetabelle

x	$\dfrac{\pi}{2}$	π	$\dfrac{3\pi}{2}$	2π
e^{ix}	i	-1	$-i$	1

Die Eulersche Formel $e^{ix} = \cos x + i \sin x$ schlüsselt diese Tabelle auf in

x	$\dfrac{\pi}{2}$	π	$\dfrac{3\pi}{2}$	2π
$\cos x$	0	-1	0	1
$\sin x$	1	0	-1	0

Wir kombinieren nun die Formel $e^{i\pi/2} = i$ und die aus ihr abgeleiteten Formeln mit dem Additionstheorem der Exponentialfunktion. Dadurch erhalten wir unter anderem die fundamentale Eigenschaft der Periodizität der Exponentialfunktion und als Folge die Periodizität des Cosinus und des Sinus.

Satz: *Für alle $z \in \mathbb{C}$ gilt*

$$e^{z+\pi i/2} = ie^z, \quad e^{z+\pi i} = -e^z, \quad e^{z+2\pi i} = e^z.$$

Die letzte Formel zeigt, daß die Exponentialfunktion die rein imaginäre *Periode $2\pi i$ besitzt.*

Korollar: *Für alle $z \in \mathbb{C}$ gilt*

$$\cos(z + \frac{\pi}{2}) = -\sin z, \quad \cos(z + \pi) = -\cos z, \quad \cos(z + 2\pi) = \cos z,$$
$$\sin(z + \frac{\pi}{2}) = \cos z, \quad \sin(z + \pi) = -\sin z, \quad \sin(z + 2\pi) = \sin z.$$

Cosinus und Sinus haben also die reelle *Periode 2π.*

Die Periodizität des Sinus und des Cosinus liefert uns nun den Schlüssel, um sämtliche Nullstellen dieser beiden Funktionen zu ermitteln. Wir ermitteln zunächst die Nullstellen auf $\mathbb{R}$.

Satz: *Der Cosinus hat auf $\mathbb{R}$ genau die Nullstellen $\dfrac{\pi}{2} + k\pi$ mit $k \in \mathbb{Z}$; der Sinus genau die Nullstellen $k\pi$ mit $k \in \mathbb{Z}$.*

Beweis: $\dfrac{\pi}{2}$ ist die einzige Nullstelle des Cosinus im Intervall $\left(-\dfrac{\pi}{2}; \dfrac{\pi}{2}\right]$. Wegen $\cos(x+\pi) = -\cos x$ sind also $\dfrac{\pi}{2}$ und $\dfrac{\pi}{2}+\pi$ die einzigen Nullstellen in $\left(-\dfrac{\pi}{2}; \dfrac{\pi}{2} + \pi\right]$. Dieses Intervall hat die Länge der Periode 2π. Alle weiteren Nullstellen des Cosinus erhält man somit aus $\dfrac{\pi}{2}$ und $\dfrac{\pi}{2} + \pi$ durch Addition von $k \cdot 2\pi$, $k \in \mathbb{Z}$.

Die Nullstellen des Sinus entstehen wegen $\sin x = -\cos\left(x + \dfrac{\pi}{2}\right)$ aus den Nullstellen des Cosinus durch eine Verschiebung um $\pi/2$. $\qquad \square$

Folgerung 1: 2π *ist die kleinste positive Periode der Funktionen Cosinus und Sinus.*

Beweis: Wäre p mit $0 < p < 2\pi$ eine Periode etwa des Cosinus, so wäre wegen der Nullstellenverteilung $p = \pi$. Wegen $\cos 0 = 1$ und $\cos \pi = -1$ ist π aber keine Periode.   □

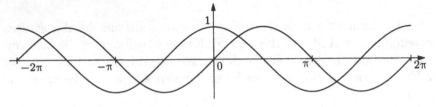

Cosinus und Sinus auf $\mathbb{R}$

Folgerung 2: *Genau dann gilt* $e^z = 1$, *wenn* z *ein ganzes Vielfaches von* $2\pi i$ *ist.*

Beweis: Zunächst ist $e^{2k\pi i} = \left(e^{2\pi i}\right)^k = 1^k$. Sei umgekehrt $e^z = 1$, wobei $z = x + iy$ mit reellen x, y. Dann gilt

$$|e^z| = e^x |e^{iy}| = e^x = 1.$$

Daraus folgt zunächst $x = 0$; aus $e^z = e^{iy} = \cos y + i \sin y = 1$ folgt sodann $\cos y = 1$ und $\sin y = 0$. Somit ist $y = m\pi$, m eine ganze Zahl; ungerade $m = 2k + 1$ sind aber wegen $\cos(2k + 1)\pi = \cos \pi = -1$ ausgeschlossen.   □

Korollar: *Cosinus und Sinus haben in* $\mathbb{C}$ *nur die im letzten Satz angegebenen reellen Nullstellen.*

Beweis für den Sinus: $\sin z = 0 \iff e^{iz} = e^{-iz} \iff e^{2iz} = 1 \iff z = k\pi$ mit $k \in \mathbb{Z}$. Analog für den Cosinus.   □

8.8 Die Arcus-Funktionen

Der Tangens ist außerhalb der Menge $\pi/2 + \pi \cdot \mathbb{Z}$ definiert, π-periodisch und ungerade. Er wächst im Intervall $[0; \pi/2)$ streng monoton, da dort der Sinus streng monoton wächst, der Cosinus streng monoton fällt und beide Funktionen nicht negativ sind. Ferner ist er in diesem Intervall unbeschränkt wegen $\sin \pi/2 = 1$ und $\cos \pi/2 = 0$. Damit folgt, daß der Tangens das Intervall $(-\pi/2; \pi/2)$ bijektiv auf $\mathbb{R}$ abbildet. Die dazugehörige Umkehrabbildung heißt *Arcustangens*, genauer *Hauptzweig* des Arcustangens auf $\mathbb{R}$:

$$\arctan : \mathbb{R} \to \left(-\frac{\pi}{2}; \frac{\pi}{2}\right).$$

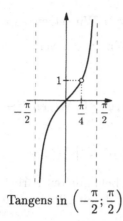

Tangens in $\left(-\dfrac{\pi}{2}; \dfrac{\pi}{2}\right)$

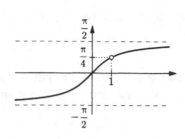

Hauptzweig des Arcustangens

Die Funktionen $\cos : [0; \pi] \to [-1; 1]$ und $\sin : \left[-\dfrac{\pi}{2}; \dfrac{\pi}{2}\right] \to [-1; 1]$ sind streng monoton und stetig. Mit dem Zwischenwertsatz ergibt sich ferner, daß sie surjektiv sind. Sie besitzen mithin Umkehrfunktionen

$$\arccos : [-1; 1] \to [0; \pi] \quad \text{bzw.} \quad \arcsin : [-1; 1] \to \left[-\dfrac{\pi}{2}; \dfrac{\pi}{2}\right].$$

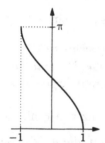

Hauptzweig des Arcuscosinus

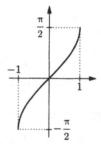

Hauptzweig des Arcussinus

8.9 Polarkoordinaten komplexer Zahlen

Satz: *Jede komplexe Zahl $z \neq 0$ besitzt eine Darstellung*

$$z = re^{i\varphi} \quad \text{mit } r = |z| \text{ und } \varphi \in \mathbb{R};$$

dabei ist φ bis auf die Addition eines ganzen Vielfachen von 2π bestimmt.

Jedes Paar (r, φ) mit $z = re^{i\varphi}$ heißt *Polarkoordinaten* für z und φ heißt *ein Argument* für z.

Beweis: Zunächst behandeln wir den Fall Im $z \geq 0$. Wir setzen $\dfrac{z}{|z|} =: \xi + i\eta$ mit $\xi, \eta \in \mathbb{R}$; dann ist $\xi^2 + \eta^2 = 1$ und $\eta \geq 0$. Wir setzen weiter

$$(18) \qquad\qquad \varphi := \arccos \xi.$$

Dann ist $\varphi \in [0; \pi]$, und es gilt $\cos \varphi = \xi$ und $\sin \varphi \geq 0$. Wegen $\xi^2 + \eta^2 = 1$ und $\eta \geq 0$ folgt $\sin \varphi = \eta$. Damit hat man

$$\xi + i\eta = \cos \varphi + i \sin \varphi = e^{i\varphi}, \quad \text{also } z = |z| e^{i\varphi}.$$

Den Fall Im $z < 0$ führen wir auf den soeben behandelten zurück: Nach diesem gibt es für $\bar{z}$ eine Darstellung $\bar{z} = |z| e^{i\varphi}$; damit gilt $z = |z| e^{-i\varphi}$.

Es sei nun $z = |z| e^{i\psi}$ eine weitere Darstellung. Dann ist $e^{i(\varphi - \psi)} = 1$, und daraus folgt $i(\varphi - \psi) = 2k\pi i$ mit einem $k \in \mathbb{Z}$. $\qquad\square$

Den Fall der komplexen Zahlen vom Betrag 1 heben wir noch besonders hervor. Mit der Multiplikation als Verknüpfung bilden diese die Gruppe S^1. Die Exponentialfunktion liefert für diese eine Parameterdarstellung:

Korollar (Standardparametrisierung von S^1): *Die Abbildung*

$$\mathbf{e} : \mathbb{R} \to S^1, \qquad \mathbf{e}(\varphi) := e^{i\varphi} = \cos \varphi + i \sin \varphi,$$

ist surjektiv, und $\mathbf{e}(\varphi_1) = \mathbf{e}(\varphi_2)$ *gilt genau dann, wenn sich* φ_1 *und* φ_2 *um ein ganzes Vielfaches von* 2π *unterscheiden.* $\mathbf{e}$ *bildet* $\mathbb{R}$ *homomorph auf die multiplikative Gruppe* S^1 *ab; der Kern dieses Homomorphismus ist* $2\pi \cdot \mathbb{Z}$.

Als Folgerung des Satzes zeigen wir die Existenz von Einheitswurzeln.

Satz: *Die Gleichung* $z^n = 1$, $n \in \mathbb{N}$, *besitzt genau die* n *Lösungen*

$$\boxed{\;\zeta_k := e^{k 2\pi i / n} = \cos k \frac{2\pi}{n} + i \sin k \frac{2\pi}{n}, \quad k = 1, \ldots, n.\;}$$

Diese heißen die *n-ten Einheitswurzeln;* es gilt $\zeta_k = \zeta_1^k$.

Beweis: Offensichtlich ist jedes ζ_k eine Lösung der Gleichung $z^n = 1$. Ferner sind die n Zahlen $\zeta_1, \ldots, \zeta_n$ paarweise verschieden. Sie stellen somit bereits alle Nullstellen des Polynoms $z^n - 1$ dar. $\qquad\square$

Aufgrund des strengen monotonen Fallens des Cosinus in $(0; \pi)$ und der Positivität des Sinus ist ζ_1 unter den von 1 verschiedenen Einheitswurzeln geometrisch wie folgt ausgezeichnet:

$$\operatorname{Re} \zeta_1 \geq \operatorname{Re} \zeta_k, \quad \text{für } k = 1, \ldots, n-1,$$
$$\operatorname{Im} \zeta_1 > 0.$$

Zum Beispiel ist die 6. Einheitswurzel mit dieser Eigenschaft die Zahl $\zeta_1 = \frac{1}{2} + \frac{i}{2}\sqrt{3}$; siehe die Lösung zu 3.5 Aufgabe 6. Damit erhalten wir

$$\cos\frac{\pi}{3} = \frac{1}{2}, \quad \sin\frac{\pi}{3} = \frac{1}{2}\sqrt{3}.$$

Die Einheitswurzel $\zeta_k = \zeta_1^k$ erhält man aus dem Punkt 1 durch k Drehungen $D : \mathbb{C} \to \mathbb{C}$ um den Nullpunkt, $D : z \mapsto e^{2\pi i/n} \cdot z$. Die Einheitswurzeln $\zeta_1, \ldots, \zeta_n$ bilden also die Ecken eines regelmäßigen n-Ecks. Die nebenstehende Abbildung zeigt die 5. Einheitswurzeln.

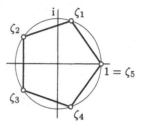

Korollar: *Die Gleichung $z^n = c$ mit $c \in \mathbb{C}$ hat eine Lösung. Mit einer Lösung w sind $\zeta_1 w, \ldots, \zeta_n w$ ihre sämtlichen Lösungen.*

Beweis: Sei $c = |c|e^{i\gamma}$. Dann löst die Zahl $\sqrt[n]{|c|}e^{i\gamma/n}$ die Gleichung. Die zweite Behauptung folgt im Fall $c \neq 0$ daraus, daß der Quotient z/w zweier Lösungen eine n-te Einheitswurzel ist. □

8.10 Geometrie der Exponentialabbildung. Hauptzweig des komplexen Logarithmus und des Arcustangens

Wir sind jetzt in der Lage, die Exponentialfunktion geometrisch darzustellen. Dazu fassen wir sie auf als eine Abbildung, die jedem Punkt z einer ersten komplexen Ebene den Punkt $w := \exp z$ einer zweiten komplexen Ebene zuordnet.

Für $z = x + iy$ mit $x, y \in \mathbb{R}$ ist $w = e^z = e^x e^{iy}$; hiernach sind (e^x, y) Polarkoordinaten des Punktes w. Geometrisch bedeutet das, daß die Gerade $\mathbb{R} + iy_0$ auf die Halbgerade $\mathbb{R}_+ \cdot e^{iy_0}$ abgebildet wird, und die Gerade $x_0 + i\mathbb{R}$ auf die Kreislinie $e^{x_0} \cdot S^1$.

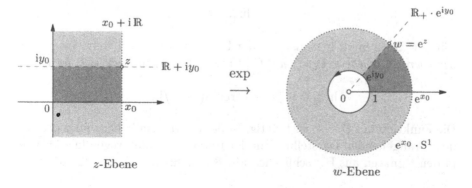

z-Ebene   w-Ebene

Insbesondere geht das orthogonale Netz der achsenparallelen Geraden in das orthogonale Netz über, das aus den konzentrischen Kreisen um den Nullpunkt und den von ihm ausgehenden Halbgeraden besteht.

Abbildung der achsenparallelen Geraden

Die Exponentialfunktion bildet $\mathbb{C}$ surjektiv auf $\mathbb{C}^*$ ab, da jeder Punkt $w \neq 0$ eine Darstellung $w = |w|e^{i\varphi} = e^{\ln|w|+i\varphi}$ besitzt. Dabei ist $\exp z_1 = \exp z_2$ genau dann, wenn $z_2 - z_1$ ein ganzes Vielfaches von $2\pi i$ ist. exp bildet also den Streifen $S := \{z \mid |\mathrm{Im}\, z| < \pi\}$ bijektiv ab auf die längs der negativen reellen Achse geschlitzte Ebene $\mathbb{C}^- := \mathbb{C} \setminus (-\infty; 0]$.

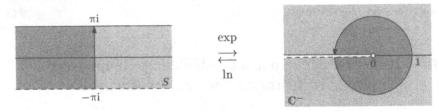

Abbildung des Streifens S auf die geschlitzte Ebene $\mathbb{C}^-$

Die Einschränkung $\exp : S \to \mathbb{C}^-$ besitzt also eine Umkehrung

$$\ln : \mathbb{C}^- \to S;$$

diese heißt *Hauptzweig des Logarithmus in* $\mathbb{C}^-$. Zu seiner Berechnung schreibt man $w = |w|e^{i\varphi} = e^{\ln|w|+i\varphi}$, wobei $\varphi \in (-\pi; \pi)$ gelte und $\ln|w|$ der reelle natürliche Logarithmus sei; dann gilt offensichtlich

(19) $$\ln w = \ln|w| + i\varphi.$$

Für $w \in \mathbb{R}_+$ stimmt $\ln w$ also mit der Definition in 8.3 überein. Liegt w in der *oberen Halbebene* $\mathbb{H} := \{u \in \mathbb{C} \mid \mathrm{Im}\, u > 0\}$, so gilt nach (18) ferner

$$\ln w = \ln|w| + i\arccos(\mathrm{Re}\, w/|w|).$$

Die Funktion $\ln : \mathbb{C}^- \to S$ ist stetig: In der oberen Halbebene folgt das aus der vorangehenden Darstellung; in der unteren sodann wegen $\ln \overline{w} = \overline{\ln w}$; in den Punkten aus $\mathbb{R}_+$ schließlich mit 8.13 Aufgabe 11.

Eigenschaften des Hauptzweiges des Logarithmus:

1. *Liegen w_1 und w_2 in der rechten Halbebene $\mathbb{H}_r := \{z \in \mathbb{C} \mid \operatorname{Re} z > 0\}$, so liegen $w_1 w_2$ und w_1/w_2 in $\mathbb{C}^-$, und es gilt*

$$(20) \qquad \ln w_1 w_2 = \ln w_1 + \ln w_2, \quad \ln \frac{w_1}{w_2} = \ln w_1 - \ln w_2.$$

Beweis: Sei $w_k = r_k e^{i\varphi_k}$ mit $r_k > 0$ und $|\varphi_k| < \pi/2$ für $k = 1, 2$. Dann ist

$$w_1 w_2^{\pm 1} = r_1 r_2^{\pm 1} e^{i(\varphi_1 \pm \varphi_2)}, \text{ wobei } |\varphi_1 \pm \varphi_2| < \pi.$$

Damit ergibt sich die Behauptung. □

Warnung! Das Additionstheorem (20) gilt nicht für beliebige $w_1, w_2 \in \mathbb{C}^-$: Für $w = -1 + i$ etwa ist $\ln w = \ln \sqrt{2} + \frac{3}{4}\pi i$, also $2 \ln w = \ln 2 + \frac{3}{2}\pi i$; dagegen ist $\ln w^2 = \ln 2 - \frac{1}{2}\pi i$.

2. *Liegt w in $\mathbb{E}$, so gilt*

$$(21) \qquad \boxed{\ln(1 + w) = \sum_{n=1}^{\infty} \frac{(-1)^{n-1}}{n} w^n = L(w).}$$

Beweis: Nach 8.5 (12) ist $e^{L(w)} = 1 + w$ und nach Definition des Logarithmus gilt analog $e^{\ln(1+w)} = 1 + w$. Es gibt also ganze Zahlen $k(w)$ derart, daß $\ln(1 + w) - L(w) = k(w) \cdot 2\pi i$. Wegen $\ln 1 = 0$ und $L(0) = 0$ ist $k(0) = 0$. Es genügt also zu zeigen, daß für jedes $w \in \mathbb{E}$ $k(w) = k(0)$ gilt. Dazu betrachten wir bei fixiertem w die Funktion $t \mapsto k(tw)$ auf dem Intervall $[0; 1]$. Diese ist stetig, da $\ln$ und L es sind, und hat als Werte nur ganze Zahlen; sie ist also konstant auf $[0; 1]$ (ZWS). Damit folgt $k(w) = k(0)$. □

3. *Für $w \in \mathbb{E}$ gilt die Potenzreihenentwicklung*

$$(22) \qquad \ln \frac{1 + w}{1 - w} = 2 \sum_{n=0}^{\infty} \frac{w^{2n+1}}{2n + 1}.$$

Beweis: $1 + w$ und $1 - w$ liegen in $\mathbb{H}_r$; (22) folgt also aus (20) und (21). □

Tangens und Arcustangens

Die geometrische Darstellung der Exponentialabbildung führt auch zu Darstellungen der trigonometrischen Funktionen. Wir betrachten als Beispiel die Abbildung durch den Tangens und zwar auf dem „vertikalen" Streifen $V := \{z \mid |\operatorname{Re} z| < \pi/2\}$. Wegen

$$\tan z = \frac{1}{i} \cdot \frac{e^{iz} - e^{-iz}}{e^{iz} + e^{-iz}} = \frac{1}{i} \cdot \frac{e^{2iz} - 1}{e^{2iz} + 1}$$

hat man mit der Drehstreckung D, $D(z) := 2\mathrm{i}z$, und der gebrochen-linearen Transformation T, $T(u) := \dfrac{1}{\mathrm{i}} \cdot \dfrac{u-1}{u+1}$, die Darstellung

$$(23) \qquad\qquad \tan = T \circ \exp \circ D.$$

D bildet V bijektiv ab auf den Streifen $S := \{z \mid |\operatorname{Im} z| < \pi\}$;
exp " S " die geschlitzte Ebene $\mathbb{C}^-$;
T " $\mathbb{C}^-$ " die 2-fach geschlitzte Ebene $\mathbb{C}^=$, wobei
$\qquad\qquad\qquad\qquad \mathbb{C}^= := \mathbb{C} \setminus \{\mathrm{i}y \mid y \in \mathbb{R}, |y| \geq 1\}.$

(Beweis für letzteres als Aufgabe.)

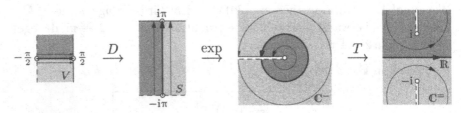

Der Tangens bildet also V bijektiv auf $\mathbb{C}^=$ ab und speziell das Intervall $(-\pi/2; \pi/2)$ bijektiv auf $\mathbb{R}$. Die dazugehörige Umkehrabbildung

$$\arctan : \mathbb{C}^= \to V$$

heißt *Hauptzweig des Arcustangens*. Auf $\mathbb{R}$ stimmt dieser mit dem in 8.8 eingeführten Hauptzweig des Arcustangens überein. Aus (23) erhält man durch Umkehrung mit dem Hauptzweig des Logarithmus die Darstellung $\arctan = D^{-1} \circ \ln \circ T^{-1}$. Explizit besagt diese:

$$(24) \qquad\qquad \arctan w = \frac{1}{2\mathrm{i}} \ln \frac{1+\mathrm{i}w}{1-\mathrm{i}w}, \qquad w \in \mathbb{C}^=.$$

In $\mathbb{E}$ folgt mittels (22) weiter die Reihenentwicklung

$$(25) \qquad \boxed{\arctan w = \sum_{n=0}^{\infty} \frac{(-1)^n}{2n+1} w^{2n+1} = w - \frac{w^3}{3} + \frac{w^5}{5} - \cdots}$$

Diese gilt speziell im Intervall $(-1; 1)$: Für $x \in (-1; 1)$ ist

$$(25') \qquad\qquad \arctan x = \sum_{n=0}^{\infty} \frac{(-1)^n}{2n+1} x^{2n+1}.$$

Im Rahmen der Differentialrechnung bringen wir für diese Entwicklung einen weiteren, sehr einfachen Beweis; siehe 9.5.

Abschließend zeigen wir, daß (25′) auch am Punkt 1 gilt. Zunächst ergibt das Leibniz-Kriterium für alternierende Reihen an allen Punkten $x \in (-1; 1)$ die Abschätzung

$$\left| \arctan x - \sum_{n=0}^{N} (-1)^n \frac{x^{2n+1}}{2n+1} \right| \leq \frac{|x|^{2N+3}}{2N+3}, \qquad N = 1, 2, \ldots$$

Aus Stetigkeitsgründen gilt diese auch noch in 1:

$$\left| \arctan 1 - \sum_{n=0}^{N} (-1)^n \frac{1}{2n+1} \right| \leq \frac{1}{2N+3}.$$

Daraus folgt mit $N \to \infty$, daß die Entwicklung (25′) auch im Punkt 1 gilt. Wegen $\arctan 1 = \pi/4$ besagt sie

$$\boxed{\frac{\pi}{4} = \sum_{n=0}^{\infty} \frac{(-1)^n}{2n+1} = 1 - \frac{1}{3} + \frac{1}{5} - \frac{1}{7} \pm \cdots}$$

Diese faszinierende Formel wird üblicherweise Leibniz zugeschrieben. Indischen Mathematikern war sie schon im 15. Jahrhundert bekannt.

8.11 Die Zahl π

Berechnung von π

Aus der arctan-Reihe lassen sich mit Hilfe des Additionstheorems

$$(26) \qquad \arctan x + \arctan y = \arctan \frac{x + y}{1 - xy} \qquad (|x|, |y| < 1)$$

(Umkehrung des Additionstheorems des Tangens) schnell konvergente Reihen zur Berechnung von π ableiten. Besonders günstig ist die 1706 von dem englischen Astronomen John Machin (1680–1751) gefundene Formel

$$(27) \qquad \boxed{\frac{\pi}{4} = 4 \arctan \frac{1}{5} - \arctan \frac{1}{239}.}$$

Beweis: Man setzt in (26) $x = y = \frac{1}{5}$ ferner $x = y = \frac{5}{12}$ und erhält

$$2 \arctan \frac{1}{5} = \arctan \frac{5}{12} \qquad \text{bzw.} \qquad 2 \arctan \frac{5}{12} = \arctan \frac{120}{119}.$$

Zusammen mit

$$\arctan 1 + \arctan \frac{1}{239} = \arctan \frac{120}{119}$$

folgt (27).   □

Die *Machinsche Formel* ergibt mittels (25') die Reihendarstellung

$$(27^*) \qquad \frac{\pi}{4} = 4 \sum_{k=0}^{\infty} \frac{(-1)^k}{2k+1} \cdot \left(\frac{1}{5}\right)^{2k+1} - \sum_{k=0}^{\infty} \frac{(-1)^k}{2k+1} \cdot \left(\frac{1}{239}\right)^{2k+1}.$$

Damit berechnete bereits Machin 100 Dezimalen von π.

Berücksichtigt man acht Anfangsglieder der ersten und zwei der zweiten Reihe in (27*), so sind die jeweiligen Abbruchfehler nach dem Leibniz-Kriterium betragsmäßig kleiner als

$$\frac{4}{17 \cdot 5^{17}} < 4 \cdot 10^{-13} \quad \text{bzw.} \quad \frac{1}{5 \cdot 239^5} < 3 \cdot 10^{-13}.$$

Der Fehler für π selbst ist dann kleiner als $3 \cdot 10^{-12}$. Bei einer Rechnung mit hinreichender Stellenzahl erhält man schließlich

$$\pi = 3.1415926535 + R \quad \text{mit } |R| < 10^{-11}.$$

1914 fand der indische Mathematiker S. Ramanujan (1887–1920) bei Untersuchungen über elliptische Funktionen und Modulfunktionen merkwürdige Reihenentwicklungen für $1/\pi$, zum Beispiel

$$\frac{1}{\pi} = \frac{\sqrt{8}}{9801} \sum_{n=0}^{\infty} \frac{(4n)!}{(n!)^4} \cdot \frac{(1103 + 26390n)}{396^{4n}}.$$

Diese Reihe eignet sich hervorragend zur Berechnung von π.

Ein noch schnelleres Verfahren zur Berechnung von π haben 1976 Salamin und Brent angegeben. Es beruht auf der von Gauß vielfach untersuchten Folge des arithmetisch-geometrischen Mittels. Ausgehend von $a_0 = 1$ und $b_0 = \sqrt{0.5}$ definiert man sukzessive:

$$a_\nu := (a_{\nu-1} + b_{\nu-1})/2, \qquad b_\nu := \sqrt{a_{\nu-1} b_{\nu-1}};$$
$$\pi_n := (a_n + b_n)^2 \Big/ \left(1 - \sum_{\nu=0}^{n} 2^\nu \cdot (a_\nu - b_\nu)^2\right).$$

Die Folge (π_n) konvergiert extrem schnell gegen π. Bereits π_3 hat 20 korrekte Dezimalen. Zur Berechnung von π_n für großes n muß man allerdings große Zahlen multiplizieren und aus solchen Wurzeln ziehen. Unter Verwendung der sogenannten schnellen Multiplikation wurden auf diese Weise inzwischen viele Milliarden Dezimalen von π berechnet.

Literatur: Borwein, J. and P., Pi and the AGM. Wiley-Intersc. Publ. (1987)

Transzendenz von π

Bereits Archimedes vermutete, daß die Zahl π irrational ist. Bewiesen wurde es erstmals 1761 von dem Schweizer J. H. Lambert (1728–1777; Autodidakt, Oberbaurat von Berlin). Der einfachste heute bekannte Beweis stammt von J. Niven. Wir bringen ihn in 11.5. Lambert vermutete auch, daß π sogar transzendent, d.h., nicht einmal algebraisch ist (zur Definition siehe 4.4 Aufgabe 12). Den Nachweis erbrachte 1882 Ferdinand Lindemann (1852–1939; Professor in Königsberg und München). Es gilt sogar:

Für jede algebraische Zahl $z \neq 0$ ist e^z transzendent. Insbesondere ist e transzendent, und wegen $e^{2\pi i} = 1$ folgt, daß auch π transzendent sein muß.

Nach Weierstraß gehört dieser Satz zu den „schönsten der gesamten Arithmetik". Durch ihn wurde auch das über zweitausend Jahre alte Problem der Quadratur des Kreises entschieden, und zwar negativ: *Es ist unmöglich, einen Kreis in ein flächengleiches Quadrat unter alleiniger Verwendung von Zirkel und Lineal zu verwandeln.*

Weitere Ausführungen zu diesem Themenkreis findet der interessierte Leser im Band „Zahlen" in der Reihe Grundwissen Mathematik bei Springer [4].

8.12 Die hyperbolischen Funktionen

In vielen Anwendungen kommt die Exponentialfunktion in den Kombinationen $\frac{1}{2}(e^z + e^{-z})$ und $\frac{1}{2}(e^z - e^{-z})$ vor. Dementsprechend definiert man

$$\cosh z := \frac{e^z + e^{-z}}{2} \qquad (Cosinus\ hyperbolicus),$$

$$\sinh z := \frac{e^z - e^{-z}}{2} \qquad (Sinus\ hyperbolicus),$$

$$\tanh z := \frac{\sinh z}{\cosh z} \qquad (Tangens\ hyperbolicus),$$

$$\coth z := \frac{\cosh z}{\sinh z} \qquad (Cotangens\ hyperbolicus).$$

Offensichtlich bestehen die Beziehungen

$$\cosh z = \cos iz, \quad \sinh z = -i \sin iz.$$

Ferner ist cosh gerade, sinh ungerade. Man sieht auch sofort, daß

$$\cosh^2 z - \sinh^2 z = 1.$$

Aus dem Additionstheorem und der Potenzreihendarstellung der Exponentialfunktion folgen ferner Additionstheoreme und Potenzreihendarstellungen des hyperbolischen Cosinus und Sinus:

$$\cosh(z+w) = \cosh z \cosh w + \sinh z \sinh w,$$

$$\sinh(z+w) = \sinh z \cosh w + \cosh z \sinh w,$$

$$\cosh z = \sum_{k=0}^{\infty} \frac{z^{2k}}{(2k)!}, \qquad \sinh z = \sum_{k=0}^{\infty} \frac{z^{2k+1}}{(2k+1)!}.$$

Die hyperbolischen Funktionen auf $\mathbb{R}$:

a) cosh *wächst streng monoton auf* $[0;\infty)$;

b) sinh *wächst streng monoton auf* $\mathbb{R}$;

c) tanh *wächst streng monoton auf* $\mathbb{R}$.

Beweis: b) Die Funktionen e^x und $-e^{-x}$ wachsen streng monoton.
a) folgt aus b) mittels $\cosh^2 x = 1+\sinh^2 x$, da auf $[0;\infty)$ auch $\sinh^2$ streng wächst ($\sinh x > 0$ für $x > 0$).
c) folgt wegen des strengen Wachsens der Funktion e^{2x} aus

$$\tanh x = \frac{e^x - e^{-x}}{e^x + e^{-x}} = 1 - \frac{2}{e^{2x}+1}. \qquad \square$$

Aus der zuletzt angeschriebenen Darstellung des tanh folgt noch

$$\tanh x \to 1 \text{ für } x \to \infty \quad \text{und} \quad \tanh x \to -1 \text{ für } x \to -\infty.$$

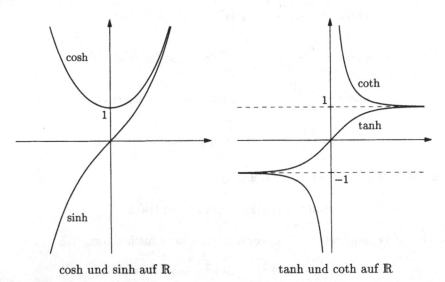

cosh und sinh auf $\mathbb{R}$ tanh und coth auf $\mathbb{R}$

8.13 Aufgaben

1. Man beweise das Additionstheorem der Exponentialfunktion durch Reihenmultiplikation.

2. Man beweise für reelle $a \neq b$ die Ungleichung $e^{(a+b)/2} < (e^a + e^b)/2$ und deute sie geometrisch.

3. Für $n \in \mathbb{N}$ sei

$$a_n := \left(1 + \frac{1}{n}\right)^n, \qquad b_n := \left(1 + \frac{1}{n}\right)^{n+1}.$$

   Man zeige:

   a) Die Folge (a_n) wächst streng monoton, die Folge (b_n) fällt streng monoton, und für alle n gilt $a_n < e < b_n$.

   b) Für alle n gilt
   $$\frac{(n+1)^n}{n!} < e^n < \frac{(n+1)^{n+1}}{n!}$$
   und
   $$e^{-n}(n+1)^n < n! < e^{-n}(n+1)^{n+1}.$$

   Die hiermit gewonnene Einschließung für $n!$ wird in der Stirlingschen Formel noch wesentlich verschärft; siehe 11.10.

   c) $\displaystyle\lim_{n\to\infty} \frac{\sqrt[n]{n!}}{n} = \frac{1}{e}$.

4. a) $\displaystyle\lim_{x\to\infty} x^{1/x} = \lim_{x\downarrow 0} x^x = 1$.

   b) $\displaystyle\lim_{x\to\infty} \frac{x^{\ln x}}{e^x} = 0$; danach wächst e^x mit x sogar schneller als $x^{\ln x}$.

   c) $\displaystyle\lim_{n\to\infty} n(\sqrt[n]{x} - 1) = \ln x$ für $x > 0$.

5. Logarithmus zu einer Basis $a > 0$, $a \neq 1$.

   a) Man zeige: Die Funktion $x \mapsto a^x$, $\mathbb{R} \to \mathbb{R}_+$, besitzt eine Umkehrfunktion $\log_a : \mathbb{R}_+ \to \mathbb{R}$, und es gilt $\log_a x = \ln x / \ln a$.

   b) Man berechne $\ln 10$ bis auf einen Fehler $< 10^{-5}$.

6. Man berechne Summenformeln für

$$1 + \cos z + \cos 2z + \ldots + \cos nz,$$
$$\sin z + \sin 2z + \ldots + \sin nz.$$

7. Man zeige: $\cos^n z$ und $\sin^n z$ sind darstellbar als Linearkombinationen von 1, $\cos z$, $\sin z$, $\cos 2z$, $\sin 2z$, $\ldots$, $\cos nz$, $\sin nz$. Zum Beispiel gilt:

$$4\cos^3 z = 3\cos z + \cos 3z,$$
$$4\sin^3 z = 3\sin z - \sin 3z.$$

8. Die *Tschebyschew-Polynome*. Man zeige: Zu jedem $n \in \mathbb{N}_0$ gibt es Polynome T_n und U_n vom Grad n derart, daß gilt:

(∗)
$$\cos nz = T_n(\cos z),$$
$$\sin nz = U_{n-1}(\cos z) \cdot \sin z.$$

Diese heißen Tschebyschew-Polynome erster bzw. zweiter Art und spielen eine große Rolle in der Approximationstheorie. Man zeige:

a) Die Polynome T_n und U_n genügen derselben Rekursionsformel

$$T_{n+1}(x) = 2xT_n(x) - T_{n-1}(x), \quad U_{n+1}(x) = 2xU_n(x) - U_{n-1}(x),$$

jedoch mit den unterschiedlichen „Startwerten" $T_0 = 1$, $T_1(x) = x$, bzw. $U_0 = 1$, $U_1 = 2x$. Man berechne T_n und U_n für $n = 2, \ldots, 5$. Wie lauten die Darstellungen (∗) für $n = 2, 3, 4$? Vgl. Aufgabe 7.

b) T_n hat die Nullstellen $x_k = \cos(2k - 1)\pi/2n$, $k = 1, \ldots, n$.

c) T_n hat in $[-1; 1]$ die Extremstellen $\xi_k = \cos k\pi/n$, $k = 0, 1, 2, \ldots, n$.

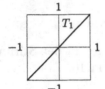

Die Tschebyschew-Polynome $T_1, \ldots, T_5$

9. Für $z = x + iy$ mit reellen x, y gilt:

$$|\sin z|^2 = \sin^2 x + \sinh^2 y,$$
$$|\cos z|^2 = \cos^2 x + \sinh^2 y.$$

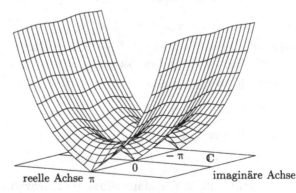

Betrag des Sinus auf $\mathbb{C}$

10. Man berechne algebraisch die 10. Einheitswurzeln und damit $\cos \pi/5$ und $\sin \pi/5$.

11. $\arctan \frac{y}{x}$ ist ein Argument für $z = x + iy$ mit $x > 0$; insbesondere gilt

$$\ln z = \ln |z| + i \arctan \frac{y}{x}.$$

12. Die *Areafunktionen*. Man zeige: Die Funktionen $\sinh |\mathbb{R}$ und $\tanh |\mathbb{R}$ besitzen Umkehrfunktionen $\operatorname{arsinh} : \mathbb{R} \to \mathbb{R}$ (*Areasinus hyperbolicus*) bzw. $\operatorname{artanh} : (-1; 1) \to \mathbb{R}$ (*Areatangens hyperbolicus*), und es gilt

$$\operatorname{arsinh} x = \ln \left(x + \sqrt{x^2 + 1} \right) \quad (x \in \mathbb{R}),$$

$$\operatorname{artanh} x = \frac{1}{2} \ln \left(\frac{1+x}{1-x} \right) \qquad (|x| < 1).$$

Man zeige ferner, daß $\cosh : [0; \infty) \to [1; \infty)$ eine Umkehrfunktion $\operatorname{arcosh} : [1; \infty) \to [0; \infty)$ besitzt, und daß

$$\operatorname{arcosh} x = \ln \left(x + \sqrt{x^2 - 1} \right) \quad (x \geq 1).$$

13. Es sei $\ln$ der Hauptzweig des Logarithmus in $\mathbb{C}^-$. Dann gilt für $|z| \leq \frac{1}{2}$

$$\frac{1}{2}|z| \leq |\ln(1 + z)| \leq \frac{3}{2}|z|.$$

14. Der Hauptzweig des Logarithmus auf $\mathbb{C}^-$ kann nicht zu einer stetigen Funktion auf $\mathbb{C}^*$ fortgesetzt werden.

15. In Analogie zur Potenz x^a, $x \in \mathbb{R}_+$, $a \in \mathbb{C}$, definiert man mit Hilfe des Hauptzweiges des Logarithmus auf $\mathbb{C}^-$ dort auch den *Hauptzweig der Potenz z^a* durch $z^a := e^{a \ln z}$. Man berechne i^i und zeige für $z \in \mathbb{E}$

$$(1 + z)^s = \sum_{n=0}^{\infty} \binom{s}{n} z^n.$$

16. Die bis jetzt nur für rationales $s > 1$ erklärte Riemannsche Zetafunktion wird für komplexes s mit $\operatorname{Re} s > 1$ analog definiert. Man zeige: Die Reihe

$$\zeta(s) := \sum_{n=1}^{\infty} \frac{1}{n^s}$$

konvergiert für jedes $\sigma > 1$ normal auf $H_\sigma := \{z \in \mathbb{C} \mid \operatorname{Re} z \geq \sigma\}$ und stellt auf der Halbebene $\{z \in \mathbb{C} \mid \operatorname{Re} z > 1\}$ eine stetige Funktion dar.

17. Sei x eine reelle Zahl. Für jede natürliche Zahl n sei L_n die Länge des Streckenzuges, der die Punkte $e^{ikx/n}$, $k = 0, 1, \ldots, n$, auf S^1 der Reihe nach verbindet. Man zeige:

a) $L_n = 2n \left| \sin \dfrac{x}{2n} \right|$;

b) $\displaystyle \lim_{n \to \infty} L_n = |x|$.

Was bedeutet b) geometrisch für die Lage von e^{ix}? Was $e^{2\pi i} = 1$?

18. Es sei x eine reelle Zahl und $a_n := e^{2\pi i n x}$. Man zeige:

   a) Ist x rational, so hat (a_n) nur endlich viele Häufungspunkte.

   b) Ist x irrational, so ist jede Zahl aus S^1 Häufungspunkt von (a_n).

19. Man berechne $\cos 1$ und $\sin 1$ bis auf einen Fehler von 10^{-7} und zeige, daß sie beide irrational sind.

20. Die Exponentialfunktion genügt keiner Identität $\sum_{k=0}^{n} p_k(z) e^{kz} = 0$ für alle $z \in \mathbb{C}$, in der $p_0, \ldots, p_n$ Polynome sind und p_n nicht das Nullpolynom ist. Kurz: Sie ist keine „algebraische" Funktion.

21. *Unendliche Produkte.* Es sei (a_k) eine Folge komplexer Zahlen $\neq -1$ derart, daß die Reihe $\sum_{k=1}^{\infty} |a_k|$ konvergiert. Dann konvergiert die Folge der Produkte $p_n = \prod_{k=1}^{n}(1 + a_k)$ gegen eine Zahl $\neq 0$; diese bezeichnet man mit $\prod_{k=1}^{\infty}(1 + a_k)$.

   Beispiel: Für jedes $z \in \mathbb{C}$ mit $|z| < \pi$ konvergiert $\prod_{k=1}^{\infty} \cos z/k$, und zwar gegen eine Zahl $\neq 0$.

22. Das *Vietasche Produkt* (1593). Man zeige zunächst

$$\frac{\sin x}{2^n \sin(x/2^n)} = \cos \frac{x}{2} \cdot \cos \frac{x}{4} \cdots \cos \frac{x}{2^n}$$

   und damit

$$\frac{\sin x}{x} = \lim_{n \to \infty} \prod_{\nu=1}^{n} \cos \frac{x}{2^\nu}.$$

   Man folgere daraus

$$\frac{2}{\pi} = \sqrt{\frac{1}{2}} \cdot \sqrt{\frac{1}{2} + \frac{1}{2}\sqrt{\frac{1}{2}}} \cdot \sqrt{\frac{1}{2} + \frac{1}{2}\sqrt{\frac{1}{2} + \frac{1}{2}\sqrt{\frac{1}{2}}}} \cdots$$

23. Man beweise den Satz von Euler: Ist (p_k) die Folge der Primzahlen, so divergiert die Reihe $\sum_{k=1}^{\infty} \frac{1}{p_k}$.

   Man kann diese Divergenz als ein Maß für die Häufigkeit des Auftretens der Primzahlen in der Folge der natürlichen Zahlen auffassen; man vergleiche damit, daß die Reihe $\sum_{k=1}^{\infty} 1/k^2$ konvergiert.

   Hinweis: 6.5 Aufgabe 15

9 Differentialrechnung

Die von Leibniz und Newton begründete Differential- und Integralrechnung bildet den Kern der Analysis. Leibniz entwickelte sie zur Behandlung des sogenannten Tangentenproblems, Newton anläßlich seiner Studien zur Mechanik. Unsere Einführung der Exponentialfunktion verwendete in der Forderung (E_2) ebenfalls die Differentiation.

Wir behandeln zunächst Grundzüge der Differentialrechnung. Dabei beschränken wir uns auf Funktionen mit einem Definitionsbereich $D \subset \mathbb{R}$, da zur Untersuchung differenzierbarer Funktionen einer komplexen Veränderlichen besondere Methoden geboten sind; siehe Band 2, Kapitel 6. Wir lassen aber weiterhin komplexwertige Funktionen zu.

9.1 Die Ableitung einer Funktion

Definition: Eine Funktion $f : I \to \mathbb{C}$ auf einem Intervall I heißt *differenzierbar in* $x_0 \in I$, wenn der Grenzwert

$$(1) \qquad \lim_{x \to x_0} \frac{f(x) - f(x_0)}{x - x_0}$$

existiert. Dieser heißt dann *Ableitung* oder *Differentialquotient* von f in x_0. Man bezeichnet ihn mit $f'(x_0)$ oder $\mathrm{D}f(x_0)$ oder $\frac{\mathrm{d}f}{\mathrm{d}x}(x_0)$. Die Funktion heißt *differenzierbar im Intervall* I, wenn sie in jedem Punkt des Intervalls differenzierbar ist. Schreibt man x als $x_0 + h$, so lautet (1)

$$\mathrm{D}f(x_0) = f'(x_0) = \lim_{h \to 0} \frac{f(x_0 + h) - f(x_0)}{h}.$$

Geometrische Erläuterung: Für reelles f stellt die lineare Funktion

$$L(x) := f(x_0) + \frac{f(x_0 + h) - f(x_0)}{h}(x - x_0), \quad x \in \mathbb{R},$$

die Sekante durch $P_0 = \big(x_0, f(x_0)\big)$ und $P = \big(x_0 + h, f(x_0 + h)\big)$ dar.

Ist f in x_0 differenzierbar, so geht deren Steigung $\dfrac{f(x_0 + h) - f(x_0)}{h}$ beim Grenzübergang $h \to 0$ gegen $f'(x_0)$. Die durch

$$(2) \qquad\qquad y = f(x_0) + f'(x_0)(x - x_0)$$

definierte Gerade heißt *Tangente* in P_0 an den Graphen von f.

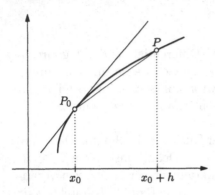

Tangente als Grenzlage von Sekanten

Beispiel aus der Physik: Ist bei einer Bewegung der zurückgelegte Weg $s(t)$ als Funktion der Zeit t gegeben, so definiert $\dfrac{s(t_0 + h) - s(t_0)}{h}$ die *mittlere Geschwindigkeit im Zeitintervall* $[t_0; t_0 + h]$ und die Ableitung $\dot{s}(t_0)$ die *momentane Geschwindigkeit im Zeitpunkt* t_0. (Mit dem Punkt wie bei $\dot{s}$ bezeichnet man in der Physik häufig die Ableitung nach der Zeit.) Die in diesem Zusammenhang üblichen Buchstaben s und t kommen vom lateinischen „spatium" der Raum und „tempus" die Zeit.

Ableitungen einiger Grundfunktionen

> a) $\mathrm{D}\, x^n = n x^{n-1}$ für $n = 1, 2, \ldots$
>
> b) $\mathrm{D}\, \mathrm{e}^{cx} = c\, \mathrm{e}^{cx}$ für $c \in \mathbb{C}$, insbesondere $\mathrm{D}\, a^x = a^x \cdot \ln a$.
>
> c) $\mathrm{D}\ln x = \dfrac{1}{x}$.

Beweis:

a) $\dfrac{\xi^n - x^n}{\xi - x} = \xi^{n-1} + \xi^{n-2} x + \ldots + x^{n-1} \to n x^{n-1}$ für $\xi \to x$;

b) $\dfrac{\mathrm{e}^{c(x+h)} - \mathrm{e}^{cx}}{h} = \mathrm{e}^{cx} \cdot \dfrac{\mathrm{e}^{ch} - 1}{h} \to c\, \mathrm{e}^{cx}$ für $h \to 0$;

c) $\dfrac{\ln(x + h) - \ln x}{h} = \dfrac{1}{x} \cdot \dfrac{\ln(1 + h/x)}{h/x} \to \dfrac{1}{x}$ für $h \to 0$. $\qquad\square$

Äquivalente Formulierungen der Differenzierbarkeit

2. Formulierung: $f : I \to \mathbb{C}$ *ist in* $x_0 \in I$ *genau dann differenzierbar, wenn es eine in* x_0 *stetige Funktion* $\varphi : I \to \mathbb{C}$ *gibt so, daß*

$$(3) \qquad\qquad f(x) - f(x_0) = (x - x_0) \cdot \varphi(x).$$

Gegebenenfalls ist $f'(x_0) = \varphi(x_0)$.

Beweis: Die Existenz des Grenzwertes (1) bedeutet, daß die durch

$$\frac{f(x) - f(x_0)}{x - x_0} \quad \text{für } x \in I \setminus \{x_0\}$$

definierte Funktion eine in x_0 stetige Fortsetzung φ besitzt; der Wert der stetigen Fortsetzung ist dabei gerade der Grenzwert: $\varphi(x_0) = f'(x_0)$. $\qquad\square$

Folgerung: *Eine in* x_0 *differenzierbare Funktion ist dort auch stetig.*

Viele Mathematiker in der ersten Hälfte des 19. Jahrhunderts waren der Meinung, daß jede stetige Funktion höchstens bis auf einzelne Stellen auch differenzierbar sei. Eine Überraschung löste daher die Entdeckung überall stetiger, aber nirgends differenzierbarer Funktionen aus. In 9.11 bringen wir ein Beispiel.

3. Formulierung: $f : I \to \mathbb{C}$ *ist in* x_0 *genau dann differenzierbar, wenn es eine lineare Abbildung* $L : \mathbb{R} \to \mathbb{C}$ *gibt derart, daß*

$$(4) \qquad\qquad \lim_{h \to 0} \frac{f(x_0 + h) - f(x_0) - L(h)}{h} = 0.$$

Gegebenenfalls ist $L(h) = f'(x_0)h$ *für* $h \in \mathbb{R}$.

In dieser Formulierung besagt die Differenzierbarkeit, daß der Zuwachs $f(x_0 + h) - f(x_0)$ der Funktion durch den Wert $L(h)$ einer linearen Abbildung L derart gut approximiert werden kann, daß der Unterschied $R(h) := f(x_0 + h) - f(x_0) - L(h)$ mit $h \to 0$ schneller gegen 0 geht als h selber.

Beweis: (i) Es sei f in x_0 differenzierbar. Dann leistet die durch $L(h) := f'(x_0)h$ definierte lineare Abbildung L das in (4) Behauptete.
(ii) Es sei nun L eine lineare Abbildung derart, daß (4) gilt. Ist $L(h) = \alpha h$ mit einem $\alpha \in \mathbb{C}$, so folgt

$$0 = \lim_{h \to 0} \frac{f(x_0 + h) - f(x_0) - \alpha h}{h} = \lim_{h \to 0} \frac{f(x_0 + h) - f(x_0)}{h} - \alpha.$$

Also ist f differenzierbar mit $f'(x_0) = \alpha$. $\qquad\qquad\qquad\qquad\qquad\square$

Die lineare Abbildung $L : \mathbb{R} \to \mathbb{C}$
heißt *Differential von f in x_0* und
wird mit $\mathrm{d}f(x_0)$ bezeichnet; es gilt

$$\mathrm{d}f(x_0)(h) = f'(x_0)h \text{ für } h \in \mathbb{R}.$$

Die affin-lineare Funktion

$$F(x) := f(x_0) + L(x - x_0)$$

heißt *lineare Approximation*
von f in x_0.

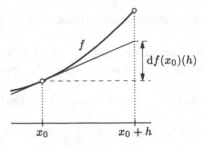

Approximation des Funktionszuwachses
$f(x_0 + h) - f(x_0)$ durch $\mathrm{d}f(x_0)(h)$.

Die dritte Formulierung der Differenzierbarkeit bringt jenen Gesichtspunkt der Analysis zum Ausdruck, der darauf abzielt, Funktionen „im Kleinen" durch *lineare* Funktionen zu approximieren. Dieses Konzept wird später in der Taylortheorie zur Approximation durch Schmiegpolynome ausgebaut. Die dritte Formulierung der Differenzierbarkeit ist auch der Ausgangspunkt für die Übertragung auf höhere Dimensionen.

Maxima und Minima

Man sagt, eine Funktion $f : D \to \mathbb{R}$ habe in $x_0 \in D$

(i) ein *globales* Maximum, wenn $f(x) \le f(x_0)$ für alle $x \in D$ gilt;

(ii) ein *lokales* Maximum, wenn es eine Umgebung U um x_0 gibt so, daß $f(x) \le f(x_0)$ für alle $x \in U \cap D$ gilt.

Entsprechend definiert man globale bzw. lokale Minima.

Eine auf einem kompakten Intervall stetige reelle Funktion besitzt nach 7.5 ein globales Maximum und ein globales Minimum. Für eine differenzierbare Funktion liefert die Ableitung auch eine Information zur Lage von Extremalstellen. Es gilt folgendes auf Fermat (1601–1655) zurückgehende notwendige Kriterium. Im Anschluß an den Mittelwertsatz wird dann ein hinreichendes aufgestellt.

Satz: *Sei f in einem offenen Intervall I um x_0 definiert. Besitzt f in x_0 ein lokales Extremum und ist f in x_0 differenzierbar, so gilt $f'(x_0) = 0$.*

Beweis: Wir nehmen an, die Einschränkung $f|U$ auf eine Umgebung U um x_0 besitze in x_0 ein Maximum. Für $x \in U$ mit $x > x_0$ ist dann

$$\frac{f(x) - f(x_0)}{x - x_0} \le 0.$$

Mit $x \downarrow x_0$ folgt daraus $f'(x_0) \le 0$. Analog zeigt man $f'(x_0) \ge 0$. Insgesamt beweist das die Behauptung. □

Die *Kandidaten für Extremalstellen* einer Funktion $f : [a; b] \to \mathbb{R}$ sind also

(i) die Randpunkte a und b;

(ii) die Punkte $x \in (a; b)$, in denen f nicht differenzierbar ist;

(iii) die Punkte $x \in (a; b)$, in denen $f'(x) = 0$ ist.

Keiner dieser Punkte muß eine Extremalstelle sein. Zum Beispiel hat die Funktion $f(x) = x^3$, $x \in [-1; 1]$, im Nullpunkt die Ableitung 0; sie hat dort aber nicht einmal ein lokales Extremum!

9.2 Ableitungsregeln

Algebraische Regeln: *f und g seien in x differenzierbar. Dann sind $f + g$, fg und im Fall $g(x) \neq 0$ auch f/g in x differenzierbar, und es gilt:*

a) $(f + g)'(x) = f'(x) + g'(x)$.

b) $(fg)'(x) = f'(x)g(x) + f(x)g'(x)$ *(Produktregel).*

c) $\left(\dfrac{f}{g}\right)'(x) = \dfrac{f'(x)g(x) - f(x)g'(x)}{g^2(x)}$ *(Quotientenregel).*

Beweis: Man schreibe den Differenzenquotienten für $f + g$ bzw. fg bzw. f/g wie folgt:

a) $\dfrac{f(x + h) - f(x)}{h} + \dfrac{g(x + h) - g(x)}{h}$.

b) $\dfrac{f(x + h) - f(x)}{h} g(x + h) + \dfrac{g(x + h) - g(x)}{h} f(x)$.

c) $\dfrac{1}{g(x + h)g(x)} \left(\dfrac{f(x + h) - f(x)}{h} g(x) - \dfrac{g(x + h) - g(x)}{h} f(x) \right)$.

In c) beachte man, daß es wegen der Stetigkeit von g in x eine Umgebung U um x gibt so, daß auch $g(x + h) \neq 0$ ist für $x + h \in U$. Die behaupteten Regeln folgen mit $h \to 0$ sofort aus den angeschriebenen Darstellungen. $\square$

Beispiele:

1. Ableitungen der rationalen Funktionen. Die Ableitung jeder Konstanten ist 0; die Ableitung der Funktion x^n ($n = 1, 2, \ldots$) ist nx^{n-1}. Damit und durch Anwendung von a), b) und c) folgt, daß eine rationale Funktion in jedem reellen Punkt ihres Definitionsbereiches differenzierbar ist und die Ableitung wieder eine rationale Funktion ist.

2. Ableitungen der trigonometrischen Funktionen:

$$\cos' = -\sin, \quad \sin' = \cos, \quad \tan' = \frac{1}{\cos^2}, \quad \cot' = \frac{-1}{\sin^2}.$$

Beweis: $(\cos x)' = \frac{1}{2}(e^{ix} + e^{-ix})' = \frac{i}{2}(e^{ix} - e^{-ix}) = -\sin x.$ Entsprechend für sin. Weiter ist

$$\tan' = \left(\frac{\sin}{\cos}\right)' = \frac{\cos^2 + \sin^2}{\cos^2} = \frac{1}{\cos^2}.$$

Entsprechend für cot.   □

Kettenregel: *In der Situation* $I \xrightarrow{f} J \xrightarrow{g} \mathbb{C}$ *seien* f *in* x_0 *und* g *in* $y_0 = f(x_0)$ *differenzierbar. Dann ist auch* $g \circ f$ *in* x_0 *differenzierbar, und es gilt*

$$\boxed{(g \circ f)'(x_0) = g'\big(f(x_0)\big) \cdot f'(x_0).}$$

Beweis: Nach der zweiten Formulierung der Differenzierbarkeit gibt es Funktionen φ und γ, die in x_0 bzw. $y_0 = f(x_0)$ stetig sind, mit

$$f(x) - f(x_0) = (x - x_0) \cdot \varphi(x),$$
$$g(y) - g(y_0) = (y - y_0) \cdot \gamma(y).$$

Dabei ist $\varphi(x_0) = f'(x_0)$ und $\gamma(y_0) = g'(y_0)$. Somit folgt

$$(g \circ f)(x) - (g \circ f)(x_0) = (x - x_0) \cdot \varphi(x) \cdot (\gamma \circ f)(x).$$

Die Funktion $(\gamma \circ f) \cdot \varphi$ ist stetig in x_0, und es gilt $(\gamma \circ f)(x_0) \cdot \varphi(x_0) = g'\big(f(x_0)\big) \cdot f'(x_0)$. Die zweite Formulierung der Differenzierbarkeit ergibt nun die Behauptung.   □

Beispiele:

1. $(x^a)' = ax^{a-1} \qquad (a \in \mathbb{R}, x > 0).$

Beweis: $(x^a)' = (e^{a \ln x})' = e^{a \ln x} \cdot a\frac{1}{x} = ax^{a-1}.$ □

2. Sei $f : I \to \mathbb{R}$ differenzierbar und positiv. Dann ist auch f^a, $a \in \mathbb{R}$, differenzierbar, und es gilt

$$(f^a)' = af^{a-1} \cdot f'.$$

Beweis: Kettenregel in Verbindung mit Beispiel 1.   □

3. $\left(e^{f(x)}\right)' = e^{f(x)} \cdot f'(x).$

Differentiation der Umkehrfunktion: *Sei g die Umkehrfunktion einer streng monotonen Funktion $f : I \to \mathbb{R}$. Ist f in $y_0 \in I$ differenzierbar mit $f'(y_0) \neq 0$, so ist g in $x_0 = f(y_0)$ differenzierbar mit*

(5)
$$g'(x_0) = \frac{1}{f'(y_0)} = \frac{1}{f'(g(x_0))}.$$

Beweis: Es gibt eine in y_0 stetige Funktion $\varphi : I \to \mathbb{R}$ mit

$$f(y) - f(y_0) = \varphi(y) \cdot (y - y_0)$$

und $\varphi(y_0) = f'(y_0)$. Wegen der strengen Monotonie von f und wegen $f'(y_0) \neq 0$ ist $\varphi(y) \neq 0$ für alle $y \in I$. Mit $x = f(y)$, $y = g(x)$ folgt

$$g(x) - g(x_0) = \frac{1}{\varphi(g(x))} \cdot (x - x_0).$$

Die Funktion $1/(\varphi \circ g)$ ist in x_0 stetig. Nach der zweiten Formulierung der Differenzierbarkeit ist g in x_0 differenzierbar und hat dort die Ableitung $1/\varphi(y_0) = 1/f'(y_0)$. $\qquad\square$

Bemerkung: Die Formel (5) kann man auch aus der Identität $f(g(x)) = x$ durch Differenzieren herleiten. Mit der Kettenregel erhält man nämlich $f'(g(x)) \cdot g'(x) = 1$. Diese Rechnung ersetzt aber keineswegs den Beweis der Differenzierbarkeit von g, sie hat diese vielmehr zur Vorbedingung.

Beispiel: Differentiation des arctan. Aus $\tan(\arctan x) = x$ folgt zunächst $\tan'(\arctan x) \cdot \arctan' x = 1$. Mit $\tan' x = 1/\cos^2 x = 1 + \tan^2 x$ ergibt sich daraus

$$\arctan' x = \frac{1}{1 + x^2}.$$

Die logarithmische Ableitung. Es sei $f : I \to \mathbb{C}$ eine nullstellenfreie, in x_0 differenzierbare Funktion. Dann heißt der Quotient

$$L(f)(x_0) := \frac{f'(x_0)}{f(x_0)}$$

logarithmische Ableitung von f in x_0. Ist f reell und positiv, so ist $L(f)(x_0)$ nach der Kettenregel die Ableitung von $\ln f$ in x_0:

(6)
$$L(f)(x_0) = (\ln f)'(x_0).$$

Gibt es eine in x_0 stetige Funktion $g : I \to \mathbb{C}$ mit $e^g = f$, so ist diese sogar differenzierbar in x_0 und hat dort die Ableitung

(6')
$$L(f)(x_0) = g'(x_0).$$

Beweis: Man betrachte $g_0(x) := g(x) - g(x_0)$. Wegen $e^{g_0(x_0)} = 1$ und der Stetigkeit von g_0 liegt $e^{g_0(x)}$ in der rechten Halbebene für alle x in einem hinreichend kleinen Intervall $J \subset I$. Mit dem Hauptzweig des Logarithmus folgt $g_0(x) = \ln\left(f(x)/f_0(x)\right)$ für $x \in J$ und mit 8.13 Aufgabe 11 weiter

$$g_0 = \frac{1}{2}\ln(u^2 + v^2) + i\arctan\frac{u}{v}, \qquad u + iv = F = \frac{f}{f(x_0)}.$$

Nach den Ableitungsregeln ist g_0 in x_0 differenzierbar und hat die Ableitung

$$g' = g_0' = \frac{uu' + vv'}{u^2 + v^2} + i\frac{(u'v - uv')/v^2}{1 + (u/v)^2} = \frac{F'\overline{F}}{F\overline{F}} = \frac{f'}{f}. \qquad \square$$

Mit der Produktregel und mit (6) erhält man sofort die Rechenregeln:

(i) *Für $f, g : I \to \mathbb{C}$ ist $L(fg) = L(f) + L(g)$.*

(ii) *Für $f : I \to \mathbb{R}_+$ und jedes $\alpha \in \mathbb{R}$ ist $L(f^\alpha) = \alpha L(f)$.*

Die Regel für die logarithmische Ableitung eines Produktes ist einfacher als die Produktregel für die Ableitung. Für die Praxis des Differenzierens „multiplikativ aufgebauter" Funktionen F empfiehlt es sich daher, die logarithmische Ableitung und die Identität $F' = \dfrac{F'}{F} \cdot F$ zu verwenden.

Bemerkung: In der Fehlerrechnung schätzt man eine Abweichung $\triangle f = f(x + \triangle x) - f(x)$ oft durch den Wert $f'(x)\triangle x$ des Differentials ab, und die relative Abweichung dementsprechend durch $\dfrac{f'(x)}{f(x)}\triangle x$. Der dabei auftretende Quotient f'/f ist gerade die logarithmische Ableitung von f.

9.3   Mittelwertsatz und Schrankensatz

Eine Grundaufgabe der Analysis besteht in der Ermittlung globaler Eigenschaften einer Funktion aus lokalen Eigenschaften ihrer Ableitung. Der hierzu wohl nützlichste Satz ist der

Mittelwertsatz: *Die Funktion $f : [a; b] \to \mathbb{R}$ sei auf dem kompakten Intervall $[a; b]$ stetig und auf dem offenen Intervall $(a; b)$ differenzierbar. Dann gibt es ein $\xi \in (a; b)$ so, daß gilt:*

(7)
$$\boxed{\frac{f(b) - f(a)}{b - a} = f'(\xi).}$$

Ein Spezialfall ist der

Satz von Rolle: *Gilt zusätzlich $f(a) = f(b)$, so gibt es ein $\xi \in (a; b)$ mit $f'(\xi) = 0$.*

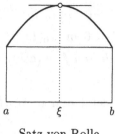 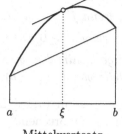

Satz von Rolle   Mittelwertsatz

Beweis: Zunächst für den Satz von Rolle. Ist f konstant, so gilt $f'(\xi) = 0$ für jedes $\xi \in (a; b)$. Andernfalls nimmt f als stetige Funktion auf $[a; b]$ ein Maximum und ein Minimum an, wobei jetzt eines der beiden von $f(a) = f(b)$ verschieden ist. Dieses Extremum wird daher an einer Stelle $\xi \in (a; b)$ angenommen, und dort ist dann $f'(\xi) = 0$.

Der allgemeine Fall reduziert sich auf den Satz von Rolle, wenn man von f eine lineare Funktion mit dem Steigmaß der Sekante über $[a; b]$ subtrahiert: Man wendet den Satz von Rolle auf die Funktion

$$F(x) = f(x) - \frac{f(b) - f(a)}{b - a}(x - a) \quad \text{mit } F(b) = F(a)$$

an und erhält ein $\xi \in (a; b)$ mit $F'(\xi) = 0$, d.h. mit (7). □

Historisches. Der nach Michel Rolle (1652–1719) benannte Satz wurde von diesem nur für Polynome bewiesen und zwar, um deren Wurzeln zu trennen. Der Mittelwertsatz stammt von Joseph Louis Lagrange (1736–1813).

Eine erste Anwendung ist das

Monotoniekriterium: *Ist $f : (a; b) \to \mathbb{R}$ differenzierbar, so gilt:*

$$f' > 0 \text{ in } (a; b) \Longrightarrow f \text{ wächst in } (a; b) \text{ streng monoton;}$$
$$f' < 0 \text{ in } (a; b) \Longrightarrow f \text{ fällt in } (a; b) \text{ streng monoton;}$$
$$f' \geq 0 \text{ in } (a; b) \Longleftrightarrow f \text{ wächst in } (a; b) \text{ monoton;}$$
$$f' \leq 0 \text{ in } (a; b) \Longleftrightarrow f \text{ fällt in } (a; b) \text{ monoton.}$$

Ist f außerdem stetig auf dem Intervall $[a; b)$ oder $(a; b]$, so gelten alle rechts stehenden Aussagen auf $[a; b)$ bzw. $(a; b]$.

Beweis: Die Aussagen „$\Longrightarrow$" können aus $f(x_2) - f(x_1) = (x_2 - x_1) \cdot f'(\xi)$ abgelesen werden, wobei $x_1, x_2 \in (a; b)$ bzw. $[a; b]$ seien und ξ ein geeigneter Punkt zwischen x_1 und x_2. Die Behauptungen „$\Longleftarrow$" folgen aus der Definition des Differentialquotienten als Grenzwert von Differenzenquotienten. □

Eine Folgerung ist das hinreichende

Kriterium für Extrema: *Es sei* $f : (a; b) \to \mathbb{R}$ *differenzierbar und im Punkt* $x_0 \in (a; b)$ *gelte* $f'(x_0) = 0$. *Dann hat* f *in* x_0 *ein*

a) *Minimum, wenn* $f' \le 0$ *in* $(a; x_0)$ *und* $f' \ge 0$ *in* $(x_0; b)$;

b) *Maximum, wenn* $f' \ge 0$ *in* $(a; x_0)$ *und* $f' \le 0$ *in* $(x_0; b)$.

x_0 *ist die einzige Minimal- bzw. Maximalstelle von* f *in* $(a; b)$, *wenn* x_0 *die einzige Nullstelle von* f' *in* $(a; b)$ *ist.*

Beweis für a): f ist in $(a; x_0]$ monoton fallend und in $[x_0; b)$ monoton wachsend. Für b) entsprechend.   □

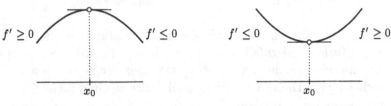

f hat in x_0 ein Maximum   f hat in x_0 ein Minimum

Aus dem Mittelwertsatz erhält man folgendes

Kriterium für Konstanz: *Eine differenzierbare Funktion* $f : I \to \mathbb{C}$ *auf einem Intervall* I *ist genau dann konstant, wenn* $f' = 0$ *gilt. Zwei differenzierbare Funktionen* $f, g : I \to \mathbb{C}$ *mit gleichen Ableitungen* $f' = g'$ *unterscheiden sich nur um eine Konstante:* $f - g = \text{const.}$

Beweis: Es genügt, die Implikation „$f' = 0 \Rightarrow f = \text{const.}$" zu beweisen. Nach Zerlegen in Real- und Imaginärteil hat man diese nur für reelle f zu zeigen. Für diesen Fall ergibt der Mittelwertsatz sofort die Behauptung. □

Eine Anwendung ist folgende wichtige

Charakterisierung der Exponentialfunktion auf $\mathbb{R}$**:** *Diese ist die einzige differenzierbare Funktion* $y : \mathbb{R} \to \mathbb{C}$ *mit* $y' = y$ *und* $y(0) = 1$.

Beweis: Wir betrachten die Funktion $f(x) := y(x)\,e^{-x}$. Diese hat die Ableitung $f'(x) = (y'(x) - y(x))\,e^{-x} = 0$, ist also eine Konstante; und zwar die Konstante $f(0) = 1$.   □

Der Mittelwertsatz gilt nur für reellwertige Funktionen. Zum Beispiel hat die komplexwertige Funktion $f(x) = e^{ix}$ in den Randpunkten des Intervalls $[0; 2\pi]$ gleiche Funktionswerte: $f(0) = f(2\pi) = 1$; ihre Ableitung $f'(x) = ie^{ix}$ aber hat keine Nullstelle. In vielen Fällen benötigt man nur eine aus dem Mittelwertsatz folgende Ungleichung, den sog. Schrankensatz. Es ist nun wichtig, daß dieser auch für komplexwertige Funktionen gilt.

Schrankensatz: *Eine differenzierbare Funktion $f : I \to \mathbb{C}$ auf einem Intervall I mit einer beschränkten Ableitung ist Lipschitz-stetig; genauer: Ist $|f'| \le L$ für ein $L \in \mathbb{R}$, so gilt für beliebige Punkte $x_1, x_2 \in I$*

$$|f(x_1) - f(x_2)| \le L \cdot |x_1 - x_2|.$$

Insbesondere ist eine differenzierbare Funktion auf einem kompakten Intervall dort Lipschitz-stetig, falls ihre Ableitung stetig ist.

Beweis: Wir wählen ein $c \in \mathbb{C}$ mit $|f(x_2) - f(x_1)| = c\big(f(x_2) - f(x_1)\big)$ und $|c| = 1$ und betrachten dann $\varphi := \mathrm{Re}(cf)$. Nach dem Mittelwertsatz gibt es ein $\xi \in (x_1; x_2)$ so, daß $\varphi(x_2) - \varphi(x_1) = (x_2 - x_1)\varphi'(\xi)$. Damit erhalten wir in Verbindung mit $\mathrm{Re}(cf') \le |f'| \le L$

$$|f(x_2) - f(x_1)| = \varphi(x_2) - \varphi(x_1) = (x_2 - x_1)\,\mathrm{Re}\big(cf'(\xi)\big) \le L|x_2 - x_1|. \quad \square$$

9.4 Beispiele und Anwendungen

Beispiel 1: *Die Funktion*

$$\left(1 + \frac{1}{x}\right)^x, \quad x \in \mathbb{R}_+,$$

wächst streng monoton; insbesondere auch die Folge $\left(1 + \frac{1}{n}\right)^n$, $n \in \mathbb{N}$.

Beweis: Es genügt zu zeigen, daß ihr Logarithmus $f(x) := x \ln\left(1 + \frac{1}{x}\right)$ streng monoton wächst. Dazu weisen wir nach, daß seine Ableitung

$$f'(x) = \ln\left(1 + \frac{1}{x}\right) + x \cdot \frac{1}{1 + 1/x} \cdot \frac{-1}{x^2} = \ln\left(1 + \frac{1}{x}\right) - \frac{1}{x+1}$$

für alle $x > 0$ positiv ist. Hierzu wiederum betrachten wir die Funktion

$$\varphi(\xi) := \ln(1 + \xi) - \frac{\xi}{1 + \xi}, \quad \xi \in [0; \infty);$$

mit dieser gilt $f'(x) = \varphi(1/x)$ für alle $x > 0$. Es genügt also, die Positivität von $\varphi(\xi)$ für alle $\xi > 0$ zu zeigen. Diese ergibt sich wegen $\varphi(0) = 0$ daraus, daß φ auf $[0; \infty)$ streng monoton wächst; das aber folgt aus

$$\varphi'(\xi) = \frac{1}{1 + \xi} - \frac{1}{(1 + \xi)^2} = \frac{\xi}{(1 + \xi)^2} > 0 \quad \text{für } \xi > 0. \qquad \square$$

Beispiel 2: Emissionsmaximum eines strahlenden Körpers und Wiensches Verschiebungsgesetz. Nach Max Planck (1858–1947) ist das Emissionsvermögen eines schwarzen Körpers bei konstanter (hoher) Temperatur T in der Wellenlänge λ gegeben durch

$$E(\lambda) = \frac{a}{\lambda^5\left(e^{b/T\lambda} - 1\right)};$$

dabei ist $a = hc^2$ und $b = hc/k$ (c die Lichtgeschwindigkeit, h das Plancksche Wirkungsquantum, k die Boltzmannsche Konstante). Wir untersuchen E auf Extremalstellen; dazu betrachten wir zunächst $H := 1/E$.

$$H'(\lambda) = -\frac{\lambda^4}{a} \cdot \left(\frac{b}{T\lambda}\, e^{b/T\lambda} - 5\left(e^{b/T\lambda} - 1\right)\right).$$

$H'(\lambda) = 0$ ist gleichwertig zum Verschwinden des Ausdrucks in der eckigen Klammer; mit $x := b/T\lambda$ lautet diese Bedingung

$$f(x) := xe^x - 5\left(e^x - 1\right) = 0.$$

Die Funktion f hat die Ableitung $f'(x) = (x-4)\,e^x$. Dieser entnimmt man, daß f in $[0;4]$ streng monoton von $f(0) = 0$ auf $f(4) = 5 - e^4$ abfällt und in $[4;\infty)$ streng monoton wächst. Wegen $f(4) < 0$ und $f(5) = 5$ besitzt f somit genau eine Nullstelle $x_0 \in (0;\infty)$, und zwar zwischen 4 und 5. (In 14.4 zeigen wir, daß x_0 näherungsweise den Wert 4.965 hat.)

Der Nullstelle x_0 von f entspricht als Nullstelle von H' die Wellenlänge

$$\lambda_m := \frac{b}{Tx_0}.$$

Ferner zeigt die Vorzeichenverteilung von f:

In $(0;\lambda_m)$ ist $H' < 0$, H also streng monoton fallend;

in $(\lambda_m;\infty)$ ist $H' > 0$, H also streng monoton wachsend.

λ_m ist also die einzige Minimalstelle von H. Für E besagt das:

Ergebnis: *E besitzt in $(0;\infty)$ genau eine Maximalstelle λ_m. Diese erhält man mit Hilfe der universellen Konstanten $C := b/x_0$ aus der Beziehung*

$$\lambda_m \cdot T = C \qquad (\textit{Wiensches Verschiebungsgesetz}).$$

Beispiel 3: Fermatsches Prinzip und Brechungsgesetz. In zwei homogenen Medien M_1 und M_2 seien die Ausbreitungsgeschwindigkeiten (zum Beispiel für Licht) $v_1 > 0$ bzw. $v_2 > 0$. Gesucht wird der schnellste Weg von einem Punkt $A_1 = (0, h_1)$ des ersten Mediums zu einem Punkt $A_2 = (a, h_2)$ des zweiten, wobei angenommen wird, daß der schnellste Weg zwischen zwei Punkten innerhalb eines Mediums geradlinig verläuft. Die Zeit für den Weg von A_1 über $P = (x, 0)$ nach A_2 beträgt dann

$$t(x) = \frac{\sqrt{x^2 + h_1^2}}{v_1} + \frac{\sqrt{(x - a)^2 + h_2^2}}{v_2}, \quad x \in \mathbb{R}.$$

Zur Ermittlung eines Minimums von $t(x)$ suchen wir eine Nullstelle der Ableitung (t ist differenzierbar, da wir $h_1, h_2 \neq 0$ voraussetzen); es ist

$$t'(x) = \frac{x}{v_1\sqrt{x^2 + h_1^2}} + \frac{x - a}{v_2\sqrt{(x - a)^2 + h_2^2}}.$$

Wegen $t'(0) > 0$ und $t'(a) < 0$ (wir setzen $a < 0$ voraus, siehe Abbildung), besitzt t' mindestens eine Nullstelle $x_0 \in (a, 0)$. Ferner wächst die Funktion t' streng monoton, da ihre Ableitung positiv ist:

$$t''(x) = \frac{h_1^2}{v_1\left(\sqrt{x^2 + h_1^2}\right)^3} + \frac{h_2^2}{v_2\left(\sqrt{(x - a)^2 + h_2^2}\right)^3} > 0.$$

x_0 ist also die einzige Nullstelle von t' und wegen $t'(x) \lessgtr 0$ für $x \lessgtr x_0$ die einzige Minimalstelle von t.

Statt einer Berechnung von x_0 ist hier eine andere Charakterisierung von Bedeutung: Die Bedingung $t'(x_0) = 0$ ist gleichwertig mit

$$\frac{-x_0}{\sqrt{x_0^2 + h_1^2}} : \frac{x_0 - a}{\sqrt{(x_0 - a)^2 + h_2^2}} = \frac{v_1}{v_2},$$

bei Verwendung von Einfallswinkel φ_1 und Brechungswinkel φ_2 also mit

(8) $\qquad \dfrac{\sin \varphi_1}{\sin \varphi_2} = \dfrac{v_1}{v_2} \quad$ (*Snelliussches Brechungsgesetz*).

Ergebnis: *P ist so zu wählen, daß (8) gilt.*

Brechung eines Lichtstrahls an der Grenze zweier Medien M_1 und M_2 mit den Ausbreitungsgeschwindigkeiten v_1 und v_2.

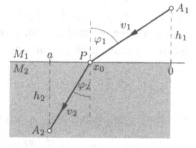

Verallgemeinerter Mittelwertsatz: $f, g : [a; b] \to \mathbb{R}$ *seien stetig und im offenen Intervall* $(a; b)$ *differenzierbar. Ferner sei* $g'(x) \neq 0$ *für alle* $x \in (a; b)$. *Dann ist* $g(b) \neq g(a)$, *und es gibt ein* $\xi \in (a; b)$ *mit*

(9) $\qquad \boxed{\dfrac{f(b) - f(a)}{g(b) - g(a)} = \dfrac{f'(\xi)}{g'(\xi)}.}$

Man beachte, daß (9) nicht einfach durch Quotientenbildung aus (7) folgt; dadurch erhält man nämlich $\dfrac{f(b) - f(a)}{g(b) - g(a)} = \dfrac{f'(\xi_1)}{g'(\xi_2)}$, wobei möglicherweise $\xi_1 \neq \xi_2$ ist.

Beweis: Es ist $g(b) \neq g(a)$, sonst gäbe es ein $\xi \in (a;b)$ mit $g'(\xi) = 0$. Wir setzen in Analogie zur Funktion F im Beweis des Mittelwertsatzes

$$F(x) = f(x) - \frac{f(b) - f(a)}{g(b) - g(a)} \left(g(x) - g(a) \right).$$

Dann ist $F(b) = F(a)$. Nach dem Satz von Rolle gibt es daher ein ξ mit $F'(\xi) = 0$. Mit diesem ξ gilt (9). $\square$

Eine Anwendung ist die

L'Hospitalsche Regel: *$f, g : (a;b) \to \mathbb{R}$ seien differenzierbar, und es sei $g'(x) \neq 0$ für alle $x \in (a;b)$. In jeder der beiden folgenden Situationen*

a) *$f(x) \to 0$ und $g(x) \to 0$ für $x \downarrow a$,*

b) *$f(x) \to \infty$ und $g(x) \to \infty$ für $x \downarrow a$*

gilt:

Existiert $\lim\limits_{x \downarrow a} \dfrac{f'(x)}{g'(x)}$, so existiert auch $\lim\limits_{x \downarrow a} \dfrac{f(x)}{g(x)}$, und es ist

$$\boxed{\lim_{x \downarrow a} \frac{f(x)}{g(x)} = \lim_{x \downarrow a} \frac{f'(x)}{g'(x)}.}$$

Entsprechend für $x \uparrow b$, $x \to \infty$ und $x \to -\infty$.

Beweis für a): f und g fassen wir als Funktionen auf, die in a stetig sind und dort den Wert 0 haben: $f(a) = g(a) = 0$. Nach dem verallgemeinerten Mittelwertsatz gibt es dann zu jedem $x \in (a;b)$ ein $\xi \in (a;x)$ so, daß

$$\frac{f(x)}{g(x)} = \frac{f'(\xi)}{g'(\xi)}$$

ist. $x \to a$ impliziert $\xi \to a$, und damit ergibt sich die Behauptung.

Beweis für b): Sei $\lim\limits_{x \downarrow a} \dfrac{f'(x)}{g'(x)} =: A$. Zu $\varepsilon > 0$ wähle man ein $\delta > 0$ so, daß

$$\left| \frac{f'(t)}{g'(t)} - A \right| < \varepsilon$$

für alle $t \in (a; a + \delta)$. Nach dem verallgemeinerten Mittelwertsatz gilt dann für beliebige Punkte $x, y \in (a, a + \delta)$ mit $x \neq y$:

$$\left| \frac{f(x) - f(y)}{g(x) - g(y)} - A \right| < \varepsilon.$$

Nun ist

$$\frac{f(x)}{g(x)} = \frac{f(x) - f(y)}{g(x) - g(y)} \cdot \frac{1 - g(y)/g(x)}{1 - f(y)/f(x)}.$$

Hierin geht der rechte Faktor beim Grenzübergang $x \downarrow a$ gegen 1; insbesondere gibt es ein $\delta^* > 0$ derart, daß für alle $x \in (a, a + \delta^*)$ gilt:

$$\left| \frac{f(x)}{g(x)} - \frac{f(x) - f(y)}{g(x) - g(y)} \right| < \varepsilon.$$

Für x mit $a < x < a + \min \{\delta, \delta^*\}$ ergibt sich damit

$$\left| \frac{f(x)}{g(x)} - A \right| < 2\varepsilon.$$

Das beweist die Behauptung im Fall b).

Der Grenzprozeß $x \to \infty$ kann auf den bewiesenen Grenzprozeß $y \downarrow 0$ durch die Substitution $x = 1/y$ zurückgeführt werden. $\quad\square$

Beispiele:

1. $\lim\limits_{x \downarrow 0} x \ln x = \lim\limits_{x \downarrow 0} \dfrac{\ln x}{1/x} = \lim\limits_{x \downarrow 0} \dfrac{1/x}{-1/x^2} = 0.$

2. $\lim\limits_{x \downarrow 0} \left(\dfrac{1}{\sin x} - \dfrac{1}{x} \right) = \lim\limits_{x \downarrow 0} \dfrac{x - \sin x}{x \cdot \sin x} = 0.$

Denn $\dfrac{(x - \sin x)'}{(x \cdot \sin x)'} = \dfrac{1 - \cos x}{x \cos x + \sin x} \to 0$ für $x \downarrow 0$, wobei sich der letzte Grenzwert durch eine nochmalige Anwendung der L'Hospitalschen Regel ergibt:

$$\frac{(1 - \cos x)'}{(x \cos x + \sin x)'} = \frac{\sin x}{2 \cos x - x \sin x} \to 0 \quad \text{für } x \downarrow 0.$$

Beispiel 2 zeigt, daß zuweilen erst eine mehrmalige Anwendung der L'Hospitalschen Regel zum Ziel führt. Sind Zähler und Nenner in Potenzreihen entwickelbar, ist die Limesbildung damit oft einfacher und instruktiver. Wir zeigen das am Beispiel 2: Es ist $\sin x = x - x^3 P(x)$ mit $P(x) = \dfrac{1}{3!} - \dfrac{x^2}{5!} + \dfrac{x^4}{7!} - \ldots$; für $x \neq 0$ gilt also

$$(*) \qquad \frac{x - \sin x}{x \cdot \sin x} = \frac{x P(x)}{1 - x^2 P(x)}.$$

Die Funktion auf der rechten Seite ist auch für $x = 0$ definiert und stetig und hat dort den Wert 0. Daraus folgt erneut, daß für $x \to 0$ ein Grenzwert existiert und 0 ist. Darüberhinaus aber gewinnt man aus der Darstellung $(*)$ wegen $P(0) = 1/6$ die aussagekräftigere Asymptotik

$$\left(\frac{1}{\sin x} - \frac{1}{x} \right) \simeq \frac{x}{6} \quad \text{für } x \to 0.$$

9.5   Reihen differenzierbarer Funktionen

In 7.3 wurde gezeigt, daß eine normal konvergente Reihe stetiger Funktionen eine stetige Funktion definiert. Hinsichtlich der Differenzierbarkeit haben wir zunächst die negative Feststellung: Eine normal konvergente Reihe differenzierbarer Funktionen stellt nicht notwendig eine differenzierbare Funktion dar. Ein Beispiel liefert die Darstellung·der Betragsfunktion $|\ |$ durch die normal konvergente Reihe $|\ | = f_1 + \sum_{n=2}^{\infty} (f_n - f_{n-1})$ mit

$f_n(x) := \sqrt{x^2 + \dfrac{1}{n}}$. Die normale Konvergenz
der Reihe ergibt sich aus der Abschätzung

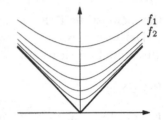

$$\|f_n - f_{n-1}\| = f_{n-1}(0) - f_n(0) < n^{-3/2}.$$

Das wichtigste positive Kriterium liefert der

Satz: *Es seien $f_n : I \to \mathbb{C}$ differenzierbare Funktionen wie folgt:*

1. $\sum_{n=1}^{\infty} f_n$ *konvergiert punktweise auf I,*

2. $\sum_{n=1}^{\infty} f'_n$ *konvergiert normal auf I.*

Dann ist die Funktion $f := \sum_{n=1}^{\infty} f_n$ auf I differenzierbar und ihre Ableitung erhält man durch gliedweises Differenzieren:

$$f' = \sum_{n=1}^{\infty} f'_n.$$

Dieser Satz ist enthalten in dem folgenden Satz, in welchem obige Voraussetzung 2. abgeschwächt wird zu den Voraussetzungen 2. und 3.. Nach dem Schrankensatz impliziert obige Voraussetzung 2. die Voraussetzung 3. unten.

Satz (∗): *Seien $f_n : I \to \mathbb{C}$ in x_0 differenzierbare Funktionen wie folgt:*

1. $\sum_{n=1}^{\infty} f_n$ *konvergiert punktweise auf I,*

2. $\sum_{n=1}^{\infty} f'_n(x_0)$ *konvergiert,*

3. *jedes f_n ist Lipschitz-stetig mit einer Konstanten L_n so, daß $\sum_{n=1}^{\infty} L_n$ konvergiert.*

Dann ist die Funktion $f := \sum_{n=1}^{\infty} f_n$ im Punkt x_0 differenzierbar mit

$$f'(x_0) = \sum_{n=1}^{\infty} f'_n(x_0).$$

Beweis: Zu $\varepsilon > 0$ wählen wir ein N so, daß zugleich

$$\sum_{n=N+1}^{\infty} L_n < \frac{1}{3}\varepsilon \quad \text{und} \quad \left| \sum_{n=N+1}^{\infty} f_n'(x_0) \right| < \frac{1}{3}\varepsilon$$

gilt. Für beliebiges $x \in I \setminus \{x_0\}$ folgt dann

$$\left| \frac{f(x) - f(x_0)}{x - x_0} - \sum_{n=1}^{\infty} f_n'(x_0) \right| \leq \sum_{n=1}^{N} \left| \frac{f_n(x) - f_n(x_0)}{x - x_0} - f_n'(x_0) \right|$$

$$+ \sum_{n=N+1}^{\infty} L_n + \left| \sum_{n=N+1}^{\infty} f_n'(x_0) \right|.$$

Ferner gibt es wegen der Differenzierbarkeit aller f_n in x_0 um x_0 eine Umgebung U so, daß für alle $x \in U \setminus \{x_0\}$ auch die erste Summe rechts $< \varepsilon/3$ wird. Für diese x wird dann die gesamte rechte Seite $< \varepsilon$. $\square$

Folgerung (Differentiation einer Potenzreihe): *Die Funktion f besitze im Intervall $(-R; R)$ eine Darstellung $f(x) = \sum_{n=0}^{\infty} a_n x^n$ durch eine Potenzreihe mit Konvergenzradius $R > 0$. Dann ist f differenzierbar, und es gilt*

$$f'(x) = \sum_{n=1}^{\infty} n a_n x^{n-1}.$$

Beweis: Die abgeleitete Potenzreihe hat ebenfalls den Konvergenzradius R: Wegen $\sqrt[n]{n} \to 1$ gilt nämlich $\limsup \sqrt[n]{n|a_n|} = \limsup \sqrt[n]{|a_n|} = R$. Die abgeleitete Reihe konvergiert somit nach Beispiel 1 in 7.3 normal in jedem Intervall $(-r; r)$ mit $r < R$. Dort gilt also die Behauptung; und da jeder Punkt $x_0 \in (-R; R)$ in einem solchen Intervall $(-r; r)$ liegt, gilt die Behauptung an jeder Stelle des Intervalls $(-R; R)$. $\square$

Anwendung: Wir leiten nochmals die bereits in 8.10 (25') aufgestellte Arcustangens-Entwicklung her. Dazu betrachten wir die Ableitung des Arcustangens; diese hat in $(-1; 1)$ die Potenzreihenentwicklung

$$\arctan' x = \frac{1}{1 + x^2} = \sum_{n=0}^{\infty} (-1)^n x^{2n}.$$

Diese Reihe ist zugleich die Ableitung von $\sum_{n=0}^{\infty} \frac{(-1)^n}{2n+1} x^{2n+1}$. Somit gilt mit einer Konstanten c

$$\arctan x = \sum_{n=0}^{\infty} \frac{(-1)^n}{2n+1} x^{2n+1} + c.$$

Für $x = 0$ ergibt sich $c = 0$ und damit die Arcustangens-Entwicklung.

Wir bringen noch zwei Beispiele zu den Sätzen.

Beispiel 1: Für jedes $s > 2$ definiert $f(x) := \sum\limits_{n=1}^{\infty} \dfrac{e^{inx}}{n^s}$ eine differenzierbare Funktion $f : \mathbb{R} \to \mathbb{R}$.

Beweis: Es sei $f_n(x) := e^{inx}/n^s$. Die Funktion f_n hat bezüglich $\mathbb{R}$ die Norm $\|f_n\| = 1/n^s$, ihre Ableitung die Norm $\|f_n'\| = 1/n^{s-1}$. Für $s > 2$ sind daher die Voraussetzungen des ersten Satzes erfüllt. $\square$

Beispiel 2: *Die Zetafunktion* $\zeta(s) = \sum\limits_{n=1}^{\infty} \dfrac{1}{n^s}$ *ist in* $(1; \infty)$ *differenzierbar, und es gilt*

$$\zeta'(s) = - \sum_{n=2}^{\infty} \frac{\ln n}{n^s}.$$

Beweis: Es genügt zu zeigen, daß die Reihe der Ableitungen auf jedem Intervall $I = (s_0; \infty)$ mit $s_0 > 1$ normal konvergiert. Jeder Summand hat bezüglich I die Norm $\ln n/n^{s_0}$. Wir wählen eine Zahl σ mit $1 < \sigma < s_0$. Wegen des schwachen Wachstums des Logarithmus gibt es eine Konstante C so, daß $\ln n/n^{s_0} \leq C/n^{\sigma}$ gilt für alle n. Daraus folgt die normale Konvergenz der abgeleiteten Reihe auf I. $\square$

9.6 Ableitungen höherer Ordnung

Sei f im Intervall I differenzierbar. Ist dann die Funktion $f' : I \to \mathbb{C}$ in $x_0 \in I$ differenzierbar, so heißt die Ableitung von f' in x_0 die *zweite Ableitung* von f in x_0. Man bezeichnet diese mit $f''(x_0)$ oder $\mathrm{D}^2 f(x_0)$ oder $\dfrac{d^2 f}{dx^2}(x_0)$. Allgemein definiert man rekursiv die *n-te Ableitung* $f^{(n)}$ von f als Ableitung von $f^{(n-1)}$, falls $f^{(n-1)}$ differenzierbar ist. Für $f^{(n)}$ schreibt man auch $\mathrm{D}^n f$ oder $\dfrac{d^n f}{dx^n}$. Ist f n-mal differenzierbar für jedes $n \in \mathbb{N}$, so heißt f *beliebig oft differenzierbar*.

Bei zahlreichen Begriffsbildungen in Naturwissenschaft und Technik tritt die 2. Ableitung auf. Ein Beispiel liefert die Beschleunigung: Bezeichnet bei einer Bewegung $s(t)$ den Weg als Funktion der Zeit, so stellt die erste Ableitung $\dot{s}(t)$ die Geschwindigkeit dar, die zweite Ableitung $\ddot{s}(t)$ die Beschleunigung.

Definition: Eine Funktion $f : I \to \mathbb{C}$ heißt *n-mal stetig differenzierbar*, wenn sie n-mal differenzierbar ist und die n-te Ableitung $f^{(n)}$ noch stetig ist.

Man verwendet folgende Bezeichnungen:

$\mathscr{C}^0(I) :=$ Vektorraum der stetigen Funktionen auf I,

$\mathscr{C}^n(I) :=$ Vektorraum der n-mal stetig differenzierbaren Funktionen auf I,

$\mathscr{C}^\infty(I) :=$ Vektorraum der beliebig oft differenzierbaren Funktionen auf I.

Die Eigenschaft „stetig differenzierbar" ist stärker als die Eigenschaft „differenzierbar", wie folgendes Beispiel zeigt:

Beispiel: Die unten dargestellte Funktion $f : \mathbb{R} \to \mathbb{R}$ mit $f(0) = 0$ und

$$f(x) = x^2 \sin \frac{1}{x} \quad \text{für } x \neq 0$$

ist auf ganz $\mathbb{R}$ differenzierbar; die Ableitung ist im Nullpunkt unstetig. In $\mathbb{R} \setminus \{0\}$ folgt die Differenzierbarkeit aus den Ableitungsregeln, und es gilt

$$f'(x) = 2x \sin \frac{1}{x} - \cos \frac{1}{x} \quad \text{für } x \neq 0;$$

im Nullpunkt ergibt sie sich anhand des Differenzenquotienten:

$$\frac{f(h) - f(0)}{h - 0} = h \sin \frac{1}{h} \to 0 = f'(0).$$

Offensichtlich besitzt f' für $x \to 0$ keinen Grenzwert. $\qquad\square$

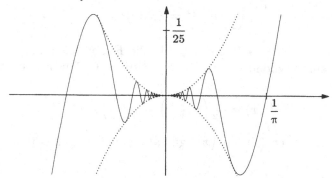

Die Funktion $x^2 \sin \dfrac{1}{x}$ 5-fach überhöht

Eine wichtige Klasse beliebig oft differenzierbarer Funktionen bilden die Potenzreihen. Hat $\sum_{n=0}^{\infty} a_n x^n =: f(x)$ den Konvergenzradius $R > 0$, so ist f auf $(-R; R)$ beliebig oft differenzierbar, und dort gilt

$$f^{(k)}(x) = \sum_{n=k}^{\infty} n(n-1) \cdots (n-k+1) a_n x^{n-k}.$$

Hieraus folgt die wichtige Beziehung:

(10) $$\boxed{f^{(k)}(0) = k!\, a_k, \quad k \in \mathbb{N}_0.}$$

Die Klasse der $\mathscr{C}^\infty$-Funktionen ist umfangreicher als die Klasse der Funktionen, die durch Potenzreihen dargestellt werden können. Wir zeigen das an folgendem Beispiel.

Beispiel: Es sei

(11) $f(x) := \begin{cases} e^{-1/x} & \text{für } x > 0, \\ 0 & \text{für } x \le 0. \end{cases}$

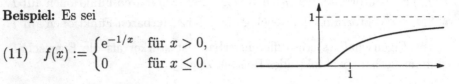

f gehört zu $\mathscr{C}^\infty(\mathbb{R})$, und für alle $n \in \mathbb{N}_0$ gilt $f^{(n)}(0) = 0$. Insbesondere besitzt f keine Darstellung $f(x) = \sum_{n=0}^\infty a_n x^n$, da nach (10) alle a_n Null sein müßten.

Zum Nachweis von $f^{(n)}(0) = 0$ zeigen wir: Es gibt Polynome p_n mit

(11^n) $f^{(n)}(x) = \begin{cases} p_n(1/x) e^{-1/x} & \text{für } x > 0, \\ 0 & \text{für } x \le 0. \end{cases}$

Das gilt zunächst für $n = 0$ mit $p_0 := 1$. Der Schluß von n auf $n + 1$: Für jedes $x < 0$ ist $f^{(n)}$ trivialerweise differenzierbar mit $f^{(n+1)}(x) = 0$. Im Punkt 0 hat $f^{(n)}$ den Differenzenquotienten Null oder

$$\frac{f^{(n)}(x)}{x} = \frac{1}{x} p_n\left(\frac{1}{x}\right) e^{-1/x} = \xi p_n(\xi) e^{-\xi} \qquad \left(\xi := \frac{1}{x}\right).$$

Letzterer geht mit $x \to 0$ gegen 0, da die Exponentialfunktion stärker wächst als ein Polynom; es ist also $f^{(n+1)}(0) = 0$. Für $x > 0$ schließlich erhält man

$$f^{(n+1)}(x) = \frac{1}{x^2}\left(p_n\left(\frac{1}{x}\right) - p_n'\left(\frac{1}{x}\right)\right) \cdot e^{-1/x}.$$

Mit $p_{n+1}(x) := x^2\big(p_n(x) - p_n'(x)\big)$ gilt also (11^{n+1}) für $x > 0$.   □

Mit Hilfe der in (11) erklärten Funktion f kann man weitere $\mathscr{C}^\infty$-Funktionen mit interessanten Eigenschaften konstruieren. Zum Beispiel hat die Funktion $F : \mathbb{R} \to \mathbb{R}$,

(12) $F(x) := e^e f\big(f(1) - f(1 - x)\big),$

die Eigenschaften:

 (i) $F(x) = 0$ für $x \le 0$,

 (ii) $F(x) = 1$ für $x \ge 1$,

(iii) F wächst streng monoton in $[0; 1]$.

Für Weiterentwicklungen siehe die Aufgabe 23 in 9.12.

9.7 Konvexität

Wir führen den in vieler Hinsicht wichtigen Begriff der Konvexität ein und beleuchten dabei auch die Rolle der zweiten Ableitung. Die ersten systematischen Untersuchungen der konvexen Funktionen stammen von dem dänischen Ingenieur und Mathematiker J. L. Jensen (1859–1925).

Eine reelle Funktion f heißt *konvex* auf einem Intervall I, wenn die Sekante durch je zwei Punkte P_1, P_2 des Graphen oberhalb des Graphen liegt. Da die Sekante durch P_1 und P_2 durch die lineare Funktion

$$L(x) = \frac{x_2 - x}{x_2 - x_1} f(x_1) + \frac{x - x_1}{x_2 - x_1} f(x_2)$$

dargestellt wird, hat man folgende analytische Formulierung:

Definition: Sei I ein Intervall. $f : I \to \mathbb{R}$ heißt *konvex auf I*, wenn für jedes Tripel $x_1, x, x_2 \in I$ mit $x_1 < x < x_2$ folgende Ungleichung gilt:

(K)
$$f(x) \leq \frac{x_2 - x}{x_2 - x_1} f(x_1) + \frac{x - x_1}{x_2 - x_1} f(x_2).$$

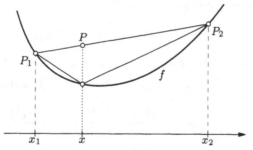

Die Sekante durch P_1 und P_2 liegt oberhalb des Graphen von f

Da die Punkte $x \in (x_1; x_2)$ genau die Punkte $\lambda x_1 + (1 - \lambda)x_2$ mit $\lambda \in (0; 1)$ sind, kann man die Konvexitätsbedingung auch so formulieren:

Für jedes Punktepaar $x_1, x_2 \in I$ mit $x_1 \neq x_2$ und jede Zahl $\lambda \in (0; 1)$ gilt:

(K')
$$f(\lambda x_1 + (1 - \lambda)x_2) \leq \lambda f(x_1) + (1 - \lambda)f(x_2).$$

Gilt in (K) bzw. (K') statt $\leq$ die Relation

$<$, so heißt f *streng konvex*,

$\geq$, so heißt f *konkav*,

$>$, so heißt f *streng konkav*.

Das Beispiel $f(x) = |x|$ zeigt, daß eine konvexe Funktion nicht differenzierbar sein muß. Für differenzierbare Funktionen charakterisieren wir die Konvexität als ein Wachstum der Ableitung. Den Zusammenhang stellt der folgende Hilfssatz her, der die Konvexität durch Differenzenquotienten ausdrückt.

Hilfssatz: *f ist genau dann konvex, wenn für jedes Tripel $x_1, x, x_2 \in I$ mit $x_1 < x < x_2$ folgende Ungleichung gilt:*

$$(13) \qquad \frac{f(x) - f(x_1)}{x - x_1} \leq \frac{f(x_2) - f(x)}{x_2 - x}.$$

Ist f konvex, so gilt für jedes solche Tripel genauer

$$(13') \qquad \frac{f(x) - f(x_1)}{x - x_1} \leq \frac{f(x_2) - f(x_1)}{x_2 - x_1} \leq \frac{f(x_2) - f(x)}{x_2 - x};$$

siehe Abbildung.

Beweis: Wir multiplizieren in (K) mit der positiven Zahl $x_2 - x_1$ und erhalten die äquivalente Ungleichung

$$\big((x_2 - x) + (x - x_1)\big)f(x) \leq (x_2 - x)f(x_1) + (x - x_1)f(x_2).$$

Diese ist weiter äquivalent zu

$$(x_2 - x)\big(f(x) - f(x_1)\big) \leq (x - x_1)\big(f(x_2) - f(x)\big).$$

Division durch die positive Zahl $(x_2 - x)(x - x_1)$ ergibt dann (13).

Wir kommen zum Beweis von (13'): Aus (K) folgt zunächst

$$f(x) - f(x_1) \leq \frac{(x - x_1)\big(f(x_2) - f(x_1)\big)}{x_2 - x_1}$$

und daraus weiter die linke Ungleichung in (13'). Analog zeigt man die rechte.   □

Konvexitätskriterium: *Eine in $[a; b]$ stetige und in $(a; b)$ differenzierbare Funktion f ist genau dann konvex in $[a; b]$, wenn die Ableitung f' in $(a; b)$ monoton wächst.*

Beweis: a) Sei f konvex und seien $x_1, x_2 \in (a; b)$ Punkte mit $x_1 < x_2$. Für jeden Zwischenpunkt $x \in (x_1; x_2)$ gilt dann (13'), woraus mit $x \downarrow x_1$ einerseits und mit $x \uparrow x_2$ andererseits folgt:

$$f'(x_1) \leq \frac{f(x_2) - f(x_1)}{x_2 - x_1} \leq f'(x_2).$$

f' wächst also monoton.

b) Sei umgekehrt f' monoton wachsend. Wir zeigen, daß f das Konvexitätskriterium (13) erfüllt. Sei dazu x_1, x, x_2 ein Tripel in $[a; b]$ mit $x_1 < x < x_2$. Nach dem Mittelwertsatz gibt es Punkte $\xi_1 \in (x_1; x)$ und $\xi_2 \in (x; x_2)$ so, daß

$$\frac{f(x) - f(x_1)}{x - x_1} = f'(\xi_1) \quad \text{und} \quad \frac{f(x_2) - f(x)}{x_2 - x} = f'(\xi_2).$$

Da $\xi_1 < \xi_2$ ist und f' monoton wächst, folgt (13). □

Folgerung 1: *Sei $f : [a; b] \to \mathbb{R}$ stetig und in $(a; b)$ 2-mal differenzierbar. Dann gilt:*

(i) *f ist genau dann konvex, wenn in $(a; b)$ $f'' \geq 0$ ist.*

(ii) *f ist streng konvex, wenn $f'' > 0$ ist.*

Beweis: (i) f' wächst genau dann monoton in $(a; b)$, wenn dort $f'' \geq 0$.
(ii) Andernfalls gibt es ein Tripel x_1, x, x_2 in $[a; b]$ mit $x_1 < x < x_2$, so daß in (13) Gleichheit gilt. Nach dem Mittelwertsatz gibt es dann weiter Punkte $\xi_1 \in (x_1; x)$ und $\xi_2 \in (x; x_2)$ so, daß

$$f'(\xi_1) = \frac{f(x) - f(x_1)}{x - x_1} = \frac{f(x_2) - f(x)}{x_2 - x} = f'(\xi_2).$$

Das aber widerspricht der strengen Monotonie von f'. □

Beispiel: e^x ist streng konvex auf $\mathbb{R}$ und $\ln x$ streng konkav auf $\mathbb{R}_+$.

Wendepunkte. Sei $f : (a; b) \to \mathbb{R}$ stetig. Wir sagen, f habe in x_0 einen *Wendepunkt*, wenn es Intervalle $(\alpha; x_0)$ und $(x_0; \beta)$ gibt so, daß eine der Bedingungen (14) oder (15) erfüllt ist:

(14) f *ist in $(\alpha; x_0)$ konvex und in $(x_0; \beta)$ konkav;*

(15) f *ist in $(\alpha; x_0)$ konkav und in $(x_0; \beta)$ konvex.*

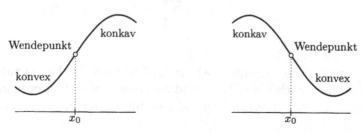

Zum Beispiel hat die Funktion $f : \mathbb{R} \to \mathbb{R}$, $f(x) := \begin{cases} \sqrt{x} & \text{für } x \geq 0, \\ -\sqrt{|x|} & \text{für } x < 0, \end{cases}$

in 0 einen Wendepunkt; f ist in 0 nicht differenzierbar.

Für eine $\mathscr{C}^2$-Funktion f sind die Bedingungen (14) und (15) äquivalent zu (14') bzw. (15'):

(14') $f'' \geq 0$ in $(\alpha; x_0)$ und $f'' \leq 0$ in $(x_0; \beta)$;

(15') $f'' \leq 0$ in $(\alpha; x_0)$ und $f'' \geq 0$ in $(x_0; \beta)$.

Insbesondere ergibt sich als notwendige Bedingung $f''(x_0) = 0$.

9.8 Konvexe Funktionen und Ungleichungen

Wir beweisen in diesem Abschnitt einige fundamentale Ungleichungen. Die Grundlage bildet folgende Verallgemeinerung von (K') aus 9.7.

Ungleichung von Jensen: *Sei $f : I \to \mathbb{R}$ konvex. Sind $\lambda_1, \ldots, \lambda_n$ positive Zahlen mit $\lambda_1 + \ldots + \lambda_n = 1$, so gilt für beliebige $x_1, \ldots, x_n \in I$:*

$$(\mathrm{K}_n) \qquad \boxed{f(\lambda_1 x_1 + \ldots + \lambda_n x_n) \leq \lambda_1 f(x_1) + \ldots + \lambda_n f(x_n).}$$

Ist f streng konvex, so gilt in (K_n) Gleichheit nur, wenn $x_1 = \ldots = x_n$. Für konkaves f gilt (K_n) mit $\geq$.

Beweis durch vollständige Induktion: Für $n = 1$ ist die Aussage trivial. Für den Schluß $n \to n + 1$ setzen wir

$$\lambda_1 + \ldots + \lambda_n =: \lambda \quad \text{und} \quad \frac{\lambda_1}{\lambda} x_1 + \ldots + \frac{\lambda_n}{\lambda} x_n =: x.$$

Offensichtlich ist $x \in I$. Mittels (K_2) und (K_n) folgt nun

$$(*) \qquad \begin{aligned} f\left(\sum_{\nu=1}^{n} \lambda_\nu x_\nu + \lambda_{n+1} x_{n+1}\right) &\leq \lambda f(x) + \lambda_{n+1} f(x_{n+1}) \\ &\leq \lambda \sum_{\nu=1}^{n} \frac{\lambda_\nu}{\lambda} f(x_\nu) + \lambda_{n+1} f(x_{n+1}). \end{aligned}$$

Das ist gerade (K_{n+1}).

Ist f streng konvex, so ergibt $(*)$ für die Gleichheit in (K_{n+1}) aufgrund der Definition zunächst $x = x_{n+1}$ und aufgrund der Induktionsannahme weiter $x_1 = \ldots = x_n$. Hieraus folgt die Gleichheit aller $x_1, \ldots, x_{n+1}$. $\square$

Als Anwendung beweisen wir eine weitreichende Verallgemeinerung der in 2.5 Aufgabe 4 aufgestellten Ungleichung zwischen dem arithmetischen und dem geometrischen Mittel.

Ungleichung zwischen dem gewichteten arithmetischen und dem gewichteten geometrischen Mittel: *Sind $x_1, \ldots, x_n$ beliebige positive Zahlen und $\lambda_1, \ldots, \lambda_n$ positive Zahlen mit $\lambda_1 + \ldots + \lambda_n = 1$, so gilt:*

$$x_1{}^{\lambda_1} \cdots x_n{}^{\lambda_n} \leq \lambda_1 x_1 + \ldots + \lambda_n x_n;$$

insbesondere gilt

$$\sqrt[n]{x_1 \cdots x_n} \leq \frac{x_1 + \ldots + x_n}{n}.$$

Das Gleichheitszeichen steht jeweils nur, wenn $x_1 = \ldots = x_n$.

Die Zahlen $x_1{}^{\lambda_1} \cdots x_n{}^{\lambda_n}$ und $\lambda_1 x_1 + \ldots + \lambda_n x_n$ heißen *mit $\lambda_1, \ldots, \lambda_n$ gewichtetes geometrisches* bzw. *arithmetisches Mittel* der Zahlen $x_1, \ldots, x_n$.

Beweis: Da der natürliche Logarithmus wegen $\ln''(x) < 0$ konkav ist, gilt nach der Ungleichung von Jensen

$$\ln(\lambda_1 x_1 + \ldots + \lambda_n x_n) \geq \lambda_1 \ln x_1 + \ldots + \lambda_n \ln x_n.$$

Anwendung der Exponentialfunktion ergibt die behauptete Ungleichung. Die Aussage zur Gleichheit folgt aus der strengen Konkavität des ln. □

Mit Hilfe der Ungleichung zwischen dem arithmetischen und geometrischen Mittel leiten wir weiter die sogenannte Höldersche Ungleichung her (O. Hölder, 1859–1937). Diese enthält als Spezialfall die wichtige Cauchy-Schwarzsche Ungleichung. Zur Formulierung der Ungleichungen verwenden wir die *p-Norm* eines Vektors $z = (z_1, \ldots, z_n) \in \mathbb{C}^n$. Man definiert

$$(16) \qquad \|z\|_p := \left(\sum_{\nu=1}^{n} |z_\nu|^p \right)^{1/p}, \quad p \geq 1.$$

Höldersche Ungleichung: *Es seien $p, q > 1$ Zahlen mit $\frac{1}{p} + \frac{1}{q} = 1$. Dann gilt für beliebige Vektoren $z, w \in \mathbb{C}^n$:*

$$\sum_{k=1}^{n} |z_k w_k| \leq \|z\|_p \cdot \|w\|_q.$$

Im Fall $p = q = 2$ ist das die sogenannte

Cauchy-Schwarzsche Ungleichung:

$$|\langle z, w \rangle| \leq \|z\| \cdot \|w\|.$$

Hierbei bezeichnen $\langle \, , \, \rangle$ das *Standardskalarprodukt* und $\| \; \|$ die *euklidische Norm* in $\mathbb{C}^n$:

$$\langle z, w \rangle := \sum_{k=1}^{n} z_k \overline{w_k}, \quad \|z\|_2 := \|z\| := \sqrt{\sum_{\nu=1}^{n} |z_\nu|^2}.$$

Beweis: Es genügt, den Fall $z \neq 0$ und $w \neq 0$ zu behandeln. Nach der Ungleichung zwischen dem arithmetischen und geometrischen Mittel gilt

$$\frac{|z_k w_k|}{\|z\|_p \|w\|_q} \leq \frac{1}{p} \frac{|z_k|^p}{\|z\|_p^p} + \frac{1}{q} \frac{|w_k|^q}{\|w\|_q^q}.$$

Durch Summation ergibt sich daraus bereits die behauptete Ungleichung

$$\frac{1}{\|z\|_p \|w\|_q} \sum_k |z_k w_k| \leq \frac{1}{p} + \frac{1}{q} = 1. \qquad \square$$

Bemerkung: Die Cauchy-Schwarzsche Ungleichung folgt auch sofort aus

$$\left(\sum_{k=1}^n |z_k|^2 \right) \cdot \left(\sum_{k=1}^n |w_k|^2 \right) - \left| \sum_{k=1}^n z_k \overline{w_k} \right|^2 = \sum_{k>l}^n |z_k w_l - z_l w_k|^2.$$

Diese Identität impliziert weiter, daß die Gleichheit $|\langle z, w \rangle| = \|z\| \cdot \|w\|$ genau dann eintritt, wenn $z_k w_l = z_l w_k$ für alle k, l gilt, d.h., wenn z und w linear abhängig sind.

Aus der Hölderschen Ungleichung leiten wir schließlich die Dreiecksungleichung der p-Norm ab.

Minkowskische Ungleichung: *Für $p \geq 1$ gilt:*

$$\boxed{\|z + w\|_p \leq \|z\|_p + \|w\|_p} \qquad z, w \in \mathbb{C}^n.$$

Beweis: Für $p = 1$ folgt die Behauptung unmittelbar aus der Dreiecksungleichung für Zahlen. Sei also im folgenden $p > 1$. Mit $s_k := |z_k + w_k|^{p-1}$, $s = (s_1, \ldots, s_n)$ und q derart, daß $1/q + 1/p = 1$ ist, ergibt die Höldersche Ungleichung ausgehend von $|z_k + w_k|^p \leq |z_k||s_k| + |w_k||s_k|$

$$(*) \qquad\qquad \|z + w\|_p^p \leq \|z\|_p \|s\|_q + \|w\|_p \|s\|_q.$$

Nun ist $s_k^q = |z_k + w_k|^p$. Damit folgt

$$\|s\|_q = \left(\sum_{k=1}^n |s_k|^q \right)^{1/q} = \left(\sum_{k=1}^n |z_k + w_k|^p \right)^{1/p \cdot p/q} = \|z + w\|_p^{p-1}.$$

In Verbindung mit $(*)$ beweist das die Behauptung. $\qquad \square$

Minkowski, Hermann (1864–1909). Wirkte zunächst in Zürich und später auf Betreiben Hilberts in Göttingen. In tiefgründigen Arbeiten entwickelt er eine *Geometrie der Zahlen.* Später wendet er sich der Mathematischen Physik zu. Sein Konzept der Raum-Zeit-Union (Minkowski-Welt) fördert entscheidend die spezielle Relativitätstheorie.

9.9 Fast überall differenzierbare Funktionen. Verallgemeinerter Schrankensatz

Zu den besonders wichtigen Konsequenzen des Mittelwertsatzes zählt der Schrankensatz. Sehr bedeutsam ist nun, daß man diesen auch ohne Mittelwertsatz und unter wesentlich schwächeren Voraussetzungen beweisen kann. Der verallgemeinerte Schrankensatz, den wir jetzt aufstellen, wird bei der Diskussion von Stammfunktionen eine maßgebliche Rolle spielen.

Definition: Wir sagen, eine Funktion $f : I \to \mathbb{C}$ auf einem Intervall I sei *fast überall differenzierbar*, wenn es eine höchstens abzählbare Menge $A \subset I$ gibt derart, daß f in jedem Punkt $x \in I \setminus A$ differenzierbar ist.

Beispiele fast überall differenzierbarer Funktionen sind zahlreiche intervallweise definierte Funktionen; ferner die Beträge differenzierbarer Funktionen mit höchstens abzählbar vielen Nullstellen.

In diesem Zusammenhang führen wir generell die Sprechweise „fast überall" ein. Es sei I ein Intervall und E eine Aussage derart, daß für jeden Punkt $x \in I$ erklärt ist, ob für ihn diese Aussage gilt oder nicht. Wir sagen dann, *E gelte fast überall auf I*, wenn die Menge der Punkte, für die E nicht gilt, höchstens abzählbar ist.

Beispiel: Für zwei Funktionen $f, g : I \to \mathbb{C}$ bedeutet die Aussage *fast überall gilt $f = g$* bzw. *$|f| \leq |g|$*: Es gibt eine höchstens abzählbare Menge $A \subset I$ derart, daß $f(x) = g(x)$ bzw. $|f(x)| \leq |g(x)|$ für alle $x \in I \setminus A$ gilt.

Der Begriff „fast überall" wird in Band 2 im Rahmen der Lebesgueschen Integrationstheorie noch wesentlich verallgemeinert.

Verallgemeinerter Schrankensatz: *Es sei $f : I \to \mathbb{C}$ eine stetige und fast überall differenzierbare Funktion auf dem Intervall I. Ferner gebe es eine Konstante L derart, daß fast überall $|f'| \leq L$ gilt. Dann ist f mit der Konstanten L Lipschitz-stetig: Für beliebige $x_1, x_2 \in I$ gilt*

$$\left| f(x_2) - f(x_1) \right| \leq L \cdot |x_2 - x_1|.$$

Beweis: Es sei A eine höchstens abzählbare Teilmenge von I derart, daß in jedem Punkt $x \in I \setminus A$ die Funktion f differenzierbar ist und die Ableitung die Abschätzung $|f'(x)| \leq L$ erfüllt.

Im folgenden sei $x_1 < x_2$. Wir setzen dann mit beliebigem $\varepsilon \geq 0$

$$F_\varepsilon(x) := \left| f(x) - f(x_1) \right| - (L + \varepsilon)(x - x_1)$$

und zeigen: Für jedes $\varepsilon > 0$ ist $F_\varepsilon(x_2) \leq 0$. Daraus folgt dann mit $\varepsilon \downarrow 0$ die Behauptung.

Wir nehmen an, es sei $F_{\varepsilon_0}(x_2) > 0$ für ein $\varepsilon_0 > 0$. Da die Menge $F_{\varepsilon_0}(A)$ höchstens abzählbar ist, gibt es eine Zahl γ mit

$$0 = F_{\varepsilon_0}(x_1) < \gamma < F_{\varepsilon_0}(x_2) \quad \text{und} \quad \gamma \notin F_{\varepsilon_0}(A).$$

Weiter sei c die größte Zahl in $[x_1; x_2]$ mit $F_{\varepsilon_0}(c) = \gamma$; d.h., es sei

$$(*) \qquad F_{\varepsilon_0}(c) = \gamma \quad \text{und} \quad F_{\varepsilon_0}(x) > \gamma \quad \text{für } x \in (c; x_2].$$

(Nach dem Zwischenwertsatz gibt es Zahlen c' in $[x_1; x_2]$ mit $F_{\varepsilon_0}(c') = \gamma$; das Supremum c aller solchen Zahlen c' hat dann die Eigenschaft $(*)$.)

Aus $(*)$ folgt weiter

$$(**) \qquad \varphi(x) := \frac{F_{\varepsilon_0}(x) - F_{\varepsilon_0}(c)}{x - c} > 0 \quad \text{für alle } x \in (c; x_2].$$

Andererseits gilt

$$\varphi(x) = \frac{\big|f(x) - f(x_1)\big| - \big|f(c) - f(x_1)\big| - (L + \varepsilon_0)(x - c)}{x - c}$$

$$\leq \left| \frac{f(x) - f(c)}{x - c} \right| - L - \varepsilon_0.$$

Nun ist $c \notin A$, da $\gamma \notin F_{\varepsilon_0}(A)$. Die Funktion f ist also in c differenzierbar. Wegen $|f'(c)| \leq L$ gibt es daher ein Intervall $(c; d)$ so, daß

$$\left| \frac{f(x) - f(c)}{x - c} \right| < L + \varepsilon_0 \quad \text{für } x \in (c; d).$$

Insbesondere folgt $\varphi(x) < 0$ für $x \in (c; d)$ im Widerspruch zu $(**)$.   □

Folgerung (Eindeutigkeitssatz der Differentialrechnung): *Zwei stetige Funktionen $f, g : I \to \mathbb{C}$ auf einem Intervall I, die fast überall differenzierbar sind und fast überall dieselbe Ableitung haben, unterscheiden sich nur um eine Konstante: $f - g = \text{const}$.*

Zum Beweis wendet man den Schrankensatz auf $f - g$ mit $L = 0$ an.

Für reelle Funktionen hat man noch folgenden Zusatz zum Schrankensatz:

Zusatz: *Es sei $f : I \to \mathbb{R}$ stetig und fast überall differenzierbar auf dem Intervall I. Sind m, M Konstanten so, daß fast überall $m \leq f' \leq M$ gilt, so gilt für alle $x_1, x_2 \in I$ mit $x_1 < x_2$*

$$m \cdot (x_2 - x_1) \leq f(x_2) - f(x_1) \leq M \cdot (x_2 - x_1).$$

Insbesondere ist f monoton wachsend, wenn fast überall $f' \geq 0$ gilt.

Beweis: Zum Nachweis der Abschätzung rechts betrachtet man für $\varepsilon > 0$ die Funktion $F_\varepsilon(x) := f(x) - f(x_1) - (M + \varepsilon)(x - x_1)$ und zeigt im wesentlichen wörtlich wie im vorangehenden Beweis, daß $F_\varepsilon(x_2) \leq 0$ ist, woraus mit $\varepsilon \downarrow 0$ die Behauptung folgt. Zum Nachweis der Abschätzung links wendet man die rechte auf $mx - f$ an. $\qquad\square$

Eine wichtige Folgerung aus dem Zusatz ist der

Differenzierbarkeitssatz: *Es sei $f : I \to \mathbb{C}$ stetig und fast überall differenzierbar. Die (fast überall in I existierende) Ableitung f' besitze in einem Punkt $x_0 \in I$ eine stetige Fortsetzung. Dann ist f in x_0 differenzierbar, und es gilt $f'(x_0) = \lim\limits_{x \to x_0} f'(x)$.*

Beweis: Wir beweisen den Satz für reelle Funktionen; das genügt.

Es sei $a := \lim_{x \to x_0} f'(x)$. Zu jedem $\varepsilon > 0$ gibt es ein $\delta > 0$ so, daß $a - \varepsilon \leq f' \leq a + \varepsilon$ fast überall in $I_\delta(x_0)$ gilt. Mit dem Zusatz folgt dann an allen Punkten $x \in (x_0; x_0 + \delta)$

$$a - \varepsilon \leq \frac{f(x) - f(x_0)}{x - x_0} \leq a + \varepsilon;$$

also gilt

$$\lim_{x \downarrow x_0} \frac{f(x) - f(x_0)}{x - x_0} = a.$$

Ebenso zeigt man $\lim\limits_{x \uparrow x_0} \dfrac{f(x) - f(x_0)}{x - x_0} = a$. Damit ist der Satz bewiesen. $\quad\square$

Eine genaue Lektüre des Beweises des verallgemeinerten Schrankensatzes zeigt, daß nur einseitige Differenzenquotienten verwendet wurden. Entsprechend gilt dieser Satz allgemeiner für einseitig differenzierbare Funktionen.

Definition: Eine Funktion $f : I \to \mathbb{C}$ heißt in $x_0 \in I$ *linksseitig* bzw. *rechtsseitig differenzierbar*, wenn der links- bzw. rechtsseitige Grenzwert

$$\lim_{x \uparrow x_0} \frac{f(x) - f(x_0)}{x - x_0} \quad \text{bzw.} \quad \lim_{x \downarrow x_0} \frac{f(x) - f(x_0)}{x - x_0}$$

existiert. Gegebenenfalls bezeichnet man diesen mit $f'_-(x_0)$ bzw. $f'_+(x_0)$, oft auch mit $D_- f(x_0)$ bzw. $D_+ f(x_0)$.

Die Abbildung nebenan zeigt die in 0 weder links- noch rechtsseitig differenzierbare Funktion $f : \mathbb{R} \to \mathbb{R}$ mit $f(0) := 0$ und

$$f(x) := x \sin \frac{1}{x} \quad \text{für } x \neq 0.$$

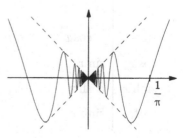

9.10   Der Begriff der Stammfunktion

Oft ist es erwünscht, eine gegebene Funktion f als Ableitung einer Funktion F auffassen zu können. Eine solche Funktion F nennt man Stammfunktion zu f. Allgemeiner treffen wir folgende

Definition: Unter einer *Stammfunktion zu einer Funktion* $f : I \to \mathbb{C}$ auf einem Intervall I verstehen wir eine Funktion $F : I \to \mathbb{C}$ wie folgt:

(i) F ist stetig;

(ii) F ist außerhalb einer höchstens abzählbaren „Ausnahme"-Menge $A \subset I$ differenzierbar, und für alle $x \in I \setminus A$ gilt $F'(x) = f(x)$.

Kurz: F ist stetig und hat fast überall auf I die Ableitung f.

Bemerkung: Ist die Funktion f *stetig* auf I, so ist eine Stammfunktion F auf ganz I differenzierbar, und dann gilt $F'(x) = f(x)$ für alle $x \in I$. Dies folgt unmittelbar aus dem Differenzierbarkeitssatz in 9.9.

In den meisten Lehrbüchern wird für eine Stammfunktion F die Differenzierbarkeit und die Identität $F' = f$ auf *ganz* I verlangt. Aber bereits einfachste Anwendungen, zum Beispiel bei Differentialgleichungen mit unstetigen Steuerungsfunktionen wie sie in Naturwissenschaft und Technik oft auftreten (siehe etwa 10.5), legen den genannten allgemeineren und flexibleren Begriff Stammfunktion nahe.

In Kapitel 11 beweisen wir mittels Integration die grundlegende Tatsache, daß jede stetige Funktion (allgemeiner jede Regelfunktion) eine Stammfunktion besitzt. Dort werden auch Techniken bereitgestellt, mit denen man in manchen Fällen Stammfunktionen explizit errechnen kann. Die bislang aufgetretenen Ableitungen ergeben durch Umkehrung folgende Liste:

f	Stammfunktion	f	Stammfunktion
x^a	$\dfrac{1}{a+1}x^{a+1}\ (a \neq -1)$	$\dfrac{1}{1+x^2}$	$\arctan x$
$\dfrac{1}{x}$	$\ln |x|$	$\dfrac{1}{\sqrt{1-x^2}}$	$\arcsin x$ in $(-1;1)$
e^x	e^x	$\dfrac{1}{\sqrt{1+x^2}}$	$\operatorname{arsinh} x$
$\sin x$	$-\cos x$		
$\cos x$	$\sin x$	$\dfrac{1}{\sqrt{x^2-1}}$	$\operatorname{arcosh} x$ in $(1;\infty)$
$\sinh x$	$\cosh x$		
$\cosh x$	$\sinh x$	$\dfrac{\varphi'}{\varphi}$	$\ln |\varphi|$

Wegen der gliedweisen Differenzierbarkeit einer Potenzreihe gilt ferner:

Eine im Intervall $(-R; R)$ durch eine Potenzreihe dargestellte Funktion $f(x) = \sum\limits_{n=0}^{\infty} a_n x^n$ besitzt die Stammfunktion $F(x) := \sum\limits_{n=0}^{\infty} \dfrac{a_n}{n+1} x^{n+1}$.

Wir bringen schließlich ein Beispiel mit der Ausnahmemenge $\mathbb{Z}$.

Beispiel: Es sei $f : \mathbb{R} \to \mathbb{R}$ definiert durch

$$f(x) := (-1)^{[x]} = \begin{cases} 1, & \text{falls } n \le x < n+1 \text{ mit geradem } n \in \mathbb{Z}, \\ -1 & \text{sonst.} \end{cases}$$

Eine Stammfunktion zu f auf $\mathbb{R}$ ist die Funktion F mit

$$F(x) = \begin{cases} x - n & \text{falls } n \le x \le n+1 \text{ mit geradem } n \in \mathbb{Z}, \\ n+1-x & \text{falls } n \le x \le n+1 \text{ mit ungeradem } n. \end{cases}$$

F ist stetig auf ganz $\mathbb{R}$ und für jedes $x \in \mathbb{R} \setminus \mathbb{Z}$ gilt $F'(x) = f(x)$.

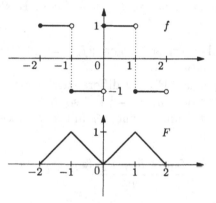

f und die Stammfunktion F

Einfache Feststellungen:

1. *Mit F ist auch $F + $ const. eine Stammfunktion zu f.*

2. *Sind F bzw. G Stammfunktionen zu f bzw. g, so ist $aF + bG$ eine Stammfunktion zu $af + bg$ $(a, b \in \mathbb{C})$.*

Satz: *Sind F_1 und F_2 Stammfunktionen zu $f : I \to \mathbb{C}$, I ein Intervall, so ist $F_1 - F_2$ konstant.*

Der Satz folgt unmittelbar aus dem Eindeutigkeitssatz der Differential-rechnung; siehe 9.9. Im Rahmen des Hauptsatzes der Differential- und Integralrechnung wird ihm eine Schlüsselstellung zukommen.

9.11 Eine auf ganz $\mathbb{R}$ stetige, aber nirgends differenzierbare Funktion

Das erste veröffentlichte Beispiel einer derartigen Funktion stammt von Weierstraß (1861). Einige Jahrzehnte vorher hatte bereits Bolzano eine solche Funktion konstruiert. Das folgende Beispiel wurde 1903 von dem japanischen Mathematiker Takagi angegeben.

Sei f_n die in folgender Figur dargestellte stückweise lineare Funktion auf $\mathbb{R}$ mit der Periode 4^{-n}.

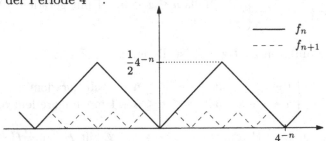

Dann gilt: *Die Funktion $f := \sum\limits_{n=1}^{\infty} f_n$ ist auf ganz $\mathbb{R}$ stetig, aber nirgends differenzierbar.*

Beweis: Die Reihe konvergiert wegen $\|f_n\| = \frac{1}{2}4^{-n}$ normal auf $\mathbb{R}$ und stellt eine stetige Funktion dar.

Wir zeigen, daß f in $x \in \mathbb{R}$ nicht differenzierbar ist. Dazu wählen wir zu jedem n $h_n := +\frac{1}{4}4^{-n}$ oder $h_n := -\frac{1}{4}4^{-n}$ so, daß f_n zwischen den Stellen x und $x + h_n$ linear ist. Dann ist auch f_k mit $k \le n$ zwischen x und $x + h_n$ linear. Für $k \le n$ ist also

$$\frac{f_k(x + h_n) - f_k(x)}{h_n} = \pm 1.$$

Für $k > n$ ist h_n eine Periode der f_k; es gilt also

$$\frac{f_k(x + h_n) - f_k(x)}{h_n} = 0.$$

Die Differenzenquotienten von f zu den h_n sind daher

$$\frac{f(x + h_n) - f(x)}{h_n} = \sum_{k=0}^{n} \frac{f_k(x + h_n) - f_k(x)}{h_n} = \sum_{k=1}^{n} \pm 1.$$

Das sind abwechselnd ungerade oder gerade Zahlen, je nach der Anzahl der Summanden. Insbesondere besitzt die Folge dieser Differenzenquotienten keinen Grenzwert. $\qquad\square$

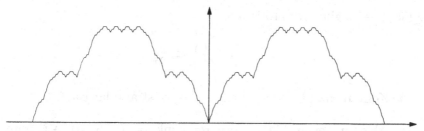

$f_1 + f_2 + f_3 + f_4$ als Approximation der Takagi-Funktion

9.12 Aufgaben

1. Für welche $a \in \mathbb{R}_+$ ist die Funktion $f : \mathbb{R} \to \mathbb{R}$ mit $f(x) := |x|^a \sin \dfrac{1}{x}$ für $x \neq 0$ und $f(0) := 0$ im Nullpunkt differenzierbar? Gegebenenfalls berechne man die Ableitung.

2. Für n-mal differenzierbare Funktionen f, g beweise man die *Leibniz-regel*

$$(fg)^{(n)} = \sum_{k=0}^{n} \binom{n}{k} f^{(k)} g^{(n-k)}, \quad (h^{(0)} := h).$$

Man berechne $\left(x^3 \, e^x\right)^{(1999)}$.

3. Man untersuche die Funktion $f(x) = x^{-a} \, e^x$, $a \in \mathbb{R}$, auf $(0; \infty)$ hinsichtlich Monotonie, Extrema und Konvexität.

4. Man zeige, daß die Funktion $f(x) := e^{3x} \ln x$ auf $(0; \infty)$ genau zwei lokale Extrema besitzt, und bestimme deren Art.

5. Man zeige: Die Funktion f auf $\mathbb{R}$ mit $f(0) := 0$ und

$$f(x) := x\left(1 + 2x \sin \frac{1}{x}\right) \quad \text{für } x \neq 0$$

ist überall differenzierbar; es gilt $f'(0) > 0$, aber jede Umgebung von 0 enthält Intervalle, in denen f streng monoton fällt. Skizze!

6. Seien $f, g : [a; b] \to \mathbb{R}$ stetige, auf $(a; b)$ differenzierbare Funktionen mit $f(a) \geq g(a)$ und $f' \geq g'$ auf $(a; b)$. Dann gilt $f \geq g$ auf $[a; b]$. Ist $f' > g'$ auf $(a; b)$, so gilt auch $f > g$ auf $(a; b)$. Als Anwendung beweise man:

$$1 - \frac{1}{x} < \ln x < x - 1 \quad \text{für } x > 1.$$

7. Die Funktion $\left(1 + \dfrac{1}{x}\right)^{x+a}$ auf $(0; \infty)$ ist für $a \geq 1$ streng monoton fallend und für $a \leq 0$ streng monoton wachsend.

8. Für $x \to \infty$ gilt asymptotisch

$$e - \left(1 + \frac{1}{x}\right)^x \simeq \frac{e}{2x}.$$

Die Konvergenz $\left(1 + \frac{1}{x}\right)^x \to e$ für $x \to \infty$ ist also langsam.

9. Die Ableitung einer differenzierbaren Funktion $f : [0; \infty) \to \mathbb{R}$ unter-
liege der Einschließung $kf \le f' \le Kf$, k und K reelle Konstanten.
Dann gilt

$$f(0)\,e^{kx} \le f(x) \le f(0)\,e^{Kx}, \quad x \ge 0.$$

10. Die Funktion $f : [a; b] \to \mathbb{R}$ sei beliebig oft differenzierbar und habe
in $(a; b)$ mindestens p Nullstellen. Mit einer natürlichen Zahl n setze
man $F(x) := (x - a)^n (x - b)^n \cdot f(x)$. Man zeige: $F^{(k)}$, $k = 0, 1, \ldots, n$,
hat die Gestalt

$$F^{(k)} = (x - a)^{n-k}(x - b)^{n-k} \cdot \varphi_k,$$

wobei φ_k in $[a; b]$ beliebig oft differenzierbar ist und in $(a; b)$ mindestens
$p + k$ Nullstellen hat.

11. Man definiert die sogenannten *Legendre-Polynome* P_n durch

$$P_n(x) := \frac{1}{2^n \cdot n!} \frac{d^n}{dx^n}\left((x^2 - 1)^n\right), \quad n = 0, 1, 2, \ldots$$

Diese haben vielfältige Anwendungen in der Mathematik und Physik.
Man zeige:

a) P_n ist ein Polynom vom Grad n und hat n verschiedene reelle
Nullstellen zwischen -1 und $+1$.

b) P_n genügt der *(Legendreschen) Differentialgleichung*

$$(1 - x^2) P_n''(x) - 2x P_n'(x) + n(n + 1) P_n(x) = 0.$$

Hinweis: Man differenziere $f := (x^2 - 1) \cdot p'$ mit $p(x) := (x^2 - 1)^n$
$(n + 1)$-mal auf zwei verschiedene Weisen.

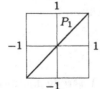

Die Legendre-Polynome $P_1, \ldots, P_5$

12. Ist $f : (a; b) \to \mathbb{R}$ 2-mal stetig differenzierbar und gilt $f'(x_0) = 0$ in $x_0 \in (a; b)$, so hat f in diesem Punkt ein

   a) lokales Minimum, wenn $f''(x_0) > 0$ ist;

   b) lokales Maximum, wenn $f''(x_0) < 0$ ist.

13. *Zwischenwertsatz für Ableitungen.* Es sei $f : [a; b] \to \mathbb{R}$ differenzierbar. Dann gibt es zu jedem γ zwischen $f'(a)$ und $f'(b)$ eine Stelle $c \in (a; b)$ mit $f'(c) = \gamma$.

14. Es sei f in einer Umgebung von x differenzierbar und im Punkt x 2-mal differenzierbar. Man zeige:

$$\lim_{h \to 0} \frac{f(x + h) - 2f(x) + f(x - h)}{h^2} = f''(x).$$

   Der mit hinreichend kleinem h gebildete Bruch wird in Anwendungen oft als Näherungswert für $f''(x)$ genommen.

15. Man berechne die Ableitung des Arcussinus und zeige, daß er im Intervall $[-1; 1]$ folgende Potenzreihenentwicklung besitzt:

$$\arcsin x = \sum_{n=0}^{\infty} \frac{1 \cdot 3 \cdots (2n - 1)}{2 \cdot 4 \cdots 2n} \cdot \frac{x^{2n+1}}{2n + 1}.$$

16. Man beweise für $x \in \left(0; \dfrac{\pi}{2}\right)$ die Ungleichung $\dfrac{2}{\pi} x < \sin x$.

17. Eine differenzierbare Funktion $f : I \to \mathbb{R}$ auf einem Intervall I ist genau dann konvex, wenn ihr Graph oberhalb jeder Tangente liegt; d.h., wenn für jedes $a \in I$ gilt:

$$f(x) \geq f(a) + f'(a)(x - a), \quad x \in I.$$

18. Ist f in einer Umgebung von x_0 3-mal stetig differenzierbar, und gilt $f''(x_0) = 0$ und $f'''(x_0) \neq 0$, so hat f in x_0 einen Wendepunkt.

19. Eine konvexe Funktion $f : (a; b) \to \mathbb{R}$ besitzt an jeder Stelle $x \in (a; b)$ sowohl eine linksseitige als auch eine rechtsseitige Ableitung. f'_- und f'_+ wachsen monoton, und an jeder Stelle x gilt $f'_-(x) \leq f'_+(x)$.

   Man folgere: Eine konvexe Funktion auf einem offenen Intervall ist stetig und an höchstens abzählbar vielen Stellen nicht differenzierbar. Insbesondere ist jede konvexe Funktion auf einem offenen Intervall Stammfunktion einer monotonen Funktion.

20. Man ermittle eine Stammfunktion der Funktion sign.

21. Es sei $A = \{a_1, a_2, a_3, \ldots\}$ eine abzählbare, beschränkte Menge in $\mathbb{R}$. Man bestimme eine Stammfunktion F zu $f : \mathbb{R} \to \mathbb{R}$,

$$f(x) := \sum_{n=1}^{\infty} \frac{1}{2^n} \operatorname{sign}(x - a_n).$$

Man zeige, daß F in jedem Punkt auf $\mathbb{R} \setminus A$ differenzierbar ist aber in keinem aus A. Die Stellen der Differenzierbarkeit und Nicht-Differenzierbarkeit können also dicht ineinander liegen; vgl. 7.9 Aufgabe 19.

22. Es seien $f_n : I \to \mathbb{C}$ differenzierbare Funktionen wie folgt:

   (i) $\sum_{n=1}^{\infty} f_n$ konvergiert normal auf I,

   (ii) $\sum_{n=1}^{\infty} f_n'$ konvergiert normal auf I.

Dann ist $f := \prod_{n=1}^{\infty}(1 + f_n)$ differenzierbar und an jeder Stelle x mit $f_n(x) \neq -1$ für alle $n \in \mathbb{N}$ gilt

$$\frac{f'(x)}{f(x)} = \sum_{n=1}^{\infty} \frac{f_n'(x)}{1 + f_n(x)}.$$

Beispiel: Das Produkt

$$\pi x \prod_{n=1}^{\infty} \left(1 - \frac{x^2}{n^2}\right)$$

stellt eine differenzierbare Funktion auf $\mathbb{R}$ dar (nach 16.2 Beispiel 3 stellt es die Funktion $\sin \pi x$ dar).

23. *Hutfunktionen.* Man konstruiere, zum Beispiel mit Hilfe von 9.6 (12), zu einem beliebigen kompakten Intervall $[a; b]$ und beliebigem $\varepsilon > 0$ eine $\mathscr{C}^{\infty}$-Funktion $h : \mathbb{R} \to \mathbb{R}$ mit den Eigenschaften:

   (i) $h(x) = 1$ für $x \in [a; b]$,

   (ii) $h(x) = 0$ für $x \in \mathbb{R} \setminus [a - \varepsilon; b + \varepsilon]$,

   (iii) $h(x) \in [0; 1]$ sonst.

Für eine weitere Konstruktion siehe 11.11 Aufgabe 18. Hutfunktionen verwendet man für viele Konstruktionen der Analysis; zum Beispiel bei der folgenden Aufgabe.

24. Zu beliebig gegebenen Zahlen $a_n \in \mathbb{C}$, $n = 0, 1, 2, \ldots$, gibt es eine $\mathscr{C}^{\infty}$-Funktion $f : \mathbb{R} \to \mathbb{C}$ mit $f^{(n)}(0) = a_n$.

Die Hutfunktion des Kleinen Prinzen

10 Lineare Differentialgleichungen

Zahlreiche Vorgänge in Natur und Technik werden durch Differentialgleichungen beschrieben; radioaktiver Zerfall zum Beispiel durch $\dot{y} = -ky$, einfache Schwingungen durch $m\ddot{y} + r\dot{y} + ky = q(t)$. Vorgänge, in denen ein Superpositionsprinzip gilt, führen auf lineare Differentialgleichungen.

Im ersten Abschnitt betrachten wir lineare Differentialgleichungen mit beliebigen stetigen Koeffizienten und beweisen dafür einen wichtigen Eindeutigkeitssatz. In den weiteren Abschnitten geht es um die Konstruktion von Lösungen; dabei betrachten wir nur noch lineare Differentialgleichungen mit konstanten Koeffizienten.

10.1 Eindeutigkeitssatz und Dimensionsabschätzung

Unter einer *linearen Differentialgleichung* versteht man eine Gleichung der Gestalt

(L) $$y^{(n)} + a_{n-1}y^{(n-1)} + \ldots + a_1 y' + a_0 y = q(x),$$

wobei $a_0, \ldots, a_{n-1}$ und q gegebene, stetige komplexe Funktionen auf einem Intervall I sind. Unter einer *Lösung* versteht man eine n-mal differenzierbare Funktion $y : I \to \mathbb{C}$, die die Bedingung (L) erfüllt. n heißt die *Ordnung* der Differentialgleichung, q ihre *Inhomogenität* (auch Steuerungsfunktion). Ferner heißt die Differentialgleichung

(H) $$y^{(n)} + a_{n-1}y^{(n-1)} + \ldots + a_1 y' + a_0 y = 0$$

die zu (L) gehörige *homogene* Gleichung.

Analog dem aus der linearen Algebra bekannten Zusammenhang zwischen den Lösungen einer inhomogenen und der zugehörigen homogenen Gleichung gilt:

(i) *Sind y_1 und y_2 Lösungen von* (L), *dann ist $y_2 - y_1$ Lösung von* (H).

(ii) *Aus einer Lösung y_0 von* (L) *entsteht jede weitere Lösung y durch Addition einer Lösung y_H der homogenen Gleichung: $y = y_0 + y_H$.*

Die Ermittlung aller Lösungen von (L) zerfällt hiernach in folgende zwei Teilaufgaben:

1. *Bestimmung aller Lösungen der homogenen Gleichung* (H).

2. *Bestimmung wenigstens einer Lösung der inhomogenen Gleichung* (L).

Die Linearität und Homogenität der Gleichung (H) implizieren ferner, daß jede Linearkombination $c_1 y_1 + \ldots + c_k y_k$ $(c_1, \ldots, c_k \in \mathbb{C})$ von Lösungen $y_1, \ldots, y_k$ der Gleichung (H) auch eine Lösung ist. Die Gesamtheit der Lösungen von (H) bildet also einen Vektorraum $\mathscr{L}$ über $\mathbb{C}$. In 10.2 wird für $\mathscr{L}$ im Fall einer Gleichung mit konstanten Koeffizienten $a_0, \ldots, a_{n-1}$ eine Basis bestehend aus n Funktionen konstruiert.

Ein durch (L) beschreibbarer Vorgang aus Natur oder Technik involviert häufig noch die Vorgabe von n *Anfangswerten*

$$(1) \qquad\qquad y(x_0), y'(x_0), \ldots, y^{(n-1)}(x_0)$$

an einer Stelle $x_0 \in I$. Für einen Bewegungsvorgang etwa mit $n = 2$ und $x = t = $ Zeit sind diese der Anfangsort $y(t_0)$ und die Anfangsgeschwindigkeit $\dot{y}(t_0)$. Wir zeigen, daß eine Lösung y von (L) bereits durch die n Werte (1) festgelegt ist.

Lemma: *Es sei $Y : I \to \mathbb{C}$ eine differenzierbare Funktion auf einem Intervall I. Genügt Y auf I einer Ungleichung*

$$|Y'| \leq C|Y| \quad \text{mit einem } C \in \mathbb{R}_+$$

und ist $Y(x_0) = 0$ für ein $x_0 \in I$, so folgt $Y = 0$.

Beweis: a) Wir behandeln zuerst den Spezialfall $Y \geq 0$. Die Funktion $f := Y \, \mathrm{e}^{-Cx}$ ist wegen $f' = \mathrm{e}^{-Cx}(Y' - CY) \leq 0$ monoton fallend, hat in x_0 eine Nullstelle und ist also ≤ 0 für $x \geq x_0$. Zusammen mit $Y \geq 0$ ergibt sich $Y(x) = 0$ für $x \geq x_0$.

Mittels $Y \, \mathrm{e}^{Cx}$ zeigt man analog $Y(x) = 0$ für $x \leq x_0$.

b) Den allgemeinen Fall führen wir auf a) zurück. Wir bilden dazu die Funktion $y := Y\overline{Y}$. Für diese gilt

$$|y'| = \left|Y'\overline{Y} + Y\overline{Y'}\right| \leq 2\left|Y'\overline{Y}\right| \leq 2C\left|Y\overline{Y}\right| = 2Cy.$$

Nach a) ist $y = 0$ und damit $Y = 0$. $\qquad\qquad\qquad\qquad\qquad\qquad$ □

Satz 1 (Eindeutigkeitssatz): *Es seien $y_1, y_2 : I \to \mathbb{C}$ Lösungen von (L) mit gleichen Anfangswerten an einer Stelle $x_0 \in I$:*

$$y_1^{(k)}(x_0) = y_2^{(k)}(x_0), \quad k = 0, \ldots, n - 1.$$

Dann gilt $y_1 = y_2$ auf ganz I.

Beweis: Es genügt zu zeigen, daß y_1 und y_2 auf jedem kompakten Teilintervall $J \subset I$ mit $x_0 \in J$ übereinstimmen. Es sei $A \in \mathbb{R}_+$ eine Schranke so, daß $|a_i(x)| \leq A$ für $x \in J$ und $i = 0, \ldots, n-1$.

Wir wenden nun das Lemma an auf $Y := \sum_{k=0}^{n-1} |y^{(k)}|^2$ mit $y := y_2 - y_1$. Y ist differenzierbar, da y n-mal differenzierbar ist, und es gilt

$$Y' = \sum_{k=0}^{n-2} \left(y^{(k)}\overline{y^{(k+1)}} + y^{(k+1)}\overline{y^{(k)}} \right) + y^{(n-1)}\overline{y^{(n)}} + y^{(n)}\overline{y^{(n-1)}}.$$

Wegen $|y^{(k)}| \leq \sqrt{Y}$ für $k = 0, \ldots, n-1$ und $|y^{(n)}| = \left| \sum_{\nu=0}^{n-1} a_\nu y^{(\nu)} \right| \leq nA\sqrt{Y}$ auf J folgt dort

$$|Y'| \leq CY \quad \text{mit } C = 2n(1 + A) - 2.$$

Weiter ist $Y(x_0) = 0$. Somit gilt $Y = 0$, also $y = 0$, d.h. $y_1 = y_2$. □

Folgerung: (i) *Der $\mathbb{C}$-Vektorraum $\mathscr{L}$ aller komplexen Lösungen der homogenen Gleichung* (H) *n-ter Ordnung hat eine Dimension $\leq n$.*
(ii) *Sind $y_1, \ldots, y_n$ n linear unabhängige Lösungen von* (H), *so ist jede weitere Lösung y eine Linearkombination*

$$y = c_1 y_1 + \ldots + c_n y_n \quad \text{mit } c_1, \ldots, c_n \in \mathbb{C}.$$

Beweis: Man wähle $x_0 \in I$ beliebig. Die Zuordnung von Anfangswerten

$$(2) \qquad A : \mathscr{L} \to \mathbb{C}^n, \quad A(y) := \left(y(x_0), y'(x_0), \ldots, y^{(n-1)}(x_0) \right)$$

ist offensichtlich eine lineare Abbildung. Diese ist nach dem Eindeutigkeitssatz injektiv; damit folgt $\dim \mathscr{L} \leq \dim \mathbb{C}^n$. Die Aussage (ii) ergibt sich aus (i) mittels linearer Algebra. □

Bezeichnung: Die in (2) erklärte lineare Abbildung $A : \mathscr{L} \to \mathbb{C}^n$ nennt man den zu x_0 gehörigen *Anfangswerthomomorphismus.*

Anwendung: Wir bestimmen alle Lösungen der Schwingungsgleichung

$$y'' = -y \quad \text{oder} \quad y'' + y = 0.$$

Die Gleichung ist homogen und hat die Ordnung 2. Die Gesamtheit ihrer Lösungen bildet also einen $\mathbb{C}$-Vektorraum einer Dimension ≤ 2. Man sieht sofort, daß die beiden Funktionen e^{ix} und e^{-ix} Lösungen sind, und zwar linear unabhängige (aus $a\,e^{ix} + b\,e^{-ix} = 0$ für alle $x \in \mathbb{R}$ folgt $a = b = 0$). Die Gesamtheit der Lösungen besteht also aus den Linearkombinationen $y = c_1\,e^{ix} + c_2\,e^{-ix}$, $c_1, c_2 \in \mathbb{C}$. Reelle Lösungen sind offenbar die Funktionen $\operatorname{Re} y$ und $\operatorname{Im} y$.

10.2   Ein Fundamentalsystem für die homogene Gleichung

Voraussetzung: Wir setzen für den Rest des Kapitels voraus, daß die Koeffizienten in den Differentialgleichungen (L) und (H) konstant sind:

$$a_0, \ldots, a_{n-1} \in \mathbb{C}.$$

Macht man bei der Schwingungsgleichung $y'' + y = 0$ mit einer Konstanten λ den Ansatz $y = e^{\lambda x}$, so wird man zu deren Bestimmung auf die Gleichung $(\lambda^2 + 1)\, e^{\lambda x} = 0$ geführt. Die Lösungen $\lambda = i$ und $\lambda = -i$ ergeben gerade die beiden Funktionen e^{ix} und e^{-ix}, die nach der Folgerung in 10.1 eine Basis des Raums $\mathscr{L}$ aller Lösungen der Schwingungsgleichung bilden.

Zur Ermittlung der Lösungen der allgemeinen homogenen Gleichung (H) machen wir wie im Fall der Schwingungsgleichung mit einer noch zu bestimmenden Konstanten λ den Ansatz $y(x) = e^{\lambda x}$. Eine solche Funktion löst die Gleichung (H) genau dann, wenn

$$\left(\lambda^n + a_{n-1} \lambda^{n-1} + \ldots + a_1 \lambda + a_0 \right) e^{\lambda x} = 0,$$

d.h., wenn λ Nullstelle des Polynoms

$$P(x) = x^n + a_{n-1} x^{n-1} + \ldots + a_1 x + a_0$$

ist. P heißt *charakteristisches Polynom der Differentialgleichung*.

Besitzt P n *verschiedene* Nullstellen $\lambda_1, \ldots, \lambda_n$, so hat man in

$$e^{\lambda_1 x}, \ldots, e^{\lambda_n x}$$

n verschiedene Lösungen von (H). Unten zeigen wir, daß diese auch linear unabhängig sind. Nach der Folgerung in 10.1 bilden sie also eine Basis des Raums aller Lösungen von (H).

Der Fall mehrfacher Nullstellen: Die Anzahl der verschiedenen Nullstellen von P ist dann kleiner als n. Trotzdem gibt es auch in diesem Fall n unabhängige Lösungen; man kann nämlich jeder k-fachen Nullstelle λ neben $e^{\lambda x}$ weitere $k - 1$ unabhängige Lösungen zuordnen. Auf die fehlenden Lösungen führt uns eine heuristische Betrachtung. Wir sehen eine mehrfache Nullstelle λ als Grenzlage benachbarter Nullstellen λ und $\lambda + \Delta\lambda$ an. Mit $e^{\lambda x}$ und $e^{(\lambda + \Delta\lambda)x}$ ist auch die Linearkombination $\dfrac{1}{\Delta\lambda} \left(e^{(\lambda + \Delta\lambda)x} - e^{\lambda x} \right)$ eine Lösung, und diese geht mit $\Delta\lambda \to 0$ gegen $x\, e^{\lambda x}$. Wir zeigen unten: Ist λ eine k-fache Nullstelle, dann sind die k Funktionen

$$e^{\lambda x}, x \cdot e^{\lambda x}, \ldots, x^{k-1} \cdot e^{\lambda x}$$

Lösungen der Differentialgleichung.

Satz 2 (Fundamentalsystem): *Es sei P das charakteristische Polynom der homogenen Gleichung* (H); *ferner seien*

$\lambda_1, \ldots, \lambda_r$ *die verschiedenen Nullstellen von P und*

$k_1, \ldots, k_r$ *deren jeweilige Vielfachheiten.*

Dann hat (H) *folgende n linear unabhängige Lösungen:*

> *zu* λ_1 *die* k_1 *Lösungen:* $e^{\lambda_1 x}$, $x \cdot e^{\lambda_1 x}$, $\ldots$, $x^{k_1-1} \cdot e^{\lambda_1 x}$
>
> *zu* λ_2 *die* k_2 *Lösungen:* $e^{\lambda_2 x}$, $x \cdot e^{\lambda_2 x}$, $\ldots$, $x^{k_2-1} \cdot e^{\lambda_2 x}$
>
> $\vdots$
>
> *zu* λ_r *die* k_r *Lösungen:* $e^{\lambda_r x}$, $x \cdot e^{\lambda_r x}$, $\ldots$, $x^{k_r-1} \cdot e^{\lambda_r x}$

Jede Lösung von (H) *ist eine Linearkombination dieser n Lösungen.*

Folgerung: *Die Gleichung* (H) *besitzt zu beliebig gegebenen Anfangswerten* $(\alpha_0, \ldots, \alpha_{n-1}) \in \mathbb{C}^n$ *bei* x_0 *genau eine Lösung y mit* $y^{(k)}(x_0) = \alpha_k$, $k = 0, \ldots, n-1$.

Beweis: Die in (2) angeschriebene lineare Abbildung $A : \mathscr{L} \to \mathbb{C}^n$ ist injektiv nach der Folgerung in 10.1 und surjektiv nach Satz 2. □

Zum Beweis von Satz 2 führen wir die *Operator-Schreibweise linearer Differentialgleichungen* ein. Ist P ein Polynom mit komplexen Koeffizienten, $P(X) = \sum_{\nu=0}^n a_\nu X^\nu$, so definiert man für eine n-mal differenzierbare Funktion f:

$$P(D)f = \left(\sum_{\nu=0}^n a_\nu D^\nu \right) f := \sum_{\nu=0}^n a_\nu (D^\nu f).$$

Zum Beispiel gilt $P(D) e^{\lambda x} = P(\lambda) e^{\lambda x}$.

Die Verwendung des Differentialoperators $P(D)$ verkürzt die Schreibweise der Differentialgleichungen (L) und (H) zu

$$P(D)y = q \quad \text{bzw.} \quad P(D)y = 0.$$

Zerlegungsregel: *Für zwei Operatoren* $P_1(D)$ *und* $P_2(D)$ *gilt*

(3)
$$(P_1 P_2)(D)f = P_1(D)(P_2(D)f).$$

Rechts wird zuerst $P_2(D)$, dann $P_1(D)$ angewandt; links werden zunächst $P_1(D)$ und $P_2(D)$ wie Polynome multipliziert, dann wird der entstandene Operator angewandt. Man beweist die Regel leicht durch Ausrechnen. Eine Konsequenz ist die Vertauschungsregel

$$P_1(D)(P_2(D)f) = P_2(D)(P_1(D)f).$$

Rechenregel: (i) *Für k-mal differenzierbares f und $\lambda \in \mathbb{C}$ gilt*

(4) $$(D - \lambda)^k (f \, e^{\lambda x}) = f^{(k)} \, e^{\lambda x}.$$

(ii) *Für ein Polynom $g \neq 0$ und $\lambda, \mu \in \mathbb{C}$ mit $\lambda \neq \mu$ gilt*

(5) $$(D - \lambda)^k (g \, e^{\mu x}) = h \, e^{\mu x};$$

dabei ist h ein Polynom mit $\operatorname{Grad} h = \operatorname{Grad} g$; *insbesondere ist $h \neq 0$.*

Beweis: (i) Die Anwendung des Operators $D - \lambda$ ergibt

$$(D - \lambda)(f \, e^{\lambda x}) = f' \, e^{\lambda x} + \lambda f \, e^{\lambda x} - \lambda f \, e^{\lambda x} = f' \, e^{\lambda x};$$

nach k-maliger Anwendung hat man also $f^{(k)} \, e^{\lambda x}$.

(ii) Die Anwendung von $D - \lambda$ ergibt

$$(D - \lambda)(g \, e^{\mu x}) = g' \, e^{\mu x} + \mu g \, e^{\mu x} - \lambda g \, e^{\mu x} = h \, e^{\mu x};$$

mit $h := (\mu - \lambda)g + g'$. h ist ein Polynom mit demselben Grad wie g. Analog bei wiederholter Anwendung von $D - \lambda$. $\qquad\qquad\square$

Unabhängigkeitslemma: *Besteht mit paarweise verschiedenen Zahlen $\lambda_1, \ldots, \lambda_r \in \mathbb{C}$ und Polynomen $g_1, \ldots, g_r$ die Identität*

$$g_1(x) \, e^{\lambda_1 x} + \ldots + g_r(x) \, e^{\lambda_r x} = 0 \quad \text{für alle } x \in \mathbb{R},$$

so gilt $g_1 = \ldots = g_r = 0$.

Beweis durch vollständige Induktion nach r: Nur der Schluß von $r - 1$ auf r ist zu erbringen. Dazu wende man den Operator $(D - \lambda_r)^k$ mit einem $k > \operatorname{Grad} g_r$ an. Nach (4) und (5) erhält man eine Identität

$$h_1 \, e^{\lambda_1 x} + \ldots + h_{r-1} \, e^{\lambda_{r-1} x} = 0$$

mit Polynomen $h_1, \ldots, h_{r-1}$, wobei $h_\rho \neq 0$, falls $g_\rho \neq 0$. Die Induktionsannahme impliziert $h_1 = \ldots = h_{r-1} = 0$, womit $g_1 = \ldots = g_{r-1} = 0$ und dann $g_r = 0$ folgen. $\qquad\qquad\square$

Nach diesen Vorbereitungen kommen wir zum

Beweis von Satz 2: a) Zum Nachweis, daß alle Funktionen $x^s \, e^{\lambda_\rho x}$ mit $s \leq k_\rho - 1$ die Differentialgleichung $P(D)y = 0$ lösen, benützen wir die nach der Regel (3) mit der Polynomzerfällung $P(x) = Q(x)(x - \lambda_\rho)^{k_\rho}$ gegebene Operatorzerfällung $P(D) = Q(D)(D - \lambda_\rho)^{k_\rho}$. Damit folgt

$$P(D)(x^s \, e^{\lambda_\rho x}) = Q(D)(D^{k_\rho} x^s \cdot e^{\lambda_\rho x}) \quad \text{nach (4)}$$
$$= Q(D)0 = 0, \quad \text{da } k_\rho > s.$$

b) Zum Nachweis der Unabhängigkeit klammern wir in einer die Null darstellenden Linearkombination der angegebenen Funktionen gemeinsame Exponentialfaktoren aus und erhalten mit Polynomen $g_1, \ldots, g_r$ eine Identität $g_1 \mathrm{e}^{\lambda_1 x} + \ldots + g_r \mathrm{e}^{\lambda_r x} = 0$. Aus dem Unabhängigkeitslemma folgt $g_1 = \ldots = g_r = 0$ und daraus die Trivialität der Linearkombination. $\square$

Beispiel: $y^{(4)} - 3y^{(3)} + 3y'' - y' = 0$.

Charakteristisches Polynom: $\quad P(\lambda) = \lambda^4 - 3\lambda^3 + 3\lambda^2 - \lambda$;

Nullstellen: $\qquad\qquad\qquad$ 0 einfach, 1 dreifach;

Fundamentalsystem: $\qquad\qquad$ $\mathrm{e}^0, \mathrm{e}^x, x\,\mathrm{e}^x, x^2\,\mathrm{e}^x$.

Reelle Lösungen

Die Koeffizienten $a_0, \ldots, a_{n-1}$ der Differentialgleichung

(H) $\qquad P(\mathrm{D})y = y^{(n)} + a_{n-1}y^{(n-1)} + \ldots + a_0 y = 0$

seien jetzt reell. Man interessiert sich dann oft nur für reelle Lösungen. Zu ihrer Berechnung bedient man sich dennoch zweckmäßigerweise auch der komplexen Lösungen.

Lemma: *Sowohl der Realteil u wie auch der Imaginärteil v einer komplexen Lösung $z = u + \mathrm{i}v$ der Gleichung (H) sind Lösungen von (H).*

Beweis: Wegen $z^{(k)} = u^{(k)} + \mathrm{i}v^{(k)}$ impliziert $P(\mathrm{D})z = 0$:

$$\left(u^{(n)} + a_{n-1}u^{(n-1)} + \ldots + a_0 u\right) + \mathrm{i}\left(v^{(n)} + a_{n-1}v^{(n-1)} + \ldots + a_0 v\right) = 0.$$

Die Summen in den Klammern sind reell, folglich Null. $\square$

Eine reelle, k-fache Nullstelle λ des charakteristischen Polynoms P liefert die k reellen Lösungen

$$\mathrm{e}^{\lambda x}, x\,\mathrm{e}^{\lambda x}, \ldots, x^{k-1}\,\mathrm{e}^{\lambda x}.$$

Die nicht-reellen Nullstellen des charakteristischen Polynoms treten in Paaren konjugierter auf. Es seien $\lambda = \alpha + \mathrm{i}\beta$ und $\overline{\lambda} = \alpha - \mathrm{i}\beta$ ($\beta \neq 0$) ein solches Paar und k die Vielfachheit von λ wie auch von $\overline{\lambda}$. Das Paar $\lambda, \overline{\lambda}$ liefert die $2k$ komplexen Lösungen

$$\mathrm{e}^{(\alpha+\mathrm{i}\beta)x}, x\,\mathrm{e}^{(\alpha+\mathrm{i}\beta)x}, \ldots, x^{k-1}\,\mathrm{e}^{(\alpha+\mathrm{i}\beta)x},$$
$$\mathrm{e}^{(\alpha-\mathrm{i}\beta)x}, x\,\mathrm{e}^{(\alpha-\mathrm{i}\beta)x}, \ldots, x^{k-1}\,\mathrm{e}^{(\alpha-\mathrm{i}\beta)x}$$

und nach dem Lemma die $2k$ reellen Lösungen

$$\boxed{\begin{array}{l} \mathrm{e}^{\alpha x}\cos\beta x, x\,\mathrm{e}^{\alpha x}\cos\beta x, \ldots, x^{k-1}\,\mathrm{e}^{\alpha x}\cos\beta x, \\ \mathrm{e}^{\alpha x}\sin\beta x, x\,\mathrm{e}^{\alpha x}\sin\beta x, \ldots, x^{k-1}\,\mathrm{e}^{\alpha x}\sin\beta x. \end{array}}$$

Nach diesem Muster erhält man insgesamt n reelle Lösungen für (H). Diese sind linear unabhängig über $\mathbb{R}$, da sich aus ihnen die ursprünglichen komplexen Lösungen als Linearkombinationen zurückgewinnen lassen. Der $\mathbb{R}$-Vektorraum $\mathscr{L}_\mathbb{R}$ der reellen Lösungen von (H) hat andererseits eine Dimension $\leq n$, da der Anfangswerthomomorphismus $A : \mathscr{L}_\mathbb{R} \to \mathbb{R}^n$, der jeder Lösung das n-Tupel der Anfangswerte an einer Stelle x_0 zuordnet, nach dem Eindeutigkeitssatz injektiv ist. Damit erhalten wir das

Ergebnis: *Der $\mathbb{R}$-Vektorraum $\mathscr{L}_\mathbb{R}$ hat die Dimension n und die angegebenen reellen Lösungen spannen ihn auf.*

Beispiel: $y^{(4)} + 2y'' + y = 0$.

Charakteristisches Polynom: $\quad\quad \lambda^4 + 2\lambda^2 + 1$;

Nullstellen desselben: $\quad\quad\quad\quad$ i zweifach, $-$i zweifach;

Komplexes Fundamentalsystem: $\quad e^{ix}, \quad x\,e^{ix}, \quad e^{-ix}, \quad x e^{-ix}$;

Reelles Fundamentalsystem: $\quad\quad \cos x, \quad \sin x, \quad x\cos x, \quad x\sin x$.

10.3   Partikuläre Lösungen bei speziellen Inhomogenitäten

Bei speziellen q kann eine einzelne ($=$*partikuläre*) Lösung der inhomogenen Gleichung $P(\mathrm{D})y = q$ durch einen einfachen Ansatz berechnet werden. Alle weiteren Lösungen erhält man dann durch Addition der Lösungen der homogenen Gleichung $P(\mathrm{D})y = 0$.

Satz 3: *q habe die Gestalt*

$$q(x) = (b_0 + b_1 x + \ldots + b_m x^m)\,e^{\mu x}$$

und μ sei eine k-fache Nullstelle von P ($k = 0$ bedeutet $P(\mu) \neq 0$). Dann besitzt $P(\mathrm{D})y = q$ eine Lösung der Gestalt

$$(6^m) \quad\quad\quad y_p(x) = (c_0 + c_1 x + \ldots + c_m x^m)x^k\,e^{\mu x};$$

speziell im Fall $m = 0$ die Lösung

$$(6^0) \quad\quad\quad\quad\quad y_p(x) = \frac{b_0}{P^{(k)}(\mu)}x^k\,e^{\mu x}.$$

Beweis durch vollständige Induktion nach m: Dabei benützen wir die Zerfällung $P(\mathrm{D}) = Q(\mathrm{D})(\mathrm{D} - \mu)^k$, wobei Q ein Polynom mit $Q(\mu) \neq 0$ ist.

$m = 0$: Nach (4) gilt

$$P(\mathrm{D})(x^k\,e^{\mu x}) = Q(\mathrm{D})(k!\,e^{\mu x}) = k!\,Q(\mu)\,e^{\mu x} = P^{(k)}(\mu)\,e^{\mu x}.$$

Hieraus folgt, daß (6^0) eine Lösung ist.

Der Schluß von $m-1$ auf m: Nach (4) und (5) gilt

$$(*) \qquad P(\mathrm{D})(x^m x^k \, \mathrm{e}^{\mu x}) = Q(\mathrm{D})\left(\frac{(m+k)!}{m!} x^m \, \mathrm{e}^{\mu x}\right) = h(x)\,\mathrm{e}^{\mu x},$$

h ein Polynom vom Grad m. Da auch $b(x) = b_0 + b_1 x + \ldots + b_m x^m$ den Grad m hat, gibt es ein $c_m \in \mathbb{C}$ so, daß $\mathrm{Grad}(b - c_m h) \le m - 1$. Nach Induktionsannahme gibt es dann ein Polynom c^* vom Grad $\le m-1$ mit

$$(**) \qquad P(\mathrm{D})\big(c^*(x) \cdot x^k \, \mathrm{e}^{\mu x}\big) = \big(b(x) - c_m h(x)\big)\,\mathrm{e}^{\mu x}.$$

Für $y(x) := \big(c^*(x) + c_m x^m\big)x^k \, \mathrm{e}^{\mu x}$, gilt dann nach $(*)$ und $(**)$ $P(\mathrm{D})y = b(x)\,\mathrm{e}^{\mu x}$. y ist also eine Lösung der Gestalt (6^m). $\qquad\square$

Beispiel: $y^{(3)} - y' = q$ mit den Inhomogenitäten $q = \mathrm{e}^{2x}, \mathrm{e}^x, x^2$.

$\qquad P(\lambda) = \lambda^3 - \lambda$ hat die Nullstellen $0, 1, -1$.

$q = \mathrm{e}^{2x}$: Hier sind $m = 0$, $\mu = 2$, $k = 0$;
Partikuläre Lösung nach (6^0): $y_p = \frac{1}{6}\mathrm{e}^{2x}$.

$q = \mathrm{e}^x$: Hier sind $m = 0$, $\mu = 1$, $k = 1$;
Partikuläre Lösung nach (6^0): $y_p = \frac{1}{2}x\mathrm{e}^x$.

$q = x^2$: Hier sind $m = 2$, $\mu = 0$, $k = 1$;
Lösungsansatz nach (6^2): $y = (c_2 x^2 + c_1 x + c_0)x$;
damit gilt $y^{(3)} - y' = 6c_2 - 3c_2 x^2 - 2c_1 x - c_0 = x^2$;
Koeffizientenvergleich: $c_2 = -\frac{1}{3}$, $c_1 = 0$, $c_0 = -2$;
Partikuläre Lösung nach (6^2): $y_p = -\frac{1}{3}x^3 - 2x$.

Satz 3 wird oft mit folgenden zwei Techniken verknüpft:

Superposition: Die Inhomogenität q sei eine Linearkombination

$$q = c_1 q_1 + \ldots + c_r q_r, \quad c_k \in \mathbb{C}.$$

Sind $y_1, \ldots, y_r$ der Reihe nach Lösungen der inhomogenen Gleichungen $P(\mathrm{D})y = q_k$ für $k = 1, \ldots, r$, so ist die analoge Linearkombination

$$y = c_1 y_1 + \ldots + c_r y_r$$

eine Lösung der Gleichung $P(\mathrm{D})y = q$.

Komplexifizierung: Die Koeffizienten des charakteristischen Polynoms P seien reell und die Inhomogenität q der Realteil der komplexen Funktion Q. Ist z eine Lösung der „komplexifizierten" Gleichung $P(\mathrm{D})z = Q$, so ist $y = \mathrm{Re}\, z$ eine Lösung der Gleichung $P(\mathrm{D})y = q$.

Die Komplexifizierung ist maßgeschneidert für die Inhomogenitäten der Gestalt $p(x)\,\mathrm{e}^{ax}\cos bx$ und $p(x)\,\mathrm{e}^{ax}\sin bx$, wo p ein reelles Polynom und a, b reelle Konstanten sind. Diese Inhomogenitäten sind der Real- bzw. Imaginärteil von $p(x)\,\mathrm{e}^{(a+ib)x}$.

Beispiel: $y''' - y' = \cos x = \operatorname{Re} e^{ix}$.

Die komplexifizierte Gleichung $z''' - z' = e^{ix}$ hat nach (6^0) die Lösung

$$z_p(x) = \frac{1}{P(i)} e^{ix} = \frac{i}{2} e^{ix},$$

die gegebene Gleichung also die Lösung $y_p = \operatorname{Re} z_p = -\frac{1}{2} \sin x$.

10.4 Anwendung auf Schwingungsprobleme

Harmonische Schwingungen mit einem Freiheitsgrad werden durch lineare Differentialgleichungen 2. Ordnung mit konstanten Koeffizienten beschrieben; und zwar freie Schwingungen durch homogene Gleichungen, erzwungene durch inhomogene.

I. Freie Schwingungen

Unter der Annahme einer zur Geschwindigkeit proportionalen Dämpfung lautet die Gleichung des freien harmonischen Oszillators

(7)
$$\boxed{\ddot{y} + 2d\dot{y} + ky = 0;}$$

dabei sind $d \geq 0$ eine Dämpfungskonstante und $k > 0$ eine Elastizitätskonstante.

Das charakteristische Polynom $P(\lambda) = \lambda^2 + 2d\lambda + k$ hat die Nullstellen

$$\lambda_{1,2} = -d \pm \sqrt{d^2 - k}.$$

Zur Aufstellung eines reellen Fundamentalsystems hat man drei Fälle zu unterscheiden:

1. $d^2 < k$ (sogenannte *schwache* Dämpfung);
2. $d^2 > k$ (sogenannte *starke* Dämpfung);
3. $d^2 = k$ (sogenannte *kritische* Dämpfung).

1. Schwache Dämpfung. In diesem Fall sind

$$\lambda_{1,2} = -d \pm i\omega \quad \text{mit } \omega := \sqrt{k - d^2},$$

und die allgemeine reelle Lösung lautet

$$y(t) = e^{-dt}(c_1 \cos \omega t + c_2 \sin \omega t), \quad c_1, c_2 \in \mathbb{R}.$$

Im Fall $d = 0$ ist jede Lösung periodisch mit der Periode $2\pi/\omega$, wobei $\omega = \sqrt{k}$; im Fall $d > 0$ klingt jede Lösung exponentiell auf 0 ab.

Für Anwendungen leiten wir noch eine andere Darstellung der Lösungen her. Zunächst schreiben wir für diese $y(t) = \mathrm{e}^{-dt} \operatorname{Re}\left((c_1 - \mathrm{i}c_2)\, \mathrm{e}^{\mathrm{i}\omega t}\right)$. Mit einer Polarkoordinatendarstellung $c_1 - \mathrm{i}c_2 = A\,\mathrm{e}^{\mathrm{i}\varphi}$ ergibt sich dann

$$y(t) = A\,\mathrm{e}^{-dt}\cos(\omega t + \varphi).$$

φ heißt *Phase* der Schwingung.

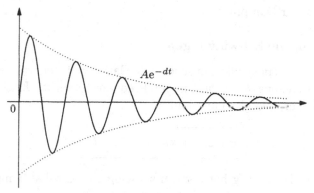

$A\mathrm{e}^{-dt}$

Schwach gedämpfte Schwingung mit Phase $-\pi/2$.

Die Bedingung $\dot{y}(t) = 0$ für Maximalität des Ausschlages $|y(t)|$ einer Lösung $\neq 0$ führt auf $\tan(\omega t + \varphi) = -d/\omega$. Die Maxima der Ausschläge folgen demnach im konstanten Zeitabstand π/ω aufeinander und stehen in dem konstanten Verhältnis

$$\left|\frac{y(t)}{y(t + \pi/\omega)}\right| = \mathrm{e}^{d\,\pi/\omega}.$$

Die Zahl $\dfrac{2\pi d}{\omega}$ heißt *logarithmisches Dekrement* der Schwingung.

2. Starke Dämpfung. In diesem Fall sind λ_1, λ_2 reell, verschieden und negativ. Die allgemeine Lösung lautet

$$y(t) = c_1\,\mathrm{e}^{\lambda_1 t} + c_2\,\mathrm{e}^{\lambda_2 t}, \qquad c_1, c_2 \in \mathbb{R}.$$

Wegen $\lambda_1, \lambda_2 < 0$ klingt sie mit $t \to \infty$ auf Null ab. Jede Lösung $\neq 0$ hat höchstens ein Extremum und geht höchstens einmal durch Null.

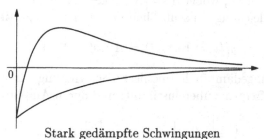

Stark gedämpfte Schwingungen

3. Kritische Dämpfung. In diesem Fall ist $\lambda_1 = \lambda_2 = -d$ eine reelle Doppelwurzel. Die allgemeine Lösung lautet jetzt

$$y(t) = (c_1 + c_2 t)\,e^{-dt}.$$

Jede Lösung $\neq 0$ klingt mit $t \to \infty$ exponentiell auf Null ab, hat höchstens ein Extremum und geht höchstens einmal durch Null. Die Graphen ähneln denen bei starker Dämpfung.

II.   Erzwungene Schwingungen

Wir untersuchen einen harmonischen Oszillator, auf den von außen eine periodische Erregung $K \cos \omega t$ mit der Frequenz ω wirkt $(K, \omega > 0)$. Die zu lösende Differentialgleichung lautet

(8) $$\boxed{\ddot{y} + 2d\dot{y} + ky = K \cos \omega t.}$$

Bei schwacher Dämpfung hat der frei schwingende Oszillator nach I auch eine *Eigenfrequenz*; diese bezeichnen wir jetzt mit ω_0, $\omega_0 := \sqrt{k - d^2}$.

Um die Lösungen von (8) zu erhalten, ist den in I ermittelten Lösungen der homogenen Gleichung (7) noch eine partikuläre Lösung y_0 der inhomogenen Gleichung (8) zu überlagern. Eine solche ermitteln wir anhand der komplexifizierten Gleichung

(8_{C}) $$\ddot{z} + 2d\dot{z} + kz = K\,e^{i\omega t}.$$

Bei der Anwendung von Satz 3 sind zwei Fälle zu unterscheiden:

1. $i\omega$ ist keine Nullstelle des charakteristischen Polynoms P;
2. $i\omega$ ist eine Nullstelle.

Fall 1. liegt wegen $P(i\omega) = k - \omega^2 + i2d\omega$ genau dann vor, wenn $k \neq \omega^2$ oder $d \neq 0$ ist. In diesem Fall hat (8_{C}) nach (6^0) die partikuläre Lösung

(9) $$z_p(t) = \frac{K}{P(i\omega)}\,e^{i\omega t}.$$

Mit $K/P(i\omega) =: A\,e^{i\varphi}$, wobei $A := |K/P(i\omega)|$ ist, folgt $z_p(t) = A\,e^{i(\omega t + \varphi)}$. Für die reelle Gleichung (8) schließlich ergibt sich die partikuläre Lösung

(10) $$y_p(t) = \operatorname{Re} z_p(t) = A \cos(\omega t + \varphi).$$

(10) stellt eine ungedämpfte harmonische Schwingung dar, deren Frequenz mit der Erregerfrequenz übereinstimmt, und deren Amplitude gegeben ist durch

$$A = \left| \frac{K}{P(i\omega)} \right| = \frac{|K|}{\sqrt{(k - \omega^2)^2 + 4d^2\omega^2}}.$$

Das „Langzeitverhalten" der Lösungen von (8) im Fall $d > 0$: Jede Lösung $y(t)$ unterscheidet sich von der Lösung $y_p(t)$ um eine Lösung der homogenen Gleichung (7). Nach Teil I. klingen letztere mit $t \to \infty$ auf Null ab; also gilt $y(t) - y_p(t) \to 0$ mit $t \to \infty$. Kurz: *Im Fall $d > 0$ hat jede Lösung von (8) dasselbe Langzeitverhalten wie die partikuläre Lösung (10).*

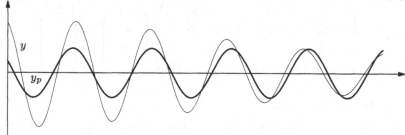

Die partikuläre Lösung y_p und eine weitere Lösung y

Fall 2. liegt genau dann vor, wenn $d = 0$ und $\omega^2 = k$ ist; also genau dann, wenn (8) folgende spezielle Gestalt hat:

(8_{R}) $$\boxed{\ddot{y} + \omega^2 y = K \cos \omega t.}$$

Mit $i\omega$ ist auch $-i\omega$ Nullstelle von P, also ist $i\omega$ eine einfache Nullstelle. Die komplexifizierte Gleichung $\ddot{z} + \omega^2 z = K\,e^{i\omega t}$ hat daher nach (6^0) die Lösung $z_p(t) = \dfrac{K}{2i\omega} t\,e^{i\omega t}$. Als partikuläre Lösung von (8_{R}) erhalten wir damit

(11) $$y_p(t) = \operatorname{Re} z_p(t) = \frac{K}{2\omega} t \sin \omega t.$$

Die Lösung (11) ist wegen des Faktors t unbeschränkt. Da ferner jede Lösung der homogenen Gleichung (7) beschränkt ist, folgt, daß sogar jede Lösung von (8_{R}) unbeschränkt wächst (*Resonanzkatastrophe*).

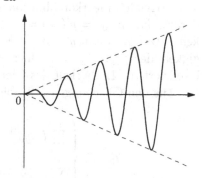

10.5 Partikuläre Lösungen bei allgemeinen Inhomogenitäten

In diesem Abschnitt zeigen wir, wie bei beliebigen stetigen Inhomogenitäten die Berechnung partikulärer Lösungen auf die Berechnung von Stammfunktionen zurückgeführt werden kann.

Satz 4 (Variation der Konstanten): *Sei $y_1, \ldots, y_n$ eine Lösungsbasis zur homogenen Gleichung $P(D)y = 0$ der Ordnung n. Dann gilt:*

(i) *Für eine beliebige Funktion $q : I \to \mathbb{C}$ auf einem Intervall I hat das (n, n)-Gleichungssystem*

$$(12) \quad \begin{pmatrix} y_1 & y_2 & \cdots & y_n \\ y_1' & y_2' & \cdots & y_n' \\ \vdots & \vdots & \ddots & \vdots \\ y_1^{(n-1)} & y_2^{(n-1)} & \cdots & y_n^{(n-1)} \end{pmatrix} \begin{pmatrix} u_1 \\ u_2 \\ \vdots \\ u_n \end{pmatrix} = \begin{pmatrix} 0 \\ \vdots \\ 0 \\ q \end{pmatrix}$$

eine Lösung $u_1, \ldots, u_n$.

(ii) *Sind $U_1, \ldots, U_n$ Stammfunktionen auf I zu $u_1, \ldots, u_n$, so ist dort*

$$y_p := U_1 y_1 + \ldots + U_n y_n$$

eine partikuläre Lösung der inhomogenen Gleichung $P(D)y = q$.

Bemerkung: Jede Linearkombination $c_1 y_1 + \ldots + c_n y_n$, $c_\nu \in \mathbb{C}$, ist eine Lösung der homogenen Gleichung. Nach dem Satz erhält man eine Lösung der inhomogenen Gleichung, wenn man die Konstanten $c_1, \ldots, c_n$ durch geeignete Funktionen $U_1, \ldots, U_n$ ersetzt. Entsprechend heißt das im Satz beschriebene Konstruktionsverfahren *Variation der Konstanten*.

Beweis: (i) Wir stellen zunächst fest, daß die Matrix des Gleichungssystems (12) an jeder Stelle $x \in \mathbb{R}$ den Rang n hat. Hätte es nicht überall den Rang n, gäbe es in einem Punkt x_0 eine den Nullvektor darstellende nicht-triviale Linearkombination der Spalten, also ein $y = c_1 y_1 + \ldots + c_n y_n$ derart, daß $y(x_0) = y'(x_0) = \ldots = y^{(n-1)}(x_0) = 0$. Nach dem Eindeutigkeitssatz wäre dann $y = 0$ auf $\mathbb{R}$ im Widerspruch zur linearen Unabhängigkeit der $y_1, \ldots, y_n$. Die hiermit festgestellte Maximalität des Ranges impliziert die Lösbarkeit des Gleichungssystems.

(ii) Aus den Gleichungen (12) folgt durch Induktion nach k zunächst

$$y_p^{(k)} = \begin{cases} \sum_{\nu=1}^{n} U_\nu y_\nu^{(k)}, & \text{falls } k = 0, \ldots, n-1, \\ \sum_{\nu=1}^{n} U_\nu y_\nu^{(n)} + q, & \text{falls } k = n. \end{cases}$$

Daraus ergibt sich wegen der Linearität des Differentialoperators $P(D)$ und $P(D)y_\nu = 0$ für $\nu = 1, \ldots, n$ die zu beweisende Identität

$$P(D)y_p = \sum_{\nu=1}^{n} U_\nu P(D)y_\nu + q = q. \qquad \square$$

Beispiel: $y'' + y = \dfrac{1}{\cos x}$.

Ein Fundamentalsystem der homogenen Gleichung bilden die Funktionen sin und cos. Das zunächst zu lösende Gleichungssystem (12) lautet hier

$$\begin{pmatrix} \sin & \cos \\ \cos & -\sin \end{pmatrix}\begin{pmatrix} u_1 \\ u_2 \end{pmatrix} = \begin{pmatrix} 0 \\ 1/\cos \end{pmatrix}$$

und hat die Lösung

$$\begin{pmatrix} u_1 \\ u_2 \end{pmatrix} = \begin{pmatrix} \sin & \cos \\ \cos & -\sin \end{pmatrix}\begin{pmatrix} 0 \\ 1/\cos \end{pmatrix} = \begin{pmatrix} 1 \\ -\tan \end{pmatrix}.$$

Weiter sind $U_1 := x$ und $U_2 := \ln|\cos|$ Stammfunktionen zu $u_1 = 1$ bzw. $u_2 = -\tan$. Eine Lösung der Differentialgleichung ist also

$$y_p(x) = x \cdot \sin x + \big(\ln|\cos x|\big) \cdot \cos x. \qquad \square$$

Bemerkung: Eine wirkungsvolle Methode zur Lösung von Anfangswertproblemen bei linearen Differentialgleichungen mit konstanten Koeffizienten stellt die *Laplace-Transformation* dar. Eine befriedigende Behandlung dieser Transformation erfordert jedoch Hilfsmittel der Funktionentheorie.

10.6   Erweiterung des Lösungsbegriffes

In vielen Anwendungen treten als Inhomogenitäten unstetige Steuerungsfunktionen auf. Besitzt eine Inhomogenität q nicht die Zwischenwerteigenschaft, kann es nach 9.12 Aufgabe 12 keine n-mal differenzierbare Funktion y mit $P(\mathrm{D})y = q$ geben. Im Hinblick auf derartige Situationen erweitern wir den Begriff einer Lösungsfunktion.

Definition: Unter einer *verallgemeinerten* Lösung der Differentialgleichung $P(\mathrm{D})y = q$ n-ter Ordnung auf einem Intervall I verstehen wir eine $\mathscr{C}^{n-1}$-Funktion $y : I \to \mathbb{C}$ mit den Eigenschaften:

(i) $y^{(n-1)}$ ist fast überall differenzierbar;

(ii) fast überall gilt $P(\mathrm{D})y = q$.

Bemerkung: Eine verallgemeinerte Lösung der Differentialgleichung $y' = q$ ist nichts anderes als eine Stammfunktion zu q.

Lemma: *Ist q stetig, so ist eine verallgemeinerte Lösung der Gleichung $P(\mathrm{D})y = q$ sogar eine Lösung im bisherigen Sinn. Insbesondere hat eine homogene Gleichung $P(\mathrm{D})y = 0$ nur Lösungen im bisherigen Sinn.*

Das Lemma berechtigt uns, eine verallgemeinerte Lösung ebenfalls als Lösung zu bezeichnen.

Beweis: Fast überall gilt $(*)$ $\left(y^{(n-1)}\right)' = q - (a_0 y + \ldots + a_{n-1} y^{(n-1)})$, wobei die rechts stehende Funktion auf ganz I stetig ist. Mit dem Differenzierbarkeitssatz in 9.9 ergibt sich, daß $y^{(n-1)}$ auf ganz I differenzierbar ist, und, daß in $(*)$ Gleichheit auf ganz I besteht.   □

Mit dem neuen Lösungsbegriff gelten sinngemäß weiter:

- die Feststellungen in 10.1 über den Zusammenhang der Lösungen einer inhomogenen Gleichung $P(\mathrm{D})y = q$ und der homogenen Gleichung $P(\mathrm{D})y = 0$;

- der Eindeutigkeitssatz in 10.1;

- Satz 4 zur Ermittlung einer partikulären Lösung.

Beispiel: $y'' + y = \delta_T$;

dabei sei mit einer positiven Konstanten T

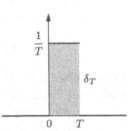

$$\delta_T(t) := \begin{cases} \dfrac{1}{T}, & \text{falls } t \in [0;T], \\ 0, & \text{falls } t \notin [0;T]. \end{cases}$$

Zunächst bestimmen wir wie im letzten Beispiel Funktionen u_1, u_2 durch

$$\begin{pmatrix} u_1 \\ u_2 \end{pmatrix} = \begin{pmatrix} \sin & \cos \\ \cos & -\sin \end{pmatrix} \begin{pmatrix} 0 \\ \delta_T \end{pmatrix} = \begin{pmatrix} \delta_T \cos \\ -\delta_T \sin \end{pmatrix}.$$

$u_1 = \delta_T \cos$ und $u_2 = -\delta_T \sin$ besitzen als Stammfunktionen die stückweise definierten stetigen Funktionen U_1 bzw. U_2 mit $U_1(t) = U_2(t) = 0$ in $(-\infty; 0]$ und

$$U_1(t) := \left\{ \begin{array}{c} \dfrac{1}{T}\sin t \\ \dfrac{1}{T}\sin T \end{array} \right\} \quad \text{bzw.} \quad U_2(t) := \left\{ \begin{array}{c} \dfrac{1}{T}(\cos t - 1) \\ \dfrac{1}{T}(\cos T - 1) \end{array} \right\} \quad \text{in} \quad \left\{ \begin{array}{c} [0;T] \\ [T;\infty) \end{array} \right\}.$$

Als partikuläre Lösung erhalten wir damit y_T mit $y_T(t) = 0$ in $(-\infty; 0]$ und

$$y_T(t) = U_1 \sin t + U_2 \cos t = \left\{ \begin{array}{c} \dfrac{1}{T}(1 - \cos t) \\ \dfrac{1}{T}(\cos(t - T) - \cos t) \end{array} \right\} \quad \text{in} \quad \left\{ \begin{array}{c} [0;T] \\ [T;\infty) \end{array} \right\}.$$

y_T ist die Lösung mit den Anfangswerten $y_T(0) = 0$, $\dot{y}_T(0) = 0$. Man sieht sofort, daß

$$y_\infty(t) := \lim_{T \downarrow 0} y_T(t) = \begin{cases} 0 & \text{für } t \le 0, \\ -\cos'(t) = \sin t & \text{für } t > 0. \end{cases}$$

Der Grenzwert y_∞ kann als die Bewegung aufgefaßt werden, die eine kurz-zeitige Übertragung eines Impulses der Größe $1 (= \frac{1}{T} \cdot T)$ auf einen im Zeit-punkt $t = 0$ noch in Ruhe befindlichen harmonischen Oszillator auslöst. Für $t > 0$ stimmt er mit der Lösung des Anfangswertproblems $\ddot{y} + y = 0$, $y(0) = 0$, $\dot{y}(0) = 1$, überein.

Bemerkung: Die Familie der Funktionen δ_T, $T \in \mathbb{R}_+$, erhält im Rahmen der sogenannten *verallgemeinerten Funktionen* (auch *Distributionen* ge-nannt) eine besondere Deutung: Sie stellt dort die sogenannte (Diracsche) δ-Funktion dar. In der Theorie dieser Funktionen ist $\lim\limits_{T\downarrow 0} y_T$ eine Lösung der Differentialgleichung $\ddot{y} + y = \delta$.

10.7 Aufgaben

1. Man bestimme ein reelles Fundamentalsystem für

   a) $y^{(4)} - y = 0$,

   b) $y^{(4)} + 4y'' + 4y = 0$,

   c) $y^{(4)} - 2y^{(3)} + 5y'' = 0$.

2. Man bestimme eine partikuläre Lösung der Gleichung $y'' + y = q$ für

   a) $q = x^3$,

   b) $q = \sinh x$,

   c) $q = 1/\sin x$.

3. Die Differentialgleichung $m\ddot{y} = mg - k\dot{y}$ beschreibt das Fallen eines Körpers unter der Schwerkraft bei einer zur Geschwindigkeit propor-tionalen Reibung. Man ermittle die Lösung mit $y(0) = 0$, $\dot{y}(0) = 0$ und deren „Endgeschwindigkeit" $v_\infty := \lim\limits_{t \to \infty} \dot{y}(t)$.

4. *Erzwungene Schwingungen durch periodische Erregung.* Man ermittle eine partikuläre Lösung der Schwingungsgleichung

$$\ddot{y} + 2d\dot{y} + ky = f(t), \qquad d \geq 0, \, k > 0,$$

   für

$$f(t) = \sum_{n=0}^{\infty} c_n \, e^{in\omega t} \qquad \text{mit} \sum_{n=0}^{\infty} |c_n| \leq \infty, \quad \omega > 0.$$

5. Man zeige: Genau dann konvergiert jede Lösung der Differentialglei-chung $P(D)y = 0$ mit $t \to \infty$ gegen 0, wenn alle Nullstellen des cha-rakteristischen Polynoms einen negativen Realteil haben. (Die Diffe-rentialgleichung heißt dann *asymptotisch stabil.*)

6. Das Gleichungssystem für zwei $\mathscr{C}^2$-Funktionen x, y

$$\ddot{x} = -ax - k(x - y),$$
$$\ddot{y} = -ay - k(y - x),$$

a und k Konstanten > 0, beschreibt die Bewegungen zweier mittels einer Feder gekoppelter Pendel gleicher Masse und gleicher Länge bei kleinen Auslenkungen x, y von der jeweiligen Ruhelage. Man ermittle diese Bewegungen, falls zum Zeitpunkt $t = 0$ eines der Pendel angestoßen wird:

$$x(0) = y(0) = 0, \qquad \dot{x}(0) = 1, \qquad \dot{y}(0) = 0.$$

Die Verwendung sachgemäßer Koordinaten entkoppelt das System.

7. Die Bewegungsgleichungen des *Foucaultschen Pendels* lauten

$$\ddot{x} = 2u\dot{y} - \gamma x,$$
$$\ddot{y} = -2u\dot{x} - \gamma y,$$

($\gamma = g/l$, g Erdbeschleunigung, l Pendellänge, u von der geographischen Breite abhängige reelle Konstante; x, y erdfeste cartesische Koordinaten in Nord-Süd bzw. West-Ost-Richtung).

a) Man fasse die Gleichungen zu *einer* Differentialgleichung 2. Ordnung für $z(t) = x(t) + iy(t)$ zusammen und berechne deren Lösungen. Ferner zeige man, daß für jede Lösung die Abstandsfunktion $r(t) := |z(t)|$ die Periode $T = 2\pi/\omega$, $\omega := \sqrt{u^2 + \gamma}$, hat.

b) Die Abstandsfunktion der Lösung mit $z(0) = x_0 > 0$ und $\dot{z}(0) = iv_0$, $v_0 \in \mathbb{R}$, erfüllt die Ungleichung $r(t) \leq x_0$ für alle $t \in \mathbb{R}$ oder $r(t) \geq x_0$ für alle t. Für welche v_0 ist $r(t) = x_0$ für alle t? Im Fall $v_0 = 0$ gilt $r(t) \leq x_0$ und $r(t) = x_0$ tritt genau zu den Zeiten $t = k \cdot T/2$, $k \in \mathbb{Z}$, ein.

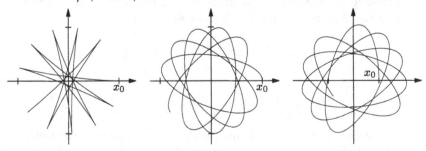

11 Integralrechnung

Historisch liegen die Wurzeln der Integralrechnung in der Ermittlung von Flächeninhalten. Methodische Ansätze finden sich zwar bereits bei Archimedes, Cavalieri und Barrow, dem Lehrer Newtons; die systematische Entwicklung aber beginnt erst mit der Entdeckung des Zusammenhangs von Differentiation und Integration durch Leibniz und Newton um 1670.

Eine Präzisierung des Integralbegriffes für stetige Funktionen nahm erstmals Cauchy (1823) in Angriff. Riemann erweiterte ihn auf etwas allgemeinere Funktionen. Einen andersartigen, wesentlich flexibleren und sehr umfassenden Integralbegriff führte Lebesgue (1902) ein.

Wir beschränken uns hier auf das Integral für Regelfunktionen – die Klasse dieser Funktionen liegt zwischen den stetigen und den Riemannintegrierbaren –, da es für alle Zwecke der elementaren Analysis ausreicht; in Band 2 bringen wir dann das Lebesgue-Integral. Das Regelintegral wird zunächst für gewisse einfache Funktionen, die Treppenfunktionen, direkt erklärt und dann durch einen Approximationsprozeß auf die Regelfunktionen ausgedehnt.

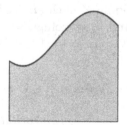 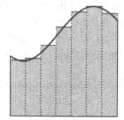

11.1 Treppenfunktionen und ihre Integration

$\varphi : [a; b] \to \mathbb{C}$ heißt *Treppenfunktion*, wenn es Punkte $x_0, \ldots, x_n$ mit

(Z) $$a = x_0 < x_1 < \ldots < x_n = b$$

gibt derart, daß φ in jedem offenen Teilintervall $(x_{k-1}; x_k)$ konstant ist.

Die Funktionswerte in den Teilungspunkten $x_0, \ldots, x_n$ unterliegen keiner
Einschränkung. Eine Menge Z von Punkten $x_0, \ldots, x_n$ wie angegeben
nennt man eine *Zerlegung von* $[a; b]$. Den Vektorraum der Treppenfunktionen auf $[a; b]$ bezeichnen wir mit $\mathscr{T}[a; b]$.

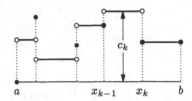

Definition des Integrals einer Treppenfunktion Hat $\varphi : [a; b] \to \mathbb{C}$
im Teilintervall $(x_{k-1}; x_k)$ den konstanten Wert c_k, so definiert man mit
$\triangle x_k := x_k - x_{k-1}$

$$\int\limits_a^b \varphi(x)\,\mathrm{d}x := \sum_{k=1}^n c_k \triangle x_k.$$

Zur Rechtfertigung dieser Definition müssen wir noch zeigen, daß sie
von der Wahl der Zerlegung unabhängig ist.

Zum Beweis setzen wir $I(Z) := \sum_k c_k \triangle x_k$. Sei Z' eine weitere Zerlegung, auf deren offenen Teilintervallen φ konstant ist. Für die Zerlegung
$Z \cup Z'$, die gerade alle Teilungspunkte von Z und Z' umfaßt, zeigen wir:
$I(Z) = I(Z \cup Z') = I(Z')$. Da $Z \cup Z'$ aus Z wie auch aus Z' durch
Einfügen zusätzlicher Teilungspunkte entsteht, reduziert sich das Problem
schließlich auf den Fall, daß zu einer Zerlegung Z noch *ein* Teilungspunkt
hinzukommt. Wird etwa t zwischen x_{k-1} und x_k eingefügt, so ist der Summand $c_k(x_k - x_{k-1})$ zu ersetzen durch $c_k(t - x_{k-1}) + c_k(x_k - t)$. Der Wert
der Summe ändert sich dadurch nicht.

Lemma: *Für Treppenfunktionen* φ, ψ *und Zahlen* $\alpha, \beta \in \mathbb{C}$ *gilt:*

a) $\displaystyle\int_a^b (\alpha\varphi + \beta\psi)\,\mathrm{d}x = \alpha \int_a^b \varphi\,\mathrm{d}x + \beta \int_a^b \psi\,\mathrm{d}x$ *(Linearität).*

b) $\displaystyle\left| \int_a^b \varphi\,\mathrm{d}x \right| \leq \int_a^b |\varphi|\,\mathrm{d}x \leq (b - a) \cdot \|\varphi\|$ *(Beschränktheit).*

c)   *Sind* φ *und* ψ *reell mit* $\varphi \leq \psi$, *so gilt*

   $\displaystyle\int_a^b \varphi\,\mathrm{d}x \leq \int_a^b \psi\,\mathrm{d}x$ *(Monotonie).*

In b) bezeichnet $\|\ \|$ die Supremumsnorm bezüglich $[a; b]$ (siehe 7.3).

Zum Beweis zerlegt man $[a; b]$ derart, daß sowohl φ als auch ψ auf den offenen Teilintervallen der Zerlegung konstant sind. Die Behauptungen sind dann einfache Aussagen über Summen.   □

Bemerkung: Unter der *charakteristischen Funktion* $\mathbf{1}_A$ einer Teilmenge $A \in \mathbb{R}$ versteht man die auf ganz $\mathbb{R}$ definierte Funktion mit

$$\mathbf{1}_A(x) := \begin{cases} 1, & \text{für } x \in A, \\ 0, & \text{für } x \in \mathbb{R} \setminus A. \end{cases}$$

Man sieht leicht, daß jede Treppenfunktion φ auf $[a; b]$ als Linearkombination $\varphi = \sum_{k=1}^{m} c_k \mathbf{1}_{A_k}$, $c_k \in \mathbb{C}$, charakteristischer Funktionen von Intervallen und Punkten dargestellt werden kann (streng genommen als Einschränkung einer solchen Linearkombination auf das Intervall $[a; b]$).

11.2 Regelfunktionen

Unser Ziel ist es, die auf $\mathcal{T}[a; b]$ definierte Linearform

$$\int_a^b : \mathcal{T}[a; b] \to \mathbb{C}, \quad \varphi \mapsto \int_a^b \varphi(x)\, dx,$$

auf den Raum der Regelfunktionen fortzusetzen, und zwar so, daß auch die im vorangehenden Lemma formulierten Grundeigenschaften des Integrals sinngemäß weitergelten.

Definition (Regelfunktion): Sei I ein Intervall mit Anfangspunkt a und Endpunkt b. Eine Funktion $f : I \to \mathbb{C}$ heißt *Regelfunktion auf I*, wenn sie

(i) in jedem Punkt $x \in (a; b)$ sowohl einen linksseitigen als auch einen rechtsseitigen Grenzwert hat,

(ii) im Fall $a \in I$ in a einen rechtsseitigen Grenzwert und im Fall $b \in I$ in b einen linksseitigen.

Den $\mathbb{C}$-Vektorraum aller Regelfunktionen auf I bezeichnen wir mit $\mathcal{R}(I)$.

Beispiele von Regelfunktionen:

1. *die stetigen Funktionen* $f : I \to \mathbb{C}$;

2. *die monotonen Funktionen* $g : I \to \mathbb{R}$; siehe 7.8.

Sind f und g Regelfunktionen auf I, dann sind auch $|f|$ und fg Regelfunktionen; im Fall reeller Funktionen ferner $\max(f, g)$ und $\min(f, g)$.

Die Grundlage für die beabsichtigte Erweiterung des Integrals von $\mathcal{T}[a; b]$ auf $\mathcal{R}[a; b]$ bildet der folgende Approximationssatz.

Approximationssatz: *Eine Funktion f auf einem kompakten Intervall $[a;b]$ ist genau dann eine Regelfunktion, wenn es zu jedem $\varepsilon > 0$ eine Treppenfunktion $\varphi \in \mathscr{T}[a;b]$ gibt so, daß $\|f - \varphi\| \le \varepsilon$ gilt, d.h.,*

$$|f(x) - \varphi(x)| \le \varepsilon \quad \text{für alle } x \in [a;b].$$

(φ nennen wir eine „ε-Approximation von f".) Gleichwertig formuliert: *$f : [a;b] \to \mathbb{C}$ ist genau dann eine Regelfunktion, wenn es eine Folge von Treppenfunktionen φ_n auf $[a;b]$ gibt mit*

$$\|f - \varphi_n\| \to 0 \quad \text{für } n \to \infty.$$

Geometrisch bedeutet die Forderung $\|f - \varphi\| \le \varepsilon$: Der Graph von φ verläuft im ε-Streifen um den Graphen von f.

Beweis: a) Es sei f eine Regelfunktion auf $[a;b]$. Angenommen, zu einem $\varepsilon > 0$ gebe es keine ε-approximierende Treppenfunktion. Wir konstruieren dann zunächst eine Intervallschachtelung $([a_n;b_n])$ derart, daß gilt:

(∗) f besitzt auf keinem der Intervalle $[a_n;b_n]$, $n = 1,2,3,\ldots$, eine ε-approximierende Treppenfunktion.

Wir setzen $[a_1;b_1] := [a;b]$ und definieren die weiteren Intervalle sukzessive durch Intervall-Halbierung: Ist $[a_n;b_n]$ bereits konstruiert und ist M der Mittelpunkt von $[a_n;b_n]$, so besitzt f in mindestens einer der beiden Hälften $[a_n;M]$ oder $[M;b_n]$ keine ε-approximierende Treppenfunktion. Als $[a_{n+1};b_{n+1}]$ wählen wir dann eine solche Hälfte.

Sei nun ξ der durch die Intervallschachtelung definierte Punkt. Wir betrachten den Fall $\xi \in (a;b)$. Seien dann c_l und c_r der links- bzw. rechtsseitige Grenzwert von f in ξ, ferner $\delta > 0$ eine Zahl so, daß

$$|f(x) - c_l| < \varepsilon \quad \text{für } x \in [\xi - \delta; \xi),$$
$$|f(x) - c_r| < \varepsilon \quad \text{für } x \in (\xi; \xi + \delta].$$

Auf $[\xi - \delta; \xi + \delta]$ definieren wir nun eine Treppenfunktion φ durch

$$\varphi(x) := \begin{cases} c_l & \text{für } x \in [\xi - \delta; \xi), \\ f(\xi) & \text{für } x = \xi, \\ c_r & \text{für } x \in (\xi; \xi + \delta]. \end{cases}$$

Diese ist eine ε-Approximation zu f auf $[\xi - \delta; \xi + \delta]$ und erst recht auf jedem in $[\xi - \delta; \xi + \delta]$ gelegenen Intervall $[a_N;b_N]$, was aber im Widerspruch zu (∗) steht.

b) Sei f approximierbar wie angegeben. Wir beweisen dann die Existenz des rechtsseitigen Grenzwertes in einem beliebigen Punkt $x_0 \in [a; b)$.

Zu $\varepsilon > 0$ wählen wir eine Treppenfunktion φ mit $\|f - \varphi\| \leq \varepsilon/2$. Weiter sei $(x_0; \beta)$ ein Intervall, auf dem φ konstant ist. Für beliebige Punkte $x, x' \in (x_0; \beta)$ gilt dann $|f(x) - f(x')| \leq |f(x) - \varphi(x)| + |\varphi(x') - f(x')| \leq \varepsilon$. Nach dem Cauchyschen Konvergenzkriterium besitzt f somit einen rechtsseitigen Grenzwert in x_0. □

Korollar 1: *Eine Funktion $f : [a; b] \to \mathbb{C}$ ist genau dann eine Regelfunktion, wenn sie eine auf $[a; b]$ normal konvergente Reihendarstellung*

$$f = \sum_{k=1}^{\infty} \psi_k \quad mit \; \psi_k \in \mathscr{T}[a; b]$$

besitzt.

Beweis: Man wähle $\varphi_k \in \mathscr{T}[a; b]$ mit $\|f - \varphi_k\| \leq 2^{-k}$ und setze $\psi_1 := \varphi_1$ sowie $\psi_k := \varphi_k - \varphi_{k-1}$ für $k \geq 2$. Damit gilt dann

$$\left| f(x) - \sum_{k=1}^{n} \psi_k(x) \right| = |f(x) - \varphi_n(x)| \leq \|f - \varphi_n\|.$$

Die Reihe $\sum_k \psi_k$ konvergiert also punktweise gegen f. Die normale Konvergenz schließlich folgt aus der für $k \geq 2$ gültigen Abschätzung

$$\|\psi_k\| \leq \|\varphi_k - f\| + \|f - \varphi_{k-1}\| \leq \frac{1}{2^k} + \frac{1}{2^{k-1}} = \frac{3}{2^k}.$$

Es besitze umgekehrt f eine Darstellung wie angegeben. Die Folge der Partialsummen $\varphi_n := \sum_{k=1}^{n} \psi_k$ leistet dann $\|f - \varphi_n\| \to 0$. □

Folgerung: *Jede Regelfunktion $f : I \to \mathbb{C}$ ist fast überall stetig, d.h., stetig mit Ausnahme höchstens abzählbar vieler Stellen. Insbesondere ist jede monotone Funktion auf einem Intervall fast überall stetig.*

Beweis: Jedes Intervall ist die Vereinigung abzählbar vieler kompakter Intervalle; siehe 2.5 Aufgabe 12. Somit genügt es, die Aussage für ein kompaktes Intervall $I = [a; b]$ zu zeigen. Dazu benützen wir eine Reihendarstellung wie in Korollar 1. Nach 7.3 ist f in x höchstens dann unstetig, wenn mindestens ein ψ_k in x unstetig ist. Nun hat jedes ψ_k höchstens endlich viele Unstetigkeitsstellen; die Menge der Unstetigkeitsstellen aller ψ_k ist also höchstens abzählbar. □

Korollar 2: *Jede Regelfunktion f auf einem kompakten Intervall ist beschränkt.*

Beweis: Mit einer 1-approximierenden Treppenfunktion φ erhält man die Abschätzung $\|f\| \leq \|\varphi\| + 1$. □

11.3 Integration der Regelfunktionen über kompakte Intervalle

Satz und Definition: *Es sei* $f : [a; b] \to \mathbb{C}$ *eine Regelfunktion. Für jede Folge* (φ_n) *von Treppenfunktionen auf* $[a; b]$ *mit* $\|f - \varphi_n\| \to 0$, $n \to \infty$, *existiert der Grenzwert*

$$\int_a^b f(x)\, \mathrm{d}x := \lim_{n \to \infty} \int_a^b \varphi_n(x)\, \mathrm{d}x.$$

Er hängt nicht von der Wahl der Approximationsfolge ab und heißt das Integral von f *über* $[a; b]$.

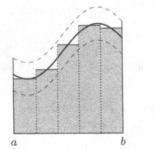 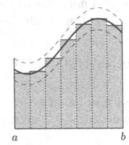 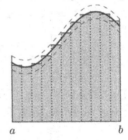

Beweis: Wir zeigen zunächst, daß die Zahlen $I_n := \int_a^b \varphi_n\, \mathrm{d}x$ eine Cauchy-folge bilden. Mit der Beschränktheitseigenschaft des Integrals für Treppen-funktionen erhält man:

$$|I_n - I_m| \le (b - a) \cdot \|\varphi_n - \varphi_m\| \le (b - a) \cdot (\|\varphi_n - f\| + \|f - \varphi_m\|).$$

Daraus folgt wegen $\|f - \varphi_k\| \to 0$ die behauptete Cauchy-Eigenschaft und damit die behauptete Konvergenz.

Es sei jetzt (ψ_n) eine weitere Folge von Treppenfunktionen auf $[a; b]$ mit $\|f - \psi_n\| \to 0$. Wir schieben (φ_n) und (ψ_n) wie bei einem Reißverschluß ineinander zu der Folge $\varphi_1, \psi_1, \varphi_2, \psi_2, \varphi_3, \psi_3, \dots$ und bezeichnen diese mit (χ_k). Offenbar gilt $\|f - \chi_k\| \to 0$ für $k \to \infty$. Nach dem bereits Bewiese-nen konvergiert die Folge $\left(\int_a^b \chi_k\, \mathrm{d}x \right)$. Somit haben ihre beiden Teilfolgen $\left(\int_a^b \varphi_n\, \mathrm{d}x \right)$ und $\left(\int_a^b \psi_n\, \mathrm{d}x \right)$ denselben Grenzwert. $\qquad\square$

Korollar: *Das Integral ist für jede stetige und jede monotone Funktion auf* $[a; b]$ *definiert.*

Wie in der Einleitung bereits festgestellt, kennt man in der Analysis mehrere Integralbegriffe. Diese unterscheiden sich sowohl in der Art ihrer Definition als auch in der Gesamtheit der integrierbaren Funktionen. Das hier eingeführte Integral ist genau für Regelfunktionen auf einem kompakten Intervall erklärt; wir bezeichnen es daher als *Regelintegral*. Eine Funktion, für die das Regelintegral nicht erklärt ist, ist $f : [0; 1] \to \mathbb{R}$ mit $f(x) := 1$ für rationales x und $f(x) := 0$ für irrationales x.

Satz: *Für Regelfunktionen f, g auf $[a; b]$ und Zahlen $\alpha, \beta \in \mathbb{C}$ gilt:*

---

a) $\displaystyle\int_a^b (\alpha f + \beta g)\, dx = \alpha \int_a^b f\, dx + \beta \int_a^b g\, dx$ $\qquad$ *(Linearität),*

b) $\displaystyle\left| \int_a^b f\, dx \right| \leq \int_a^b |f|\, dx \leq (b - a) \cdot \|f\|_{[a;b]}$ $\qquad$ *(Beschränktheit),*

c) $\displaystyle\int_a^b f\, dx \leq \int_a^b g\, dx, \quad$ *falls $f \leq g$ ist* $\qquad$ *(Monotonie).*

Beweis: Seien (φ_n) und (γ_n) Folgen von Treppenfunktionen auf $[a; b]$ mit $\|f - \varphi_n\| \to 0$ und $\|g - \gamma_n\| \to 0$ für $n \to \infty$.

a) Es gilt $\|(\alpha f + \beta g) - (\alpha\varphi_n + \beta\gamma_n)\| \to 0$ und damit

$$\int_a^b (\alpha f + \beta g)\, dx = \lim_{n \to \infty} \int_a^b (\alpha\varphi_n + \beta\gamma_n)\, dx = \alpha \int_a^b f\, dx + \beta \int_a^b g\, dx.$$

b) Wegen $\big\| |f| - |\varphi_n| \big\| \to 0$ gilt zunächst $\displaystyle\int_a^b |f|\, dx = \lim_{n \to \infty} \int_a^b |\varphi_n|\, dx$. Damit folgt die Behauptung aus

$$\left| \int_a^b f\, dx \right| = \lim_{n \to \infty} \left| \int_a^b \varphi_n\, dx \right| \leq \lim_{n \to \infty} \|\varphi_n\| \cdot (b - a) = \|f\| \cdot (b - a).$$

c) φ_n und γ_n seien jetzt reellwertig. Dann sind $\varphi_n^- := \varphi_n - \|f - \varphi_n\|$ und $\gamma_n^+ := \gamma_n + \|g - \gamma_n\|$ Treppenfunktionen mit $\varphi_n^- \leq f \leq g \leq \gamma_n^+$ sowie mit $\|f - \varphi_n^-\| \to 0$ und $\|g - \gamma_n^+\| \to 0$. Mit diesen folgt

$$\int_a^b f\, dx = \lim_{n \to \infty} \int_a^b \varphi_n^-\, dx \leq \lim_{n \to \infty} \int_a^b \gamma_n^+\, dx = \int_a^b g\, dx. \qquad \square$$

Das Integral hat neben der Linearität im Integranden auch die Eigenschaft der *Additivität* bezüglich der Integrationsintervalle.

Satz: *Sei $a < b < c$, und sei f eine Regelfunktion auf $[a; c]$. Dann gilt*

(1)
$$\int_a^c f(x)\,dx = \int_a^b f(x)\,dx + \int_b^c f(x)\,dx.$$

Beweis: Für Treppenfunktionen ist (1) offensichtlich richtig. Bei der Ausdehnung auf Regelfunktionen beachte man: Ist φ_1 eine Treppenfunktion auf $[a; b]$ mit $\|f - \varphi_1\|_{[a;b]} < \varepsilon$ und φ_2 eine Treppenfunktion auf $[b; c]$ mit $\|f - \varphi_2\|_{[b;c]} < \varepsilon$, so definiert

$$\varphi(x) := \begin{cases} \varphi_1(x) & \text{für } x \in [a; b], \\ \varphi_2(x) & \text{für } x \in (b; c], \end{cases}$$

eine Treppenfunktion auf $[a; c]$ mit $\|f - \varphi\|_{[a;c]} < \varepsilon$. $\square$

Damit die Formel (1) auch bei beliebiger gegenseitiger Lage der Punkte a, b, c gilt, definiert man noch

$$\int_a^a f(x)\,dx := 0 \quad \text{und} \quad \int_a^b f(x)\,dx := -\int_b^a f(x)\,dx, \quad \text{falls } b < a.$$

Die für beliebige komplexe Regelfunktionen gültige Beschränktheitseigenschaft b) kann für stetige, reelle Funktionen zu einer Gleichung verschärft werden: Mit einem geeigneten $\xi \in [a; b]$ gilt:

(2)
$$\int_a^b f(x)\,dx = (b - a) \cdot f(\xi).$$

Im Fall $f \geq 0$ bedeutet dies: Der Flächeninhalt unter dem Graphen von f ist gleich dem Flächeninhalt eines Rechtecks über $[a; b]$ mit einem geeigneten mittleren Funktionswert $f(\xi)$ als Höhe.

Die Formel (2) ist als Spezialfall $p = 1$ in der folgenden allgemeineren Formel (3) enthalten.

Mittelwertsatz: *Es sei $f : [a; b] \to \mathbb{R}$ eine stetige Funktion und es sei $p : [a; b] \to \mathbb{R}$ eine Regelfunktion mit $p \geq 0$. Dann gibt es ein $\xi \in [a; b]$ mit*

(3)
$$\int_a^b f(x)p(x)\,dx = f(\xi) \cdot \int_a^b p(x)\,dx.$$

Die Funktion p wird oft als *Gewichtsfunktion* bezeichnet.

Beweis: Sind m und M das Minimum bzw. Maximum von f auf $[a;b]$, so gilt $mp \le fp \le Mp$. Wegen der Monotonie des Integrals folgt

$$m \int_a^b p(x)\,\mathrm{d}x \le \int_a^b f(x)p(x)\,\mathrm{d}x \le M \int_a^b p(x)\,\mathrm{d}x.$$

Es gibt also eine Zahl $\mu \in [m;M]$ mit

$$\int_a^b f(x)p(x)\,\mathrm{d}x = \mu \cdot \int_a^b p(x)\,\mathrm{d}x$$

und, da f stetig ist, ein $\xi \in [a;b]$ mit $\mu = f(\xi)$.   □

Schließlich notieren wir eine oft gebrauchte Aussage, die ebenfalls wesentlich auf der Monotonie des Integrals beruht.

Lemma: *Es sei $f : [a;b] \to \mathbb{R}$ eine Regelfunktion mit $f \ge 0$ und*

$$\int_a^b f(x)\,\mathrm{d}x = 0.$$

Dann ist $f(x_0) = 0$ an jeder Stetigkeitsstelle x_0; insbesondere ist $f = 0$ fast überall.

Beweis: Es sei $[\alpha;\beta] \subset [a;b]$ ein Intervall mit $f(x) > \frac{1}{2}f(x_0)$ für $x \in [\alpha;\beta]$. Dann gilt mit der durch $\varphi(x) := \frac{1}{2}f(x_0)$ für $x \in [\alpha;\beta]$ und $\varphi(x) := 0$ für $x \in [a;b] \setminus [\alpha;\beta]$ definierten Treppenfunktion

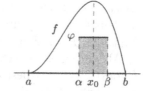

$$\int_a^b f(x)\,\mathrm{d}x \ge \int_a^b \varphi(x)\,\mathrm{d}x = (\beta - \alpha) \cdot \frac{f(x_0)}{2} > 0.$$

Damit ist die erste Aussage gezeigt. Die zweite ergibt sich nun daraus, daß eine Regelfunktion höchstens abzählbar viele Unstetigkeitsstellen hat.   □

11.4 Der Hauptsatz der Differential- und Integralrechnung. Stammfunktionen zu Regelfunktionen

Wir zeigen nun, daß jede Regelfunktion eine Stammfunktion besitzt, und führen in diesem Zusammenhang den Begriff der *fast überall stetig differenzierbaren* Funktion ein. Ferner besprechen wir Verfahren, mit deren Hilfe in manchen Fällen Stammfunktionen explizit errechnet werden können. Zum Begriff der Stammfunktion siehe 9.10.

Hauptsatz: *Es sei* $f : I \to \mathbb{C}$ *eine Regelfunktion auf einem Intervall* I.
Ein Punkt $a \in I$ *sei fest gewählt, und für* $x \in I$ *setze man*

(4)
$$F(x) := \int_a^x f(t)\,\mathrm{d}t.$$

Dann gilt:

(i) *F ist eine Stammfunktion zu f auf I; genauer: F ist an jeder Stelle $x_0 \in I$ sowohl linksseitig als auch rechtsseitig differenzierbar mit*

$$F'_-(x_0) = f_-(x_0), \qquad F'_+(x_0) = f_+(x_0);$$

insbesondere ist F an jeder Stetigkeitsstelle x_0 von f differenzierbar mit

$$F'(x_0) = f(x_0).$$

(ii) *Mit einer beliebigen Stammfunktion Φ zu f auf I gilt für $a, b \in I$*

(5)
$$\int_a^b f(t)\,\mathrm{d}t = \Phi(b) - \Phi(a) =: \Phi\Big|_a^b.$$

Beweis: (i) F ist in jedem kompakten Teilintervall $J \subset I$ Lipschitz-stetig; für beliebige x_1, x_2 gilt nämlich $\big|F(x_1) - F(x_2)\big| \leq |x_1 - x_2| \cdot \|f\|_J$. Damit folgt, daß F auf I stetig ist.

Als nächstes zeigen wir, daß F im Punkt x_0 die rechtsseitige Ableitung $F'_+(x_0) = f_+(x_0)$ besitzt. Dazu sei $\varepsilon > 0$ gegeben und $\delta > 0$ so gewählt, daß $\big|f(x) - f_+(x_0)\big| < \varepsilon$ ist für alle $x \in (x_0; x_0 + \delta)$. Für diese x gilt dann

$$\left| \frac{F(x) - F(x_0)}{x - x_0} - f_+(x_0) \right| = \left| \frac{1}{x - x_0} \int_{x_0}^x (f(t) - f_+(x_0))\,\mathrm{d}t \right| \leq \frac{\varepsilon |x - x_0|}{|x - x_0|} = \varepsilon.$$

Daraus folgt $F'_+(x_0) = f_+(x_0)$. Ebenso zeigt man, daß $F'_-(x_0) = f_-(x_0)$. Ist f in x_0 stetig, so folgt weiter, daß F in x_0 differenzierbar ist und die Ableitung $f(x_0)$ hat.

Die Funktion F ist in ganz I stetig und außerhalb der höchstens abzählbar vielen Unstetigkeitsstellen von f differenzierbar mit $F'(x) = f(x)$; F ist also eine Stammfunktion zu f.

(ii) Die Behauptung ist trivial für F. Da jede weitere Stammfunktion Φ nach dem Eindeutigkeitssatz für fast überall differenzierbare Funktionen in 9.9 die Bauart $\Phi = F + c$, $c \in \mathbb{C}$, hat, folgt

$$\int_a^b f(t)\,\mathrm{d}t = F(b) - F(a) = \Phi(b) - \Phi(a). \qquad \square$$

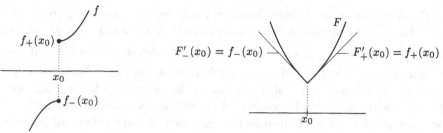

Eine Regelfunktion f an einer Unstetigkeitsstelle
und eine Stammfunktion F dazu

Der erste Teil des Hauptsatzes bringt die theoretisch höchst wichtige
Erkenntnis, daß jede Regelfunktion eine Stammfunktion besitzt, und gibt
eine solche an in Gestalt eines Integrals mit variabler oberer Grenze bei
beliebig fixierter unterer Grenze. In vielen Fällen gehört eine Stammfunktion zu einer „anderen" Klasse von Funktionen als der Integrand; zum
Beispiel ist die Stammfunktion der rationalen Funktion $1/x$ nicht rational.
*Die Bildung einer Stammfunktion ist ein Prozeß, der unter Umständen
den Vorrat der bereits bekannten Funktionen erweitert*; negativ formuliert:
Nicht jede vorgelegte Funktion besitzt eine Stammfunktion unter den bislang betrachteten Funktionen.

Ist f eine Regelfunktion, so nennt man die *Gesamtheit* ihrer Stamm-
funktionen das *unbestimmte Integral* zu f und schreibt dafür $\int f(x)\,dx$.
Dieses Symbol verwendet man aber auch zur Bezeichnung einer speziellen
Stammfunktion, zum Beispiel in den Formeln

1. $\displaystyle\int x^a\,dx = \frac{1}{a+1}x^{a+1}$ für $a \neq -1$ und auf $\mathbb{R}_+$, $\displaystyle\int \frac{1}{x}\,dx = \ln|x|$,

2. $\displaystyle\int e^{cx}\,dx = \frac{1}{c}e^{cx}$ für $c \neq 0$,

3. $\displaystyle\int \cos x\,dx = \sin x$, $\displaystyle\int \sin x\,dx = -\cos x$.

Der folgende Zusatz zum Hauptsatz zeigt, daß ein Integrand in einem
gewissen Umfang modifiziert werden darf ohne sein Integral zu ändern.

Zusatz: *Zwei Regelfunktionen $f_1, f_2 : I \to \mathbb{C}$, die bis auf höchstens abzählbar viele Stellen übereinstimmen, besitzen dasselbe Integral:*

$$\int f_1(x)\,dx = \int f_2(x)\,dx, \qquad \int_a^b f_1(x)\,dx = \int_a^b f_2(x)\,dx.$$

Beweis: Sind F_1 und F_2 Stammfunktionen zu f_1 bzw. f_2, so gilt fast überall $(F_2 - F_1)' = f_2 - f_1 = 0$. Nach dem Eindeutigkeitssatz für fast überall
differenzierbare Funktionen ist also $F_2 = F_1 + \text{const}$.   □

Die Ableitung einer differenzierbaren Funktion muß keine Regelfunktion sein. Ein Beispiel ist die in 9.6 skizzierte Funktion f auf $\mathbb{R}$ mit $f(0) := 0$ und $f(x) := x^2 \sin \dfrac{1}{x}$ für $x \neq 0$. f ist überall differenzierbar, die Ableitung f' hat aber in 0 weder linksseitig noch rechtsseitig einen Grenzwert: f' ist keine Regelfunktion auf $\mathbb{R}$. Insbesondere kann man die Stammfunktion f zu f' nicht durch das Regelintegral reproduzieren (wohl aber durch eine Integration mit dem Lebesgue-Integral; siehe Band 2). Die aufgezeigte Problematik veranlaßt uns zu folgender Definition.

Definition (Fast überall stetig differenzierbare Funktion): Wir nennen eine Funktion $f : I \to \mathbb{C}$ *fast überall stetig differenzierbar*, wenn sie eine Stammfunktion einer Regelfunktion auf I ist.

Eine fast überall stetig differenzierbare Funktion f auf I ist außerhalb einer höchstens abzählbaren Menge $A \subset I$ differenzierbar, und die auf $I \setminus A$ definierte Funktion f' ist stetig und besitzt in jedem Punkt aus A linksseitig und rechtsseitig einen Grenzwert. Insbesondere stimmen zwei Regelfunktionen, zu denen f Stammfunktion ist, fast überall überein.

Wir vereinbaren nun bei Verwendung von Integralen zur Vereinfachung die folgende Bezeichnungsweise:

> Ist f eine fast überall stetig differenzierbare Funktion auf I, so bezeichne f' eine Regelfunktion auf I, zu der f eine Stammfunktion ist; fast überall stimmt f' tatsächlich mit der Ableitung von f überein. Mit dieser Notation gilt:
>
> $$\int f'(x)\,\mathrm{d}x = f, \qquad \int_a^b f'(x)\,\mathrm{d}x = f(b) - f(a).$$

Integrationstechniken

Mit dem Hauptsatz lassen sich die Produktregel und die Kettenregel der Differentialrechnung in oft gebrauchte Integrationstechniken umsetzen.

Partielle Integration: *Sind $u, v : I \to \mathbb{C}$ fast überall stetig differenzierbar, dann ist auch uv fast überall stetig differenzierbar, und es gilt*

$$\int uv' = uv - \int u'v, \qquad \int_a^b uv' = uv\Big|_a^b - \int_a^b u'v.$$

Beweis: Sind u', v' Regelfunktionen, die außerhalb höchstens abzählbarer Teilmengen A bzw. $B \subset I$ mit der Ableitung von u bzw. v übereinstimmen, so ist $u'v + uv'$ eine Regelfunktion, die außerhalb $A \cup B$ mit der Ableitung von uv übereinstimmt; uv ist also eine Stammfunktion zu $u'v + uv'$. $\qquad\square$

Beispiel 1: Sei $a \neq -1$. Dann gilt

$$\int x^a \ln x \, dx = \frac{1}{a+1} x^{a+1} \ln x - \frac{1}{a+1} \int x^a \, dx = \frac{x^{a+1}}{(a+1)^2} \big((a+1) \ln x - 1 \big).$$

Im Fall $a = -1$ hat der Integrand die Stammfunktion $\frac{1}{2}(\ln x)^2$.

Beispiel 2: Bei Integranden der Gestalt $x^n \, e^{cx}$ ($n \in \mathbb{N}$, $c \in \mathbb{C}^*$) kann der Exponent n durch partielle Integration erniedrigt werden:

$$I_n := \int x^n \, e^{cx} \, dx = \frac{1}{c} x^n \, e^{cx} - \frac{n}{c} \int x^{n-1} \, e^{cx} \, dx.$$

Man erhält dadurch die Rekursionsformel

$$I_n = \frac{1}{c} x^n \, e^{cx} - \frac{n}{c} I_{n-1},$$

die I_n sukzessive auf $I_0 = \int e^{cx} \, dx = \frac{1}{c} e^x$ zurückführt.

Mit I_n hat man auch Stammfunktionen zu $x^n \, e^{ax} \cos bx$ und $x^n \, e^{ax} \sin bx$ ($a, b \in \mathbb{R}$): Ist $c = a + ib$, so gilt

$$\int x^n \, e^{ax} \cos bx \, dx = \operatorname{Re} I_n, \qquad \int x^n \, e^{ax} \sin bx \, dx = \operatorname{Im} I_n.$$

Beispiel 3: Mit $v' = 1$ ergibt sich

$$\int \sqrt{1 - x^2} \, dx = \frac{1}{2} \Big(x\sqrt{1 - x^2} + \arcsin x \Big) \quad \text{auf } [-1; 1],$$

$$\int \sqrt{1 + x^2} \, dx = \frac{1}{2} \Big(x\sqrt{1 + x^2} + \operatorname{arsinh} x \Big),$$

$$\int \sqrt{x^2 - 1} \, dx = \frac{1}{2} \Big(x\sqrt{x^2 - 1} - \operatorname{arcosh} x \Big) \quad \text{auf } [1; \infty).$$

Wir führen die Rechnung nur für das erste Integral aus. In $(-1; 1)$ ist

$$\int \sqrt{1 - x^2} \cdot 1 \, dx = x\sqrt{1 - x^2} - \int \frac{x(-2x)}{2\sqrt{1 - x^2}} \, dx$$

$$= x\sqrt{1 - x^2} + \int \frac{dx}{\sqrt{1 - x^2}} - \int \frac{1 - x^2}{\sqrt{1 - x^2}} \, dx$$

$$= x\sqrt{1 - x^2} + \arcsin x - \int \sqrt{1 - x^2} \, dx.$$

Daraus folgt die behauptete Formel zunächst im offenen Intervall $(-1; 1)$. Andererseits besitzt $\sqrt{1 - x^2}$ als stetige Funktion in $[-1; 1]$ eine Stammfunktion in $[-1; 1]$. Da obige rechte Seite noch in den Randpunkten -1 und $+1$ stetig ist, stellt sie auch in $[-1; 1]$ eine Stammfunktion dar. $\square$

Beispiel 4: Integration der Funktionen $\cos^k x$, $\sin^k x$ für $k = 2, 3, \ldots$.

$$\int \cos^k x \, dx = \cos^{k-1} x \cdot \sin x + (k-1) \int \cos^{k-2} x \cdot \sin^2 x \, dx$$

$$= \cos^{k-1} x \cdot \sin x + (k-1) \int (1 - \cos^2 x) \cos^{k-2} x \, dx.$$

Daraus folgt durch Auflösen die Rekursionsformel

$$\int \cos^k x \, dx = \frac{1}{k} \cos^{k-1} x \cdot \sin x + \frac{k-1}{k} \int \cos^{k-2} x \, dx.$$

Ebenso gewinnt man

$$\int \sin^k x \, dx = -\frac{1}{k} \sin^{k-1} x \cos x + \frac{k-1}{k} \int \sin^{k-2} x \, dx.$$

Aus diesen Rekursionsformeln ergeben sich weiter die Integralwerte

(6)
$$c_{2n} := \int\limits_0^{\pi/2} \cos^{2n} x \, dx = \int\limits_0^{\pi/2} \sin^{2n} x \, dx = \frac{(2n-1)}{2n} \cdots \frac{3}{4} \cdot \frac{1}{2} \cdot \frac{\pi}{2},$$

$$c_{2n+1} := \int\limits_0^{\pi/2} \cos^{2n+1} x \, dx = \int\limits_0^{\pi/2} \sin^{2n+1} x \, dx = \frac{(2n)}{(2n+1)} \cdots \frac{4}{5} \cdot \frac{2}{3}.$$

Substitutionsregel: *Es sei $f : I \to \mathbb{C}$ eine Regelfunktion und F eine Stammfunktion dazu. Weiter sei $t : [a; b] \to I$ stetig differenzierbar und streng monoton. Dann ist $F \circ t$ eine Stammfunktion zu $(f \circ t) \cdot t'$, und es gilt*

$$\boxed{\int\limits_a^b f\big(t(x)\big) \cdot t'(x) \, dx = \int\limits_{t(a)}^{t(b)} f(t) \, dt.}$$

Beweis: Die erste Behauptung ergibt sich sofort mit der Kettenregel, die zweite sodann mit dem Hauptsatz: Nach diesem haben nämlich beide Seiten der Formel den Wert $F\big(t(b)\big) - F\big(t(a)\big)$. ◻

Beispiel 5: $\displaystyle\int\limits_a^b f(x+c) \, dx = \int\limits_{a+c}^{b+c} f(t) \, dt, \quad \big(x + c =: t(x)\big).$

Beispiel 6: Ist $c \neq 0$, so gilt $\displaystyle\int\limits_a^b f(cx) \, dx = \frac{1}{c} \int\limits_{ca}^{cb} f(t) \, dt, \quad \big(cx =: t(x)\big).$

Beispiel 7: $\displaystyle\int \frac{t'(x)}{t(x)} \, dx = \ln|t(x)|, \quad \Big(f(t) := \frac{1}{t}, \; F(t) := \ln|t|\Big).$

Beispiel 8: $\int \dfrac{Bx + C}{x^2 + 2bx + c}\, dx, \quad B, C, b, c$ reell.

Zunächst schreiben wir für den Zähler mit Hilfe der Ableitung des Nennerpolynoms $Q(x) = x^2 + 2bx + c$:

$$Bx + C = \frac{B}{2} Q'(x) + (C - Bb).$$

Damit erhält der Integrand die Darstellung

$$\frac{Bx + C}{x^2 + 2bx + c} = \frac{B}{2} \cdot \frac{Q'(x)}{Q(x)} + (C - Bb) \cdot \frac{1}{Q(x)}.$$

Für das Integral ergibt sich daher

$$(7_1) \quad \int \frac{Bx + C}{x^2 + 2bx + c}\, dx = \frac{B}{2} \ln\left|x^2 + 2bx + c\right| + (C - Bb) \cdot \int \frac{dx}{x^2 + 2bx + c}.$$

Um das verbleibende Integral zu berechnen, schreiben wir $Q(x)$ in der Gestalt $(x + b)^2 + (c - b^2)$ und unterscheiden die drei Fälle:

$$c > b^2, \quad c = b^2, \quad c < b^2.$$

1. $c > b^2$: In diesem Fall ist mit $d := \sqrt{c - b^2}$

$$\frac{1}{x^2 + 2bx + c} = \frac{1}{d^2} \cdot \frac{1}{\left(\left(\dfrac{x+b}{d}\right)^2 + 1\right)}.$$

Damit ergibt sich

$$(7_2) \qquad \int \frac{dx}{x^2 + 2bx + c} = \frac{1}{\sqrt{c - b^2}} \arctan \frac{x + b}{\sqrt{c - b^2}}.$$

2. $c = b^2$: Der Nenner lautet jetzt $(x + b)^2$; folglich ist

$$\int \frac{dx}{x^2 + 2bx + b^2} = -\frac{1}{x + b}.$$

3. $c < b^2$: In diesem Fall ist mit $d := \sqrt{b^2 - c}$

$$\frac{1}{x^2 + 2bx + c} = \frac{1}{(x + b)^2 - d^2} = \frac{1}{2d}\left(\frac{1}{x + b - d} - \frac{1}{x + b + d}\right),$$

und es ergibt sich

$$(7_3) \qquad \int \frac{dx}{x^2 + 2bx + c} = \frac{1}{2\sqrt{b^2 - c}} \ln\left|\frac{x + b - \sqrt{b^2 - c}}{x + b + \sqrt{b^2 - c}}\right|.$$

11.5 Erste Anwendungen

Wir bringen drei Anwendungen; sie betreffen sämtlich die Zahl π.

I. Die Fläche des Einheitskreises

Wir berechnen zunächst die Flächeninhalte der Sektoren am Einheitskreis und an der Einheitshyperbel. Die strenge Definition des Begriffes Flächeninhalt bringt erst Analysis 2. Im Vorgriff darauf berechnen wir aber bereits in einfachen Fällen Flächeninhalte mit Hilfe von Integralen wie von der Schule her gewohnt. Sei F der Flächeninhalt der schraffierten Sektoren.

Am Kreis $y^2 = 1 - x^2$ gilt:

$$F = xy + 2 \int_x^1 \sqrt{1 - t^2} \, dt$$

$$= x\sqrt{1 - x^2} + \left(t\sqrt{1 - t^2} + \arcsin t \right) \Big|_x^1$$

$$= \arcsin 1 - \arcsin x = \arccos x.$$

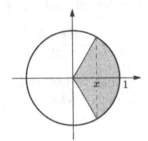

Für $x = -1$ erhält man: *Die Fläche des Einheitskreises ist π.*

An der Hyperbel $y^2 = x^2 - 1$ gilt:

$$F = xy - 2 \int_1^x \sqrt{t^2 - 1} \, dt$$

$$= x\sqrt{x^2 - 1} - \left(t\sqrt{t^2 - 1} - \operatorname{arcosh} t \right) \Big|_1^x$$

$$= \operatorname{arcosh} x.$$

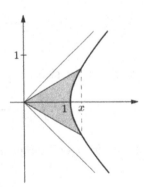

Von dieser Flächenberechnung kommt die Bezeichnung *Areacosinus hyperbolicus*.

II. Das Wallissche Produkt

$$\lim_{n \to \infty} w_n = \frac{\pi}{2} \quad \text{für} \quad w_n = \frac{2 \cdot 2}{1 \cdot 3} \cdot \frac{4 \cdot 4}{3 \cdot 5} \cdots \frac{2n \cdot 2n}{(2n - 1) \cdot (2n + 1)}.$$

Damit ist nun auch das Beispiel in 5.3 vervollständigt.

Beweis: Nach (6) gilt $w_n = \dfrac{\pi}{2} \cdot \dfrac{c_{2n+1}}{c_{2n}}$. Zu zeigen bleibt also

$$(*) \qquad\qquad \lim_{n\to\infty} \frac{c_{2n+1}}{c_{2n}} = 1.$$

Aus der in $[0; \pi/2]$ gültigen Abschätzung $\cos^{2n} \geq \cos^{2n+1} \geq \cos^{2n+2}$ folgt zunächst $c_{2n} \geq c_{2n+1} \geq c_{2n+2}$ und daraus weiter

$$1 \geq \frac{c_{2n+1}}{c_{2n}} \geq \frac{c_{2n+2}}{c_{2n}} = \frac{2n+1}{2n+2}.$$

Diese Einschachtelung nun impliziert $(*)$. $\qquad\qquad\qquad\qquad\qquad$ □

III. Irrationalität von π

Satz: *π^2 ist irrational; erst recht ist π irrational.*

Beweis: (I. Niven, 1947): Angenommen, es sei $\pi^2 = \frac{a}{b}$ mit $a, b \in \mathbb{N}$. Wir wählen dann eine natürliche Zahl n so, daß $\frac{\pi a^n}{n!} < 1$, und bilden

$$f(x) := \frac{1}{n!} x^n (1-x)^n = \frac{1}{n!} \sum_{\nu=n}^{2n} c_\nu x^\nu, \qquad c_\nu = \pm \binom{n}{\nu-n}.$$

Für $k < n$ und $k > 2n$ ist $f^{(k)}(0) = 0$, und für $n \leq k \leq 2n$ ist $f^{(k)}(0) = (k!/n!)c_k$ eine ganze Zahl. f und alle Ableitungen von f nehmen also bei 0 ganzzahlige Werte an; Gleiches gilt wegen $f(1-x) = f(x)$ auch bei 1.

Wir setzen nun

$$F(x) := b^n \big(\pi^{2n} f(x) - \pi^{2n-2} f''(x) + \pi^{2n-4} f^{(4)}(x) - \ldots + (-1)^n f^{(2n)}(x) \big).$$

$F(0)$ und $F(1)$ sind ebenfalls ganze Zahlen. Weiter ist

$$\big(F'(x) \sin \pi x - \pi F(x) \cos \pi x \big)' = \big(F''(x) + \pi^2 F(x) \big) \sin \pi x$$
$$= b^n \pi^{2n+2} f(x) \sin \pi x$$
$$= \pi^2 a^n f(x) \sin \pi x.$$

Damit folgt

$$I := \pi \int_0^1 a^n f(x) \sin \pi x \, dx = F(0) + F(1).$$

Somit ist I eine ganze Zahl. Andererseits gilt wegen $0 < f < \frac{1}{n!}$ in $(0; 1)$

$$0 < I < \frac{\pi a^n}{n!} < 1,$$

was ein Widerspruch ist. $\qquad\qquad\qquad\qquad\qquad\qquad\qquad\qquad\qquad\qquad$ □

11.6   Integration elementarer Funktionen

Wir behandeln die Integration rationaler Funktionen und zeigen, wie bei einigen weiteren Klassen von Funktionen die Ermittlung von Stammfunktionen auf die Integration rationaler Funktionen zurückgeführt werden kann. Ferner skizzieren wir die Reduktion elliptischer Integrale auf Normalformen.

I.   Integration der rationalen Funktionen

Satz: *Jede rationale Funktion mit reellen Koeffizienten kann mittels rationaler Funktionen sowie des Logarithmus und des Arcustangens integriert werden.*

Beweis: Sei R eine derartige Funktion. Aufgrund der Eindeutigkeit der Partialbruchzerlegung und wegen $R(z) = \overline{R(\overline{z})}$ haben ihre Hauptteile an konjugierten Polstellen konjugierte Koeffizienten bei entsprechenden Nennern; insbesondere sind diese Koeffizienten zu reellen Polstellen reell. R ist also die Summe eines Polynoms sowie von Brüchen

$$(\text{B}_1) \qquad\qquad \frac{A}{(x-a)^k} \quad \text{mit } a, A \in \mathbb{R} \text{ und } k \in \mathbb{N}$$

und Paaren von Brüchen

$$(\text{B}_2) \qquad \frac{A}{(x-a)^k} + \frac{\overline{A}}{(x-\overline{a})^k} \quad \text{mit } a, A \in \mathbb{C}, a \notin \mathbb{R}, \text{ und } k \in \mathbb{N}.$$

Im Fall $k > 1$ wird die Integration der Brüche, unabhängig davon, ob a reell ist oder nicht, bewerkstelligt durch

$$\int \frac{\mathrm{d}x}{(x-a)^k} = \frac{1}{1-k} \cdot \frac{1}{(x-a)^{k-1}}.$$

Im Fall $k = 1$ wird die Integration der Brüche (B_1) durch den Logarithmus geleistet. Zur Integration der Brüche (B_2) fassen wir zunächst zusammen:

$$\frac{A}{x-a} + \frac{\overline{A}}{x-\overline{a}} = \frac{Bx+C}{x^2+2bx+c} \quad \text{mit } b, c, B, C \in \mathbb{R} \text{ und } c > b^2.$$

Die Integration dieser Brüche wurde bereits in 11.4 im Anschluß an die Substitutionsregel ausgeführt. Nach (7_1) und (7_2) gilt

$$\int \frac{Bx+C}{x^2+2bx+c}\,\mathrm{d}x = \frac{B}{2} \cdot \ln\left|x^2+2bx+c\right| + \frac{C-Bb}{\sqrt{c-b^2}} \cdot \arctan \frac{x+b}{\sqrt{c-b^2}}. \quad \square$$

II. Integration durch Zurückführen auf die Integration rationaler Funktionen

Wir behandeln folgende Integrale:

(8) $\qquad \int R\left(x, \sqrt[n]{ax+b}\right) dx, \quad a, b \in \mathbb{R}, \; n \in \mathbb{N}.$

(9) $\qquad \int R\left(x, \sqrt{ax^2 + 2bx + c}\right) dx, \quad a, b, c \in \mathbb{R}, \; b^2 \neq ac.$

(10) $\qquad \int R(e^{ax}) dx, \quad a \in \mathbb{R}^*.$

(11) $\qquad \int R(\cos\varphi, \sin\varphi) d\varphi.$

Dabei sei R eine rationale Funktion der Terme in den Klammern.

Die Reduktion auf Integrale rationaler Funktionen wird durch folgende Substitutionen bewerkstelligt:

(8*) $\qquad \boxed{t = \sqrt[n]{ax+b}.}$

$$\int R(x, \sqrt[n]{ax+b}) dx = \frac{n}{a} \cdot \int R\left(\frac{t^n - b}{a}, t\right) t^{n-1} dt.$$

(10*) $\qquad \boxed{t = e^{ax}.} \qquad \int R(e^{ax}) dx = \frac{1}{a} \cdot \int R(t) \frac{1}{t} dt.$

(11*) $\qquad \boxed{t = \tan\frac{\varphi}{2}.} \qquad$ Damit ist dann

$$\cos\varphi = \frac{1 - t^2}{1 + t^2}, \quad \sin\varphi = \frac{2t}{1 + t^2}, \quad \dot\varphi = \frac{2}{1 + t^2} \quad \text{und}$$

$$\int R(\cos\varphi, \sin\varphi) d\varphi = \int R\left(\frac{1 - t^2}{1 + t^2}, \frac{2t}{1 + t^2}\right) \frac{2}{1 + t^2} dt.$$

(9*) $\quad$ Nach quadratischer Ergänzung lassen sich die Integrale (9) durch lineare Transformationen auf eine der folgenden drei Grundformen zurückführen:

$$\int R\left(t, \sqrt{t^2 + 1}\right) dt, \quad \int R\left(t, \sqrt{t^2 - 1}\right) dt, \quad \int R\left(t, \sqrt{1 - t^2}\right) dt.$$

Die weiteren Substitutionen

$$\begin{array}{llll} & t = \sinh u & \sqrt{t^2 + 1} = \cosh u & dt = \cosh u \, du, \\ \text{bzw.} & t = \pm\cosh u & \sqrt{t^2 - 1} = \sinh u & dt = \sinh u \, du, \\ \text{bzw.} & t = \pm\cos u & \sqrt{1 - t^2} = \sin u & dt = \mp\sin u \, du, \end{array}$$

führen diese Integrale über in solche der Gestalt (10) bzw. (11).

Die angegebenen Substitutionen führen zwar in allen Fällen zum
Ziel, manchmal ist es jedoch günstiger, andere Substitutionen oder andere Methoden zu verwenden. Zum Beispiel berechnet man die Integrale
$\int \sqrt{x^2 \pm 1}\,dx$ und $\int \sqrt{1-x^2}\,dx$ einfacher mittels partieller Integration,
ebenso die Integrale $\int \cos^k x\,dx$ und $\int \sin^k x\,dx$ (siehe 11.5). Bei (11)
ist es zweckmäßiger, $t = \sin\varphi$ bzw. $t = \cos\varphi$ zu substituieren, wenn
$R(-u,v) = -R(u,v)$ bzw. $R(u,-v) = -R(u,v)$ ist.

Geometrische Behandlung der Integrale $\int R\left(x,\sqrt{P}\right)\,dx$, wobei P eines
der Polynome $1-x^2$, x^2+1, x^2-1 sei. Man deutet $R(x,y)$ als Funktion auf
dem Kegelschnitt $K : y^2 = P(x)$ und macht diese mittels einer rationalen
Parameterdarstellung von K rational. Wir betrachten den ersten Fall etwas näher; K ist dann die 1-Sphäre S^1. Zur Konstruktion einer rationalen
Parameterdarstellung verwenden wir eine zu der in 4.1 eingeführten stereographischen Projektion σ verwandte Abbildung: Wir projizieren vom
Punkt $Z := (-1,0)$ aus auf die durch $x = 1$ gegebene Gerade g.

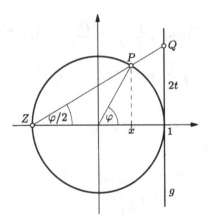

Sei T die Umkehrabbildung. Die Koordinaten (x,y) von $P = T(Q)$ errechnen sich aus den Koordinaten $(1,2t)$ eines Punktes $Q \in g$ wie folgt:

(T) $$x = \frac{1-t^2}{1+t^2}, \quad y = \frac{2t}{1+t^2} = \pm\sqrt{1-x^2}.$$

Die Funktion $\dot{x}$ ist rational; T führt also das Integral $\int R(x,\sqrt{1-x^2})\,dx$
in eines über, dessen Integrand eine rationale Funktion in t ist. Ferner
erklärt sich jetzt die Substitution (11*) wie folgt:

$$t = \tan\frac{\varphi}{2}, \quad \cos\varphi = x = \frac{1-t^2}{1+t^2}, \quad \sin\varphi = y = \frac{2t}{1+t^2}.$$

III. Elliptische Integrale. Reduktion auf Normalformen

Unter einem *elliptischen Integral* versteht man eines der Gestalt

$$\int R\left(x, \sqrt{P}\right) dx,$$

wobei $R(x, y)$ eine rationale Funktion von x und y ist und P hier ein reelles Polynom 3. oder 4. Grades ohne mehrfache Nullstellen. Elliptische Integrale sind, von Ausnahmefällen abgesehen, keine elementaren Funktionen. Das hängt mit geometrischen Eigenschaften der Kurven $y^2 = P(x)$ zusammen, welche die Existenz einer rationalen Parameterdarstellung für diese verhindern.

Wir skizzieren hier lediglich eine Reduktion auf Grundtypen. Zunächst bringt man $R\left(x, \sqrt{P}\right)$ in die Gestalt $\dfrac{A + B\sqrt{P}}{C + D\sqrt{P}}$, wobei A, B, C, D Polynome in x sind; sodann in die Gestalt

$$R\left(x, \sqrt{P}\right) = R_1 + R_2 \cdot \frac{1}{\sqrt{P}},$$

wobei R_1, R_2 rationale Funktionen in x sind. Die Integration wird damit zurückgeführt auf die Integration rationaler Funktionen und von Funktionen der Gestalt $R_2/\sqrt{P}$. Zur weiteren Reduktion zerlegt man R_2 in ein Polynom und Partialbrüche. Das Integral über $R_2/\sqrt{P}$ wird dadurch zu einer Linearkombination von Integralen der Gestalt

$$I_n = \int \frac{x^n}{\sqrt{P}}\, dx, \quad J_m = \int \frac{1}{(x - c)^m \sqrt{P}}\, dx.$$

Die I_n und J_m lassen sich auf solche mit kleineren n, m zurückführen. Wir leiten Rekursionsformeln für die I_n im Fall Grad $P = 3$ her:

$$\frac{d}{dx}\left(x^n \sqrt{P}\right) = \left(n x^{n-1} P + \frac{1}{2} x^n P'\right) \frac{1}{\sqrt{P}}.$$

Da P ein Polynom vom Grad 3 ist, gilt

$$n x^{n-1} P + \frac{1}{2} x^n P' = a_n x^{n+2} + b_n x^{n+1} + c_n x^n + d_n x^{n-1}.$$

a_n, b_n, c_n, d_n sind geeignete Konstanten; es ist $a_n \neq 0$ und $d_n = nP(0)$. Division durch $\sqrt{P}$ und Integration ergibt für $n = 1, 2, \ldots$

$$a_n I_{n+2} + b_n I_{n+1} + c_n I_n + d_n I_{n-1} = x^n \sqrt{P}$$

und

$$a_0 I_2 + b_0 I_1 + c_0 I_0 = \sqrt{P}.$$

Daraus folgt: *Alle Funktionen* $I_2, I_3, \ldots$ *sind Linearkombinationen der Funktionen* I_0, I_1 *und* $x^n \sqrt{P}$, $n = 0, 1, \ldots$

Analog zeigt man: *Alle Funktionen* $J_2, J_3, \ldots$ *sind Linearkombinationen der Funktionen* J_1, I_0, I_1 *und* $\dfrac{\sqrt{P}}{(x - c)^m}$, $m = 1, 2, \ldots$

Ist P ein Polynom 4. Grades, so hat man die Grundintegrale

$$(*)\quad I_0 = \int \frac{dx}{\sqrt{P}}, \quad I_1 = \int \frac{x\,dx}{\sqrt{P}}, \quad I_2 = \int \frac{x^2\,dx}{\sqrt{P}}, \quad J_1 = \int \frac{dx}{(x - c)\sqrt{P}}.$$

Zur weiteren Reduktion bringt man das Polynom P in eine Normalform. Hat P den Grad 3, so gibt es eine Substitution $x = at + b$ derart, daß $Q(t) := P(at + b) = P(x)$ die Gestalt

$$Q(t) = 4t^3 - g_2 t - g_3, \quad g_2, g_3 \in \mathbb{R},$$

hat. Man erhält schließlich die drei Grundintegrale I_0, I_1 und J_1 in der *Normalform von Weierstraß*:

$$\int \frac{dt}{\sqrt{Q}}, \qquad \int \frac{t\,dt}{\sqrt{Q}}, \qquad \int \frac{dt}{(t - c)\sqrt{Q}}.$$

Sie heißen *elliptische Integrale 1. bzw. 2. bzw. 3. Gattung.*

Hat P den Grad 4 und lauter reelle Nullstellen, so gibt es ein Polynom

$$Q(t) = (1 - t^2)(1 - k^2 t^2), \quad k \in \mathbb{R},$$

sowie eine Substitution $x = T(t) = \dfrac{at + b}{ct + d}$ so, daß gilt:

$$\frac{dx}{\sqrt{P(x)}} = \frac{1}{\sqrt{P(T(t))}} \cdot \frac{ad - bc}{(ct + d)^2}\,dt = \text{const.} \cdot \frac{dt}{\sqrt{Q(t)}}.$$

Die Zahl k ist das Doppelverhältnis der Nullstellen x_1, x_2, x_3, x_4 von P bei der Anordnung $x_1 < x_2 < x_3 < x_4$ und heißt *Modul* des elliptischen Integrals. Es gilt $0 < k < 1$. Durch die Substitution $x = T(t)$ kommt man zu Grundintegralen $(*)$, in denen P durch das spezielle Polynom Q ersetzt ist. Da ferner das Integral $\int \dfrac{t}{\sqrt{Q}}\,dt$ durch die Substitution $\tau = t^2$ elementar berechenbar wird, erhalten wir schließlich die folgenden drei Elementarintegrale in der *Normalform von Legendre* (1752–1833):

$$\int \frac{dt}{\sqrt{Q(t)}}, \qquad \int \frac{t^2\,dt}{\sqrt{Q(t)}}, \qquad \int \frac{dt}{(t - c)\sqrt{Q(t)}}.$$

Diese Normalintegrale gehen durch die Substitution $t = \sin\varphi$ über in die trigonometrischen Formen

$$\int \frac{\mathrm{d}\varphi}{\sqrt{1 - k^2\sin^2\varphi}}, \qquad \int \frac{\sin^2\varphi\,\mathrm{d}\varphi}{\sqrt{1 - k^2\sin^2\varphi}},$$

$$\int \frac{\mathrm{d}\varphi}{(\sin\varphi - c)\sqrt{1 - k^2\sin^2\varphi}}.$$

Das zweite dieser Integrale kann man mit Hilfe des ersten wie folgt darstellen:

$$\frac{1}{k^2}\left(\int \frac{\mathrm{d}\varphi}{\sqrt{1 - k^2\sin^2\varphi}} - \int \sqrt{1 - k^2\sin^2\varphi}\,\mathrm{d}\varphi\right).$$

Mit Rücksicht darauf verwendet man als die ersten zwei Normalintegrale

(12) $\qquad \mathrm{F}(\varphi, k) := \displaystyle\int_0^\varphi \frac{1}{\sqrt{1 - k^2\sin^2\xi}}\,\mathrm{d}\xi \qquad$ (*Integral 1. Gattung*),

(13) $\qquad \mathrm{E}(\varphi, k) := \displaystyle\int_0^\varphi \sqrt{1 - k^2\sin^2\xi}\,\mathrm{d}\xi \qquad$ (*Integral 2. Gattung*).

Die Integrale über das Intervall $[0; \pi/2]$ heißen *vollständige* elliptische Integrale; das besonders oft auftretende vollständige Integral 1. Gattung bezeichnet man mit

(14) $\qquad \boxed{\mathrm{K}(k) := \mathrm{F}\left(\dfrac{\pi}{2}, k\right) = \displaystyle\int_0^{\pi/2} \frac{\mathrm{d}x}{\sqrt{1 - k^2\sin^2 x}}.}$

Im nächsten Abschnitt entwickeln wir $\mathrm{K}(k)$ in eine Potenzreihe nach dem Modul k. Aufgabe 25 stellt einen Bezug zum arithmetisch-geometrischen Mittel her.

Elliptische Integrale treten in zahlreichen Anwendungen auf, zum Beispiel bei der Behandlung des mathematischen Pendels; siehe 13.3. Die Bezeichnung elliptisches Integral hat ihren Ursprung in der Berechnung der Bogenlänge der Ellipse; siehe 12.2.

Historisches. Die erste systematische Untersuchung der elliptischen Integrale stammt von Legendre. Eine tiefgreifende Wendung erfuhr die Theorie dieser Integrale durch den Übergang zu ihren Umkehrfunktionen, den sogenannten *elliptischen Funktionen*, und durch die Verbindung mit der komplexen Analysis. Diese von Abel initiierte, von Jacobi und Weierstraß weiterentwickelte Theorie weist vielfältige Bezüge zur Zahlentheorie und Algebraischen Geometrie auf und bildet einen Höhepunkt der Mathematik im 19. Jahrhundert.

11.7 Integration normal konvergenter Reihen

Nach dem Hauptsatz der Differential- und Integralrechnung besitzt jede
Regelfunktion eine Stammfunktion. Das besagt aber nicht, daß die Stammfunktion einer elementaren Funktion ebenfalls eine elementare Funktion
sei. Den Begriff „elementare Funktion" wollen wir hier nicht scharf präzisieren; im wesentlichen versteht man darunter die Funktionen, die aus den rationalen Funktionen und der Exponentialfunktion durch endlich viele algebraische Prozesse, Kompositionen und Bildungen von Umkehrfunktionen,
sowie durch wiederholte Anwendungen dieser Techniken auf die bereits er-
zeugten Funktionen gewonnen werden können. Zum Beispiel sind die im
vorangehenden Abschnitt erwähnten elliptischen Integrale nicht-elementar.
Die Frage, ob eine elementare Funktion eine elementare Stammfunktion
besitzt oder nicht, wurde von Liouville (1809–1882) eingehend untersucht.
Nach ihm sind zum Beispiel die Stammfunktionen der Funktionen

$$\frac{\mathrm{e}^x}{x}, \qquad \mathrm{e}^{-x^2}, \qquad \frac{1}{\ln x}, \qquad \frac{\sin x}{x}, \qquad \frac{\cos x}{x}$$

nicht-elementar. Da sie in vielen Anwendungen vorkommen, hat man für
sie eigene Bezeichnungen eingeführt. So heißt

$$W(x) := \int_0^x \mathrm{e}^{-t^2/2} \, \mathrm{d}t \qquad \textit{Gaußsches Wahrscheinlichkeitsintegral},$$

$$\mathrm{Li}(x) := \int_0^x \frac{\mathrm{d}t}{\ln t} \qquad \textit{Integrallogarithmus} \text{ und}$$

$$\mathrm{Si}(x) := \int_0^x \frac{\sin t}{t} \, \mathrm{d}t \qquad \textit{Integralsinus}.$$

Nach einem Ergebnis von grundsätzlicher Bedeutung von D. Richardson
(1968) gibt es keinen Algorithmus, mit dessen Hilfe entschieden werden
kann, ob eine elementare Funktion eine elementare Stammfunktion besitzt
oder nicht.

Zur Untersuchung nicht-elementarer Stammfunktionen verwendet man
oft Reihendarstellungen, die man aus Reihendarstellungen der Integranden
gewinnt. Die zur Herleitung erforderliche gliedweise Integration einer Reihe
rechtfertigt man in vielen Fällen durch den folgenden Satz.

Satz: *Eine auf $[a;b]$ normal konvergente Reihe $\sum_{n=1}^{\infty} f_n =: f$ von Regelfunktionen stellt eine Regelfunktion dar, und darf gliedweise integriert
werden:*

$$(15) \qquad \int_a^b f(x) \, \mathrm{d}x = \sum_{n=1}^{\infty} \int_a^b f_n(x) \, \mathrm{d}x.$$

Beweis: Sei $\varepsilon > 0$ gegeben. Man wähle N so, daß $\sum\limits_{n=N+1}^{\infty} \|f_n\| < \varepsilon/2$
ist. Für alle $p \geq N$ gilt dann $\left\| f - \sum\limits_{n=1}^{p} f_n \right\| < \varepsilon/2$. Man wähle ferner eine

Treppenfunktion φ mit $\left\| \sum\limits_{n=1}^{N} f_n - \varphi \right\| < \varepsilon/2$. Dann gilt $\|f - \varphi\| < \varepsilon$. Nach
dem Approximationssatz in 11.2 ist f also eine Regelfunktion. Weiter folgt
nun

$$\left| \int\limits_a^b f(x)\,dx - \sum\limits_{n=1}^{p} \int\limits_a^b f_n(x)\,dx \right| \leq \int\limits_a^b \left| f(x) - \sum\limits_{n=1}^{p} f_n(x) \right| dx \leq (b-a)\frac{\varepsilon}{2}.$$

Damit ergibt sich schließlich (15). □

Beispiel: Berechnung des vollständigen elliptischen Integrals K(k). Die
Binomialreihe ergibt für den Integranden in (14) die Entwicklung

$$\frac{1}{\sqrt{1 - k^2 \sin^2 x}} = \sum\limits_{n=0}^{\infty} (-1)^n \binom{-\frac{1}{2}}{n} k^{2n} \sin^{2n} x$$

$$= 1 + \frac{1}{2} k^2 \sin^2 x + \frac{1 \cdot 3}{2 \cdot 4} k^4 \sin^4 x + \frac{1 \cdot 3 \cdot 5}{2 \cdot 4 \cdot 6} k^6 \sin^6 x + \ldots$$

Die Reihe der Normen bezüglich $\mathbb{R}$ besitzt die wegen $|k| < 1$ konvergente
Majorante $\sum\limits_{n=0}^{\infty} k^{2n}$; die Reihe darf also gliedweise integriert werden. Die
dabei auftretenden Integrale sind in (6) angegeben. Damit ergibt sich

$$(16) \quad K(k) = \frac{\pi}{2}\left(1 + \left(\frac{1}{2}\right)^2 k^2 + \left(\frac{1 \cdot 3}{2 \cdot 4}\right)^2 k^4 + \left(\frac{1 \cdot 3 \cdot 5}{2 \cdot 4 \cdot 6}\right)^2 k^6 + \ldots \right).$$

$K(k)$ ist hiernach durch eine Potenzreihe in k dargestellt.

Siehe auch die Gaußsche Berechnung in Aufgabe 25.

Hat die Funktion f im Intervall $(-R; R)$ die Potenzreihendarstellung
$f(x) = \sum\limits_{n=0}^{\infty} a_n x^n$, so gilt für jedes $x \in (-R; R)$

$$\int\limits_0^x f(t)\,dt = \sum\limits_{n=0}^{\infty} \frac{a_n}{n+1} x^{n+1}.$$

Denn $\sum\limits_{n=0}^{\infty} a_n x^n$ ist im Intervall $[-|x|; |x|]$ normal konvergent.

Für das Wahrscheinlichkeitsintegral etwa ergibt sich die Potenzreihe

$$W(x) = \int\limits_0^x e^{-t^2/2}\,dt = \sum\limits_{n=0}^{\infty} \frac{(-1)^n}{2^n n!} \cdot \frac{x^{2n+1}}{(2n+1)}.$$

11.8   Riemannsche Summen

Wir beweisen, daß das Integral einer Regelfunktion beliebig genau durch durch Riemannsche Summen approximiert werden kann, und demonstrieren, wie man damit Aussagen über Summen auf Integrale übertragen kann.

Definition: Gegeben sei $f : [a; b] \to \mathbb{C}$. Weiter seien eine Zerlegung Z von $[a; b]$ mit den Teilungspunkten $x_0, \ldots, x_n$ und Stellen $\xi_k \in [x_{k-1}; x_k]$ beliebig gewählt. Dann heißt die Summe

$$\sum_{k=1}^{n} f(\xi_k) \triangle x_k, \qquad \triangle x_k := x_k - x_{k-1},$$

Riemannsche Summe für f bezüglich der Zerlegung Z und der „Stützstellen" $\xi_1, \ldots, \xi_n$. Ferner heißen die $f(\xi_k)$ Stützwerte und das Maximum der Längen $\triangle x_k$ die *Feinheit* der Zerlegung.

Satz: *Es sei* $f : [a; b] \to \mathbb{C}$ *eine Regelfunktion. Dann gibt es zu jedem* $\varepsilon > 0$ *ein* $\delta > 0$ *mit der Eigenschaft: Für jede Zerlegung von* $[a; b]$ *der Feinheit* $\leq \delta$ *und jede Wahl von Stützstellen* $\xi_k \in [x_{k-1}; x_k]$ *gilt:*

$$\left| \sum_{k=1}^{n} f(\xi_k) \triangle x_k - \int_a^b f(x) \, \mathrm{d}x \right| \leq \varepsilon.$$

Beweis: Wir zeigen den Satz zunächst für Treppenfunktionen und dehnen ihn dann mit Hilfe des Approximationssatzes in 11.2 auf beliebige Regelfunktionen aus. Die Behauptung für Treppenfunktionen beweisen wir durch Induktion nach der Anzahl m der Sprungstellen.

Die Aussage ist trivial für konstante Treppenfunktionen. Sie gilt ferner, wie man leicht sieht, für Treppenfunktionen, die genau eine Sprungstelle haben, und zwar mit $\delta := \varepsilon/4\|\varphi\|$.

Die Aussage sei nun bewiesen für Treppenfunktionen mit $m \geq 1$ Sprungstellen. Um sie für eine Treppenfunktion φ mit $m + 1$ Sprungstellen zu zeigen, zerlegen wir φ in eine Summe $\varphi = \varphi' + \varphi''$ einer Treppenfunktion φ' mit m Sprungstellen und einer Treppenfunktion φ'' mit genau einer Sprungstelle. Man wähle dann bei gegebenem $\varepsilon > 0$ zu φ' ein $\delta'(\varepsilon/2)$ und zu φ'' ein $\delta''(\varepsilon/2)$ derart, daß damit die Behauptung für φ' bzw. φ'' gilt; mit $\delta := \min(\delta', \delta'')$ gilt sie dann auch für $\varphi' + \varphi''$.

Sei jetzt f eine beliebige Regelfunktion. Zu dieser wählen wir eine Treppenfunktion φ mit $\|f - \varphi\| < \varepsilon/3(b-a)$. Es sei $\delta := \delta(\varepsilon/3, \varphi)$; für φ gilt dann bei jeder Zerlegung der Feinheit $\leq \delta$ und jeder Wahl von Stützstellen

$$\left| \sum_{k=1}^{n} \varphi(\xi_k) \triangle x_k - \int_a^b \varphi \, \mathrm{d}x \right| \leq \frac{\varepsilon}{3}.$$

Für f folgt damit

$$\left| \sum_{k=1}^{n} f(\xi_k)\Delta x_k - \int_a^b f\,dx \right| \le \left| \sum_{k=1}^{n} f(\xi_k)\Delta x_k - \sum_{k=1}^{n} \varphi(\xi_k)\Delta x_k \right|$$

$$+ \left| \sum_{k=1}^{n} \varphi(\xi_k)\Delta x_k - \int_a^b \varphi\,dx \right| + \left| \int_a^b \varphi\,dx - \int_a^b f\,dx \right|$$

$$\le \sum_{k=1}^{n} \|f - \varphi\|\Delta x_k + \frac{\varepsilon}{3} + \int_a^b \|f - \varphi\|\,dx \le \varepsilon. \qquad \square$$

Folgerung: *Ist $Z_1, Z_2, \ldots$ eine Folge von Zerlegungen des Intervalls $[a; b]$, deren Feinheiten gegen Null gehen, und ist S_n eine Riemannsche Summe für f zur Zerlegung Z_n, so gilt*

$$(17) \qquad \lim_{n \to \infty} S_n = \int_a^b f(x)\,dx.$$

Die Berechnung eines Integrals mittels (17) gelingt nur selten. Eher können damit Grenzwerte berechnet werden. Wir betrachten ein Beispiel. Es sei $f(x) = x^s$ mit $s > 0$ auf $[0; 1]$. Wir zerlegen $[0; 1]$ in n gleichlange Teilintervalle: Die Teilungspunkte sind $x_k = k/n$, die Stützstellen seien $\xi_k = x_k$, $k = 0, 1, \ldots, n$. Als Riemannsche Summen erhält man dann

$$\sum_{k=1}^{n} \xi_k^s \cdot \frac{1}{n} = \frac{1^s + 2^s + \ldots + n^s}{n^{s+1}}.$$

(17) ergibt nun

$$\lim_{n \to \infty} \frac{1^s + 2^s + \ldots + n^s}{n^{s+1}} = \int_0^1 x^s\,dx = \frac{1}{s + 1}. \qquad \square$$

Mit Hilfe von (17) kann man wichtige Gleichungen oder Ungleichungen für Summen auf Integrale übertragen. Als Beispiel übertragen wir die Höldersche Ungleichung. Dazu eine Definition: Ist $f : [a; b] \to \mathbb{C}$ eine Regelfunktion und p eine Zahl ≥ 1, so definiert man als *p-Norm von f auf $[a; b]$*

$$(18) \qquad \|f\|_p := \left(\int_a^b |f(x)|^p\,dx \right)^{1/p}.$$

Höldersche Ungleichung: *Sind f und g Regelfunktionen auf $[a; b]$ und sind p und q positive Zahlen mit $1/p + 1/q = 1$, so gilt*

$$(19) \qquad \int_a^b |f(x)g(x)|\,dx \le \|f\|_p \cdot \|g\|_q.$$

Für $p = q = 2$ ist das die *Cauchy-Schwarzsche Ungleichung für Integrale*.

Beweis: Wir benützen Zerlegungen von $[a;b]$ in n gleichlange Teilintervalle und setzen $\Delta_n := (b-a)/n$. Bei beliebiger Wahl von Stützstellen $\xi_1, \ldots, \xi_n$ gilt dann nach der Hölderschen Ungleichung für Summen

$$\sum_{k=1}^{n} |f(\xi_k)g(\xi_k)|\Delta_n \leq \left(\sum_{k=1}^{n} |f(\xi_k)|^p \Delta_n\right)^{1/p} \cdot \left(\sum_{k=1}^{n} |g(\xi_k)|^q \Delta_n\right)^{1/q}.$$

Jede dieser drei Summen ist eine Riemannsche Summe. Mit $n \to \infty$ ergibt sich daher die angegebene Ungleichung.   □

11.9 Integration über nicht kompakte Intervalle

Das in 11.3 eingeführte Integral setzt ein kompaktes Integrationsintervall voraus. Jetzt soll in bestimmten Fällen auch auf nicht kompakten Intervallen ein Integral erklärt werden. Das in 11.3 angewandte Verfahren versagt jedoch, da der Approximationssatz nicht weiter gilt, zum Beispiel nicht für unbeschränkte Funktionen. Das neue Verfahren besteht in der Kombination von Integration über kompakte Teilintervalle des nicht kompakten Intervalls und dessen „Ausschöpfung" durch kompakte Teilintervalle. Das Ergebnis ist ein sogenanntes uneigentliches Integral.

Definition uneigentlicher Integrale Sei f eine Regelfunktion auf einem Intervall I mit den Randpunkten a, b, wobei $-\infty \leq a < b \leq \infty$.

1. Ist $I = [a;b)$ mit $a \in \mathbb{R}$, so definiert man im Fall der Konvergenz

$$\int_a^b f(x)\,\mathrm{d}x := \lim_{\beta \uparrow b} \int_a^\beta f(x)\,\mathrm{d}x.$$

In diesem Fall heißt das uneigentliche Integral $\int_a^b f(x)\,\mathrm{d}x$ *konvergent* und der Grenzwert dessen *Wert*.

2. Analog im Fall $I = (a;b]$ mit $b \in \mathbb{R}$.

3. Ist $I = (a;b)$, so definiert man

$$\int_a^b f(x)\,\mathrm{d}x := \int_a^c f(x)\,\mathrm{d}x + \int_c^b f(x)\,\mathrm{d}x,$$

falls für ein $c \in I$ – und damit jedes $c \in I$ – die beiden rechts stehenden uneigentlichen Integrale konvergieren.

Schließlich heißt ein uneigentliches Integral über f *absolut konvergent*, wenn das Integral über $|f|$ konvergiert.

Bemerkung: Ist f eine Regelfunktion auf $[a;b] \subset \mathbb{R}$, so stimmt das in 11.3 definierte Integral über $[a;b]$ mit den uneigentlichen Integralen über $[a;b)$ und $(a;b]$ überein. Im ersten Fall etwa gilt nämlich wegen der Stetigkeit der Stammfunktionen von f auf $[a;b]$ $\int_a^b f(x)\,dx = \lim_{\beta \uparrow b} \int_a^\beta f(x)\,dx$.

Standardbeispiele:

1. $\int\limits_1^\infty \dfrac{dx}{x^s}$ *existiert genau für* $s > 1$. Der Wert ist dann $\dfrac{1}{s-1}$. Aus

$$\int\limits_1^\beta \frac{dx}{x^s} = \begin{cases} \dfrac{1}{s-1}\left(1 - \beta^{1-s}\right) & \text{für } s \neq 1, \\ \ln\beta & \text{für } s = 1 \end{cases}$$

folgt nämlich, daß für $\beta \to \infty$ ein Grenzwert genau im Fall $s > 1$ existiert. Der Grenzwert ist dann $1/(s-1)$. □

2. $\int\limits_0^1 \dfrac{dx}{x^s}$ *existiert genau für* $s < 1$. Der Wert ist dann $\dfrac{1}{1-s}$. Aus

$$\int\limits_\alpha^1 \frac{dx}{x^s} = \begin{cases} \dfrac{1}{1-s}\left(1 - \alpha^{1-s}\right) & \text{für } s \neq 1, \\ -\ln\alpha & \text{für } s = 1 \end{cases}$$

folgt nämlich, daß für $\alpha \to 0$ ein Grenzwert genau im Fall $s < 1$ existiert. Der Grenzwert ist dann $1/(1-s)$. □

3. $\int\limits_0^\infty e^{-cx}\,dx = \dfrac{1}{c}$ für $c \in \mathbb{C}$ mit $\operatorname{Re} c > 0$. Denn:

$$\int\limits_0^\beta e^{-cx}\,dx = \frac{1}{c}\left(1 - e^{-c\beta}\right) \to \frac{1}{c} \quad \text{für } \beta \to \infty. \qquad \square$$

4. $\int\limits_{-\infty}^\infty \dfrac{dx}{1+x^2} = \pi$. Beide Grenzen sind kritisch. Mit $c = 0$ erhalten wir

$$\int\limits_0^\beta \frac{dx}{1+x^2} = \arctan\beta \to \frac{\pi}{2} \quad \text{für } \beta \to +\infty$$

sowie

$$\int\limits_\alpha^0 \frac{dx}{1+x^2} = -\arctan\alpha \to \frac{\pi}{2} \quad \text{für } \alpha \to -\infty.$$

Beides zusammen ergibt die Behauptung. □

In vielen Fällen verwendet man zum Nachweis der Konvergenz eines Integrals das Majorantenkriterium. Wir formulieren dieses Kriterium nur für den ersten Typ uneigentlicher Integrale; sinngemäß gilt es auch für die beiden anderen.

Majorantenkriterium: *Es seien f und g Regelfunktionen auf $[a; b)$ mit* $|f| \leq g$. *Existiert das Integral* $\int_a^b g(x)\,\mathrm{d}x$, *so existiert auch* $\int_a^b f(x)\,\mathrm{d}x$.

Beweis: Mit $F(u) := \int_a^u f(x)\,\mathrm{d}x$ und $G(u) := \int_a^u g(x)\,\mathrm{d}x$ gilt

$$\big|F(u) - F(v)\big| \leq \big|G(u) - G(v)\big| \quad \text{für } u, v \in [a; b).$$

Somit erfüllt F bezüglich $\beta \uparrow b$ die Bedingung des Cauchyschen Konvergenzkriteriums, da G diese wegen der Existenz von $\lim\limits_{\beta \uparrow b} G(\beta)$ erfüllt.   □

Beispiel: Konvergenz des Integrals $\int\limits_0^\infty \dfrac{\sin x}{x}\,\mathrm{d}x$.

Der Integrand ist stetig auf ganz $\mathbb{R}$, wenn im Nullpunkt der Funktionswert als 1 festgesetzt wird. Kritisch ist also nur die obere Grenze. Es genügt daher, die Konvergenz des Integrals auf $[1; \infty)$ zu zeigen. Es sei $R \geq 1$. Durch partielle Integration erhöhen wir die Potenz im Nenner:

$$\int\limits_1^R \frac{\sin x}{x}\,\mathrm{d}x = \cos 1 - \frac{\cos R}{R} - \int\limits_1^R \frac{\cos x}{x^2}\,\mathrm{d}x.$$

Das Integral $\int_1^\infty \cos x / x^2\,\mathrm{d}x$ existiert, da es im Integral $\int_1^\infty 1/x^2\,\mathrm{d}x$ eine konvergente Majorante besitzt. Folglich existiert auch $\lim\limits_{R \to \infty} \int_1^R \sin x / x\,\mathrm{d}x$. In 16.3 (10) ergibt sich als Wert des Integrals $\dfrac{\pi}{2}$.

Wir zeigen ferner: *Das Integral ist nicht absolut konvergent.*

Für $k = 0, 1, 2, \ldots$ gilt

$$\int\limits_{k\pi}^{(k+1)\pi} \left|\frac{\sin x}{x}\right|\,\mathrm{d}x \geq \frac{1}{(k+1)\pi} \int\limits_{k\pi}^{(k+1)\pi} |\sin x|\,\mathrm{d}x = \frac{2}{(k+1)\pi};$$

folglich ist

$$\int\limits_0^{(k+1)\pi} \left|\frac{\sin x}{x}\right|\,\mathrm{d}x \geq \frac{2}{\pi} \sum\limits_{n=0}^k \frac{1}{n+1}.$$

Da die harmonische Reihe divergiert, divergiert auch $\int_0^\infty \left|\dfrac{\sin x}{x}\right|\,\mathrm{d}x$.   □

Beispiel: Das Gammaintegral. Siehe auch Kapitel 17.

Zur Interpolation der nur für $n = 0, 1, 2, \ldots$ definierten Funktion $n \mapsto n!$ führte Euler 1729 für beliebige $x > 0$ das uneigentliche Integral

$$(20) \qquad \boxed{\Gamma(x) := \int_0^\infty t^{x-1}\, \mathrm{e}^{-t}\, \mathrm{d}t}$$

ein. Wir zeigen zunächst, daß das Integral für alle $x \in \mathbb{R}_+$ konvergiert. Kritisch sind beide Grenzen 0 und ∞.

- In $(0; 1]$ ist $t^{x-1}\, \mathrm{e}^{-t} \leq t^{x-1}$, und da das Integral $\int_0^1 t^{x-1}\, \mathrm{d}t$ für $x > 0$ existiert (Standardbeispiel 2), existiert auch $\int_0^1 t^{x-1}\, \mathrm{e}^{-t}\, \mathrm{d}t$.

- In $[1; \infty)$ gilt $t^{x-1}\, \mathrm{e}^{-t} \leq c\, \mathrm{e}^{-t/2}$, c eine (von x abhängige) Konstante. Da das Integral $\int_1^\infty \mathrm{e}^{-t/2}\, \mathrm{d}t$ existiert (Standardbeispiel 3), existiert auch $\int_1^\infty t^{x-1}\, \mathrm{e}^{-t}\, \mathrm{d}t$ für jedes $x \in \mathbb{R}$. □

Die damit definierte Funktion $\Gamma : \mathbb{R}_+ \to \mathbb{R}$ hat folgende Eigenschaften:

(i) $\Gamma(x + 1) = x\Gamma(x)$ für jedes $x \in \mathbb{R}_+$,

(ii) $\Gamma(1) = 1$,

(iii) $\Gamma(n) = (n - 1)!$ für $n \in \mathbb{N}$.

Beweis: (i) Wir integrieren partiell. Für $0 < \varepsilon < R < \infty$ erhalten wir

$$\int_\varepsilon^R t^x\, \mathrm{e}^{-t}\, \mathrm{d}t = -t^x\, \mathrm{e}^{-t}\Big|_\varepsilon^R + x \int_\varepsilon^R t^{x-1}\, \mathrm{e}^{-t}\, \mathrm{d}t.$$

Daraus folgt (i) mittels $\varepsilon \downarrow 0$ und dann $R \to \infty$.

(ii) Siehe Standardbeispiel 3.

(iii) Durch mehrmalige Anwendung von (i) und schließlich (ii). □

Uneigentliche Integrale und Reihen

Integralkriterium: *Es sei $f : [1; \infty) \to \mathbb{R}$ eine monoton fallende Funktion mit $f \geq 0$. Dann konvergiert die Folge der Differenzen*

$$a_n := \sum_{k=1}^n f(k) - \int_1^{n+1} f(x)\, \mathrm{d}x,$$

und für den Grenzwert gilt

$$(21) \qquad 0 \leq \lim_{n \to \infty} a_n \leq f(1).$$

Insbesondere konvergiert die Reihe $\sum\limits_{k=1}^{\infty} f(k)$ *genau dann, wenn das Integral* $\int_{1}^{\infty} f(x)\,\mathrm{d}x$ *konvergiert. Im Konvergenzfall gilt*

$$(21')\qquad\qquad 0 \le \sum_{k=1}^{\infty} f(k) - \int_{0}^{\infty} f(x)\,\mathrm{d}x \le f(1).$$

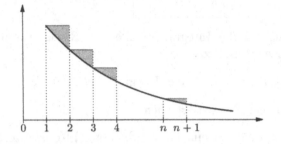

Die Vereinigung der schraffierten Bereiche repräsentiert a_n

Beweis: Da f monoton fällt, gilt

$$f(k) \ge \int\limits_{k}^{k+1} f(x)\,\mathrm{d}x \ge f(k+1).$$

Damit erhält man sofort, daß die Folge (a_n) monoton wächst, sowie die Einschließung $0 \le a_n \le f(1) - f(n+1)$. Daraus folgt, daß (a_n) konvergiert und einen Grenzwert hat zwischen 0 und $f(1)$. Die weiteren Behauptungen ergeben sich damit unmittelbar.   □

Beispiel 1: Konvergenz der Zeta-Reihe $\sum_{k=1}^{\infty} k^{-s}$, $s \in \mathbb{R}$. Wir wissen bereits, daß die Reihe genau für die Exponenten $s > 1$ konvergiert. Das ergibt sich jetzt erneut, da das Vergleichsintegral $\int_{1}^{\infty} x^{-s}\,\mathrm{d}x$ genau für $s > 1$ konvergiert (Standardbeispiel 1 oben). Zusätzlich erhalten wir nach $(21')$ mit dem Wert des Integrals die folgende Eingrenzung des Wertes von $\zeta(s)$:

$$0 \le \zeta(s) - \frac{1}{s-1} \le 1.$$

Beispiel 2: Für $f(x) = \dfrac{1}{x}$ ergibt sich die Existenz des Grenzwertes

$$(22)\qquad\qquad \lim_{n\to\infty}\left(1 + \frac{1}{2} + \ldots + \frac{1}{n} - \ln n\right) =: \gamma.$$

Die Existenz dieses Grenzwertes wurde von Euler entdeckt und besagt, daß die Partialsummen der harmonischen Reihe etwa wie $\ln n$ wachsen. Der Grenzwert heißt *Euler-Konstante*. Es ist unbekannt, ob diese Konstante rational ist oder nicht. Im nächsten Abschnitt werden wir sie mit Hilfe der Eulerschen Summationsformel näherungsweise berechnen. Aus (21) folgt bereits $0 \le \gamma \le 1$.

11.10 Die Eulersche Summationsformel

Diese Formel stellt eine außerordentlich fruchtbare wechselseitige Beziehung zwischen Summation und Integration her. Mit ihrer Hilfe gewinnen wir unter anderem die Stirlingsche Formel zur Berechnung von $n!$.

Wir beweisen die Summationsformel zunächst für $\mathscr{C}^1$-Funktionen. Eine wesentliche Rolle spielt dabei die periodische Funktion $H : \mathbb{R} \to \mathbb{R}$,

$$H(x) := \begin{cases} x - [x] - \frac{1}{2} & \text{für } x \in \mathbb{R} \setminus \mathbb{Z}, \\ 0 & \text{für } x \in \mathbb{Z}. \end{cases}$$

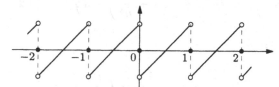

Die Funktion H

Eulersche Summationsformel (einfache Version): *Ist $f : [1; n] \to \mathbb{C}$, $n \in \mathbb{N}$, stetig differenzierbar, so gilt:*

$$(23) \qquad \sum_{k=1}^{n} f(k) = \int_{1}^{n} f(x)\, \mathrm{d}x + \frac{1}{2}\big(f(1) + f(n)\big) + \int_{1}^{n} H(x) f'(x)\, \mathrm{d}x.$$

Eine analoge Formel gilt selbstverständlich bezüglich des Intervalls $[0; n]$.

Beweis: Durch partielle Integration über $[k; k+1]$ erhält man

$$\int_{k}^{k+1} 1 \cdot f(x)\, \mathrm{d}x = \left(x - k - \frac{1}{2}\right) f(x) \Big|_{k}^{k+1} - \int_{k}^{k+1} \left(x - k - \frac{1}{2}\right) f'(x)\, \mathrm{d}x.$$

Da die Funktion $(x - k - \frac{1}{2}) f'$ im Intervall $[k; k+1]$ mit Hf' übereinstimmt ausgenommen eventuell die beiden Randpunkte, ist ihr Integral über $[k; k+1]$ gleich dem von Hf'; damit folgt

$$\int_{k}^{k+1} 1 \cdot f(x)\, \mathrm{d}x = \frac{1}{2}\big(f(k+1) + f(k)\big) - \int_{k}^{k+1} H(x) f'(x)\, \mathrm{d}x.$$

Summiert man über $k = 1, \ldots, n-1$ und addiert dann beiderseits noch $\frac{1}{2}\big(f(1) + f(n)\big)$, so erhält man die behauptete Formel. □

Beispiel 1: Potenzsummen. Für $f(x) = x^s$, $s \neq -1$, ergibt (23) zunächst

$$\sum_{k=1}^{n} k^s = \frac{1}{s+1} n^{s+1} - \frac{1}{s+1} + \frac{1}{2}(1 + n^s) + \int_{1}^{n} s H(x) x^{s-1}\, \mathrm{d}x.$$

Wegen $|H(x)| \leq \frac{1}{2}$ ist der Betrag des Integrals $\leq \frac{1}{2}(n^s - 1)$; damit folgt

$$\sum_{k=1}^{n} k^s = \frac{1}{s+1} \cdot n^{s+1} + R_n \quad \text{mit} \quad 0 < R_n < n^s.$$

Diese für beliebige $s \neq -1$ gültige Summenformel mit Restabschätzung geht wesentlich über den in 11.8 für $s > 0$ hergeleiteten Grenzwert hinaus.

Beispiel 2: Zur Zetafunktion. Für $f(x) = x^{-s}$, $s > 0$, erhält man

$$\sum_{k=1}^{n} \frac{1}{k^s} = \int_1^n \frac{dx}{x^s} + \frac{1}{2}\left(1 + \frac{1}{n^s}\right) - s\int_1^n \frac{H(x)}{x^{s+1}}\,dx.$$

Im Fall $s > 1$ folgt mit $n \to \infty$

$$(24) \qquad\qquad \zeta(s) = \frac{1}{s-1} + \frac{1}{2} - s\int_1^\infty \frac{H(x)}{x^{s+1}}\,dx.$$

Diese Darstellung der Zetafunktion kann man zu einer Erweiterung ihres Definitionsbereiches verwenden: Da das Integral auf der rechten Seite wegen der Beschränktheit von H für jedes $s > 0$ konvergiert, *definiert* (24) die Zetafunktion im Intervall $(0; 1)$.

Beispiel 3: Die Trapezregel. Ist f eine reelle $\mathscr{C}^2$-Funktion, so kann man das Integral über Hf' durch partielle Integration weiter umformen. Es sei dazu $\Phi : \mathbb{R} \to \mathbb{R}$ die Stammfunktion zu H mit $\Phi(0) = 0$: Φ ist die Funktion mit der Periode 1 und $\Phi(x) = \frac{1}{2}(x^2 - x)$ für $x \in [0; 1]$.

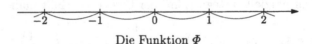

Die Funktion Φ

Wegen $\Phi(k) = 0$ für $k \in \mathbb{Z}$ ergibt sich durch partielle Integration

$$\int_1^n H(x)f'(x)\,dx = -\int_1^n \Phi(x)f''(x)\,dx.$$

Ferner gibt es nach dem Mittelwertsatz in 11.3 ein $\xi \in [1; n]$ so, daß

$$\int_0^n \Phi(x)f''(x)\,dx = f''(\xi)\int_0^n \Phi(x)\,dx = nf''(\xi)\int_0^1 \frac{x^2 - x}{2}\,dx = -\frac{n}{12}f''(\xi).$$

Damit erhält man

$$(25) \qquad \int_0^n f(x)\,dx = \frac{f(0) + f(n)}{2} + \sum_{\nu=1}^{n-1} f(\nu) - \frac{n}{12}f''(\xi).$$

Wir betrachten jetzt eine $\mathscr{C}^2$-Funktion $g : [a; b] \to \mathbb{R}$ auf irgendeinem Intervall. Für eine äquidistante Teilung von $[a; b]$ in n Teilintervalle der Länge $h = (b - a)/n$ setzen wir

$$T(h) := h\left(\frac{g(a) + g(b)}{2} + \sum_{\nu=1}^{n-1} g(a + \nu h)\right).$$

$T(h)$ heißt *Trapezsumme* für g zur *Schrittweite* h. Durch die Substitution $t \mapsto x := n(t - a)/h$ geht (25) über in die auf $[a; b]$ bezogene *Trapezregel*

$$\int_a^b g(t)\,dt = T(h) - \frac{b - a}{12} \cdot h^2 \cdot g''(\tau), \quad \tau \in [a; b].$$

Insbesondere gilt mit $K := \|g''\|_{[a;b]}$

$$\left|\int_a^b g(t)\,dt - T(h)\right| \leq \frac{b - a}{12} K \cdot h^2.$$

Die allgemeine Summationsformel

Für eine mehrmals stetig differenzierbare Funktion $f : [1; n] \to \mathbb{C}$ kann die Summationsformel durch wiederholte partielle Integration verfeinert werden. Wir benötigen dazu die Funktionen $H_k : \mathbb{R} \to \mathbb{R}$, $k = 1, 2, \ldots$, die folgendermaßen sukzessive erklärt werden:

(H.1) H_k ist Stammfunktion zu H_{k-1}, $k \geq 2$, und $H_1 := H$;

(H.2) $\int_0^1 H_k(x)\,dx = 0$.

Zum Beispiel ist im Intervall $[0; 1]$

$$H_2(x) = \frac{1}{2}\left(x^2 - x + \frac{1}{6}\right), \qquad H_3(x) = \frac{1}{6}\left(x^3 - \frac{3}{2}x^2 + \frac{1}{2}x\right).$$

H_2 2-fach überhöht H_3 20-fach überhöht

H_2 ist als Stammfunktion der Regelfunktion H_1 stetig, die Funktionen H_k mit $k \geq 3$ sind als Stammfunktionen stetiger Funktionen differenzierbar. *Alle H_k haben die Periode 1.* Für H_1 ist das offensichtlich, und für H_{k+1} folgt es mit (H.2) aus der 1-Periodizität von H_k:

$$H_{k+1}(x + 1) - H_{k+1}(x) = \int_x^{x+1} H_k(t)\,dt = \int_0^1 H_k(t)\,dt = 0.$$

Die Folge (H_k) ist durch die Eigenschaften (H.1) und (H.2) eindeutig bestimmt. Nach (H.1) ist nämlich H_k durch H_{k-1} bis auf die Addition einer Konstanten bestimmt, und diese wird durch (H.2) festgelegt. Da mit (H_k) auch die Folge (H_k^*) mit $H_k^*(x) := (-1)^k H_k(1 - x)$ diese beiden Eigenschaften hat (Aufgabe!), gilt die sogenannte *Ergänzungsregel*

$$(-1)^k H_k(1 - x) = H_k(x).$$

Für ungerades k folgt in Verbindung mit der 1-Periodizität

$$H_k(n) = 0, \quad n \in \mathbb{Z}.$$

Ferner errechnet man leicht:

$$H_2(0) = \frac{1}{12}, \quad H_4(0) = -\frac{1}{4!\,30}, \quad H_6(0) = \frac{1}{6!\,42}.$$

Bemerkung: Die Funktionen H_k stimmen im Intervall $(0;1)$ bis auf Zahlenfaktoren mit den Bernoulli-Polynomen, die in 14.3 eingeführt werden, überein: $H_k(x) = \frac{1}{k!}\mathrm{B}_k(x)$. Für $k \geq 2$ gilt $H_k(0) = \frac{1}{k!}\mathrm{B}_k$, wobei B_k die k-te Bernoulli-Zahl ist.

Sei nun $f : [1;n] \to \mathbb{C}$ eine $\mathscr{C}^{2k+1}$-Funktion, $k \geq 1$. Durch $2k$-malige partielle Integration von $H \cdot f'$ unter Beachtung von $H_{2\kappa}(n) = H_{2\kappa}(0)$ und $H_{2\kappa+1}(n) = H_{2\kappa+1}(0) = 0$ entsteht aus (23) die

Eulersche Summationsformel

$$\sum_{\nu=1}^{n} f(\nu) = \int_1^n f(x)\,\mathrm{d}x + \frac{1}{2}\bigl(f(1) + f(n)\bigr) + \sum_{\kappa=1}^{k} H_{2\kappa}(0)f^{(2\kappa-1)}\Big|_1^n + R(f);$$

dabei ist

$$R(f) = \int_1^n H_{2k+1} f^{(2k+1)}\,\mathrm{d}x.$$

Die Formel zielt in dieser Version auf die Berechnung von Summen ab. Sie kann aber auch in eine verfeinerte Trapezregel gewendet werden.

Wir schreiben die Summationsformel für eine $\mathscr{C}^3$-Funktion $f : [1;n] \to \mathbb{C}$ noch ausführlich an:

$$\sum_{\nu=1}^{n} f(\nu) = \int_1^n f(x)\,\mathrm{d}x + \frac{1}{2}\bigl(f(1) + f(n)\bigr) + \frac{1}{12}\bigl(f'(n) - f'(1)\bigr) + \int_1^n H_3 f^{(3)}\,\mathrm{d}x.$$

Beispiel 1: Berechnung der Euler-Konstanten. Für $f(x) = \dfrac{1}{x}$ ergibt die zuletzt angeschriebene Summationsformel

$$1 + \frac{1}{2} + \ldots + \frac{1}{n} - \ln n = \frac{1}{2}\left(1 + \frac{1}{n}\right) + \frac{1}{12}\left(1 - \frac{1}{n^2}\right) - 6\int_1^n \frac{H_3(x)}{x^4}\,\mathrm{d}x.$$

Mit $n \to \infty$ folgt daraus

$$\gamma = \frac{1}{2} + \frac{1}{12} - 6\int_1^\infty \frac{H_3(x)}{x^4}\,\mathrm{d}x.$$

Einsetzen in die vorangehende Identität führt zu

$$(26) \qquad \gamma = 1 + \frac{1}{2} + \ldots + \frac{1}{n} - \ln n - \frac{1}{2n} + \frac{1}{12n^2} - 6\int_n^\infty \frac{H_3(x)}{x^4}\,\mathrm{d}x.$$

Wir schätzen das Integral ab. $|H_3|$ nimmt sein Maximum bei $\frac{1}{2} + \frac{1}{6}\sqrt{3}$ an. Damit folgt $|H_3| \leq 1/120$ und

$$\left|\int_n^\infty \frac{H_3(x)}{x^4}\,\mathrm{d}x\right| \leq \frac{1}{120} \cdot \frac{1}{3} \cdot \frac{1}{n^3}.$$

Für $n = 10$ ergibt (26) schließlich

$$\gamma = 0.57722 + R \quad \text{mit} \quad |R| < 10^{-5}.$$

Beispiel 2: Die Stirlingsche Formel. Diese dient der asymptotischen Berechnung von $n!$ für große $n \in \mathbb{N}$, die für verschiedene Anwendungen, nicht nur numerischer Art, wichtig ist.

Mit der Summationsformel für $f(x) = \ln x$ erhalten wir zunächst

$$\ln n! = \sum_{k=1}^n \ln k = \int_1^n \ln x\,\mathrm{d}x + \frac{1}{2}\ln n + \frac{1}{12}\left(\frac{1}{n} - 1\right) + 2\int_1^n \frac{H_3}{x^3}\,\mathrm{d}x,$$

also

$$\underbrace{\ln n! - \left(n + \frac{1}{2}\right)\ln n + n}_{=:\, s_n} = \frac{11}{12} + \frac{1}{12n} + 2\int_1^n \frac{H_3}{x^3}\,\mathrm{d}x.$$

Da H_3 beschränkt ist, existiert das uneigentliche Integral $\int_1^\infty \frac{H_3}{x^3}\,\mathrm{d}x$. Die Folge (s_n) konvergiert also und hat den Grenzwert

$$s := \lim_{n\to\infty} s_n = \frac{11}{12} + 2\int_1^\infty \frac{H_3}{x^3}\,\mathrm{d}x.$$

Damit gilt $s_n = s + R_n$, wobei

$$R_n := \frac{1}{12n} - 2\int\limits_{n}^{\infty} \frac{H_3}{x^3}\,\mathrm{d}x.$$

Zur Berechnung von s betrachten wir $\sigma_n := \mathrm{e}^{s_n} = n!\left(\frac{n}{\mathrm{e}}\right)^{-n} n^{-1/2}$. Man sieht leicht, daß

$$\frac{\sigma_n^2}{\sigma_{2n}} = \sqrt{\frac{2}{n}} \cdot \frac{2\cdot 4\cdots 2n}{1\cdot 3\cdots 2n-1}.$$

Die Folge dieser Quotienten konvergiert nach 5.3 (2^∞) und dem Wallis-schen Ergebnis in 11.5 gegen $\sqrt{2\pi}$, andererseits nach Definition der σ_n gegen e^s. Somit ist $s = \ln\sqrt{2\pi}$.

Wir fassen zusammen und erhalten die sogenannte *Stirlingsche Formel*

$$\ln n! = \left(n + \frac{1}{2}\right)\ln n - n + \ln\sqrt{2\pi} + R_n$$

oder

$$\boxed{n! = \sqrt{2\pi n} \cdot \left(\frac{n}{\mathrm{e}}\right)^n \cdot \mathrm{e}^{R_n}.}$$

Stirling, James (1692–1770)

Wegen $R_n \to 0$ ergibt sich daraus die Asymptotik

$$\boxed{n! \simeq \sqrt{2\pi n} \cdot \left(\frac{n}{\mathrm{e}}\right)^n \quad \text{für } n \to \infty.}$$

Wir schätzen noch R_n ab. Wegen $|H_3| \le \frac{1}{120}$ ist $\left|2\int_n^\infty \frac{H_3}{x^3}\,\mathrm{d}x\right| \le \frac{1}{120}\cdot\frac{1}{n^2}$; damit erhält man die Einschließung

$$(27) \qquad \frac{1}{12n} - \frac{1}{120}\cdot\frac{1}{n^2} \le R_n \le \frac{1}{12n} + \frac{1}{120}\cdot\frac{1}{n^2}.$$

Insbesondere ist $R_n > 0$, und folglich $\sqrt{2\pi n} \cdot \left(\frac{n}{\mathrm{e}}\right)^n < n!$.

In der Praxis rechnet man meistens mit der logarithmischen Version der Stirlingschen Formel unter Verwendung der Logarithmen zur Basis 10. Da der dekadische Logarithmus $\log x$ aus dem natürlichen Logarithmus durch Multiplikation mit dem Modul $M := 1/\ln 10$ entsteht, $\log x = M\cdot\ln x$, wobei $M = 0.43429448\ldots$ (abgerundet), gilt

$$\log n! = \left(n + \frac{1}{2}\right)\log n - M\cdot n + \log\sqrt{2\pi} + M\cdot R_n.$$

Zahlenbeispiel: Für $n = 1000$ erhält man

$$\log 1000! = 1000.5 \cdot 3 - M \cdot 1000 + \log \sqrt{2\pi} + M \cdot R_{1000},$$

$$M \cdot R_{1000} = \frac{M}{12} \cdot 10^{-3} + r, \quad |r| < 4 \cdot 10^{-9}, \quad \text{nach (27)},$$

$$\log 1000! = 2567.6046 + \rho \quad \text{mit } 0 < \rho < 10^{-4}.$$

Wegen $4.023 < 10^{0.6046 + \rho} < 4.025$ besagt dieses Ergebnis, daß 1000! eine 2568-stellige Zahl ist, die mit 402 beginnt.

Bemerkung: In Kapitel 17 dehnen wir die Stirlingsche Formel für $n!$ aus zur Stirlingschen Formel für $\Gamma(x)$.

11.11 Aufgaben

1. Ist die Funktion $f : (0, \infty) \to \mathbb{R}$ mit

$$f(x) := \begin{cases} 0 & \text{für irrationales } x, \\ 1/q & \text{für } x = p/q \text{ mit teilerfremden } p, q \in \mathbb{N}, \end{cases}$$

   eine Regelfunktion?

2. *Definition des natürlichen Logarithmus als Stammfunktion zu $\frac{1}{x}$.* Wir haben den Logarithmus $\ln : \mathbb{R}_+ \to \mathbb{R}$ als Umkehrung der Exponential-funktion $\exp : \mathbb{R} \to \mathbb{R}_+$ eingeführt. Er kann auch als Stammfunktion der rationalen Funktion $1/x$ definiert werden. Man setze

$$L(x) := \int_1^x \frac{\mathrm{d}t}{t} \quad \text{für } x \in \mathbb{R}_+$$

   und zeige ohne Benutzung des Logarithmus:

   a) Die Funktion $L : \mathbb{R}_+ \to \mathbb{R}$ ist differenzierbar und hat die Ableitung $L'(x) = 1/x$;

   b) L wächst streng monoton und ist konkav;

   c) $L(xy) = L(x) + L(y)$;

   d) $L(\mathrm{e}^x) = x$ für alle $x \in \mathbb{R}$.

3. Es seien $n, m \in \mathbb{N}_0$. Man berechne

$$\int_0^1 x^n (1-x)^m \mathrm{d}x \quad \text{und} \quad \int_{-1}^1 (1+x)^n (1-x)^m \mathrm{d}x.$$

4. Es seien $a, b > 0$. Man berechne $\displaystyle\int_0^{\pi/2} \frac{\mathrm{d}\varphi}{a^2 \sin^2 \varphi + b^2 \cos^2 \varphi}$.

5. Für $a > 0$ und $k \in \mathbb{N}_0$ berechne man $\displaystyle\int_0^1 x^a \ln^k x \, \mathrm{d}x$.

6. Man zeige $\int_0^1 x^x \, dx = 1 - \dfrac{1}{2^2} + \dfrac{1}{3^3} - \dfrac{1}{4^4} + \ldots$ und berechne damit das Integral bis auf einen Fehler von 10^{-8}.

7. Man entwickle das elliptische Integral $E(k) := \int_0^{\pi/2} \sqrt{1 - k^2 \sin^2 x} \, dx$, $|k| < 1$, in eine Potenzreihe nach k.

8. Man berechne die uneigentlichen Integrale

   a) $\displaystyle\int_0^\infty \frac{dx}{1 + x^3}$,   b) $\displaystyle\int_0^\infty x^n \, e^{-ax} \cos bx \, dx$ $(n \in \mathbb{N}_0,\, a > 0,\, b \in \mathbb{R})$,

   c) $\displaystyle\int_{-1}^1 \frac{dx}{(a - x)\sqrt{1 - x^2}}$ $(a > 1)$.

9. Für Regelfunktionen $f, g : [a; b] \to \mathbb{C}$ existiere der Grenzwert $\lim\limits_{x \uparrow b} \dfrac{f(x)}{g(x)}$. Man zeige: Existiert das Integral $\int_a^b |g(x)| \, dx$, so existiert auch das Integral $\int_a^b |f(x)| \, dx$. Analog, falls der Randpunkt a kritisch ist.(Sog. *Grenzwertkriterium*)

   Beispiel: Für jede Regelfunktion $h : [a; b] \to \mathbb{C}$ und beliebige $\alpha, \beta > 0$ existiert das Integral $\int_a^b h(x)(x - a)^{\alpha - 1}(b - x)^{\beta - 1} \, dx$.

10. Für $a > 0$ gilt $\int_0^\infty e^{-x^a} \, dx = \dfrac{1}{a} \Gamma\!\left(\dfrac{1}{a}\right)$.

11. Man zeige, daß das folgende Integral existiert und den Wert $K(k)$ hat:
$$\int_0^1 \frac{dx}{\sqrt{(1 - x^2)(1 - k^2 x^2)}} = K(k) \qquad (0 \le k < 1).$$

12. *Dirichletsches Konvergenzkriterium.* Es seien f, g Regelfunktionen auf $[a; b)$ mit folgenden Eigenschaften:

   (i) f hat eine beschränkte Stammfunktion,

   (ii) g ist eine monotone $\mathscr{C}^1$-Funktion mit $g(x) \to 0$ für $x \to b$.

   Dann existiert das Integral $\int_a^b fg \, dx$.

   Beispiel: $\int_1^\infty \dfrac{\sin x}{x^s} \, dx$, $s > 0$, konvergiert.

13. Man zeige für $a > 1$ die Konvergenz der Integrale
$$\int_0^\infty e^{ix^a} \, dx, \qquad \int_0^\infty \cos(x^a) \, dx, \qquad \int_0^\infty \sin(x^a) \, dx.$$

   Die Integrale für $a = 2$ treten in der Theorie der Beugung auf und heißen Fresnelsche Integrale.

14. Man zeige: $\lim\limits_{n \to \infty} \left(\dfrac{1}{n + 1} + \dfrac{1}{n + 2} + \ldots + \dfrac{1}{2n} \right) = \ln 2$.

15. Für $N \to \infty$ gilt asymptotisch $\sum\limits_{n=2}^{\infty} \dfrac{1}{n \ln n} \simeq \ln(\ln N)$.

16. Es sei f eine streng monoton fallende, stetige Funktion auf einem Intervall $[0; a]$, $a > 0$, mit $f \geq 0$. Dann ist $\int_0^a f(x) \sin x \, dx > 0$.

17. Der *Integralsinus*; zur Definition siehe 11.7. Man zeige:

a) Si ist ungerade.

b) Si ist in $[k\pi; (k+1)\pi]$, $k \in \mathbb{N}_0$, streng monoton wachsend, wenn k gerade ist, und streng monoton fallend, wenn k ungerade ist.

c) Si $|(0; \infty)$ hat genau in $k\pi$ lokale Extrema, und zwar Maxima für ungerade k und Minima für gerade k. Die Folge der Maxima fällt streng monoton, die der Minima wächst streng monoton.

d) Si(x) hat für $x \to \infty$ einen Grenzwert $(= \pi/2$ nach 16.3 (10)).

e) Si hat eine auf ganz $\mathbb{R}$ konvergente Potenzreihendarstellung. Mit deren Hilfe berechne man das Maximum Si(π) bis auf 10^{-3} genau.

18. *Hutfunktionen als Stammfunktionen.* Man zeige:

a) Zu jedem kompakten Intervall $[\alpha; \beta]$ gibt es eine $\mathscr{C}^\infty$-Funktion $g : \mathbb{R} \to \mathbb{R}$ mit $g \geq 0$, $g(x) = 0$ für $x \in \mathbb{R} \setminus [\alpha; \beta]$ und $\int_\alpha^\beta g(x) \, dx = 1$.

b) Zu jedem kompakten Intervall $[a; b]$ und jedem $\varepsilon > 0$ gibt es eine Hutfunktion, d.h. eine $\mathscr{C}^\infty$-Funktion $h : \mathbb{R} \to [0; 1]$ derart, daß
   (i) $h(x) = 1$ für $x \in [a; b]$,
   (ii) $h(x) = 0$ für $x \in \mathbb{R} \setminus [a - \varepsilon; b + \varepsilon]$.

19. Für stetige Funktionen $f, g : [a; b] \to \mathbb{C}$ setze man

$$\langle a, b \rangle := \int_a^b f(x) \overline{g(x)} \, dx.$$

Man zeige, daß $\langle \, , \, \rangle$ auf $\mathscr{C}[a; b]$ ein Skalarprodukt definiert.
f und g heißen *orthogonal* auf $[a; b]$, falls $\langle f, g \rangle = 0$.

20. Die *Legendre-Polynome* P_k, $k \in \mathbb{N}_0$, als Orthogonalsystem auf $[-1; 1]$; zur Definition dieser Polynome siehe 9.12 Aufgabe 11. Man zeige:

a) Für beliebige $m, n \in \mathbb{N}_0$ gilt $\langle P_m, P_n \rangle = \dfrac{2}{2n+1} \delta_{mn}$.

b) Die P_k erfüllen die 3-Term-Rekursion

$$(n+1) P_{n+1} = (2n+1) x \, P_n - P_{n-1}.$$

21. Für die p-Normen (siehe (18)) von Regelfunktionen auf $[a; b]$ gilt:

a) $\|f\|_p = 0 \implies f = 0$ fast überall.

b) $\|f + g\|_p \leq \|f\|_p + \|g\|_p$.

22. Sei $f : [a; b] \to \mathbb{C}$ eine Regelfunktion. Man zeige: Zu jedem $\varepsilon > 0$ gibt es eine $\mathscr{C}^\infty$-Funktion $F : [a; b] \to \mathbb{C}$ mit

$$\|f - F\|_1 = \int_a^b |f(x) - F(x)| \, dx < \varepsilon.$$

23. Es sei $f : \mathbb{R} \to \mathbb{C}$ eine Regelfunktion. Dann gibt es zu jedem Intervall $[a; b]$ und jedem $\varepsilon > 0$ ein $\delta > 0$ so, daß für alle h mit $|h| \leq \delta$ gilt:

$$\int_a^b |f(x + h) - f(x)| \, dx < \varepsilon.$$

24. e^α ist irrational für jedes rationale $\alpha \neq 0$.

25. *Berechnung des vollständigen elliptischen Integrals 1. Gattung* $K(k)$ *nach Gauß durch das arithmetisch-geometrische Mittel.*
    Zunächst ist es zweckmäßig, dieses Integral etwas zu verallgemeinern. Für $a, b > 0$ setze man

$$I(a, b) := \int_0^{\pi/2} \frac{d\varphi}{\sqrt{a^2 \cos^2 \varphi + b^2 \sin^2 \varphi}}.$$

Man zeige:

a) $I(a, b) = \displaystyle\int_0^1 \frac{dx}{\sqrt{(1 - x^2)(a^2 - (a^2 - b^2)x^2)}}.$

b) $I(a, b) = I\left(\dfrac{a+b}{2}, \sqrt{ab}\right).$

Zum Nachweis von b) benütze man die Darstellung a) und wende darauf die sogenannte Landensche Transformation an:

$$x = L(t) := \frac{2at}{A}, \qquad A := (a + b) + (a - b)t^2.$$

c) Aus b) folgere man: Bezeichnet $M(a, b)$ das arithmetisch-geometrische Mittel der Zahlen a und b (zur Definition siehe 2.5 Aufgabe 6), so gilt

$$I(a, b) = \frac{\pi}{2M(a, b)}$$

und

$$K(k) = \frac{\pi}{2M(1, \sqrt{1 - k^2})}.$$

d) Schließlich berechne man

$$K\left(\frac{\sqrt{2}}{2}\right) = \int_0^{\pi/2} \frac{d\varphi}{\sqrt{1 - \frac{1}{2} \sin^2 \varphi}} = \sqrt{2} \int_0^{\pi/2} \frac{d\varphi}{\sqrt{2 \cos^2 \varphi + \sin^2 \varphi}}$$

bis auf einen Fehler von $2 \cdot 10^{-10}$.

12 Geometrie differenzierbarer Kurven

Gemäß den beiden Wurzeln der Differential- und Integralrechnung, der Geometrie und der Physik, bringen wir in diesem und im nächsten Kapitel erste Anwendungen der bisher entwickelten Analysis.

12.1 Parametrisierte Kurven. Grundbegriffe

Wir verwenden einen Kurvenbegriff, der in der Kinematik wurzelt. Er ist die mathematische Abstraktion der Bewegung eines Punktes im Raum, die durch die Angabe des Ortes $\gamma(t)$ zum Zeitpunkt t beschrieben wird.

Definition: Eine *parametrisierte Kurve im* $\mathbb{R}^n$ ist eine Abbildung

$$\gamma : I \to \mathbb{R}^n, \quad t \mapsto \big(x_1(t), \dots, x_n(t)\big)$$

eines Intervalls I, deren Komponentenfunktionen $x_1, \dots, x_n : I \to \mathbb{R}$ stetig sind. γ heißt *differenzierbar* (*stetig differenzierbar*), wenn alle x_i differenzierbar (stetig differenzierbar) sind. Das Bild $\gamma(I)$ heißt die *Spur* von γ. Statt parametrisierte Kurve sagen wir auch kurz Kurve.

Eine parametrisierte Kurve ist nicht eine bloße Punktmenge; zu ihr gehört wesentlich der durch die Abbildung γ vermittelte „Zeitplan" des Durchlaufens der Spur. Zum Beispiel definieren $\alpha(t) = e^{it} = (\cos t, \sin t)$, $t \in [0; 2\pi]$, und $\beta(t) = e^{-it} = (\cos t, -\sin t)$, $t \in [0; 2\pi]$, verschiedene Kurven in $\mathbb{R}^2 = \mathbb{C}$, obwohl sie dieselbe Spur haben, nämlich die 1-Sphäre S^1. α durchläuft S^1 im sogenannten mathematisch positiven Sinn, β im negativen.

Beispiele:

1. Ellipsen mit *Hauptachsen* a und b:

$$x(t) = a\cos t,$$
$$y(t) = b\sin t, \qquad t \in [0; 2\pi].$$

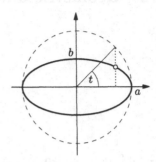

Elimination von t ergibt die Spurgleichung

$$\frac{x^2}{a^2} + \frac{y^2}{b^2} = 1.$$

2. Hyperbeläste

$$x(t) = \pm a\cosh t,$$
$$y(t) = \quad b\sinh t, \qquad t \in \mathbb{R}.$$

Spurgleichung: $\dfrac{x^2}{a^2} - \dfrac{y^2}{b^2} = 1.$

3. Die Neilsche Parabel

$$\gamma(t) = (t^2, t^3), \quad t \in \mathbb{R}.$$

Spurgleichung: $y^2 = x^3$.

Bedeutung des Parameters: $t = \tan\alpha$.

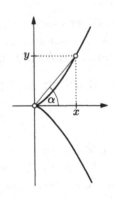

Die Neilsche Parabel war nach dem Kreis
die erste Kurve, an der die Berechnung
einer Bogenlänge (Definition 12.2) gelang
(1657).

4. Die Zykloide. Die Einheitskreisscheibe rolle ohne zu gleiten auf der x-Achse. Ein Punkt des Randes beschreibt dabei eine Zykloide.

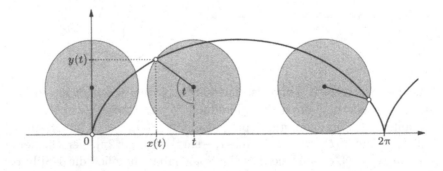

$$x(t) = t - \sin t, \quad y(t) = 1 - \cos t$$

Christiaan Huygens (1629–1695), nach Sommerfeld der „genialste Uhrmacher aller Zeiten", hat
die Zykloide zur Konstruktion eines Pendels benützt, bei dem die Schwingungsdauer nicht vom
Ausschlag abhängt (*Zykloidenpendel*). Die Fa-
denlänge wird durch Anschlag an einer Zykloide geeignet verkürzt. Der Pendelkörper schwingt
dabei selbst auf einer Zykloide.

Zykloidenpendel

Die Zykloide hat auch in anderer Hinsicht Geschichte gemacht: als Lösung des
Brachystochronenproblems, des ersten Variationsproblems der Mathematischen
Physik. 1696 hatte Johann Bernoulli in den *Acta Eruditorum* „die scharfsinnig-
sten Mathematiker des ganzen Erdkreises" aufgefordert, folgende Aufgabe zu
lösen:

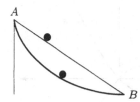

Ein Massenpunkt gleite unter dem Einfluß der Schwerkraft und ohne Reibung längs gewisser Kurven von einem festen Punkt A zu einem festen tieferen Punkt B.
Für welche Kurven wird die Laufzeit am kürzesten?

Jakob Bernoulli, Huygens und Leibniz fanden als Lösung die Zykloide.

5. Schraubenlinien

$$\gamma(t) = (r \cos t, r \sin t, ht) \quad t \in \mathbb{R}.$$

Die Spur liegt auf dem Zylinder

$$\left\{ (x, y, z) \in \mathbb{R}^3 \mid x^2 + y^2 = r^2 \right\}$$

$2\pi h$ heißt die *Ganghöhe*.

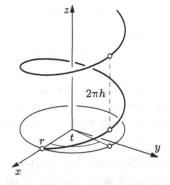

Der hier zugrunde gelegte Kurvenbegriff stammt von dem französischen
Mathematiker C. Jordan (1838–1922). Kurven in diesem Sinn können sich
weitgehend der Anschauung entziehen. Zum Beispiel besitzt die in 9.11
angegebene Takagikurve an keiner Stelle eine Tangente, und eine von G.
Peano (1858–1932) konstruierte stetige Kurve überdeckt sogar vollständig
ein Quadrat. Aufgabe 14 bringt eine solche „Peanokurve".

Tangenten an eine Kurve definiert man als Grenzlagen von Sekanten.
Ein Vektor in Richtung der Sekante durch die Punkte $\gamma(t)$ und $\gamma(t+h)$ ist

$$\frac{\gamma(t+h) - \gamma(t)}{h} = \left(\frac{x_1(t+h) - x_1(t)}{h}, \dots, \frac{x_n(t+h) - x_n(t)}{h} \right).$$

Wir bilden hierin komponentenweise den Limes für $h \to 0$.

Definition: Die Kurve $\gamma : I \to \mathbb{R}^n$ sei differenzierbar. Dann heißen

$$\dot{\gamma}(t) := \big(\dot{x}_1(t), \dots, \dot{x}_n(t)\big)$$

der *Tangentialvektor* oder auch *Geschwindigkeitsvektor* der Kurve zur Parameterstelle t und

$$\|\dot{\gamma}(t)\| = \sqrt{\dot{x}_1^2(t) + \dots + \dot{x}_n^2(t)}$$

die *Geschwindigkeit*; im Fall $\dot{\gamma}(t) \neq 0$ heißt ferner $T_\gamma(t) := \dfrac{\dot{\gamma}(t)}{\|\dot{\gamma}(t)\|}$ der *Tangentialeinheitsvektor* zur Parameterstelle t.

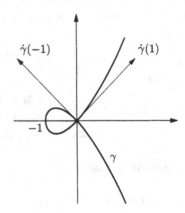

Der Tangentialvektor $\dot{\gamma}(t)$ ist zu einer Parameterstelle, nicht zu einem Ort, definiert. Ist x ein *Doppelpunkt*, d.h. gilt $x = \gamma(t_1) = \gamma(t_2)$ für verschiedene t_1, t_2, so können die Tangentialvektoren $\dot{\gamma}(t_1)$ und $\dot{\gamma}(t_2)$ verschieden sein.

Beispiel:

$$\gamma(t) = (t^2 - 1, t^3 - t), \quad t \in \mathbb{R},$$
$$\gamma(1) = \gamma(-1) = (0,0),$$
$$\dot{\gamma}(1) = (2,2) \text{ und } \dot{\gamma}(-1) = (-2,2).$$

Definition: Eine stetig differenzierbare Kurve $\gamma : I \to \mathbb{R}^n$ heißt *regulär an der Parameterstelle* $t_0 \in I$, wenn $\dot{\gamma}(t_0) \neq 0$ ist; sie heißt *regulär*, wenn sie an allen Stellen $t \in I$ regulär ist.

Eine Irregularität muß sich nicht an der Spur zeigen; sie bedeutet, daß die Geschwindigkeit der Bewegung $t \mapsto \gamma(t)$ im Zeitpunkt t_0 Null ist. Beispielsweise ist die Kurve $\gamma(t) = (t^3, t^3)$, $t \in \mathbb{R}$, an der Stelle $t = 0$ irregulär; die Spur dieser Kurve ist die Gerade $y = x$. Die Neilsche Parabel $t \mapsto (t^2, t^3)$ ist genau für $t = 0$ irregulär; sie hat dort eine Spitze.

Regulär ist zum Beispiel der *parametrisierte Graph* einer $\mathscr{C}^1$-Funktion $f : J \to \mathbb{R}$; unter diesem versteht man die Kurve $\gamma_f : J \to \mathbb{R}^2$ mit

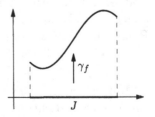

$$\gamma_f(t) := \big(t, f(t)\big), \quad t \in J.$$

Für alle $t \in J$ ist $\dot{\gamma}_f(t) = \big(1, f'(t)\big) \neq (0,0)$.

Der folgende Satz zeigt, daß die Spur jeder ebenen regulären Kurve ohne vertikale Tangenten lokal als Graph einer $\mathscr{C}^1$-Funktion aufgefaßt werden kann. Dieser Satz ist ein einfacher Fall des Satzes über implizite Funktionen (siehe Band 2).

Satz 1 (Die Spur als Graph): *Es sei* $\gamma : I \to \mathbb{R}^2$ *stetig differenzierbar,* $\gamma(t) = \big(x(t), y(t)\big)$. *Die Funktion* $\dot{x}$ *habe auf* I *keine Nullstelle. Dann gibt es eine* $\mathscr{C}^1$-*Funktion* f *auf dem Intervall* $J := x(I)$, *deren Graph die Spur von* γ *ist. Die Ableitung von* f *an einer Stelle* $x_0 \in J$ *mit* $x_0 = x(t_0)$ *ist*

$$(1) \qquad\qquad f'(x_0) = \frac{\dot{y}(t_0)}{\dot{x}(t_0)}.$$

Ist γ *2-mal differenzierbar, dann ist es auch* f, *und es gilt*

$$(2) \qquad\qquad f''(x_0) = \frac{\dot{x}\ddot{y} - \ddot{x}\dot{y}}{\dot{x}^3}(t_0).$$

Merkregel für (1): $\dfrac{\mathrm{d}y}{\mathrm{d}x} = \dfrac{\mathrm{d}y/\mathrm{d}t}{\mathrm{d}x/\mathrm{d}t}.$

Beweis: Aus Stetigkeitsgründen hat $\dot{x}$ auf I einheitliches Vorzeichen. Die Funktion x ist daher in I streng monoton und besitzt eine stetig differenzierbare Umkehrfunktion $\tau : x(I) \to I$. Für $t \in I$ gilt dann

$$\gamma(t) = \big(x(t), y(t)\big) = \big(x(t), y \circ \tau(x(t))\big) = \big(x(t), f(x(t))\big);$$

dabei ist $f := y \circ \tau$. Die Ableitungen von f errechnen sich nach der Kettenregel und der Ableitungsregel für eine Umkehrfunktion:

$$f'(x_0) = \dot{y}\big(\tau(x_0)\big) \cdot \tau'(x_0) = \frac{\dot{y}}{\dot{x}}(t_0).$$

$$f''(x_0) = \ddot{y}\big(\tau(x_0)\big) \cdot \tau'^2(x_0) + \dot{y}\big(\tau(x_0)\big) \cdot \tau''(x_0) = \frac{\ddot{y}\dot{x} - \dot{y}\ddot{x}}{\dot{x}^3}(t_0).$$

($\tau''(x_0) = -\ddot{x}(t_0)/\dot{x}^3(t_0)$ ergibt sich durch 2-maliges Differenzieren aus der Identität $\tau\big(x(t)\big) = t$.) □

Beispiel: Kurvendiskussion mittels Satz 1. Wir betrachten die Zykloide

$$x(t) = t - \sin t, \quad y(t) = 1 - \cos t, \quad t \in \mathbb{R};$$

(Beispiel 4). Die Funktion $\dot{x}(t) = 1 - \cos t$ hat auf $I = (0; 2\pi)$ keine Nullstelle. Es gibt also auf $x(I) = (0; 2\pi)$ eine stetig differenzierbare Funktion f, deren Graph der Zykloidenbogen $\gamma\big((0; 2\pi)\big)$ ist. Wegen

$$f'(x) = \frac{\dot{y}(t)}{\dot{x}(t)} = \frac{\sin t}{1 - \cos t} \quad \text{für } x = x(t),$$

und $x(t) \in (0; \pi]$ für $t \in (0; \pi]$ wächst f monoton auf $(0; \pi]$; ebenso folgt, daß f auf $[\pi; 2\pi)$ monoton fällt. Weiter ist f konkav, da

$$f''(x) = \frac{\ddot{y}\dot{x} - \dot{y}\ddot{x}}{\dot{x}^3}(t) = \frac{-1}{(1 - \cos t)^2} < 0. \qquad\qquad □$$

Im folgenden beziehen sich alle metrischen Begriffe für den $\mathbb{R}^n$ auf das *Standard-Skalarprodukt*. Für $a = (a_1, \ldots, a_n)$ und $b = (b_1, \ldots, b_n)$ ist dieses gegeben durch $a \cdot b = \langle a, b \rangle := a_1 b_1 + \ldots + a_n b_n$.

Schnittwinkel

α und β seien bei t_0 bzw. s_0 reguläre Kurven mit $\alpha(t_0) = \beta(s_0)$. Unter einem *Schnittwinkel* bei t_0, s_0 versteht man einen Winkel φ zwischen den Tangenteneinheitsvektoren $T_\alpha(t_0)$ und $T_\beta(s_0)$. Der Cosinus eines solchen Winkels ist eindeutig bestimmt und gegeben durch das Skalarprodukt

(3)
$$\cos \varphi = \langle T_\alpha(t_0), T_\beta(s_0) \rangle.$$

12.2 Die Bogenlänge

Zur Berechnung des Kreisumfangs benutzten schon die Mathematiker des Altertums approximierende Polygone. Seien s_m und t_m die Umfänge der einem Kreis mit Radius r einbeschriebenen bzw. umbeschriebenen regelmäßigen 2^m-Ecke. Die Folge der s_m wächst monoton, während die Folge der t_m monoton fällt; weiter gilt $s_m < t_m$. Die Folge (s_m) ist daher nach oben beschränkt und besitzt als Grenzwert das Supremum aller s_m. Dieses Supremum definiert den Umfang des Kreises.

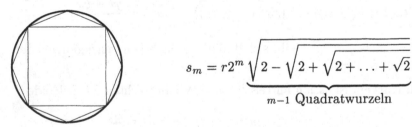

$$s_m = r2^m \underbrace{\sqrt{2 - \sqrt{2 + \sqrt{2 + \ldots + \sqrt{2}}}}}_{m-1 \text{ Quadratwurzeln}}$$

Wir knüpfen an dieses Verfahren an, um für allgemeinere Kurven Bogenlängen zu definieren. Da auch nicht differenzierbare Kurven zugelassen werden, benützen wir nur Sehnenpolygone.

Sei $\gamma : I \to \mathbb{R}^n$ eine stetige Kurve. Jede endliche Menge Z von Teilungspunkten $t_0, t_1, \ldots, t_m \in I$ mit $t_0 < t_1 < \ldots < t_m$ definiert ein Sehnenpolygon mit den Ecken $\gamma(t_0), \ldots, \gamma(t_m)$ und der Länge

$$s(Z) = \sum_{i=1}^{m} \|\gamma(t_i) - \gamma(t_{i-1})\|.$$

Hierbei bezeichnet $\|\ \|$ die euklidische Norm auf $\mathbb{R}^n$.

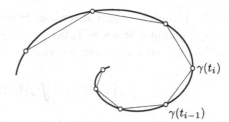

Kurve mit Sehnenpolygon

Entsteht Z^* aus Z durch Hinzunahme weiterer Teilungspunkte, so ist $s(Z^*) \geq s(Z)$. Für eine gemeinsame Verfeinerung Z^* zweier Zerlegungen Z_1 und Z_2 gilt insbesondere $s(Z^*) \geq \max\big(s(Z_1), s(Z_2)\big)$.

Definition: Eine stetige Kurve $\gamma : I \to \mathbb{R}^n$ heißt *rektifizierbar*, wenn die Menge der Längen aller einbeschriebenen Sehnenpolygone beschränkt ist. Das Supremum dieser Längen heißt gegebenenfalls die *Länge von* γ:

$$s(\gamma) := \sup_Z s(Z).$$

Beispiel: *Jede Lipschitz-stetige Kurve $\gamma : I \to \mathbb{R}^n$ mit beschränktem Parameterintervall ist rektifizierbar.* Sei etwa L eine Lipschitz-Konstante, also $\big\|\gamma(t) - \gamma(t')\big\| \leq L \cdot |t - t'|$ für alle $t, t' \in I$; für jede Zerlegung Z von I gilt dann $s(Z) \leq L \cdot |I|$. Insbesondere hat γ eine Länge $\leq L \cdot |I|$.

Satz 2: *Eine fast überall stetig differenzierbare Kurve $\gamma : [a; b] \to \mathbb{R}^n$ mit kompaktem Parameterintervall ist rektifizierbar und hat die Länge*

(4)
$$s(\gamma) = \int_a^b \|\dot{\gamma}(t)\|\, dt = \int_a^b \sqrt{\dot{x}_1^2(t) + \ldots + \dot{x}_n^2(t)}\, dt.$$

(Hierbei bezeichne $\dot{\gamma}$ ein n-Tupel von Regelfunktionen $\dot{x}_1, \ldots, \dot{x}_n$ auf $[a; b]$ derart, daß $x_1, \ldots, x_n$ Stammfunktionen zu diesen sind; siehe 11.4.) Insbesondere hat der Graph einer $\mathscr{C}^1$-Funktion $f : [a; b] \to \mathbb{R}$ die Länge

(4′)
$$s(\gamma_f) = \int_a^b \sqrt{1 + f'^2(x)}\, dx.$$

Die Formel (4) ist plausibel: Bei Deutung von $\|\dot{\gamma}\|$ als Geschwindigkeit ist $\|\dot{\gamma}(t)\|\, dt$ das im Zeitelement dt zurückgelegte Wegelement ds; die „Summe der Wegelemente" ist der Gesamtweg.

Im Beweis verwenden wir das *Integral eines n-Tupels von Regelfunktionen*. Für ein solches n-Tupel $f = (f_1, \ldots, f_n)$ auf einem Intervall $[a; b]$ definieren wir komponentenweise

$$\int\limits_a^b f(x)\,\mathrm{d}x := \left(\int\limits_a^b f_1(x)\,\mathrm{d}x, \ldots, \int\limits_a^b f_n(x)\,\mathrm{d}x \right).$$

Lemma: *Mit den euklidischen Normen der jeweiligen n-Tupel gilt*

$$\left\| \int\limits_a^b f(x)\,\mathrm{d}x \right\| \le \int\limits_a^b \| f(x) \|\,\mathrm{d}x.$$

Beweis: Im Fall eines n-Tupels von Treppenfunktionen handelt es sich um eine Abschätzung zwischen Summen und diese ergibt sich unmittelbar mit der Dreiecksungleichung der Norm (es darf angenommen werden, daß alle Treppenfunktionen dieselben Sprungstellen haben). Im allgemeinen Fall folgt dann die Behauptung wörtlich wie in 11.3 für $n = 1$.   □

Beweis des Satzes: Es sei $Z = \{t_0, \ldots, t_m\}$ eine beliebige Zerlegung von $[a; b]$. Für $s(Z)$ erhält man nach dem Lemma

$$s(Z) = \sum_{i=1}^m \left\| \int\limits_{t_{i-1}}^{t_i} \dot{\gamma}(t)\,\mathrm{d}t \right\| \le \sum_{i=1}^m \int\limits_{t_{i-1}}^{t_i} \| \dot{\gamma}(t) \|\,\mathrm{d}t \le \int\limits_a^b \| \dot{\gamma}(t) \|\,\mathrm{d}t.$$

Das Integral $\int_a^b \| \dot{\gamma}(t) \|\,\mathrm{d}t$ ist also eine obere Schranke aller Längen $s(Z)$. Insbesondere ist γ rektifizierbar.

Zum Nachweis der Formel genügt es nun zu zeigen, daß zu jedem $\varepsilon > 0$ eine Zerlegung Z existiert mit

$$(*) \qquad\qquad s(Z) \ge \int\limits_a^b \| \dot{\gamma}(t) \|\,\mathrm{d}t - \varepsilon.$$

Hierzu wähle man ein n-Tupel φ von Treppenfunktionen auf $[a; b]$ so, daß $\| \dot{\gamma}(t) - \varphi(t) \| \le \varepsilon/2(b - a)$ für alle $t \in [a; b]$ gilt, und dann eine so feine Zerlegung $Z : a = t_0 < t_1 < \ldots < t_m = b$ von $[a; b]$, daß φ in allen Teilintervallen $(t_{i-1}; t_i)$ konstant ist. Wir zeigen, daß mit dieser Zerlegung die gewünschte Approximation $(*)$ erzielt wird. Zunächst gilt:

$$\left\| \int\limits_{t_{i-1}}^{t_i} \dot{\gamma}(t)\,\mathrm{d}t \right\| \ge \left\| \int\limits_{t_{i-1}}^{t_i} \varphi(t)\,\mathrm{d}t \right\| - \left\| \int\limits_{t_{i-1}}^{t_i} (\dot{\gamma}(t) - \varphi(t))\,\mathrm{d}t \right\|.$$

Da φ in $(t_{i-1}; t_i)$ konstant ist, gilt $\left\| \int_{t_{i-1}}^{t_i} \varphi(t)\,\mathrm{d}t \right\| = \int_{t_{i-1}}^{t_i} \| \varphi(t) \|\,\mathrm{d}t$. Ferner ergibt sich mit Hilfe des Lemmas und aufgrund der Wahl von φ $\left\| \int_{t_{i-1}}^{t_i} (\dot{\gamma}(t) - \varphi(t))\,\mathrm{d}t \right\| \le \dfrac{\varepsilon}{2(b - a)} \cdot (t_i - t_{i-1})$. Somit erhalten wir

$(**)$ $$s(Z) = \sum_{i=1}^{m} \left\| \int_{t_{i-1}}^{t_i} \dot{\gamma}(t)\,dt \right\| \geq \int_{a}^{b} \|\varphi(t)\|\,dt - \frac{\varepsilon}{2}.$$

Weiter folgt mit $\|\varphi(t)\| \geq \|\dot{\gamma}(t)\| - \|\varphi(t) - \dot{\gamma}(t)\|$ die Abschätzung

$$\int_{a}^{b} \|\varphi(t)\|\,dt \geq \int_{a}^{b} \|\dot{\gamma}(t)\|\,dt - \frac{\varepsilon}{2}.$$

Diese ergibt in Verbindung mit $(**)$ die Abschätzung $(*)$.   □

Beispiele:

1. Länge des Kreisbogens mit Radius r zum Winkel φ:

$$\gamma(t) = (r\cos t, r\sin t), \quad t \in [0;\varphi]; \qquad \|\dot{\gamma}(t)\| = r.$$

$$s = \int_{0}^{\varphi} r\,dt = r\varphi.$$

Damit erhält jetzt der Winkel φ seine Deutung als *Länge des zugehörigen Bogens auf der* 1-*Sphäre.* Insbesondere ist 2π der Umfang von S^1.

2. Umfang der Ellipse mit den Halbachsen a, b:

$$\gamma(t) = (a\cos t, b\sin t), \quad t \in [0;2\pi];$$

$$\|\dot{\gamma}(t)\| = \sqrt{a^2\sin^2 t + b^2\cos^2 t}.$$

Sei $a \geq b$. Mit $\varepsilon^2 = 1 - b^2/a^2$ ergibt sich dann für den Umfang

(5) $$U = a\int_{0}^{2\pi} \sqrt{1 - \varepsilon^2\cos^2 t}\,dt.$$

Das Integral ist das elliptische Integral $E(2\pi;\varepsilon)$; siehe 11.6 (13). Die Bezeichnung „elliptisches Integral" hat ihren Ursprung in dieser Berechnung.

Die Rektifikation von Hyperbelbögen führt ebenfalls auf elliptische Integrale. Dagegen sind Parabelbögen elementar berechenbar.

3. Länge des Zykloidenbogens:

$$\gamma(t) = (t - \sin t, 1 - \cos t), \quad t \in [0;2\pi];$$

$$\|\dot{\gamma}(t)\|^2 = (1 - \cos t)^2 + \sin^2 t = 2 - 2\cos t = 4\sin^2\frac{t}{2}.$$

$$s(\gamma) = 2\int_{0}^{2\pi} \left|\sin\frac{t}{2}\right|\,dt = 4\int_{0}^{\pi} \sin\tau\,d\tau = 8.$$

Man beachte, daß die Bogenlänge eine rationale Zahl ist!

12.3   Parameterwechsel

Nicht immer hat der Parameter t für eine Kurve γ eine natürliche Bedeutung. Für manche Fragen ist es zweckmäßig, zu einer Kurve β überzugehen, welche dieselbe Spur hat, diese Spur aber mit einem neuen Zeitplan $s \mapsto \beta(s)$ durchläuft. Geometrische Begriffe sind dadurch ausgezeichnet, daß sie einen Parameterwechsel ohne Änderung überstehen.

Eine $\mathscr{C}^k$-Abbildung $\sigma : I \to J$ eines Intervalls I auf ein Intervall J heißt eine $\mathscr{C}^k$-*Parametertransformation* $(k = 0, 1, 2, \ldots)$, wenn sie bijektiv ist und die Umkehrabbildung $\sigma^{-1} : J \to I$ ebenfalls zur Klasse $\mathscr{C}^k$ gehört. Sei ferner $\gamma : I \to \mathbb{R}^n$ eine Kurve. Dann ist

$$(6) \qquad\qquad \beta := \gamma \circ \sigma^{-1} : J \to I \to \mathbb{R}^n$$

eine neue parametrisierte Kurve; diese hat aber dieselbe Spur wie γ. Die Kurve β heißt die *Umparametrisierung von γ mittels σ*. In diesem Zusammenhang wird häufig auch die Variable in J mit σ bezeichnet, die Umkehrfunktion entsprechend mit $t(\sigma)$. Damit ist dann $\beta(\sigma) = \gamma\big(t(\sigma)\big)$. Gehören γ sowie σ und σ^{-1} zur Klasse $\mathscr{C}^k$, so auch β.

Eine stetige Parametertransformation $\sigma : I \to J$ heißt

a) *orientierungstreu*, wenn sie streng monoton wächst,

b) *orientierungsumkehrend*, wenn sie streng monoton fällt.

Ist σ eine $\mathscr{C}^1$-Parametertransformation, so ist $\dot{\sigma}(t) \neq 0$ für alle $t \in I$; in diesem Fall ist σ orientierungstreu für $\dot{\sigma} > 0$ und orientierungsumkehrend für $\dot{\sigma} < 0$.

Die Bogenlänge ist invariant gegenüber einer stetigen Parametertransformation $\sigma : I \to J$; denn die Menge der einbeschriebenen Sehnenpolygone ändert sich bei einem Parameterwechsel nicht.

Ist σ eine $\mathscr{C}^1$-Transformation, so folgt aus (6)

$$(7) \qquad\qquad \dot{\beta}(\sigma) = \dot{\gamma}(t) \cdot \frac{1}{\dot{\sigma}(t)}, \quad \sigma = \sigma(t) \in J.$$

Die Tangentialvektoren $\dot{\beta}(\sigma)$ und $\dot{\gamma}(t)$ sind also parallel, die Tangenten zu den Parameterstellen t bzw. $\sigma = \sigma(t)$ folglich identisch.

Umorientierung

Die Umparametrisierung einer Kurve $\gamma : [a; b] \to \mathbb{R}^n$ durch die orientierungsumkehrende Transformation $\sigma : [a; b] \to [-b; -a]$ mit $\sigma(t) = -t$ heißt *Umorientierung* von γ. Die umorientierte Kurve bezeichnen wir mit γ^-. Ihr Definitionsintervall ist $[-b; -a]$, und es gilt

$$(8) \qquad\qquad \gamma^-(t) = \gamma(-t) \quad \text{für } t \in [-b; -a].$$

Umparametrisieren auf Bogenlänge

Ist $\gamma : I \to \mathbb{R}^n$ eine reguläre Kurve, so definiert bei festem $t_0 \in I$

$$(9) \qquad s(t) := \int_{t_0}^{t} \|\dot{\gamma}(\tau)\|\,\mathrm{d}\tau, \quad t \in I,$$

wegen $\dot{s}(t) = \|\dot{\gamma}(t)\| > 0$ eine orientierungstreue Parametertransformation. Ist β die Umparametrisierung von γ mittels s, so gilt nach (7)

$$(10) \qquad \beta'(s) = \frac{\dot{\gamma}(t)}{\|\dot{\gamma}(t)\|}, \quad s = s(t).$$

Durch Umparametrisieren auf Bogenlänge erhält man also eine Kurve mit der konstanten Geschwindigkeit 1: $\|\beta'(s)\| = 1$.

12.4 Krümmung ebener Kurven

Für $\mathscr{C}^2$-Kurven $\gamma : I \to \mathbb{R}^2$ soll die Krümmung als ein Maß der Abweichung vom geradlinigen Verlauf definiert werden. Hat γ die konstante Geschwindigkeit 1, so könnte die Änderungsgeschwindigkeit des Tangentialvektors $T(s) = \gamma'(s)$,

$$\left\| \lim_{\Delta s \to 0} \frac{T(s + \Delta s) - T(s)}{\Delta s} \right\| = \|T'(s)\|,$$

als Krümmung zur Stelle s definiert werden. Um auch noch die Richtung von $T'(s)$ zu erfassen, stellt man $T'(s)$ in einem mitgeführten, positiv orientierten Koordinatensystem, im sogenannten begleitenden Zweibein, dar.

Im Folgenden bezeichne $\mathrm{D} : \mathbb{R}^2 \to \mathbb{R}^2$ die Drehung um 90^0 im mathematisch positiven Sinn; d.h., es sei

$$\mathrm{D}\begin{pmatrix} u \\ v \end{pmatrix} := \begin{pmatrix} -v \\ u \end{pmatrix}.$$

Identifiziert man $\mathbb{R}^2$ mit $\mathbb{C}$, so wird die Drehung D durch die Multiplikation mit i bewirkt.

Definition: Es sei t eine Regularitätsstelle der $\mathscr{C}^2$-Kurve $\gamma : I \to \mathbb{R}^2$ und $T(t)$ der dortige Tangentialeinheitsvektor. Dann heißen der Vektor $N(t) := \mathrm{D}T(t)$ *Normaleneinheitsvektor* und das Paar $(T(t), N(t))$ *begleitendes Zweibein* der Kurve γ zur Stelle t.

Beispiel: Das begleitende Zweibein des Kreises $\gamma(t) = r\,\mathrm{e}^{\mathrm{i}t}$ ist $(\mathrm{i}\mathrm{e}^{\mathrm{i}t}, -\mathrm{e}^{\mathrm{i}t})$.

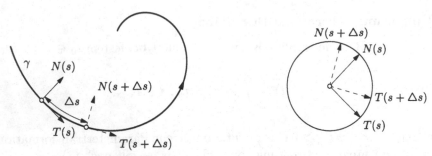

Begleitendes Zweibein und seine Rotation

Die Krümmung einer Kurve definieren wir nun anhand der Rotation des begleitenden Zweibeins (T, N). Zunächst betrachten wir Kurven mit der konstanten Geschwindigkeit 1. Aus $\|T(s)\|^2 = 1$ für alle s folgt dann $\langle T(s), T'(s)\rangle = 0$. (Sind $f, g : I \to \mathbb{R}^n$ differenzierbare Abbildungen, so gilt für die durch $x \mapsto \langle f(x), g(x)\rangle$ definierte Funktion $\langle f, g\rangle : I \to \mathbb{R}$, die Produktregel $\langle f, g\rangle' = \langle f', g\rangle + \langle f, g'\rangle$. Ist $\|f\|^2 = f^2$ konstant, so folgt $\langle f, f'\rangle = 0$, d.h. $f \perp f'$.) Der Vektor $T'(s)$ ist also ein skalares Vielfaches des Normaleneinheitsvektors,

(11) $$\boxed{T'(s) = \kappa(s)N(s).}$$

Definition: (i) Ist γ eine $\mathscr{C}^2$-Kurve mit der Geschwindigkeit $\|\gamma'(s)\| = 1$, so heißt der Proportionalitätsfaktor $\kappa(s)$ in (11) die *Krümmung* von γ zur Stelle s. In diesem Fall gilt also

$$\kappa(s) = \langle T'(s), N(s)\rangle \quad \text{und} \quad |\kappa(s)| = \|T'(s)\|.$$

(ii) Ist γ eine beliebige bei t reguläre $\mathscr{C}^2$-Kurve und β eine Umparametrisierung von γ auf Bogenlänge s, so setzt man

(12) $$\boxed{\kappa_\gamma(t) := \kappa_\beta\big(s(t)\big).}$$

Beispiel: Krümmung des Kreises $\gamma(t) = r\,\mathrm{e}^{\pm it}$ mit Radius r bei positiver $(+)$ bzw. negativer $(-)$ Orientierung. Eine Umparametrisierung auf Einheitsgeschwindigkeit ist $\beta(s) = r\,\mathrm{e}^{\pm 1/r \cdot is}$. Für diese sind

$$T_\beta(s) = \pm i\mathrm{e}^{\pm 1/r \cdot is}, \quad T'_\beta(s) = -\frac{1}{r}\mathrm{e}^{\pm 1/r \cdot is}, \quad N_\beta(s) = \mp\mathrm{e}^{\pm 1/r \cdot is}.$$

Nach (11) hat also ein Kreis mit Radius r

bei positiver Orientierung überall die Krümmung $1/r$,

bei negativer Orientierung überall die Krümmung $-1/r$.

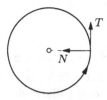

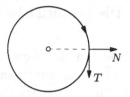

positiv gekrümmt   negativ gekrümmt

Satz 3: *An jeder Regularitätsstelle der $\mathscr{C}^2$-Kurve $\gamma = (x, y)$ ist*

$$(13) \qquad \kappa(t) = \frac{\dot{x}\ddot{y} - \dot{y}\ddot{x}}{\sqrt{\dot{x}^2 + \dot{y}^2}^{\,3}}(t).$$

Insbesondere hat der Graph einer $\mathscr{C}^2$-Funktion f die Krümmung

$$(13') \qquad \kappa(x) = \frac{f''(x)}{\sqrt{1 + f'^2(x)}^{\,3}}.$$

Beweis: Sei β eine Umparametrisierung von γ auf Einheitsgeschwindigkeit, $\beta(s) = \gamma(t(s))$. Dann gilt $\beta' = \dot{\gamma}/\dot{s}$ mit $\dot{s}(t) = \|\dot{\gamma}(t)\|$, siehe (10), und $\beta'' = \ddot{\gamma}\frac{1}{\dot{s}^2} - \dot{\gamma}\frac{(\dot{s})'}{\dot{s}^2}$. Damit ergibt sich

$$\kappa_\gamma(t) = \kappa_\beta(s(t)) = \langle T'(s), N(s) \rangle = \langle \beta''(s), D\beta'(s) \rangle$$

$$= \left\langle \left(\ddot{\gamma}\frac{1}{\dot{s}^2} - \dot{\gamma}\frac{(\dot{s})'}{\dot{s}^2} \right), D\dot{\gamma}\frac{1}{\dot{s}} \right\rangle = \frac{1}{\dot{s}^3} \langle \ddot{\gamma}, D\dot{\gamma} \rangle = \frac{1}{\dot{s}^3}(\dot{x}\ddot{y} - \ddot{x}\dot{y}). \qquad \square$$

Krümmungskreis und Evolute. Es sei t eine reguläre Stelle von γ mit $\kappa(t) \neq 0$. Dann heißen mit Rücksicht auf das Beispiel

$$(14) \qquad \rho(t) := \frac{1}{\kappa(t)} \qquad\qquad \textit{Krümmungsradius und}$$

$$(15) \qquad m(t) := \gamma(t) + \rho(t)N(t) \qquad \textit{Krümmungsmittelpunkt}$$

der Kurve γ zur Parameterstelle t. Man beachte, daß $\rho(t)$ negativ sein kann. Ferner heißt der Kreis mit Mittelpunkt $m(t)$ und Radius $|\rho(t)|$ *Krümmungskreis* von γ zur Parameterstelle t. Dieser hat im Punkt $\gamma(t)$ dieselbe Tangente und denselben Betrag der Krümmung wie γ in t. Die durch (15) definierte Kurve heißt *Evolute* von γ.

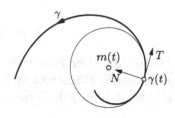

γ und ein Krümmungskreis

12.5 Die Sektorfläche ebener Kurven

Wir führen den orientierten Flächeninhalt des Sektors ein, den der Fahrstrahl $\overrightarrow{0\,\gamma(t)}$ beim Durchlaufen einer ebenen Kurve überstreicht (0=Nullpunkt). Dazu verwenden wir approximierende Dreiecksflächen.

Der Flächeninhalt eines durch die Reihenfolge seiner Ecken (x_1, y_1), (x_2, y_2) und (x_3, y_3) *orientierten* Dreiecks ist definiert als die Zahl

$$F = \frac{1}{2}\begin{vmatrix} 1 & x_1 & y_1 \\ 1 & x_2 & y_2 \\ 1 & x_3 & y_3 \end{vmatrix}.$$

F kann positiv oder negativ sein. Speziell hat das orientierte Dreieck mit den Ecken $(0,0)$, (x,y), $(x + \triangle x, y + \triangle y)$ den Inhalt

$$F = \frac{1}{2}(x\triangle y - y\triangle x).$$

Wir verallgemeinern nun diese Formel. Sei $\gamma : [a; b] \to \mathbb{R}^2$ gegeben. Jede Zerlegung $Z : a = t_0 < \ldots < t_n = b$ definiert orientierte Dreiecke mit den Ecken $(0,0)$, $\gamma(t_{i-1})$ und $\gamma(t_i)$. Wir setzen $\gamma(t_i) =: (x_i, y_i)$ und $\triangle x_i = x_i - x_{i-1}$, $\triangle y_i = y_i - y_{i-1}$. Das durch Z und den Nullpunkt definierte orientierte Polygon hat dann den mit Vorzeichen versehenen Flächeninhalt

$$F(Z) := \frac{1}{2}\sum_{i=1}^{n}(x_{i-1}\triangle y_i - y_{i-1}\triangle x_i).$$

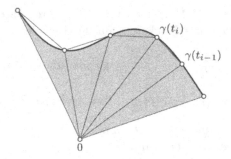

Sektorfläche und Polygonfläche

Definition: Der Fahrstrahl an die Kurve $\gamma : [a; b] \to \mathbb{R}^2$ überstreicht den *orientierten Flächeninhalt* $F = F(\gamma)$, wenn es zu jedem $\varepsilon > 0$ ein $\delta > 0$ gibt so, daß für jede Zerlegung Z von $[a; b]$ der Feinheit $\leq \delta$ gilt:

$$\big|F(Z) - F\big| \leq \varepsilon.$$

Satz 4 (Sektorformel von Leibniz): *Es sei $\gamma : [a;b] \to \mathbb{R}^2$ eine fast überall stetig differenzierbare Kurve. Dann überstreicht der Fahrstrahl an diese den orientierten Flächeninhalt*

(16)
$$F(\gamma) = \frac{1}{2} \int_a^b (x\dot{y} - y\dot{x})\, dt.$$

Hierbei bedeuten $\dot{x}$ und $\dot{y}$ Regelfunktionen auf $[a;b]$ derart, daß die Komponenten x bzw. y von γ Stammfunktionen dazu sind.

Die Sektorformel (16) verallgemeinert obige Determinantenformel für den Flächeninhalt eines orientierten Dreiecks. Sie wird ihrerseits im Integralsatz von Gauß wesentlich verallgemeinert und vertieft; siehe Band 2.

Beweis: Sei $\varepsilon > 0$ gegeben und sei L eine obere Schranke für $|\dot{x}|$ und $|\dot{y}|$ auf $[a;b]$. Wir zeigen, daß dann $\delta := \varepsilon / L^2(b-a)$ die Bedingung der Definition erfüllt.

Es sei $Z := \{t_0, \ldots, t_n\}$ eine Zerlegung von $[a;b]$ einer Feinheit $\leq \delta$. Dann ist

$$2 \cdot F_i := x_{i-1}\Delta y_i - y_{i-1}\Delta x_i = \int_{t_{i-1}}^{t_i} (x_{i-1}\dot{y} - y_{i-1}\dot{x})\, dt.$$

Damit folgt

$$\left| 2 \cdot F_i - \int_{t_{i-1}}^{t_i} (x\dot{y} - y\dot{x})\, dt \right| \leq \left| \int_{t_{i-1}}^{t_i} (x_{i-1} - x)\dot{y}\, dt \right| + \left| \int_{t_{i-1}}^{t_i} (y_{i-1} - y)\dot{x}\, dt \right|.$$

Die Integranden der beiden rechts stehenden Integrale schätzen wir unter Zuhilfenahme des verallgemeinerten Schrankensatzes ab: Nach diesem ist zum Beispiel $|x(t) - x_{i-1}| \leq L|t - t_{i-1}|$; damit folgt

$$\left| \int_{t_{i-1}}^{t_i} (x_{i-1} - x)\dot{y}\, dt \right| \leq \frac{L^2}{2}(t_i - t_{i-1})^2 \leq \frac{L^2\delta}{2}(t_i - t_{i-1}).$$

Ebenso schätzt man das zweite Integral ab. Schließlich ergibt sich

$$\left| 2 \cdot \sum_{i=1}^n F_i - \int_a^b (x\dot{y} - y\dot{x})\, dt \right| \leq L^2\delta(b-a) = \varepsilon. \qquad \square$$

Beispiele:

1. Der Fahrstrahl an den Kreisbogen $(r\cos t, r\sin t)$, $t \in [0;\varphi]$, überstreicht die orientierte Fläche

$$F = \frac{1}{2} \int_0^\varphi r^2(\cos^2 t + \sin^2 t)\, dt = \frac{1}{2}r^2\varphi.$$

2. Der Fahrstrahl an den Zykloidenbogen $(t - \sin t, 1 - \cos t)$, $t \in [0; 2\pi]$, überstreicht die orientierte Fläche

$$F = \frac{1}{2} \int_0^{2\pi} \left((t - \sin t)\sin t - (1 - \cos t)^2 \right) \mathrm{d}t = -3\pi.$$

Man beachte, daß $F < 0$ ist. Das vom Fahrstrahl überstrichene Gebiet liegt rechts vom Zykloidenbogen!

Rechenregeln:

(i) *Additivität:* Gegeben $\gamma : [a; b] \to \mathbb{R}^2$. Sei $a < c < b$. Überstreicht der Fahrstrahl an die Teilkurve $\gamma|[a; c]$ die orientierte Fläche F_1 und an die Teilkurve $\gamma|[c; b]$ die orientierte Fläche F_2, so überstreicht der Fahrstrahl an die Kurve γ die orientierte Fläche $F_1 + F_2$.

(ii) *Vorzeichenwechsel bei Umorientierung:* Überstreicht der Fahrstrahl an die Kurve γ die orientierte Fläche F, so überstreicht der Fahrstrahl an die Kurve γ^- die orientierte Fläche $-F$.

Beide Regeln beweist man leicht anhand der Definition.

Der orientierte Flächeninhalt kann positiv oder negativ sein. Insbesondere kann ein Sektor bei 2-maligem Überfahren mit zweierlei Vorzeichen in die Rechnung eingehen. Zum Beispiel liefert der nicht schraffierte Bereich der rechten Abbildung unten den Beitrag 0.

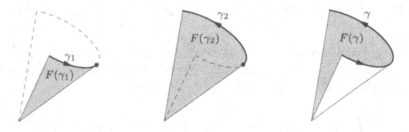

Definition: Eine Kurve $\gamma : [a; b] \to \mathbb{R}^n$ heißt *geschlossen*, wenn $\gamma(a) = \gamma(b)$ gilt. Ist γ eine geschlossene Kurve im $\mathbb{R}^2$ und existiert $F(\gamma)$, so heißt $F(\gamma)$ der von γ *umschlossene* orientierte Flächeninhalt.

Man sieht leicht, daß die um einen Vektor v „verschobene" geschlossene Kurve $\gamma + v$ denselben Flächeninhalt umschließt wie γ. Somit spielt bei einer geschlossenen Kurve die Wahl des Koordinatenursprungs für den orientierten Flächeninhalt keine Rolle.

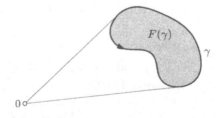

Ist $\gamma : [a; b] \to \mathbb{R}^2$ fast überall stetig differenzierbar, so gilt wieder (16).

Beispiel: Die Ellipse $(a\cos t, b\sin t)$, $t \in [0; 2\pi]$, mit den Halbachsen a, b umschließt den Flächeninhalt

$$F = \frac{1}{2} \int_0^{2\pi} ab(\cos^2 t + \sin^2 t)\, dt = \pi ab.$$

12.6 Kurven in Polarkoordinaten

In $\mathbb{R}^2 = \mathbb{C}$ stellt man Kurven in zahlreichen Fällen mit Hilfe stetiger (differenzierbarer) Funktionen $r, \varphi : I \to \mathbb{R}$ durch

(17) $$t \mapsto \gamma(t) := r(t)\, e^{i\varphi(t)}, \quad t \in I,$$

dar. Dabei läßt man auch Funktionen r mit negativen Werten zu; dann gilt natürlich $-r(t)\, e^{i\varphi(t)} = r(t)\, e^{i(\varphi(t)+\pi)}$. Ist speziell $\varphi(t) = t$, verkürzt man (17) oft auf die Angabe $r = r(t)$ oder $r = r(\varphi)$.

Beispiel: Die logarithmische Spirale. Diese ist mit beliebigem $c \in \mathbb{R}^*$ gegeben durch

$$\gamma(t) = e^{ct}\, e^{it}, \quad t \in \mathbb{R};$$

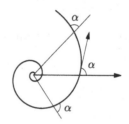

verkürzt durch $r(t) = e^{ct}$. Wegen $\dot{\gamma}/\gamma = c+i$ ist für jedes t der Tangentialvektor $\dot{\gamma}(t)$ gegen den Fahrstrahl $\gamma(t)$ um den (konstanten) Winkel $\alpha = \arctan \frac{1}{c}$ gedreht.

Logarithmische Spirale

Die cartesischen Koordinaten der Kurve (17) sind $x(t) = r(t) \cdot \cos\varphi(t)$ und $y(t) = r(t) \cdot \sin\varphi(t)$. Setzt man diese in (4) oder (16) ein, erhält man nach einfachen Umformungen für die Länge bzw. die Sektorfläche dieser Kurve im Fall eines kompakten Parameterintervalls $I = [a; b]$:

(4_P) $$s = \int_a^b \sqrt{r^2\dot{\varphi}^2 + \dot{r}^2}\, dt = \int_a^b |\dot{\gamma}|\, dt;$$

(16_P) $$F = \frac{1}{2} \int_a^b r^2\dot{\varphi}\, dt = \frac{1}{2} \int_a^b \operatorname{Im}(\dot{\gamma}\overline{\gamma})\, dt.$$

Merkfigur:

$$dF = \tfrac{1}{2}r^2 d\varphi \qquad ds = \sqrt{r^2(d\varphi)^2 + (dr)^2}$$

$r \qquad r\,d\varphi$

$d\varphi \qquad r \qquad dr$

Kegelschnitte

Nach Apollonios von Perge (ca. 250–190 v. Chr., bedeutender griech. Geo-
meter und Astronom) kann man die nicht ausgearteten Kegelschnitte durch
eine Brennpunktseigenschaft definieren: Gegeben seien eine Gerade l (*Leit-
linie*), ein Punkt F (*Brennpunkt*) im Abstand $p > 0$ von l, sowie eine Zahl
$\varepsilon > 0$ (*numerische Exzentrizität*). Gesucht ist der geometrische Ort der
Punkte P, für deren Abstände r und d von F bzw. l gilt:

$$(18) \qquad \frac{r}{d} = \varepsilon.$$

Im cartesischen ξ, η-Koordinatensystem mit Nullpunkt $= F$, η-Achse
parallel zu l lautet diese Bedingung $\xi^2 + \eta^2 = \varepsilon^2 d^2 = \varepsilon^2 (p + \xi)^2$ oder

$$\xi^2 (1 - \varepsilon^2) - 2\varepsilon^2 p \xi + \eta^2 = \varepsilon^2 p^2.$$

Wir verschieben das Koordinatensystem: Mit $y := \eta$ und

$$x := \xi - \frac{p\varepsilon^2}{1 - \varepsilon^2} \quad \text{im Fall } \varepsilon \neq 1 \quad \text{bzw.} \quad x := \xi + \frac{p}{2} \text{ im Fall } \varepsilon = 1$$

erhalten wir

a) im Fall $\varepsilon < 1$ mit $a := \dfrac{\varepsilon p}{1 - \varepsilon^2}$ und $b := \dfrac{\varepsilon p}{\sqrt{1 - \varepsilon^2}}$

$$\boxed{\frac{x^2}{a^2} + \frac{y^2}{b^2} = 1;}$$

b) im Fall $\varepsilon > 1$ mit $a := \dfrac{\varepsilon p}{\varepsilon^2 - 1}$ und $b := \dfrac{\varepsilon p}{\sqrt{\varepsilon^2 - 1}}$

$$\boxed{\frac{x^2}{a^2} - \frac{y^2}{b^2} = 1;}$$

c) im Fall $\varepsilon = 1$

$$\boxed{y^2 = 2px.}$$

Der gesuchte geometrische Ort ist also im Fall $\varepsilon < 1$ eine Ellipse, im Fall
$\varepsilon > 1$ ein Hyperbelast und im Fall $\varepsilon = 1$ eine Parabel.

Ferner erhält man aus (18) mit $d = p + r \cos \varphi$ als gemeinsame *Polarkoordinatendarstellung für Ellipsen, Hyperbeln und Parabeln:*

$$(19) \qquad \boxed{z(\varphi) = r(\varphi)\, \mathrm{e}^{\mathrm{i}\varphi} \text{ mit } r(\varphi) = \frac{p\varepsilon}{1 - \varepsilon \cos \varphi}.}$$

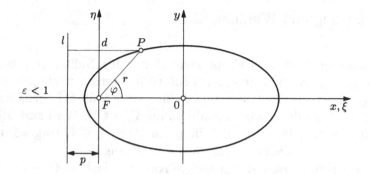

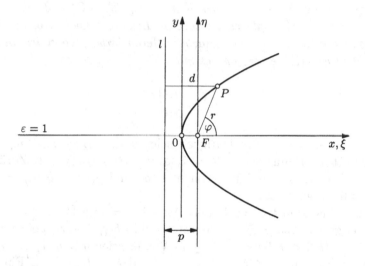

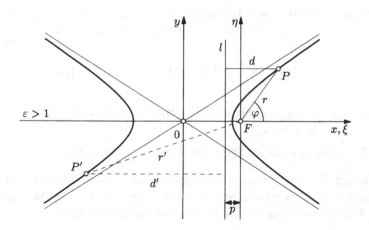

12.7 Liftung und Windungzahlen

Wir betrachten Kurven in $\mathbb{C}$, die nicht durch den Nullpunkt gehen. Ist $\gamma : I \to \mathbb{C}^*$ eine solche Kurve, I ein Intervall, so nennen wir jede stetige Kurve $g : I \to \mathbb{C}$ mit $e^g = \gamma$ eine *Liftung* von γ über I (genauer eine Liftung bezüglich der Exponentialabbildung $\mathbb{C} \to \mathbb{C}^*$). Wird zusätzlich in einem bestimmten Punkt $t_0 \in I$ für g ein Wert $z_0 \in \mathbb{C}$ vorgeschrieben, $g(t_0) = z_0$, so heißt dieser Anfangswert der Liftung in t_0.

Wir zeigen zunächst, daß jede stetige Kurve $\gamma : [a; b] \to \mathbb{C}^*$ eine Liftung besitzt. Ist γ zusätzlich geschlossen, führt uns der Begriff der Liftung auf den Begriff der Windungszahl von γ um den Punkt 0.

Liftungslemma: *Zu jeder stetigen Kurve $\gamma : [a; b] \to \mathbb{C}^*$ und jedem Punkt $z_0 \in \mathbb{C}$ mit $e^{z_0} = \gamma(a)$ gibt es genau eine Liftung g über $[a; b]$ mit z_0 als Anfangswert in a. Ist γ in $t \in [a; b]$ differenzierbar, dann ist auch die Liftung dort differenzierbar, und es gilt*

$$(20) \qquad\qquad \dot{g}(t) = \frac{\dot{\gamma}(t)}{\gamma(t)}.$$

Beweis: Zum Beweis der Eindeutigkeit seien g_1 und g_2 zwei Liftungen mit Anfangswert z_0. Dann ist $e^{g_1 - g_2} = 1$, also $g_1(t) - g_2(t) \in 2\pi i \mathbb{Z}$ für alle $t \in [a; b]$. Wegen der Stetigkeit von $g_1 - g_2$ und $g_1(a) - g_2(a) = 0$ gilt $g_1 - g_2 = 0$ auf ganz $[a; b]$.

Wir kommen zum Existenzbeweis. Es sei $d := \min \{|\gamma(t)| \mid t \in [a; b]\}$. Wegen der gleichmäßigen Stetigkeit von γ auf $[a; b]$ gibt es zu d ein $\delta > 0$ so, daß $|\gamma(t) - \gamma(t')| < d$, falls $|t - t'| \leq \delta$. Weiter seien $a = t_0, t_1, \ldots, t_n = b$ Teilungspunkte mit $t_0 < t_1 < \cdots < t_n$ und $t_\nu - t_{\nu-1} \leq \delta$. Für jedes $t \in [t_{\nu-1}; t_\nu]$ gilt dann $|\gamma(t)/\gamma(t_{\nu-1}) - 1| < 1$; $\gamma(t)/\gamma(t_{\nu-1})$ liegt also in der rechten Halbebene. Wir definieren nun mit Hilfe des Hauptzweiges des Logarithmus sukzessive Liftungen $g_\nu : [t_{\nu-1}; t_\nu] \to \mathbb{C}$ mit $g_\nu(t_{\nu-1}) = g_{\nu-1}(t_{\nu-1})$, $\nu = 1, \ldots, n$, wobei wir noch $g_0(t_0) := z_0$ setzen:

$$g_\nu(t) := \ln \frac{\gamma(t)}{\gamma(t_{\nu-1})} + g_{\nu-1}(t_{\nu-1}), \quad t \in [t_{\nu-1}; t_\nu].$$

Mit diesen $g_1, \ldots, g_n$ definieren wir nun die gesuchte Liftung g durch $g(t) := g_\nu(t)$, falls $t \in [t_{\nu-1}; t_\nu]$.

Die Differenzierbarkeitsaussage schließlich folgt aus 9.2 (6′).   □

Bemerkung: Die Eindeutigkeitsaussage im Liftungslemma wird durch die Forderung $g(a) = z_0$ erzwungen. Zwei Liftungen g_1 und g_2 ohne gemeinsamen Anfangswert unterscheiden sich um ein ganzes Vielfaches von $2\pi i$.

Es sei nun $\gamma : [a; b] \to \mathbb{C}^*$ geschlossen, $\gamma(a) = \gamma(b)$. Für jede Liftung g ist dann $g(b) - g(a)$ ein ganzes Vielfaches von $2\pi\mathrm{i}$: $g(b) - g(a) = n \cdot 2\pi\mathrm{i}$, $n \in \mathbb{Z}$. Diese Zahl n hängt nicht von der speziellen Wahl der Liftung g ab, da zwei Liftungen nur um eine Konstante differieren.

Definition (Windungszahl): Es sei $\gamma : [a; b] \to \mathbb{C}^*$ eine geschlossene Kurve. Die mit einer Liftung $g : [a; b] \to \mathbb{C}$ von γ gegebene ganze Zahl

(21)
$$n(\gamma; 0) := \frac{1}{2\pi\mathrm{i}} \left(g(b) - g(a) \right)$$

heißt *Windungszahl* von γ um den Punkt 0.

Geometrische Deutung: Wir verwenden dieselben Bezeichnungen wie im Liftungslemma. Da $\gamma(t)$ für $t \in [t_{\nu-1}; t_\nu]$ in einer Halbebene liegt, gibt es genau einen Drehwinkel $\varphi_\nu \in (-\pi; \pi)$ mit

$$\frac{\gamma(t_\nu)}{|\gamma(t_\nu)|} = \mathrm{e}^{\mathrm{i}\varphi_\nu} \frac{\gamma(t_{\nu-1})}{|\gamma(t_{\nu-1})|}.$$

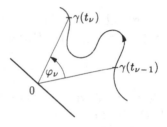

Für die Liftung g impliziert dies zunächst $\mathrm{Im}\left(g(t_\nu) - g(t_{\nu-1}) \right) = \varphi_\nu$ und dann wegen $\mathrm{Re}\, g(b) = \mathrm{Re}\, g(a)$ $(|\gamma(b)| = |\gamma(a)|)$ weiter $g(b) - g(a) = \mathrm{i}(\varphi_1 + \ldots + \varphi_n)$; also gilt

$$n(\gamma; 0) = \frac{1}{2\pi}(\varphi_1 + \ldots + \varphi_n).$$

Danach gibt die Windungszahl an, welches Vielfache des Vollwinkels 2π durchlaufen wird, wenn der Endpunkt des Fahrstrahls vom Nullpunkt an die Kurve diese durchläuft.

Kurven mit den Windungszahlen 1, 2, 0
(von links nach rechts) um den Punkt 0

Beispiele:

1. *Der n-fach durchlaufene Kreis* $\gamma(t) = r\,\mathrm{e}^{\mathrm{i}nt}$, $t \in [0; 2\pi]$, *hat die Windungszahl n um den Punkt* 0: Eine Liftung ist $g(t) = \ln r + \mathrm{i}nt$; damit gilt

$$\frac{1}{2\pi\mathrm{i}} \left(g(2\pi) - g(0) \right) = n.$$

2. *Eine geschlossene Kurve* γ, *die in* $\mathbb{C}^-$ *verläuft, hat um den Punkt* 0 *die Windungszahl* 0. Eine Liftung ist nämlich $g = \ln \gamma$ und damit gilt

$$\frac{1}{2\pi i}\left(g(b) - g(a)\right) = \ln \gamma(b) - \ln \gamma(a) = 0.$$

Für jede stetige Funktion $\sigma : [\alpha; \beta] \to [a; b]$ mit $\sigma(\alpha) = a$ und $\sigma(\beta) = b$, insbesondere jede orientierungserhaltende Parametertransformation, gilt $n(\gamma \circ \sigma; 0) = n(\gamma; 0)$. Ist nämlich g eine Liftung für γ, so ist $g \circ \sigma$ eine für $\gamma \circ \sigma$, und es gilt $g(\sigma(\alpha)) - g(\sigma(\beta)) = g(b) - g(a)$. Ebenso ergibt sich, daß die Windungszahl ihr Vorzeichen wechselt, wenn die Kurve ihre Richtung umkehrt. Nützlich ist ferner das **Additionsgesetz:** *Sind* $\gamma_1, \gamma_2 : [a; b] \to \mathbb{C}^*$ *geschlossene Kurven, so gilt für* $\gamma_1 \gamma_2$

$$n(\gamma_1 \gamma_2; 0) = n(\gamma_1; 0) + n(\gamma_2; 0);$$

denn mit Liftungen g_i für γ_i, $i = 1, 2$, ist $g_1 + g_2$ eine für $\gamma_1 \gamma_2$.

Eine wichtige Konsequenz ist der

Vergleichssatz: *Sind* $\gamma_0, \gamma_1 : [a; b] \to \mathbb{C}$ *geschlossene stetige Kurven mit* $|\gamma_1(t) - \gamma_0(t)| < |\gamma_0(t)|$ *für alle* $t \in [a; b]$, *so gilt*

$$n(\gamma_1; 0) = n(\gamma_0; 0).$$

Beweis: Für $\alpha := \gamma_1 / \gamma_0$ impliziert die Voraussetzung $|\alpha(t) - 1| < 1$; $\alpha(t)$ liegt also in $\mathbb{C}^-$ für alle $t \in [a; b]$. Also ist $n(\alpha; 0) = 0$ nach Beispiel 2 und mit dem Additionsgesetz folgt $n(\gamma_1; 0) = n(\gamma_0; 0) + n(\alpha; 0) = n(\gamma_0; 0)$. $\quad\square$

Ist $\gamma : [a; b] \to \mathbb{C}^*$ fast überall stetig differenzierbar, hat man für die Windungszahl auch eine wichtige Integraldarstellung. Jede Liftung g ist dann nach dem Liftungslemma ebenfalls fast überall stetig differenzierbar mit $\dot{g} = \dot{\gamma}/\gamma$ fast überall. Für (21) erhält man daher mit dem Hauptsatz der Differential- und Integralrechnung

(22)
$$n(\gamma; 0) = \frac{1}{2\pi i} \int_a^b \frac{\dot{\gamma}}{\gamma}\,dt.$$

Windungszahl um einen beliebigen Punkt z_0. Ist $\gamma : [a; b] \to \mathbb{C}$ eine geschlossene Kurve, die nicht durch z_0 geht, so geht die um $-z_0$ verschobene Kurve $\gamma - z_0$ nicht durch 0. Die Zahl

$$n(\gamma; z_0) := n(\gamma - z_0; 0)$$

heißt dann *Windungszahl von γ um den Punkt z_0.*

Die Windungszahl ist als Funktion $n(\gamma, \cdot) : \mathbb{C} \setminus \operatorname{Spur} \gamma \to \mathbb{Z}$ *lokal konstant*; d.h., zu jedem Punkt $z_0 \in \mathbb{C}$, der nicht auf der Spur von γ liegt, gibt es ein $d > 0$ so, daß $n(\gamma; z) = n(\gamma; z_0)$, falls $|z - z_0| < d$. Zum Beispiel hat $d := \min \{|\gamma(t) - z_0| \mid t \in [a; b]\}$ diese Eigenschaft: Für jede Kurve $\gamma - z$ mit $|z - z_0| < d$ gilt dann $|(\gamma(t) - z) - (\gamma(t) - z_0)| < d \leq |\gamma(t) - z_0|$. Der Vergleichssatz ergibt somit die Behauptung.   □

12.8 Noch ein Beweis des Fundamentalsatzes der Algebra

Der Vergleichssatz für Windungszahlen ist ein starker Satz. Mit seiner Hilfe bringen wir einen weiteren Beweis dafür, daß jedes Polynom

$$f(z) = z^n + a_1 z^{n-1} + \ldots + a_n, \quad n \geq 1, \ a_\nu \in \mathbb{C},$$

eine Nullstelle hat.

Annahme: Für alle $z \in \mathbb{C}$ ist $f(z) \neq 0$.

Wir betrachten die durch $\gamma_r(t) := f(r\,e^{it})$, $t \in [0; 2\pi]$, definierten, geschlossenen Kurven. Aufgrund der Annahme geht keine dieser Kurven durch 0. Als erstes zeigen wir: Für $R := 1 + |a_1| + \ldots + |a_n|$ gilt

$(*)$ $$n(\gamma_R; 0) = n.$$

Zum Beweis vergleichen wir γ_R mit dem n-fach durchlaufenen Kreis κ, $\kappa(t) := R^n\,e^{int}$, $t \in [0; 2\pi]$. Eine einfache Abschätzung zeigt, daß

$$\left|\gamma_R(t) - \kappa(t)\right| \leq R^{n-1}(|a_1| + \ldots + |a_n|) < R^n = \left|\kappa(t)\right|.$$

Nach dem Vergleichssatz und Beispiel 1 ist also $n(\gamma_R; 0) = n(\kappa; 0) = n$. Als nächstes zeigen wir: Für alle $r \in [0; R]$ gilt

$(**)$ $$n(\gamma_r; 0) = n(\gamma_0; 0) = 0.$$

Zum Beweis sei $d := \min \{|f(z)| \mid z \in \overline{K}_R(0)\}$. Aufgrund der Annahme ist $d > 0$. Zu d wähle man ein $\delta > 0$ so, daß $|f(z) - f(z')| < d$ für $z, z' \in \overline{K}_R(0)$ mit $|z - z'| < \delta$. Dann gilt für $r, r' \leq R$ mit $|r - r'| < \delta$

$$\left|\gamma_r(t) - \gamma_{r'}(t)\right| = \left|f(r\,e^{it}) - f(r'\,e^{it})\right| < d \leq \left|\gamma_{r'}(t)\right|.$$

Nach dem Vergleichssatz ist also $n(\gamma_{r'}; 0) = n(\gamma_r; 0)$. Daraus folgt die Gleichheit aller Windungzahlen $n(\gamma_r; 0)$, $r \in [0; R]$. Da γ_0 konstant ist und eine konstante Liftung besitzt, gilt $n(\gamma_0; 0) = 0$. Das beweist $(**)$.

Mit dem Widerspruch von $(**)$ und $(*)$ ist die Annahme widerlegt.   □

12.9 Geometrie der Planetenbewegung.
Die drei Keplerschen Gesetze

Die Ergebnisse dieses Kapitels verwenden wir jetzt, um die Geometrie der
Bewegung eines Planeten im Gravitationsfeld der Sonne zu klären. Nach
der Newtonschen Mechanik genügt diese Bewegung der Gleichung

$$(23) \qquad m\ddot{x} = -\gamma M m \frac{x}{\|x\|^3}, \quad \left(x(t) \in \mathbb{R}^3 \setminus \{0\}\right).$$

(γ Gravitationskonstante, M Masse der Sonne, m Masse des Planeten,
Koordinatenursprung in der Sonne.) Die Diskussion einer Lösungskurve
zu (23) beruht auf der zeitlichen Konstanz des

$$\textit{Drehimpulsvektors } J := x \times m\dot{x}$$

und des

$$\textit{Achsenvektors } A := \frac{1}{\gamma M m} J \times \dot{x} + \frac{x}{\|x\|}.$$

Vorbemerkung: Das Vektorprodukt. Auf dem mit dem Standard-Skalarprodukt versehenen $\mathbb{R}^3$ definiert man für Vektoren $a, b \in \mathbb{R}^3$

$$a \times b = (a_2 b_3 - a_3 b_2, \, a_3 b_1 - a_1 b_3, \, a_1 b_2 - a_2 b_1).$$

$a \times b$ steht senkrecht auf a und b. Ferner gilt mit jedem Vektor $c \in \mathbb{R}^3$

(i) $\langle (a \times b), c \rangle = \det(a, b, c)$,

(ii) $(a \times b) \times c = -\langle b, c \rangle a + \langle a, c \rangle b$ (*Graßmann-Identität*).

Für differenzierbare Funktionen $a, b : I \to \mathbb{R}^3$ gilt ferner die Produktregel

$$(a \times b)^\bullet = \dot{a} \times b + a \times \dot{b}.$$

Beweis der Konstanz der Vektoren J und A:

$$\dot{J} = \dot{x} \times m\dot{x} + x \times m\ddot{x} = 0 + 0 \quad (\text{wegen (23)})$$

$$\dot{A} = \frac{1}{\gamma M m}\left(\dot{J} \times \dot{x} + J \times \ddot{x}\right) + \left(\frac{\dot{x}}{\|x\|} - \frac{\langle x, \dot{x}\rangle}{\|x\|^3} x\right)$$

$$= \left(-(x \times \dot{x}) \times \frac{x}{\|x\|^3}\right) + \left(\frac{\dot{x}}{\|x\|} - \frac{\langle x, \dot{x}\rangle}{\|x\|^3} x\right) \quad (\dot{J} = 0 \text{ und } (23))$$

$$= 0 \quad (\text{Graßmann-Identität}). \qquad\qquad \square$$

Folgerungen aus der Konstanz von J und A

1. Die zu J senkrechte Ebene durch 0 werde mit E bezeichnet. *Nach Definition von J verläuft die Kurve x in dieser Ebene:* Für alle t gilt $x(t) \in E$.

In E verwenden wir nun die Polarkoordinaten mit der Sonne als Zentrum 0 und dem Vektor A als Achse (man beachte $A \perp J$). Bezeichnet $\varphi(t)$ einen Winkel zwischen $x(t)$ und A, so ist $\langle A, x \rangle = \varepsilon \cdot \|x\| \cos \varphi$ mit $\varepsilon := \|A\|$. Andererseits gilt nach Definition von A

$$\langle A, x \rangle = \frac{1}{\gamma M m} \det(J, \dot{x}, x) + \|x\| = -\frac{J^2}{\gamma M m^2} + \|x\|.$$

Im Fall $A = 0$ folgt, daß $\|x\|$ konstant ist; der Planet bewegt sich dann auf einem Kreis um die Sonne. Im Fall $A \neq 0$ implizieren die beiden Darstellungen für $\langle A, x \rangle$

$$(24) \qquad r := \|x\| = \frac{\varepsilon p}{1 - \varepsilon \cos \varphi} \quad \text{mit} \quad p := \frac{J^2}{\gamma M m^2 \|A\|}.$$

Das ist die Polarkoordinatendarstellung eines Kegelschnittes mit einem Brennpunkt im Ursprung (siehe (19)). Wir haben damit:

Erstes Keplersches Gesetz: *Der Planet bewegt sich auf einem Kegelschnitt, in dessen einem Brennpunkt die Sonne steht.*

Die Bahnen der Planeten sind beschränkt, mithin Ellipsen. Hyperbeln und Parabeln kommen bei Kometen und im atomaren Bereich vor.

2. Im Raum seien nun cartesische Koordinaten mit Basisvektoren e_1, e_2, e_3 mit $e_1 \parallel A$ und $e_3 \parallel J$ eingeführt. Dann ist $x_3(t) = 0$, und

$$\frac{1}{m} J = x \times \dot{x} = (0, 0, x_1 \dot{x}_2 - x_2 \dot{x}_1)$$

ist konstant. Der Fahrstrahl an die Kurve $x(t)$ überstreicht daher im Zeitintervall $[t_1; t_2]$ nach der Leibnizschen Sektorformel (16) die Fläche

$$\frac{1}{2} \int_{t_1}^{t_2} (x_1 \dot{x}_2 - x_2 \dot{x}_1)\, dt = \pm \frac{1}{2m} \|J\| (t_2 - t_1).$$

Diese hängt nur von der Zeit*differenz* ab. Wir haben damit:

Zweites Keplersches Gesetz: *Der Fahrstrahl von der Sonne zum Planeten überstreicht in gleichen Zeiten gleiche Flächen ("Flächensatz").*

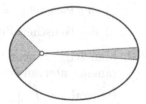

Flächensatz

3. Wir betrachten den bei den Planeten gegebenen Fall von Ellipsenbahnen. Für die Zeit T eines einmaligen Umlaufs gilt

$$\frac{1}{2}\left|\int_{t_1}^{t_2}(x_1\dot{x}_2 - x_2\dot{x}_1)\,\mathrm{d}t\right| = \frac{1}{2m}\|J\| \cdot T = \text{Fläche der Ellipse.}$$

Die Ellipsenfläche kann andererseits durch die große Halbachse a und die Exzentrizität ε ausgedrückt werden: $F = \pi ab = \pi a^2\sqrt{1 - \varepsilon^2}$. Der Vergleich beider Flächendarstellungen liefert

$$T^2 = 4\pi^2\frac{m^2}{J^2}a^4(1 - \varepsilon^2).$$

Daraus folgt unter Beachtung von (24) und $a = \dfrac{\varepsilon p}{1 - \varepsilon^2}$

$$T^2 = \frac{4\pi^2}{\gamma M}a^3.$$

Die Zahl $\dfrac{4\pi^2}{\gamma M}$ ist für alle Planeten und Bahnen gleich. Damit haben wir:

Drittes Keplersches Gesetz: *Die Quadrate der Umlaufzeiten verhalten sich wie die Kuben der großen Achsen.*

Historisches. Die Entdeckung der drei Keplerschen Gesetze zählt zu den größten Leistungen menschlichen Geistes. Newton gründete auf diese Gesetze seine Gravitationstheorie. Kepler selbst brach fasziniert von ihrer Schönheit am Schluß seiner *Harmonice mundi* (1619) in die hymnischen Worte aus:

„Die Weisheit des Herrn ist unendlich. Sonne, Mond und Sterne rühmt Ihn in Eurer erhabenen Sprache! Lobpreist Ihn ihr alle, die ihr Zeugen der nun neu entdeckten Harmonien seid! Ihm sei Lob, Ehre und Ruhm in alle Ewigkeit! Amen."

Kepler, Johannes (1571–1630). Ab 1601 Astronom und Mathematiker am Hof Kaiser Rudolphs II. als Nachfolger von Tycho Brahe. Sein Hauptwerk, die Weltharmonik (Harmonice mundi), enthält auch zahlreiche Untersuchungen zur Geometrie, insbesondere über regelmäßige Körper. Die Rudolphinischen Tafeln, ein von Kepler aufgestelltes Tafelwerk, blieben für über 100 Jahre Grundlage astronomischer Berechnungen.

12.10 Aufgaben

1. Man berechne die Länge des Bogens
   a) der Parabel $y = x^2$, $x \in [0; b]$;
   b) der Neilschen Parabel $\gamma(t) = (t^2,\ t^3)$, $t \in [0; \tau]$.

2. Man zeige: Eine $\mathscr{C}^1$-Kurve $\gamma : (a; b) \to \mathbb{R}^n$ mit nicht kompaktem Parameterintervall ist genau dann rektifizierbar, wenn das uneigentliche Integral $s = \displaystyle\int_a^b \|\dot{\gamma}(t)\|\,\mathrm{d}t$ existiert, und dann ist s ihre Bogenlänge.

Beispiel: Der Teil $\gamma|(-\infty; 0)$ der logarithmischen Spirale $\gamma(t) = e^{(c+i)t}$ ist im Fall $c > 0$ rektifizierbar. Welche Länge hat dieser Teil?

3. Eine $\mathscr{C}^1$-Kurve $\gamma : \mathbb{R} \to \mathbb{C}^*$, deren Fahrstrahl $\gamma(t)$ den Tangentialvektor $\dot\gamma(t)$ für jedes t unter einem konstanten Winkel $\neq 0$ und $\neq \frac{\pi}{2}$ schneidet, entsteht aus einer logarithmischen Spirale durch Umparametrisieren.

4. Zu jeder Kurve $\gamma : I \to \mathbb{C}^*$ mit $\gamma(t_0) = r_0 e^{i\varphi_0}$ gibt es stetige Funktionen $r : I \to \mathbb{R}_+$ und $\varphi : I \to \mathbb{R}$ mit $r(t_0) = r_0$ und $\varphi(t_0) = \varphi_0$ so, daß $\gamma(t) = r(t)\,e^{i\varphi(t)}$ für $t \in I$. r und φ sind in $t \in I$ genau dann differenzierbar, wenn γ in t differenzierbar ist.

5. *Zykloiden.* Es sei $\lambda > 0$. Durch

$$x(t) = t - \lambda \sin t, \quad y(t) = 1 - \lambda \cos t, \quad t \in \mathbb{R},$$

werden *verkürzte* $(\lambda < 1)$, *gewöhnliche* $(\lambda = 1)$ bzw. *verlängerte* $(\lambda > 1)$ Zykloiden definiert. Man zeige:

a) Rollt die Einheitskreisscheibe ohne zu gleiten auf der x-Achse ab, so beschreibt ein fest mit ihr verbundener Punkt im Abstand λ vom Mittelpunkt eine Zykloide.

b) Die verkürzten Zykloiden sind Graphen von auf ganz $\mathbb{R}$ definierten differenzierbaren Funktionen.

c) Die Evolute der gewöhnlichen Zykloide ist eine dazu kongruente verschobene Zykloide.

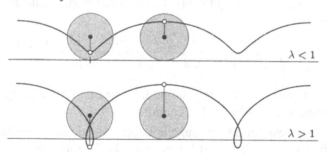

Eine verkürzte und eine verlängerte Zykloide

6. *Hypozykloiden.* Rollt ein Kreis S in $\mathbb{C}$ mit Radius r innen auf einem Kreis mit Radius $R > r$ ab, so beschreibt ein fester Randpunkt des rollenden Kreises eine Hypozykloide z. Man zeige:

a) Bezeichnet φ den Winkel zwischen der Achse $\mathbb{R}_+$ und dem Vektor von 0 zum Mittelpunkt von S und ist die Startposition $z(0) = R$, so gilt

$$z(\varphi) = (R - r)\,e^{i\varphi} + r \exp\left(\frac{r - R}{r}i\varphi\right), \quad \varphi \in \mathbb{R}.$$

b) Im Fall $R = 4r$ heißt die Hypozykloide auch *Astroide*. Für diese gilt

$$z(\varphi) = R(\cos^3 \varphi, \sin^3 \varphi).$$

Die Einschränkung $z|[0; 2\pi]$ bezeichnet man ebenfalls als Astroide. Man berechne deren Umfang und den von ihr umschlossenen Flächeninhalt.

c) Die Funktion z ist periodisch, wenn das Verhältnis der Radien $R:r$ rational ist.

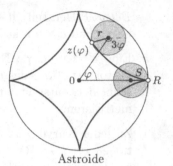

Astroide

Beim Abrollen eines Kreises auf der Außenseite eines weiteren Kreises beschreibt ein Peripheriepunkt des rollenden Kreises eine sogenannte *Epizykloide*. Epizykloiden und Hypozykloiden wurden von Appollonios von Perge zur Beschreibung von Planetenbahnen verwendet.

7. Die *Lemniskate* ist der geometrische Ort der Punkte P einer Ebene so, daß das Produkt der Abstände von zwei festen Punkten P_1, P_2 den konstanten Wert $\frac{1}{4}\overline{P_1P_2}^2$ hat:

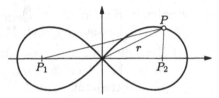

$$\overline{PP_1} \cdot \overline{PP_2} = \frac{1}{4}\overline{P_1P_2}^2.$$ 　　　Lemniskate

Man zeige: Bei der üblichen Normierung $P_{1,2} = \left(\pm\frac{1}{2}\sqrt{2}, 0\right)$ hat der in der rechten Halbebene liegende Teil die Polarkoordinatendarstellung $r = \sqrt{\cos 2\varphi}$, $\varphi \in [-\pi/4; \pi/4]$. Er ist rektifizierbar und hat die Länge $2s$, wobei

$$s = \int_0^1 \frac{dr}{\sqrt{1-r^4}} = \frac{1}{\sqrt{2}} \int_0^{\pi/2} \frac{dt}{\sqrt{1 - \frac{1}{2}\sin^2 t}} = \frac{1}{\sqrt{2}} K\left(\frac{1}{\sqrt{2}}\right).$$

Das erste der beiden Integrale heißt *lemniskatisches Integral*. Zur Berechnung von s siehe 11.11 Aufgabe 25.

Die Versuche zur Berechnung der Längen aller Lemniskatenbögen führten den italienischen Mathematiker Fagnano 1718 zu merkwürdigen Beziehungen unter diesen Längen, die dann Euler 1753 zu den berühmten Additionstheoremen der elliptischen Integrale verallgemeinerte und vertiefte.

8. Es sei γ eine reguläre ebene $\mathscr{C}^2$-Kurve mit konstanter Krümmung κ. Man zeige:

a) Ist $\kappa = 0$, so liegt γ auf einer Geraden.
b) Ist $\kappa \neq 0$, so liegt γ auf einem Kreis mit Radius $r = \dfrac{1}{|\kappa|}$.

9. Die Krümmung einer regulären $\mathscr{C}^2$-Kurve $\gamma : I \to \mathbb{C}$ ist gegeben durch $\kappa = \operatorname{Im}(\overline{\dot{\gamma}}\ddot{\gamma})/|\dot{\gamma}|^3$.

10. Sei γ eine geschlossene Kurve in $\mathbb{C}$. Kann man die Punkte z_0 und z_1 durch eine Kurve in $\mathbb{C} \setminus \text{Spur}\,\gamma$ verbinden, so gilt $n(\gamma; z_0) = n(\gamma; z_1)$.

11. Es sei $\gamma : [a; b] \to \mathbb{C}^*$ eine geschlossene Kurve und $\Gamma := \gamma/|\gamma|$ ihre Projektion auf S^1. Man zeige:

   a) $n(\Gamma; 0) = n(\gamma; 0)$.

   b) Ist γ stetig differenzierbar, so gilt $n(\gamma; 0) = \frac{1}{\pi} F(\Gamma)$.

12. Man zeige: Es gibt keine stetige Funktion $h : \overline{\mathbb{E}} \to S^1$ mit $h(z) = z$ für $z \in S^1$, $\overline{\mathbb{E}} := \{ z \in \mathbb{C} \mid |z| \le 1 \}$.

13. Sei $\gamma : [a; b] \to \mathbb{R}^3$ eine $\mathscr{C}^1$-Kurve im Raum. Man deute

$$S(\gamma) := \frac{1}{2} \int_a^b \| \gamma(t) \times \dot{\gamma}(t) \| \, dt$$

als eine vom Fahrstrahl $\overrightarrow{0\,\gamma(t)}$ überstrichene „Mantelfläche".

14. *Eine stetige Kurve, die ein Quadrat ganz ausfüllt* (sog. Peanokurve). Sei $f : \mathbb{R} \to [0; 1]$ eine stetige Funktion mit folgenden Eigenschaften:

$$f(t) = \begin{cases} 0 & \text{für } 0 \le t \le \frac{1}{3}, \\ 1 & \text{für } \frac{2}{3} \le t \le 1 \end{cases} \quad \text{und} \quad f(t+2) = f(t).$$

Seien $x(t) := \sum_{n=1}^{\infty} 2^{-n} f(3^{2n-1}t)$, $y(t) := \sum_{n=1}^{\infty} 2^{-n} f(3^{2n}t)$.

Man zeige: *Die Kurve $\gamma : \mathbb{R} \to \mathbb{R}^2$ mit $\gamma(t) = (x(t), y(t))$ bildet das Intervall $I = [0; 1]$ surjektiv auf das Quadrat $I^2 \subset \mathbb{R}^2$ ab.*

Das angegebene Beispiel stammt im Kern von Lebesgue (1875–1941). Eine weitere „Peanokurve" hat Hilbert (1862–1943) durch einen einfachen geometrischen Algorithmus erzeugt. Die folgende Abbildung zeigt deren 1., 2. und 3. Approximationspolygon.

Literatur: Sagan, H.: Space - Filling Curves, Springer 1993.

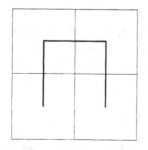 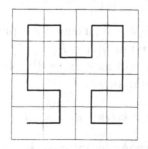 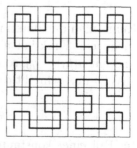

13 Elementar integrierbare Differentialgleichungen

In Kapitel 10 haben wir lineare Differentialgleichungen mit konstanten Koeffizienten untersucht, insbesondere die Berechnung eines Fundamentalsystems auf die Berechnung der Nullstellen eines Polynoms zurückgeführt. In diesem Kapitel behandeln wir einige Differentialgleichungen, deren Lösungen im wesentlichen durch Integration ermittelt werden können. Für Elemente einer allgemeinen Theorie verweisen wir auf Band 2 sowie die im Literaturverzeichnis genannten Lehrbücher.

13.1 Wachstumsmodelle. Lineare und Bernoullische Gleichungen

Es bezeichne $y(t)$ den Bestand einer Population zum Zeitpunkt t. Dann heißt

$$\frac{y(t') - y(t)}{t' - t} \cdot \frac{1}{y(t)}$$

die mittlere Wachstumsrate im Zeitintervall $[t; t']$ und der für $t' \to t$ als existent vorausgesetzte Grenzwert $\dot{y}(t)/y(t)$ die *Wachstumsrate zum Zeitpunkt t*. Im allgemeinen ist diese eine Funktion der Zeit und des momentanen Bestandes:

$$\frac{\dot{y}(t)}{y(t)} = k\big(t, y(t)\big).$$

Kennt man die Funktion k und zu einem Zeitpunkt t_0 den Bestand y_0 und sucht man Funktionen y mit $\dot{y}(t) = k\big(t, y(t)\big) \cdot y(t)$ auf Intervallen um t_0 und mit $y(t_0) = y_0$, so nennt man dieses Problem ein *Anfangswertproblem* (AWP) und schreibt dafür kurz

$$\dot{y} = k(t, y) \cdot y, \qquad y(t_0) = y_0.$$

Im Fall einer konstanten Änderungsrate $k(t, y) = k \in \mathbb{R}$ hat dieses Anfangswertproblem nach 9.3 auf $\mathbb{R}$ genau die Lösung $y(t) = y_0\, \mathrm{e}^{k(t - t_0)}$. Ein solcher Fall liegt zum Beispiel beim radioaktiven Zerfall vor.

I.   Lineare Differentialgleichungen 1. Ordnung

Hängt die Wachstumsrate nur von der Zeit ab, so ist die zugehörige Gleichung $\dot{y} = k(t)y$ eine lineare Differentialgleichung 1. Ordnung. Allgemeiner versteht man darunter Gleichungen der Gestalt

(1)
$$y' = a(x) \cdot y + b(x),$$

wobei a, b stetige Funktionen auf einem Intervall I sind. Ferner heißt

(1_h)
$$y' = a(x) \cdot y$$

die zu (1) gehörige *homogene Gleichung*.

Wie im Fall konstanter Koeffizienten gilt: *Ist y_p eine ("partikuläre") Lösung der inhomogenen Gleichung (1), so erhält man jede weitere Lösung y durch Addition einer Lösung y_h der homogenen Gleichung: $y = y_p + y_h$.* Die Bestimmung aller Lösungen von (1) zerfällt demnach wieder in die beiden Teilaufgaben:

a) Ermittlung aller Lösungen der homogenen Gleichung (1_h).

b) Ermittlung wenigstens einer Lösung der inhomogenen Gleichung (1).

Zu a): *Es sei A eine Stammfunktion zu a auf I. Dann besteht die Gesamtheit aller Lösungen von (1_h) aus den Funktionen $y = c\,e^A$, $c \in \mathbb{C}$.*

Beweis: Diese Funktionen lösen offensichtlich (1_h). Ist umgekehrt y eine Lösung, so gilt $\left(y\,e^{-A}\right)' = (y' - ay)\,e^{-A} = 0$; folglich ist $y\,e^{-A}$ konstant. $\square$

Zu b): Zur Berechnung einer partikulären Lösung y_p der Gleichung (1) verwenden wir wie in 10.5 Variation der Konstanten. Ausgehend von der Lösung e^A der homogenen Gleichung machen wir mit einer noch zu bestimmenden $\mathscr{C}^1$-Funktion u den Ansatz $y_p = u \cdot e^A$. Eine Funktion dieser Bauart löst genau dann (1), wenn $(u' + ua)\,e^A = au\,e^A + b$, d.h., $u' = b\,e^{-A}$, gilt. Wir fassen zusammen:

Satz: *Sei A eine Stammfunktion zu a und u eine Stammfunktion zu $b\,e^{-A}$. Dann ist die Gesamtheit der Lösungen von (1) gegeben durch*

$$y = (u + c)\,e^A, \quad c \in \mathbb{C}.$$

Folgerung: *Jedes Anfangswertproblem $y' = ay + b$, $y(x_0) = y_0$, mit stetigen a, b hat genau eine Lösung auf I.*

Denn mit genau einer Konstanten $c \in \mathbb{C}$ erfüllt $y = (u+c)\,e^A$ die Forderung $y(x_0) = y_0$.

Beispiel 1: $y' = 2xy + x$.

Die Lösungen der homogenen Gleichung: $c\,e^{x^2}$, $c \in \mathbb{C}$.

Stammfunktion zu $x\,e^{-x^2}$: $u = \int x\,e^{-x^2}\,dx = -\frac{1}{2}\,e^{-x^2}$.

Eine partikuläre Lösung: $y_p = -\frac{1}{2}$.

Gesamtheit aller Lösungen: $y = -\frac{1}{2} + c\,e^{x^2}$, $c \in \mathbb{C}$.

Beispiel 2: Lösung des Newtonschen Abkühlungsgesetzes. Befindet sich ein Körper mit der Temperatur $T(t)$ in einem Medium mit der Temperatur $A(t)$, so wird Wärme in Richtung der niedrigeren Temperatur abgegeben. Die Änderungsgeschwindigkeit $\dot{T}(t)$ zum Zeitpunkt t ist in vielen Fällen proportional zur Temperaturdifferenz $T(t) - A(t)$:

$$(*)\qquad\qquad \dot{T} = -\beta(T - A), \qquad \beta \in \mathbb{R}_+.$$

Wir lösen diese Differentialgleichung für $A(t) := \alpha - \gamma t$ mit $\alpha \in \mathbb{R}$, $\gamma \in \mathbb{R}_+$; (ein solches A liegt in etwa bei nächtlicher Abkühlung vor). Die reellen Lösungen der homogenen Gleichung $\dot{T} = -\beta T$ sind $c\,e^{-\beta t}$, $c \in \mathbb{R}$. Durch Variation der Konstanten mit

$$u := \int \beta A(t)\,e^{\beta t}\,dt = \left(A(t) + \frac{\gamma}{\beta} \right) e^{\beta t}$$

erhält man ferner als partikuläre Lösung für $(*)$ $A(t) + \gamma/\beta$. Die Gesamtheit der reellen Lösungen besteht also aus den Funktionen

$$T(t) = A(t) + \frac{\gamma}{\beta} + c\,e^{-\beta t}, \qquad c \in \mathbb{R}.$$

II.　Bernoullische Differentialgleichungen

Die Wachstumsrate hängt in vielen Situationen vom augenblicklichen Bestand ab und kann in übergroßen Populationen wegen der Beschränktheit von Ressourcen auch negativ werden. Dementsprechend hat Verhulst 1838 für ein einfaches Modell der Bevölkerungsentwicklung als Wachstumsrate $k(t, y) = a - by$ mit $a, b \in \mathbb{R}_+$ angesetzt. Die zugehörige Differentialgleichung $\dot{y} = (a - by)y$ heißt *logistische Gleichung*.

Die logistische Gleichung ist ein Spezialfall der *Bernoullischen Differentialgleichung*. Darunter versteht man eine Gleichung der Gestalt

$$(2)\qquad\qquad \boxed{y' = a(x) \cdot y + b(x) \cdot y^\alpha;}$$

dabei seien a, b stetige reelle Funktionen auf einem Intervall I und α eine reelle Konstante $\neq 0, 1$. Im Fall $\alpha \notin \mathbb{Z}$ sucht man in der Regel nur positive Lösungen. Für beliebiges $\alpha > 0$ ist die Konstante 0 eine Lösung.

Zur Berechnung positiver Lösungen betrachte man $z := y^{1-\alpha}$. Dafür gilt

$$y' - ay - by^\alpha = \frac{1}{1-\alpha} z^{\alpha/(1-\alpha)} \left(z' - (1-\alpha)az - (1-\alpha)b \right).$$

Somit folgt:

Satz: *y ist genau dann eine positive Lösung der Bernoulli-Gleichung (2) auf einem Intervall $I_0 \subset I$, wenn $z = y^{1-\alpha}$ dort eine positive Lösung der folgenden zu (2) assoziierten linearen Gleichung ist:*

$$z' = (1-\alpha)\big(a(x)z + b(x)\big).$$

Anfangsdaten (x_0, y_0) für y mit $y_0 > 0$ entsprechen die Anfangsdaten $(x_0, y_0^{1-\alpha})$ für z. Da jedes AWP für lineare Gleichungen eindeutig lösbar ist, folgt für die Bernoulli-Gleichung, daß jedes AWP mit $y_0 > 0$ wenigstens in einer gewissen Umgebung um x_0 eindeutig lösbar ist.

Im Fall $\alpha \in \mathbb{Z}$ hat man folgende weitere Lösungen:

1. *Bei ungeradem α ist mit y auch $-y$ eine Lösung.*

2. *Bei geradem α gilt: Löst y die Gleichung (2), so löst $u := -y$ die neue Bernoullische Gleichung $u' = au - bu^\alpha$ und umgekehrt.*

Beispiel: Die logistische Gleichung $\dot{y} = ay - by^2$, $a, b \in \mathbb{R}_+$.

Wesentliche Eigenschaften ihrer positiven Lösungen erkennt man bereits, ohne diese zu berechnen. So verringert eine Zunahme des Bestandes y die Wachstumsrate $k(y) = a - by$ und hemmt das Wachstum. Solange $y(t) < a/b$ ist, gilt $k(y) > 0$, also auch $\dot{y}(t) > 0$, und der Bestand wächst; sobald $y(t) > a/b$ ist, gilt $\dot{y}(t) < 0$, und der Bestand nimmt ab. Alle positiven Lösungen tendieren also zu der Konstanten a/b; diese ist ebenfalls eine Lösung, die sogenannte *Gleichgewichtslösung*.

Die Bereiche des beschleunigten Wachstums, d.h. mit $\dot{y} > 0$ und $\ddot{y} > 0$, entnimmt man der durch Differenzieren entstehenden Beziehung $\ddot{y} = (a - 2by)\dot{y}$. Nach dieser findet beschleunigtes Wachstum genau solange statt wie der Bestand $y(t) < a/2b$ ist.

Positive Lösungen der logistischen Gleichung

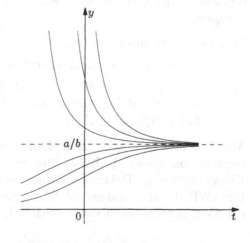

Die Lösungen y sind die Reziproken $y = 1/z$ der Lösungen z der linearen Differentialgleichung $\dot{z} = -az + b$. Diese hat die reellen Lösungen

$$z(t) = \frac{b}{a} + c\,\mathrm{e}^{-at}, \quad c \in \mathbb{R}.$$

Die für $t \geq 0$ positiven Lösungen z sind jene mit $z(0) = b/a + c > 0$; die für $t \geq 0$ positiven Lösungen y der logistischen Gleichung somit

$$y(t) = \frac{1}{b/a + c\,\mathrm{e}^{-at}}, \quad c > -\frac{b}{a}.$$

Offensichtlich gilt $y(t) \to a/b$ für $t \to \infty$.

13.2 Differentialgleichungen mit getrennten Veränderlichen

Wir betrachten das Anfangswertproblem

(3) $$\boxed{y' = g(x) \cdot h(y), \quad y(x_0) = y_0,}$$

mit stetigen Funktionen $g : I \to \mathbb{R}$ und $h : U \to \mathbb{R}$ auf offenen Intervallen I, U und mit $(x_0, y_0) \in I \times U$. Hierbei lernen wir bereits einige auch für allgemeinere Differentialgleichungen gültige Sachverhalte kennen.

Die formale Trennung in $\dfrac{\mathrm{d}y}{h(y)} = g(x)\,\mathrm{d}x$ und Integration

(4) $$\int\limits_{y_0}^{y(x)} \frac{\mathrm{d}\eta}{h(\eta)} = \int\limits_{x_0}^{x} g(\xi)\,\mathrm{d}\xi$$

ergeben y implizit als Funktion von x. Der folgende Satz rechtfertigt dieses Vorgehen.

Lokaler Existenzsatz:

a) *Im Fall $h(y_0) = 0$ ist die konstante Funktion y_0 eine Lösung von* (3).

b) *Im Fall $h(y_0) \neq 0$ besitzt das* AWP (3) *in einem hinreichend kleinen offenen Intervall $J \subset I$ um x_0 eine Lösung. Eine solche erhält man aus* (4) *durch Auflösen nach y.*

Man beachte: In b) wird nicht die Existenz einer Lösung auf ganz I behauptet, sondern nur die Existenz einer Lösung in einer hinreichend kleinen Umgebung um x_0. Daher nennt man den Satz einen *lokalen* Existenzsatz. Ein AWP, das keine auf ganz I definierte Lösung besitzt, bringt Beispiel 1, ein AWP mit unendlich vielen solchen Lösungen Beispiel 2.

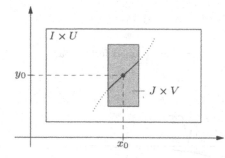

Das Anfangswertproblem (3) besitzt in einem hinreichend kleinen Intervall J um x_0 eine Lösung

Beweis von b): Sei $V \subset U$ ein offenes Intervall um y_0 so, daß $h(\eta) \neq 0$ für $\eta \in V$. Wir definieren dann die Funktionen

$$H : V \to \mathbb{R}, \quad H(y) := \int_{y_0}^{y} \frac{d\eta}{h(\eta)},$$

$$G : I \to \mathbb{R}, \quad G(x) := \int_{x_0}^{x} g(\xi) \, d\xi.$$

$H' = 1/h$ hat auf V einheitliches Vorzeichen. H ist daher streng monoton und besitzt eine stetig differenzierbare Umkehrung $H^{-1} : H(V) \to V$. $H(V)$ ist ein offenes Intervall um $H(y_0) = 0$. Sei dann J ein offenes Intervall in I um x_0 mit $G(J) \subset H(V)$; wegen $G(x_0) = 0 \in H(V)$ und der Stetigkeit von G existiert ein solches. Auf J definieren wir nun

$$y : J \to \mathbb{R}, \quad y(x) := H^{-1}\big(G(x)\big).$$

$y(x)$ erhält man durch Auflösen der Gleichung $H(y) = G(x)$, d.h. von (4). Die Funktion y löst in J das AWP (3): Wegen $H(y_0) = 0 = G(x_0)$ gilt $y(x_0) = y_0$, und aus der Identität $H\big(y(x)\big) = G(x)$ folgt durch Differenzieren $h\big(y(x)\big)^{-1} \cdot y'(x) = g(x)$. Damit ist der Satz bewiesen. $\qquad\square$

Beispiel 1: $y' = xy^2, \quad y(0) = y_0.$

Hier ist $I = U = \mathbb{R}$; ferner $g(x) = x$ und $h(y) = y^2$. Für $y_0 = 0$ hat das AWP die Lösung $y = 0$, und für $y_0 \neq 0$ ergibt Auflösen der Gleichung

$$H(y) = \int_{y_0}^{y} \frac{d\eta}{\eta^2} = \int_{0}^{x} \xi \, d\xi = G(x),$$

oder $-\dfrac{1}{y} + \dfrac{1}{y_0} = \dfrac{1}{2}x^2$ die Lösung

$$y(x) = \frac{2}{2/y_0 - x^2} \quad \text{auf} \quad \begin{cases} \left(-\sqrt{\dfrac{2}{y_0}}; \sqrt{\dfrac{2}{y_0}}\right), & \text{falls } y_0 > 0, \\[2ex] \mathbb{R}, & \text{falls } y_0 < 0. \end{cases}$$

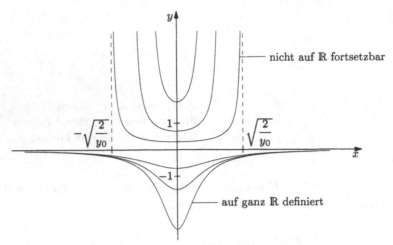

Lösungen, die auf ganz $\mathbb{R}$ definiert sind, und
Lösungen, die nicht auf $\mathbb{R}$ fortgesetzt werden können

Man beachte: Obwohl die rechte Seite der Differentialgleichung auf ganz $\mathbb{R}^2$ definiert und einfachst gebaut ist, können nicht alle Lösungen stetig auf ganz $\mathbb{R}$ fortgesetzt werden. Ist x die Zeit, so besagt das Beispiel, daß $y(x)$ bei Anfangswerten $y_0 > 0$ schon in endlicher Zeit unendlich wird, bei Anfangswerten $y_0 < 0$ aber einer Gleichgewichtslage zustrebt. Das Beispiel zeigt ferner, daß bei einer kleinen Änderung von y_0 aus einer beschränkten Lösung eine unbeschränkte werden kann.

Beispiel 2: $y' = \sqrt{|y|}, \quad y(0) = 0.$
Dieses AWP *besitzt unendlich viele auf ganz $\mathbb{R}$ definierte Lösungen.*

Das Anfangswertproblem hat die triviale Lösung $y = 0$. Um weitere Lösungen zu finden, betrachten wir zunächst das AWP $y' = \sqrt{|y|}$, $y(0) = y_0$, für $y_0 \neq 0$. Im Fall $y_0 > 0$ führt Auflösen der Gleichung $\int_{y_0}^{y} \frac{\mathrm{d}\eta}{\sqrt{\eta}} = \int_{0}^{x} \mathrm{d}\xi$ zu

$$y(x) = \frac{1}{4}\left(x + 2\sqrt{y_0}\right)^2 \quad \text{für } x > -2\sqrt{y_0} =: \xi_0.$$

(Im Beweis des Satzes wurde eine Einschränkung auf ein Intervall V vorgenommen, in dem $h(\eta) \neq 0$ ist.) *Diese Lösung auf $(\xi_0; \infty)$ ist nach links über den Punkt ξ_0 hinweg fortsetzbar durch 0 zu der auf ganz $\mathbb{R}$ definierten Lösung*

$$y_{\xi_0}(x) := \begin{cases} \frac{1}{4}(x - \xi_0)^2 & \text{für } x > \xi_0, \\ 0 & \text{für } x \leq \xi_0. \end{cases}$$

(Man verifiziert leicht, daß y_{ξ_0} auch im Punkt ξ_0 differenzierbar ist und die Differentialgleichung erfüllt.) Man sagt, *„die Lösung y_{ξ_0} und die triviale Lösung $y = 0$ verzweigen bei ξ_0 "*.

Den Fall $y_0 < 0$ kann man durch „Drehung" auf den behandelten zurückführen. Dazu hat man nur zu beachten, daß mit einer Lösung y auf $(a; b)$
die durch $Y(x) := -y(-x)$ definierte Funktion eine Lösung auf $(-b; -a)$
ist.

Im Fall $y_0 = 0$ hat das AWP außer $y = 0$ auf $\mathbb{R}$ die unendlich vielen
Lösungen

$$y_c(x) = \begin{cases} \dfrac{1}{4}(x - c)^2 & \text{für } x \geq c, \\ 0 & \text{für } x \leq c, \end{cases} \quad c \geq 0;$$

ferner die Funktionen Y_c mit $Y_c(x) := -y_c(-x)$.

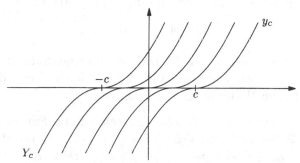

Lösungen der Differentialgleichung $y' = \sqrt{|y|}$

Physikalische Deutung: Fließt Wasser aus einer Öffnung am Grund eines
zylindrischen Behälters und bezeichnet $p(t)$ den Pegelstand zum Zeitpunkt
t, so gilt nach Torricelli (∗) $\dot{p} = -a\sqrt{p}$, a eine positive Konstante. Jede Lö-
sung $y \geq 0$ der Gleichung $y' = \sqrt{|y|}$ ergibt in $p(t) := y(-at)$ eine Lösung
für (∗). Insbesondere besitzt jedes AWP $\dot{p} = -a\sqrt{p}$, $p(t_0) = 0$, das hier sachgemäßer ein Endwertproblem zu nennen wäre, unendlich viele Lösungen:
Wenn der Behälter leer ist, kann man nicht erkennen, wann er auslief.

In Beispiel 2 treten zum Anfangswert $y_0 = 0$ *Verzweigungen* auf. 0 ist
auch gerade die Stelle, an der die Funktion $\sqrt{|y|}$ nicht differenzierbar ist.
Der folgende Satz zeigt, daß bereits die lokale Lipschitz-Stetigkeit von h
die eindeutige Lösbarkeit sicherstellt. Eine Funktion $h : U \to \mathbb{C}$ auf einer
Menge $U \subset \mathbb{R}$ heißt *lokal Lipschitz-stetig*, wenn es zu jedem Punkt $y_0 \in U$
eine Umgebung V in U und eine Zahl L gibt so, daß

$$\left|h(y_1) - h(y_2)\right| \leq L\left|y_1 - y_2\right| \qquad \text{für alle } y_1, y_2 \in V$$

gilt. Ein sehr brauchbares Kriterium liefert der Schrankensatz: *Jede stetig
differenzierbare Funktion auf einem Intervall ist lokal Lipschitz-stetig.*

Globaler Eindeutigkeitssatz: *Ist $h : U \to \mathbb{R}$ lokal Lipschitz-stetig, so
besitzt das AWP (3) auf jedem Intervall $J \subset I$ um x_0 höchstens eine
Lösung. Insbesondere gilt das, wenn h auf U stetig differenzierbar ist.*

Beweis: Es seien y_1, y_2 Lösungen des AWP (3) auf J. Angenommen, es gebe zum Beispiel rechts von x_0 Punkte $x \in J$ mit $y_1(x) \neq y_2(x)$. Dann existiert rechts von x_0 eine erste Stelle $x_0' \in J$, von der aus die beiden Lösungen auseinanderlaufen: x_0' ist die größte Zahl mit der Eigenschaft, daß $y_1(x) = y_2(x)$ für alle $x \in [x_0; x_0']$ gilt.

Um $y_0' := y_1(x_0') = y_2(x_0')$ wählen wir eine Umgebung V, in der h Lipschitz-stetig ist (Konstante L); sodann zu V ein kompaktes Intervall $K := [x_0'; x_1] \subset J$ so, daß $y_1(x)$, $y_2(x) \in V$ für alle $x \in K$. In jedem $x \in K$ gilt dann

$$\left| y_1'(x) - y_2'(x) \right| = \left| g(x) \right| \cdot \left| h\big(y_1(x)\big) - h\big(y_2(x)\big) \right|$$
$$\leq \|g\|_K \cdot L \left| y_1(x) - y_2(x) \right|.$$

$Y := y_1 - y_2$ genügt also auf K der Differentialungleichung $|Y'| \leq C \cdot |Y|$ mit $C := \|g\|_K L$. Nach dem Lemma in 10.1 gilt daher $Y = 0$, d.h. $y_1 = y_2$ auf $K = [x_0'; x_1]$ im Widerspruch zur Wahl von x_0'.   □

Folgerung: *Es sei $h : U \to \mathbb{R}$ lokal Lipschitz-stetig. Für zwei Lösungen $y_1, y_2 : J \to \mathbb{R}$ der Differentialgleichung $y' = g(x)h(y)$ bestehe in einem Punkt $x_0 \in J$ die Ungleichung $y_1(x_0) < y_2(x_0)$. Dann gilt $y_1(x) < y_2(x)$ für alle $x \in J$.*

Beweis: Andernfalls gäbe es einen Punkt $\xi \in J$ mit $y_1(\xi) = y_2(\xi)$ und daraus folgte $y_1 = y_2$ auf ganz J.   □

Schließlich kommen wir auf die Frage nach Lösungen mit einem möglichst großen Definitionsbereich und deren Eigenschaften zu sprechen.

Definition: Eine Lösung $\varphi : (a; b) \to \mathbb{R}$ des Anfangswertproblems (3) heißt *maximal*, wenn für jede weitere Lösung $\psi : (\alpha; \beta) \to \mathbb{R}$ gilt: $(\alpha; \beta) \subset (a; b)$ und $\psi = \varphi|(\alpha; \beta)$.

Aufgrund des Globalen Eindeutigkeitssatzes gilt:

Lemma: *Ist $h : U \to \mathbb{R}$ lokal Lipschitz-stetig, so besitzt jedes Anfangswertproblem (3) eine (und nur eine) maximale Lösung.*

Beweis: Es sei $(a; b)$ die Vereinigung aller offenen Intervalle $I_i \subset I$, auf denen das AWP eine Lösung φ_i besitzt. Nach dem Eindeutigkeitssatz stimmen je zwei Lösungen φ_i und φ_j in $I_i \cap I_j$ überein. Wir definieren damit $\varphi : (a; b) \to \mathbb{R}$ durch $\varphi(x) := \varphi_i(x)$, falls $x \in I_i$. φ ist offensichtlich eine maximale Lösung   □

Maximale Lösungen haben die wichtige Eigenschaft vom Rand des Definitionsbereichs der Differentialgleichung zum Rand zu laufen. Der folgende Satz präzisiert diesen Sachverhalt.

Satz: *Es sei $\varphi : (a; b) \to \mathbb{R}$ die maximale Lösung eines Anfangswertproblems (3) mit lokal Lipschitz-stetigem $h : U \to \mathbb{R}$, U ein offenes Intervall. Ist b nicht der rechte Randpunkt des Intervalls I, so gibt es zu jedem $\beta < b$ und jeder kompakten Menge $K \subset U$ ein $\xi \in (\beta; b)$ mit $\varphi(\xi) \notin K$. Eine analoge Aussage gilt, falls a nicht der linke Randpunkt von I ist.*

Man formuliert dies manchmal so: *Ist $(a; b) \neq I$, so verläßt φ jedes Kompaktum;* oder auch so: *Liegen alle Werte von φ in einem Kompaktum $K \subset U$, so ist φ auf ganz I erklärt.*

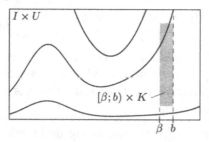

Jede der drei Lösungskurven läuft von Rand zu Rand

Beweis: Angenommen, die Behauptung sei falsch; d.h., es gebe ein Kompaktum $K \subset U$ und ein Intervall $[\beta; b) \subset I$ so, daß $\varphi(x) \in K$ für jedes $x \in [\beta; b)$. Wir zeigen zunächst:

(i) φ kann in den Punkt b stetig differenzierbar fortgesetzt werden, wobei dann $\varphi'(b) = g(b)h(\varphi(b))$ gilt.

Beweis: Aus $\varphi'(x) = g(x)h(\varphi(x))$ folgt zunächst, daß $|\varphi'|$ auf $[\beta; b)$ beschränkt ist (durch $\|g\|_{[\beta;b]} \cdot \|h\|_K$). φ ist daher Lipschitz-stetig auf $[\beta; b)$ und damit nach dem Cauchy-Kriterium für die Existenz von Grenzwerten stetig fortsetzbar auf $[\beta; b]$. Mit $\varphi'(x) = g(x)h(\varphi(x))$ erhält man weiter, daß auch φ' stetig auf $[\beta; b]$ fortgesetzt werden kann. Nach dem Differenzierbarkeitssatz in 9.9 ist die fortgesetzte Funktion φ auch differenzierbar im Punkt b mit der Ableitung $\varphi'(b) = \lim_{x \uparrow b} g(x)h(\varphi(x)) = g(b)h(\varphi(b))$.

(ii) Fortsetzung der Lösung φ über b hinaus. Wir betrachten das AWP $y' = g(x)h(y)$, $y(b) := \varphi(b)$. Nach dem lokalen Existenzsatz besitzt dieses in einem Intervall $I_\varepsilon(b)$ eine Lösung y und nach dem Eindeutigkeitssatz gilt $y = \varphi$ in $(b - \varepsilon; b]$. Die Lösung φ erhält also in der Funktion y eine Fortsetzung auf $(a; b + \varepsilon)$ im Widerspruch zur Maximalität von φ. $\quad\square$

In dem wichtigen Spezialfall $y' = h(y)$ präzisieren wir die Fortsetzung an den Rand näher. Statt x schreiben wir t. Differentialgleichungen dieses Typs heißen *autonom*, da ihre rechte Seite nicht von der Zeitvariablen t abhängt. Ist y eine Lösung einer solchen Gleichung, dann auch die um c zeitverschobene Funktion y_c, $y_c(t) := y(t - c)$. Insbesondere darf man sich bei Anfangswertproblemen auf solche mit $t_0 = 0$ beschränken.

Satz: *Es sei* $h : [A; B] \to \mathbb{R}$ *eine stetige, in* $(A; B)$ *positive Funktion, derart, daß das Integral* $\int_A^B h^{-1}(u)\,du$ *konvergiert. Für beliebige* $t_0 \in \mathbb{R}$ *und* $y_0 \in (A; B)$ *besitzt dann das Anfangswertproblem*

$$\dot{y} = h(y), \quad y(t_0) = y_0,$$

eine streng monoton wachsende Lösung φ *auf einem Intervall* $[t_A; t_B]$ *so, daß* $\varphi(t_A) = A$ *und* $\varphi(t_B) = B$. φ *ist die Umkehrung der Funktion*

$$H : [A; B] \to [t_A; t_B], \quad H(y) := t_0 + \int_{y_0}^{y} \frac{1}{h(u)}\,du;$$

dabei ist $t_A := H(A)$ *und* $t_B := H(B)$. φ *ist eindeutig bestimmt: Ist* $\psi : [\alpha; \beta] \to [A; B]$ *eine streng monoton wachsende, stetig differenzierbare Lösung des Anfangswertproblems mit* $\psi(\alpha) = A$ *und* $\psi(\beta) = B$, *so ist* $[\alpha; \beta] = [t_A; t_B]$ *und* $\psi = \varphi$.

Beweis: H ist stetig auf $[A; B]$ und stetig differenzierbar auf $(A; B)$ mit $H' = 1/h$ in $(A; B)$. Die Umkehrung $\varphi := H^{-1}$ ist stetig auf $[t_A; t_B]$, stetig differenzierbar auf $(t_A; t_B)$, und erfüllt $\dot{\varphi}(t) = 1/H'(\varphi(t)) = h(\varphi(t))$ für $t \in (t_A; t_B)$. Sodann folgt aus $\dot{\varphi} = h \circ \varphi$ in $(t_A; t_B)$ wegen der Stetigkeit von φ auf $[t_A; t_B]$ und der von h auf $[A; B]$ $\lim\limits_{t \to t_A} \dot{\varphi}(t) = h(\varphi(t_A)) = h(A)$ und $\lim_{t \to t_B} \dot{\varphi}(t) = h(\varphi(t_B)) = h(B)$. Damit ergibt sich aufgrund des Differenzierbarkeitssatzes in 9.9 die Differenzierbarkeit von φ auch in t_A und t_B und dort ebenfalls das Bestehen der Identität $\dot{\varphi} = h(\varphi)$.

Zur Einzigkeit: Aus $\dot{\psi} = h \circ \psi$ in $[\alpha; \beta]$ und $\psi(t_0) = y_0$ folgt mit der Substitutionsregel

$$t = t_0 + \int_{t_0}^{t} \frac{\dot{\psi}(s)}{h(\psi(s))}\,ds = t_0 + \int_{\psi(t_0)}^{\psi(t)} \frac{du}{h(u)} = H(\psi(t)).$$

Hieraus und aus der analogen Beziehung für φ folgt wegen der strengen Monotonie von H die Identität $\psi = \varphi$. $\qquad\qquad\Box$

Hat h etwa in B eine Nullstelle, so ist die Konstante $y = B$ eine Lösung von $\dot{y} = h(y)$. Dann ist auch $\dot{\varphi}(t_B) = h(\varphi(t_B)) = h(B) = 0$, und φ mündet bei t_B in die konstante Lösung ein. Analog im Fall $h(A) = 0$.

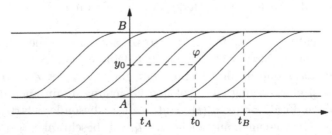

13.3 Nicht-lineare Schwingungen. Die Differentialgleichung $\ddot{x} = f(x)$

Diese Differentialgleichung kommt als Bewegungsgleichung eines Punktes vor, auf den eine nur ortsabhängige Kraft $f(x)$ wirkt. Wir setzen f als stetige reelle Funktion voraus und wählen eine Funktion U mit $U' = -f$ (physikalisch: ein *Potential*). Die Differentialgleichung lautet damit

$$(5) \qquad \ddot{x} = -U'(x).$$

Wir sammeln zunächst Informationen über die Lösungen einer solchen Differentialgleichung. Ist $t \mapsto x(t)$ eine Lösung auf einem Zeitintervall I, so erhält man für diese aus (5) durch Multiplikation mit $\dot{x}$ die Identität $\left(\frac{1}{2}\dot{x}^2 + U(x) \right)^{\bullet} = 0$. Es gibt daher eine Konstante E so, daß

$$(6) \qquad \frac{1}{2}\dot{x}(t)^2 + U\big(x(t)\big) = E \quad \text{für alle } t \in I.$$

E ist, nachdem man U gewählt hat, durch die Werte $x_0 = x(t_0)$ und $v_0 = \dot{x}(t_0)$ zu einem Zeitpunkt $t_0 \in I$ festgelegt:

$$E = \frac{1}{2}v_0^2 + U(x_0).$$

Die Identität (6) wird als *Energiesatz* bezeichnet und besagt, daß zwischen potentieller und kinetischer Energie ein Ausgleich stattfindet so, daß deren Summe konstant bleibt. Der Energiesatz impliziert, daß die Lösung nur Orte $x(t)$ annimmt, an denen $U\big(x(t)\big) \leq E$ gilt (physikalisch: *die Lösung bleibt im Potentialtopf* $\{x \mid U(x) \leq E\}$).

Ist J ein Zeitintervall um t_0, in dem $\dot{x}$ keine Nullstelle hat, was genau dann der Fall ist, wenn $E - U\big(x(t)\big)$ dort keine Nullstelle hat, so ist die Funktion $x(t)$ in J Lösung einer der beiden Differentialgleichungen

$$\dot{x} = \sqrt{2\big(E - U(x)\big)} \qquad \text{oder} \qquad \dot{x} = -\sqrt{2\big(E - U(x)\big)};$$

und zwar der ersten im Fall $\dot{x}(t_0) > 0$, und der zweiten im Fall $\dot{x}(t_0) < 0$. Beide sind Differentialgleichungen mit getrennten Veränderlichen des in 13.2 zuletzt ausführlich diskutierten Typs $\dot{y} = h(y)$. Wir konstruieren im folgenden in einem wichtigen Fall Lösungen dieser Differentialgleichungen, die sich auch als Lösungen des AWP

$$(5_0) \qquad \ddot{x} = -U'(x), \quad x(t_0) = x_0, \quad \dot{x}(t_0) = v_0,$$

erweisen. Zunächst aber betrachten wir ein einfaches Beispiel.

Beispiel: Radiale Bewegung eines Massenpunktes im Gravitationsfeld einer anziehenden Masse M. Eine solche Bewegung genügt dem Gesetz

$$\ddot{r} = -\gamma \frac{M}{r^2}.$$

Wir betrachten das AWP mit $r(0) = R$ und $\dot{r}(0) = v_0 > 0$. ($v_0 > 0$ besagt, daß sich der Massenpunkt zum Zeitpunkt 0 entfernt.)

Als Potential wählen wir $U(r) = -\dfrac{\gamma M}{r}$. Die Energiekonstante ist dann

$$E = \frac{1}{2}v_0^2 - \frac{\gamma M}{R}.$$

Aus dem Energiesatz

$$\frac{1}{2}\dot{r}(t)^2 - \frac{\gamma M}{r(t)} = E = \text{const.}$$

folgt zunächst: Falls es auf irgendeinem Zeitintervall eine unbeschränkte Lösung gibt, muß $E \geq 0$ sein, und dieses ist gleichwertig zu

$$v_0 \geq \sqrt{\frac{2\gamma M}{R}} =: v_F.$$

Wir berechnen für $v_0 = v_F$, d.h. für $E = 0$, eine Lösung. Wegen $v_0 > 0$ ist eine solche in einer Umgebung des Zeitpunktes 0 eine Lösung des AWP

$$\dot{r} = \sqrt{2\gamma M} \cdot r^{-1/2}, \quad r(0) = R.$$

Hiernach ergibt sich

$$t = \frac{1}{\sqrt{2\gamma M}} \int_R^{r(t)} \sqrt{\xi}\, d\xi = \frac{2}{3\sqrt{2\gamma M}}\left(r(t)^{3/2} - R^{3/2}\right),$$

also

$$r(t) = \left(\frac{3}{2}\sqrt{2\gamma M}\, t + R^{3/2}\right)^{2/3}.$$

Diese Funktion löst auf $[0; \infty)$ das eingangs formulierte AWP und ist unbeschränkt. v_F ist also eine Anfangsgeschwindigkeit, bei der eine Lösung unbeschränkt wird, und zwar die kleinste, und heißt *Fluchtgeschwindigkeit*. Zum Beispiel beträgt die Fluchtgeschwindigkeit von der Erdoberfläche aus wegen $g = \gamma M/a^2$ (mit $g = 9.81\text{m/sec}^2$, $a = 6300$ km) $v_F^{\text{Erde}} = \sqrt{2ga} = 11.1$ km/sec.

Wir machen für das Weitere die folgende Voraussetzung:
(V) Zu der durch Anfangswerte x_0, v_0 und nach Wahl von U festgelegten Konstanten $E := \frac{1}{2}v_0^2 + U(x_0)$ gibt es ein x_0 enthaltendes Ortsintervall $[A; B]$ mit

(7) $\qquad U(A) = U(B) = E \quad$ und $\quad U(x) < E \quad$ für $x \in (A; B)$,

(7') $\qquad U'(A) = -f(A) \neq 0 \quad$ und $\quad U'(B) = -f(B) \neq 0$.

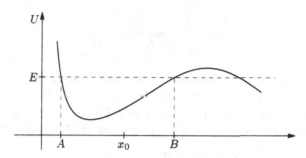

Unter dieser Voraussetzung ist die durch $h(x) := \sqrt{2(E - U(x))}$ auf $[A; B]$ definierte Funktion stetig, auf $(A; B)$ stetig differenzierbar und null-stellenfrei. Ferner existiert dann das uneigentliche Integral $\int_A^B h^{-1}(\xi)\, d\xi$, was man sofort mit dem Grenzwertkriterium in 11.11 Aufgabe 9 sieht: Für die kritische Stelle B etwa benützen wir als Vergleichsintegral $\int_{x_0}^B \frac{d\xi}{\sqrt{B - \xi}}$; dieses konvergiert, und wegen (7) und (7') existiert der Grenzwert

$$\lim_{\xi \uparrow B} \frac{\sqrt{B - \xi}}{\sqrt{E - U(\xi)}} = \lim_{\xi \uparrow B} \sqrt{\frac{B - \xi}{U(B) - U(\xi)}} = \frac{1}{\sqrt{U'(B)}}.$$

Wir nehmen jetzt für das Folgende $v_0 > 0$ an, und betrachten das AWP

(8) $\qquad\qquad \dot{x} = \sqrt{2(E - U(x))}, \qquad x(t_0) = x_0.$

Nach dem Zusatz in 13.2 gibt es ein Zeitintervall $[t_A; t_B]$ und darauf genau eine Lösung φ. Diese ist die Umkehrfunktion zu $H : [A; B] \to [t_A; t_B]$,

(9) $\qquad\qquad H(x) = t_0 + \int_{x_0}^x \frac{d\xi}{\sqrt{2(E - U(x))}}, \qquad x \in [A; B],$

und hat folgende Eigenschaften:

(10) $\qquad \varphi(t_A) = A, \varphi(t_B) = B$ und $\varphi(t) \in (A; B)$ für $t \in (t_A; t_B)$;

(10') $\qquad \dot{\varphi}(t_A) = 0, \dot{\varphi}(t_B) = 0$ und $\dot{\varphi}(t) > 0$ für $t \in (t_A; t_B)$.

φ ist auf $(t_A; t_B)$ auch eine Lösung des AWP (5_0): Es gilt

$$\ddot{\varphi} = \frac{-2U'(\varphi)\dot{\varphi}}{2\sqrt{2(E - U(\varphi))}} = -U'(\varphi);$$

ferner ist $\varphi(t_0) = x_0$ und $\dot{\varphi}(t_0) = v_0$; letzteres nach Definition von E. Das Zeitintervall $[t_A; t_B]$ hat nach (9) die Länge

$$\frac{T}{2} := \int\limits_A^B \frac{\mathrm{d}\xi}{\sqrt{2(E - U(\xi))}}.$$

Wir zeigen nun, daß φ auf ganz $\mathbb{R}$ zu einer Lösung für (5) fortgesetzt werden kann, die periodisch ist mit der Periode T. Dazu setzen wir φ zunächst durch Spiegelung an t_B zu einer Funktion φ_0 auf $[t_A; t_A + T]$ fort und diese dann durch Translation zu einer Funktion ϕ auf $\mathbb{R}$.

Definition von $\varphi_0 : [t_A; t_A + T] \to \mathbb{R}$:

$$\varphi_0(t) := \begin{cases} \varphi(t) & \text{für } t \in [t_A; t_B], \\ \varphi(2t_B - t) & \text{für } t \in [t_B; t_A + T]. \end{cases}$$

Aus $(10')$ folgt unmittelbar, daß φ_0 auf ganz $[t_A; t_A + T]$ stetig differenzierbar ist. Ferner erfüllt φ_0 in den offenen Teilintervallen $(t_A; t_B)$ und $(t_B; t_A + T)$ die Differentialgleichung (5). Schließlich ist φ_0 auch in t_B 2-mal stetig differenzierbar und erfüllt dort die Differentialgleichung (5). Das folgt mit dem Differenzierbarkeitssatz in 9.9 daraus, daß die Funktion $\ddot{\varphi}_0$ in t_B stetig ist und ihre Ableitung für $t \to t_B$ einen Grenzwert besitzt: $\lim_{t \to t_B} \ddot{\varphi}_0(t) = -\lim_{t \to t_B} U'\big(\varphi_0(t)\big) = -U'(\varphi_0(t_B))$; hiernach ist

(11) $\ddot{\varphi}_0(t_B) = -U'\big(\varphi_0(t_B)\big) = -U'(B).$

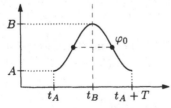

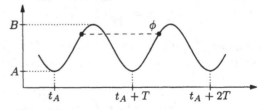

Fortsetzung durch Spiegelung   Fortsetzung durch Translation

Definition von $\phi : \mathbb{R} \to \mathbb{R}$: Man wähle zu beliebig gegebem $t \in \mathbb{R}$ eine ganze Zahl k derart, daß $t - kT \in [t_A; t_A + T]$, und setze dann

$$\phi(t) := \varphi_0(t - kT).$$

ϕ ist auf ganz $\mathbb{R}$ stetig differenzierbar, hat die Periode T und erfüllt in allen offenen Teilintervallen $(t_A; t_A + T) + kT$, k eine ganze Zahl, die Differentialgleichung (5). Wie für φ_0 in t_B zeigt man, daß ϕ auch in den Punkten $t_A + kT$ 2-mal stetig differenzierbar ist und (5) löst:

$$\text{(12)} \qquad \ddot{\phi}(t_A + kT) = -U'\big(\phi(t_A)\big) = -U'(A).$$

Die Geschwindigkeit $\dot{\phi}$ wechselt nach (10'), (11), (12) und (7') in den Zeitpunkten $t_A + kT$ und $t_B + kT$, $k \in \mathbb{Z}$, ihr Vorzeichen. A und B sind also Umkehrpunkte der Bewegung.

Wir fassen zusammen:

Satz: *Gegeben sei mit einer reellen $\mathscr{C}^1$-Funktion U ein AWP*

$$\ddot{x} = -U'(x), \qquad x(t_0) = x_0, \qquad \dot{x}(t_0) = v_0.$$

Dazu setze man $E := \frac{1}{2} v_0^2 + U(x_0)$. Dann gilt:

(i) *Falls es ein x_0 enthaltendes Intervall $[A; B]$ gibt, in dem das Potential U die Voraussetzungen (7) und (7') erfüllt, besitzt das AWP genau eine Lösung ϕ auf ganz $\mathbb{R}$. Diese ist periodisch mit der Periode*

$$T = 2 \int\limits_A^B \frac{d\xi}{\sqrt{2(E - U(\xi))}}.$$

ϕ genügt auf $\mathbb{R}$ dem sogenannten Energiesatz

$$\frac{1}{2} \dot{\phi}^2(t) + U\big(\phi(t)\big) = E, \qquad t \in \mathbb{R},$$

und kann auf einem geeigneten Intervall der Länge $T/2$ als Umkehrung der in (9) erklärten Funktion H konstruiert werden. A und B sind die Extrema der Lösung ϕ.

(ii) *Falls x_0 ein isoliertes Minimum von U ist, ist die Konstante $\phi = x_0$ die einzige Lösung des AWP (sogenannte Gleichgewichtslösung).*

Beispiel 1: Der harmonische Oszillator. Wir behandeln das AWP

$$\ddot{x} = -\omega^2 x, \qquad x(0) = 0, \qquad \dot{x}(0) = v_0 > 0,$$

$\omega \in \mathbb{R}_+$. Die Differentialgleichung ist linear mit konstanten Koeffizienten. Mit den Lösungsmethoden für solche Gleichungen findet man

$$x(t) = \frac{v_0}{\omega} \sin \omega t.$$

Wir diskutieren dieses AWP noch einmal mit Hilfe der neuen Methode.

Als Potential wählen wir $U(x) := \frac{1}{2}\omega^2 x^2$. Dann
ist $E = \frac{1}{2}v_0^2$. Ein den Anfangsort 0 enthaltendes Intervall mit (7) ist $[-v_0/\omega; v_0/\omega]$. In den
Randpunkten ist offensichtlich auch (7′) erfüllt.
Das AWP besitzt also eine periodische Lösung
mit der Periode

$$T = 2 \int_{-v_0/\omega}^{v_0/\omega} \frac{d\xi}{\sqrt{v_0^2 - \omega^2 \xi^2}} = \frac{2\pi}{\omega}.$$

Die Lösung ist in einer Umgebung des Zeitpunktes 0 die Umkehrung zu

$$H(x) = \int_0^x \frac{d\xi}{\sqrt{v_0^2 - \omega^2 \xi^2}} = \frac{1}{\omega} \arcsin \frac{\omega}{v_0} x;$$

somit ist die Lösung die bereits eingangs genannte Funktion $\frac{v_0}{\omega} \sin \omega t$.

Beispiel 2: Das ebene mathematische Pendel

Wir betrachten das AWP

$$\ddot{\varphi} = -\omega^2 \sin \varphi, \quad \varphi(0) = -\alpha, \quad \dot{\varphi}(0) = 0,$$

ω eine positive Konstante, $\alpha \in (0; \pi)$.

Als Potential wählen wir $U(\varphi) := -\omega^2 \cos(\varphi)$.
Dann ist $E = -\omega^2 \cos \alpha$. Ein $-\alpha$ enthaltendes
Intervall, das (7) und (7′) erfüllt, ist $[-\alpha; \alpha]$.

Das AWP besitzt also eine periodische Lösung mit der Periode

$$T = 2 \int_{-\alpha}^{\alpha} \frac{d\xi}{\sqrt{2\omega^2 (\cos \xi - \cos \alpha)}}.$$

Wir bringen das Integral noch in die Normalform eines elliptischen Integrals. Mit $\cos x = 1 - 2 \sin^2 x/2$ und $k := \sin \alpha/2$ erhält man zunächst
$\cos \xi - \cos \alpha = 2(k^2 - \sin^2 \xi/2)$. Die Substitution $k^{-1} \sin \xi/2 =: \sin z$ ergibt
schließlich

$$T = \frac{4}{\omega} \int_0^{\pi/2} \frac{dz}{\sqrt{1 - k^2 \sin^2 z}}.$$

Das Integral ist das mit $K(k)$ bezeichnete vollständige elliptische Integral
1. Gattung zum Modul k; siehe 11.6 (14). Wir erhalten also

$$T = \frac{4}{\omega} K(k) \quad \text{mit} \quad k = \sin \frac{\alpha}{2}.$$

Beispiel 3: Die elliptische Funktion Sinus amplitudinis auf ℝ. Man betrachte bei gegebenem $k \in (0;1)$ das AWP $\ddot{x} = -U'(x)$, $x(0) = 0$, $\dot{x}(0) = 1$ mit

$$U(x) := -\frac{1}{2}(1 - x^2)(1 - k^2 x^2).$$

Die Energiekonstante hierfür ist $E = 0$ und U erfüllt im Intervall $[-1;1]$ die Voraussetzung (7), (7′). Das AWP besitzt also eine auf ganz ℝ erklärte periodische Lösung mit Werten in $[-1;1]$. Diese heißt *Sinus amplitudinis* und wird mit sn bezeichnet. Die Periode ist

$$T = 2 \int_{-1}^{1} \frac{d\xi}{\sqrt{(1 - \xi^2)(1 - k^2 \xi)}}.$$

Nach 11.11 Aufgabe 11 ist $T = 4\mathrm{K}(k)$. Auf $[-K;K]$, $K := \mathrm{K}(k)$, ist sn die Umkehrfunktion zu $H : [-1;1] \to [-K;K]$

$$H(x) := \int_{0}^{x} \frac{d\xi}{\sqrt{(1 - \xi^2)(1 - k^2 \xi^2)}}.$$

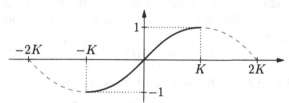

Die Funktion sn für $k = \frac{1}{2}\sqrt{2}$

Eine weitere Grundeigenschaft des Sinus amplitudinis zeigt sich erst an seiner Fortsetzung ins Komplexe: Dort besitzt er noch eine rein imaginäre Periode.

13.4 Aufgaben

1. Man löse folgende AWP:
   a) $xy' = y + x^2$, $y(1) = 1$;
   b) $y' = ay - by^3$, $a, b \in \mathbb{R}_+$, $y(0) = 1$;
   c) $y' = e^y \sin x$, $y(0) = 0$ und $y(0) = -1$.

2. Man zeige: Jedes AWP der allgemeinen logistischen Gleichung

   $$\dot{y} = a(t)y - b(t)y^2, \quad y(0) = y_0 \in \mathbb{R}_+,$$

   mit stetigen Funktionen a, b auf $[0;\infty)$ und $b > 0$ besitzt genau eine auf ganz $[0;\infty)$ erklärte positive Lösung y.

3. Die Gleichgewichtskurve y eines an zwei Punkten aufgehängten Seils genügt der Differentialgleichung $y'' = a\sqrt{1 + y'^2}$, $a > 0$. Man berechne deren Lösungen (*Kettenlinie*).

4. Es sei $h : [A; B] \to \mathbb{R}$ stetig, positiv und $\int_A^B \dfrac{1}{h(u)}\, du$ divergiere. ($B = \infty$ ist zugelassen.) Für jedes $y_0 \in [A; B)$ besitzt dann das AWP

$$\dot{y} = h(y), \qquad y(0) = y_0,$$

eine auf $[0; \infty)$ erklärte, streng monoton wachsende Lösung φ, und für diese gilt $\lim\limits_{t \to \infty} \varphi(t) = B$.

Beispiel: Die Gleichung $\dot{y} = a - by^\beta$, $a, b \in \mathbb{R}_+$, $\beta > 0$, hat zu jedem Anfangswert $y_0 \in [0; B)$ mit $B := (a/b)^{1/\beta}$ eine auf $[0; \infty)$ erklärte, streng monoton wachsende Lösung φ, und für diese gilt $\lim\limits_{t \to \infty} \varphi(t) = B$.

5. Die Differentialgleichung $\ddot{x} = g - \rho \dot{x}^\beta$ (g Erdbeschleunigung, ρ, β positive Konstanten) beschreibt einen durch Reibung gebremsten Fall eines Körpers im Schwerefeld der Erde. Man zeige: Es gibt in $[0; \infty)$ eine Lösung mit $x(0) = 0$, $\dot{x}(0) = 0$ und $\ddot{x} \geq 0$; diese hat die „Endgeschwindigkeit"

$$v_\infty := \lim_{t \to \infty} \dot{x}(t) = \left(\frac{g}{\rho}\right)^{1/\beta}.$$

Für $\beta = 1$ und $\beta = 2$ berechne man diese Lösung.

6. In zahlreichen Anwendungen der chemischen Reaktionskinetik tritt die Differentialgleichung

$$\dot{y} = ay^2 + by + c \qquad (a, b, c \in \mathbb{R}, \ a \neq 0)$$

auf. Man löse sie und unterscheide dazu die drei Fälle:

(i) $4ac - b^2 > 0$: $P(y) := ay^2 + by + c$ hat keine reelle Nullstelle;

(ii) $4ac - b^2 = 0$: $P(y)$ hat eine reelle Doppelwurzel α;

(iii) $4ac - b^2 < 0$: $P(y)$ hat zwei verschiedene reelle Nullstellen α, β.

7. Sei φ die maximale Lösung eines AWP $y' = -xy \ln y$, $y(0) = y_0 > 1$. Ohne sie zu berechnen, zeige man: φ ist auf $\mathbb{R}$ definiert, wächst streng monoton auf $(-\infty; 0]$, fällt streng monoton auf $[0; \infty)$, und erfüllt auf $\mathbb{R}$ die Ungleichung $1 < \varphi \leq y_0$. Analog diskutiere man die AWP mit $0 < y_0 < 1$. Schließlich berechne man die Lösungen.

8. Es sei $h : U \to \mathbb{R}$ lokal Lipschitz-stetig, und es seien y_1, y_2 Lösungen der Differentialgleichung $y' = g(x)h(y)$ auf einem Intervall $J \subset I$ mit $y_1(x_0) < y_2(x_0)$, $x_0 \in J$. Dann besitzt jedes AWP (3) mit $y_0 \in [y_1(x_0); y_2(x_0)]$ eine Lösung ebenfalls auf ganz J und diese verläuft auf J zwischen y_1 und y_2.

9. Die Bewegungsgleichung $\ddot{x} = -U'(x)$ mit dem Potential $U(x) = \alpha|x|^n$, $\alpha \in \mathbb{R}_+$, $n = 2, 3, \ldots$, hat bei einer Energie $E < 0$ keine Lösung, bei der Energie $E = 0$ nur die Lösung 0 und bei positiver Energie E periodische Lösungen. Man berechne deren Periode.

10. Die radiale Bewegung eines Körpers in einem Zentralfeld werde durch

$$\ddot{r} = \frac{\alpha}{r^3} - \frac{\beta}{r^2}, \qquad \alpha, \beta \in \mathbb{R}_+,$$

beschrieben. Ihr Potential U sei so festgelegt, daß $\lim_{r \to \infty} U(r) = 0$.

a) Man zeige, daß die (positiven) Lösungen zu den Energieniveaus E mit $-\beta^2/2\alpha < E < 0$ periodisch sind; man berechne die Umkehrpunkte A und B in Abhängigkeit von der Energie E, die Schwingungsdauer T in Abhängigkeit von $a := \frac{1}{2}(A + B)$ und beweise die Proportionalität $T^2 \sim a^3$ (*3. Keplersches Gesetz*).

b) Man zeige: Im Fall $E = 0$ wächst die Bewegung mit $r(0) = r_0$, $\dot{r}(0) > 0$, streng monoton und ist unbeschränkt.

11. Es seien $a, b : \mathbb{R} \to \mathbb{R}$ stetige Funktionen mit der Periode $T > 0$, und es gelte $\int_0^T a(s) \, ds \neq 0$. Dann besitzt die Differentialgleichung

$$\dot{y}(t) = a(t)y + b(t)$$

genau eine *T*-periodische Lösung.

14 Lokale Approximation von Funktionen. Taylorpolynome und Taylorreihen

Das der Differentialrechnung zugrunde liegende Konzept der lokalen Approximation einer Funktion durch eine lineare Funktion wird jetzt erweitert zur Approximation durch Polynome. Ein Beispiel für die Verwendung approximierender Polynome bot bereits die Untersuchung des Cosinus und des Sinus in 8.7; ein weiteres bringt das Newton-Verfahren in 14.4.

14.1 Approximation durch Taylorpolynome

In Kapitel 9 haben wir die lineare Approximation

$$F(x) = f(a) + f'(a)(x - a)$$

einer in a differenzierbaren Funktion f eingeführt. Dabei ist $F(a) = f(a)$, $F'(a) = f'(a)$, und für den Fehler $R = f - F$ gilt

(1)
$$\lim_{x \to a} \frac{R(x)}{x - a} = 0.$$

Es sei jetzt f eine in a n-mal differenzierbare Funktion. Wir suchen dazu ein Polynom T eines Grades $\leq n$ mit

(2)
$$T(a) = f(a), \quad T'(a) = f'(a), \ldots, T^{(n)}(a) = f^{(n)}(a).$$

Die Koeffizienten $a_0, \ldots, a_n$ eines solchen Polynoms $T(x) = \sum_{k=0}^{n} a_k (x - a)^k$ errechnen sich wegen $T^{(k)}(a) = k! \, a_k$ zu $a_k = \frac{1}{k!} f^{(k)}(a)$, $k = 0, \ldots, n$. *Es gibt also genau ein Polynom T eines Grades $\leq n$, das die Forderung (2) erfüllt,* nämlich

$$\boxed{T_n f(x; a) = f(a) + \frac{f'(a)}{1!}(x - a) + \frac{f''(a)}{2!}(x - a)^2 + \ldots + \frac{f^{(n)}(a)}{n!}(x - a)^n.}$$

$T_n f(x; a) = T_n f(x)$ heißt n-*tes Taylorpolynom von f im Punkt a.*

Taylor, B. (1685–1731), Schüler von Newton.

Mit der qualitativen Taylorformel (5) zeigt sich, daß in Analogie zu (1) das Taylorpolynom einer n-mal stetig differenzierbaren Funktion f diese in der Nähe von a derart approximiert, daß

$$\lim_{x \to a} \frac{f(x) - T_n f(x; a)}{(x - a)^n} = 0.$$

Der Graph des Taylorpolynoms $T_1 f$ ist die Tangente, der von $T_2 f$ im Fall $f''(a) \neq 0$ eine Parabel, die in a dieselbe Tangente und dieselbe Krümmung hat wie die Kurve $y = f(x)$ (Beweis als Aufgabe). Der Graph von $T_n f$ heißt *Schmiegparabel n-ten Grades für f an der Stelle a*.

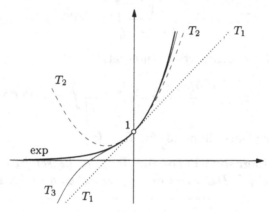

Schmiegparabeln der Grade 1, 2, 3 der Exponentialfunktion am Punkt 0

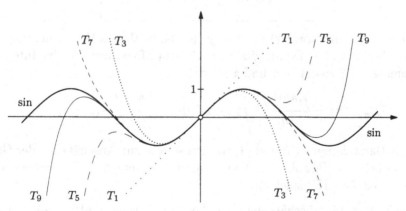

Schmiegparabeln der Grade 1, 3, 5, 7, 9 des Sinus am Punkt 0

Die Abweichung $f - T_n f$ bezeichnen wir im folgenden mit R_{n+1}:

$$R_{n+1}(x) := f(x) - T_n f(x; a).$$

Zur Analyse dieses Fehlers verwenden wir eine Integraldarstellung.

Satz 1 (Integral-Form für R_{n+1}): *Sei $f : I \to \mathbb{C}$ eine $\mathscr{C}^{n+1}$-Funktion auf einem Intervall I; weiter sei $a \in I$. Dann gilt*

(3)
$$R_{n+1}(x) = \frac{1}{n!} \int_a^x (x-t)^n f^{(n+1)}(t)\, dt.$$

Beweis durch vollständige Induktion nach n: Für $n = 0$ folgt (3) unmittelbar aus dem Hauptsatz der Differential- und Integralrechnung.

Der Schluß von $n - 1$ auf n: Nach Induktionsvoraussetzung ist

$$f(x) - T_{n-1}f(x) = \frac{1}{(n-1)!} \int_a^x (x-t)^{n-1} f^{(n)}(t)\, dt.$$

Daraus erhält man durch partielle Integration

$$f(x) - T_{n-1}f(x) = \frac{f^{(n)}(a)}{n!} \cdot (x-a)^n + \frac{1}{n!} \int_a^x (x-t)^n f^{(n+1)}(t)\, dt.$$

Das ist gerade die Darstellung (3) für $R_{n+1}(x)$.   □

Folgerung 1 (Lagrange-Form für R_{n+1}): *Es sei jetzt f eine reelle $\mathscr{C}^{n+1}$-Funktion auf I. Dann gibt es ein ξ zwischen a und x so, daß gilt:*

(4)
$$R_{n+1}(x) = \frac{f^{(n+1)}(\xi)}{(n+1)!}(x-a)^{n+1}.$$

Beweis: Die Funktion $p(t) := (x-t)^n$ hat einheitliches Vorzeichen für alle t zwischen a und x. Damit gibt es nach dem Mittelwertsatz der Integralrechnung ein ξ zwischen a und x so, daß

$$R_{n+1}(x) = \frac{f^{(n+1)}(\xi)}{n!} \int_a^x (x-t)^n\, dt = \frac{f^{(n+1)}(\xi)}{(n+1)!}(x-a)^{n+1}.$$ □

Die Darstellungen (3) und (4) werden sowohl zur Abschätzung der Größe von Fehlern (Beispiel 1) als auch zur Bestimmung der Vorzeichen von Fehlern benützt (Beispiel 2).

Beispiel 1: Fehlerabschätzung beim Cosinus. Wegen $\left|\cos^{(n+1)}(\xi)\right| \leq 1$ für alle n und ξ gilt nach (4) für jedes $x \in \mathbb{R}$

$$\left| \cos x - \sum_{k=0}^N (-1)^k \frac{x^{2k}}{(2k)!} \right| \leq \frac{|x|^{2N+2}}{(2N+2)!}.$$

Analog beim Sinus.

Beispiel 2: Ein hinreichendes Kriterium für lokale Extrema. *Sei $f : I \to \mathbb{R}$ eine $\mathscr{C}^{n+1}$-Funktion. In einem Punkt $a \in I$ gelte $f'(a) = \ldots = f^{(n)}(a) = 0$, jedoch $f^{(n+1)}(a) \neq 0$. Dann hat f in diesem Punkt*

(i) *ein strenges lokales Minimum, falls n ungerade ist und $f^{(n+1)}(a) > 0$;*

(ii) *ein strenges lokales Maximum, falls n ungerade ist und $f^{(n+1)}(a) < 0$;*

(iii) *kein Extremum, falls n gerade ist.*

Beweis: Wir betrachten den Fall $f^{(n+1)}(a) > 0$ und wählen ein Intervall I um a, in dem $f^{(n+1)} > 0$ ist. Zunächst besagt die Voraussetzung, daß

$$f(x) = f(a) + R_{n+1}(x).$$

Ist $n + 1$ gerade, so gilt nach (4) $R_{n+1}(x) > 0$ für $x \in I \setminus \{a\}$. Folglich hat f in a ein strenges Minimum. Ist aber $n + 1$ ungerade, so gilt $R_{n+1}(x) > 0$ für $x > a$ und $R_{n+1}(x) < 0$ für $x < a$. In diesem Fall hat f in a weder ein Maximum noch ein Minimum. □

Folgerung 2 (Qualitative Taylorformel): *Ist $f : I \to \mathbb{C}$ n-mal stetig differenzierbar, so gibt es auf I eine stetige Funktion r mit $r(a) = 0$ und*

$$(5) \qquad \boxed{f(x) = T_n f(x) + (x - a)^n \cdot r(x).}$$

Beweis: Es genügt, die Existenz einer solchen Funktion r für reelles f zu zeigen. Mit der Darstellung (4) des Restes $R_n(x)$ ergibt sich für $x \neq a$

$$r(x) = \frac{1}{(x-a)^n}\big(f(x) - T_n f(x)\big) = \frac{1}{n!}\big(f^{(n)}(\xi) - f^{(n)}(a)\big);$$

dabei ist ζ eine geeignete Stelle zwischen a und x. Wegen der Stetigkeit von $f^{(n)}$ folgt damit $\lim\limits_{x \to a} r(x) = 0$. □

Die qualitative Taylorformel kann besonders suggestiv mit dem sogenannten *Landau-Symbol o* ausgedrückt werden: Sind f und g komplexe Funktionen in einer punktierten Umgebung von a, so schreibt man

$$f(x) = o\big(g(x)\big) \quad \text{für } x \to a, \qquad \text{falls} \qquad \lim_{x \to a} \frac{f(x)}{g(x)} = 0.$$

Im Fall $g(x) \to 0$ sagt man dann auch: *f geht für $x \to a$ schneller gegen 0 als g.* Ferner schreibt man $f = h + o(g)$ für $f - h = o(g)$. Die qualitative Taylorformel (5) lautet in dieser Symbolik

$$(5^*) \qquad f(x) = T_n f(x) + o\big((x - a)^n\big) \quad \text{für } x \to a$$

14.2 Taylorreihen. Rechnen mit Potenzreihen

Sei $f : I \to \mathbb{C}$ beliebig oft differenzierbar. Die Potenzreihe

$$\boxed{\; Tf(x; a) := \sum_{k=0}^{\infty} \frac{f^{(k)}(a)}{k!} (x - a)^k \;}$$

heißt *Taylorreihe von f im Punkt a $\in$ I*. Konvergiert $Tf(x; a)$ gegen $f(x)$ für alle x einer Umgebung $U \subset I$ von a, so sagt man, *f besitze in U eine Taylorentwicklung mit a als Entwicklungspunkt*.

Wird f in einer Umgebung U von a durch eine Potenzreihe dargestellt, $f(x) = \sum_k a_k(x - a)^k$ für $x \in U$, so ist diese die Taylorreihe von f in a. Wichtige elementare Funktionen haben wir bereits früher durch Potenzreihen dargestellt: die Exponentialfunktion in 8.1, Cosinus und Sinus in 8.6, die Funktionen $(1 + x)^s$ und $\ln(1 + x)$ in 8.5.

Die Taylorreihe $Tf(x; a)$ kann für $x \neq a$ divergieren, und wenn sie konvergiert, muß der Reihenwert nicht der Funktionswert $f(x)$ sein. Ein Beispiel liefert die in 9.6 diskutierte Funktion $f : \mathbb{R} \to \mathbb{R}$, $f(x) := e^{-1/x}$ für $x > 0$ und $f(x) := 0$ für $x \leq 0$: Wegen $f^{(k)}(0) = 0$ für alle k ist $Tf(x; 0)$ die Nullreihe; folglich gilt $Tf(x; 0) \neq f(x)$ für $x > 0$.

In der Regel berechnet man Taylorreihen durch Rückgriff auf bekannte Reihen. Die Taylorreihe des Arcustangens etwa gewinnt man leicht aus seiner Ableitung; siehe 9.5. Die eines Produktes ergibt sich durch Cauchy-Multiplikation aus Entwicklungen der Faktoren. Der folgende Satz lehrt, daß man die Taylorreihe einer zusammengesetzten Funktion $g \circ f$ durch formales Einsetzen einer Taylorreihe für f in eine für g erhält.

Satz (Komposition von Potenzreihen): *Es sei*

$$g(w) = \sum_{n=0}^{\infty} c_n w^n \quad \text{konvergent für } |w| < R_g,$$

$$f(z) = \sum_{k=0}^{\infty} a_k z^k \quad \text{konvergent für } |z| < R_f,$$

und es gelte $|f(0)| = |a_0| < R_g$. Dann besitzt $g \circ f$ in einer hinreichend kleinen Kreisscheibe um 0 eine Potenzreihenentwicklung. Diese entsteht durch formales Einsetzen der Reihe f in die Reihe g und konvergiert in jeder Kreisscheibe $K_r(0)$, deren Radius r folgender Einschränkung genügt:

$$(6) \qquad\qquad \sum_{k=0}^{\infty} |a_k| r^k < R_g.$$

Beweis: Aus Stetigkeitsgründen gibt es wegen $|f(0)| < R_g$ positive Zahlen r mit (6), und eine solche sei für das Folgende gewählt. Es sei nun $z \in K_r(0)$; dann gilt $|f(z)| < R_g$. Durch Cauchy-Multiplikation erhält man Reihenentwicklungen $(f(z))^n = \sum_{k=0}^{\infty} a_{nk} z^k$ und damit

$$g(f(z)) = \sum_{n=0}^{\infty} c_n \left(\sum_{k=0}^{\infty} a_{nk} z^k \right).$$

Falls man hierin die Reihenfolge der Summationen vertauschen darf, erhält man die Potenzreihe

(7) $$g(f(z)) = \sum_{k=0}^{\infty} \left(\sum_{n=0}^{\infty} c_n a_{nk} \right) z^k.$$

Um den Doppelreihensatz anwenden zu dürfen, zeigen wir, daß für jedes $z \in K_r(0)$ die Menge aller endlichen Summen $\sum_{k,n} |c_n a_{nk} z^k|$ beschränkt ist. Wir setzen dazu

$$G(w) := \sum_{n=0}^{\infty} |c_n| |w|^n \quad \text{und} \quad F(z) := \sum_{k=0}^{\infty} |a_k| |z|^k.$$

Die Reihe G konvergiert für $|w| < R_g$, und die Reihe F konvergiert nach (6) für jedes $z \in K_r(0)$ mit einem Wert $F(z) < R_g$. Für solche z konvergiert also auch

$$G(F(z)) = \sum_{n=0}^{\infty} |c_n| (F(z))^n.$$

Ausmultiplizieren ergibt Reihen $(F(z))^n = \sum_{k=0}^{\infty} A_{nk} |z|^k$, deren Koeffizienten A_{nk} aus den $|a_j|$ nach demselben Schema berechnet werden wie die a_{nk} aus den a_j. Damit erhält man $|a_{nk}| \leq A_{nk}$, und für alle $K, N \in \mathbb{N}$ folgt, da die Funktion $x \mapsto G(x)$ monoton wächst,

$$\sum_{n=0}^{N} \sum_{k=0}^{K} |c_n a_{nk} z^k| \leq \sum_{n=0}^{N} |c_n| \left(\sum_{k=0}^{K} A_{nk} |z|^k \right) \leq G(F(z)).$$

Nach dem Doppelreihensatz gilt (7) also für $z \in K_r(0)$. $\qquad\square$

Folgerung 1 (Inversion einer Potenzreihe): *$f(z) = \sum_{n=0}^{\infty} a_n z^n$ habe einen positiven Konvergenzradius. Ist $f(0) = a_0 \neq 0$, so läßt sich auch $1/f$ in einer gewissen Umgebung von 0 in eine Potenzreihe entwickeln:*

$$\frac{1}{f(z)} = \sum_{n=0}^{\infty} b_n z^n.$$

Beweis: Man schreibe $f = a_0(1 - \varphi)$, wobei dann $\varphi(0) = 0$ ist, und setze φ in die geometrische Reihe $\sum_{n=0}^{\infty} w^n = 1/(1 - w)$ ein. $\qquad\square$

Korollar: *Die Reihen $f(z) = \sum_{n=0}^{\infty} a_n z^n$ und $g(z) = \sum_{n=0}^{\infty} c_n z^n$ seien in einer Umgebung von 0 konvergent. Ist $f(0) = a_0 \neq 0$, so läßt sich auch g/f in einer gewissen Umgebung von 0 in eine Potenzreihe entwickeln:*

$$(8) \qquad \frac{g(z)}{f(z)} = \sum_{n=0}^{\infty} b_n z^n.$$

Berechnung der Koeffizienten b_n in (8). Ausgehend von der Identität

$$\sum_{n=0}^{\infty} c_n z^n = \sum_{k=0}^{\infty} a_k z^k \cdot \sum_{l=0}^{\infty} b_l z^l = \sum_{n=0}^{\infty} (a_0 b_n + a_1 b_{n-1} + \ldots + a_n b_0) z^n$$

erhält man durch Koeffizientenvergleich das Gleichungssystem

$$(9) \qquad \begin{aligned} a_0 b_0 &= c_0, \\ a_0 b_1 + a_1 b_0 &= c_1, \\ a_0 b_2 + a_1 b_1 + a_2 b_0 &= c_2, \\ &\;\;\vdots \\ a_0 b_n + a_1 b_{n-1} + \ldots + a_n b_0 &= c_n, \end{aligned}$$

usw.

Daraus kann man wegen $a_0 \neq 0$ sukzessive $b_0, b_1, b_2, \ldots$ berechnen.

Folgerung 2 (Umentwicklung einer Potenzreihe): *Besitzt eine Funktion g in einer Kreisscheibe $K_R(b)$ eine Potenzreihenentwicklung $g(z) = \sum_{n=0}^{\infty} c_n (z - b)^n$, so kann sie auch in jeder Kreisscheibe $K_r(a) \subset K_R(b)$ in eine Potenzreihe entwickelt werden.*

Beweis: Mit $f(z) := a - b + (z - a)$ gilt

$$g(z) = \sum_{n=0}^{\infty} c_n \big(f(z)\big)^n = \sum_{n=0}^{\infty} d_n (z - a)^n.$$

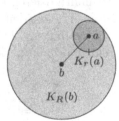

Die dabei entstehende Reihe $\sum_{n=0}^{\infty} d_n (z - a)^n$ konvergiert nach (6), falls $|b - a| + |z - a| < R$. □

Wir führen in diesem Zusammenhang auch den Begriff der analytischen Funktion ein. Eine Funktion $f : U \to \mathbb{C}$ auf einer Menge $U \subset \mathbb{C}$ heißt *analytisch im Punkt* $a \in U$, wenn es eine Kreisscheibe $K_r(a) \subset U$ und eine Potenzreihe mit einem Konvergenzradius $\geq r$ gibt so, daß gilt:

$$f(z) = \sum_{k=0}^{\infty} a_k (z - a)^k \qquad \text{für } z \in K_r(a).$$

f heißt *analytisch in U*, wenn f in jedem Punkt $a \in U$ analytisch ist.

14.3 Bernoulli-Zahlen und Cotangensreihe. Bernoulli-Polynome

Nach dem Korollar in 14.2 kann die durch $f(0) := 1$ und

$$f(z) := \frac{z}{e^z - 1} = \frac{1}{1 + \dfrac{z}{2!} + \dfrac{z^2}{3!} + \ldots}$$

definierte Funktion in einer gewissen Umgebung von 0 in eine Potenzreihe entwickelt werden:

(10)
$$\boxed{\frac{z}{e^z - 1} = \sum_{k=0}^{\infty} \frac{B_k}{k!} z^k.}$$

Die hierdurch definierten Zahlen B_k treten an zahlreichen Stellen der Analysis und der Zahlentheorie auf und heißen *Bernoulli-Zahlen* nach Jakob Bernoulli (1654–1705), der sie bei der Berechnung von Potenzsummen fand; siehe (17).

Das Schema (9) ergibt

$$B_0 = 1; \qquad \frac{1}{2}B_0 + B_1 = 0, \quad \text{also } B_1 = -\frac{1}{2},$$

sowie die Rekursionsformeln

(11)
$$\frac{B_0}{k!} + \frac{B_1}{1!(k-1)!} + \frac{B_2}{2!(k-2)!} + \ldots + \frac{B_{k-1}}{(k-1)!1!} = 0.$$

Danach sind alle B_k rational. Man erhält

$$B_2 = \frac{1}{6}, \quad B_4 = -\frac{1}{30}, \quad B_6 = \frac{1}{42}, \quad B_8 = -\frac{1}{30}, \quad B_{10} = \frac{5}{66}.$$

Für ungerades $k > 1$ ist $B_k = 0$, weil die Funktion

$$\frac{z}{e^z - 1} - B_1 z = \frac{z}{2} \frac{e^z + 1}{e^z - 1} = \frac{z}{2} \coth \frac{z}{2}$$

gerade ist. Diese Identität führt ferner zu der Darstellung

$$\frac{z}{2} \coth \frac{z}{2} = \sum_{n=0}^{\infty} B_{2n} \frac{z^{2n}}{(2n)!} = 1 + B_2 \frac{z^2}{2!} + B_4 \frac{z^4}{4!} + B_6 \frac{z^6}{6!} + \ldots$$

($z \neq 0, |z|$ hinreichend klein).

Ersetzt man in der letzten Darstellung z durch $2\mathrm{i}z$, erhält man

$$(12) \qquad \boxed{\cot z = \frac{1}{z} + \sum_{n=1}^{\infty} (-1)^n \frac{4^n}{(2n)!} \mathrm{B}_{2n} z^{2n-1}.}$$

Mit Hilfe der Verdopplungsformel $\tan z = \cot z - 2\cot 2z$ folgt weiter

$$(13) \qquad \boxed{\tan z = \sum_{n=1}^{\infty} (-1)^{n-1} \frac{4^n(4^n-1)}{(2n)!} \mathrm{B}_{2n} z^{2n-1}.}$$

Der Beginn dieser Entwicklung lautet

$$\tan z = z + \frac{1}{3}z^3 + \frac{2}{15}z^5 + \dots$$

Die Tangensreihe (13) gilt laut Herleitung für x mit hinreichend kleinem Betrag. Nach 15.8 Aufgabe 9 konvergiert die Reihe für $|z| < \pi/2$.

Die Bernoulli-Polynome

Für jedes $w \in \mathbb{C}$ besitzt auch die Funktion $z \mapsto \mathrm{e}^{wz} f(z)$ in einer gewissen Umgebung von 0 eine Potenzreihenentwicklung:

$$(14) \qquad F(w,z) := \frac{z\,\mathrm{e}^{wz}}{\mathrm{e}^z - 1} = \sum_{k=0}^{\infty} \frac{\mathrm{B}_k(w)}{k!} z^k.$$

Die Koeffizienten dieser Entwicklung erhält man durch Cauchy-Multiplikation der Reihe (10) und der Exponentialreihe für e^{wz}. Dabei ergibt sich

$$(15) \qquad \mathrm{B}_k(w) = \sum_{\nu=0}^{k} \binom{k}{\nu} \mathrm{B}_\nu w^{k-\nu}.$$

$\mathrm{B}_k(w)$ ist ein Polynom vom Grad k mit Leitkoeffizient 1 und konstantem Glied B_k,

$$\boxed{\mathrm{B}_k(0) = \mathrm{B}_k.}$$

Die Funktion $F(w,z)$ heißt *erzeugende Funktion* der Bernoulli-Polynome.

Beispiele:

$$\mathrm{B}_0(w) = 1, \qquad \mathrm{B}_1(w) = w - \frac{1}{2}, \qquad \mathrm{B}_2(w) = w^2 - w + \frac{1}{6},$$

$$\mathrm{B}_3(w) = w^3 - \frac{3}{2}w^2 + \frac{1}{2}w, \qquad \mathrm{B}_4(w) = w^4 - 2w^3 + w^2 - \frac{1}{30}.$$

Die Bernoulli-Polynome mit $k \geq 1$ genügen der *Differenzengleichung*

$$(16) \qquad B_k(w+1) - B_k(w) = kw^{k-1}.$$

Zum Beweis setze man in die Identität $F(w+1,z) - F(w,z) = z\,e^{wz}$ einerseits die Reihe (14) ein, andererseits die Exponentialreihe für e^{wz}, und vergleiche dann die Koeffizienten. □

Aus (16) erhält man durch Summation über $w = 0, 1, \ldots, n$ unmittelbar die **Bernoullische Summenformel**

$$(17) \qquad \boxed{1^k + 2^k + \ldots + n^k = \frac{1}{k+1}\bigl(B_{k+1}(n+1) - B_{k+1}\bigr), \quad k \in \mathbb{N}.}$$

Wir beschließen die Diskussion der Bernoulli-Polynome mit einer Charakterisierung, aus der leicht folgt, daß diese Polynome im Intervall $(0;1)$ im wesentlichen mit den in der Eulerschen Summationsformel auftretenden Funktionen H_k übereinstimmen.

Lemma (Charakterisierung der Bernoulli-Polynome): Für $k \geq 1$ gilt:

(B.1) $\quad B_k'(w) = k \cdot B_{k-1}(w) \qquad$ (Ableitungsregel),

(B.2) $\quad \displaystyle\int_0^1 B_k(t)\,\mathrm{d}t = B_{k+1}(1) - B_{k+1}(0) = 0.$

Diese beiden Eigenschaften zusammen mit dem Startwert $B_0(w) = 1$ bestimmen eindeutig die Folge der Bernoulli-Polynome.

Beweis: (B.1) folgt aus (15) und (B.2) aus (B.1) und (16). Die Einzigkeitsaussage folgt daraus, daß B_k, $k \geq 1$, Stammfunktion ist zu $k \cdot B_{k-1}$ mit einer durch (B.2) festgelegten Integrationskonstanten. □

Korollar: *Die in der Eulerschen Summationsformel in 11.10 benutzten Funktionen H_k auf $\mathbb{R}$, $k \geq 1$, mit der Periode 1 stimmen im Intervall $(0;1)$ mit den Polynomen $\frac{1}{k!}B_k(x)$ überein; genauer:*

$$(18) \qquad \begin{aligned} H_1(x) &= B_1(x) \quad in \ (0;1), \\[1mm] H_k(x) &= \frac{1}{k!}B_k(x) \quad in \ [0;1] \ f\ddot{u}r \ k \geq 2. \end{aligned}$$

Beweis: Zusammen mit $H_0 := 1$ hat die Folge der Funktionen $k!\,H_k$ aufgrund von (H.1) und (H.2) in 11.10 im Intervall $(0;1)$ die charakteristischen Eigenschaften (B.1) und (B.2) des Lemmas. Damit folgt die behauptete Identität in $(0;1)$ und für $k \geq 2$ aus Stetigkeitsgründen auch in $[0;1]$. □

14.4 Das Newton-Verfahren

Eine Gleichung $f(x) = 0$, in der f eine nicht-lineare Funktion ist, kann im allgemeinen nicht „explizit" gelöst werden. Zur näherungsweisen Lösung und schrittweisen Verbesserung einer Näherungslösung behilft man sich im Falle einer differenzierbaren Funktion mit Approximationen durch lineare Funktionen. Ein solches Verfahren praktizierte bereits Newton zur Lösung der Keplergleichung (siehe Aufgabe 10).

Die reelle differenzierbare Funktion f besitze die Nullstelle ξ. Zur Verbesserung eines Näherungswertes x_0 für ξ berechnen wir die Nullstelle x_1 der Linearisierung $L(x) = f(x_0) + f'(x_0)(x - x_0)$ von f in x_0. Im Fall $f'(x_0) \neq 0$ erhalten wir

$$x_1 = x_0 - \frac{f(x_0)}{f'(x_0)}.$$

Liegt x_1 im Definitionsbereich von f und ist $f'(x_1) \neq 0$, so kann damit analog ein neuer Näherungswert x_2 berechnet werden:

$$x_2 = x_1 - \frac{f(x_1)}{f'(x_1)};$$

usw. Entsprechend betrachten wir die sogenannte *Newton-Iteration*:

(19)
$$\boxed{x_{k+1} = x_k - \frac{f(x_k)}{f'(x_k)}, \quad k = 0, 1, 2, \ldots}$$

Beispiel: Es sei $f(x) = x^2 - a$, $a > 0$. Das Iterationsverfahren zu f lautet:

$$x_{k+1} = x_k - \frac{x_k^2 - a}{2x_k} = \frac{1}{2}\left(x_k + \frac{a}{x_k}\right).$$

Die Newton-Iteration liefert also die bereits in 5.4 untersuchte Folge zur Berechnung von Quadratwurzeln.

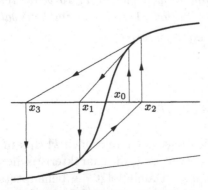

Divergentes Newtonverfahren

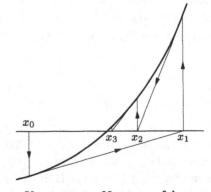

Konvergentes Newtonverfahren

Konvergenzsatz: *Es sei* $f : [a; b] \to \mathbb{R}$ *eine* $\mathscr{C}^2$*-Funktion wie folgt:*

(i) f *hat in* $[a; b]$ *eine Nullstelle* ξ*;*
(ii) $f'(x) \neq 0$ *für* $x \in [a, b]$*;*
(iii) f *ist in* $[a; b]$ *konvex oder konkav;*
(iv) *die Iterationswerte* x_1 *zu* $x_0 = a$ *und zu* $x_0 = b$ *liegen in* $[a, b]$*.*

Dann gilt:

1. *Bei beliebigem Startwert* $x_0 \in [a; b]$ *liegt die gemäß* (19) *gebildete Folge* $x_1, x_2, \ldots$ *in* $[a; b]$ *und konvergiert monoton gegen* ξ*.*

2. *Sind* m *das Minimum von* $|f'|$ *und* M *das Maximum von* $|f''|$ *in* $[a; b]$*, so besteht die Fehlerabschätzung*

$$(20) \qquad \boxed{|\xi - x_k| \leq \frac{M}{2m}|x_k - x_{k-1}|^2.}$$

Bemerkung zur Fehlerabschätzung: Hat man k Glieder $x_1, \ldots, x_k$ berechnet und zuletzt $|x_k - x_{k-1}| \leq 10^{-n}$ erzielt, so hat x_k die Approximationsgüte $|\xi - x_k| \leq \frac{M}{2m}10^{-2n}$. Dabei erübrigt sich eine Analyse der Fortpflanzung der Rundungsfehler, da man x_{k-1} auch als Startwert ansehen kann.

Beweis: Der Satz umfaßt folgende Fälle:

a) $f' > 0$ und $f'' \geq 0$,
b) $f' < 0$ und $f'' \geq 0$,
c) $f' > 0$ und $f'' \leq 0$,
d) $f' < 0$ und $f'' \leq 0$.

Wir beweisen den Satz für den Fall a). Die Fälle b), c) und d) lassen sich analog behandeln.

Zunächst sammeln wir Eigenschaften der Funktion

$$(21) \qquad \varphi(x) := x - \frac{f(x)}{f'(x)}, \quad x \in [a; b].$$

f wächst streng monoton, und es ist $f(\xi) = 0$. Mit $f'' \geq 0$ folgt also:

$$\varphi'(x) = \frac{f(x)f''(x)}{f'^2(x)} \begin{cases} \leq 0 & \text{in } [a; \xi], \\ \geq 0 & \text{in } [\xi; b]. \end{cases}$$

Danach fällt φ in $[a; \xi]$ monoton und wächst in $[\xi; b]$ monoton. Insbesondere ist $\varphi(\xi) = \xi$ das Minimum von φ in $[a; b]$. Mit (iv) folgt

$$(*_1) \qquad \varphi(x) \in [\xi; b] \quad \text{für jedes } x \in [a; b].$$

Wegen $f(x) \geq 0$ für $x \in [\xi; b]$ folgt ferner direkt aus 21

$$(*_2) \qquad \varphi(x) \leq x \quad \text{für jedes } x \in [\xi; b].$$

Wir kommen zur Untersuchung der Folge (x_k); dabei ist

$$x_{k+1} = \varphi(x_k).$$

Zu 1. Bei beliebigem $x_0 \in [a;b]$ liegt x_1 nach $(*_1)$ in $[\xi;b]$. Ist $x_k \in [\xi;b]$, so ergeben $(*_1)$ und $(*_2)$ $\xi \leq x_{k+1} \leq x_k$. Die Folge (x_k) fällt somit ab $k = 1$ monoton und besitzt einen Grenzwert. Dieser ist aus Stetigkeitsgründen ein Fixpunkt von φ und damit eine Nullstelle von f. Also ist $\lim x_k = \xi$.

Zu 2. Nach dem Mittelwertsatz gilt für $x_k \neq \xi$

$$\left| \frac{f(x_k) - f(\xi)}{x_k - \xi} \right| \geq m.$$

Für alle x_k folgt damit

$(**)$ $$|\xi - x_k| \leq \frac{|f(x_k)|}{m}.$$

Wir schätzen nun $|f(x_k)|$ ab mit Hilfe der Taylorformel zum Entwicklungspunkt x_{k-1} mit dem Restglied nach Lagrange. Nach dieser gilt mit einem $\tilde{x}$ zwischen x_{k-1} und x_k:

$$f(x_k) = f(x_{k-1}) + f'(x_{k-1})(x_k - x_{k-1}) + \frac{1}{2}f''(\tilde{x})(x_k - x_{k-1})^2.$$

Beachten wir noch die Rekursionsformel (19), so erhalten wir

$$|f(x_k)| = \frac{1}{2}|f''(\tilde{x})|(x_k - x_{k-1})^2 \leq \frac{M}{2}(x_k - x_{k-1})^2.$$

Zusammen mit $(**)$ ergibt sich die behauptete Fehlerabschätzung.   □

Bemerkung zur Voraussetzung (iv): Für die Situation a) zeigt der Beweis des Konvergenzsatzes noch folgendes: Wählt man einen Startwert x_0 mit $x_0 \geq \xi$, zum Beispiel $x_0 = b$, so liegen auch alle Iterierten x_k in $[\xi;b]$, und die Folge (x_k) konvergiert monoton fallend gegen ξ; dabei spielt es keine Rolle, ob der Iterationswert zu $x_0 = a$ in $[a;b]$ liegt oder nicht.

Beispiel: Berechnung der positiven Nullstelle der Funktion

$$f(x) = (x - 5)\,\mathrm{e}^x + 5.$$

Die Gleichung $f(x) = 0$ war in 9.4 Beispiel 2 bei der Ermittlung des Emissionsmaximums eines strahlenden schwarzen Körpers aufgetreten. Wir hatten dort bereits gezeigt, daß sie genau eine positive Lösung besitzt und daß diese im Intervall $[4;5]$ liegt. Zu deren Berechnung mit dem Newton-Verfahren betrachten wir f auf dem kleineren Intervall $[4.5;5]$; dort erfüllt f alle Voraussetzungen des Konvergenzsatzes:

(i) f hat in $[4.5; 5]$ eine Nullstelle, da

$$f(4.5) = -\frac{1}{2}\,\mathrm{e}^{4.5} + 5 < -\frac{1}{2}2^4 + 5 < 0 \quad \text{und } f(5) = 5;$$

(ii) $f'(x) = (x - 4)\,\mathrm{e}^x > 0 \quad$ in $[4.5; 5]$;

(iii) $f''(x) = (x - 3)\,\mathrm{e}^x > 0 \quad$ in $[4.5; 5]$;

(iv) Nach (ii) und (iii) liegt die Situation a) vor. Wir beabsichtigen, als Startwert $x_0 := 5$ zu wählen; die Voraussetzung (iv) kann dann nach der vorangehenden Bemerkung als erfüllt angesehen werden.

Die Rekursionsvorschrift lautet nunmehr:

$$x_{k+1} := x_k - \frac{(x_k - 5)\,\mathrm{e}^{x_k} + 5}{(x_k - 4)\,\mathrm{e}^{x_k}}, \quad x_0 := 5;$$

dabei hat man wegen $m = \dfrac{1}{2}\,\mathrm{e}^{4.5} > 40$ und $M = 2\,\mathrm{e}^5 < 400$ die Fehlerabschätzung

$$\left| x_k - \xi \right| \le 5\left| x_k - x_{k-1} \right|^2.$$

k	x_k
0	5
1	4.966310
2	4.965116
3	4.965114

Um noch Rundungsfehler zu berücksichtigen, rechnen wir nur mit $|x_3 - x_2| \le 3 \cdot 10^{-6}$. Damit erhält man die Fehlerabschätzung

$$|\xi - x_3| < 5 \cdot 10^{-11}.$$

Da die Folge (x_k) monoton fällt, ergibt sich bei Berücksichtigung von Rundungsfehlern $\xi = 4.965114 - R$ mit $0 \le R \le 10^{-6}$.

Das Newton-Verfahren zur Nullstellenbestimmung für die Funktion f kann als ein Verfahren zur Fixpunktbestimmung für die Funktion φ angesehen werden. Aussagen über die Existenz von Fixpunkten von Abbildungen und Verfahren zu deren Ermittlung stellen starke Hilfsmittel der Analysis und numerischen Mathematik dar. Fixpunktsätze werden unter anderem in Existenzbeweisen für Lösungen von Differentialgleichungen verwendet. Der folgende Satz handelt von der Existenz und Berechnung eines Fixpunktes kontrahierender Funktionen.

Kontraktionssatz: *Es sei A eine abgeschlossene Teilmenge von $\mathbb{C}$ und $f : A \to \mathbb{C}$ eine Funktion mit folgenden Eigenschaften:*

(i) *Für alle $x \in A$ gilt $f(x) \in A$;*

(ii) *f ist eine Kontraktion; d.h., es gibt eine Zahl $L < 1$ so, daß*

$$|f(x) - f(y)| \le L|x - y| \quad \text{für alle } x, y \in A.$$

Dann gilt:

1. *f besitzt in A genau einen Fixpunkt; das ist ein Punkt ξ mit $f(\xi) = \xi$. Für jeden Startwert $x_0 \in A$ konvergiert die durch*

$$(22) \qquad x_{n+1} := f(x_n), \quad n = 0, 1, 2, \ldots$$

rekursiv definierte Folge (x_n) gegen den Fixpunkt ξ.

2. *Es besteht die Fehlerabschätzung*

$$(23) \qquad |x_n - \xi| \leq \frac{L^n}{1-L} |x_0 - x_1|.$$

Beweis: Die Kontraktionseigenschaft (ii) impliziert zunächst

$$|x_{k+1} - x_k| \leq L|x_k - x_{k-1}| \leq \ldots \leq L^k |x_1 - x_0|.$$

Für fixiertes n und beliebiges $m \geq n$ folgt damit

$$
\begin{aligned}
|x_{m+1} - x_n| &\leq |x_{m+1} - x_m| + |x_m - x_{m-1}| + \ldots + |x_{n+1} - x_n| \\
(24) \qquad &\leq (L^m + \ldots + L^n)|x_1 - x_0| \\
&\leq \frac{L^n}{1-L}|x_1 - x_0|.
\end{aligned}
$$

Die rechte Seite ist wegen $L < 1$ für hinreichend großes n kleiner als ein vorgegebenes $\varepsilon > 0$. Die Folge (x_n) ist also eine Cauchyfolge. Ihr Grenzwert $\xi := \lim\limits_{n \to \infty} x_n$ hat folgende Eigenschaften:

a) Er liegt in A, da alle $x_n \in A$ und A abgeschlossen ist;

b) er ist ein Fixpunkt, da $x_{n+1} = f(x_n)$ und f stetig ist;

c) er ist der einzige Fixpunkt von f in A. Wäre $\eta \neq \xi$ ein weiterer Fixpunkt, $\eta = f(\eta)$, so erhielte man wegen (ii) den Widerspruch

$$|\xi - \eta| \leq L|\xi - \eta| < |\xi - \eta|.$$

Die erste Aussage ist damit bewiesen. Die zweite folgt aus (24) durch den Grenzübergang $m \to \infty$. $\qquad\qquad\qquad\qquad\qquad\qquad\qquad\qquad\qquad$ $\square$

Bemerkung: Ist $A = [a; b]$ ein kompaktes Intervall, so ist die Voraussetzung (ii) nach dem Schrankensatz erfüllt, wenn f stetig differenzierbar ist und $L := \|f'\|_{[a;b]} < 1$ gilt.

Im Fall $f : [a; b] \to [a; b]$ ergibt der Fixpunkt ξ den Schnittpunkt (ξ, ξ) des Graphen mit der Diagonalen $\{(x, x)\}$ des Quadrates $[a; b]^2$. Der Ablauf der Iteration (22) stellt sich in diesem Quadrat übersichtlich dar durch den Streckenzug, der bei (x_0, x_0) beginnt und der Reihe nach die Punkte (x_n, x_n), (x_n, x_{n+1}), (x_{n+1}, x_{n+1}) verbindet.

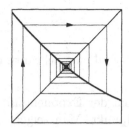 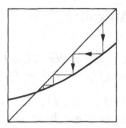

Die Iteration (22) im Fall $f' < 0$ (links) und $f' > 0$ (rechts)

Vergleich der Konvergenzgeschwindigkeiten der Newton-Iteration (19) und der allgemeinen Iteration (22):

a) Beim Kontraktionssatz sei A ein Intervall $[a; b]$. Für eine $\mathscr{C}^1$-Funktion $f : [a, b] \to [a, b]$ mit $f'(x) \neq 0$ für alle x gilt im Fall $x_0 \neq \zeta$ asymptotisch für $n \to \infty$

$$x_{n+1} - \xi \simeq f'(\xi) \cdot (x_n - \xi) \qquad \textit{(lineare Konvergenz)}.$$

b) Beim Newton-Verfahren gilt für eine $\mathscr{C}^3$-Funktion f unter den Voraussetzungen des Konvergenzsatzes asymptotisch für $n \to \infty$

$$x_{n+1} - \xi \simeq \frac{1}{2} \frac{f''(\xi)}{f'(\xi)} \cdot (x_n - \xi)^2 \qquad \textit{(quadratische Konvergenz)}.$$

Die Iterationsfolge des Newton-Verfahrens konvergiert also wesentlich schneller als die des Kontraktionssatzes.

Beweis: a) Nach dem Mittelwertsatz gibt es zwischen x_n und ξ ein $\tilde{x}_n$ derart, daß gilt:

$$(*) \qquad x_{n+1} - \xi = f(x_n) - f(\xi) = f'(\tilde{x}_n)(x_n - \xi).$$

Da f' in $[a; b]$ keine Nullstelle hat, sind mit $x_0 \neq \xi$ alle $x_n \neq \xi$. Aus $(*)$ folgt nun wegen der Stetigkeit von f' die Behauptung.

b) Wir verwenden die Bezeichnungen im Beweis des Konvergenzsatzes. Nach dem Lemma gibt es zwischen ξ und x_n eine Stelle $\tilde{x}_n$ so, daß gilt:

$$(**) \qquad x_{n+1} = \varphi(x_n) = \varphi(\xi) + \varphi'(\xi)(x_n - \xi) + \frac{1}{2}\varphi''(\tilde{x}_n)(x_n - \xi)^2.$$

Nun ist $\varphi(\xi) = \xi$ und $\varphi'(\xi) = 0$. Ferner gilt

$$\varphi'' = \frac{f'^2 f'' + f f' f''' - 2 f f''^2}{f'^3};$$

wegen $f(\xi) = 0$ ist also $\varphi''(\xi) = \dfrac{f''(\xi)}{f'(\xi)}$. Aus $(**)$ folgt somit wegen der Stetigkeit von φ'' die Behauptung. $\qquad\qquad\qquad\Box$

14.5 Aufgaben

1. Es sei $f(x) = \sqrt[4]{x}$. Man berechne $T_2 f(x; 1)$ und eine Schranke für den Fehler $|f(x) - T_2 f(x; 1)|$ in $[0.9; 1.1]$.

2. Es sei E_n, S_n, C_n das n-te Taylorpolynom der Exponentialfunktion bzw. des Sinus bzw. des Cosinus im Nullpunkt. Man zeige: Für $k = 0, 1, 2, \ldots$ gilt:

   a) $E_{2k+1}(x) < e^x$ für $x \neq 0$;

   b) $S_{4k+3}(x) < \sin x < S_{4k+1}(x)$ für $x > 0$;

   c) $C_{4k+2}(x) < \cos x < C_{4k}(x)$ für $x \neq 0$, und $x \neq 2n\pi$, falls $k = 0$.

   Siehe die Abbildungen in 14.1.

3. Es sei $f \in \mathscr{C}^n(I)$, I ein Intervall. Man zeige: Hat ein Polynom P eines Grades $\leq n$ in $a \in I$ die Approximationsgüte $\lim\limits_{x \to a} \dfrac{f(x) - P(x)}{(x-a)^n} = 0$, so ist es das n-te Taylorpolynom $T_n f(x; a)$.

4. Man zeige, daß durch $f(0) := 0$ und $f(x) := e^{-1/x^2}$ für $x \neq 0$ auf $\mathbb{R}$ eine $\mathscr{C}^\infty$-Funktion definiert ist, und berechne ihre Taylorreihe im Nullpunkt. Ist f im Nullpunkt analytisch? Kann das Minimum in 0 durch das Kriterium in 14.1 erfaßt werden?

5. Man berechne die Taylorreihe am Punkt 0 für
   a) $1/\cos^2 x$,   b) $\ln \cos x$.

6. In der Potenzreihenentwicklung von $1/\cos$ um den Nullpunkt sind die Koeffizienten mit ungeradem Index Null. Man setzt

$$\frac{1}{\cos z} = \sum_{n=0}^{\infty} (-1)^n \frac{\mathrm{E}_{2n}}{(2n)!} z^{2n}.$$

   Die E_{2n} heißen *Eulersche Zahlen*. Man zeige, daß alle E_{2n} ganz sind, und berechne E_0, E_2, E_4 und E_6.

   In 15.4 werden die Werte $\zeta(2n)$ mit Hilfe der Bernoulli-Zahlen dargestellt. Die Euler-Zahlen spielen eine analoge Rolle für verwandte alternierende Reihen; siehe 16.11 Aufgabe 7.

7. *Wurzeln aus Potenzreihen.* Es sei $f(x) = \sum_{k=1}^{\infty} a_k x^k$ eine Potenzreihe mit reellen Koeffizienten und konstantem Glied 0; ferner sei $s \in \mathbb{R}$. Man zeige, daß $(1 + f(x))^s$ in eine Potenzreihe entwickelt werden kann,

$$(1 + f(x))^s = \sum_{n=0}^{\infty} b_n x^n,$$

   und gebe ein Rekursionsverfahren zur Berechnung der b_n an.

8. Man zeige: Für jedes $x \in [-1; 1]$ hat die Funktion $F(t) := \dfrac{1}{\sqrt{1 - 2xt + t^2}}$ in $\left(-\frac{1}{3}; \frac{1}{3}\right)$ eine Taylorentwicklung

$$\frac{1}{\sqrt{1 - 2xt + t^2}} = \sum_{n=0}^{\infty} P_n(x)t^n;$$

wobei $P_0(x) = 1$, $P_1(x) = x$ ist und die 3-Term-Rekursionsformel

$$(n+1)P_{n+1} = (2n+1)xP_n - nP_{n-1}$$

gilt. Man folgere, daß P_n das in 9.12 Aufgabe 11 eingeführte n-te Legendre-Polynom ist.

9. Es sei a eine positive reelle Zahl und $k > 1$ eine natürliche Zahl. Man entwickle ein Verfahren zur Berechnung von $\sqrt[k]{a}$.

10. Zur Bestimmung des zeitlichen Ablaufs der Bewegung eines Planeten hat man die sogenannte *exzentrische Anomalie* φ des Planeten zur Zeit t zu ermitteln; diese genügt der *Keplerschen Gleichung*

$$\varphi - \varepsilon \sin \varphi = \frac{2\pi}{U}t;$$

dabei sind ε die numerische Exzentrizität der Bahnellipse, U die Umlaufzeit und t die seit dem Periheldurchgang verstrichene Zeit. Man löse die Gleichung für die realistischen Werte $\varepsilon = 0.1$ und $2\pi t/U = 0.85$ auf 10^{-6} genau.

11. Ein Fixpunkt ξ einer $\mathscr{C}^1$-Funktion $f : \mathbb{R} \to \mathbb{R}$ heißt *anziehend*, falls $|f'(\xi)| < 1$ ist, und *abstoßend*, falls $|f'(\xi)| > 1$ ist. Man zeige:

   a) Zu einem anziehenden Fixpunkt ξ gibt es ein offenes Intervall I mit $\xi \in I$ so, daß gilt: Für jeden Startwert $x_0 \in I$ liegen alle Glieder der durch $x_{n+1} := f(x_n)$ rekursiv definierten Folge in I und die Folge konvergiert gegen ξ.

   b) Zu einem abstoßenden Fixpunkt ξ gibt es ein offenes Intervall I mit $\xi \in I$ so, daß gilt: Für keinen Startwert $x_0 \in I$, $x_0 \neq \xi$, liegen alle Glieder der durch $x_{n+1} := f(x_n)$ definierten Folge in I.

15 Globale Approximation von Funktionen. Gleichmäßige Konvergenz

Grenzprozesse sind „der eigentliche Boden, auf welchem die transcendenten Functionen erzeugt werden" (Gauß). Die Exponentialfunktion etwa ist die Grenzfunktion der Polynome $(1 + z/n)^n$; ein weiteres Beispiel stellt die Gammafunktion dar; siehe Kapitel 17. Wir behandeln in diesem Kapitel allgemeine Prinzipien solcher Konstruktionen und bringen im letzten Abschnitt den Weierstraßschen Approximationssatz.

15.1 Gleichmäßige Konvergenz

$f_n : D \to \mathbb{C}$, $n = 1, 2, 3, \ldots$, seien Funktionen mit einem gemeinsamen Definitionsbereich. Die Folge (f_n) heißt auf D punktweise konvergent, wenn für jeden Punkt $x \in D$ die Zahlenfolge $(f_n(x))$ konvergiert. Durch

$$f(x) := \lim_{n \to \infty} f_n(x)$$

ist dann eine Funktion $f : D \to \mathbb{C}$ definiert. – Analog mit Reihen.

Für das Hantieren mit der Grenzfunktion f stehen nur die Approximierenden f_n zur Verfügung. Damit ergeben sich zwei Fragen:

1. *Übertragen sich Eigenschaften der f_n wie Stetigkeit, Integrierbarkeit, Differenzierbarkeit auf f?*

2. *Wie kann man gegebenenfalls das Integral $\int_a^b f \, dx$ oder die Ableitung f' aus den f_n berechnen?*

Die Grenzfunktion f stetiger Funktionen f_n ist genau dann stetig im Punkt $x_0 \in D$, wenn $\lim_{x \to x_0} f(x) = f(x_0)$ gilt, d.h., wenn

$$\lim_{x \to x_0} \lim_{n \to \infty} f_n(x) = \lim_{n \to \infty} \lim_{x \to x_0} f_n(x).$$

Das führt uns auf die Frage der Vertauschbarkeit von Grenzprozessen. Die folgenden drei Beispiele zeigen, daß Grenzprozesse nicht ohne weiteres vertauscht werden dürfen.

Beispiele:

1. Zur Stetigkeit

Es sei $f_n(x) := x^n$. Alle f_n sind stetig; die Grenzfunktion f auf $[0; 1]$ aber ist es nicht:

$$f(x) = \begin{cases} 0 & \text{für } 0 \leq x < 1, \\ 1 & \text{für } x = 1. \end{cases}$$

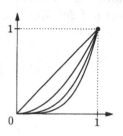

2. Zur Differentiation

Sei $f_n(x) := \dfrac{\sin nx}{\sqrt{n}}$. Die Grenzfunktion ist $f = 0$. Deren Ableitung $f' = 0$ aber ist nicht die Grenzfunktion der Ableitungen $f_n'(x) = \sqrt{n}\cos nx$. Die Folge (f_n') divergiert an jeder Stelle $x \in \mathbb{R}$. Aus $\sqrt{n}\cos nx \to a$ folgt nämlich $\cos nx \to 0$ und $\cos 2nx \to 0$; wegen $\cos 2nx = 2\cos^2 nx - 1$ ergäbe sich also $0 = -1$.

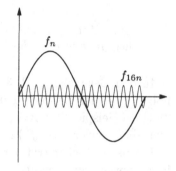

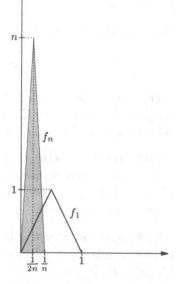

3. Zur Integration

Es sei f_n die stetige stückweise lineare Funktion auf $[0; 1]$ wie in der Figur nebenan. Die Grenzfunktion der f_n ist $f = 0$. Damit gilt

$$0 = \int_0^1 f\,\mathrm{d}x \neq \lim_n \int_0^1 f_n\,\mathrm{d}x = \frac{1}{2}.$$

In den Beispielen 1 und 3 gehen die maximalen Abweichungen der f_n von der Grenzfunktion f mit $n \to \infty$ nicht gegen Null. Ein günstigeres Verhalten der Grenzfunktion tritt ein, wenn sich fast alle f_n auf der ganzen Breite des Definitionsintervalls beliebig genau an f anschmiegen.

Definition: Eine Folge von Funktionen $f_n : D \to \mathbb{C}$ heißt *gleichmäßig konvergent auf der Menge D* gegen die Funktion $f : D \to \mathbb{C}$, wenn es zu jedem $\varepsilon > 0$ ein N gibt so, daß $\|f_n - f\|_D < \varepsilon$ ist für alle $n > N$; d.h. wenn

$$\|f_n - f\|_D \to 0 \quad \text{für} \quad n \to \infty.$$

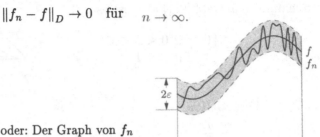

$\|f_n - f\|D < \varepsilon$ oder: Der Graph von f_n
liegt im ε-Streifen des Graphen von f

In den Beispielen 1, 2, 3 ist $\|f_n - f\|$ der Reihe nach $1, 1/\sqrt{n}, n$. Die Folgen (f_n) der Beispiele 1 und 3 konvergieren also nicht gleichmäßig auf $[0; 1]$. In Beispiel 2 konvergiert zwar (f_n) gleichmäßig auf $\mathbb{R}$ gegen $f = 0$; hier aber konvergiert (f'_n) nicht.

Unausgesprochen trat der Begriff der gleichmäßigen Konvergenz bereits beim Approximationssatz in 11.2 auf. Dieser kann jetzt so formuliert werden: $f : [a; b] \to \mathbb{C}$ *ist genau dann eine Regelfunktion, wenn es eine Folge (φ_n) von Treppenfunktionen auf $[a; b]$ gibt, die gleichmäßig auf $[a; b]$ gegen f konvergiert.*

Die Definition der gleichmäßigen Konvergenz kann wegen der Äquivalenz

$$\|g\|_D \le \varepsilon \quad \Longleftrightarrow \quad |g(x)| \le \varepsilon \quad \text{für alle } x \in D$$

auch so formuliert werden: Eine Folge von Funktionen $f_n : D \to \mathbb{C}$ konvergiert gleichmäßig auf D gegen $f : D \to \mathbb{C}$, wenn es zu jedem $\varepsilon > 0$ ein $N(\varepsilon)$ gibt so, daß für alle $x \in D$ und alle $n > N$ gilt: $|f_n(x) - f(x)| \le \varepsilon$.

Punktweise Konvergenz bedeutet: Greift man ein $x \in D$ heraus, so gibt es zu $\varepsilon > 0$ eine Schranke $N = N(\varepsilon, x)$ so, daß für alle $n > N$ gilt: $|f_n(x) - f(x)| \le \varepsilon$. Die Schranke $N(\varepsilon, x)$ darf hier je nach x noch recht verschieden ausfallen.

Gleichmäßige Konvergenz bedeutet: Zu jedem $\varepsilon > 0$ gibt es eine universelle Schranke $N = N(\varepsilon)$ so, daß für alle $n > N$ und alle $x \in D$ gilt: $|f_n(x) - f(x)| \le \varepsilon$.

In Beispiel 1 ist $x^n \le \varepsilon$, $x \in (0; 1)$, gleichwertig mit $n \ge \ln\varepsilon/\ln x$. Als $N(\varepsilon, x)$ eignen sich daher nur Zahlen $\ge \ln\varepsilon/\ln x$. Für $\varepsilon < 1$ ist $\ln\varepsilon/\ln x$ im Intervall $(0; 1)$ nicht nach oben beschränkt; in diesem Fall gibt es kein $N(\varepsilon)$ im Sinne der Definition der gleichmäßigen Konvergenz.

Eine Reihe $\sum_{k=1}^{\infty} f_k$ von Funktionen $f_k : D \to \mathbb{C}$ heißt *gleichmäßig konvergent auf D*, wenn die Folge (F_n) der Partialsummen $F_n := \sum_{k=1}^{n} f_k$ gleichmäßig konvergiert. Ein sehr nützliches hinreichendes Kriterium stellt die normale Konvergenz (siehe 7.3) dar:

Lemma: *Eine auf D normal konvergente Reihe $\sum_{k=1}^{\infty} f_k$ konvergiert dort auch gleichmäßig.*

Beweis: Es bezeichne f die Grenzfunktion. Zu $\varepsilon > 0$ wähle man ein N so, daß $\sum_{k=N+1}^{\infty} \|f_k\|_D < \varepsilon$. Mit Hilfe der verallgemeinerten Dreiecksungleichung für absolut konvergente Reihen erhält man dann für alle $n \geq N$

$$\left\| f - \sum_{k=1}^{n} f_k \right\|_D \leq \sum_{k=N+1}^{\infty} \|f_k\|_D < \varepsilon. \qquad \square$$

Die Umkehrung gilt im allgemeinen nicht; zum Beispiel, wenn die Reihe nicht absolut konvergiert. Man betrachte dazu etwa

$$\sum_{k=1}^{\infty} \frac{(-1)^{k+1}}{k} x^k = \ln(1 + x) \quad \text{auf } [0; 1].$$

Die Reihe konvergiert auf $[0; 1]$ nicht normal, da die Reihe der Normen die harmonische Reihe ist. Sie konvergiert aber gleichmäßig auf $[0; 1]$, da nach dem Leibniz-Kriterium die folgende Restabschätzung besteht:

$$\left\| \ln(1 + x) - \sum_{k=1}^{n} \frac{(-1)^{k+1}}{k} x^k \right\|_{[0;1]} \leq \frac{1}{n+1}.$$

15.2 Vertauschungssätze

Satz 1: *Die Grenzfunktion f einer auf $D \subset \mathbb{C}$ gleichmäßig konvergenten Folge stetiger Funktionen $f_n : D \to \mathbb{C}$ ist stetig auf D.*

Beweis: Sei $x_0 \in D$. Wir zeigen: Zu jedem $\varepsilon > 0$ gibt es eine Umgebung U um x_0 so, daß für alle $x \in U \cap D$ gilt: $|f(x) - f(x_0)| < \varepsilon$.

Wegen der gleichmäßigen Konvergenz der Folge (f_n) gibt es ein f_N mit $|f_N(x) - f(x)| < \varepsilon/3$ für alle $x \in D$; ferner gibt es wegen der Stetigkeit von f_N eine Umgebung U um x_0 mit $|f_N(x) - f_N(x_0)| < \varepsilon/3$ für alle $x \in U \cap D$. Mit diesen beiden Abschätzungen folgt für $x \in U \cap D$:

$$|f(x) - f(x_0)| \leq |f(x) - f_N(x)| + |f_N(x) - f_N(x_0)| + |f_N(x_0) - f(x_0)| < \varepsilon. \qquad \square$$

Satz 2: *Die Grenzfunktion* f *einer auf* $[a; b] \subset \mathbb{R}$ *gleichmäßig konvergenten Folge von Regelfunktionen* $f_n : [a; b] \to \mathbb{C}$ *ist selbst eine Regelfunktion, und es gilt*

$$\int\limits_a^b f(x)\,\mathrm{d}x = \lim_{n \to \infty} \int\limits_a^b f_n(x)\,\mathrm{d}x.$$

Beweis: Wir zeigen zunächst, daß f eine Regelfunktion ist. Zu $\varepsilon > 0$ sei n so groß gewählt, daß $\|f - f_n\| \le \varepsilon/2$ ist, und zu f_n sei eine Treppenfunktion φ mit $\|f_n - \varphi\| \le \varepsilon/2$ gewählt. Dann ist $\|f - \varphi\| \le \varepsilon$. Die Formel schließlich folgt aus

$$\left| \int\limits_a^b f(x)\,\mathrm{d}x - \int\limits_a^b f_n(x)\,\mathrm{d}x \right| \le \|f - f_n\| \cdot (b - a). \qquad \square$$

Satz 3: *Es seien* $f_n : I \to \mathbb{C}$, $n \in \mathbb{N}$, *stetig differenzierbare Funktionen auf einem Intervall* I *wie folgt:*

1. *Die Folge* (f_n) *konvergiert punktweise auf* I.
2. *Die Folge* (f'_n) *konvergiert gleichmäßig auf* I.

Dann ist die Grenzfunktion f *stetig differenzierbar, und es gilt*

$$f'(x) = \lim_{n \to \infty} f'_n(x).$$

Beweis: Die Grenzfunktion $f^* := \lim f'_n$ der Ableitungen ist nach Satz 1 stetig auf I. Ferner gilt mit einem fixierten $a \in I$ für beliebiges $x \in I$

$$f_n(x) = f_n(a) + \int\limits_a^x f'_n(t)\,\mathrm{d}t.$$

Daraus folgt nach Satz 2 mit $n \to \infty$

$$f(x) = f(a) + \int\limits_a^x f^*(t)\,\mathrm{d}t.$$

Nach dem Hauptsatz der Differential- und Integralrechnung ist f also differenzierbar mit $f'(x) = f^*(x) = \lim f'_n(x)$. $\qquad \square$

Die wesentliche Voraussetzung in Satz 3 ist die gleichmäßige Konvergenz der Ableitungsfolge (f'_n). Das Beispiel 2 der Einleitung zeigt, daß die gleichmäßige Konvergenz der Folge (f_n) selbst i.a. nicht ausreicht.

Die Sätze 1, 2, 3 gelten sinngemäß auch für Reihen. Mit dem analogen Satz 3 für Reihen vergleiche man insbesondere den in gewisser Hinsicht weitergehenden Satz (∗) in 9.5.

15.3 Kriterien für gleichmäßige Konvergenz

Cauchy-Kriterium: *Eine Folge von Funktionen* $f_n : D \to \mathbb{C}$, $D \subset \mathbb{C}$, *konvergiert genau dann gleichmäßig auf D, wenn es zu jedem $\varepsilon > 0$ eine Zahl N gibt so, daß $\|f_n - f_m\| \leq \varepsilon$ für alle $n, m \geq N$.*

Beweis: 1. (f_n) konvergiere gleichmäßig gegen f. Zu $\varepsilon > 0$ gibt es dann ein N mit $\|f_n - f\| \leq \varepsilon/2$ für $n \geq N$. Für $n, m \geq N$ folgt damit

$$\|f_n - f_m\| \leq \|f_n - f\| + \|f - f_m\| \leq \varepsilon.$$

2. Sei umgekehrt die angegebene Bedingung erfüllt. Aus

$$\big|f_n(x) - f_m(x)\big| \leq \varepsilon \quad \text{für alle } x \in D \text{ und alle } n, m \geq N$$

folgt zunächst, daß $\big(f_n(x)\big)$ eine Cauchyfolge ist; bezeichnet $f(x)$ ihren Grenzwert, so folgt mit $m \to \infty$ weiter

$$\big|f_n(x) - f(x)\big| \leq \varepsilon \quad \text{für alle } x \in D \text{ und alle } n \geq N. \qquad \square$$

Korollar: *Eine Reihe $\sum_{k=1}^{\infty} f_k$ von Funktionen $f_k : D \to \mathbb{C}$ konvergiert genau dann gleichmäßig auf D, wenn es zu jedem $\varepsilon > 0$ ein N gibt so, daß $\big\|\sum_{k=n}^{m} f_k\big\| < \varepsilon$ für alle $m \geq n \geq N$.*

Wir stellen nun zwei hinreichende Kriterien auf, die man öfters bei nicht absolut konvergenten Reihen der Form $\sum_n a_n f_n$ anwenden kann. Zu ihrem Beweis benützen wir eine Umformung, die ein Analogon zur partiellen Integration darstellt, nämlich die sogenannte

Abelsche partielle Summation: *Es seien (a_n) und (f_n) Folgen von Zahlen oder Funktionen. Mit*

$$A_\nu := \sum_{k=1}^{\nu} a_k$$

gilt dann:

$$(1) \qquad \sum_{k=1}^{n} a_k f_k = A_1 f_1 + (A_2 - A_1)f_2 + \ldots + (A_n - A_{n-1})f_n$$
$$= A_1(f_1 - f_2) + \ldots + A_{n-1}(f_{n-1} - f_n) + A_n f_n.$$

Abel, Niels Henrik (1802–1829), norwegischer Mathematiker. Autodidakt. Bewies 1824 die Nichtauflösbarkeit algebraischer Gleichungen 5. und höheren Grades durch Wurzelausdrücke. Begründete die allgemeine Theorie der Integrale algebraischer Funktionen und der Abelschen Funktionen. Neben Cauchy einer der Begründer der strengen Theorie der Reihen. 1827 weltberühmt, aber ohne Anstellung. Stirbt wenige Tage bevor ihn ein Ruf nach Berlin erreicht.

Dirichlet-Kriterium: *Seien f_n reelle, a_n komplexe Funktionen auf D, die folgende drei Bedingungen erfüllen:*

(i) *Für jedes $x \in D$ ist $(f_n(x))$ monoton fallend;*

(ii) *(f_n) konvergiert gleichmäßig auf D gegen 0;*

(iii) *es gibt eine Schranke $M \in \mathbb{R}_+$ mit $\left\| \sum_{k=1}^n a_k \right\|_D \le M$ für alle n.*

Dann konvergiert die Reihe $\sum_{n=1}^\infty a_n f_n$ gleichmäßig auf D.

Insbesondere konvergiert unter den beiden Voraussetzungen (i) und (ii) die alternierende Reihe $\sum_{n=1}^\infty (-1)^n f_n$ gleichmäßig auf D.

Beweis: Die Abelsche Summation (1) ergibt zunächst

$$\sum_{k=n+1}^m a_k f_k = \sum_{k=1}^{m-1} A_k (f_k - f_{k+1}) - \sum_{k=1}^{n-1} A_k (f_k - f_{k+1}) + A_m f_m - A_n f_n.$$

Wegen $f_k - f_{k+1} \ge 0$ und $f_k \ge 0$ folgt weiter

$$\left| \sum_{k=n+1}^m a_k f_k \right| \le M \cdot \sum_{k=n}^{m-1} (f_k - f_{k+1}) + M(f_m + f_n) = 2M f_n.$$

Wegen der gleichmäßigen Konvergenz $(f_n) \to 0$ gibt es zu $\varepsilon > 0$ ein N mit $\|f_n\| < \varepsilon/2M$ für $n \ge N$. Für $m > n \ge N$ gilt dann $\left\| \sum_{k=n+1}^m a_k f_k \right\| \le \varepsilon$. Das Cauchy-Kriterium liefert nun die Behauptung. □

Beispiel: *Die Reihe*

(2)
$$\sum_{k=1}^\infty \frac{e^{ikx}}{k} =: f(x)$$

konvergiert gleichmäßig auf jedem Intervall $[\delta; 2\pi - \delta]$ mit $0 < \delta < \pi$.

Wir setzen $f_k := \dfrac{1}{k}$ und $a_k(x) := e^{ikx}$. Die Voraussetzungen (i) und (ii) des Dirichlet-Kriteriums sind dann offensichtlich erfüllt und (iii) wegen

$$\left| \sum_{k=1}^n e^{ikx} \right| = \left| \frac{e^{inx} - 1}{e^{ix} - 1} \right| \le \frac{2}{\left| e^{ix/2} - e^{-ix/2} \right|} \le \frac{1}{\sin \delta/2}. \qquad \square$$

Bemerkungen:

1. Der Realteil der Reihe (2), die Reihe (4), konvergiert auf $[0; 2\pi]$ punktweise, aber nicht gleichmäßig. Andernfalls hätte sie dort eine stetige Grenzfunktion. Das ist aber nicht der Fall, wie aus (4′) folgen wird.

2. Es war im wesentlichen die Reihe (2), die Abel 1826 zu der seinerzeit nicht selbstverständlichen Feststellung veranlaßte, daß eine konvergente Funktionenreihe nicht ohne weiteres gliedweise differenziert werden darf.

Abelsches Kriterium: *Seien f_n reelle, a_n komplexe Funktionen auf D, die folgende drei Bedingungen erfüllen:*

(i) *Für jedes $x \in D$ ist $\big(f_n(x)\big)$ monoton fallend;*

(ii) *es gibt eine Schranke $M \in \mathbb{R}_+$ mit $\|f_n\|_D \leq M$ für alle n;*

(iii) *$\sum_{n=1}^{\infty} a_n$ konvergiert gleichmäßig auf D.*

Dann konvergiert die Reihe $\sum\limits_{n=1}^{\infty} a_n f_n$ gleichmäßig auf D.

Beweis: Mit $A := \sum_{n=1}^{\infty} a_n$ ergibt die Abelsche Summation (1):

$$\sum_{k=n+1}^{m} a_k f_k = \sum_{k=n}^{m-1} A_k(f_k - f_{k+1}) + A_m f_m - A_n f_n$$

$$= \sum_{k=n}^{m-1} (A_k - A)(f_k - f_{k+1}) + (A_m - A)f_m - (A_n - A)f_n.$$

Zu $\varepsilon > 0$ sei N so groß gewählt, daß $\|A_k - A\| \leq \varepsilon$ ist für $k \geq N$. Sei $m > n \geq N$. Dann folgt wegen (i) für jede Stelle x weiter

$$\left| \sum_{k=n+1}^{m} a_k(x) f_k(x) \right| \leq \varepsilon \sum_{k=n}^{m-1} \big(f_k(x) - f_{k+1}(x)\big) + 2\varepsilon M$$

$$= \varepsilon \big(f_n(x) - f_m(x)\big) + 2\varepsilon M \leq 4\varepsilon M.$$

Das Cauchy-Kriterium liefert nun die Behauptung. □

Folgerung (Abelscher Grenzwertsatz): *Die Potenzreihe $\sum_{n=0}^{\infty} c_n x^n$ konvergiere für die positive Zahl $x = R$. Dann konvergiert sie gleichmäßig auf dem Intervall $[0; R]$ und stellt dort eine stetige Funktion dar.*

Beweis: Man setze $f_n(x) = (x/R)^n$ und $a_n(x) = c_n R^n$. Für jeden Punkt $x \in [0; R]$ fällt $\big(f_n(x)\big)$ monoton, und es gilt $\big|f_n(x)\big| \leq 1$ für alle n. Ferner konvergiert $\sum_{n=0}^{\infty} a_n$ gleichmäßig auf $[0; R]$, da die Summanden konstant sind. Somit konvergiert auch $\sum_{n=0}^{\infty} a_n f_n$ gleichmäßig auf $[0; R]$. □

Anwendung: Berechnung der Reihe $f(\varphi) = \sum\limits_{k=1}^{\infty} \dfrac{e^{ik\varphi}}{k}, \quad \varphi \in (0; 2\pi)$.

Die Konvergenz wurde bereits mit Hilfe des Dirichlet-Kriteriums gezeigt. Zur Berechnung benützen wir eine als *Abelsches Potenzreihenverfahren* bezeichnete Methode. Wir betrachten bei festgehaltenem $\varphi \in (0; 2\pi)$ die Potenzreihe

$$F(x) := \sum_{k=1}^{\infty} \frac{e^{ik\varphi}}{k} x^k.$$

Diese konvergiert für $x = 1$, definiert also nach dem Abelschen Grenzwert-satz eine stetige Funktion F auf $[0; 1]$. In $[0; 1)$ hat F die Ableitung

$$F'(x) = \sum_{k=1}^{\infty} e^{ik\varphi} x^{k-1} = \frac{e^{i\varphi}}{1 - e^{i\varphi}x} = \frac{e^{i\varphi} - x}{1 - 2\cos\varphi \cdot x + x^2}.$$

In $[0; 1)$ folgt damit unter Beachtung von $F(0) = 0$

$$F(x) = -\frac{1}{2}\ln(1 - 2\cos\varphi \cdot x + x^2) + i\arctan\frac{x\sin\varphi}{1 - x\cos\varphi}.$$

Für jedes $\varphi \in (0; 2\pi)$ steht rechts eine auf $[0; 1]$ stetige Funktion von x. Und da auch F auf $[0; 1]$ stetig ist, folgt für $x = 1$

$$(3) \qquad \sum_{k=1}^{\infty} \frac{e^{ik\varphi}}{k} = F(1) = -\frac{1}{2}\ln 2(1 - \cos\varphi) + i\arctan\frac{\sin\varphi}{1 - \cos\varphi}$$
$$= -\ln\left(2\sin\frac{\varphi}{2}\right) + i\frac{\pi - \varphi}{2},$$

oder nach Trennung in Real- und Imaginärteil

$$(3') \qquad \sum_{k=1}^{\infty} \frac{\cos k\varphi}{k} = -\ln\left(2\sin\frac{\varphi}{2}\right) \quad \text{und} \quad \sum_{k=1}^{\infty} \frac{\sin k\varphi}{k} = \frac{\pi - \varphi}{2}.$$

Die zweite Reihe in $(3')$ konvergiert auch für $\varphi = 0$ und $\varphi = 2\pi$ jeweils mit dem Wert 0 und stellt eine 2π-periodische Funktion $h : \mathbb{R} \to \mathbb{R}$ dar. Bezeichnen wir die Variable mit x statt mit φ, so ist für $x \in \mathbb{R}$

$$(4) \qquad\qquad h(x) := \sum_{k=1}^{\infty} \frac{\sin kx}{k},$$

und es gilt

$$(4') \qquad\qquad h(x) = \frac{\pi - x}{2} \quad \text{für } x \in (0; 2\pi).$$

Die Funktion h wird in der Theorie der Fourierreihen im nächsten Kapitel eine wichtige Rolle spielen als Prototyp einer 2π-periodischen Funktion mit genau einer Sprungstelle in einem Periodenintervall.

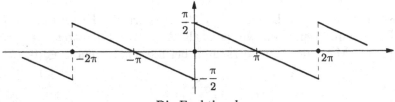

Die Funktion h

15.4 Anwendung: die Eulerschen Formeln für $\zeta(2n)$

In Verallgemeinerung der Reihe (2) betrachten wir jetzt für $m \in \mathbb{N}$ die Reihen

$$h_m(x) := \sum_{k=1}^{\infty} \frac{e^{ikx}}{k^m}$$

Für $m > 1$ konvergieren diese normal auf $\mathbb{R}$ und stellen für $m > 2$ differenzierbare Funktionen mit $h'_m = ih_{m-1}$ dar. h_2 ist stetig auf $\mathbb{R}$ und in $(0;1)$ differenzierbar mit $h'_2 = ih_1$, da h_1 in jedem kompakten Teilintervall von $(0; 2\pi)$ gleichmäßig konvergiert. Damit folgt

$$(*) \qquad \int_0^{2\pi} h_m(x)\,dx = \frac{1}{i}\big(h_{m+1}(2\pi) - h_{m+1}(0)\big) = 0, \qquad m \in \mathbb{N}.$$

Wir betrachten nun die Funktionen

$$(5) \qquad b_m(x) := 2(-1)^m \frac{m!}{(2\pi)^m} \operatorname{Im}\big(i^{m-1} h_m(2\pi x)\big).$$

Man sieht sofort, daß b_1 das erste Bernoulli-Polynom ist: $b_1(x) = x - \frac{1}{2}$. Weiter gilt $b'_m = mb_{m-1}$ wegen $h'_m = ih_{m-1}$ und $\int_0^1 b_m(x)\,dx = 0$ wegen $(*)$. Nach der in 14.3 aufgestellten Charakterisierung der Bernoulli-Polynome stimmen also die Funktionen b_m, $m > 1$, in $[0;1]$ mit den Bernoulli-Polynomen B_m überein. Speziell für $x = 0$ und $m \geq 2$ ergibt sich daher

$$B_m(0) = 2(-1)^m \frac{m!}{(2\pi)^m} \operatorname{Im}\big(i^{m-1}\zeta(m)\big).$$

Für ungerades m ist $\operatorname{Im}\big(i^{m-1}\zeta(m)\big) = 0$ entsprechend der Tatsache, daß alle B_m für ungerades $m > 2$ Null sind. Für gerades $m = 2n$ aber erhält man

$$(6) \qquad \boxed{\; \zeta(2n) = \sum_{k=1}^{\infty} \frac{1}{k^{2n}} = (-1)^{n-1} \frac{(2\pi)^{2n}}{2 \cdot (2n)!} \cdot B_{2n}. \;}$$

Hiernach ist

$$\zeta(2) = \frac{\pi^2}{6}, \qquad \zeta(4) = \frac{\pi^4}{90}, \qquad \zeta(6) = \frac{\pi^6}{945}.$$

Die Formel (6) stammt von Euler (1734) und zählt zu seinen schönsten Entdeckungen. Euler benützte in seinem Beweis die ebenfalls von ihm stammende Produktdarstellung des Sinus (siehe 16.2).

Bemerkung: Über die Werte $\zeta(2n+1)$ für die ungeraden natürlichen Zahlen hat man erst in jüngster Zeit durch den schweizerischen Mathematiker Armand Borel gewisse Aufschlüsse erhalten. Eine wesentliche Rolle spielt hierbei die algebraische K-Theorie. Es ist aber nach wie vor unbekannt, ob die Werte $\zeta(2n+1)$ transzendent sind, wie das bei den Werten $\zeta(2n)$ der Fall ist. Erst 1978 hat Apéry gezeigt, daß $\zeta(3)$ irrational ist.

15.5 Approximation durch Faltung mit Dirac-Folgen

Jede gleichmäßig konvergente Folge stetiger Funktionen besitzt nach 15.2 eine stetige Grenzfunktion. Eine für die Theorie wie die Anwendungen gleichermaßen wichtige Fragestellung ergibt sich nun, wenn man versucht, eine gegebene Funktion durch Funktionen mit speziellen Eigenschaften zu approximieren.

Wir stellen in diesem Abschnitt ein Verfahren vor, das in sehr allgemeinen Fällen zur Approximation von Funktionen durch glattere Funktionen verwendet werden kann. Es besteht in einer ortsabhängigen Mittelung durch Faltung mit geeigneten Gewichtsfunktionen, wobei bestimmte Eigenschaften der Gewichtsfunktionen weitervererbt werden. Die hier aufgezeigte Technik wurde von K. O. Friedrichs (1901-1982) eingeführt und wird als *Regularisierung* bezeichnet.

Wir führen zunächst die Faltung $f * g$ zweier Regelfunktionen ein. Um die Konvergenz des dazu erforderlichen Integrals über $\mathbb{R}$ zu sichern, setzen wir voraus, daß eine der beiden Funktionen einen *kompakten Träger* hat. Man sagt, $f : \mathbb{R} \to \mathbb{C}$ hat einen kompakten Träger, wenn es ein kompaktes Intervall $[-a; a]$ gibt, außerhalb dessen f Null ist. In diesem Fall gilt

$$\int_{\mathbb{R}} f(x)\,\mathrm{d}x := \int_{-\infty}^{\infty} f(x)\,\mathrm{d}x = \int_{-a}^{a} f(x)\,\mathrm{d}x.$$

Definition: Es seien f und g Regelfunktionen auf $\mathbb{R}$; eine der beiden habe einen kompakten Träger. Für jedes $x \in \mathbb{R}$ existiert dann das Integral

$$\boxed{(f * g)(x) := \int_{\mathbb{R}} f(t)g(x - t)\,\mathrm{d}t.}$$

Die dadurch definierte Funktion $f * g : \mathbb{R} \to \mathbb{C}$ heißt *Faltung* von f und g.

Das Faltungsprodukt ist offensichtlich bilinear; ferner kommutativ, wie man mit der Substitution $\tau := x - t$ sofort verifiziert:

$$\int_{\mathbb{R}} f(t)g(x - t)\,\mathrm{d}t = \int_{\mathbb{R}} f(x - t)g(t)\,\mathrm{d}t.$$

Beispiel aus der Physik: Auf einem kompakten Intervall $[a;b]$ sei eine Massenverteilung $\mu : [a;b] \to \mathbb{R}$ gegeben. $U(y)$ sei das Potential eines in y gelegenen Punktes der Masse 1 relativ zum Nullpunkt. Dann ist das Potential der auf $[a;b]$ verteilten Masse relativ zu einem Punkt $x \in \mathbb{R} \setminus [a;b]$ gegeben durch

$$u(x) = \int_a^b \mu(y)U(x-y)\,\mathrm{d}y = \mu * U(x). \qquad \square$$

Im Fall $g \geq 0$ und $\int_{\mathbb{R}} g(x)\,\mathrm{d}x = 1$ deutet man die Faltung $f * g(x)$ oft als das mit g gewichtete Mittel von f bei x. Wir betrachten ein einfaches charakteristisches Beispiel.

Beispiel: Mit beliebigem $r > 0$ sei $g_r := \dfrac{1}{2r} \cdot \mathbf{1}_{[-r;r]}$.
Für jede Regelfunktion f auf $\mathbb{R}$ ist dann

$$f * g_r(x) = \frac{1}{2r} \int\limits_{x-r}^{x+r} f(t)\,\mathrm{d}t.$$

$f * g_r(x)$ wird als Mittelwert von f im Intervall $[x-r; x+r]$ bezeichnet. Die Funktion $f * g_r$ ist „glatter" als die Funktion f: Nach dem Hauptsatz der Differential- und Integralrechnung ist $f * g_r$ stetig für jede Regelfunktion f, und eine $\mathscr{C}^{k+1}$-Funktion, wenn f eine $\mathscr{C}^k$-Funktion ist; für stetiges f gilt ferner $\lim_{r \downarrow 0} f * g_r(x) = f(x)$.

In dem angekündigten Verfahren konstruiert man die approximierenden Funktionen durch Faltung mit den Funktionen einer Dirac-Folge. Diese Folgen stellen eine mathematische Version der erstmals von Dirac in der Physik benützten „δ-Funktion" dar. Wir verwenden Dirac-Folgen nur als Hilfsmittel; ihre eigentliche Bedeutung tritt erst in der Theorie der verallgemeinerten Funktionen (Distributionen) von L. Schwartz zutage.

Definition: Eine Folge (δ_k) von Regelfunktionen auf $\mathbb{R}$ heißt *Dirac-Folge*, wenn sie die folgenden drei Bedingungen erfüllt:

(D1) Für jedes k ist $\delta_k \geq 0$.

(D2) Für jedes k ist $\int_{\mathbb{R}} \delta_k(t)\,\mathrm{d}t = 1$.

(D3) Zu beliebigen $\varepsilon > 0$ und $r > 0$ gibt es ein N so, daß für $k \geq N$ gilt:

$$\int\limits_{\mathbb{R}\setminus[-r;r]} \delta_k(t)\,\mathrm{d}t < \varepsilon, \qquad \left| \int\limits_{[-r;r]} \delta_k(t)\,\mathrm{d}t - 1 \right| < \varepsilon.$$

Deutet man die δ_k als Dichten von Massenverteilungen, so besagt (D2), daß für jedes k die Gesamtmasse auf $\mathbb{R}$ 1 ist, und (D3), daß sich die Gesamtmassen mit wachsendem k gegen den Nullpunkt hin konzentrieren.

Beispiele von Dirac-Folgen:

1. Die Folge der Funktionen $\delta_k := \dfrac{k}{2} \cdot \mathbf{1}_{I_k}$, wobei $I_k := [-1/k; 1/k]$, $k \in \mathbb{N}$.

2. Die Folge der *Landau-Kerne* $L_k : \mathbb{R} \to \mathbb{R}$, $k \in \mathbb{N}$:

$$L_k(t) := \frac{1}{c_k}(1 - t^2)^k \cdot \mathbf{1}_{[-1;1]}, \quad \text{wobei } c_k := \int_{-1}^{1}(1 - t^2)^k \, dt.$$

L_k ist eine nicht negative stetige Funktion auf $\mathbb{R}$, die außerhalb $[-1; 1]$ verschwindet und nach Wahl der Konstanten c_k die Forderung (D2) erfüllt. Die Folge (L_k) erfüllt auch (D3); wegen

$$c_k \geq 2 \int_0^1 (1 - t)^k \, dt = \frac{2}{k+1}$$

gilt nämlich für alle k

$$\int_{\mathbb{R} \setminus [-r;r]} L_k(t) \, dt \leq \frac{2}{c_k} \int_r^1 (1 - t^2)^k \, dt \leq (k+1)(1 - r^2)^k.$$

Approximationssatz: *Es sei $f : \mathbb{R} \to \mathbb{C}$ eine beschränkte stetige Funktion und (δ_k) eine Dirac-Folge. f oder alle δ_k mögen einen kompakten Träger haben. Setzt man $f_k := f * \delta_k$, so gilt:*

1. *(f_k) konvergiert überall punktweise gegen f.*

2. *Ist f gleichmäßig stetig auf $\mathbb{R}$, so konvergiert (f_k) gleichmäßig auf $\mathbb{R}$ gegen f.*

Beweis: 1. Wegen (D2) gilt $f(x) = \int_{\mathbb{R}} f(x) \cdot \delta_k(t) \, dt$. Damit erhalten wir unter Verwendung von (D1)

$$|f_k(x) - f(x)| = \left| \int_{\mathbb{R}} \big(f(x - t) - f(x)\big) \cdot \delta_k(t) \, dt \right|$$

(∗)

$$\leq \int_{\mathbb{R}} |f(x - t) - f(x)| \cdot \delta_k(t) \, dt.$$

Es sei nun $\varepsilon > 0$ gegeben. Wir wählen dazu ein $r > 0$ so, daß für $|t| < r$ die Abschätzung $|f(x - t) - f(x)| \leq \varepsilon$ besteht, und dann zu ε, r ein $N(\varepsilon, r)$ gemäß (D3). Damit kann (∗) für $k \geq N$ wie folgt weitergeführt werden:

$$|f_k(x) - f(x)| \leq \varepsilon \int_{-r}^{r} \delta_k(t) \, dt + 2\|f\|_{\mathbb{R}} \cdot \int_{\mathbb{R} \setminus [-r;r]} \delta_k(t) \, dt \leq \varepsilon(1 + 2\|f\|_{\mathbb{R}}).$$

Diese Abschätzung beweist die erste Behauptung.

2. Im Fall der gleichmäßigen Stetigkeit von f kann die Zahl r und mit dieser der Index $N(\varepsilon, r)$ im Beweisteil 1 unabhängig von x gewählt werden. Damit wird auch die dort zuletzt erzielte Abschätzung unabhängig von x. Das beweist die zweite Behauptung. □

Als Anwendung des Approximationssatzes beweisen wir nun den Weierstraßschen Satz über die Approximierbarkeit stetiger Funktionen auf kompakten Intervallen durch Polynome. Dieser Satz überrascht angesichts der Existenz stetiger Funktionen, die an keiner Stelle differenzierbar sind. Mit Hilfe dieses Satzes lassen sich manche Probleme für stetige Funktionen auf den Fall von Polynomen zurückführen.

Approximationssatz von Weierstraß: *Zu jeder stetigen Funktion f auf einem kompakten Intervall $[a; b]$ gibt es eine Folge (P_k) von Polynomen, die auf $[a; b]$ gleichmäßig gegen f konvergiert.*

Beweis: Wir betrachten zunächst den Spezialfall $[a; b] = [0; 1]$ und $f(0) = f(1) = 0$. Das erlaubt es uns, f als eine stetige Funktion auf $\mathbb{R}$ anzusehen, die außerhalb $[0; 1]$ Null ist. Die gesuchten Polynome konstruieren wir durch Faltung mit den Landau-Kernen; siehe Beispiel 2.

Wir setzen $F_k := L_k * f$. Nach dem allgemeinen Approximationssatz konvergiert die Folge (F_k) gleichmäßig auf $[0; 1]$ gegen f. Es genügt also zu zeigen, daß jede Funktion F_k auf $[0; 1]$ mit einem Polynom übereinstimmt. Da f außerhalb $[0; 1]$ Null ist, gilt für alle $x \in \mathbb{R}$

$$F_k(x) = \int\limits_0^1 f(t) L_k(x - t)\, \mathrm{d}t.$$

Für x und $t \in [0; 1]$ hat L_k eine Darstellung $L_k(x - t) = \sum\limits_{j=0}^{2k} g_j(t) x^{2j}$, wobei $g_0, \ldots, g_{2k}$ Polynome sind. Folglich ist für $x \in [0; 1]$

$$F_k(x) = \sum_{j=0}^{2k} a_j x^{2j} \quad \text{mit } a_j = \int\limits_0^1 g_j(t) f(t)\, \mathrm{d}t.$$

Wir kommen zum allgemeinen Fall. Es sei $T : \mathbb{R} \to \mathbb{R}$ die lineare Transformation mit $T(\frac{1}{4}) = a$ und $T(\frac{3}{4}) = b$. Dann ist $f \circ T$ eine stetige Funktion auf dem Intervall $[\frac{1}{4}; \frac{3}{4}]$. Weiter seien l_0 und l_1 die linearen Funktionen mit $l_0(0) = 0$ und $l_0(\frac{1}{4}) = f(a)$ bzw. $l_1(\frac{3}{4}) = f(b)$ und $l_1(1) = 0$. Dann ist durch

$$\Phi(x) := \begin{cases} l_0(x) & \text{für } x \in [0; \frac{1}{4}], \\ f \circ T(x) & \text{für } x \in [\frac{1}{4}; \frac{3}{4}], \\ l_1(x) & \text{für } x \in [\frac{3}{4}; 1] \end{cases}$$

eine stetige Funktion $\Phi : [0; 1] \to \mathbb{C}$ mit $\Phi(0) = 0$ und $\Phi(1) = 0$ erklärt. Nach dem bereits Bewiesenen gibt es zu jedem $\varepsilon > 0$ ein Polynom p mit $|p(x) - \Phi(x)| < \varepsilon$ für alle $x \in [0; 1]$. Mit dem Polynom $P := p \circ T^{-1}$ gilt dann $|P(y) - f(y)| < \varepsilon$ für alle $y \in [a; b]$. $\square$

Bemerkung: Es gibt eine Reihe weiterer Beweise des Weierstraßschen Approximationssatzes. Von besonderer Bedeutung ist der von Stone, siehe 15.7; ferner der konstruktive Beweis von Bernstein, siehe Aufgabe 16.

15.6 Lokal gleichmäßige Konvergenz. Der Überdeckungssatz von Heine-Borel

Die Folge der Potenzen x^n konvergiert zwar nicht im offenen Intervall $(-1; 1)$ gleichmäßig gegen Null, jedoch in jedem kompakten Teilintervall $[-r; r]$, $r < 1$. Solche Konvergenzsituationen liegen in der Analysis oft vor. Nun genügt es, bei Stetigkeits- und Differenzierbarkeitsbeweisen „kleine" Umgebungen des jeweiligen Punktes heranzuziehen. Dem entspricht die

Definition: Eine Folge von Funktionen $f_n : D \to \mathbb{C}$, $D \subset \mathbb{C}$, konvergiert *lokal gleichmäßig*, wenn jeder Punkt $x \in D$ eine Umgebung U in D besitzt so, daß die Folge der $f_n|U$ auf U gleichmäßig konvergiert.

Offenbar gelten die Sätze 1 und 3 auch dann, wenn die gleichmäßige Konvergenz durch die lokal gleichmäßige ersetzt wird.

Konvergiert eine Funktionenfolge in den endlich vielen Umgebungen $U_1, \ldots, U_s$ gleichmäßig, dann auch in der Vereinigung $U_1 \cup \ldots \cup U_s$ (zu $\varepsilon > 0$ wähle man als $N(\varepsilon)$ das Maximum der jeweiligen $N_1(\varepsilon), \ldots, N_s(\varepsilon)$). Wir zeigen in diesem Abschnitt, daß durch solche Vereinigungen von der gleichmäßigen Konvergenz „im Kleinen" auf die gleichmäßige Konvergenz auf kompakten Mengen geschlossen werden kann. Die Grundlage für dieses *Lokal-Kompakt*-Prinzip liefert der Heine-Borelsche Überdeckungssatz.

Definition (Heine-Borelsche Überdeckungseigenschaft): Eine Teilmenge $A \subset \mathbb{R}$ hat die Heine-Borelsche Überdeckungseigenschaft, wenn folgendes gilt: Ist $\{I_k\}_{k \in K}$ eine beliebige Menge offener Intervalle mit

$$A \subset \bigcup_{k \in K} I_k,$$

so gibt es endlich viele $k_1, \ldots, k_r \in K$ derart, daß ebenfalls gilt:

$$A \subset I_{k_1} \cup \ldots \cup I_{k_r}.$$

Die Menge $\{I_k\}_{k \in K}$ nennt man eine *offene Überdeckung* von A.

Beispiel 1: Sei (a_n) eine konvergente Folge in $\mathbb{R}$ und a ihr Grenzwert. Dann hat $A := \{a, a_1, a_2, \dots\}$ die Heine-Borelsche Überdeckungseigenschaft. Zum Beweis sei $\{I_k\}_{k \in K}$ eine offene Überdeckung von A. Eines der Intervalle, etwa I_{k_0}, enthält den Grenzwert a. In I_{k_0} liegen auch alle Folgenglieder bis auf eventuell endliche viele $a_{n_1}, \dots, a_{n_s}$. Jedes dieser Folgenglieder liegt ebenfalls in einem Intervall der Überdeckung: $a_{n_\sigma} \in I_{k_\sigma}$, $\sigma = 1, \dots, s$. Somit wird A von den Intervallen $I_{k_0}, I_{k_1}, \dots, I_{k_s}$ überdeckt.

Beispiel 2: Ein offenes Intervall $(a; b)$ besitzt nicht die Heine-Borelsche Überdeckungseigenschaft. Zum Beispiel bilden die Intervalle $(a + 1/n; b)$, $n \in \mathbb{N}$, eine offene Überdeckung von $(a; b)$; endliche viele dieser Intervalle aber überdecken $(a; b)$ nicht.

Überdeckungssatz von Heine-Borel: *Für $A \subset \mathbb{R}$ sind gleichwertig:*

(i) *A ist kompakt.*

(ii) *A hat die Heine-Borelsche Überdeckungseigenschaft.*

Beweis: (i) $\Rightarrow$ (ii): Angenommen, $\{I_k\}$ sei eine offene Überdeckung eines Kompaktums A derart, daß je endlich viele der I_k A nicht überdecken. Ausgehend von irgendeinem Intervall $[a_1; b_1] \subset \mathbb{R}$ mit $A \subset [a_1; b_1]$ kann dann durch sukzessives Halbieren eine Intervallschachtelung konstruiert werden, deren sämtliche Intervalle $[a_n; b_n]$ die Eigenschaft ($*$) haben:

($*$) $A \cap [a_n; b_n]$ wird nicht durch endlich viele der I_k überdeckt.

Seien α der durch diese Intervallschachtelung definierte Punkt und α_n irgendein Punkt in $A \cap [a_n; b_n]$. Dann ist α der Grenzwert der Folge (α_n). Wegen der Kompaktheit von A liegt somit auch α in A. Folglich gibt es ein offenes Intervall I der Überdeckung mit $\alpha \in I$. Für hinreichend großes N gilt dann $[a_N; b_N] \subset I$. Das aber widerspricht ($*$).

(ii) $\Rightarrow$ (i): Wir stellen zunächst fest, daß A beschränkt ist. Die Gesamtheit der Intervalle $(-k; k)$, $k \in \mathbb{N}$, bildet nämlich eine offene Überdeckung von A, und nach (ii) überdecken bereits gewisse endlich viele dieser beschränkten Intervalle ganz A. A ist also beschränkt.

Wir haben schließlich zu zeigen, daß A abgeschlossen ist. Es sei dazu (a_n) eine Folge in A, die gegen einen Punkt $a \in \mathbb{R}$ konvergiert. Zu zeigen ist, daß a in A liegt. Angenommen, es sei $a \notin A$. Wir bilden dann eine offene Überdeckung von A, indem wir jedem Punkt $x \in A$ das Intervall $I(x) := \big(x - \varepsilon(x), x + \varepsilon(x)\big)$ mit $\varepsilon(x) := \frac{1}{2}|x - a|$ zuordnen ($\varepsilon(x) > 0$!). Die Gesamtheit dieser Intervalle überdeckt A, da $x \in I(x)$; je endlich viele $I(x_1), \dots, I(x_t)$ aber reichen dazu nicht, denn die ε-Umgebung des Grenzwertes a mit $\varepsilon := \min\{\varepsilon(x_1), \dots, \varepsilon(x_t)\}$ enthält fast alle Glieder der Folge (a_n), die Menge $I(x_1) \cup \dots \cup I(x_t)$ jedoch keines dieser Folgenglieder. Somit hat A nicht die Heine-Borelsche Überdeckungseigenschaft. Widerspruch! $\square$

Satz: *Eine lokal gleichmäßig konvergente Folge (f_n) von Funktionen auf einer Menge $D \subset \mathbb{R}$ konvergiert auf jeder kompakten Teilmenge $A \subset D$ gleichmäßig.*

Beweis: Jeder Punkt $x \in A$ liegt in einem offenen Intervall I_x derart, daß (f_n) in $I_x \cap D$ gleichmäßig konvergiert. Da A kompakt ist, überdecken bereits gewisse endlich viele dieser Intervalle, etwa $I_{x_1}, \ldots, I_{x_s}$, die Menge A. (f_n) konvergiert dann gleichmäßig in $\left(I_{x_1} \cup \ldots \cup I_{x_s}\right) \cap D$, also erst recht in A. □

15.7   Der Approximationssatz von Stone

Der 1937 von M. Stone bewiesene Satz macht eine Aussage über die Approximierbarkeit stetiger reeller Funktionen auf einem Kompaktum K durch die Funktionen einer Unteralgebra von $\mathscr{C}_{\mathbb{R}}(K)$. Den hier dargestellten eleganten Beweis hat erst 1977 Zemánek gefunden.

Im folgenden sei K eine kompakte Teilmenge von $\mathbb{R}$ und $\mathscr{A}$ eine Algebra stetiger $\mathbb{R}$-wertiger Funktionen auf K. Unter einer solchen Algebra verstehen wir einen Untervektorraum des Raumes $\mathscr{C}_{\mathbb{R}}(K)$ aller stetigen reellen Funktionen auf K mit den zusätzlichen Eigenschaften:

(i) $\mathscr{A}$ enthält alle konstanten Funktionen,

(ii) $\mathscr{A}$ enthält mit zwei Funktionen f und g auch deren Produkt fg.

Beispielsweise bildet die Menge aller reellen Polynome eine Algebra $\mathscr{A}$.

Mit $\overline{\mathscr{A}}$ bezeichnen wir im folgenden die Menge der stetigen Funktionen $f : K \to \mathbb{R}$ mit der Eigenschaft:

Zu jedem $\varepsilon > 0$ gibt es ein $p \in \mathscr{A}$ mit $\|f - p\| < \varepsilon$, $(\| \ \| = \| \ \|_K)$.

Wir listen zunächst Eigenschaften von $\overline{\mathscr{A}}$ auf.

Hilfssatz 1: *Mit $f, g \in \overline{\mathscr{A}}$ gehören auch $f + g$ und fg zu $\overline{\mathscr{A}}$.*

Beweis: Zu jedem $\varepsilon_0 > 0$ gibt es Funktionen $p, q \in \mathscr{A}$ mit $\|f - p\| < \varepsilon_0$ und $\|g - q\| < \varepsilon_0$. Dann ist

$$\|f + g - (p + q)\| < 2\varepsilon_0.$$

Weiter gilt wegen $\|q\| \le \|g\| + \|q - g\|$

$$\|fg - pq\| \le \|f - p\| \cdot \|q\| + \|f\| \cdot \|g - q\| \le \varepsilon_0 (\|g\| + \|f\| + \varepsilon_0).$$

Für hinreichend klein gewähltes ε_0 sind die beiden rechten Seiten kleiner als ein vorgegebenes ε. Das beweist den Hilfssatz. □

Hilfssatz 2: *Mit f und g gehören auch $|f|$, $\max(f, g)$ und $\min(f, g)$ zu* $\overline{\mathscr{A}}$.

Vorbemerkung: Wir verwenden, daß die Funktion $\sqrt{1+x}$ auf dem abgeschlossenen Intervall $[-1; 1]$ die normal konvergente Reihenentwicklung

$$(7) \qquad \sqrt{1+x} = \sum_{n=o}^{\infty} \binom{\frac{1}{2}}{n} x^n$$

besitzt. Die normale Konvergenz folgt daraus, daß für die Binomialkoeffizienten nach 5.3 (4) mit einer geeigneten Konstanten c eine Abschätzung

$$\left| \binom{\frac{1}{2}}{n} \right| \le \frac{c}{n\sqrt{n}}$$

gilt. Die Reihe stellt also in $[-1; 1]$ eine stetige Funktion dar. Diese stimmt in $(-1; 1)$ mit $\sqrt{1+x}$ überein; aus Stetigkeitsgründen also in ganz $[-1; 1]$.

Beweis von Hilfssatz 2: Zum Nachweis von $|f| \in \overline{\mathscr{A}}$ nehmen wir $f \ne 0$ an und betrachten $\varphi := f / \|f\|$. Wegen $\|f\|^{-1} \in \mathscr{A}$ genügt es nach Hilfssatz 1 zu zeigen, daß mit φ auch $|\varphi|$ zu $\overline{\mathscr{A}}$ gehört.

Wegen $|\varphi(x)| \le 1$ für alle $x \in K$ erhalten wir mit (7) die auf K normal konvergente Reihendarstellung

$$|\varphi| = \sqrt{1 + (\varphi^2 - 1)} = \sum_{n=0}^{\infty} \binom{\frac{1}{2}}{n} (\varphi^2 - 1)^n.$$

Zu $\varepsilon > 0$ gibt es daher eine Partialsumme $p_N := \sum_{n=0}^{N} \binom{\frac{1}{2}}{n} (\varphi^2 - 1)^n$ mit $\|\,|\varphi| - p_N\| < \varepsilon/2$. Nach Hilfssatz 1 gehört mit φ auch p_N zu $\overline{\mathscr{A}}$. Es gibt also eine Funktion p mit $\|p_N - p\| < \varepsilon/2$. Damit folgt $\|\,|\varphi| - p\| < \varepsilon$. Also gehört auch $|\varphi|$ zu $\overline{\mathscr{A}}$.

Die weiteren Behauptungen ergeben sich nun mit Hilfssatz 1 aus

$$\max(f, g) = \frac{1}{2}(f + g + |f - g|) \quad \text{und} \quad \min(f, g) = \frac{1}{2}(f + g - |f - g|).$$

$\square$

Im weiteren setzen wir voraus, daß die Algebra $\mathscr{A}$ die Punkte von K trennt; das bedeutet: Zu je zwei verschiedenen Punkten $x, y \in K$ gibt es eine Funktion $f \in \mathscr{A}$ mit $f(x) \ne f(y)$. Es gibt dann sogar zu vorgegebenen $a, b \in \mathbb{R}$ eine Funktion $h \in \mathscr{A}$ mit $h(x) = a$ und $h(y) = b$; zum Beispiel

$$h := (b - a)\frac{f - f(x)}{f(y) - f(x)} + a.$$

Hilfssatz 3: *Die Algebra $\mathscr{A} \subset \mathscr{C}_{\mathbb{R}}(K)$ trenne die Punkte von K. Für jede Funktion $f \in \mathscr{C}_{\mathbb{R}}(K)$ gilt dann: Zu jedem $x \in K$ und jedem $\varepsilon > 0$ gibt es eine Funktion $q_x \in \mathscr{A}$ mit den Eigenschaften:*

(i) $q_x(x) = f(x)$,

(ii) $q_x \leq f + \varepsilon$ *auf ganz* K.

Beweis: Wir wählen zu jedem Punkt $z \in K$ eine Funktion $h_z \in \mathscr{A}$ mit $h_z(x) = f(x)$ und $h_z(z) = f(z)$. Wegen der Stetigkeit von h_z und f gibt es ein offenes Intervall I_z mit $z \in I_z$ so, daß für alle $y \in I_z \cap K$

$$(*) \qquad\qquad h_z(y) \leq f(y) + \varepsilon$$

gilt. Nach dem Satz von Heine-Borel überdecken bereits gewisse endlich viele $I_{z_1}, \ldots, I_{z_n}$ die kompakte Menge K. Wir bilden nun

$$q_x := \min\left(h_{z_1}, \ldots, h_{z_n}\right).$$

q_x gehört nach Hilfssatz 2 zu $\overline{\mathscr{A}}$ und erfüllt offensichtlich (i). Die Eigenschaft (ii) folgt aus $(*)$, da jeder Punkt $y \in K$ in mindestens einem der Intervalle $I_{z_1}, \ldots, I_{z_n}$ liegt. $\qquad\square$

Approximationssatz von Stone: *Es sei $K \subset \mathbb{R}$ eine kompakte Menge und $\mathscr{A} \subset \mathscr{C}_{\mathbb{R}}(K)$ eine Algebra, die die Punkte von K trennt. Dann gibt es zu jeder stetigen Funktion $f : K \to \mathbb{R}$ und jedem $\varepsilon > 0$ eine Funktion $p \in \mathscr{A}$ mit*

$$|f(x) - p(x)| < \varepsilon \quad \text{für alle } x \in K.$$

Kurz: $\overline{\mathscr{A}} = \mathscr{C}_{\mathbb{R}}(K)$.

Beweis: Wir wählen zu jedem $x \in K$ eine Funktion $q_x \in \mathscr{A}$ gemäß Hilfssatz 3; sodann um x ein offenes Intervall U_x derart, daß

$$(*) \qquad\qquad q_x(y) \geq f(y) - \frac{\varepsilon}{2} \quad \text{für alle } y \in U_x \cap K$$

gilt. Nach dem Satz von Heine-Borel wird K bereits von gewissen endlich vielen $U_{x_1}, \ldots, U_{x_m}$ überdeckt. Sei $g := \max\left(q_{x_1}, \ldots, q_{x_m}\right)$. g gehört nach Hilfssatz 2 zu $\mathscr{A}$, erfüllt nach $(*)$ die Ungleichung $g \geq f - \frac{\varepsilon}{2}$ und nach Hilfssatz 3 die Ungleichung $g \leq f + \frac{\varepsilon}{2}$. Schließlich sei $p \in \mathscr{A}$ eine Funktion mit $\|g - p\| < \frac{\varepsilon}{2}$. Damit gilt dann $\|f - p\| < \varepsilon$. $\qquad\square$

Beispiel: Wählt man als K ein kompaktes Intervall, $K = [a; b]$, und als $\mathscr{A}$ die Algebra der reellen Polynome, erhält man die reelle Version des Weierstraßschen Approximationssatzes. ($\mathscr{A}$ trennt die Punkte von $[a; b]$; bereits die nicht-konstanten linearen Funktionen reichen dazu aus.)

15.8 Aufgaben

1. Die Folge der differenzierbaren Funktionen $f_n(x) = \sqrt{\frac{1}{n} + x^2}$, $n \in \mathbb{N}$, konvergiert auf $\mathbb{R}$ gleichmäßig gegen die Betragsfunktion $|x|$.

2. Man untersuche die Funktionenfolge (f_n) hinsichtlich gleichmäßiger oder lokal gleichmäßiger Konvergenz auf der angegebenen Menge:

    a) $\sqrt[n]{x}$ auf $(0; \infty)$;

    b) $1/(1 + n|x|)$ auf $\mathbb{R}$;

    c) $x\,e^{-x/n}/n$ auf $\mathbb{R}$.

3. Mittels (3′) zeige man $\int_0^\pi \ln\left(2\sin\frac{x}{2}\right) \, dx = 0$.

4. Die Reihe $\sum\limits_{k=1}^{\infty} \frac{e^{ikx}}{k^s}$, $s > 0$, konvergiert auf jedem kompakten Intervall in $\mathbb{R} \setminus 2\pi\mathbb{Z}$ gleichmäßig.

5. Es sei (a_n) eine Folge komplexer Zahlen so, daß $\sum\limits_{n=1}^{\infty} a_n$ konvergiert.
   Man zeige: Die Reihe $\sum\limits_{n=1}^{\infty} \frac{a_n}{n^s} =: f(s)$ konvergiert für $s \geq 0$ und definiert eine differenzierbare Funktion auf $[0; \infty)$.
   Reihen der Form $\sum_{n=1}^{\infty} a_n n^{-s}$ nennt man *Dirichlet-Reihen*.

6. Es seien (f_n) und (g_n) Folgen beschränkter Funktionen auf D, die gleichmäßig gegen f bzw. g konvergieren. Man zeige: Die Folge $(f_n g_n)$ konvergiert auf D gleichmäßig gegen fg. Gilt das auch ohne die Beschränktheitsvoraussetzung?

7. Es sei (f_n) eine gleichmäßig konvergente Folge von Funktionen auf D; ferner gebe es ein $a > 0$ so, daß $|f_n(x)| \geq a$ für $n \in \mathbb{N}$ und $x \in D$. Dann konvergiert $(1/f_n)$ gleichmäßig gegen $1/f$.

8. $F : \mathbb{C} \to \mathbb{C}$ und die $f_n : [a; b] \to \mathbb{C}$ seien stetig. Man zeige: Konvergiert die Folge (f_n) gleichmäßig auf $[a; b]$, dann auch die Folge $(F \circ f_n)$.

9. Aus der Eulerschen Formel für $\zeta(2n)$ folgere man:

    a) Für $n \to \infty$ gilt die Asymptotik $|B_{2n}| \simeq 2 \cdot \dfrac{(2n)!}{(2\pi)^{2n}}$. Die Zahlen $|B_{2n}|$ konvergieren also schnell gegen ∞.

    b) Die Tangensreihe (siehe 14.3 (13)) hat den Konvergenzradius $\pi/2$.

10. *Satz von Dini.* Es sei $K \subset \mathbb{C}$ kompakt, und (f_n) sei eine Folge stetiger, reellwertiger Funktionen auf K, die punktweise und monoton wachsend oder fallend gegen eine stetige Grenzfunktion $f : K \to \mathbb{R}$ konvergiert. Dann konvergiert (f_n) sogar gleichmäßig gegen f.

11. Es sei (f_n) eine Folge von Regelfunktionen auf $(0; \infty)$, die auf jeder kompakten Teilmenge von $(0; \infty)$ gleichmäßig gegen f konvergiert. Ferner gebe es eine Regelfunktion $g : (0; \infty) \to \mathbb{R}$ mit $|f_n| \leq g$ für alle n und $\int_0^\infty g(x)\,\mathrm{d}x < \infty$. Dann sind f_n und f über $(0; \infty)$ integrierbar, und es gilt

$$\int_0^\infty f(x)\,\mathrm{d}x = \lim_{n \to \infty} \int_0^\infty f_n(x)\,\mathrm{d}x.$$

Dies ist eine sehr schwache, aber bereits nützliche Version des Satzes von Lebesgue von der majorisierten Konvergenz; siehe Band 2. Man zeige noch, daß man auf die Majorante nicht ersatzlos verzichten kann.

12. Sei $f : [a; b] \to \mathbb{C}$ stetig differenzierbar. Dann gibt es eine Polynomfolge (P_n) derart, daß (P_n) gleichmäßig auf $[a; b]$ gegen f konvergiert und zugleich (P_n') gleichmäßig gegen f'.

13. Sei φ eine nicht negative Regelfunktion auf $\mathbb{R}$ mit $\int_\mathbb{R} \varphi(x)\,\mathrm{d}x = 1$ und (a_n) eine Folge positiver Zahlen mit $a_n \to \infty$. Dann bilden die durch $\delta_n(t) := a_n\varphi(a_n t)$ definierten Funktionen eine Dirac-Folge.

14. Es sei $f : [-1; 1] \to \mathbb{C}$ eine Regelfunktion, die in 0 stetig ist. Dann gilt

$$\lim_{h \downarrow 0} \int_{-1}^1 \frac{h}{h^2 + x^2} f(x)\,\mathrm{d}x = \pi f(0).$$

15. Für $n \in \mathbb{N}_0$ und $k = 0, 1, \ldots, n$ definiert man die Bernsteinpolynome $B_{n,k}$ durch

$$B_{n,k}(x) := \binom{n}{k} x^k (1-x)^{n-k}.$$

Man zeige:

a) Für jedes $n \in \mathbb{N}_0$ bilden die Bernsteinpolynome $B_{n,0}, \ldots, B_{n,n}$ eine *Zerlegung der Eins*, d.h., es gilt $\sum_{k=0}^n B_{n,k} = 1$.

b) $\displaystyle\sum_{k=0}^n k B_{n,k} = nx$, $\displaystyle\sum_{k=0}^n k(k-1) B_{n,k} = n(n-1)x^2$.

c) $\displaystyle\sum_{k=0}^n (k - nx)^2 B_{n,k} = nx(1-x)$.

16. Für jede stetige Funktion $f : [0; 1] \to \mathbb{C}$ konvergiert die Folge $\big(B_n(f)\big)$ der f zugeordneten Bernsteinpolynome

$$B_n(f) := \sum_{k=0}^n f\Big(\frac{k}{n}\Big) B_{n,k}, \qquad n \in \mathbb{N}_0,$$

gleichmäßig auf $[0; 1]$ gegen f.

16 Approximation periodischer Funktionen. Fourierreihen

Bereits Daniel Bernoulli und Euler verwendeten trigonometrische Reihen zur Behandlung der schwingenden Saite. Den eigentlichen Anstoß zur Theorie dieser Reihen aber gab Joseph Fourier (1768–1830; Mathematiker, Ingenieur, Politiker, Mitarbeiter Napoleons) durch sein Buch *La Théorie analytique de la chaleur* (1822) – „der Bibel des mathematischen Physikers" (Arnold Sommerfeld). Das intensive Studium trigonometrischer Reihen implizierte auch eine Klärung zentraler Begriffe der Analysis und führte zu einer Vertiefung und Bereicherung der Theorie der reellen Funktionen. Wesentlichen Anteil daran hatten Dirichlet, Riemann, Cantor und Lebesgue.

16.1 Der Approximationssatz von Fejér

Das Ziel dieses Abschnittes ist der Satz von Fejér über die Approximation periodischer Funktionen durch trigonometrische Polynome. Als Konstruktionsverfahren verwenden wir dazu die Faltung mit einer geeigneten Dirac-Folge, nämlich der Folge der Fejér-Kerne.

Unter einem *trigonometrischen Polynom mit Grad* $\leq n$ versteht man eine mit komplexen Koeffizienten c_k gebildete Funktion

$$T(x) = \sum_{k=-n}^{n} c_k \, \mathrm{e}^{ikx}, \quad x \in \mathbb{R}.$$

Die Koeffizienten c_k sind durch die Funktion T eindeutig bestimmt: Es gilt

$$(1) \qquad c_k = \frac{1}{2\pi} \int_0^{2\pi} T(x) \, \mathrm{e}^{-ikx} \, \mathrm{d}x,$$

wie man mit Hilfe der *Orthogonalitätsrelationen*

$$(2) \qquad \frac{1}{2\pi} \int_{-\pi}^{\pi} \mathrm{e}^{ilx} \, \mathrm{e}^{-ikx} \, \mathrm{d}x = \begin{cases} 1, & \text{falls } l = k, \\ 0, & \text{falls } l \neq k, \end{cases}$$

sofort nachrechnet.

Für die im Folgenden laufend auftretenden Basisfunktionen $x \mapsto e^{ikx}$ führen wir eine eigene Bezeichnung ein; wir setzen

$$\mathbf{e}_k : \mathbb{R} \to \mathbb{C}, \quad \mathbf{e}_k(x) := e^{ikx}, \quad k \in \mathbb{Z}.$$

Damit kann man ein trigonometrisches Polynom vom Grad $\leq n$ auch als Linearkombination von $\mathbf{e}_{-n}, \ldots, \mathbf{e}_0, \ldots, \mathbf{e}_n$ schreiben.

Eine fundamentale Rolle spielen die trigonometrischen Polynome

$$D_n := \sum_{k=-n}^{+n} \mathbf{e}_k, \quad n = 0, 1, \ldots,$$

und

$$F_n := \frac{1}{n}(D_0 + D_1 + \ldots + D_{n-1}).$$

D_n heißt *Dirichlet-Kern* n-ten Grades und F_n *Fejér-Kern* n-ten Grades. Diese Kerne haben für $x \notin 2\pi\mathbb{Z}$ auch folgende Darstellungen

$$(3_D) \qquad\qquad D_n(x) = \frac{\sin\left(n + \frac{1}{2}\right)x}{\sin\frac{1}{2}x},$$

$$(3_F) \qquad\qquad F_n(x) = \frac{1}{n} \cdot \left(\frac{\sin\frac{1}{2}nx}{\sin\frac{1}{2}x}\right)^2.$$

Beweis: Die Darstellung für $D_n(x)$, $x \notin 2\pi\mathbb{Z}$, erhält man mit der Formel für eine geometrische Summe:

$$\sum_{k=-n}^{+n} e^{ikx} = e^{-inx} \cdot \frac{1 - e^{i(2n+1)x}}{1 - e^{ix}} = \frac{e^{i(n+1/2)x} - e^{-i(n+1/2)x}}{e^{ix/2} - e^{-ix/2}} = \frac{\sin\left(n + \frac{1}{2}\right)x}{\sin\frac{1}{2}x}.$$

Für F_n ergibt sich sodann mit $\sin\frac{1}{2}x \cdot D_k(x) = \sin(k + \frac{1}{2})x$

$$n\sin^2\frac{x}{2} \cdot F_n(x) = \sum_{k=0}^{n-1} \sin\left(k + \frac{1}{2}\right)x \cdot \sin\frac{x}{2}$$

$$= \frac{1}{2} \sum_{k=0}^{n-1} \left(\cos kx - \cos(k+1)x\right)$$

$$= \frac{1}{2}(1 - \cos nx) = \sin^2\frac{nx}{2}. \qquad \square$$

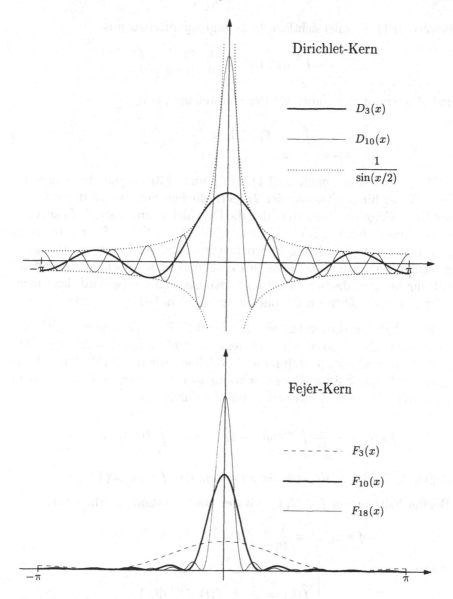

Dirichlet-Kern

Fejér-Kern

Die Fejér-Kerne haben folgende weiteren Eigenschaften:

Lemma: *F_n ist gerade; ferner gilt:*

(F1) *Für jedes n ist $F_n \geq 0$.*

(F2) *Für jedes n gilt $\dfrac{1}{2\pi} \displaystyle\int_{-\pi}^{\pi} F_n(t)\, \mathrm{d}t = 1$.*

(F3) *Zu jedem $\varepsilon > 0$ und positiven $r < \pi$ gibt es ein N so, daß*

$$\int_{[-\pi;\pi]\setminus[-r;r]} F_n(t)\, \mathrm{d}t < \varepsilon \qquad \textit{für alle } n \geq N.$$

Beweis: (F1) gilt offensichtlich, (F2) folgt unmittelbar aus

$$\frac{1}{2\pi} \int_{-\pi}^{\pi} \mathbf{e}_k(t)\, dt = \begin{cases} 1 & \text{für } k = 0 \\ 0 & \text{für } k \neq 0 \end{cases}$$

und (F3) ergibt sich sofort mit der Darstellung (3_F):

$$\int_{[-\pi;\pi]\setminus[-r;r]} F_n(t)\, dt \le \frac{2\pi}{n} \cdot \frac{1}{\sin^2 \frac{1}{2} r}. \qquad \square$$

Wegen der Eigenschaften (F1), (F2) und (F3) kommt der Folge der Fejér-Kerne für die Theorie der 2π-periodischen Funktionen die Rolle einer Dirac-Folge zu. Dagegen bilden die Dirichlet-Kerne mangels Positivität keine solche Folge. Die Dirac-Eigenschaft der Fejér-Folge (F_n) ergibt sofort den eingangs angekündigten Approximationssatz. Zur Übertragung des allgemeinen Approximationssatzes in 15.5 benötigen wir noch den Begriff der Faltung bei periodischen Funktionen. Konsequenterweise wird dazu nicht über $\mathbb{R}$ sondern über ein Periodenintervall, etwa $[-\pi;\pi]$ integriert.

Im Folgenden verwenden wir das Symbol $\mathbb{T}$ in Verbindung mit einer Integration als Synonym für irgendein Intervall der Länge 2π, zum Beispiel für $[-\pi;\pi]$ oder $[0;2\pi]$; ferner bezeichnen wir mit $\mathscr{R}(\mathbb{T})$ den Vektorraum der 2π-periodischen Regelfunktionen auf $\mathbb{R}$. Unter der *Faltung* zweier Funktionen $f, g \in \mathscr{R}(\mathbb{T})$ versteht man die durch

$$f * g(x) := \frac{1}{2\pi} \int_{\mathbb{T}} f(t)g(x-t)\, dt = \frac{1}{2\pi} \int_{-\pi}^{\pi} f(t)g(x-t)\, dt.$$

definierte Funktion. Es ist leicht zu sehen, daß $f * g \in \mathscr{R}(\mathbb{T})$.

Bei der Faltung von $f \in \mathscr{R}(\mathbb{T})$ mit der Basisfunktion $\mathbf{e}_k$ erhält man

$$(*) \qquad f * \mathbf{e}_k(x) = \frac{1}{2\pi} \int_{\mathbb{T}} f(t)\, e^{ik(x-t)}\, dt = \widehat{f}(k)\, e^{ikx},$$

wobei

$$(4) \qquad \boxed{\widehat{f}(k) := \frac{1}{2\pi} \int_{\mathbb{T}} f(t)\, e^{-ikt}\, dt.}$$

Die Zahl $\widehat{f}(k)$, $k \in \mathbb{Z}$, heißt k-ter *Fourierkoeffizient* von $f \in \mathscr{R}(\mathbb{T})$. Mit dieser Bezeichnung lautet $(*)$ dann:

$$f * \mathbf{e}_k = \widehat{f}(k)\, \mathbf{e}_k.$$

Der einer 2π-periodischen Regelfunktion f zugeordnete lineare Operator $A_f : \mathscr{R}(\mathbb{T}) \to \mathscr{R}(\mathbb{T})$, $A_f(g) := f * g$, hat also die Basisfunktionen $\mathbf{e}_k$ als Eigenvektoren und die Fourierkoeffizienten $\widehat{f}(k)$ als jeweilige Eigenwerte.

Definition: Für $f \in \mathscr{R}(\mathbb{T})$ heißt das trigonometrische Polynom

$$S_n f := f * D_n = \sum_{k=-n}^{n} \widehat{f}(k)\, e_n$$

n-tes *Fourierpolynom* von f und das trigonometrische Polynom

$$\sigma_n f := f * F_n = \frac{1}{n}(S_0 f + \ldots + S_{n-1} f)$$

n-tes *Fejérpolynom*. $S_n f$ hat an jeder Stelle x die Darstellung

$$S_n f(x) = \sum_{k=-n}^{n} \widehat{f}(k)\, e^{ikx}.$$

Wir haben bereits festgestellt, daß die Folge (F_n) eine Dirac-Folge für $\mathscr{R}(\mathbb{T})$ ist. Die Übertragung des allgemeinen Approximationssatzes in 15.5, dessen Beweis im Wesentlichen wörtlich übernommen werden kann, ergibt unter Berücksichtigung der Tatsache, daß alle F_n gerade sind, den folgenden Approximationssatz.

Satz von Fejér: *Für jede 2π-periodische Regelfunktion f gilt:*

(i) *An jedem Punkt x konvergiert $(\sigma_n f(x))$ gegen $\frac{1}{2}\big(f(x-) + f(x+)\big)$.*
   An jeder Stelle x, an der f stetig ist, konvergiert $(\sigma_n f(x))$ gegen $f(x)$.

(ii) *Ist f stetig, so konvergiert $(\sigma_n f)$ gleichmäßig auf $\mathbb{R}$ gegen f.*

Mit dem Konvergenzproblem der Folge der Fourierpolynome befassen wir uns in mehreren Abschnitten: In 16.3 mit der Frage der punktweisen Konvergenz, in 16.6 mit der Frage der gleichmäßigen Konvergenz und in 16.7 mit der Frage der Konvergenz im quadratischen Mittel.

16.2 Definition der Fourierreihen. Erste Beispiele und Anwendungen

Unter der *Fourierreihe* Sf einer 2π-periodischen Regelfunktion f versteht man die Folge der Fourierpolynome $S_n f$ und im Konvergenzfall auch den Grenzwert:

$$Sf(x) = \sum_{k=-\infty}^{\infty} \widehat{f}(k)\, e^{ikx} = \lim_{n \to \infty} S_n f(x).$$

Man beachte, daß das Symbol $\sum_{-\infty}^{\infty}$ für die Folge von Summen $\sum_{-n}^{n}$ oder auch deren Grenzwert steht. Dabei wird für die Konvergenz nicht verlangt, daß $\sum_{k=0}^{\infty} \widehat{f}(k)\, e^{ikx}$ und $\sum_{k=1}^{\infty} \widehat{f}(-k)\, e^{-ikx}$ konvergieren.

Die Frage des Grenzwertes einer Fourierreihe $Sf(x)$ ist leicht zu beant-
worten, sofern die Reihe konvergiert. Wir verwenden dazu die Aussage von
5.8 Aufgabe 11. Danach hat eine konvergente Folge $s_0, s_1, s_2, \ldots$ denselben
Grenzwert wie die Folge der Mittel $\sigma_n = \dfrac{1}{n}(s_0 + s_1 + \ldots + s_{n-1})$:

$$\lim_{n \to \infty} s_n = \lim_{n \to \infty} \sigma_n.$$

Nun sind die Fejérpolynome $\sigma_n f$ gerade die Mittel $\dfrac{1}{n}(S_0 f + \ldots + S_{n-1} f)$
der Fourierpolynome. Mit dem Satz von Fejér ergibt sich also der

Darstellungssatz: *Falls die Fourierreihe einer 2π-periodischen Regelfunktion f in einem Punkt x konvergiert, gilt*

$$Sf(x) = \frac{f(x-) + f(x+)}{2};$$

speziell in einem Stetigkeitspunkt x gilt dann $Sf(x) = f(x)$.

Es sollen nun einige Beispiele betrachtet werden. Dabei handelt es sich
um reelle Funktionen. In solchen Fällen wählt man für $S_n f$ und Sf oft eine
Cosinus-Sinus-Darstellung. Man erhält diese aus (4), indem man e^{ikx} ersetzt durch $\cos kx + i \sin kx$ und dann die Cosinusterme und die Sinusterme
geeignet zusammenfaßt; es ergibt sich

$$S_n f(x) = \frac{a_0}{2} + \sum_{k=1}^{n} (a_k \cos kx + b_k \sin kx),$$

mit

$$a_k = \widehat{f}(k) + \widehat{f}(-k), \qquad b_k = i\big(\widehat{f}(k) - \widehat{f}(-k)\big).$$

Für die a_k und b_k ergeben sich danach die Integraldarstellungen

(5)
$$a_k = \frac{1}{\pi} \int_{-\pi}^{\pi} f(x) \cos kx \, dx, \qquad k = 0, 1, 2, \ldots,$$
$$b_k = \frac{1}{\pi} \int_{-\pi}^{\pi} f(x) \sin kx \, dx, \qquad k = 1, 2, \ldots$$

Hiernach sind alle

$$a_k = 0, \quad \text{falls } f \text{ ungerade ist,}$$
$$b_k = 0, \quad \text{falls } f \text{ gerade ist.}$$

Beispiel 1: Es sei f die 2π-periodische Funktion mit $f(k\pi) = 0$, $k \in \mathbb{Z}$, und $f(x) = \operatorname{sign} x$ für $x \in (-\pi; \pi)$.

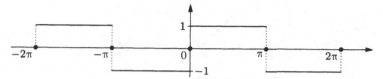

Da f ungerade ist, sind alle $a_k = 0$ und

$$b_k = \frac{2}{\pi} \int_0^\pi \sin kx \, \mathrm{d}x = \begin{cases} 4/k\pi & \text{für } k = 1, 3, 5, \ldots, \\ 0 & \text{für } k = 2, 4, 6, \ldots \end{cases}$$

Die Fourierreihe von f lautet also

$$(6) \qquad Sf(x) = \frac{4}{\pi}\left(\sin x + \frac{\sin 3x}{3} + \frac{\sin 5x}{5} + \ldots \right).$$

Mit Hilfe des Dirichletschen Kriteriums in 15.3 kann man leicht zeigen, daß diese Reihe für alle $x \in \mathbb{R}$ konvergiert; siehe dort den Konvergenzbeweis für die Reihe (2). Nach dem Darstellungssatz gilt also

$$Sf(x) = f(x) \quad \text{für alle } x \in \mathbb{R}.$$

Speziell für $x = \pi/2$ erhält man die Leibnizreihe für $\pi/4$.

Die folgenden Abbildungen zeigen $S_n f$ für $n = 1$, 3 und 21. $S_n f$ hat im Intervall $(0; \pi/2)$ genau n lokale Extrema. In $\left(0; \frac{\pi}{2}\right]$ nehmen die lokalen Maxima von links nach rechts ab, die Minima zu. Das absolute Maximum wird an den Maximalstellen angenommen, die den Sprungstellen am nächsten liegen (vgl. Aufgabe 6).

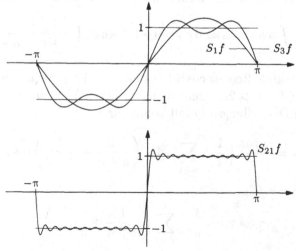

Beispiel 2: Es sei $f : \mathbb{R} \to \mathbb{R}$ die 2π-periodische Funktion mit $f(x) = |x|$ für $x \in [-\pi; \pi]$.

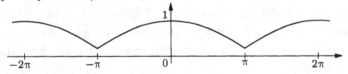

Da f gerade ist, sind alle $b_k = 0$ und

$$a_k = \frac{2}{\pi} \int\limits_0^\pi x \cdot \cos kx \, dx = \begin{cases} \pi & \text{für } k = 0, \\ -\frac{2}{\pi} \cdot \frac{1}{k^2} \cdot \left(1 - (-1)^k\right) & \text{für } k \geq 1. \end{cases}$$

Die Fourierreihe zu f lautet also

(7) $$Sf(x) = \frac{\pi}{2} - \frac{4}{\pi}\left(\cos x + \frac{\cos 3x}{3^2} + \frac{\cos 5x}{5^2} + \dots\right).$$

Die Reihe konvergiert normal auf $\mathbb{R}$ und f ist stetig auf $\mathbb{R}$. Somit gilt $Sf(x) = f(x)$ für alle $x \in \mathbb{R}$. Speziell für $x = 0$ folgt

$$1 + \frac{1}{3^2} + \frac{1}{5^2} + \frac{1}{7^2} + \dots = \frac{\pi^2}{8}.$$

Beispiel 3: Es sei $f : \mathbb{R} \to \mathbb{R}$ die 2π-periodische Funktion mit $f(x) = \cos ax$ für $x \in [-\pi; \pi]$, $a \in \mathbb{C} \setminus \mathbb{Z}$.

Da f gerade ist, gilt $b_n = 0$; ferner ist

$$a_n = \frac{2}{\pi} \int\limits_0^\pi \cos ax \cos nx \, dx = \frac{1}{\pi}(-1)^n \sin a\pi \left(\frac{1}{a+n} + \frac{1}{a-n}\right).$$

(Integration mittels $2\cos ax \cos nx = \cos(a + n)x + \cos(a - n)x$.) Wegen $|a_n| < 2|a|/n^2$ für $n > 2|a|$ konvergiert $Sf(x) = \sum_{n=0}^\infty a_n \cos nx$ auf ganz $\mathbb{R}$. Nach dem Darstellungssatz gilt somit für $x \in [-\pi; \pi]$:

$$\cos ax = \frac{\sin a\pi}{\pi}\left(\frac{1}{a} + \sum_{n=1}^\infty (-1)^n \left(\frac{1}{a+n} + \frac{1}{a-n}\right)\cos nx\right).$$

Speziell für $x = \pi$ folgt

(8) $$\pi \cot \pi a = \frac{1}{a} + \sum_{n=1}^\infty \left(\frac{1}{a+n} + \frac{1}{a-n}\right).$$

Diese Reihendarstellung heißt *Partialbruchzerlegung des Cotangens* und ist ein Analogon der Partialbruchzerlegung einer rationalen Funktion.

Die Partialbruchzerlegung des Cotangens stammt von Euler (1734) und spielt in der klassischen Analysis eine wichtige Rolle. Zum Beispiel erhält man durch Taylorentwicklung der Reihe (8) und Koeffizientenvergleich mit der in 14.3 (12) aufgestellten Taylorreihe erneut die Eulerschen Formeln für $\zeta(2n)$, siehe 15.4 (6).

Folgerung: Das Eulersche Sinusprodukt: *Für $x \in \mathbb{R}$ gilt*

$$(9) \qquad \sin \pi x = \pi x \prod_{n=1}^{\infty} \left(1 - \frac{x^2}{n^2} \right).$$

Beweis: Nach (8) gilt für $x \notin \mathbb{Z}$

$$\pi \cot \pi x - \frac{1}{x} = \sum_{n=1}^{\infty} \frac{2x}{x^2 - n^2}.$$

Die Reihe konvergiert normal in jedem Intervall $[-a; a]$ mit $0 < a < 1$ und definiert in $(-1; 1)$ eine stetige Funktion. Deren Stammfunktion F mit $F(0) = 0$ ist einerseits gegeben durch

$$F(x) = \ln \frac{\sin \pi x}{\pi x}, \quad x \in (-1; 1) \setminus \{0\},$$

andererseits durch

$$F(x) = \int_0^x \sum_{n=1}^{\infty} \frac{2t}{t^2 - n^2} \, dt = \sum_{n=1}^{\infty} \ln \left(1 - \frac{x^2}{n^2} \right).$$

Einsetzen der beiden Darstellungen für $F(x)$ ergibt (9) für $x \in (-1; 1)$. (9) gilt auch für $x = -1$ und 1, da dort beide Seiten den Wert 0 haben. Um (9) auf alle $x \in \mathbb{R}$ auszudehnen, genügt es zu zeigen, daß das Produkt rechts die Periode 2 hat. Wir schreiben dazu die Partialprodukte wie folgt

$$p_N(x) = \pi x \prod_{n=1}^{N} \left(1 - \frac{x^2}{n^2} \right) = \frac{(-1)^N \pi}{N!^2} (x - N)(x - N + 1) \cdots (x + N - 1)(x + N).$$

Damit ergibt sich sofort $\displaystyle \lim_{N \to \infty} \frac{p_N(x+2)}{p_N(x)} = 1$. $\qquad\qquad \square$

16.3 Punktweise Konvergenz nach Dirichlet

Wir stellen nun ein hinreichendes Kriterium für die Konvergenz einer Fourierreihe an einem Punkt x auf. Die wesentliche Voraussetzung dabei ist die Existenz der linksseitigen und der rechtsseitigen Ableitung der Funktion in x. Diese Ableitungen erklärt man für eine Regelfunktion hier wie folgt:

Definition: Es sei f eine Regelfunktion. Mit dem linksseitigen Grenzwert $f(x-)$ und dem rechtsseitigen $f(x+)$ definiert man als *linksseitige* bzw. *rechsseitige Ableitung* in x im Fall der Existenz den Grenzwert

$$\lim_{t\uparrow x} \frac{f(t) - f(x-)}{t - x} \qquad \text{bzw.} \qquad \lim_{t\downarrow x} \frac{f(t) - f(x+)}{t - x}.$$

Satz (Dirichlet): *Die Funktion $f \in \mathscr{R}(\mathbb{T})$ besitze im Punkt x sowohl eine linksseitige als auch eine rechtsseitige Ableitung. Dann konvergiert $(S_n f)$ in x gegen das arithmetische Mittel des linksseitigen und rechtsseitigen Grenzwertes von f in x:*

$$\boxed{S f(x) = \frac{f(x-) + f(x+)}{2}.}$$

Ist f in x stetig, so gilt $S f(x) = f(x)$.

Historisches. Fourier war der Ansicht, daß jede periodische Funktion durch ihre Fourierreihe dargestellt wird; allerdings hatte Fourier einen etwas weniger allgemeinen Funktionsbegriff. Dirichlet und Riemann vermuteten eine solche Darstellbarkeit zumindest für stetige Funktionen (was zur Klärung des Stetigkeitsbegriffes führte). Selbst letzteres wurde durch ein Beispiel von Du Bois-Reymond (1876) widerlegt; ein analoges Beispiel von Fejér bringen wir in 16.4. Andererseits können auch unstetige Funktionen durch ihre Fourierreihe dargestellt werden, wie Beispiel 1 in 16.1 zeigt. Das endgültige Resultat ist das folgende: *Die Fourierreihe $S f$ jeder stetigen 2π-periodischen Funktion f konvergiert fast überall gegen f* (Satz von Carleson, 1964); *fast überall* bedeutet hier: Es gibt eine Ausnahmemenge A vom Lebesgue-Maß 0 so, daß $S f(x) = f(x)$ für alle $x \notin A$ gilt. (Man sagt, $A \subset \mathbb{R}$ habe das *Lebesgue-Maß* 0, wenn es zu jedem $\varepsilon > 0$ abzählbar viele Intervalle $I_1, I_2, I_3, \ldots$ gibt mit (i) $A \subset \bigcup_{n=1}^{\infty} I_n$ und (ii) $\sum_{n=1}^{\infty} |I_n| < \varepsilon$.)

Wir treffen zunächst einige Vorbereitungen zum Beweis.

Riemannsches Lemma: *Für jede Regelfunktion $F : [a; b] \to \mathbb{C}$ gilt*

$$\lim_{p \to \infty} \int_a^b F(x) \sin px \, \mathrm{d}x = 0.$$

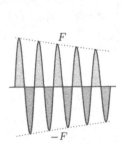

Der Integrand $F(x) \sin px$

Beweis: a) Zunächst für eine Treppenfunktion $F = \varphi$. Wir wählen eine Zerlegung $a = x_0 < x_1 < \ldots < x_n = b$ so, daß φ auf jedem Teilintervall $(x_{\nu-1}; x_\nu)$ einen konstanten Wert c_ν hat. Für $p > 0$ gilt dann

$$\left| \int\limits_a^b \varphi(x) \sin px \, dx \right| = \frac{1}{p} \left| \sum_{\nu=1}^n c_\nu [\cos px_{\nu-1} - \cos px_\nu] \right| \leq \frac{2}{p} \sum_{\nu=1}^n |c_\nu|.$$

Daraus folgt bereits die Behauptung im Fall $F = \varphi$.

b) Sei jetzt F eine Regelfunktion auf $[a;b]$. Zu jedem $\varepsilon > 0$ gibt es eine Treppenfunktion φ mit $|F(x) - \varphi(x)| \leq \varepsilon$ für alle $x \in [a;b]$. Damit gilt

$$\left| \int\limits_a^b F(x) \sin px \, dx - \int\limits_a^b \varphi(x) \sin px \, dx \right| \leq \varepsilon \cdot |b - a|.$$

Mit a) folgt daraus die Behauptung im allgemeinen Fall. □

Dirichletsches Lemma: *Für jede in 0 linksseitig und rechtsseitig diffe-renzierbare Regelfunktion $f : [-\pi; \pi] \to \mathbb{C}$ gilt mit $n \to \infty$*

$$\frac{1}{2\pi} \int\limits_{-\pi}^{\pi} f(t) D_n(t) \, dt \to \frac{f(0-) + f(0+)}{2}.$$

Beweis: Wegen $\frac{1}{2\pi} \int_0^\pi D_n(t) \, dt = \frac{1}{2}$ gilt für alle n

$$\frac{1}{2} f(0+) = \frac{1}{2\pi} \int\limits_0^\pi f(0+) D_n(t) \, dt.$$

Mit (3_D) folgt

$$\frac{1}{2\pi} \int\limits_0^\pi f(t) D_n(t) \, dt - \frac{f(0+)}{2} = \frac{1}{2\pi} \int\limits_0^\pi \underbrace{\frac{f(t) - f(0+)}{t} \cdot \frac{t}{\sin \frac{1}{2}t}}_{=: F(t)} \cdot \sin \left(n + \tfrac{1}{2} \right) t \, dt.$$

F wird mit der Festsetzung $F(0) := \lim_{t \downarrow 0} F(t)$ zu einer Regelfunktion auf $[0; \pi]$. Das Riemannsche Lemma ist also anwendbar und ergibt

$$\frac{1}{2\pi} \int\limits_0^\pi f(t) D_n(t) \, dt \to \frac{1}{2} f(0+) \quad \text{für } n \to \infty.$$

Analog zeigt man $\frac{1}{2\pi} \int_{-\pi}^0 f(t) D_n(t) \, dt \to \frac{1}{2} f(0-)$. □

Beweis des Satzes: Nach Definition der Fourierpolynome gilt

$$S_n f(x) = f * D_n(x) = \frac{1}{2\pi} \int\limits_{-\pi}^{\pi} f(x - t) D_n(t) \, dt.$$

Die Funktion $F(t) := f(x - t)$ ist eine Regelfunktion auf $[-\pi; \pi]$, die nach Voraussetzung in 0 linksseitig und rechtsseitig differenzierbar ist. Mit dem Dirichletschen Lemma folgt nun die Behauptung. □

Als schöne Anwendung des Dirichletschen Lemmas zeigen wir noch:

(10) $$\int\limits_{-\infty}^{\infty} \frac{\sin x}{x}\, dx = \pi.$$

Die Existenz des Integrals haben wir bereits in 11.9 gezeigt. Sein Wert ist der Grenzwert der Integrale

$$I_n := \int\limits_{-(n+1/2)\pi}^{(n+1/2)\pi} \frac{\sin x}{x}\, dx = \int\limits_{-\pi}^{\pi} \frac{\sin\left(n+\frac{1}{2}\right)t}{t}\, dt = \frac{1}{2}\int\limits_{-\pi}^{\pi} \frac{\sin\frac{1}{2}t}{\frac{1}{2}t} D_n(t)\, dt.$$

Die durch $f(0) := 1$ ergänzte Funktion $f(t) = \sin\frac{1}{2}t / \frac{1}{2}t$ ist in 0 differenzierbar. Mit dem Dirichletschen Lemma folgt also $I_n \to \pi \cdot f(0) = \pi.$ □

Bemerkung: Man kann zeigen, daß alle Integrale $\int_{-\infty}^{\infty} \left(\frac{\sin x}{x}\right)^n dx$, $n \in \mathbb{Z}$, rationale Vielfache von π sind; siehe auch Aufgabe 10.
Literatur: T. M. Apostol, Math. Magazin 53, S. 183 (1980).

16.4   Ein Beispiel von Fejér

Wir konstruieren eine stetige, 2π-periodische Funktion f, deren Fourier-reihe Sf im Punkt 0 divergiert.

1. Vorweg zeigen wir: Für alle $x \in \mathbb{R}$ und alle $N \in \mathbb{N}$ gilt

$$\left|\sum_{n=1}^{N} \frac{\sin nx}{n}\right| \le 1 + \pi.$$

Es genügt, dies für $x \in (0; \pi]$ zu beweisen. Mit $q := [1/x]$ zerlegen wir die Summe in die Teilsummen $\sum_{n=1}^{q}$ und $\sum_{n=q+1}^{N}$. Wegen $0 < \sin y < y$ für $y > 0$ hat man für die erste

$$\left|\sum_{n=1}^{q} \frac{\sin nx}{n}\right| = \left|\sum_{n=1}^{q} \frac{\sin nx}{nx}\right| \cdot x \le q \cdot x \le 1.$$

Die zweite Summe behandeln wir mittels Abelscher partieller Summation. Mit $A_n := \sum_{k=q+1}^{n} \sin kx$ gilt zunächst

$$\sum_{n=q+1}^{N} \frac{\sin nx}{n} = \sum_{n=q+1}^{N-1} A_n \left(\frac{1}{n} - \frac{1}{n+1}\right) + A_N \frac{1}{N}.$$

Wie für 15.3 (2) zeigt man $|A_n| \leq \dfrac{1}{\sin x/2}$. Ferner gilt $\sin \xi > \dfrac{2}{\pi}\xi$ für $\xi \in (0; \pi/2)$; siehe 9.12 Aufgabe 16. Also ist $|A_n| \leq \pi/x$. Damit ergibt sich

$$\left| \sum_{n=q+1}^{N} \frac{\sin nx}{n} \right| \leq \frac{\pi}{x}\left(\sum_{n=q+1}^{N-1} \left(\frac{1}{n} - \frac{1}{n+1} \right) + \frac{1}{N} \right) \leq \frac{\pi}{x(q+1)} \leq \pi.$$

2. Zur Konstruktion von f verwenden wir die trigonometrischen Polynome

$$Q_N(x) := \sum_{n=1}^{N} \frac{1}{n}\big(\cos(2N-n)x - \cos(2N+n)x\big) = 2\sin(2Nx)\sum_{n=1}^{N} \frac{\sin nx}{n}.$$

Die Fourierkoeffizienten $\widehat{Q}_N(p)$ sind Null, falls $|p| \notin [N; 3N]$. Ferner hat die Differenz der Fourierpolynome $S_{2N}Q_N - S_{N-1}Q_N$ in 0 den Wert

$$(*) \quad S_{2N}Q_N(0) - S_{N-1}Q_N(0) = \sum_{n=1}^{N} \frac{1}{n}\cos(2N-n)0 = \sum_{n=1}^{N} \frac{1}{n} > \ln N.$$

Es sei weiter $T_k := Q_{2^{k^2}}$. Dafür gilt

$$(**) \qquad S_{2 \cdot 2^{m^2}}T_k(0) - S_{2^{m^2}-1}T_k(0) = \begin{cases} \sum_{n=1}^{2^{k^2}} \frac{1}{n}, & \text{falls } m = k, \\ 0, & \text{falls } m \neq k. \end{cases}$$

Die erste Behauptung ist ein Spezialfall von $(*)$; die zweite folgt daraus, daß die Fourierkoeffizienten $\widehat{T}_k(p)$ Null sind, falls $|p| \notin [2^{k^2}; 3 \cdot 2^{k^2}]$, was für $|p| \in [2^{m^2}; 2 \cdot 2^{m^2}]$ im Fall $m \neq k$ zutrifft.

3. Die gesuchte Funktion definieren wir nun durch

$$f := \sum_{k=1}^{\infty} \frac{1}{k^2} T_k.$$

Die Reihe konvergiert normal auf $\mathbb{R}$. Nach 1. gilt nämlich $|T_k(x)| \leq 1 + \pi$ für alle $k \in \mathbb{N}$ und alle $x \in \mathbb{R}$. Sie stellt also eine stetige, 2π-periodische Funktion dar. Nach dem Vertauschungssatz für normal konvergente Reihen in 11.7 gilt $\widehat{f}(p) = \sum\limits_{k=1}^{\infty} \frac{1}{k^2}\widehat{T}_k(p)$ für alle p und folglich $S_N f = \sum\limits_{k=1}^{\infty} \frac{1}{k^2}S_N T_k$. Damit ergibt sich in $x = 0$

$$S_{2 \cdot 2^{m^2}}f(0) - S_{2^{m^2}-1}f(0) = \sum_{k=1}^{\infty} \frac{1}{k^2}\big(S_{2 \cdot 2^{m^2}}T_k(0) - S_{2^{m^2}-1}T_k(0)\big)$$

und weiter wegen $(**)$

$$S_{2 \cdot 2^{m^2}}f(0) - S_{2^{m^2}-1}f(0) = \frac{1}{k^2}\sum_{n=1}^{2^{k^2}} \frac{1}{n} > \frac{1}{k^2}\ln 2^{k^2} = \ln 2.$$

Diese Abschätzung zeigt, daß die Fourierreihe von f in $x = 0$ divergiert.

16.5 Die Besselsche Approximation periodischer Funktionen

F.W. Bessel (1784–1846) warf anläßlich seiner astronomischen Untersuchungen die Frage nach der „besten" Approximation einer periodischen Funktion f durch trigonometrische Polynome eines vorgegebenen Grades auf. In Anlehnung an die Gaußsche *Methode der kleinsten Quadrate* nahm er als Maß für die Güte der Approximation ein kontinuierliches Analogon der „Summe aller Fehlerquadrate", nämlich das Integral

$$I(T) := \int_{\mathbb{T}} |f(x) - T(x)|^2 \, dx.$$

Als „beste" Approximation gilt dann ein T, für welches I minimal wird. Es zeigt sich, daß *unter den trigonometrischen Polynomen eines Grades $\leq n$ genau das Fourierpolynom $S_n f$ dieses Minimierungsproblem löst.*

Zur Behandlung dieses Problems benützen wir Begriffe der linearen Algebra. Als kontinuierliches Analogon des euklidischen Skalarproduktes $\langle z, w \rangle = \sum_{t=1}^{n} z_t \overline{w_t}$ auf $\mathbb{C}^n$ definiert man zunächst für $f, g \in \mathscr{R}(\mathbb{T})$

$$(11) \qquad \boxed{\langle f, g \rangle := \frac{1}{2\pi} \int_{\mathbb{T}} f(t) \overline{g(t)} \, dt.}$$

Dieses Skalarprodukt ist linear in der ersten Variablen, konjugiert linear in der zweiten, und hat die Symmetrieeigenschaft $\langle f, g \rangle = \overline{\langle g, f \rangle}$. Ferner ist es positiv definit in folgendem Sinn: Für alle f gilt $\langle f, f \rangle \geq 0$ und $\langle f, f \rangle = 0$ gilt bei stetigem f nur für $f = 0$. Zwei Elemente f und $g \in \mathscr{R}(\mathbb{T})$ heißen *orthogonal zueinander*, wenn $\langle f, g \rangle = 0$ gilt.

Gemäß den Konzepten der Linearen Algebra induziert das Skalarprodukt auch eine Norm. Für $f \in \mathscr{R}(\mathbb{T})$ ist diese gegeben durch

$$(12) \qquad \|f\|_2 := \sqrt{\langle f, f \rangle} = \sqrt{\frac{1}{2\pi} \int_{\mathbb{T}} |f(t)|^2 \, dt}.$$

$\|f\|_2$ heißt die L^2-*Norm* von f bzgl. $[0; 2\pi]$. Sie unterscheidet sich von der in 11.8 (18) eingeführten 2-Norm lediglich um den in der Fouriertheorie zweckmäßigen Normierungsfaktor $\sqrt{1/2\pi}$ und erfüllt die Rechenregeln:

(i) $\|\alpha f\|_2 = |\alpha| \cdot \|f\|_2 \quad (\alpha \in \mathbb{C})$,

(ii) $\|f\|_2 \geq 0$; ferner gilt $\|f\|_2 = 0$ bei stetigem f nur für $f = 0$.

(iii) $\|f + g\|_2 \leq \|f\|_2 + \|g\|_2 \quad$ (*Dreiecksungleichung*),

Die Dreiecksungleichung kann man nach Standardverfahren der Linearen Algebra aus der in 11.8 (19) angegebenen Cauchy-Schwarzschen Ungleichung $|\langle f, g \rangle|^2 \leq \langle f, f \rangle \cdot \langle g, g \rangle$ herleiten.

Die Relationen (2) besagen in dieser Terminologie, daß die Funktionen e_ν, $\nu \in \mathbb{Z}$, ein *Orthonormalsystem* bilden: $\langle e_\nu, e_\mu \rangle = \delta_{\nu\mu}$. Ferner hat man für die Fourierkoeffizienten einer Funktion $f \in \mathscr{R}(\mathbb{T})$ die Darstellung

$$\widehat{f}(\nu) = \langle f, e_\nu \rangle, \quad \nu \in \mathbb{Z}.$$

Wir kommen auf das Besselsche Minimierungsproblem zurück. Es bezeichne $\mathscr{T}_n$ den Vektorraum der trigonometrischen Polynome eines Grades $\leq n$; $\mathscr{T}_n$ besteht aus den Linearkombinationen der e_ν mit $|\nu| \leq n$. Die Frage lautet: *Welches $S \in \mathscr{T}_n$ minimiert die Integralwerte*

$$I(T) = \int_{\mathbb{T}} |f(t) - T(t)|^2 \, dt, \quad T \in \mathscr{T}_n,$$

d.h.: *Welches $S \in \mathscr{T}_n$ minimiert die Normen $\|f - T\|_2$?* Geometrisch: *Welches $S \in \mathscr{T}_n$ hat von f den kleinsten Abstand?* Die geometrische Version legt folgende Vermutung nahe:

Es gibt genau ein $S \in \mathscr{T}_n$ derart, daß für alle $T \in \mathscr{T}_n$ $\|f - S\|_2 \leq \|f - T\|_2$ gilt; S ist charakterisiert durch die Orthogonalitätsbedingung $f - S \perp \mathscr{T}_n$, d.h. durch die Bedingung $\langle f - S, e_\nu \rangle = 0$ für $|\nu| \leq n$. Für die Koeffizienten einer eventuellen Lösung $S = \sum_{\nu=-n}^{n} c_\nu e_\nu$ besagt diese Bedingung

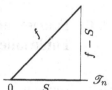

$$c_\nu = \langle S, e_\nu \rangle = \langle f, e_\nu \rangle = \widehat{f}(\nu);$$

oder: S *muß das n-te Fourierpolynom $S_n f$ sein.* Der folgende Satz bestätigt diese Vermutung und ergänzt sie in quantitativer Hinsicht.

Satz (Minimaleigenschaft der Fourierpolynome): *Es sei $f \in \mathscr{R}(\mathbb{T})$. Für jedes trigonometrische Polynom $T \neq S_n f$ eines Grades $\leq n$ gilt*

(13) $$\|f - S_n f\|_2 < \|f - T\|_2.$$

(14) $$\|f - S_n f\|_2^2 = \|f\|_2^2 - \sum_{\nu=-n}^{n} |\widehat{f}(\nu)|^2.$$

Beweis: Neben dem Fourierpolynom $S_n f = \sum_{\nu=-n}^{n} c_\nu e_\nu$ sei $T = \sum_{\nu=-n}^{n} \gamma_\nu e_\nu$ irgendein weiteres Element aus $\mathscr{T}_n$. Dann gilt wegen $\langle f, e_\nu \rangle = c_\nu$

$$\langle f - T, f - T \rangle = \|f\|_2^2 - \sum_\nu \gamma_\nu \langle e_\nu, f \rangle - \sum_\nu \overline{\gamma_\nu} \langle f, e_\nu \rangle + \sum_\nu \gamma_\nu \overline{\gamma_\nu}$$

$$= \|f\|_2^2 - \sum_\nu c_\nu \overline{c_\nu} + \sum_\nu |c_\nu - \gamma_\nu|^2.$$

Demnach wird $\|f - T\|_2$ minimal genau dann, wenn $\sum\limits_{\nu=-n}^{n} |c_\nu - \gamma_\nu|^2 = 0$
ist, d.h., wenn $\gamma_\nu = c_\nu$ gilt für alle ν. Das Minimum ergibt (14).   □

Folgerung (Besselsche Ungleichung): *Für jedes $f \in \mathscr{R}(\mathbb{T})$ gilt*

$$\sum_{\nu=-\infty}^{\infty} |\widehat{f}(\nu)|^2 \leq \|f\|_2^2.$$

Beweis: Die linke Seite in (14) ist ≥ 0 für alle n.   □

Bemerkung: Die Besselsche Ungleichung enthält die wichtige Information, daß die Folgen $(\widehat{f}(\nu))$ und $(\widehat{f}(-\nu))$, $\nu \in \mathbb{N}$, so rasch gegen Null abklingen, daß die angeschriebene Reihe konvergiert. Die Folgen $(\widehat{f}(\nu))$ und $(\widehat{f}(-\nu))$, $\nu \in \mathbb{N}$, sind also Elemente des Hilbertschen Folgenraums ℓ^2; zur Definition von ℓ^2 siehe 6.5 Aufgabe 7. In der Parsevalschen Formel 16.7 (18) wird die Besselsche Ungleichung zur Gleichheit verschärft.

16.6   Fourierreihen stückweise stetig differenzierbarer Funktionen

Durch Kombination des Darstellungssatzes in 16.2 und der Besselschen Ungleichung kann zur Konvergenz einer Fourierreihe im Fall einer stückweise stetig differenzierbaren Funktion $f \in \mathscr{R}(\mathbb{T})$ eine weitergehende Aussage gemacht werden. *Stückweise stetig differenzierbar* bedeutet hier: Es gibt eine Zerlegung $0 = t_0 < t_1 < \ldots < t_r = 2\pi$ des Periodenintervalls $[0; 2\pi]$ und stetig differenzierbare Funktionen f_k in den abgeschlossenen Teilintervallen $[t_{k-1}; t_k]$, mit denen f in den offenen Teilintervallen $(t_{k-1}; t_k)$ übereinstimmt: $f(x) = f_k(x)$ für $x \in (t_{k-1}; t_k)$.

Wir betrachten zunächst fast überall stetig differenzierbare Funktionen.

Ableitungsregel: *Ist $f \in \mathscr{R}(\mathbb{T})$ Stammfunktion zu $\varphi \in \mathscr{R}(\mathbb{T})$, so gilt*

$$(15) \qquad \widehat{\varphi}(k) = ik \cdot \widehat{f}(k), \qquad k \in \mathbb{Z}.$$

D.h.: Die Fourierreihe von φ entsteht aus der Fourierreihe von f durch gliedweises Differenzieren.

Beweis: Partielle Integration von φ ergibt wegen der Periodizität von f:

$$\widehat{\varphi}(k) = \frac{1}{2\pi} \int_0^{2\pi} \varphi(x)\,e^{-ikx}\,dx = ik \cdot \frac{1}{2\pi} \int_0^{2\pi} f(x)\,e^{-ikx}\,dx = ik \cdot \widehat{f}(k). \qquad □$$

Beispiel: Die Fourierreihe der in 16.2 Beispiel 1 betrachteten Funktion erhält man aus der Fourierreihe der in Beispiel 2 betrachteten Funktion durch gliedweises Differenzieren; siehe (6) und (7).

Satz: *Die Fourierreihe einer fast überall stetig differenzierbaren Funktion $f \in \mathscr{R}(\mathbb{T})$ konvergiert normal auf $\mathbb{R}$ gegen f.*

Beweis: Wegen $\left\| \widehat{f}(k)\, \mathbf{e}_k \right\|_{\mathbb{R}} = \left| \widehat{f}(k) \right|$ ist zu zeigen, daß $\sum\limits_{k=-\infty}^{\infty} \left| \widehat{f}(k) \right| < \infty$.

Es sei f eine Stammfunktion zu $\varphi \in \mathscr{R}(\mathbb{T})$. Für ihre Fourierkoeffizienten erhält man nach (15) mit der Ungleichung zwischen dem arithmetischen und geometrischen Mittel die Abschätzung $\left| \widehat{f}(k) \right| \leq \frac{1}{2}\left(k^{-2} + |\widehat{\varphi}(k)|^2 \right)$ für $k \neq 0$. Zusammen mit der Besselschen Ungleichung für φ folgt aus ihr die Behauptung. $\qquad\qquad\square$

Zur Untersuchung der Fourierreihe einer beliebigen stückweise stetig differenzierbaren Funktion aus $\mathscr{R}(\mathbb{T})$ bedienen wir uns einer speziellen Darstellung. Diese konstruieren wir mit Hilfe der in 15.3 (4) eingeführten 2π-periodischen Funktion $h : \mathbb{R} \to \mathbb{R}$ mit $h(2\pi n) = 0$ für $n \in \mathbb{Z}$ und

$$h(x) = \frac{\pi - x}{2} \quad \text{für } x \in (0; 2\pi).$$

h ist genau in den Punkten $2\pi n$, $n \in \mathbb{Z}$, unstetig. Da h ungerade ist, sind alle Fourierkoeffizienten $a_k = 0$; weiter ist

$$b_k = \frac{2}{\pi} \int\limits_0^\pi \frac{\pi - x}{2} \sin kx \, \mathrm{d}x = \left. \frac{-(\pi - x)\cos kx}{k\pi} \right|_0^\pi - \frac{1}{k\pi}\int\limits_0^\pi \cos kx \, \mathrm{d}x = \frac{1}{k}.$$

Die Fourierreihe von h lautet also

$$(16) \qquad Sh(x) = \sum_{k=1}^{\infty} \frac{\sin kx}{k} = \sin x + \frac{\sin 2x}{2} + \frac{\sin 3x}{3} + \dots$$

In 15.3 wurde mit Hilfe des Dirichlet-Kriteriums und des Abelschen Grenzwertsatzes gezeigt, daß die Reihe Sh in jedem kompakten Intervall in $(0; 2\pi)$ gleichmäßig gegen die Funktion h konvergiert. Aus Periodizitätsgründen konvergiert Sh auch auf jedem kompakten Intervall, das keine Sprungstelle von h enthält, gleichmäßig gegen h.

Wir brauchen ferner die um $s \in \mathbb{R}$ „verschobene" Funktion h_s, wobei $h_s(x) := h(x - s)$. Diese hat Sprungstellen genau in den Punkten $s + 2k\pi$, $k \in \mathbb{Z}$, und ihre Fourierreihe konvergiert auf jedem kompakten Intervall, das keine dieser Sprungstellen enthält, gleichmäßig gegen h_s.

Satz: *Die Fourierreihe einer stückweise stetig differenzierbaren Funktion* $f \in \mathscr{R}(\mathbb{T})$ *konvergiert auf jedem Intervall* $[a; b]$, *das keine Unstetigkeitsstelle von* f *enthält, gleichmäßig gegen* f.

Beweis: Es seien $s_1, \ldots, s_m$ die Sprungstellen von f in $[0; 2\pi)$ und $d_\mu :=$ $f(s_\mu+) - f(s_\mu-)$ die Sprunghöhen. Mit den verschobenen Funktionen $h_\mu(x) := h(x - s_\mu)$ setzen wir für $x \neq s_\mu + 2k\pi$, $\mu = 1, \ldots, m$, $k \in \mathbb{Z}$,

$$\varphi(x) := f(x) - \sum_{\mu=1}^{m} \frac{d_\mu}{\pi} h_\mu(x).$$

φ kann zu einer *stetigen*, stückweise stetig differenzierbaren Funktion auf $\mathbb{R}$ fortgesetzt werden. Die Fourierreihe dieser fortgesetzten Funktion konvergiert nach dem vorangehenden Satz normal auf $\mathbb{R}$ gegen φ. Zusammen mit der gleichmäßigen Konvergenz der Fourierreihen der h_μ auf $[a; b]$ gegen h_μ folgt die Behauptung des Satzes. $\qquad\qquad\qquad\qquad\qquad\qquad\square$

Gibbsches Phänomen

Wir analysieren das Konvergenzverhalten der Fourierreihe einer stückweise stetig differenzierbaren Funktion $f \in \mathscr{R}(\mathbb{T})$ an einer Sprungstelle s. Ist d die Sprunghöhe, $d := f(s+) - f(s-)$, so stellt $\varphi(x) := f(x) - \frac{d}{\pi} \cdot h(x - s)$ eine stückweise stetig differenzierbare Funktion in $\mathscr{R}(\mathbb{T})$ dar, die im Punkt s stetig ist. Es sei $[a; b]$ ein Intervall mit $s \in (a; b)$, das keine Sprungstelle von φ enthält. Die Fourierreihe von φ konvergiert dann auf $[a; b]$ gleichmäßig gegen φ; hingegen konvergiert dort die Fourierreihe von h_s nicht gleichmäßig: Die Ungleichmäßigkeit der Konvergenz der Fourierreihe von f rührt her von der Ungleichmäßigkeit der Konvergenz der Fourierreihe der Funktion h_s.

Wir untersuchen das Konvergenzverhalten der Fourierreihe (16) von h nahe der Sprungstelle 0. Zunächst formen wir ihre Partialsummen um: Mit

$$\sum_{k=1}^{n} \cos kt = \frac{1}{2} \sum_{k=-n}^{n} \left(\mathbf{e}_k(t) + \mathbf{e}_{-k}(t) \right) - \frac{1}{2} = \frac{1}{2} \left(D_n(t) - 1 \right)$$

erhalten wir

$$S_n h(x) = \sum_{k=1}^{n} \frac{\sin kx}{k} = \sum_{k=1}^{n} \int_{0}^{x} \cos kt \, dt = \frac{1}{2} \int_{0}^{x} \left(D_n(t) - 1 \right) dt.$$

Nach (3_D) ergibt sich für $x \in [-\pi; \pi]$ weiter

$$\frac{1}{2} \int_{0}^{x} D_n(t) \, dt = \underbrace{\frac{1}{2} \int_{0}^{x} \left(\frac{1}{\sin(t/2)} - \frac{1}{t/2} \right) \cdot \sin(n + \tfrac{1}{2})t \, dt}_{=: I(x)} + \int_{0}^{x} \frac{\sin(n + \tfrac{1}{2})t}{t} \, dt.$$

Das letzte Integral geht durch die Substitution $\tau := (n + \frac{1}{2})t$ über in

$$\int\limits_{0}^{(n+1/2)x} \frac{\sin \tau}{\tau}\, d\tau = \mathrm{Si}\big((n + \tfrac{1}{2})x\big);$$

hierbei bezeichnet Si den Integralsinus, siehe 11.7. Insgesamt folgt unter Beachtung von $-x/2 = h(x) - \pi/2$ für $x \in (0;\pi)$

$$S_n h(x) = h(x) + \mathrm{Si}\big((n + \tfrac{1}{2})x\big) - \frac{\pi}{2} + I(x).$$

Wir betrachten diese Identität an den Stellen $x_n := \pi/(n + \frac{1}{2})$, $n \in \mathbb{N}$. Da der Integrand von $I(x)$ im Intervall $(0;x_n)$ positiv ist, folgt

$$S_n h(x_n) - h(x_n) > \mathrm{Si}(\pi) - \frac{\pi}{2}.$$

Bemerkenswert an dieser Abschätzung ist, daß die Schranke $\mathrm{Si}(\pi) - \pi/2$ nicht von n abhängt. Nach 11.11 Aufgabe 17e) ist $\mathrm{Si}(\pi) > 1.178\,\pi/2$, also $S_n h(x_n) - h(x_n) > 0.089\,\pi$. Alle Werte $S_n h(x_n)$ schießen danach um mehr als 8.9% der Sprunghöhe π von h über den Wert von h hinaus. Dieses Phänomen findet sich entsprechend an den Sprungstellen jeder stückweise stetig differenzierbaren Funktion auf $\mathscr{R}(\mathbb{T})$ und heißt *Gibbsches Phänomen*.

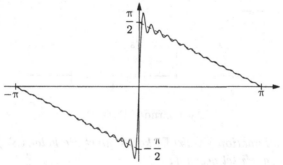

Gibbsches Phänomen am Fourierpolynom $S_{30}h$

16.7 Konvergenz im quadratischen Mittel. Die Parsevalsche Gleichung

Das Fourierpolynom $S_n f$ ist die Lösung der Aufgabe, $\|f - T\|_2$ im Raum der trigonometrischen Polynome vom Grad $\leq n$ zu minimieren. Der Approximation im quadratischen Mittel entspricht die Konvergenz im quadratischen Mittel. Diese Konvergenzart ist weniger anschaulich als die punktweise Konvergenz. In der Physik stellen Integrale der Gestalt $\int_a^b u^2(t)\, dt$ oft Energien dar.

Definition: Eine Folge (f_n) von Regelfunktionen auf einem Intervall $[a; b]$ konvergiert dort *im quadratischen Mittel* gegen die Regelfunktion f, wenn $\|f - f_n\|_2 \to 0$ gilt; ausführlich formuliert, lautet diese Bedingung

$$\int_a^b |f - f_n|^2 \, dx \to 0 \quad \text{für } n \to \infty.$$

Bemerkung: Konvergiert (f_n) auf $[a; b]$ gleichmäßig gegen f, so auch im quadratischen Mittel; es gilt nämlich $\|f - f_n\|_2 \leq \sqrt{b - a}\,\|f - f_n\|_{[a;b]}$. Dagegen folgt aus der Konvergenz im quadratischen Mittel nicht einmal die punktweise Konvergenz; denn f_n und f dürfen ohne Änderung der Integrale an endlich vielen Stellen willkürlich geändert werden. Im folgenden Beispiel des „wandernden Buckels" konvergiert (f_n) im Quadratmittel gegen die Funktion 0, die Folge $\big(f_n(x)\big)$ aber für *keinen* Punkt x.

Definition der Funktionen $f_n : [0; 1] \to \mathbb{R}$: Seien ν und k die eindeutig bestimmten ganzen Zahlen ≥ 0 mit $n = 2^\nu + k$ und $k < 2^\nu$. Wir setzen

$$f_n(x) := \begin{cases} 1 & \text{für } x \in [k2^{-\nu}; (k+1)2^{-\nu}], \\ 0 & \text{für sonstige } x \in [0; 1]. \end{cases}$$

„Wandernder Buckel"

Satz: *Für jede Funktion* $f \in \mathscr{R}(\mathbb{T})$ *konvergiert die Folge* $(S_n f)$ *auf* $[-\pi; \pi]$ *im quadratischen Mittel gegen* f:

(17) $\|f - S_n f\|_2 \to 0 \quad \text{für } n \to \infty,$

Dazu gleichwertig ist nach (14) *die Gültigkeit der sogenannten Vollständigkeitsrelation oder auch Parsevalschen Gleichung*

(18) $$\|f\|_2^2 = \sum_{\nu=-\infty}^{\infty} \big|\widehat{f}(\nu)\big|^2.$$

Bemerkungen:

1. In der Vollständigkeitsrelation (18) kommt zum Ausdruck, daß es unmöglich ist, das Orthonormalsystem $\{\mathbf{e}_k \mid k \in \mathbb{Z}\}$ durch eine stetige Funktion $f \neq 0$ so zu erweitern, daß f zu allen $\mathbf{e}_k$ orthogonal ist. Aus $\widehat{f}(k) = \langle f, \mathbf{e}_k \rangle = 0$ für alle k folgt nämlich $\|f\|_2 = 0$, d.h. $f = 0$.

2. Schreibt man die Fourierreihe von f als Cosinus-Sinus-Reihe,

$$Sf(x) = \frac{a_0}{2} + \sum_{k=1}^{\infty} (a_k \cos kx + b_k \sin kx),$$

so lautet die Parsevalsche Gleichung

$$(18') \qquad \frac{1}{\pi} \int_{\mathbb{T}} |f(x)|^2 \, dx = \frac{1}{2} |a_0|^2 + \sum_{k=1}^{\infty} (|a_k|^2 + |b_k|^2).$$

Beweis: a) Zunächst für stetiges f. Nach dem Satz von Fejér in 16.1. gibt es zu jedem $\varepsilon > 0$ ein trigonometrisches Polynom T mit $|f(x) - T(x)| < \sqrt{\varepsilon}$ für $x \in \mathbb{R}$. Für alle Fourierpolynome $S_n f$ mit $n \geq \operatorname{Grad} T$ gilt dann wegen ihrer Minimaleigenschaft (13) $\|f - S_n f\|_2^2 \leq \|f - T\|_2^2 < \varepsilon$.
b) Den allgemeinen Fall führen wir auf den einer stetigen Funktion zurück. Wie in 11.11 Aufgabe 22 zeigt man, daß es zu jedem $\varepsilon > 0$ eine stetige, 2π-periodische Funktion $\tilde{f}$ auf $\mathbb{R}$ mit $\|f - \tilde{f}\|_2 < \varepsilon$ gibt. Damit gilt

$$\|f - S_n f\|_2 \leq \|f - \tilde{f}\|_2 + \|\tilde{f} - S_n \tilde{f}\|_2 + \|S_n(\tilde{f} - f)\|_2.$$

Der erste Summand rechts ist nach Wahl von $\tilde{f}$ kleiner als ε, der zweite nach a), wenn n hinreichend groß ist. Den dritten Summanden schätzen wir mittels der für alle $g \in \mathscr{R}(\mathbb{T})$ gültigen Ungleichung $\|S_n g\|_2 \leq 2\|g\|_2$ ab; diese ergibt sich mit Hilfe der Dreiecksungleichung aus der Abschätzung $\|g - S_n g\|_2 \leq \|g\|_2$; letztere folgt aus (14). Insgesamt erhalten wir für alle hinreichend großen n die Abschätzung $\|f - S_n f\|_2 \leq 4\varepsilon$.   □

Beispiel: Nach (16) gilt für $x \in (0; 2\pi)$

$$\frac{\pi - x}{2} = \sum_{k=1}^{\infty} \frac{\sin kx}{k}.$$

Mit der Parsevalschen Gleichung ergibt sich daher

$$\sum_{k=1}^{\infty} \frac{1}{k^2} = \frac{1}{\pi} \int_0^{2\pi} \left(\frac{\pi - x}{2} \right)^2 dx = \frac{\pi^2}{6}.$$

Allgemeine Parsevalsche Gleichung: *Für $f, g \in \mathscr{R}(\mathbb{T})$ gilt*

$$\langle f, g \rangle = \frac{1}{2\pi} \int_{\mathbb{T}} f(t) \overline{g(t)} \, dt = \sum_{\nu=-\infty}^{\infty} \hat{f}(\nu) \overline{\hat{g}(\nu)}.$$

Beweis: Durch Zurückführen auf die Parsevalsche Gleichung (18) mittels der Identität $z\overline{w} = \frac{1}{4} \left(|z + w|^2 - |z - w|^2 + \mathrm{i}|z + \mathrm{i}w|^2 - \mathrm{i}|z - \mathrm{i}w|^2 \right)$.   □

16.8 Anwendung: das isoperimetrische Problem

Eine bereits in der Antike bekannte Maximaleigenschaft des Kreises knüpft an die Gründung Karthagos durch die legendäre Königin Dido an: Der numidische König überließ ihr nach einem Schiffbruch Land, „soviel mit einer Stierhaut sie einzuschließen vermochte" (Vergil: Äneis). Die Aufgabe, unter allen geschlossenen Kurven gegebener Länge diejenige zu finden, die den größten Flächeninhalt umschließt, nannten die Griechen das *isoperimetrische Problem* (von ίσος = gleich, περιμέτρον = Umfang).

Wir behandeln dieses Problem für stetig differenzierbare geschlossene Kurven $\gamma : [a; b] \to \mathbb{C}$ der Länge $L = 2\pi$ (Umfang des Einheitskreises) und zeigen, daß der umschlossene orientierte Flächeninhalt F höchstens den Betrag π (Fläche des Einheitskreises) hat und daß dieser nur von Kreisen mit Radius 1 erreicht wird. Den allgemeinen Fall kann man auf diesen durch eine Ähnlichkeitstransformation zurückführen.

Wir nehmen an, daß $\gamma : [a; b] \to \mathbb{C}$ auf Bogenlänge parametrisiert ist: $|\dot{\gamma}| = 1$. Wegen $L = \int_a^b |\dot{\gamma}| \, dt = 2\pi$ hat dann auch $[a; b]$ die Länge 2π und wegen $\gamma(a) = \gamma(b)$ kann γ zu einer 2π-periodischen Funktion auf $\mathbb{R}$ fortgesetzt werden.

Satz: *Sei $\gamma : \mathbb{R} \to \mathbb{C}$ eine stetig differenzierbare, 2π-periodische Funktion mit $|\dot{\gamma}| = 1$. Dann gilt:*

(i) *Die Kurve $\gamma : [0; 2\pi] \to \mathbb{C}$ umschließt einen orientierten Flächeninhalt F mit $|F| \leq \pi$.*

(ii) *Der maximale Wert π wird nur von Kreisen mit Radius 1 erreicht.*

Beweis (A. Hurwitz, 1859–1919)*:* Die Parsevalsche Gleichung ergibt

$$1 = \frac{1}{2\pi} \int_0^{2\pi} |\dot{\gamma}|^2 \, dt = \sum_{n=-\infty}^{\infty} |\widehat{\dot{\gamma}}(n)|^2.$$

Daraus folgt mit (15):

$$(*) \qquad \sum_{n=-\infty}^{\infty} n^2 |\widehat{\gamma}(n)|^2 = 1.$$

Andererseits ist nach der Leibnizschen Sektorformel in 12.5

$$F = \frac{1}{2} \int_0^{2\pi} (x\dot{y} - y\dot{x}) \, dt = \frac{1}{2} \operatorname{Im} \int_0^{2\pi} \overline{\gamma}\dot{\gamma} \, dt \qquad (\gamma = x + iy).$$

Mit der allgemeinen Parsevalschen Gleichung und $\widehat{\dot{\gamma}}(n) = in\widehat{\gamma}(n)$ folgt

$$F = \pi \operatorname{Im} \sum_{n=-\infty}^{\infty} \overline{\widehat{\gamma}(n)} \cdot \widehat{\dot{\gamma}}(n) = \pi \sum_{n=-\infty}^{\infty} n|\widehat{\gamma}(n)|^2.$$

Mit (∗) folgt weiter

$$\pi - |F| \geq \pi \left(\sum_{n=-\infty}^{\infty} (n^2 - |n|) |\widehat{\gamma}(n)|^2 \right) \geq 0.$$

Das beweist bereits die Aussage (i). Ferner sieht man, daß die Gleichheit $|F| = \pi$ nur eintritt, wenn $\widehat{\gamma}(n) = 0$ ist für $n \neq 0, 1, -1$, d.h. nur, wenn

$$\gamma(t) = c_0 + c_1\, e^{it} + c_{-1}\, e^{-it}, \qquad c_k = \widehat{\gamma}(k).$$

Die Gleichheit $|F| = \pi$ hat also nach der vorangehenden Darstellung von F zur Folge, daß $\left| |c_1|^2 - |c_{-1}|^2 \right| = 1$. Zusammen mit $|c_1|^2 + |c_{-1}|^2 = 1$, (∗), folgt $c_{-1} = 0$ und $|c_1| = 1$ oder $c_1 = 0$ und $|c_{-1}| = 1$. In beiden Fällen stellt γ einen Kreis mit Radius 1 dar. $\qquad\square$

16.9 Wärmeleitung in einem Ring. Die Thetafunktion

Wir betrachten die bereits von Fourier ausführlich untersuchte Wärmeleitung in einem Ring. Bei der Wärmeleitung handelt es sich um ein typisches Beispiel eines Ausgleichsprozesses.

Längs einer homogenen Kreislinie der Länge 2π, koordinatisiert durch die Bogenlänge x, sei im Zeitpunkt $t = 0$ die Temperaturverteilung $p(x)$ bekannt. Wird keine Wärme abgestrahlt, so genügt die Temperatur $u(x,t)$ am Punkt x zur Zeit $t > 0$ der sogenannten *Wärmeleitungsgleichung*

$$(\text{W}) \qquad u_{xx}(x,t) = \frac{1}{k} u_t(x,t) \quad (k > 0 \text{ Temperaturleitzahl}).$$

(Die Indizes x und t bedeuten Ableitung nach der Variablen x bzw. t.) Gesucht wird eine für $(x,t) \in \mathbb{R} \times [0,\infty)$ definierte Lösung, die der Periodizitätsbedingung (P) und der Anfangsbedingung (A) genügt:

$$(\text{P}) \qquad u(x + 2\pi, t) = u(x,t) \quad \text{für alle } (x,t) \in \mathbb{R} \times [0;\infty),$$

$$(\text{A}) \qquad u(x,0) = p(x) \quad \text{für alle } x \in \mathbb{R}.$$

Wir konstruieren zunächst periodische Lösungen für (W) der Form

$$u(x,t) = X(x) \cdot T(t)$$

mit Funktionen X und T, die nur von der Ortsvariablen x bzw. der Zeitvariablen t abhängen („Abseparieren der Zeit"). Durch Überlagerung solcher Lösungen versuchen wir dann, auch die Forderung (A) zu erfüllen.

Die Gleichung (W) für $u = X \cdot T$ lautet

$$(\text{W}^*) \qquad X'' \cdot T = \frac{1}{k} X \cdot \dot{T}.$$

XT wird nur dann eine nicht triviale Lösung, wenn für wenigstens ein Paar (x_0, t_0) $X(x_0) \neq 0$ und $T(t_0) \neq 0$ ist. (W*) und (P) führen dann mit $\lambda := \dot{T}(t_0)/T(t_0)$ zu

$$(\text{W}_X) \qquad X'' = \frac{\lambda}{k} X \quad \text{mit } X(x + 2\pi) = X(x) \text{ für alle } x,$$

$$(\text{W}_T) \qquad \dot{T} = \lambda T.$$

Jede Lösung der Differentialgleichung (W_X) ist eine Linearkombination

$$X(x) = c_1 e^{i\alpha x} + c_2 e^{-i\alpha x}, \qquad \text{wobei } \alpha^2 = -\frac{\lambda}{k}$$

$(c_1, c_2 \in \mathbb{C})$. Die Periodizitätsbedingung $X(0) = X(2\pi)$ und die analoge der Ableitung X' ergeben für c_1, c_2 die beiden Bedingungen

$$c_1 \left(1 - e^{2\pi i \alpha}\right) + c_2 \left(1 - e^{-2\pi i \alpha}\right) = 0,$$

$$\alpha \left(c_1 \left(1 - e^{2\pi i \alpha}\right) - c_2 \left(1 - e^{-2\pi i \alpha}\right)\right) = 0.$$

Dieses Gleichungssystem hat die Determinante $-2\alpha \left(2 - e^{2\pi i \alpha} - e^{-2\pi i \alpha}\right)$. Diese verschwindet genau für ganzzahliges α. Somit besitzt (W_X) genau dann eine nicht-triviale Lösung, wenn $\lambda = -kn^2$, $n \in \mathbb{Z}$, ist:

$$X(x) = c_n e^{inx} + c_{-n} e^{-inx} \qquad \left(c_n, c_{-n} \in \mathbb{C} \text{ beliebig}\right).$$

Für (W_T) ergeben sich in diesem Fall die Lösungen

$$T(t) = A e^{-kn^2 t} \qquad (A \in \mathbb{C} \text{ beliebig}).$$

Die Wärmeleitungsgleichung (W) *besitzt also die periodischen Lösungen:*

$$u_n(x, t) = \left(c_n e^{inx} + c_{-n} e^{-inx}\right) e^{-kn^2 t}, \qquad n = 0, 1, 2, \ldots$$

Wegen der Homogenität und Linearität der Gleichung (W) ist auch jede Linearkombination der u_n eine periodische Lösung von (W).

Um weitere periodische Lösungen von (W) zu gewinnen, insbesondere solche, die auch die Anfangsbedingung (A) erfüllen, bilden wir Reihen

$$(19) \qquad u(x, t) = \sum_{n=-\infty}^{\infty} c_n e^{inx} e^{-kn^2 t}.$$

Lemma: *Ist (c_n) eine beschränkte Folge komplexer Zahlen, so gilt:*

(i) *Die Reihe (19) konvergiert für alle $(x, t) \in \mathbb{R} \times \mathbb{R}_+$.*

    Für festes $t \in \mathbb{R}_+$ ist $x \mapsto u(x, t)$ eine $\mathscr{C}^2$-Funktion auf $\mathbb{R}$.

    Für festes $x \in \mathbb{R}$ ist $t \mapsto u(x, t)$ eine $\mathscr{C}^1$-Funktion auf $\mathbb{R}_+$.

    u löst die Gleichung (W) und erfüllt die Forderung (P).

(ii) *Konvergiert* $\sum\limits_{n=-\infty}^{\infty} c_n \, e^{inx_0}$, *so ist die Funktion* $t \mapsto u(x_0, t)$ *stetig auf* $[0; \infty)$.

Beweis: (i) Es genügt, die Konvergenz der Reihe (19) sowie ihre gliedweise Differenzierbarkeit nach t und 2-mal nach x zu zeigen.

Sei $|c_n| \leq c$ für alle n. Für $\varphi_n(x, t) := c_n \, e^{inx} \, e^{-kn^2 t}$ gilt dann:

$$\left| \varphi_n(x, t) \right| \leq c \, e^{-kn^2 t},$$

$$\left| \frac{\partial \varphi_n}{\partial t}(x, t) \right| \leq ckn^2 \, e^{-kn^2 t_0} \quad \text{für } t \geq t_0,$$

$$\left| \frac{\partial^s \varphi_n}{\partial x^s}(x, t) \right| \leq c|n|^s \, e^{-kn^2 t}, \quad s = 1, 2.$$

Nun konvergieren die Reihen $\sum_{n=1}^{\infty} n^\sigma \, e^{-\alpha n^2}$ für $\sigma \in \mathbb{R}$ und $\alpha > 0$ (Beweis mittels Quotientenkriterium). Nach dem Majorantenkriterium konvergieren also

$$\sum_{n=1}^{\infty} \varphi_n(x, t) \qquad \text{für jedes } (x, t) \in \mathbb{R} \times \mathbb{R}_+;$$

$$\sum_{n=1}^{\infty} \frac{\partial \varphi_n}{\partial t}(x, t) \qquad \text{für jedes } x \in \mathbb{R} \text{ normal bez. } t \text{ in } [t_0; \infty), \, t_0 > 0;$$

$$\sum_{n=1}^{\infty} \frac{\partial^s \varphi_n}{\partial x^s}(x, t) \qquad \text{für jedes } t \in \mathbb{R}_+ \text{ normal bez. } x \text{ in } \mathbb{R}, \, s = 1, 2.$$

Die Reihe (19) darf also wie gewünscht gliedweise differenziert werden.
(ii) Es genügt, die gleichmäßige Konvergenz der Reihe bezüglich $t \in [0; \infty)$ zu zeigen. Diese ergibt sich sofort mit dem Abelschen Kriterium in 15.3; wir setzen dazu $f_n(t) := e^{-kn^2 t}$ und $a_n(t) := c_n \, e^{inx_0}$. $\qquad \square$

Bemerkung: Mit Hilfe einer Ausdehnung des Abelschen Kriteriums auf Funktionen mehrerer Veränderlicher zeigt man analog: Konvergiert die Reihe $\sum_{n=-\infty}^{\infty} c_n \, e^{inx}$ gleichmäßig auf $[a; b]$, so definiert (19) eine stetige Funktion u auf $[a; b] \times [0; \infty)$.

Wir kommen schließlich zur Anfangsbedingung (A). Für die Funktion (19) lautet sie

$$p(x) = u(x, 0) = \sum_{n=-\infty}^{\infty} c_n \, e^{inx}.$$

Ist $p \in \mathscr{R}(\mathbb{T})$ eine Funktion, die sich durch ihre Fourierreihe darstellen läßt, so wählen wir in (19) c_n als n-ten Fourierkoeffizienten von p. Die im Lemma vorausgesetzte Beschränktheit der Folge (c_n) ist dann aufgrund der Besselschen Ungleichung gegeben. Wir fassen zusammen:

Satz: *Setzt man $c_n := \hat{p}(n)$, so stellt (19) auf $\mathbb{R} \times [0;\infty)$ eine Funktion u mit folgenden Eigenschaften dar:*

(i) *Auf $\mathbb{R} \times \mathbb{R}_+$ löst u die Gleichung (W) und erfüllt (P).*

(ii) *Auf $\mathbb{R} \times \{0\}$ erfüllt u die Anfangsbedingung (A).*

(iii) *Für jedes $x \in \mathbb{R}$ ist die Funktion $t \mapsto u(x,t)$ stetig auf $[0;\infty)$.*

Die Thetafunktion. Setzt man in (19) alle $c_n = 1$, ferner $k = \pi$ und schließlich $2\pi x$ statt x, so erhält man die sogenannte *Thetafunktion*

$$(20) \qquad \vartheta(x,t) := \sum_{n=-\infty}^{\infty} e^{2\pi i n x}\, e^{-\pi n^2 t} = 1 + 2\sum_{n=1}^{\infty} e^{-\pi n^2 t} \cos 2\pi n x.$$

Diese löst die spezielle Wärmeleitungsgleichung $u_{xx} = 4\pi u_t$ und hat bezüglich x die Periode 1: $\vartheta(x+1,t) = \vartheta(x,t)$.

Wir zeigen, wie man die oben konstruierte Lösung u mit Hilfe der Thetafunktion ϑ darstellen kann. Zunächst gilt

$$u(x,t) = \sum_{n=-\infty}^{\infty} \left(\frac{1}{2\pi} \int_0^{2\pi} p(\xi)\, e^{-in\xi} d\xi \right) e^{inx}\, e^{-kn^2 t}.$$

Für jedes $(x,t) \in \mathbb{R} \times \mathbb{R}_+$ konvergiert $\sum_{n=-\infty}^{\infty} p(\xi)\, e^{in(x-\xi)}\, e^{-kn^2 t}$ als Funktionenreihe bezüglich $\xi \in [0;2\pi]$ normal in $[0;2\pi]$. Die Vertauschung von Summation und Integration ergibt dann

$$u(x,t) = \frac{1}{2\pi} \int_0^{2\pi} p(\xi) \left(\sum_{n=-\infty}^{\infty} e^{in(x-\xi)}\, e^{-kn^2 t} \right) d\xi.$$

Mit (20) folgt

$$(21) \qquad u(x,t) = \frac{1}{2\pi} \int_0^{2\pi} p(\xi)\, \vartheta\!\left(\frac{x-\xi}{2\pi}, \frac{kt}{\pi} \right) d\xi.$$

Das ist die angekündigte Darstellung der oben konstruierten Lösung von (W), (P), (A). Sie findet sich im Kern bereits in Fouriers *Théorie analytique de la chaleur*. Man beachte, daß (21) die Gestalt einer Faltung hat.

Historisches. Neben der Thetafunktion (20) hat man noch weitere durch analoge Reihen definierte Thetafunktionen. Diese Funktionen sind für die Analysis, die Zahlentheorie und die Algebraische Geometrie gleichermaßen hochinteressant. Jacobi hat sie ab 1825 systematisch studiert und zur Grundlage seiner Theorie der elliptischen (d.h. in $\mathbb{C}$ doppeltperiodischen) Funktionen gemacht.

Jacobi, Carl Gustav (1804–1951). Wirkte in Königsberg und Berlin. Entwickelte 1829 unabhängig von Abel die Theorie der elliptischen Funktionen. Bahnbrechend sind auch seine Arbeiten zu den partiellen Differentialgleichungen, insbesondere zur Dynamik (Hamilton-Jacobi-Theorie der Mechanik); ferner zur Variationsrechnung und zur Himmelsmechanik.

16.10 Die Poissonsche Summenformel

Die bisherigen Ausführungen haben gezeigt, daß periodische Funktionen relativ allgemeiner Art durch Fourierreihen dargestellt werden können. Wichtige Klassen nicht periodischer Funktionen besitzen analoge Darstellungen durch Fourierintegrale. Zwischen diesen beiden Facetten der Fourieranalysis besteht eine Dualität mit weitreichenden Konsequenzen zum Beispiel in der Zahlentheorie. Wir sprechen diese Beziehung in einem einfachen Fall an.

Das Analogon zur Folge der Fourierkoeffizienten einer periodischen Funktion ist für eine nicht periodische Funktion $f : \mathbb{R} \to \mathbb{C}$ die Funktion

$$\widehat{f} : \mathbb{R} \to \mathbb{C} \quad \text{mit} \quad \widehat{f}(x) := \frac{1}{\sqrt{2\pi}} \int\limits_{-\infty}^{\infty} f(t)\, e^{-ixt}\, dt.$$

Die Existenz dieser Integrale wird durch geeignete Voraussetzungen über f sichergestellt. Gegebenenfalls heißt die Funktion $\widehat{f}$ *Fouriertransformierte* von f. Die Verwendung des Symbols $\widehat{}$ zur Bezeichnung von Fouriertransformierten einerseits wie auch zur Bezeichnung von Fourierkoeffizienten andererseits führt zu keinen Mißverständnissen, da es im ersten Fall nicht periodischen Funktionen zukommt, im zweiten Fall periodischen.

Beispiel: Sei $f(t) := e^{-|t|}$. Dann ist für jedes $x \in \mathbb{R}$

$$\widehat{f}(x) = \frac{1}{\sqrt{2\pi}} \left(\int\limits_{-\infty}^{0} e^{(1-ix)t}\, dt + \int\limits_{0}^{\infty} e^{-(1+ix)t}\, dt \right) = \frac{2}{\sqrt{2\pi}} \frac{1}{1+x^2}.$$

Satz (Poissonsche Summenformel): *Sei* $f : \mathbb{R} \to \mathbb{C}$ *eine stetige Funktion. Sowohl* f *als auch* $\widehat{f}$ *mögen eine Abklingbedingung*

$$|f(x)| \leq \frac{c}{|x|^{1+\varepsilon}} \quad \text{bzw.} \quad |\widehat{f}(x)| \leq \frac{C}{|x|^{1+\eta}} \qquad c, C, \varepsilon, \eta > 0$$

für $x \neq 0$ *erfüllen.* ($\widehat{f}$ *existiert aufgrund der Abklingbedingung an* f.) *Dann gilt für beliebige positive Konstanten* $T, \widehat{T}$ *mit* $T\widehat{T} = 2\pi$

$$\sqrt{T} \sum_{n=-\infty}^{\infty} f(nT) = \sqrt{\widehat{T}} \sum_{k=-\infty}^{\infty} \widehat{f}(k\widehat{T}).$$

Poisson, Siméon-Denis (1781–1840), frz. Mathematiker und Physiker. Professor an der École Polytechnique. Trug wesentlich zum Ausbau der Potentialtheorie bei.

Beweis: Aufgrund der Abklingeigenschaft von f konvergiert die Reihe

$$\varphi(x) := \sum_{n=-\infty}^{\infty} f\left(\frac{T}{2\pi}(x + n2\pi)\right)$$

auf jedem kompakten Intervall $[-R; R]$ normal, stellt also eine stetige Funktion auf $\mathbb{R}$ dar. Diese ist außerdem periodisch mit der Periode 2π. Ihr k-ter Fourierkoeffizient ist wegen der normalen Konvergenz der Reihe gegeben durch

$$\widehat{\varphi}(k) = \frac{1}{2\pi} \sum_{n=-\infty}^{\infty} \int_0^{2\pi} f\left(\frac{T}{2\pi}(x + n2\pi)\right) e^{-ikx}\, dx$$

$$= \frac{1}{T} \sum_{n=-\infty}^{\infty} \int_{nT}^{(n+1)T} f(t)\, e^{-ik\frac{2\pi}{T}t}\, dt$$

$$= \frac{1}{T} \int_{-\infty}^{\infty} f(t)\, e^{-ik\frac{2\pi}{T}t}\, dt = \frac{\sqrt{2\pi}}{T} \widehat{f}\left(k\frac{2\pi}{T}\right) = \sqrt{\frac{\widehat{T}}{T}}\, \widehat{f}(k\widehat{T}).$$

Hieraus folgt aufgrund der Abklingeigenschaft von $\widehat{f}$, daß die Fourierreihe von φ auf ganz $\mathbb{R}$ konvergiert. Mit dem Darstellungssatz in 16.2 ergibt sich also für alle $x \in \mathbb{R}$

$$\varphi(x) = \sqrt{\frac{\widehat{T}}{T}} \sum_{k=-\infty}^{\infty} \widehat{f}(k\widehat{T})\, e^{ikx}.$$

Für $x = 0$ ist das die behauptete Summenformel. $\square$

Beispiel 1: Sei $f(t) = e^{-|t|}$. f hat offensichtlich die im Satz vorausgesetzte Abklingeigenschaft, $\widehat{f}$ hat sie nach dem vorhergehenden Beispiel. Überdies erhält man für $T = 2\pi x$, $x > 0$, und $\widehat{T} = 1/x$

$$\sum_{n=-\infty}^{\infty} f(nT) = 1 + 2\sum_{n=1}^{\infty} \left(e^{-2\pi x}\right)^n = \frac{e^{\pi x} + e^{-\pi x}}{e^{\pi x} - e^{-\pi x}} = \coth \pi x,$$

$$\sum_{k=-\infty}^{\infty} \widehat{f}(k\widehat{T}) = \frac{2}{\sqrt{2\pi}}\left(1 + 2\sum_{k=1}^{\infty} \frac{x^2}{x^2 + k^2}\right).$$

Hieraus ergibt sich aufgrund der Poissonschen Summenformel

$$\pi \coth \pi x = \frac{1}{x} + 2\sum_{k=1}^{\infty} \frac{x}{x^2 + k^2}.$$

Diese Darstellung gilt auch für $x < 0$, da die Funktionen auf beiden Seiten ungerade sind. Sie wird als *Partialbruchzerlegung des hyperbolischen Cotangens* bezeichnet und entspricht der in 16.2 (8) aufgestellten Partialbruchzerlegung des Cotangens.

Beispiel 2: Sei $f(\tau) := \mathrm{e}^{-\tau^2/2}$. In Band 2, 10.2.I zeigen wir mit Hilfe des Cauchyschen Integralsatzes, daß die Fouriertransformierte von f die Funktion f selbst ist: $\widehat{f} = f$. Die Poissonsche Summenformel, angewendet mit $T := \sqrt{2\pi t}$ und $\widehat{T} = \sqrt{2\pi/t}$, $t > 0$, ergibt daher

$$\sqrt{t} \sum_{n=-\infty}^{\infty} \mathrm{e}^{-n^2\pi t} = \sum_{k=-\infty}^{\infty} \mathrm{e}^{-k^2\pi/t}.$$

Für die Thetafunktion (20) besagt diese Beziehung

(22) $$\sqrt{t}\,\vartheta(0,t) = \vartheta\!\left(0, \tfrac{1}{t}\right).$$

Diese von Poisson stammende Identität wird als *Transformationssatz der Thetafunktion* bezeichnet. Sie stellt ein wesentliches Hilfsmittel einer revolutionierenden Arbeit Riemanns über die Verteilung der Primzahlen dar.

16.11 Aufgaben

1. Man berechne die Fourierreihe der 2π-periodischen Funktion f mit $f(x) = x/2$ für $x \in (-\pi; \pi]$ und gebe deren Werte an.

2. Man entwickle die 2π-periodische Funktion f mit $f(x) = \cosh ax$ für $x \in [-\pi; \pi)$, $a \in \mathbb{R}^*$, in eine Fourierreihe und berechne $\sum\limits_{n=1}^{\infty} \dfrac{1}{n^2 + a^2}$.

3. Man beweise den Identitätssatz: Zwei Funktionen $f, g \in \mathscr{R}(\mathbb{T})$ mit gleichen Fourierkoeffizienten $\widehat{f}(k) = \widehat{g}(k)$, $k \in \mathbb{Z}$, stimmen an jeder Stelle, an der sie stetig sind, überein.

4. Es sei $\mathscr{A}(\mathbb{T}) := \big\{ f \in \mathscr{R}(\mathbb{T}) \mid f \text{ stetig}, \sum\limits_{k=-\infty}^{\infty} |\widehat{f}(k)| < \infty \big\}$. Man zeige:

   a) Für $f \in \mathscr{A}(\mathbb{T})$ ist $Sf = f$ auf ganz $\mathbb{R}$.

   b) Für $f, g \in \mathscr{A}(\mathbb{T})$ ist auch $fg \in \mathscr{A}(\mathbb{T})$, und es gilt

   $$\widehat{(fg)}(k) = \sum_{\nu=-\infty}^{\infty} \widehat{f}(\nu) \cdot \widehat{g}(k - \nu).$$

5. Ist $f \in \mathscr{R}(\mathbb{T})$ eine $\mathscr{C}^k$-Funktion, so gilt $\widehat{f}(n) = o(|n|^{-k})$ für $n \to \infty$.

6. Es sei S_{2n-1} das $(2n-1)$-te Fourierpolynom der in 16.2 Beispiel 1 erklärten Sprungfunktion. Man zeige:

   a) $S_{2n-1}(x) = \dfrac{1}{\pi n} \displaystyle\int_0^{2nx} \dfrac{\sin t}{\sin(t/2n)} \, \mathrm{d}t.$

b) S_{2n-1} nimmt im Intervall $[-\pi/2; \pi/2]$ genau an der Stelle $\pi/2n$ das Maximum an und an der Stelle $-\pi/2n$ das Minimum.

c) $S_{2n-1}(\pi/2n)$ strebt für $n \to \infty$ monoton gegen $\frac{2}{\pi} \operatorname{Si}(\pi)$; dabei bezeichnet Si den Integralsinus.

7. Man entwickle $\sin zx$, $z \in \mathbb{R} \setminus \mathbb{Z}$, in $(-\pi; \pi)$ in eine Fourierreihe und folgere die *Partialbruchzerlegung von* $1/\cos(\pi z/2)$:

$$\frac{1}{\cos(\pi z/2)} = \frac{2}{\pi} \sum_{\nu=0}^{\infty} (-1)^{\nu} \left(\frac{1}{2\nu + 1 - z} + \frac{1}{2\nu + 1 + z} \right).$$

Durch Potenzreihenentwicklung der Partialbruchreihe und Koeffizientenvergleich mit der in 14.5 Aufgabe 6 angeschriebenen Potenzreihe beweise man folgende Eulersche Summenformel:

$$1 - \frac{1}{3^{2n+1}} + \frac{1}{5^{2n+1}} - \frac{1}{7^{2n+1}} + \ldots = (-1)^n \frac{\pi^{2n+1}}{2^{2n+2}(2n)!} \cdot \mathrm{E}_{2n},$$

$n \in \mathbb{N}_0$; dabei ist E_{2n} die $2n$-te Euler-Zahl; vgl. 15.4 (6). Man folgere

$$(*) \qquad\qquad 1 - \frac{1}{3^3} + \frac{1}{5^3} - \frac{1}{7^3} + - \ldots = \frac{\pi^3}{32}.$$

Hieraus läßt sich leider nicht auf $\zeta(3)$ schließen.

8. Die Reihe $\sum_{n=1}^{\infty} \frac{1}{\sqrt{n}} \mathrm{e}^{\mathrm{i}nx}$ konvergiert für jedes $x \in \mathbb{R}$ und stellt eine 2π-periodische Funktion dar. Diese ist keine Regelfunktion.

9. Man zeige: Die Fourierreihe $\sum_{k=-\infty}^{\infty} c_k \mathrm{e}^{\mathrm{i}kx}$ jeder 2π-periodischen Regelfunktion f darf über jedes Intervall $[\alpha; \beta]$ gliedweise integriert werden:

$$\int_{\alpha}^{\beta} f(x)\,\mathrm{d}x = \sum_{k=-\infty}^{\infty} c_k \int_{\alpha}^{\beta} \mathrm{e}^{\mathrm{i}kx}\,\mathrm{d}x \ \left(= \lim_{n\to\infty} \sum_{k=-n}^{n} c_k \int_{\alpha}^{\beta} \mathrm{e}^{\mathrm{i}kx}\,\mathrm{d}x \right).$$

Mit Hilfe der Fourierreihe der Funktion f aus Aufgabe 1 berechne man

$$\sum_{n=1}^{\infty} (-1)^n \frac{\cos nx}{n^2} \quad \text{und} \quad \sum_{n=1}^{\infty} (-1)^n \frac{\sin nx}{n^3}.$$

Man folgere erneut die in Aufgabe 7 angegebene Summenformel $(*)$.

10. Mit Hilfe des Satzes von Fejér zeige man $\int_{-\infty}^{\infty} \left(\frac{\sin x}{x} \right)^2 \mathrm{d}x = \pi$.

11. Es sei f eine 2π-periodische Regelfunktion mit $a \leq f(x) \leq b$ für alle $x \in \mathbb{R}$. Dann gilt auch $a \leq \sigma_n f(x) \leq b$ für alle x und alle n. Bei der Folge $(\sigma_n f)$ tritt also kein Gibbsches Phänomen auf.

17 Die Gammafunktion

Die Gammafunktion ist eine der wichtigsten Funktionen der Analysis. Sie interpoliert die Fakultät $s \mapsto s! = 1 \cdot 2 \cdots s$ unter Beibehaltung der Funktionalgleichung $s! = s \cdot (s-1)!$. Infolge eines unglücklichen historischen Umstandes bezeichnet man nicht $s!$, sondern $(s-1)!$ mit $\Gamma(s)$; entsprechend lautet die Funktionalgleichung der gesuchten Funktion $\Gamma(s+1) = s \cdot \Gamma(s)$.

Bereits 1729 hat Euler Definitionen in Gestalt eines unendlichen Produktes und eines uneigentlichen Integrals angegeben. Besonders zweckmäßig ist die Definition von Gauß (1812).

17.1 Die Gammafunktion nach Gauß

Wir stellen $(s-1)!$ in einer Weise dar, die nicht voraussetzt, daß s eine natürliche Zahl ist. Mit $n \in \mathbb{N}$ gilt

$$(s-1)! = \frac{(n+s)!}{s(s+1)\cdots(s+n)}$$

$$= \frac{n!\, n^s}{s(s+1)\cdots(s+n)} \cdot \left(\frac{n+1}{n} \cdot \frac{n+2}{n} \cdots \frac{n+s}{n} \right).$$

Daraus erhalten wir durch Grenzübergang $n \to \infty$

$$(1) \qquad (s-1)! = \lim_{n \to \infty} \frac{n!\, n^s}{s(s+1)\cdots(s+n)}.$$

Wir zeigen, daß der Limes (1) auch für eine beliebige komplexe Zahl $s \neq 0, -1, -2, \ldots$ existiert.

Zunächst betrachten wir die Folge der Funktionen

$$(2) \qquad G_n(z) := \frac{z(z+1)\cdots(z+n)}{n!\, n^z}, \qquad z \in \mathbb{C};$$

dabei sei n^z mit Hilfe des reellen Logarithmus definiert durch $n^z := \mathrm{e}^{z \cdot \ln n}$.

Hilfssatz: *Es sei R eine beliebige natürliche Zahl. Für $n \geq 2R$ gibt es in $K_R(0)$ stetige Logarithmen $\ln G_n/G_{n-1}$ derart, daß die Reihe*

$$\sum_{n=2R}^{\infty} \ln \frac{G_n}{G_{n-1}}$$

in $K_R(0)$ gleichmäßig konvergiert.

Beweis: Für $|z| < R$ und $n \geq 2R$ definiere man den Logarithmus von

$$\frac{G_n(z)}{G_{n-1}(z)} = \left(1 + \frac{z}{n}\right)\left(1 - \frac{1}{n}\right)^z$$

mit Hilfe der Logarithmusreihe. Dann gilt

$$\left| \ln \frac{G_n(z)}{G_{n-1}(z)} \right| = \left| \ln\left(1 + \frac{z}{n}\right) + z \ln\left(1 - \frac{1}{n}\right) \right|$$

$$\leq \sum_{k=2}^{\infty} \left| \frac{z}{n} \right|^k + |z| \cdot \sum_{k=2}^{\infty} \frac{1}{n^k} \leq 2\frac{R^2}{n^2} \cdot \sum_{k=0}^{\infty} \left(\frac{1}{2}\right)^k = \frac{4R^2}{n^2}.$$

Diese Abschätzung beweist den Hilfssatz.   □

Satz: *Die Folge (G_n) konvergiert an jeder Stelle $z \in \mathbb{C}$. Ihre Grenzfunktion $G : \mathbb{C} \to \mathbb{C}$, $G(z) := \lim_{n\to\infty} G_n(z)$, ist stetig und hat Nullstellen genau in den Punkten $0, -1, -2, \ldots$ Weiter gilt:*

(i) $G(k) = \dfrac{1}{(k-1)!}$ *für $k \in \mathbb{N}$;*

(ii) $G(z+1) = \dfrac{1}{z} G(z)$ *für $z \neq 0$.*

Beweis: Zu $z \in \mathbb{C}$ wähle man ein $R \in \mathbb{N}$ mit $R > |z|$. Dann hat $G_N(z)$ mit $N \geq 2R$ die Darstellung

$$G_N(z) = G_{2R-1}(z) \cdot \prod_{n=2R}^{N} \frac{G_n(z)}{G_{n-1}(z)} = G_{2R-1}(z) \cdot \exp \sum_{n=2R}^{N} \ln \frac{G_n(z)}{G_{n-1}(z)}.$$

Aus dieser erhält man in Verbindung mit dem Hilfssatz sofort die ersten zwei Aussagen. Der in (i) notierte Wert wurde bereits bei (1) ermittelt. Die Identität (ii) schließlich folgt aus $G_n(z+1) = \dfrac{z+n+1}{nz} G_n(z)$.   □

Definition der Gammafunktion:

$$\boxed{\Gamma(z) := \frac{1}{G(z)} \quad \text{für } z \in \mathbb{C} \setminus \{0, -1, -2, \ldots\}.}$$

Satz: *Die Gammafunktion ist stetig und nullstellenfrei. Sie hat die Interpolationseigenschaft*

$$(3) \qquad \Gamma(k) = (k-1)!, \quad k \in \mathbb{N},$$

und erfüllt die Funktionalgleichung

$$(4) \qquad \Gamma(z+1) = z\,\Gamma(z).$$

Die Funktionalgleichung (4) steht im Zentrum der Theorie der Gammafunktion. Eine mehrmalige Anwendung ergibt für $n \in \mathbb{N}_0$ allgemein

$$(4^n) \qquad \Gamma(z+n+1) = (z+n)(z+n-1)\cdots z \cdot \Gamma(z).$$

Hiernach kann man die Gammafunktion sofort aus ihren Werten im Streifen $\{z \in \mathbb{C} \mid 0 < \operatorname{Re} z \le 1\}$ berechnen. Weiter ergibt (4^n) für $z \to -n$, $n \in \mathbb{N}_0$, die Asymptotik

$$\Gamma(z) = \frac{\Gamma(z+n+1)}{z(z+1)\cdots(z+n)} \simeq \frac{(-1)^n}{n!} \cdot \frac{1}{z+n}.$$

Die Gammafunktion erfüllt eine weitere wichtige Identität, den sogenannten Ergänzungssatz. Dieser folgt leicht aus dem Eulerschen Sinusprodukt. Mit seiner Hilfe kann man die Berechnung der Funktionswerte im Intervall $(0; 1)$ auf die Berechnung im Intervall $(0; \frac{1}{2}]$ zurückführen.

Ergänzungssatz: *Für $x \in \mathbb{R} \setminus \mathbb{N}$ gilt*

$$\boxed{\Gamma(x)\Gamma(1-x) = \frac{\pi}{\sin \pi x}.}$$

Beweis: Nach (4) und (2) ergibt sich

$$\frac{1}{\Gamma(x)\Gamma(1-x)} = \frac{1}{(-x)\Gamma(x)\Gamma(-x)} = x \cdot \lim_{n\to\infty} \prod_{k=1}^{n} \frac{(-x+k)(x+k)}{k^2}.$$

Rechts steht das Sinusprodukt 16.2 (9). Damit folgt die Behauptung. □

Beispiel: Für $x = \frac{1}{2}$ erhält man

$$(5) \qquad \boxed{\Gamma\left(\frac{1}{2}\right) = \sqrt{\pi}.}$$

Bemerkung: In Band 2 Kapitel 6 kommen wir auf die Gammafunktion zurück und behandeln sie unter funktionentheoretischen Gesichtspunkten. Wir zeigen, daß sie in $\mathbb{C} \setminus \{0, -1, -2, \ldots\}$ holomorph ist und in den Punkten $0, -1, -2, \ldots$ Pole erster Ordnung hat. Ferner erhalten wir dort kurze Beweise des Ergänzungssatzes sowie der Integraldarstellung, die wir im nächsten Abschnitt herleiten.

Konvexitätseigenschaften

Eine positive Funktion $g : I \to \mathbb{R}$ auf einem Intervall heißt *logarithmisch konvex*, wenn $\ln g$ konvex ist. Eine logarithmisch konvexe Funktion ist auch konvex: Da die Exponentialfunktion monoton wächst und konvex ist, gilt nämlich für $x, y \in I$ und $t \in [0; 1]$

$$g\big(tx + (1 - t)y\big) = e^{\ln g(tx+(1-t)y)} \leq e^{t \ln g(x)+(1-t)\ln g(y)}$$
$$\leq tg(x) + (1 - t)g(y).$$

Satz: *Die Gammafunktion ist auf $(0; \infty)$ logarithmisch konvex.*

Beweis: Die Logarithmen der Approximierenden $\dfrac{1}{G_n}$ sind auf $(0; \infty)$ konvex wegen

$$\left(\ln \frac{1}{G_n}\right)''(x) = \sum_{k=0}^{n} \frac{1}{(x + k)^2} > 0.$$

Folglich ist auch die Grenzfunktion $\ln \Gamma = \lim_{n \to \infty} \ln \dfrac{1}{G_n}$ konvex auf $(0; \infty)$.
□

Mit (4^n) sieht man weiter, daß die Gammafunktion in jedem Intervall $(-k; -k + 1)$ für gerades $k \in \mathbb{N}$ logarithmisch konvex ist und ihr Negatives für ungerades k.

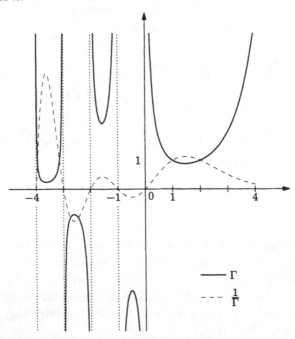

17.2 Der Eindeutigkeitssatz der Gammafunktion von Bohr und Mollerup. Die Eulersche Integraldarstellung

Die Gammafunktion ist nicht die einzige Funktion mit der Interpolations-eigenschaft (3) und der Funktionalgleichung (4). Für jede Funktion f auf $\mathbb{R}$ mit $f(1) = 1$ und der Periode 1 hat auch $f \cdot \Gamma$ diese beiden Eigenschaften. Bemerkenswert ist nun, daß die weitere Eigenschaft der logarithmischen Konvexität die Gammafunktion eindeutig festlegt.

Eindeutigkeitssatz (Bohr und Mollerup 1922): *Eine Funktion F : $(0; \infty) \to \mathbb{R}_+$ ist dort die Gammafunktion, wenn sie folgende drei Eigenschaften hat:*

a) $F(1) = 1$,

b) $F(x + 1) = x \cdot F(x)$,

c) *F ist logarithmisch-konvex.*

Beweis: Mehrmalige Anwendung von b) ergibt für $n \in \mathbb{N}$

$(\mathrm{b}_n) \quad F(x + n) = (x + n - 1) \cdots (x + 1)x \cdot F(x), \quad F(n + 1) = n!.$

F ist also bereits durch seine Werte im Intervall $(0; 1]$ bestimmt. Zu zeigen bleibt: $F(x) = \Gamma(x)$ für $0 < x < 1$.

Wegen der logarithmischen Konvexität gilt für $n \in \mathbb{N}$

$$F(n + x) = F\big(x \cdot (n + 1) + (1 - x) \cdot n\big)$$
$$\leq \big(F(n + 1)\big)^x \cdot \big(F(n)\big)^{1-x} = n! \, n^{x-1}.$$

Andererseits ist

$$n! = F(n + 1) = F\big(x \cdot (n + x) + (1 - x) \cdot (n + x + 1)\big)$$
$$\leq \big(F(n + x)\big)^x \cdot \big(F(n + x + 1)\big)^{1-x}$$
$$= \big(F(n + x)\big)^x \cdot (n + x)^{1-x}\big(F(n + x)\big)^{1-x}$$
$$= (n + x)^{1-x} F(n + x).$$

Wir erhalten damit die Einschließung

$$n! \, (n + x)^{x-1} \leq F(n + x) \leq n! \, n^{x-1}.$$

Mittels (b_n) ergibt sich daraus

$$\frac{n! \, n^x}{x(x + 1) \cdots (x + n)} \cdot \left(\frac{n + x}{n}\right)^x \leq F(x) \leq \frac{n! \, n^x}{x(x + 1) \cdots (x + n)} \cdot \frac{x + n}{n}.$$

Schließlich führt der Grenzübergang $n \to \infty$ zu $\Gamma(x) \leq F(x) \leq \Gamma(x)$. $\square$

Ein Kernstück der Theorie der Gammafunktion ist die bereits von Euler angegebene Integraldarstellung. Der Eindeutigkeitssatz von Bohr und Mollerup ermöglicht einen kurzen Beweis dafür.

Eulersche Integraldarstellung: *Für $x > 0$ gilt*

(6)
$$\Gamma(x) = \int\limits_0^\infty t^{x-1}\, e^{-t}\, dt.$$

Beweis: Die Konvergenz des Integrals haben wir bereits in 11.9 bewiesen.

Es bezeichne $F(x)$ den Wert des Integrals (6). Wir zeigen, daß die Funktion F die drei Voraussetzungen des Satzes von Bohr und Mollerup erfüllt. a) und b) haben wir bereits im Anschluß an 11.9 (20) gezeigt. Zum Nachweis von c) müssen wir zeigen, daß für $\lambda \in (0;1)$ und $x, y > 0$ gilt:

(∗)
$$F\big(\lambda x + (1 - \lambda)y\big) \le \big(F(x)\big)^\lambda \cdot \big(F(y)\big)^{1-\lambda}.$$

Wir benützen dazu die Höldersche Ungleichung für Integrale 11.8 (19):

$$\int\limits_\varepsilon^R f(t)g(t)\, dt \le \left(\int\limits_\varepsilon^R |f|^p\, dt\right)^{1/p} \cdot \left(\int\limits_\varepsilon^R |g|^q\, dt\right)^{1/q} \qquad (0 < \varepsilon < R < \infty).$$

Seien $p := \dfrac{1}{\lambda}$, $q := \dfrac{1}{1-\lambda}$ und $f(t) := t^{(x-1)/p}\, e^{-t/p}$, $g(t) := t^{(y-1)/q}\, e^{-t/q}$. Die Höldersche Ungleichung ergibt dafür

$$\int\limits_\varepsilon^R t^{\lambda x + (1-\lambda)y - 1}\, e^{-t}\, dt \le \left(\int\limits_\varepsilon^R t^{x-1}\, e^{-t}\, dt\right)^\lambda \cdot \left(\int\limits_\varepsilon^R t^{y-1}\, e^{-t}\, dt\right)^{1-\lambda}.$$

Mit $\varepsilon \downarrow 0$ und $R \to \infty$ erhält man die behauptete Ungleichung (∗).

F erfüllt die Bedingungen des Satzes von Bohr und Mollerup; also ist $F(x) = \Gamma(x)$. □

Folgerung: $\displaystyle\int_0^\infty e^{-x^2}\, dx = \frac{1}{2}\sqrt{\pi}.$

Beweis: Die Substitution $x = \sqrt{t}$ ergibt

$$\int\limits_0^\infty e^{-x^2}\, dx = \frac{1}{2}\int\limits_0^\infty \frac{e^{-t}}{\sqrt{t}}\, dt = \frac{\Gamma\left(\frac{1}{2}\right)}{2} = \frac{\sqrt{\pi}}{2}. \qquad \square$$

Bemerkung: Das Integral $\displaystyle\int_0^\infty e^{-x^2}\, dx$ spielt eine wichtige Rolle in der Wahrscheinlichkeitstheorie. Man kann es auch nach Poisson durch Rückführung auf ein Integral über $\mathbb{R}^2$ berechnen (siehe Band 2).

Als weitere Anwendung des Satzes von Bohr-Mollerup leiten wir die Legendresche Verdopplungsformel her.

Legendresche Verdopplungsformel: *Für $x > 0$ gilt*

$$\Gamma(x)\Gamma\left(x + \frac{1}{2}\right) = \frac{\sqrt{\pi}}{2^{2x-1}}\Gamma(2x).$$

Beweis: Wir setzen $F(x) := 2^x\Gamma\left(\dfrac{x}{2}\right)\Gamma\left(\dfrac{x+1}{2}\right)$. Es gilt

$$F(x+1) = 2^{x+1}\Gamma\left(\frac{x+1}{2}\right)\Gamma\left(\frac{x}{2}+1\right) = 2^{x+1}\Gamma\left(\frac{x+1}{2}\right) \cdot \frac{x}{2} \cdot \Gamma\left(\frac{x}{2}\right) = xF(x).$$

F erfüllt also die Funktionalgleichung der Gammafunktion. Ferner ist F logarithmisch-konvex, da jeder Faktor dieses ist. Nach dem Satz von Bohr und Mollerup ist daher $F(x) = F(1) \cdot \Gamma(x) = 2\sqrt{\pi} \cdot \Gamma(x)$. Ersetzt man hierin x durch $2x$, erhält man die Verdopplungsformel. $\qquad\square$

17.3 Die Stirlingsche Formel

Wir wollen $\Gamma(x)$ für $x > 0$ durch eine elementare Funktion approximieren. Als Anhaltspunkt betrachten wir $\ln n!$ für natürliche Zahlen n. Die Anwendung der Eulerschen Summationsformel 11.10 (23) auf $\ln x$ ergibt

$$\ln n! = \int_1^n \ln t\,\mathrm{d}t + \frac{1}{2}\ln n + \int_1^n \frac{H(t)}{t}\,\mathrm{d}t$$

$$= \left(n + \frac{1}{2}\right)\ln n - n + 1 + \underbrace{\int_1^\infty \frac{H(t)}{t}\,\mathrm{d}t}_{=:\,\alpha} - \int_n^\infty \frac{H(t)}{t}\,\mathrm{d}t.$$

Dabei ist H die 1-periodische Funktion mit $H(t) = t - \frac{1}{2}$ für $t \in (0;1)$ und $H(0) = 0$. (Zur Existenz der uneigentlichen Integrale: Mit einer Stammfunktion Φ zu H ergibt partielle Integration

$$\int_1^A \frac{H(t)}{t}\,\mathrm{d}t = \left.\frac{\Phi(t)}{t}\right|_1^A + \int_1^A \frac{\Phi(t)}{t^2}\,\mathrm{d}t.$$

Da jede Stammfunktion zu H beschränkt ist, existieren für $A \to \infty$ Grenzwerte.) Die Substitution $t = n + \tau$ führt unter Beachtung der Periodizität von H zu

$$\ln n! = \left(n + \frac{1}{2}\right)\ln n - n + 1 + \alpha - \int_0^\infty \frac{H(\tau)}{\tau + n}\,\mathrm{d}\tau.$$

Diese Darstellung legt es nahe, $x^{x-\frac{1}{2}} e^{-x}$ als wesentlichen Bestandteil eines Näherungswertes für $\Gamma(x)$ für große x heranzuziehen.

Unser Ziel ist es, nachzuweisen, daß die auf $(0; \infty)$ durch

$$G(x) := x^{x-\frac{1}{2}} e^{-x} e^{\mu(x)} \quad \text{mit} \quad \mu(x) := -\int\limits_0^\infty \frac{H(t)}{t+x}\, dt$$

definierte Funktion mit der Gammafunktion bis auf einen konstanten Faktor übereinstimmt, und schließlich diesen Faktor zu berechnen.

Vorweg leiten wir eine Reihendarstellung der Funktion μ her. Da H die Periode 1 hat, gilt

$$\mu(x) = -\sum_{n=0}^\infty \int\limits_n^{n+1} \frac{H(t)}{t+x}\, dt = -\sum_{n=0}^\infty \int\limits_0^1 \frac{H(t)}{t+n+x}\, dt.$$

Mit

$$g(x) := -\int\limits_0^1 \frac{t-\frac{1}{2}}{t+x}\, dt = \left(x+\frac{1}{2}\right)\ln\left(1+\frac{1}{x}\right) - 1$$

folgt also die Reihendarstellung

(7) $$\mu(x) = \sum_{n=0}^\infty g(x+n).$$

Wir zeigen jetzt, daß G die Voraussetzungen b) und c) des Satzes von Bohr-Mollerup erfüllt.

Nachweis der Funktionalgleichung: Eine einfache Umformung zeigt, daß $G(x+1) = xG(x)$ genau dann erfüllt ist, wenn

$$\mu(x) - \mu(x+1) = \left(x+\frac{1}{2}\right)\ln\left(1+\frac{1}{x}\right) - 1$$

gilt. Das ist nach der Reihendarstellung für $\mu(x)$ tatsächlich der Fall.

Nachweis der logarithmischen Konvexität: Wegen

$$\left(\ln x^{x-\frac{1}{2}} e^{-x}\right)'' = \frac{1}{x} + \frac{1}{2x^2} > 0 \quad \text{für } x > 0$$

ist der Faktor $x^{x-\frac{1}{2}} e^{-x}$ logarithmisch-konvex. Ferner sind wegen $g'' > 0$ alle Funktionen $g(x+n)$ und damit die Funktion μ konvex. G ist also logarithmisch-konvex.

Zwischenergebnis: *Die Funktion G erfüllt die Voraussetzungen b) und c) des Satzes von Bohr und Mollerup; es gibt also eine Konstante c mit*

$$\Gamma(x) = c\, G(x), \quad x > 0.$$

Bevor wir c berechnen, leiten wir noch eine wichtige Abschätzung der Funktion μ her. Wir gehen aus von der für $|y| < 1$ gültigen Entwicklung

$$\frac{1}{2} \ln \frac{1+y}{1-y} = y + \frac{y^3}{3} + \frac{y^5}{5} + \cdots$$

Wir setzen $y = 1/(2x + 1)$, multiplizieren die entstandene Identität mit $2x + 1$, bringen das erste Glied der rechten Seite nach links und erhalten

$$g(x) = \left(x + \tfrac{1}{2}\right) \ln \left(1 + \frac{1}{x}\right) - 1 = \frac{1}{3(2x+1)^2} + \frac{1}{5(2x+1)^4} + \frac{1}{7(2x+1)^6} + \cdots$$

In der rechts stehenden Reihe ersetzen wir die Faktoren $5, 7, 9, \ldots$ durch 3 und erhalten eine geometrische Reihe mit dem Wert

$$\frac{1}{3(2x+1)^2} \cdot \frac{1}{1 - \dfrac{1}{(2x+1)^2}} = \frac{1}{12x(x+1)} = \frac{1}{12x} - \frac{1}{12(x+1)}.$$

Damit folgt $0 < g(x) < \dfrac{1}{12x} - \dfrac{1}{12(x+1)}$ und weiter mit (7)

$$0 < \mu(x) < \frac{1}{12x}.$$

Wir kommen zur Berechnung der Konstanten c. Dazu tragen wir die Darstellung $\Gamma = cG$ in die Legendresche Verdopplungsformel ein und erhalten nach Kürzen

$$\sqrt{2\pi e} \cdot e^{\mu(2x) - \mu(x) - \mu(x + \frac{1}{2})} = c \left(1 + \frac{1}{2x}\right)^x.$$

Wegen $\lim\limits_{x \to \infty} \mu(x) = 0$ und $\lim\limits_{x \to \infty} \left(1 + \frac{1}{2x}\right)^x = \sqrt{e}$ folgt $c = \sqrt{2\pi}$.

Wir fassen zusammen:

Stirlingsche Formel: *Für $x > 0$ gilt*

$$\boxed{\Gamma(x) = \sqrt{2\pi}\, x^{x - \frac{1}{2}}\, e^{-x} e^{\mu(x)} \quad \text{mit } 0 < \mu(x) < \frac{1}{12x}.}$$

Insbesondere gilt für $x \to \infty$ die Asymptotik

$$\Gamma(x) \simeq \sqrt{2\pi}\, x^{x - \frac{1}{2}} e^{-x} \quad \text{oder} \quad \Gamma(x+1) \simeq \sqrt{2\pi x} \left(\frac{x}{e}\right)^x.$$

In den Anwendungen wird häufig $\sqrt{2\pi} x^{x - \frac{1}{2}}\, e^{-x}$ als Näherungswert für $\Gamma(x)$ bei großem Argument herangezogen. Wegen $\mu(x) > 0$ ist dieser Wert zu klein. Der relative Fehler aber ist kleiner als $\exp\left(\dfrac{1}{12x}\right) - 1$; schon für $x > 10$ ist er kleiner als 1 Prozent.

17.4 Aufgaben

1. Man berechne $\Gamma\left(n + \frac{1}{2}\right)$ für $n \in \mathbb{N}$.

2. Es sei a eine reelle Zahl $\neq 0, 1, 2, \ldots$ Man zeige:

$$\left|\binom{a}{n}\right| n^{a+1} \to \left|\frac{1}{\Gamma(-a)}\right| \quad \text{für } n \to \infty.$$

Anwendung: Im Fall $a \geq 0$ konvergiert die Binomialreihe $\sum\limits_{n=0}^{\infty} \binom{a}{n} x^n$ normal auf $[-1; 1]$.

3. Die *Betafunktion*. Diese wird für $(x, y) \in \mathbb{R}_+ \times \mathbb{R}_+$ definiert durch

$$B(x, y) := \frac{\Gamma(x)\Gamma(y)}{\Gamma(x + y)}.$$

Man zeige, daß sie folgende Integraldarstellung besitzt:

$$B(x, y) = \int_0^1 t^{x-1}(1 - t)^{y-1}\, dt.$$

4. Man setze in Aufgabe 3 $x = \dfrac{m}{n}$ $(m, n \in \mathbb{N})$ und $y = \dfrac{1}{2}$ und zeige:

$$\int_0^1 \frac{t^{m-1}}{\sqrt{1 - t^n}}\, dt = \frac{\sqrt{\pi}\,\Gamma\left(\dfrac{m}{n}\right)}{n\Gamma\left(\dfrac{m}{n} + \dfrac{1}{2}\right)}.$$

Man folgere mit dem Ergänzungssatz und der Verdopplungsformel:

$$\int_0^1 \frac{dt}{\sqrt{1 - t^4}} = \frac{\Gamma\left(\frac{1}{4}\right)^2}{\sqrt{32\pi}}, \qquad \int_0^1 \frac{dt}{\sqrt{1 - t^3}} = \frac{\Gamma\left(\frac{1}{3}\right)^3}{\sqrt{3}\,\sqrt[3]{16\pi}}.$$

Kombiniert man das erste Ergebnis mit 12.10 Aufgabe 8 und 11.11 Aufgabe 24 erhält man weiter

$$\Gamma\left(\tfrac{1}{4}\right)^2 = \frac{2\pi\sqrt{\pi}}{M(1, \sqrt{2}/2)}.$$

Man hat damit ein Verfahren zur schnellen Berechnung von $\Gamma\left(\frac{1}{4}\right)$.

5. Für $x > 0$ und $y > 0$ gilt

$$\int_0^{\pi/2} (\sin \varphi)^{2x-1}(\cos \varphi)^{2y-1}\, d\varphi = \frac{1}{2}B(x, y).$$

Biographische Notiz zu Euler

Leonhard Euler (1707–1783) war einer der größten Mathematiker und Universalgelehrten aller Zeiten. Seine Biographie kommt einer Geschichte der mathematischen Wissenschaften des 18. Jahrhunderts gleich.

Mit 13 Jahren bezog er die Universität Basel und wurde Schüler von Johann Bernoulli. Mit 20 Jahren berief ihn Katharina I. an die Akademie in St. Petersburg. Innerhalb weniger Jahre übernahm er die Führung unter den Mathematikern und Physikern seiner Zeit. Von 1741 bis 1766 leitete er die mathematische Klasse der Berliner Akademie Friedrichs des Großen und kehrte dann nach St. Petersburg zurück, wo er 1783 starb.

Eulers wissenschaftliches Werk erstreckt sich auf alle Zweige der Mathematik, auf Physik, Astronomie, Schiffsbau, Ballistik, Musikwissenschaft und Philosophie. Seine gesammelten Werke zählen an die 70 Bände; dazu kommt ein umfangreicher Briefwechsel mit den bedeutendsten Fachgenossen. Eulers Produktivität erstaunt um so mehr, als er zu Beginn der zweiten Petersburger Periode erblindete. Aus dieser Zeit stammt fast die Hälfte seines Werkes. Nach Gauß wird „das Studium der Eulerschen Arbeiten die beste, durch nichts anderes zu ersetzende Schule für die verschiedenen mathematischen Gebiete bleiben". Laplace nannte ihn „unser aller Meister".

Euler nahm engagiert an den geistigen Auseinandersetzungen seiner Zeit teil. Mit seiner christlichen Weltanschauung stand er im Gegensatz zu vielen Gelehrten am Hofe Friedrichs des Großen in Berlin.

Anläßlich seines 200. Todestages erschien ein 10-Franken-Schein.

Lösungen zu den Aufgaben

Kapitel 1

1. Man wende vollständige Induktion nach n an.
2. Für $k = 1, 2, \ldots, n$ wende man auf $(k+1)^{p+1}$ die Binomialentwicklung an und addiere die entstehenden Identitäten.
$$S_n^4 = \frac{1}{30} n(n+1)(2n+1)(3n^2 + 3n - 1).$$
3. Man wende die Binomialentwicklung auf $(1+1)^n$ an. Die Summe ist die Summe der Zahlen der n-ten Zeile im Pascalschen Dreieck.
4. Folgt aus Aufgabe 3, da $\binom{n}{k}$ die Anzahl der k-elementigen Teilmengen ist.
5. Jede Anordnung von k verschiedenen Teilchen, bei der die ersten k_1 Teilchen in der ersten Zelle liegen, die k_2 nächsten in der zweiten Zelle usw., repräsentiert eine Verteilung im Sinn der Aufgabe. Zwei Anordnungen repräsentieren dieselbe Verteilung, wenn jeweils die Teilchen in der ersten Zelle lediglich permutiert sind, ebenso die der zweiten Zelle usw. Also definieren $k_1! k_2! \cdots k_n!$ Anordnungen aller $k!$ Anordnungen dieselbe Verteilung.
6. Man deute eine Verteilung der k Teilchen als eine k-elementige Teilmenge der Menge aller Zellen.
7. Man ordne dem Muster von links nach rechts die Zahlen $1, 2, \ldots, n-1+k$ zu. Die Punkte bestimmen eine k-elementige Teilmenge der Menge dieser Zahlen.
8. Anderenfalls enthielte $\{f(1), f(2), \ldots, f(n)\}$ n Elemente.
9. Wären alle Faktoren ungerade, so folgte $a_1, a_3, \ldots, a_n \in \{2, 4, \ldots, n-1\}$. Nach dem Schubfachprinzip könnten dann $a_1, a_3, \ldots, a_n$ nicht alle voneinander verschieden sein.

Kapitel 2

1. Beweis durch Induktion nach n; für $n = 1$ etwa ist die Behauptung äquivalent zu $(1-x)(1+x) = 1 - x^2 < 1$.
2. Aus $0 < a < b$ folgt $\sqrt[k]{a} < \sqrt[k]{b}$. Andernfalls wäre $\left(\sqrt[k]{a}\right)^k \geq \left(\sqrt[k]{b}\right)^k$.

   Wäre $\sqrt[k]{b} - \sqrt[k]{a} \geq \sqrt[k]{b-a}$, so folgte mittels binomischer Entwicklung
   $$b \geq \left(\sqrt[k]{a} + \sqrt[k]{b-a}\right)^k \geq a + b - a + \binom{k}{1}\left(\sqrt[k]{a}\right)^{k-1} \cdot \sqrt[k]{b-a} > b.$$

3. Die Behauptung gilt für $n = 1$. Für den Schluß von n auf $n+1$ betrachten wir o.B.d.A. den Fall (∗) $x_n \leq 1 \leq x_{n+1}$ und wenden die Induktionsannahme auf das n-Tupel $x_1, \ldots, x_{n-1}, x_n \cdot x_{n+1}$ an. Aus (∗) folgt $x_n + x_{n+1} \geq 1 + x_n \cdot x_{n+1}$ und mit der Induktionsannahme weiter

$$x_1 + \ldots + x_n + x_{n+1} \geq x_1 + \ldots + x_{n-1} + x_n \cdot x_{n+1} + 1 \geq n + 1.$$

Das Gleichheitszeichen gilt nur im Fall $x_n + x_{n+1} = 1 + x_n \cdot x_{n+1}$, d.h. nur im Fall $x_n = 1$ oder $x_{n+1} = 1$. Es sei etwa $x_{n+1} = 1$. Dann folgt $x_1 \cdots x_n = 1$ und $x_1 + \ldots + x_n = n$ und damit $x_1 = \ldots = x_n = x_{n+1} = 1$.

4. Einfache Umformungen ergeben

$$A(a,b) - G(a,b) = \frac{1}{2}(\sqrt{b} - \sqrt{a})^2,$$

$$G(a,b) - H(a,b) = \frac{\sqrt{ab}}{a+b}(\sqrt{b} - \sqrt{a})^2,$$

$$A(a,b) - H(a,b) = \frac{1}{2} \cdot \frac{(b-a)^2}{b+a}.$$

Daraus liest man alle Behauptungen ab.

5. Mit den Ungleichungen aus Aufgabe 4 ergibt sich $[a_{n+1}; b_{n+1}] \subset [a_n; b_n]$; mit $A(a,b) - H(a,b) \leq \frac{1}{2}(b-a)$ ergibt sich ferner

$$b_{n+1} - a_{n+1} \leq \frac{1}{2}(b_n - a_n) \leq \ldots \leq \left(\frac{1}{2}\right)^n (b-a).$$

Nach Satz 1 gibt es also zu jedem $\varepsilon > 0$ ein n so, daß $b_n - a_n < \varepsilon$ ist. Damit folgt, daß $([a_n; b_n])$ eine Intervallschachtelung ist.

Zur Inklusion $\sqrt{ab} \in [a_n; b_n]$. Wegen $H(a,b) \cdot A(a,b) = ab$ gilt zunächst $a_{n+1} b_{n+1} = a_n b_n = \ldots = ab$. Nach den Ungleichungen der Aufgabe 4 ist also $\sqrt{ab} = \sqrt{a_n b_n} \in [a_{n+1}; b_{n+1}]$.

Die Abschätzung der Längen der Intervalle ergibt sich mit Hilfe der Ungleichung $A(a,b) - H(a,b) \leq \frac{1}{4a}(b-a)^2$.

6. Analog zur Lösung von Aufgabe 5.

7. Die Beziehungen $f_{2n} = G(f_n, F_n)$ und $F_{2n} = H(f_{2n}, F_n)$ verifiziert man durch elementargeometrische Betrachtungen. Für die Folgen (a_k) und (b_k) besagen sie die Rekursionsformeln $a_{k+1} = G(a_k, b_k)$ und $b_{k+1} = H(a_{k+1}, b_k)$. Mit den Ungleichungen aus Aufgabe 4 ergeben sich daraus die Inklusionen $[a_{k+1}; b_{k+1}] \subset [a_k; b_k]$. Weiter gilt allgemein die Abschätzung (es sei $a \leq b$)

$$G(a,b) - H(G(a,b),b) \leq G(a,b) - H(a,b) = \frac{\sqrt{ab}}{a+b}(\sqrt{b} - \sqrt{a})^2 \leq \frac{1}{2}(b-a);$$

(Begründung: $\sqrt{ab}/(a+b) \leq \frac{1}{2}$ wegen $G(a,b) \leq A(a,b)$; $\sqrt{b} - \sqrt{a} \leq \sqrt{b-a}$ nach Aufgabe 2). Mit dieser Abschätzung folgt $b_{k+1} - a_{k+1} \leq (\frac{1}{2})^k (b-a)$. Das beweist, daß $([a_k; b_k])$ eine Intervallschachtelung ist.

8. Es gebe eine Darstellung $\sqrt[k]{n} = p/q$ mit $p, q \in \mathbb{N}$. Wir nehmen p und q als teilerfremd an. Aus $nq^k = p^k$ folgt wegen der Eindeutigkeit der Primfaktorzerlegung, daß p^k die Zahl n teilt: $n = n'p^k, n' \in \mathbb{N}$. Dann ist $n'q^k = 1$, also $n' = 1$ und $\sqrt[k]{n} = p$.

9. $\sup M = \max M = 3/2$, $\inf M = 0$, M hat kein Minimum.

10. a) Sei $s := \sup A$ und $i := -s$. Für $x \in -A$ ist $-x \in A$; also gilt $-x \leq s$, woraus $x \geq i$ folgt. i ist also eine untere Schranke für $-A$. Weiter: Aus $i' > i$ folgt $-i' < -i = s$. Es gibt also ein $x \in A$ mit $-i' < x \leq s$. Wegen $-x \in A$ und $i' > -x \geq -s$ ist i' keine untere Schranke von A.

b) Analog zu a).

11. Nach Satz 5 gibt es zu jedem $n \in \mathbb{N}$ zwei rationale Zahlen a'_n und b'_n mit $x - 1/n < a'_n < x < b'_n < x + 1/n$. Man setze $a_n := \max\{a'_1, \ldots, a'_n\}$ und $b_n := \min\{b'_1, \ldots, b'_n\}$. Dann ist $([a_n; b_n])$ eine Intervallschachtelung mit den gewünschten Eigenschaften.

12. Wir betrachten den Fall halboffener Intervalle $[a; b)$. Ein solches ist die Vereinigung der kompakten Intervalle $[a; b_n]$ mit $b_n := (b - a)/2^n$, $n \in \mathbb{N}$. Die übrigen Fälle behandelt man analog.

13. Wir betrachten $W := \{n \in \mathbb{N} \mid A(n) \text{ ist falsch}\}$. Für $W = \emptyset$ ist nichts zu zeigen. Sei also $W \neq \emptyset$ und m die kleinste Zahl in W (Satz 4). Wegen $A(1)$ gilt $1 \notin W$; also ist $m > 1$. Nach Definition von W sind $A(1), \ldots, A(m - 1)$ richtig. Mit (II) ist dann auch $A(m)$ richtig, somit $m \notin W$. Widerspruch!

14. $\mathscr{E}(\mathbb{N})$ ist die Vereinigung der abzählbar vielen Mengen $\mathscr{P}(\mathbb{N}_n)$, $n \in \mathbb{N}$, und $\mathscr{P}(\mathbb{N}_n)$ ist endlich ($\mathbb{N}_n$ hat nach 1.3 Aufgabe 4 2^n Teilmengen).

Zu $\mathscr{P}(\mathbb{N})$. Es gibt ein $m \in \mathbb{N}$ mit $f(m) = A$. Für m gibt es die zwei Möglichkeiten: $m \in f(m)$ und $m \notin f(m)$. Die erste impliziert $m \notin A = f(m)$, die zweite $m \in A = f(m)$; beide führen also zu einem Widerspruch. Es kann daher keine Bijektion $f : \mathbb{N} \to \mathscr{P}(\mathbb{N})$ geben.

15. Wir betrachten den Fall, daß A abzählbar ist. Es seien $f : \mathbb{R} \to M$ und $g : \mathbb{N} \to A$ bijektive Abbildungen. Dann ist

$$\phi : \mathbb{R} \to M \cup A, \quad \phi(r) := \begin{cases} f(r), & \text{falls } r \notin \mathbb{N}, \\ f(l), & \text{falls } r = 2l, \\ g(l), & \text{falls } r = 2l - 1, \end{cases}$$

ebenfalls bijektiv.

Um zu sehen, daß alle Intervalle die gleiche Mächtigkeit haben wie $\mathbb{R}$, genügt es, dies für offene Intervalle zu zeigen, und dazu wiederum, es für $(-1; 1)$ zu zeigen, da jedes offene Intervall durch eine lineare Funktion $x \mapsto ax + b$ bijektiv auf $(-1; 1)$ abgebildet werden kann. Das Intervall $(-1; 1)$ nun wird durch $x \mapsto x/(1 - |x|)$ bijektiv auf $\mathbb{R}$ abgebildet.

Kapitel 3

1. a) $\dfrac{1}{1 + i} = \dfrac{1 - i}{(1 + i)(1 - i)} = \dfrac{1}{2} - \dfrac{1}{2}i$;

b) $\dfrac{3 + 4i}{2 - i} = \dfrac{(3 + 4i)(2 + i)}{(2 - i)(2 + i)} = \dfrac{2}{5} + \dfrac{11}{5}i$;

c) $\left(\dfrac{1 + i}{1 - i}\right)^k = i^k = \begin{cases} (-1)^n & \text{für } k = 2n, \quad n \in \mathbb{Z}; \\ (-1)^n i & \text{für } k = 2n + 1, \quad n \in \mathbb{Z}; \end{cases}$

d) $\sqrt{i} = \pm\dfrac{\sqrt{2}}{2}(1 + i)$.

2. $z \in S^1$ bedeutet $|z|^2 = z\bar{z} = 1$; also ist $z^{-1} = \bar{z}$. Aus $|z| = |w| = 1$ folgt $|zw| = |z||w| = 1$ und $|z/w| = |z|/|w| = 1$.

3.

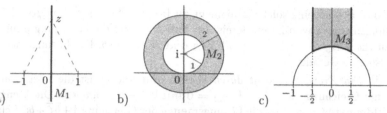

a) M_1 b)   c) $-1\ -\frac{1}{2}\ \ 0\ \ \frac{1}{2}\ \ 1$

M_i besteht aus den grau und den fett gezeichneten Punktmengen.

4. a) Wörtlich wie im Fall reeller Zahlen; siehe 2.2.

b) $|z+w|^2 + |z-w|^2 = (z+w)\overline{(z+w)} + (z-w)\overline{(z-w)} = 2(|z|^2 + |w|^2)$.
Deutung: Die Summe der Quadrate über den beiden Diagonalen eines Parallelogramms ist das Doppelte der Summe der Quadrate über den beiden Seiten.

5. Eine Beziehung $z_3 - z_1 = r(z_2 - z_1)$ mit $r \in \mathbb{R}$ ist gleichbedeutend damit, daß die Vektoren $z_3 - z_1$ und $z_2 - z_1$ $\mathbb{R}$-linear abhängig sind.

6. Wegen $\zeta^6 = (\zeta^2)^3 = 1$ sind die 6. EW gerade die Quadratwurzeln aus den 3. EW. Letztere sind 1, ζ_1 und $\zeta_2 = \zeta_1^2$ (siehe 3.3); die Quadratwurzeln daraus

$$\eta_0 = 1,\ \eta_3 = -1;\ \eta_1 = \tfrac{1}{2} + \tfrac{1}{2}\sqrt{3}\mathrm{i},\ \eta_4 = -\eta_1;\ \eta_2 = -\tfrac{1}{2} + \tfrac{1}{2}\sqrt{3}\mathrm{i},\ \eta_5 = -\eta_2.$$

Man verifiziert leicht, daß $|\eta_{k+1} - \eta_k| = 1$ für $k = 0, 1, \ldots, 5$. Die Punkte $\eta_0, \eta_1, \ldots, \eta_5$ bilden also die Ecken eines gleichseitigen 6-Ecks.

7. a) Die angegebene Darstellung von $z^4 + z^3 + z^2 + z + 1$ bestätigt man sofort aufgrund der in 2.3 notierten Beziehungen für g und h. Die Lösungen von $z^5 - 1 = (z-1)(z^4 + z^3 + z^2 + z + 1) = 0$ sind neben $\zeta_0 := 1$ die Lösungen der beiden Gleichungen $z^2 - hz + 1 = 0$ und $z^2 + gz + 1 = 0$. Die erste hat die Lösungen $\zeta_{1,4} = \tfrac{1}{2}(h \pm \mathrm{i}\sqrt{4 - h^2}) = \tfrac{1}{2}(g - 1 \pm \mathrm{i}\sqrt{2 + g})$, die zweite $\zeta_{2,3} = \tfrac{1}{2}(-g \pm \mathrm{i}\sqrt{3 - g})$.

b) Beweis durch Nachrechnen.

c) Für $k = 0, 1, 2, 3, 4$ gilt $|\zeta_{k+1} - \zeta_k| = |\zeta^{k+1} - \zeta^k| = |\zeta - 1|$. Die Punkte $\zeta_0, \zeta_1, \zeta_2, \zeta_3, \zeta_4$ bilden also die Ecken eines gleichseitigen 5-Ecks.

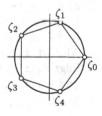

d) Wegen $\zeta^2 = \zeta_2$ ist $|\zeta^2 - 1|$ die Länge der Diagonale zwischen 1 und ζ_2; $|\zeta - 1|$ ist die Länge einer Kante des 5-Ecks. Diese beiden Längen stehen im Verhältnis $|\zeta^2 - 1| : |\zeta - 1| = |\zeta + 1| = \tfrac{1}{2}|h + 2 + \mathrm{i}\sqrt{4 - h^2}| = \sqrt{h + 2} = g$.

8. Ein Kreis in $\mathbb{C}$ mit Mittelpunkt z_0 und Radius $r > 0$ ist die Menge der $z \in \mathbb{C}$ mit $|z - z_0| = r$. Diese Bedingung ist gleichwertig mit

$$(z - z_0)\overline{(z - z_0)} = |z|^2 - \overline{z_0}z - z_0\overline{z} + |z_0|^2 = r^2.$$

Eine Gerade in $\mathbb{R}^2$ ist eine Menge $\{(x, y) \mid Ax + By + c = 0\}$ für geeignete $A, B, c \in \mathbb{R}$. Das ist die Menge der $z = x + \mathrm{i}y$ mit

$$\overline{b}z + b\overline{z} + c = 0, \quad \text{wobei } b = \tfrac{1}{2}(A + \mathrm{i}B).$$

Kreise und Geraden sind also Lösungsmengen von Gleichungen der behaupteten Bauart. Es liege umgekehrt eine Gleichung der genannten Art vor. Im

Fall $a \neq 0$ ist eine solche äquivalent zu $|z + b/a|^2 = (|b|^2 - ac)/a^2$. Die Lösungsmenge davon ist ein Kreis. Im Fall $a = 0$ ist die Gleichung äquivalent zu $Ax + By + c = 0$ mit $A = 2\,\mathrm{Re}\,b$ und $B = 2\,\mathrm{Im}\,b$. Die Lösungsmenge ist also eine Gerade.

9. (i) *Ein Kreis, der nicht durch 0 geht.* Ein solcher ist die Lösungsmenge einer Gleichung $|z|^2 + \bar{b}z + b\bar{z} + c = 0$ mit $|b|^2 - c > 0$, $c \neq 0$. Die Menge der Bildpunkte $\zeta = z^{-1}$ ist die Lösungsmenge der Gleichung $1 + \bar{b}\zeta + b\zeta + c|\zeta|^2 = 0$. *Das Bild des Kreises ist also wieder ein Kreis, der nicht durch 0 geht.*

(ii) *Ein Kreis, der durch 0 geht.* Ein solcher ist die Lösungsmenge einer Gleichung $|z|^2 + \bar{b}z + b\bar{z} = 0$ mit $b \neq 0$ und $c \neq 0$. Die Menge der Bildpunkte $\zeta = z^{-1}$, $z \neq 0$, ist die Lösungsmenge der Gleichung $1 + \bar{b}\zeta + b\zeta = 0$. *Das Bild des Kreises ist also eine Gerade, die nicht durch 0 geht.*

(iii) *Eine Gerade, die nicht durch 0 geht.* Eine solche ist die Lösungsmenge einer Gleichung $\bar{b}z + b\bar{z} + c = 0$ mit $b \neq 0$. Die Menge der Bildpunkte $\zeta = z^{-1}$ ist die Lösungsmenge der Gleichung $\bar{b}\zeta + b\zeta + c|\zeta|^2 = 0$, $\zeta \neq 0$. *Das Bild der Gerade ist also ein Kreis (durch 0) ohne den Punkt 0.*

(iv) *Eine Gerade, die durch 0 geht.* Eine solche ist die Lösungsmenge einer Gleichung $\bar{b}z + b\bar{z} = 0$, $b \neq 0$. Die Menge der Bildpunkte $\zeta = z^{-1}$, $z \neq 0$, ist die Lösungsmenge der Gleichung $\bar{b}\zeta + b\zeta = 0$, $\zeta \neq 0$. *Das Bild der Gerade ist also eine Gerade (durch 0) ohne den Punkt 0.*

10. Es gilt $a = |m + in|^2$ und $b = |p + iq|^2$. Damit folgt $ab = |(m + in)(p + iq)|^2 = (mp - nq)^2 + (np + mq)^2$.

Kapitel 4

1. Sei $x_1 < x_2$. Ist $[x_1] = [x_2]$ so gilt $f(x_1) < f(x_2)$ wegen $\sqrt{x_1 - [x_1]} < \sqrt{x_2 - [x_2]}$. Ist $[x_1] < [x_2]$, so gilt $f(x_1) < f(x_2)$, weil sogar $[x_2] \geq [x_1] + 1$ gilt, während $\sqrt{x_1 - [x_1]} < 1$ ist.

2. a) Zu $z = x + iy$ sei $m := \min\{x - [x], x - [x] + 1\}$.
    Dann ist $d_{\mathbb{Z}}(z) = \sqrt{m^2 + y^2}$.
    b) Für $z, w \in \mathbb{C}$ und jedes $a \in A$ gilt $d_A(z) \leq |z - a| \leq |z - w| + |w - a|$. Also ist $d_A(z)$ eine untere Schranke für $\{|z - w| + |w - a| \mid a \in A\}$. Damit folgt $d_A(z) \leq |z - w| + d_A(w)$. Zusammen mit der durch Vertauschen von z und w entstehenden Ungleichung folgt $|d_A(z) - d_A(w)| \leq |z - w|$.

3. Sei $f(z) = a_0 + a_1 z + a_2 z^2 + \ldots$ Offensichtlich ist f gerade bzw. ungerade, wenn $a_1 = a_3 = a_5 = \ldots = 0$ bzw. $a_0 = a_2 = a_4 = \ldots = 0$ gilt. Sei umgekehrt f gerade. Dann ist $f(z) - f(-z) = 2(a_1 z + a_3 z^3 + a_5 z^5 + \ldots) = 0$ für alle $z \in \mathbb{C}$. Mit dem Identitätssatz folgt daraus $a_1 = a_3 = a_5 = \ldots = 0$. Analog zeigt man für ungerades f, daß $a_0 = a_2 = a_4 = \ldots = 0$.

    φ besitzt die Zerlegung $\varphi = g + u$ mit $g(z) = \frac{1}{2}(\varphi(z) + \varphi(-z))$ und $u(z) = \frac{1}{2}(\varphi(z) - \varphi(-z))$. Offensichtlich ist g gerade und u ungerade. Die Eindeutigkeit einer Zerlegung $\varphi = g + u$ in einen geraden Anteil g und einen ungeraden Anteil u ergibt sich daraus, daß aus einer analogen Darstellung $0 = g + u$ notwendig $g = u = 0$ folgt; letzteres folgt aus den beiden Identitäten $g(z) + u(z) = 0$ und $g(z) - u(z) = g(-z) + u(-z) = 0$.

4. Es sei $f(z) = \sum_{k=0}^{n} a_k z^k$. $\overline{f(x)} = f(x)$ für alle $x \in \mathbb{R}$ ist gleichbedeutend mit $\sum_{k=0}^{n} \overline{a_k} x^k = \sum_{k=0}^{n} a_k x^k$, und dieses nach dem Identitätssatz mit $\overline{a_k} = a_k$ für alle k.

5. Unmittelbar aus dem Additionstheorem (6) der Binomialkoeffizienten.

6. Aus einer Darstellung $f(z) = (z - \alpha)^k g(z)$ folgt mit der Produktregel

$$f'(z) = (z - \alpha)^{k-1}(kg(z) + (z - \alpha)g'(z)).$$

7. $z^2 - 1 + \dfrac{1+\mathrm{i}}{2(z+\mathrm{i})} + \dfrac{1-\mathrm{i}}{2(z-\mathrm{i})} + \dfrac{1}{z^3} - \dfrac{1}{z}$.

8. Die Polstellen sind $0, -1, \ldots, -n$. Da diese einfach sind, hat die PBZ die Bauart $\sum_{k=0}^{n} a_k/(z + k)$. Für die a_k erhält man mit (9*) die angegebenen Werte.

9. a) Die Zahlen $c_0, \ldots, c_n$ sind rekursiv berechenbar: $c_0 = P(z_0) = w_0$. Sind $c_0, \ldots, c_{\nu-1}$ bereits bestimmt, so ergibt sich c_ν aufgrund der Forderung

$$P(z_\nu) = w_\nu = c_0 + \sum_{k=1}^{\nu-1} c_k(z_\nu - z_0) \cdots (z_\nu - z_{k-1}) + c_\nu(z_\nu - z_0) \cdots (z_\nu - z_{\nu-1}).$$

Diese Gleichung ist (eindeutig) lösbar wegen $(z_\nu - z_0) \cdots (z_\nu - z_{\nu-1}) \neq 0$.

b) Es ist $(z - 0) \cdots (z - k + 1) = k!\binom{z}{k}$.

10. a) $\binom{m}{k}$, $k = 0, 1, \ldots$ ist für jedes $m \in \mathbb{Z}$ eine ganze Zahl.

b) Besitzt P eine Darstellung wie in 9b) mit $b_k \in \mathbb{Z}$, so ist nach a) $P(m)$ für jedes $m \in \mathbb{Z}$ eine ganze Zahl. Sei umgekehrt P ganzwertig. Dann gilt $b_0 \in \mathbb{Z}$ wegen $b_0 = P(0)$; ist bereits gezeigt, daß $b_0, \ldots, b_{m-1} \in \mathbb{Z}$, so folgt $b_m \in \mathbb{Z}$ aus $b_m = P(m) - \sum_{k=0}^{m-1} b_k\binom{m}{k}$.

11. Man verwende die in 4.1 aufgestellte Zerlegung $T = L_2 \circ I \circ L_1$. $L_1(k)$ ist ein Kreis, der nicht durch 0 geht; $I(L_1(k))$ ist dann ebenfalls ein solcher Kreis nach 3.5 Aufgabe 9; damit schließlich auch $L_2(I(L_1(k)))$.

12. Sei P_n, $n \in \mathbb{N}$, die Menge der Polynome $a_k z^k + \ldots + a_1 z + a_0$ mit $k \leq n$ und ganzen Koeffizienten a_i mit $|a_i| \leq n$; ferner sei A_n die Menge der Nullstellen von Polynomen aus P_n. P_n und A_n sind endliche Mengen. Die Vereinigung der A_n ist die Menge aller algebraischen Zahlen. Diese ist somit abzählbar.

Kapitel 5

1. a) Regel 5. in 5.1 impliziert $\lim_{n\to\infty} P(n)/2^n = 0$ für jedes Polynom P, also speziell $\lim_{n\to\infty} \binom{n}{k}/2^n = 0$;

b) (a_n) konvergiert nicht, weil $(|a_{n+1} - a_n|)$ keine Nullfolge ist.

c) $\lim \sqrt[n]{a^n + b^n + c^n} = \max\{a, b, c\}$ (vgl. 5.2).

d) im Fall $P = 0$ ist $\lim a_n = 0$; andernfalls ist $|P(n)| \simeq a n^r$ ($r = \text{Grad } P$, $a > 0$) für $n \to \infty$, also nach der Einschließungsregel $\lim \sqrt[n]{|P(n)|} = 1$;

e) für $a > 1$ oder $a = 1$, $s < 0$ ist $\lim a_n = \lim \dfrac{1 - n^s a^{-n}}{1 + n^s a^{-n}} = 1$ (Regel 5. in 5.1), für $a < 1$ oder $a = 1$, $s > 0$ ist $\lim a_n = \lim \dfrac{a^n n^{-s} - 1}{a^n n^{-s} + 1} = -1$, und für $a = 1$, $s = 0$ ist $\lim a_n = 0$;

2. Für $x_n = \sqrt[n]{n} - 1$ gilt $n = (1 + x_n)^n \geq 1 + \binom{n}{3} x_n^3$. Also ist $x_n^3 \leq 12 n^{-2}$ für
   $n \geq 4$ und $\sqrt{n} \cdot x_n \leq 3 n^{-1/6}$. Damit folgt $\lim \sqrt{n} \cdot x_n = 0$.

3. Zu $\varepsilon > 0$ gibt es ein N so, daß $|a_n - a| < \varepsilon^k$ für $n > N$. Nach 2.5 Aufgabe 2
   gilt für diese n $\left| \sqrt[k]{a_n} - \sqrt[k]{a} \right| \leq \sqrt[k]{|a_n - a|} \leq \varepsilon$.

4. Es gilt $a > \sqrt{n} > n/a$ für $n < a^2$; daraus folgen die Ungleichungen wegen
   des streng monotonen Wachsens der Wurzelfunktion (siehe 2.5 Aufgabe 2).
   Die Limiten ergeben sich anhand der Darstellungen
   $$a_n = \frac{a}{\sqrt{n+a} + \sqrt{n}} < \frac{a}{\sqrt{n}}, \quad b_n = \frac{\sqrt{n}}{\sqrt{n+\sqrt{n}} + \sqrt{n}} = \frac{1}{\sqrt{1 + \sqrt{n}/n} + 1},$$
   $$c_n = \sqrt{n}(\sqrt{1 + 1/a} - 1).$$

5. $2 \dfrac{\sqrt{1 + a_n} - 1}{a_n} = 2 \dfrac{a_n}{a_n(\sqrt{1 + a_n} + 1)} \to 1$ nach Aufgabe 3.

6. $(-1)^n \binom{-1/2}{n} = \left| \binom{-1/2}{n} \right| = (2n-1) \left| \binom{1/2}{n} \right| \simeq \dfrac{1}{p\sqrt{n}}$ nach (4).

7. Es gilt $x_{n+1} - 1/a = -a(x_n - 1/a)^2$. Daraus folgt $x_n \leq 1/a$ für $n \geq 1$
   und mit $x_{n+1} - x_n = x_n(1 - a x_n)$ weiter $0 < x_n \leq x_{n+1}$. Die Folge (x_n)
   wächst also ab $n = 1$ monoton und ist nach oben durch $1/a$ beschränkt. Sie
   besitzt somit einen positiven Grenzwert. Dieser ist die positive Lösung der
   Gleichung $x = x(2 - ax)$; d.h., es gilt $x_n \to 1/a$. Die Konvergenz ist nach
   der ersten Beziehung quadratisch. Für $a = 3$, $x_0 = 0.3$ ergibt sich $x_1 = 0.33$,
   $x_2 = 0.3333$, $x_3 = 0.33333333$.

8. Es gilt $x_n > 0$ (Induktion). Sodann zeigt man
   $$(*) \qquad\qquad x_{n+1} - \sqrt{a} = (x_n - \sqrt{a})^3 / (3x_n^2 + a).$$
   Daraus folgt, daß alle Differenzen $x_n - \sqrt{a}$ das gleiche Vorzeichen haben.
   Weiter ist $x_{n+1} - x_n = 2 x_n (a - x_n^2)/(3 x_n^2 + a)$. Damit folgt:
   (i) $x_0 > \sqrt{a} \Longrightarrow (x_n)$ fällt monoton und hat einen Grenzwert $x \geq \sqrt{a}$;
   (ii) $x_0 < \sqrt{a} \Longrightarrow (x_n)$ wächst monoton und hat einen Grenzwert $x \in$
   $(0; \sqrt{a}]$.
   Zur Berechnung von x erhält man aus der Rekursionsformel die Gleichung
   $x(3x^2 + a) = (x^2 + 3a)x$; deren einzige positive Lösung ist $\sqrt{a}$.
   Die kubische Konvergenz $x_n \to \sqrt{a}$ folgt aus $(*)$ wobei $1/(3x_n^2 + a) < 1/a$
   für fast alle n.

9. (i) Die Rekursionsformel und die Identität $g = 1 + 1/g$ ergeben
   $$|x_n - g| = \frac{|x_{n-1} - g|}{(g x_{n-1})} = \ldots = \frac{|x_0 - g|}{(g^n x_{n-1} x_{n-2} \cdots x_0)}.$$
   Wegen $x_0 = 1$ und $x_n \geq 1$ (Induktion!) folgen daraus die behauptete Ab-
   schätzung und mit dieser die Konvergenz $x_n \to g$.
   (ii) Unter dieser „geschachtelten Wurzel" versteht man die durch $y_0 = 1$
   und $y_{n+1} = \sqrt{1 + y_n}$ definierte Folge (y_n). Es gilt $y_n \geq 1$ (Induktion!) und
   $$|y_n - g| = \frac{|y_{n-1} - g|}{y_n + g} \leq \frac{|y_{n-1} - g|}{1 + g} = \frac{|y_{n-1} - g|}{g^2} \leq \ldots \leq \frac{|y_0 - g|}{g^{2n}} = \frac{1}{g^{2n+1}},$$
   also wieder $\lim y_n = g$.

10. Die durch $x_n = f_{n+1}/f_n$ definierte Folge (x_n) erfüllt $x_n = 1 + 1/x_{n-1}$, $x_0 = 1$, stimmt also mit der Folge (x_n) aus Aufgabe 9 überein.

11. a) Es gelte $\lim a_n = a$. Zu vorgegebenem $\varepsilon > 0$ existiert ein Index N mit $|a_k - a| < \varepsilon/2$ für $k > N$. Für $n > \max \{N, 2\varepsilon^{-1} \cdot \sum_{k=1}^{N} |a_k - a|\}$ ist

$$|s_n - a| \leq \frac{1}{n} \sum_{k=1}^{N} |a_k - a| + \frac{1}{n} \sum_{k=N+1}^{n} |a_k - a| \leq \frac{\varepsilon}{2} + \frac{\varepsilon \cdot (n - N)}{2n} \leq \varepsilon.$$

b) $a_n = (-1)^n$; für diese Folge ist $\lim s_n = 0$.

12. Es sei $a_n = i^n + 1/2^n$. Für die Zahlen $t \in \{0, 1, 2, 3\}$ gilt $\lim_{n \to \infty} a_{4n+t} = \lim_{n \to \infty} (i^t + 1/(16^n 2^t)) = i^t$. Also sind $1, i, -1, -i$ Häufungswerte von (a_n). Weitere Häufungswerte gibt es nicht, da jede Teilfolge von (a_n) mit einer der vier Folgen $(a_{4n+t})_{n \in \mathbb{N}}$ eine Teilfolge gemeinsam hat und deswegen höchstens gegen $1, i, -1$ oder $-i$ konvergieren kann.

13. Die Folge $x_n := nx - [nx]$ entsteht aus nx durch Reduktion modulo 1. Wir zeigen: (i) Für rationales $x = a/b$, $a, b \in \mathbb{Z}$ teilerfremd, $b > 0$, ist $\{0, 1/b, 2/b, \ldots, (b-1)/b\}$ die Menge der Häufungswerte von (x_n); (ii) für irrationales x ist jedes Element von $[0; 1]$ Häufungswert von (x_n).

(i) Es gilt $x_n = na/b - [na/b] = k/b$ für ein $k \in \{0, 1, \ldots, b-1\}$. Wegen der Teilerfremdheit von a, b sind die Folgenglieder $x_0, x_1, \ldots, x_{b-1}$ verschieden, d.h. $\{x_0, x_1, \ldots, x_{b-1}\} = \{0, 1/b, 2/b, \ldots, (b-1)/b\}$. Ferner hat (x_n) die Periode b (d.h. $x_{n+b} = x_n$ für $n \in \mathbb{N}$), woraus sich die erste Behauptung ergibt.

(ii) Es genügt zu zeigen: Für $c \in [0; 1]$, $N \in \mathbb{N}$ existiert n mit $|x_n - c| < 1/N$. Die Abbildung $n \mapsto x_n$ ist injektiv, denn aus $nx - [nx] = mx - [mx]$ für $n \neq m$ folgt widersprüchlicherweise $x = ([nx] - [mx])/(n - m) \in \mathbb{Q}$. Nach dem Satz von Bolzano-Weierstraß besitzt (x_n) eine konvergente Teilfolge. Also gibt es Indizes $m, n \in \mathbb{N}$ mit $m < n$ und $0 < |x_n - x_m| < 1/N$, d.h. entweder $0 < x_{n-m} < 1/N$ oder $1 - 1/N < x_{n-m} < 1$. Im ersten Fall ist jedes Vielfache $k x_{n-m} = x_{k(n-m)}$ mit $k \leq [1/x_{n-m}]$ ein Folgenglied, im zweiten Fall jede Zahl $1 - k(1 - x_{n-m}) = x_{k(n-m)}$ mit $k \leq [1/(1 - x_{n-m})]$. Beides impliziert $|x_{k(n-m)} - c| < 1/N$ für geeignetes k.

14. (i) Es seien $a = \limsup a_n$, $b = \limsup b_n$ und $\varepsilon > 0$ vorgegeben. Aus $a_n + b_n \geq a + b + \varepsilon$ folgt $a_n \geq a + \varepsilon/2$ oder $b_n \geq b + \varepsilon/2$. Das ist nur für endlich viele Indizes n möglich. Also gilt $\limsup(a_n + b_n) \leq a + b$.

(ii) Nach (i) ist $\limsup a_n \leq \limsup(a_n + b_n) + \limsup(-b_n)$. Daraus folgt die zweite Abschätzung wegen $\limsup(-b_n) = -\liminf b_n$.

(iii) Es sei $a_{2n} := (-1)^n$, $b_{2n} := (-1)^{n+1}$, $a_{2n+1} = b_{2n+1} := 1/2$. Dann ist $\limsup a_n + \liminf b_n = 0$, $\limsup(a_n + b_n) = 1$, $\limsup a_n + \limsup b_n = 2$.

15. Es sei $h^* = \limsup a_n$. Wegen $\{a_n \mid n \geq k+1\} \subset \{a_n \mid n \geq k\}$ ist $s_{k+1} \leq s_k$. Für $\varepsilon > 0$, $k \in \mathbb{N}$ existiert $n \in \mathbb{N}$, $n \geq k$, mit $a_n \geq h^* - \varepsilon$. Das zeigt $s_k \geq h^*$; also ist $s := \lim s_k \geq h^*$. Für $\varepsilon > 0$ existiert $N \in \mathbb{N}$ so, daß $a_n \leq h^* + \varepsilon$ für $n \geq N$, also ist $s_k \leq h^* + \varepsilon$ für $k \geq N$. Das zeigt $s \leq h^*$.

16. Die Folge (a_n) besitze keine monoton wachsende Teilfolge. Dann existiert $n_1 \in \mathbb{N}$ mit $a_n < a_{n_1}$ für $n > n_1$. Da auch $(a_n)_{n > n_1}$ keine monoton wachsende Teilfolge besitzt, existiert $n_2 > n_1$ mit $a_n < a_{n_2}$ für $n > n_2$, usw. Also besitzt (a_n) die (streng) monoton fallende Teilfolge $(a_{n_1}, a_{n_2}, a_{n_3}, \ldots)$.

17. Es sei (a_n) eine solche Folge. Nach dem Satz von Bolzano-Weierstraß hat sie einen (ersten) Häufungswert h. Da h kein Grenzwert der Folge ist, gibt es eine Kreisscheibe $K_{\varepsilon_0}(h)$ so, daß $a_n \notin K_{\varepsilon_0}(h)$ gilt für unendlich viele n. Diese a_n bilden eine (beschränkte) Teilfolge von (a_n). Diese Teilfolge besitzt eine konvergente Teilfolge; deren Grenzwert ist $\neq h$.

18. Aus der Konvergenz jeder beschränkten, monotonen Folge folgt das Intervallschachtelungsprinzip: Ist $([a_n; b_n])$ eine Intervallschachtelung, so sind (a_n), (b_n) monoton wachsend bzw. fallend und durch b_1 nach oben bzw. a_1 nach unten beschränkt. Für $c = \lim a_n$ und $m \in \mathbb{N}$ gilt $c \geq a_m$. (Andernfalls wäre $a_n - c \geq a_m - c > 0$ für $n > m$ im Widerspruch zu $\lim a_n = c$.) Es gilt auch $c \leq b_m$, denn aus $c > b_m$ folgt $c > a_n > b_m \geq b_n$ für hinreichend großes n im Widerspruch zu $a_n \leq b_n$. Also ist $c \in \bigcap [a_m; b_m] \neq \emptyset$.

19. a) Die Folge (a_k) wächst monoton, und es gilt $a_k \leq (\frac{1}{2}) + (\frac{1}{2})^2 + \ldots + (\frac{1}{2})^k < 1$. Sie konvergiert also und hat einen Grenzwert $\xi \leq 1$.

Wir notieren noch Abschätzungen, die für b) Bedeutung haben.

Für $l \geq 2$ gilt $1 + (\frac{1}{2})^{n_2} \leq a_l \cdot 2^{n_1} \leq \sum_{i=0}^{l-1} (\frac{1}{2})^i < 2$. Daraus folgt mit $l \to \infty$ $1 < \xi \cdot 2^{n_1} \leq 2$. Analog zeigt man für alle $k \in \mathbb{N}$

$$1 < (\xi - a_k) \cdot 2^{n_1 + \ldots + n_k + n_{k+1}} \leq 2.$$

b) Sei $x \in (0; 1]$ gegeben. Man ermittle sukzessive $n_1, n_2, \ldots \in \mathbb{N}$ so, daß

$$(*) \quad \begin{aligned} &1 < x \cdot 2^{n_1} \leq 2 \\ &1 < (x - a_k) \cdot 2^{n_1 + \ldots + n_k + n_{k+1}} \leq 2, \quad a_k := \sum_{i=1}^{k} (\frac{1}{2})^{n_1 + \ldots + n_i}. \end{aligned}$$

Der zur Folge (n_k) gemäß a) gehörige Grenzwert ξ stimmt mit x überein, da für alle $k \in \mathbb{N}$ die Abschätzungen $|x - a_k| \leq 2^{-k}$ und $|\xi - a_k| \leq 2^{-k}$ gelten. Das beweist $x = [n_1, n_2, \ldots]$. Die Eindeutigkeit der Darstellung folgt daraus, daß (n_k) nach Beweisteil a) das System der Ungleichungen $(*)$ erfüllen muß, dieses aber nur eine Lösung zuläßt.

20. Da alle Intervalle und $\mathbb{R}$ die gleiche Mächtigkeit haben, siehe 2.5 Aufgabe 15, genügt es, eine bijektive Abbildung $f : (0; 1] \to (0; 1]^2$ zu konstruieren. Dazu stelle man $x \in (0; 1]$ gemäß 19b) dar, $x = [n_1, n_2, n_3, \ldots]$, und setze $f(x) := (f_1(x), f_2(x))$, wobei

$$f_1(x) := [n_1, n_3, n_5, \ldots], \quad \text{und} \quad f_2(x) := [n_2, n_4, n_6, \ldots].$$

Kapitel 6

1. a) $\sum_{n=1}^{\infty} \frac{1}{(2n-1)^2} = \sum_{n=1}^{\infty} \frac{1}{n^2} - \sum_{n=1}^{\infty} \frac{1}{(2n)^2} = \zeta(2) - \frac{1}{4}\zeta(2)$.

b) Mit der Partialbruchzerlegung $\dfrac{1}{n(n+1)(n+2)} = \dfrac{1}{2} \cdot \dfrac{1}{n} - \dfrac{1}{n+1} + \dfrac{1}{2} \cdot \dfrac{1}{n+2}$ ergibt sich als N-te Partialsumme $s_N = \dfrac{1}{4} - \dfrac{1}{2} \cdot \dfrac{1}{N+1} + \dfrac{1}{2} \cdot \dfrac{1}{N+2}$. Daraus folgt mit $N \to \infty$ die Behauptung.

c) Mit $\dfrac{1}{f_n f_{n+2}} = \dfrac{1}{f_n f_{n+1}} - \dfrac{1}{f_{n+1} f_{n+2}}$ erhält man $s_N = \dfrac{1}{f_0 f_1} - \dfrac{1}{f_{N+1} f_{N+2}}$.

2. Sowohl der Realteil als auch der Imaginärteil von

$$\sum_{n=0}^{\infty} \frac{i^n}{n!} = \sum_{n=0}^{\infty} \frac{(-1)^n}{(2n)!} + i \sum_{n=0}^{\infty} \frac{(-1)^n}{(2n+1)!}$$

sind alternierende Reihen. Die Fehlerabschätzung des Leibniz-Kriteriums zeigt wegen $1/10! < \frac{1}{2}10^{-6}$, daß $s_9 = \sum_{n=1}^{9} i^n/n!$ den Reihenwert bis auf 10^{-6} approximiert.

3. a) Die Reihe konvergiert für $0 < a < 1$ (mit Majorante $\sum_n a^n$) und divergiert für $a \geq 1$ (wegen $a^n/(1+a^n) \nrightarrow 0$);

b) Die Reihe konvergiert nach dem Quotientenkriterium ($a_{n+1}/a_n \to 0$);

c) Die Reihe konvergiert nach dem Leibniz-Kriterium, vgl. 5.8 Aufgabe 6;

d) Die Reihe konvergiert wegen ($\sqrt[n]{n} - 1)^2 \leq 10n^{-4/3}$; siehe die Lösung zu 5.8 Aufgabe 2.

4. Für fast alle n ist $a_n/2 < b_n < 2a_n$. Das Vergleichskriterium ergibt sich also aus dem Majorantenkriterium.

Für $s \leq 0$ divergiert die Reihe, weil ihre Glieder keine Nullfolge bilden. Für $s > 0$ gilt zunächst $\sqrt{1+1/n^s} - 1 \simeq 1/2n^s$ nach 5.8 Aufgabe 5; aufgrund dieser Asymptotik konvergiert die Reihe genau für $s > 1$.

5. a) Es genügt, den Fall einer monoton fallenden Nullfolge zu betrachten. Sei $s_n = \sum_{k=1}^{n} a_k$, $v_n = \sum_{k=0}^{n} 2^k a_{2^k}$. Für $K, N \in \mathbb{N}$ mit $2^{K-1} < N \leq 2^K$ gilt $s_N \leq s_{2^K} \leq a_1 + v_{K-1}$ sowie $s_N \geq s_{2^K-1} \geq a_1/2 + v_{K-1}/2$. Also ist die Folge (s_N) genau dann beschränkt, wenn die Folge (v_K) beschränkt ist.

Die verdichtete Reihe zu $\sum_n 1/n^s$ ist die geometrische Reihe $\sum_k 2^{k(1-s)}$; diese konvergiert genau für $s > 1$, also gilt dasselbe für $\sum_n 1/n^s$.

b) Das Verdichtungskriterium in a) gilt analog mit 10 anstelle von 2. Die drei Reihen divergieren: Die verdichtete Reihe zur ersten ist $\sum_k 1/(k+1)$, die verdichtete zur zweiten ist $\sum_k 1/(k+1)\,d(k+1)$, also im Wesentlichen die erste Reihe; die verdichtete zur dritten ist im Wesentlichen die zweite.

6. (i) Es sei $0, z_1 z_2 z_3 \ldots$ periodisch wie angegeben. Dann ist

$$x = \sum_{n=1}^{N-1} \frac{z_n}{b^n} + \left(\sum_{n=N}^{N+p-1} \frac{z_n}{b^n} \right) \left(\sum_{j=0}^{\infty} b^{-jp} \right)$$

rational, da $\sum_{j=0}^{\infty} b^{-jp} = b^j/(b^j - 1)$ rational ist.

(ii) Es sei umgekehrt $x = \alpha/\beta$ ($\alpha, \beta \in \mathbb{Z}$, $\beta > 0$) rational. Die Vorschrift zur Berechnung der b-al-Darstellung von x kann mit $x_0 := x$ in der Form

$$z_n := [bx_{n-1}], \quad x_n := bx_{n-1} - [bx_{n-1}], \quad (n \geq 1),$$

geschrieben werden. Wegen $x_n \in \{0, 1/b, \ldots, (b-1)/b\}$ existieren $p, N \in \mathbb{N}$ mit $x_{N+p} = x_N$, was $x_{n+p} = x_n$ für $n \geq N$ zur Folge hat. (Im Fall $b = 10$ sind die Zahlen bx_n nichts anderes als die bei dem aus der Schule bekannten Algorithmus zur Division von α durch β im Dezimalsystem auftretenden „Reste".)

7. Nach der Ungleichung zwischen arithmetischem und geometrischem Mittel ist $|a_n b_n| \leq \frac{1}{2}(|a_n|^2 + |b_n|^2)$. Nach dem Majorantenkriterium konvergiert also $\sum_{n=1}^{\infty} |a_n b_n|$. Ebenso zeigt man, daß $\sum_{n=1}^{\infty} |a_n \overline{b_n}| < \infty$. Die Konvergenz der Reihe $\sum_{n=1}^{\infty} |a_n + b_n|^2$ ergibt sich nun ebenfalls mit dem Majorantenkriterium wegen $|a_n + b_n|^2 = |a_n|^2 + a_n \overline{b_n} + \overline{a_n} b_n + |b_n|^2$.

8. b) Die Behauptung zur Summierbarkeit folgt wegen $a = |a|$ aus dem Hauptkriterium; siehe 6.3. Es sei nun $s := \sup \{a_J \mid J \in \mathscr{E}(I)\}$. Zu $\varepsilon > 0$ gibt es

dann ein $I_\varepsilon \in \mathscr{E}(I)$ mit $a_{I_\varepsilon} \geq s - \varepsilon$. Für jede endliche Indexmenge $J \subset I$ mit $J \supset I_\varepsilon$ gilt dann $0 \leq s - a_J \leq s - a_{I_\varepsilon} \leq \varepsilon$. Also ist s die Summe.

b) Unmittelbar mit dem Hauptkriterium wegen $|a|_J \leq |b|_J$ für $J \in \mathscr{E}(I)$.

9. Wir beweisen zunächst die analoge Aussage für die Familie $b : \mathbb{N}^d \to \mathbb{R}$, $b(n) := \mu(n)^{-s}$ mit $\mu(n) := \max\{n_1, \ldots, n_d\}$ für $n = (n_1, \ldots, n_d) \in \mathbb{N}^d$. Wir betrachten als erstes die Partialsummen zu den speziellen Indexmengen $W_N := \{n \in \mathbb{N}^d \mid \mu(n) \leq N\}$, $N \in \mathbb{N}$. Die Anzahl der Elemente $n \in \mathbb{N}^d$ mit $\mu(n) = k$, $k \in \mathbb{N}$, liegt zwischen k^{d-1} und dk^{d-1}. Somit gilt

$$\sum_{k=1}^{N} k^{d-1} k^{-s} \leq b_{W_N} \leq \sum_{k=1}^{N} dk^{d-1} k^{-s}. \qquad W_5 \subset \mathbb{N}^2$$

Danach ist $\{b_{W_N} \mid N \in \mathbb{N}\}$ genau dann beschränkt, wenn $s > d$ ist. Nun gibt es zu jeder Indexmenge $J \in \mathscr{E}(\mathbb{N}^d)$ eine Menge W_N mit $W_N \supset J$; damit gilt $b_J \leq b_{W_N}$. Folglich ist $\{b_J \mid J \in \mathscr{E}(\mathbb{N}^d)\}$ beschränkt genau im Fall $s > d$.

Wir kommen jetzt zur Familie a. Wegen $\mu(n) \leq \|n\| \leq \sqrt{d}\,\mu(n)$ besteht die Einschließung $\sqrt{d^{-s}}\,b \leq a \leq b$. Also ist a nach dem Majorantenkriterium in Aufgabe 8b) genau dann summierbar, wenn b summierbar ist, und das ist nach dem vorher Bewiesenen genau für $s > d$ der Fall.

10. a) $R = 1$ (Euler);

b) $R = \lim |q|^{-n} = 0, 1, \infty$ in den Fällen $|q| > 1$, $|q| = 1$ bzw. $|q| < 1$ (Cauchy-Hadamard);

c) $R = \min\{1/|a|, 1/|b|\}$ wegen $\limsup \sqrt[n]{|a_n|} = \max\{|a|, |b|\}$ (Cauchy-Hadamard).

11. Es genügt, den Fall $R_a > 0$ und $R_b > 0$ zu betrachten. Für *jedes* positive $r' < R_a$ und $r'' < R_b$ konvergieren $\sum_{n=0}^{\infty} |a_n| r'^n$ und $\sum_{n=0}^{\infty} |b_n| r''^n$. Nach dem Majorantenkriterium konvergiert dann auch $\sum_{n=0}^{\infty} a_n b_n (r'r'')^n$. Damit folgt $R \geq R_a R_b$.

12. a) Nach 5.8 Aufgabe 10 ist $R = \lim f_n/f_{n+1} = 1/g$. Wir setzen $f_{-2} = f_{-1} = 0$. Dann folgt für $|z| < 1/g$ aus der Rekursionsformel der Fibonacci-Zahlen $(1 - z - z^2)f(z) = \sum_{n=0}^{\infty}(f_n - f_{n-1} - f_{n-2})z^n = 1$.

b) Es gilt $\dfrac{1}{1 - z - z^2} = \dfrac{1}{\sqrt{5}}\left(\dfrac{g}{1 - gz} + \dfrac{g^{-1}}{1 + g^{-1}z}\right)$. Durch Entwicklung der Partialbrüche in geometrische Reihen erhält man

$$f(z) = \frac{1}{\sqrt{5}} \sum_{n=0}^{\infty} \left(g^{n+1} + (-1)^n g^{-(n+1)}\right) z^n.$$

Durch Koeffizientenvergleich (Identitätssatz!) ergibt sich schließlich

$$f_n = \frac{1}{\sqrt{5}}\left(g^{n+1} + (-1)^n g^{-(n+1)}\right) = \frac{1}{\sqrt{5}}\left(\left(\frac{1 + \sqrt{5}}{2}\right)^{n+1} - \left(\frac{1 - \sqrt{5}}{2}\right)^{n+1}\right).$$

Wegen $|(1 - \sqrt{5})/2| < 1$ ist f_n die $\frac{1}{\sqrt{5}}((1 + \sqrt{5})/2)^{n+1}$ am nächsten liegende ganze Zahl.

13. $s_n^m := (1 - z) \cdot \sum_{\nu=n}^{m} a_\nu s^\nu = a_n z^n + \sum_{\nu=n+1}^{m}(a_\nu - a_{\nu-1})z^\nu - a_m z^{m+1}$ kann man für $|z| \leq 1$ wegen $a_{\nu-1} \geq a_\nu$ wie folgt abschätzen:

$$|s_n^m| \leq a_n + a_m + \sum_{\nu=n+1}^{m}(a_\nu - a_{\nu-1}) = 2a_n.$$

Zu $\varepsilon > 0$ gibt es ein N so, daß $|2a_n| < \varepsilon$ für $n \geq N$. Für $m \geq n \geq N$ ist dann $|s_n^m| < \varepsilon$. Nach dem Cauchy-Kriterium konvergiert $\sum_\nu (1-z)a_\nu z^\nu$ und somit für $z \neq 1$ auch $\sum_\nu a_\nu z^\nu$.

14. Der Träger ist die Vereinigung der Mengen $A_n := \{i \in I \mid |a_i| \geq 1/n\}$, $n \in \mathbb{N}$. Jede dieser Mengen ist wegen der Beschränktheit von $\{|a|_J \mid J \in \mathscr{E}(I)\}$ endlich. Folglich ist der Träger höchstens abzählbar.

15. Wegen der Existenz und Eindeutigkeit der Primfaktorzerlegung natürlicher Zahlen gibt es zu jeder endlichen Teilmenge $J \subset J_N$ ein $M \in \mathbb{N}$ so, daß

$$(*) \qquad \sum_{n \in J} n^{-s} \leq \prod_{k=1}^{N} \sum_{m=0}^{M} p_k^{-sm} \leq \prod_{k=1}^{N} \sum_{m=0}^{\infty} p_k^{-sm} = P_N.$$

Nach dem Hauptkriterium ist also die Familie (n^{-s}), $n \in J_N$, summierbar und nach Aufgabe 8a) hat sie eine Summe $\leq P_N$. Sei umgekehrt $M \in \mathbb{N}$ vorgegeben. Für die Partialsumme zu $J := \{n \in J_N \mid n \leq p_1^M \cdots p_N^M\}$ gilt dann $\sum_{n \in J} n^{-s} = \prod_{k=1}^{N} \sum_{m=0}^{M} p_k^{-sm}$. Das Supremum dieser Partialsummen für alle M ist $\prod_{k=1}^{N} \sum_{m=0}^{\infty} p_k^{-sm} = P_N$. Damit folgt (8).

Es sei jetzt $s > 1$. Für $J := \{1, 2, \ldots, p_N\} \subset J_N$ ergibt $(*)$ die Abschätzung $\sum_{n=1}^{p_N} n^{-s} \leq P_N$; andererseits ergibt (8) $P_N \leq \sum_{n=1}^{\infty} n^{-s}$. Aus dieser Einschachtelung von P_N folgt $\zeta(s) = \lim_{N \to \infty} P_N$.

Kapitel 7

1. Die Funktionen $z \mapsto \bar{z}$ und $z \mapsto |z|^s$ sind nach den Folgerungen 1 und 2 stetig in $\mathbb{C} \setminus \{0\}$. Also ist auch f dort stetig. Hinsichtlich der stetigen Fortsetzbarkeit unterscheiden wir drei Fälle:

   $s < 1$: f ist stetig fortsetzbar mit $f(0) := 0$: Setzt man zu gegebenem $\varepsilon > 0$ $\delta := \varepsilon^{1/(1-s)}$, so gilt $|f(z) - 0| = |z|^{1-\varepsilon} < \varepsilon$ für $|z - 0| < \delta$.

   $s = 1$: f ist nicht stetig fortsetzbar nach dem Folgenkriterium, da $f(1/n) = 1$ ist und $f(\mathrm{i}/n) = -\mathrm{i}$ für alle $n \in \mathbb{N}$.

   $s > 1$: f ist nicht stetig fortsetzbar, da nicht beschränkt auf $\overline{K}_1(0) \setminus \{0\}$.

2. Sei $x_0 \in \mathbb{Q}$ und $\delta := \min\{|x_0 - \sqrt{2}|, |x_0 + \sqrt{2}|\}$. Dann gilt $h(x) - h(x_0) = 0$ für alle $x \in \mathbb{Q}$ mit $|x - x_0| < \delta$. Daraus folgt die Behauptung.

3. Der Beweis in 7.1 Beispiel 2 zeigt auch bereits die gleichmäßige Stetigkeit. Wäre $x \mapsto \sqrt[k]{x}$ Lipschitz-stetig auf $[0; \infty)$, hätte man $|\sqrt[k]{x} - 0| \leq L|x - 0|$ mit einem $L > 0$, was aber für $x < 1/L^{k/(k-1)}$ falsch ist.

4. Wir zeigen, daß die Reihe auf jeder kompakten Teilmenge $K \subset \mathbb{C} \setminus \mathbb{Z}$ normal konvergiert; das genügt. Es sei $f_0(z) = \dfrac{1}{z}$, $f_n(z) = \dfrac{2z}{z^2 - n^2}$ für $n \geq 1$. Um die normale Konvergenz auf K nachzuweisen, wählt man $N \in \mathbb{N}$ so groß, daß $K \subset K_N(0)$, und zeigt, daß die Reihe $\sum_{n=2N}^{\infty} f_n$ auf $K_N(0)$ normal konvergiert: Für $n \geq 2N$ und $z \in \mathbb{C}$ mit $|z| < N$ gilt $|z| \leq n/2$, folglich

$$|f_n(z)| = \left| \frac{2z}{z^2 - n^2} \right| \leq \frac{2N}{3n^2/4} = \frac{8N}{3n^2}. \quad \text{Also ist } \|f_n\|_{K_N(0)} \leq \frac{8N}{3n^2} \text{ für } n \geq 2N.$$

Wegen $\sum_n \dfrac{1}{n^2} < \infty$ konvergiert daher die Reihe $\sum_{n=2N}^{\infty} f_n$ normal auf $K_N(0)$.

Zum Nachweis der 1-Periodizität beachte man, daß $g_N(z) := \sum_{n=0}^{N} f_n(z) = \sum_{n=-N}^{N} \frac{1}{z+n}$; also gilt $g_N(z+1) - g_N(z) = \frac{1}{z+N+1} - \frac{1}{z-N} \to 0$ für $N \to \infty$. Das zeigt $g(z) = \lim_{N\to\infty} g_N(z) = g(z+1)$.

5. Wir nehmen an, f sei in $x_0 \in A$ nicht stetig. Dann gibt es ein $\varepsilon > 0$, zu dem kein δ im Sinn der Definition der Stetigkeit existiert. Zu jedem $n \in \mathbb{N}$ gibt es daher ein $x_n \in A$ mit $|x_n - x_0| < 1/n$ und (*) $|f(x_n) - f(x_0)| > \varepsilon$. Die Folge (x_n) besitzt eine Teilfolge (x_{n_k}), deren sämtliche Glieder in einer der Mengen $A_1, \ldots, A_r$ liegen, etwa in A_1. Wegen $x_{n_k} \to x_0$ und der Abgeschlossenheit von A_1 folgt $x_0 \in A_1$, und wegen der Stetigkeit von $f|A_1$ weiter $f(x_{n_k}) \to f(x_0)$. Widerspruch zu (*).
Ein Gegenbeispiel: $A_1 := \mathbb{R} \setminus \{0\}$, $A_2 = \{0\}$ und f die Funktion auf $\mathbb{R}$ mit $f(0) = 0$, $f(x) = 1$ für $x \in A_1$.

6. Man wähle ein $\delta > 0$ so, daß $|f(z) - f(z')| < 1$ gilt für alle Paare $z, z' \in D$ mit $|z - z'| < \delta$; sodann endlich viele Kreisscheiben $K_1, \ldots, K_r$ mit Radius $\delta/2$ so, daß $D \subset (K_1 \cup \ldots \cup K_r)$, (die Mittelpunkte seien etwa Gitterpunkte $(m + ni)\delta/2$.). Weiter wähle man Punkte $z_\rho \in K_\rho \cap D$, $\rho = 1, \ldots, r$, (es seien nur Kreisscheiben aufgezählt, die D treffen) und setze $M := \max\{|f(z_1)|, \ldots, |f(z_r)|\}$. Für jedes $z \in D$ gilt dann $|f(z)| < M + 1$, da z in einer der Kreisscheiben liegt, etwa in K_ρ, was $|f(z) - f(z_\rho)| < 1$ zur Folge hat.

7. a) $\dfrac{z^m - 1}{z^n - 1} = \dfrac{1 + z + \ldots + z^{m-1}}{1 + z + \ldots + z^{n-1}} \to \dfrac{m}{n}$.

    b) Es gilt $|x(x - [x]) - 0| \le |x| < \varepsilon$ für $|x| < \delta := \varepsilon$.

    c) $\sqrt{x + \sqrt{x}} - \sqrt{x} = \dfrac{\sqrt{x}}{\sqrt{x + \sqrt{x}} + \sqrt{x}} = \dfrac{1}{\sqrt{1 + \sqrt{x}/x} + 1} \to \dfrac{1}{2}$.

    d) Sei $f(z) := \operatorname{Re} z / |z|^s$.

      (i) $s < 1$: $f(z) \to 0$ für $z \to 0$ wegen $|f(z)| \le |z|^{1-s} < \varepsilon$ für $|z| < \varepsilon^{1/(1-s)}$.

      (ii) $s = 1$: f hat keinen Grenzwert, wegen $f(1/n) = 1$, aber $f(i/n) = 0$.

      (iii) $s > 1$: f hat in 0 keinen Grenzwert, da f in jeder punktierten Umgebung von 0 unbeschränkt ist: $|f(x)| = 1/|x|^{s-1} > K$ für $|x| < 1/K^{1/(s-1)}$, $x \in \mathbb{R}$.

8. Es gilt $\sqrt{ax^2 + bx + c} - \alpha x - \beta = \dfrac{(a - \alpha^2)x^2 + (b - 2\alpha\beta)x + c - \beta^2}{\sqrt{ax^2 + bx + c} + \alpha x + \beta} \to 0$ genau dann, wenn $\alpha = \sqrt{a}$, $\beta = b/(2\sqrt{a})$.

9. Der Leitkoeffizient von P sei positiv. Dann gilt $\lim_{x\to+\infty} P(x) = +\infty$ und $\lim_{x\to-\infty} P(x) = -\infty$. Es gibt also Stellen $x_1 < 0$ und $x_2 > 0$ mit $P(x_1) < 0$ und $P(x_2) > 0$. In $[x_1; x_2]$ hat P dann eine Nullstelle.

10. Sei $f(x) := \sum_{i=1}^{n} 1/(x - a_i)$. Als Summe streng monoton fallender Funktionen fällt f in jedem Teilintervall des Definitionsbereichs streng monoton. Ferner gilt $\lim_{x\to-\infty} f(x) = \lim_{x\to\infty} f(x) = 0$ sowie $f(a_i-) = -\infty$, $f(a_i+) = +\infty$ für $1 \le i \le n$. Mit dem Zwischenwertsatz folgt daraus, daß die Gleichung $f(x) = c$ in jedem der $n - 1$ Intervalle $(a_i; a_{i+1})$ genau eine Lösung besitzt und im Fall $c \ne 0$ noch genau eine weitere Lösung $x < a_1$ (für $c < 0$) bzw. $x > a_n$ (für $c > 0$).

11. Man betrachte die Funktion $g : [0; \frac{1}{2}] \to \mathbb{R}$, $x \mapsto f(x) - f(x + \frac{1}{2})$. Diese ist

stetig mit $g(\frac{1}{2}) = f(\frac{1}{2}) - f(1) = f(\frac{1}{2}) - f(0) = -g(0)$. Nach dem Zwischenwertsatz besitzt sie eine Nullstelle $c \in [0; \frac{1}{2}]$; dort gilt $f(c) = f(c + \frac{1}{2})$.

12. Eine solche Funktion f nähme auf $[0; 1]$ ein Maximum an genau n Stellen, etwa $x_1 < x_2 < \ldots < x_n$, an. Wir setzen $m_i := \frac{1}{2}(x_i + x_{i+1})$ und $y_i := f(m_i)$ für $i = 1, \ldots, n-1$ sowie $y := \max\{y_1, \ldots, y_{n-1}\}$. Dann ist $y < f(x_1)$, und f nimmt nach dem ZWS jeden Wert aus $(y; f(x_1))$ in jedem der Intervalle $(x_i; m_i)$, $(m_i; x_{i+1})$ an sowie in $(0; x_1)$, falls $x_1 > 0$, und in $(x_n; 1)$, falls $x_n < 1$. Die Anzahl dieser Intervalle ist nur dann n, wenn $n = 2$ und $x_1 = 0$, $x_2 = 1$ ist. Vertauschen der Rollen von Maximum und Minimum zeigt nun, daß f in 0 und 1 ein globales Minimum hat. Widerspruch!

13. Aus der strengen Monotonie folgt trivialerweise die Injektivität. Es sei nun $f : I \to \mathbb{R}$ injektiv. Wir wählen beliebig $a, b \in I$ mit $a < b$. Dann ist $f(a) \neq f(b)$; nehmen wir an, es sei $f(a) < f(b)$ (den Fall $f(a) > f(b)$ führt man durch Übergang zu $-f$ darauf zurück). Wir zeigen, daß dann f auf I streng monoton wächst. Es sei $\xi \in (a; b)$. Dann ist $f(\xi) \neq f(a), f(b)$. Wäre $f(\xi) < f(a)$ so gäbe es nach dem ZWS ein $c \in (\xi; b)$ mit $f(c) = f(a)$; wäre $f(\xi) > f(b)$, so gäbe es ein $c \in (a; \xi)$ mit $f(c) = f(b)$. Beides widerspricht der Injektivität. Also gilt $f(a) < f(\xi) < f(b)$. Analog zeigt man $f(\xi) > f(b)$ für $\xi > b$ und $f(\xi) < f(a)$ für $\xi < a$.

14. B ist als Bild von A unter der Funktion Re kompakt. A_x ist der Schnitt von A mit der abgeschlossenen Menge $\{z \in \mathbb{C} \mid \mathrm{Re}\, z = x\}$.

15. Wegen $f(x) \to 0$ für $x \to \infty$ gibt es ein $x_0 > 1$ so, daß $f(x) < 1$ für $x > x_0$. f nimmt auf dem kompakten Intervall $[1; x_0]$ ein Maximum M an, wobei $M \geq f(1) = 7/4$ ist. Wegen $f(x) < 1$ für $x > x_0$ ist dieses auch das Maximum von f auf $[1; \infty)$. Dagegen nimmt f kein Minimum an. Ein solches wäre eine Zahl $m > 0$ wegen $f(x) > 0$; wegen $f(x) \to 0$ für $x \to \infty$ gibt es aber Stellen x mit $f(x) < m$.

16. Im wesentlichen wörtlich wie der Beweis von 7.2 Regel III.

17. Angenommen, es gäbe eine bijektive stetige Funktion $f : [a; b] \to S^1$. Nach Aufgabe 16 ist dann auch die Umkehrung $g : S^1 \to [a; b]$ stetig. Wir nehmen an, daß $f(m) = i \in S^1$ ist, $m := \frac{1}{2}(a + b)$; andernfalls betrachte man die Abbildung f', $f'(x) := (i/f(m)) \cdot f(x)$. Mit Hilfe der stereographischen Projektion $\sigma : \mathbb{R} \to S^1 \setminus \{i\}$ erhalten wir dann eine stetige Funktion $g \circ \sigma : \mathbb{R} \to [a; b]$. Diese nimmt an gewissen Stellen α und $\beta \in \mathbb{R}$ die Werte a bzw. b an, aber nicht den Wert m, was dem Zwischenwertsatz widerspricht.

18. Wir nehmen an, daß f monoton wächst. Somit existieren $f(x+)$ und $f(x-)$ für jedes $x \in I$. Aus Monotoniegründen gilt $f(x+) \geq f(x-)$ mit Gleichheit genau dann, wenn f stetig in x ist. U bezeichne die Menge der Unstetigkeitsstellen. Wir wählen nun zu jedem $x \in U$ eine rationale Zahl $r(x)$ zwischen $f(x-)$ und $f(x+)$. Dadurch ist eine Abbildung $r : U \to \mathbb{Q}$ erklärt, die injektiv ist wegen der Monotonie von f. Da $\mathbb{Q}$ abzählbar ist, ist U höchstens abzählbar.

19. Sei $f_n(x) := s_n \,\mathrm{sign}(x - a_n)$.
    a) Die Reihe $\sum_{n=1}^{\infty} f_n$ konvergiert normal auf $\mathbb{R}$ wegen $\|f_n\|_{\mathbb{R}} = |s_n|$ und $\sum_{n=1}^{\infty} |s_n| < \infty$. f_n ist stetig in $\mathbb{R} \setminus \{a_n\}$, f also nach dem Stetigkeitssatz

aus 7.3 in $\mathbb{R} \setminus A$. Das Verhalten von f in a_n ergibt sich nach Aufspalten der Reihe in $f = f_n + \sum_{\nu \neq n} f_\nu$; die Reihe $\sum_{\nu \neq n} f_\nu$ definiert eine in a_n stetige Funktion; also gilt $f(a_n+) - f(a_n-) = f_n(a_n+) - f_n(a_n-) = s_n$.

b) Im Fall $s_n > 0$ wächst f_n monoton und eine konvergente Reihe monoton wachsender Funktionen definiert eine monoton wachsende Funktion.

20. Es ist $1/2 = [2,1,1,1,\ldots]$, folglich gilt $\varphi_1(1/2) = [2,1,1,1,\ldots] = 1/2$ und $\varphi_2(1/2) = [1,1,1,\ldots] = 1$. Für die Folge (x_n) mit $x_n := [1,n,1,1,1,\ldots]$ gilt $x_n = 1/2 + 1/2^n \to 1/2$, aber $\varphi_1(x_n) = [1,1,1,\ldots] = 1 \not\to 1/2 = \varphi_1(1/2)$ und $\varphi_2(x_n) = [n,1,1,1,\ldots] = 1/2^{n-1} \not\to 1 = \varphi_2(1/2)$.

21. a) Man wähle $p \in A$ beliebig und setze $\widetilde{A} := A \cap \overline{K}_r$, $r := |p - z|$. Dann gilt $d_A(z) = d_{\widetilde{A}}(z)$. $\widetilde{A}$ ist abgeschlossen nach 7.5 Lemma 2 und beschränkt, also kompakt. Die stetige Funktion $w \mapsto |z - w|$ hat daher auf $\widetilde{A}$ ein Minimum; d.h., es existiert ein $a \in \widetilde{A}$ mit $d_{\widetilde{A}}(z) = \min \{|z - w| \mid w \in \widetilde{A}\} = |z - a|$. Beispiel: $A = (0;1)$ und $z = 1$.

b) Die Nullstellenmenge der stetigen Funktion d_A ist abgeschlossen nach 7.5 Lemma 1. Es sei umgekehrt A abgeschlossen. Dann gibt es nach a) zu $z \in \mathbb{C}$ mit $d_A(z) = 0$ ein $a \in A$ mit $|z - a| = 0$; ein solches z liegt also in A, oder: Die Nullstellenmenge von d_A gehört zu A. Trivialerweise gehört aber auch A zur Nullstellenmenge von d_A.

22. Jeder Häufungspunkt von M ist Grenzwert einer Folge aus M, liegt also in der abgeschlossenen Menge $\overline{M}$. Es bezeichne M' die Menge der Häufungspunkte von M. Die Inklusion $M \cup M' \subseteq \overline{M}$ haben wir schon gezeigt. Es sei nun $a \in \mathbb{C}$ Grenzwert einer Folge (a_n) aus $M \cup M'$. Ist $a \notin M'$, so existiert eine Kreisscheibe $K_\varepsilon(a)$ mit $M \cap K_\varepsilon(a) = \{a\}$. Daraus folgt $M' \cap K_\varepsilon(a) = \emptyset$, also $a = a_n \in M$ für hinreichend großes n. Somit ist $M \cup M'$ abgeschlossen; folglich gilt $\overline{M} \subset M \cap M'$. Insgesamt ist also $M \cup M' = \overline{M}$.

23. Das Intervall $[a;b]$ ist kompakt. Eine stetige Fortsetzung $F : [a;b] \to \mathbb{C}$ ist also gleichmäßig stetig. Dasselbe gilt dann auch für $f = f|(a;b)$. Es sei nun umgekehrt $f : (a;b) \to \mathbb{C}$ gleichmäßig stetig. Nach der Definition dieses Begriffs ist dann das Cauchysche Konvergenzkriterium für die Existenz von Grenzwerten $\lim\limits_{x \to a} f(x)$ und $\lim\limits_{x \to b} f(x)$ erfüllt.

24. a) Es sei R_n die Menge der Randpunkte der 2^n Intervalle, aus denen C_n besteht. (Zur Definition von C_n siehe 7.5.) Es gilt $|R_n| = 2^{n+1}$, $R_n \subset R_{n+1} \subset C_{n+1}$. Das zeigt $R := \bigcup_{n=0}^{\infty} R_n \subseteq C$. Da die Länge der beteiligten Intervalle mit $n \to \infty$ gegen Null geht, ist $x \in C = \bigcap_{n=0}^{\infty} C_n$ Häufungspunkt von R, also auch von C.

b) Zu zeigen ist, daß C_n aus allen Zahlen $x = \sum_{k=1}^{\infty} a_k/3^k$ mit $a_k \in \{0,2\}$ für $1 \leq k \leq n$ besteht. Die Behauptung folgt leicht mit Induktion nach n, wenn man beachtet, daß C_{n+1} aus C_n durch Weglassen aller Zahlen x mit $0, a_1 a_2 \ldots a_n 1000 \ldots < x < 0, a_1 a_2 \ldots a_n 2000 \ldots$ entsteht. Für jedes solche x ist $a_{n+1} = 1$ während der linke Randpunkt $0, a_1 a_2 \ldots a_n 1000$ als $0, a_1 a_2 \ldots a_n 0222 \ldots$ geschrieben werden kann.

c) Jedes $x \in C$ besitzt, wie man sich leicht überlegt, genau eine 3-adische Entwicklung $0, a_1 a_2 a_3 \ldots$ mit $a_k \in \{0,2\}$. Deshalb ist φ wohldefiniert. Die Dualentwicklung von $\varphi(x)$ ist $0, a_1' a_2' a_3'$, wobei $a_k' = 0$ für $a_k = 0$ und

$a'_k = 1$ für $a_k = 2$. Da jede Zahl $y \in [0;1]$ eine Dualentwicklung besitzt, ist φ surjektiv. Für $x = \sum_{k=1}^{\infty} a_k/3^k$, $y = \sum_{k=1}^{\infty} b_k/3^k$ mit $a_k, b_k \in \{0, 2\}$ gilt $x < y$ genau dann, wenn ein $n \in \mathbb{N}$ existiert mit $a_k = b_k$ für $k < n$ und $a_n < b_n$ (lexikografische Ordnung). Weil φ die lexikografische Ordnung respektiert, folgt aus $x < y$ somit $\varphi(x) \leq \varphi(y)$, d.h. φ ist monoton wachsend. Aus $0 \leq y - x < 3^n$ folgt andererseits $a_k = b_k$ für $1 \leq k \leq n$, da $b_k = a_k + 1$ wegen $a_k, b_k \in \{0, 2\}$ verboten ist. Demnach ist $0 \leq \varphi(y) - \varphi(x) < 2^n$. Die Funktion φ ist also (gleichmäßig) stetig in C.

d) Es seien $x = 0, a_1 a_2 \ldots a_n 0222\ldots$, $y = 0, a_1 a_2 \ldots a_n 2000\ldots$ Randpunkte eines der offenen Intervalle, deren Vereinigung $C_n \setminus C_{n+1}$ ist. Offenbar gilt $\varphi(x) = \varphi(y)$, die Funktion φ kann also durch $\varphi(z) := \varphi(x)$ für $z \in (x; y)$ konstant auf $C \cup I$ fortgesetzt werden. Da $[0;1] \setminus C$ disjunkte Vereinigung solcher Intervalle ist, existiert die angegebene Fortsetzung f. Die Stetigkeit (und die Eindeutigkeit) von f ist klar.

Kapitel 8

1. Beweis durch Cauchy-Multiplikation unter Verwendung von

$$\sum_{k=0}^{n} \frac{z^k}{k!} \cdot \frac{w^{n-k}}{(n-k)!} = \frac{1}{n!} \sum_{k=0}^{n} \binom{n}{k} z^k w^{n-k} = \frac{(z+w)^n}{n!}.$$

2. Wegen $e^{(a+b)/2} = \sqrt{e^a e^b}$ folgt die Ungleichung aus der Ungleichung zwischen arithmetischem und geometrischem Mittel. Deutung: Die Sekante liegt im Punkt $(a+b)/2$ über dem Funktionswert; die Exponentialfunktion ist konvex.

3. a) Für $n \geq 2$ ergibt sich mit Hilfe der Bernoullischen Ungleichung

$$\frac{a_n}{a_{n-1}} = \left(\frac{n^2 - 1}{n^2}\right)^n \cdot \frac{n}{n-1} > \left(1 - \frac{1}{n}\right) \cdot \frac{n}{n-1} = 1;$$

$$\frac{b_{n-1}}{b_n} = \left(\frac{n^2}{n^2 - 1}\right)^{n+1} \cdot \frac{n-1}{n} > \left(1 + \frac{1}{n-1}\right) \cdot \frac{n-1}{n} = 1.$$

Die Einschließung $a_n < e < b_n$ folgt nun wegen $a_n \to e$ und $b_n \to e$.

b) Man multipliziere die n Ungleichungen $a_\nu < e < b_\nu$ für $\nu = 1, \ldots, n$.

c) Der Grenzwert ergibt sich aus der zweiten Einschließung in b).

4. a) Aus 8.4 (8) bzw. (8') wegen $x^{1/x} = e^{1/x \cdot \ln x}$ bzw. $x^x = e^{x \ln x}$.

b) $\dfrac{x^{\ln x}}{e^x} = \exp(\ln^2 x - x) \to 0$ wegen $\ln^2 x - x = x\left(\dfrac{\ln^2 x}{x} - 1\right) \to -\infty$.

c) Aus der Eigenschaft $(E_2^{\ln a})$; siehe 8.4.

5. a) Die Funktion $x \mapsto a^x = e^{x \ln a}$ mit $\ln a \neq 0$ besitzt eine Umkehrung, da $\exp$ eine besitzt; wegen $a^{\ln x/\ln a} = x$ ist diese $\ln x/\ln a$.

b) $\ln 10 = 3 \ln 2 + \ln(5/4)$. Den Logarithmus von $5/4$ berechnet man mittels (13). Mit $x = 1/9$ ergibt sich aus (13) in Verbindung mit (13')

$$\ln \frac{5}{4} = 2\left(\frac{1}{9} + \frac{1}{3 \cdot 9^3} + \frac{1}{5 \cdot 9^5}\right) + R', \quad |R'| < 5 \cdot 10^{-7}.$$

Zusammen mit dem im Text angegebenen Wert für $\ln 2$ erhält man schließlich

$$\ln 10 = 2.30258 + R, \quad |R| < 10^{-5}.$$

6. Es sei $C(z) := \sum_{k=0}^{n} \cos kz$ und $S(z) := \sum_{k=0}^{n} \sin kz$. Damit gilt für $z \notin 2\pi\mathbb{Z}$

$$C(z) + \mathrm{i}S(z) = \sum_{k=0}^{n} \mathrm{e}^{\mathrm{i}kz} = \frac{1 - \mathrm{e}^{\mathrm{i}(n+1)z}}{1 - \mathrm{e}^{\mathrm{i}z}} = \mathrm{e}^{\mathrm{i}nz/2} \cdot \frac{\mathrm{e}^{\mathrm{i}(n+1)z/2} - \mathrm{e}^{-\mathrm{i}(n+1)z/2}}{\mathrm{e}^{\mathrm{i}z/2} - \mathrm{e}^{-\mathrm{i}z/2}}$$

$$= (\cos(nz/2) + \mathrm{i}\sin(nz/2)) \cdot \frac{\sin(n+1)z/2}{\sin z/2}.$$

Durch Zerlegen in den geraden und den ungeraden Anteil erhält man

$$C(z) = \cos\frac{nz}{2} \cdot \frac{\sin(n+1)z/2}{\sin z/2}, \qquad S(z) = \sin\frac{nz}{2} \cdot \frac{\sin(n+1)z/2}{\sin z/2}.$$

7. Binomische Entwicklung und Eulersche Formel ergeben

$$2^n \cos^n z = (\mathrm{e}^{\mathrm{i}z} + \mathrm{e}^{-\mathrm{i}z})^n = \sum_{k=0}^{n} \binom{n}{k}(\cos(2k-n)z + \mathrm{i}\sin(2k-n)z).$$

Durch Zerlegen in den geraden und den ungeraden Anteil erhält man

$$(*_c) \qquad\qquad \cos^n z = \frac{1}{2^n}\sum_{k=0}^{n} \binom{n}{k}\cos(2k-n)z.$$

Analog erhält man

$$(*_s)\quad \sin^n z = \frac{1}{(2\mathrm{i})^n}\sum_{k=0}^{n}\binom{n}{k}(-1)^{n-k}\begin{cases}\cos(2k-n)z, & \text{falls } n \text{ gerade,} \\ \mathrm{i}\sin(2k-n)z, & \text{falls } n \text{ ungerade.}\end{cases}$$

Für $n=3$ sind die Darstellungen $(*_c)$ und $(*_s)$ gerade die angegebenen.

8. Mit $c := \cos z$ und $s := \sin z$ und $\cos nz + \mathrm{i}\sin nz = \mathrm{e}^{\mathrm{i}nz} = (c + \mathrm{i}s)^n$ folgt

$$(\cos nz + \mathrm{i}\sin nz) = \sum_{\substack{k=0 \\ n-k=2l}}^{n} \binom{n}{k}(-1)^l c^k s^{2l} + \mathrm{i}s\sum_{\substack{k=0 \\ n-k=2l+1}}^{n}\binom{n}{k}(-1)^l c^k s^{2l}.$$

Sei

$$T_n(x) := \sum_{\substack{k=0 \\ n-k=2l}}^{n}\binom{n}{k}(-1)^l x^k (1-x^2)^l, \quad U_{n-1}(x) := \sum_{\substack{k=0 \\ n-k=2l+1}}^{n}\binom{n}{k}(-1)^l x^k (1-x^2)^l.$$

T_n ist ein Polynom vom Grad n, U_{n-1} eines vom Grad $n-1$. Die Funktionen $z \mapsto T_n(\cos z)$ und $z \mapsto U_n(\cos z)$ sind gerade. Durch Zerlegen in den geraden und den ungeraden Anteil erhält man aus obiger Entwicklung

$$\cos nz = T_n(\cos z), \quad \sin nz = \sin z \cdot U_{n-1}(\cos z).$$

a) Durch Vergleich der geraden bzw. ungeraden Anteile in

$$2\big(T_n(c) + \mathrm{i}s\, U_{n-1}(c)\big) \cdot c = \mathrm{e}^{\mathrm{i}nz}(\mathrm{e}^{\mathrm{i}z} + \mathrm{e}^{-\mathrm{i}z}) = \mathrm{e}^{\mathrm{i}(n+1)z} + \mathrm{e}^{\mathrm{i}(n-1)z}$$

$$= \big(T_{n+1}(c) + \mathrm{i}s\, U_n(c)\big) + \big(T_{n-1}(c) + \mathrm{i}s\, U_{n-2}(c)\big).$$

Die Startwerte entnimmt man den Identitäten $T_0(\cos z) = 1$ und $T_1(\cos z) = \cos z$ bzw. $U_0(\cos z) \cdot \sin z = 0$ und $U_1(\cos z) \cdot \sin z = \sin 2z = 2\cos z \sin z$.

$$T_2 = 2x^2 - 1, \quad T_3 = 4x^3 - 3x, \quad T_4 = 8x^4 - 8x^2 + 1, \quad T_5 = 16x^5 - 20x^3 + 5x,$$
$$U_2 = 4x^2 - 1, \quad U_3 = 8x^3 - 4x, \quad U_4 = 16x^4 - 12x^2 + 1, \quad U_5 = 32x^5 - 32x^3 + 6x.$$

Mit T_2, U_2 und T_3, U_3 lauten die Darstellungen $(*)$ für $n=2$ und 3:

$$\cos 2z = 2\cos^2 z - 1, \qquad\qquad \cos 3z = 4\cos^3 z - 3\cos z,$$
$$\sin 2z = 2\cos z \cdot \sin z, \quad \sin 3z = (4\cos^2 z - 1)\sin z = -4\sin^3 z + 3\sin z.$$

b) Nach (*) ist $T_n(x_k) = \cos(2k-1)\pi/2 = 0$.

c) Zu jedem $x \in [-1; 1]$ gibt es ein $t \in \mathbb{R}$ mit $\cos t = x$. Also ist $|T_n(x)| = |\cos nt| \leq 1$. Ferner gilt $T_n(\xi_k) = \cos k\pi = \pm 1$.

9. Diese Identitäten folgen unter Verwendung von $\cos iy = \cosh y$ und $\sin iy = i \sinh y$ unmittelbar aus den Additionstheoremen des Cosinus bzw. Sinus.

10. In 3.5 Aufgabe 7 wurden die 5. EW berechnet. Unter den von 1 verschiedenen hat $\zeta = \frac{1}{2}(g - 1 + \sqrt{2+g} \cdot i)$ den maximalen Realteil und einen positiven Imaginärteil (g=goldener Schnitt). Sei $\sqrt{\zeta}$ die Quadratwurzel mit dem positiven Imaginärteil; nach 3.3 (5) ist $\sqrt{\zeta} = \frac{1}{2}(g + i\sqrt{3-g})$. Dann sind ζ^k und $\zeta^k \sqrt{\zeta}$, $k = 1, 2, \ldots, 5$, die 10. EW. Wegen $\operatorname{Re}\sqrt{\zeta} > \operatorname{Re}\zeta$ und des monotonen Fallens von $\cos$ in $[0; \pi]$ folgt $\sqrt{\zeta} = \cos 2\pi/10 + i \sin 2\pi/10$ und damit

$$\cos \pi/5 = g/2, \quad \sin \pi/5 = \tfrac{1}{2}\sqrt{3-g}.$$

11. Wegen $x > 0$ gibt es ein Argument $\varphi \in \left(-\frac{\pi}{2}; \frac{\pi}{2}\right)$ mit $\cos\varphi = \frac{x}{|z|}$, $\sin\varphi = \frac{y}{|z|}$. Dieses Argument ist gleich $\arctan \frac{y}{x}$.

12. $\sinh$ ist stetig, streng monoton wachsend und weder nach oben noch nach unten beschränkt. $\sinh : \mathbb{R} \to \mathbb{R}$ bildet also nach dem ZWS bijektiv ab, besitzt somit eine Umkehrung $\operatorname{arsinh} : \mathbb{R} \to \mathbb{R}$. Für $x, y \in \mathbb{R}$ sind $\operatorname{arsinh} x = y$ und $\sinh y = x$ gleichwertige Beziehungen. Mit $\eta := e^y$ ist letztere gleichwertig zu (*) $\frac{1}{2}(\eta - 1/\eta) = x$. Als Gleichung für η hat (*) nur $\eta = x + \sqrt{x^2+1}$ als positive Lösung. Damit folgt $\operatorname{arsinh} x = \ln\eta = \ln(x + \sqrt{x^2+1})$.

$\tanh$ und $\cosh$ behandelt man analog.

13. Wir verwenden die Potenzreihenentwicklung 8.10 (21). Für $|z| \leq 1/2$ ist

$$\left| \frac{z^2}{2} - \frac{z^3}{3} + \frac{z^4}{4} - \cdots \right| \leq \frac{1}{2}|z|\left(\left(\frac{1}{2}\right) + \left(\frac{1}{2}\right)^2 + \left(\frac{1}{2}\right)^3 + \cdots \right) = \frac{1}{2}|z|.$$

Damit folgt $|z| - \frac{1}{2}|z| \leq |\ln(1+z)| \leq |z| + \frac{1}{2}|z|$.

14. Zu gegebenem $x \in \mathbb{R}$ mit $x < 0$ betrachte man die zwei Folgen (z_n) und $(\bar{z}_n)$ in $\mathbb{C}^-$, wobei $z_n := |x| \exp^{i\varphi_n}$, $\varphi_n := \pi - 1/n$, sei. Es gilt $z_n \to x$ und auch $\bar{z}_n \to x$, während die Folgen $(\ln z_n)$ und $(\ln \bar{z}_n)$ die unterschiedlichen Grenzwerte $\ln|x| + i\pi$ bzw. $\ln|x| - i\pi$ haben.

15. $\ln i = i\pi/2$; also ist $i^i = e^{-\pi/2}$. Die Binomialentwicklung ergibt sich sofort aus 8.5 (12) wegen 8.5 (13) und 8.10 (22).

16. Es genügt, die normale Konvergenz auf H_σ zu zeigen. Diese folgt aus der Abschätzung $|n^s| = |e^{s \ln n}| = e^{\operatorname{Re} s \cdot \ln n} = n^{\operatorname{Re} s} \geq n^\sigma$ für $\operatorname{Re} s \geq \sigma$ und der Konvergenz von $\sum_{n=1}^\infty 1/n^{\sigma_0}$ für jedes rationale $\sigma_0 > 1$.

17. a) $L_n = \sum_{k=0}^{n-1} \left| e^{i(k+1)x/n} - e^{ikx/n} \right| = \sum_{k=0}^{n-1} \left| e^{i(2k+1)x/2n} \right| \cdot \left| e^{ix/2n} - e^{-ix/2n} \right|$

$= 2n |\sin x/2n|$.

b) Mit $x_n = x/2n$ folgt $\displaystyle\lim_{n\to\infty} L_n = \lim_{n\to\infty} \left| \frac{\sin x_n}{x_n} \right| \cdot |x| = |x|$.

$\displaystyle\lim_{n\to\infty} L_n$ kann als Länge des Bogens auf S^1 von 1 nach e^{ix} gedeutet werden.

e^{ix} ist also ein Punkt auf S^1 so, daß die Bogenlänge gemessen von 1 aus den

Wert $|x|$ hat. Wegen $e^{2\pi i} = 1$ ist dann 2π der Umfang von S^1. Zum Begriff der Bogenlänge siehe auch 12.2.

18. Aufgrund der Stetigkeit und Surjektivität der Abbildung $\exp : \mathbb{R} \to S^1$, $x \mapsto e^{2\pi i x}$, folgt das aus 5.8 Aufgabe 13.

19. Die Fehlerabschätzung im Leibniz-Kriterium für alternierende Reihen ergibt

$$\cos 1 = 1 - \frac{1}{2!} + \frac{1}{4!} - \frac{1}{6!} + \frac{1}{8!} - \frac{1}{10!} + R_1, \quad \sin 1 = 1 - \frac{1}{3!} + \frac{1}{5!} - \frac{1}{7!} + \frac{1}{9!} + R_2$$

mit $|R_{1,2}| < 1/11! < \frac{1}{3}10^{-7}$. Rechnet man die Brüche mit einer Genauigkeit von 10^{-8} in Dezimalbrüche um, erhält man

$$\cos 1 = 0.5403023 + R_1', \quad \sin 1 = 0.8414710 + R_2' \quad \text{mit } |R_{1,2}'| < \frac{1}{2}10^{-7}.$$

Die Irrationalität von $\cos 1$ und $\sin 1$ beweist man im wesentlichen wörtlich wie die Irrationalität von e; die zu verwendende Restabschätzung gewinnt man im vorliegenden Fall besonders einfach aus dem Leibniz-Kriterium.

20. Angenommen, es gäbe eine solche Identität. Wir schreiben diese dann in der Gestalt $p_n(x) = -\sum_{k=0}^{n-1} p_k(x)e^{(k-n)x} =: f(x)$ und betrachten die Beschränkung auf $\mathbb{R}$. Dort gilt $f(x) \to 0$ für $x \to \infty$, während $|p_n|$ eine Konstante $\neq 0$ ist oder gegen ∞ geht.

21. Es genügt, den Fall zu betrachten, daß $|a_k| \leq \frac{1}{2}$ ist für alle k. Nach Aufgabe 13 gilt dann $|\ln(1+a_k)| \leq 2|a_k|$. Es folgt, daß $\sum_{k=1}^{\infty} \ln(1+a_k)$ konvergiert. Wegen $p_n = \prod_{k=1}^{n}(1+a_k) = \exp\left(\sum_{k=1}^{n} \ln(1+a_k)\right)$ und der Stetigkeit der Exponentialfunktion folgt weiter, daß (p_n) konvergiert und zwar gegen e^S, $S := \sum_{k=1}^{\infty} \ln(1+a_k)$.

Für das Beispiel setze man $a_k := \cos(z/k) - 1$. Nach dem Lemma von der Restabschätzung bei Potenzreihen in 6.4 gibt es eine Konstante c so, daß $|a_k| \leq c(|z|/k)^2$ für $|z| < \pi$. Damit folgt die Behauptung.

22. Die Produktdarstellung beweist man durch vollständige Induktion mit Hilfe der Halbierungsformel $\sin z = 2\sin(z/2)\cdot\cos(z/2)$. Die Limes-Beziehung folgt daraus dann wegen $\lim_{n\to\infty} 2^n \sin(x/2^n) = x \cdot \lim_{n\to\infty} \sin(x/2^n)/(x/2^n) = x$. Der Spezialfall $x = \pi/2$: Man setze $c_n := \cos(\pi/2^n)$. Es gilt $c_0 = 0$ und $c_{n+1} = \sqrt{\frac{1}{2} + \frac{1}{2}c_n}$ aufgrund der Halbierungsformel $\cos 2z = 2\cos^2 z - 1$. Damit ergibt sich die Behauptung.

23. Angenommen, $\sum_{k=1}^{\infty} 1/p_k$ konvergiert. Dann konvergiert $\prod_{k=1}^{\infty}(1 - p_k^{-1})$ nach Aufgabe 21 gegen eine Zahl $\neq 0$, und damit auch $\prod_{k=1}^{\infty} 1/(1 - p_k^{-1})$. Ferner gilt mit den Bezeichnungen von 6.5 Aufgabe 15 für jedes $N \in \mathbb{N}$

$$\sum_{n \in J_N} \frac{1}{n} = \prod_{k=1}^{N} \frac{1}{1 - p_k^{-1}} < \prod_{k=1}^{\infty} \frac{1}{1 - p_k^{-1}} =: P.$$

Nun gibt es wegen der Divergenz der harmonischen Reihe ein $N^* \in \mathbb{N}$ so, daß $\sum_{n=1}^{N^*} 1/n > P$. Erst recht gilt dann $\sum_{n \in J_{N^*}} 1/n > P$. Widerspruch.

Kapitel 9

1. Der Differenzenquotient $\dfrac{f(x) - f(0)}{x - 0} = \dfrac{|x|^a}{x}\sin\dfrac{1}{x}$ hat einen Grenzwert für $x \to 0$ genau im Fall $a > 1$, und dann ist dieser Null: $f'(0) = 0$.

2. Beweis durch vollständige Induktion nach n.

$$(x^3\,\mathrm{e}^x)^{(1999)} = x^3\,\mathrm{e}^x + 1999 \cdot 3x^2\,\mathrm{e}^x + \binom{1999}{2} \cdot 6x\,\mathrm{e}^x + \binom{1999}{3} \cdot 6\,\mathrm{e}^x.$$

3. $f'(x) = x^{-a-1}\,\mathrm{e}^x(x-a)$. Fall $a \le 0$: f wächst streng monoton auf $(0;\infty)$, hat dort also kein Extremum. Fall $a \ge 0$: f fällt streng monoton auf $(0;a]$ und wächst streng monoton auf $[a;\infty)$; f hat also genau ein lokales Extremum, nämlich in a; dieses ist zugleich ein globales Minimum von f auf $(0;\infty)$. Zur Konvexität: Es gilt $f''(x) = x^{-a-2}\,\mathrm{e}^x((x-a)^2 + a)$. Fall $a \ge 0$ oder $a \le -1$: f ist streng konvex auf $(0;\infty)$. Fall $-1 < a < 0$: f ist streng konkav auf $\left(0; a + \sqrt{-a}\right)$, streng konvex auf $(a + \sqrt{-a};\infty)$ und hat einen Wendepunkt in $a + \sqrt{-a}$.

4. $f'(x) = x^{-1}\,\mathrm{e}^{3x}g(x)$ mit $g(x) = 1 + 3x\ln x$. Auf $(0;1/e)$ ist $g' < 0$, g also streng monoton fallend; auf $(1/e;\infty)$ ist $g' > 0$, g also streng monoton wachsend. Ferner gilt $g(x) \to 1$ für $x \downarrow 0$, $g(1/e) < 0$ und $g(x) \to \infty$ für $x \to \infty$. Mit dem ZWS folgt: g hat genau 2 Nullstellen ξ_1, ξ_2 auf $(0;\infty)$; dabei ist $\xi_1 \in (0;1/e)$, $\xi_2 \in (1/e;\infty)$. Daher ist f streng monoton wachsend auf $(0;\xi_1)$ sowie auf $(\xi_2;\infty)$ und streng monoton fallend auf $(\xi_1;\xi_2)$. Insbesondere hat f genau 2 lokale Extrema; ein lokales Maximum in ξ_1, ein lokales Minimum in ξ_2.

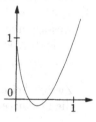

Die Funktion g.

5. Mit dem ersten Beispiel in 9.6 folgt, daß f differenzierbar auf $\mathbb{R}$ ist mit $f'(0) = 1$ und $f'(1/2k\pi) < 0$ für $k \in \mathbb{Z}$, $k \ne 0$; ferner, daß f' stetig ist auf $\mathbb{R} \setminus \{0\}$. Somit fällt f streng monoton in einem hinreichend kleinen Intervall um $1/2k\pi$.

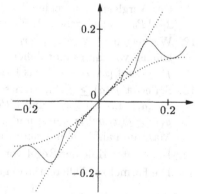

f mit den Einhüllenden $x(1 + 2x)$ und $x(1 - 2x)$.

6. Für $h := f - g$ gilt $h' \ge 0$ auf $(a;b)$ und daher $h(x) \ge h(a) \ge 0$ für alle $x \in [a;b]$. Dabei wird $h > 0$ auf $(a;b)$, sofern $h' > 0$ auf $(a;b)$. Die angegebenen Ungleichungen sind unmittelbare Folgerungen.

7. Es genügt, die entsprechenden Aussagen für $f(x) := \ln(1 + 1/x)^{x+a}$ zu beweisen. Es ist $f'(x) = \ln(1 + 1/x) - (x + a)/(x(1 + x))$. Mit Aufgabe 6 erhält man im Fall $a \ge 1$: $f'(x) \le \ln(1 + 1/x) - 1/x < 0$; im Fall $a \le 0$: $f'(x) \ge \ln(1 + 1/x) - 1/(1 + x) > 0$.

8. Man zeigt die gleichwertige Asymptotik $e - (1+x)^{1/x} \simeq \frac{e}{2}x$ für $x \downarrow 0$. Dafür liefert die L'Hospitalsche Regel

$$\lim_{x \downarrow 0} \frac{e - (1+x)^{1/x}}{x} = \left(\lim_{x \downarrow 0} \left(\frac{\ln(1+x)}{x^2} - \frac{1}{x(1+x)} \right) \right) \cdot \left(1 + \frac{1}{x} \right)^x = \frac{e}{2}.$$

Der Grenzwert $\frac{1}{2}$ für den ersten Faktor ergibt sich mittels der Potenzreihenentwicklung von $\ln(1+x)$ sowie der Partialbruchzerlegung von $1/(x(1+x))$.

9. Die Funktion $\varphi(x) := f(x)\,e^{-Kx}$ ist wegen $\varphi'(x) \leq 0$ monoton fallend. Daraus folgt die rechte Abschätzung. Die linke ergibt sich analog.

10. Für $k = 0$ ist die Behauptung gerade die Voraussetzung. Schluß $k \to k+1$ im Fall $k < n$: Aus $F^{(k)} = (x-a)^{n-k}(x-b)^{n-k}\varphi_k$ folgt

$$F^{(k+1)} = (x-a)^{n-k-1}(x-b)^{n-k-1}\varphi_{k+1}$$

mit $\varphi_{k+1} := (n(2x - a - b)\varphi_k + (x-a)(x-b)\varphi_k')$. φ_k habe die der Größe nach geordneten Nullstellen $\xi_1, \ldots, \xi_{p+k} \in (a;b)$. $F^{(k)}$ hat dann die Nullstellen $a, \xi_1, \ldots, \xi_{p+k}, b$. Nach dem Satz von Rolle hat dann $F^{(k+1)}$ in jedem der $p + k + 1$ Intervalle $(a;\xi_1)$, $(\xi_1;\xi_2), \ldots, (\xi_{p+k-1};\xi_{p+k})$, $(\xi_{p+k};b)$ eine Nullstelle. Folglich hat auch φ_{k+1} in $(a;b)$ $p + k + 1$ Nullstellen.

11. a) Als n-te Ableitung eines Polynoms vom Grad $2n$ hat P_n den Grad n. Die Aussage über die Nullstellen folgt unmittelbar aus Aufgabe 10.

b) Erste Weise: Man wendet unmittelbar die Leibnizregel an:

$$f^{(n+1)} = (x^2 - 1) \cdot p^{(n+2)} + (n+1) \cdot 2x \cdot p^{(n+1)} + (n+1)n \cdot p^{(n)}.$$

Zweite Weise: Wegen $p' = n(x^2 - 1)^{(n-1)} \cdot 2x$ ist $f = 2nx \cdot p$. Wendet man die Leibnizregel an, erhält man

$$f^{(n+1)} = 2nx \cdot p^{(n+1)} + 2n(n+1)p^{(n)}.$$

Der Vergleich der beiden Darstellungen für $f^{(n+1)}$ ergibt wegen $p^{(n)} = 2^n n!\,P_n$ die angegebene Differentialgleichung.

12. Wir zeigen a). Wegen $f''(x_0) > 0$ wächst f' streng monoton in einer Umgebung von x_0; es gibt daher ein $\varepsilon > 0$ so, daß $f' \leq 0$ auf $(x_0 - \varepsilon; x_0]$ und $f' \geq 0$ auf $[x_0; x_0 + \varepsilon)$. Das Kriterium für Extrema liefert die Behauptung.

13. Sei etwa $f'(a) \geq f'(b)$. Man setze $g(x) := f(x) - \gamma x$. g ist differenzierbar auf $[a;b]$ mit $g'(a) \geq 0$ und $g'(b) \leq 0$. Für genügend kleines $\varepsilon > 0$ ist daher $g(x) \geq g(a)$ auf $[a;a+\varepsilon]$ und $g(x) \geq g(b)$ auf $[b-\varepsilon;b]$. Somit nimmt g sein Maximum auf $[a;b]$ in einem Punkt $\xi \in [a+\varepsilon;b-\varepsilon]$ an; dort gilt $g'(\xi) = 0$.

14. Beweis mit Hilfe der Regel von L'Hospital.

15. Die Formel zur Differentiation einer Umkehrfunktion ergibt

$$\arcsin' x = \frac{1}{\cos(\arcsin x)} = \frac{1}{\sqrt{1 - \sin^2(\arcsin x)}} = \frac{1}{\sqrt{1 - x^2}}.$$

Mit der Binomialentwicklung 6.3 (7') erhält man weiter

$$\arcsin' x = \frac{1}{\sqrt{1 - x^2}} = \sum_{n=0}^{\infty} \frac{1 \cdot 3 \cdots (2n-1)}{2 \cdot 4 \cdots 2n} x^{2n}.$$

Mit $\arcsin 0 = 0$ folgt daraus die angegebene Entwicklung von $\arcsin$ in $(-1; 1)$. Nach dem Beispiel zum Wallisschen Produkt in 5.3 konvergiert die

Entwicklung des Arcussinus im abgeschlossenen Intervall $[-1; 1]$ normal und stellt dort eine stetige Funktion dar. Da auch arcsin in $[-1; 1]$ stetig ist, gilt die angegebene Entwicklung in ganz $[-1; 1]$.

16. Der Sinus ist streng konkav auf $[0; \pi/2]$. Daher und wegen $\sin 0 = 0$, $\sin \pi/2 = 1$ liegt sein Graph in $(0; \pi/2)$ über der Sekante durch $(0,0)$ und $(\pi/2, 1)$.

17. (i) Sei f konvex. Zu jedem Punktepaar $a, x \in I$ gibt es nach dem Mittelwertsatz einen Punkt ξ zwischen a und x mit $f(x) = f(a) + f'(\xi)(x - a)$. Da f' wächst, ist $f'(\xi) \geq f'(a)$ im Fall $x > a$ und $f'(\xi) \leq f'(a)$ im Fall $x < a$. In beiden Fällen ergibt sich die behauptete Ungleichung.

(ii) Das Tangentenkriterium sei erfüllt. Wir verifizieren dann die für Konvexität hinreichende Bedingung des Hilfssatzes in 9.7. Es seien dazu x_1, a, x_2 Punkte in I mit $x_1 < a < x_2$. Die Tangentenbedingung ergibt für sie

$$\frac{f(x_1) - f(a)}{x_1 - a} \leq f'(a) \leq \frac{f(x_2) - f(a)}{x_2 - a}.$$

f ist also konvex nach jenem Hilfssatz.

18. In einem gewissen Intervall $(\alpha; \beta)$ um x_0 ist dann f'' streng monoton; wegen $f''(x_0) = 0$ gilt also $(14')$ oder $(15')$.

19. Für fixiertes $x \in I$ setze man $q(\xi) := \dfrac{f(\xi) - f(x)}{\xi - x}$, $\xi \in I \setminus \{x\}$. Mit 9.7 $(13')$ zeigt man sofort: q wächst monoton auf jedem Intervall $[a; x) \subset I$ und ist nach oben beschränkt durch jedes $q(x_2)$, $x_2 \in I$, $x_2 > x_1$. Somit existiert $f'_-(x) = \lim_{\xi \uparrow x} q(\xi)$, und es ist $(*)$ $f'_-(x) \leq q(x_2)$. Ebenso sieht man die Existenz von $f'_+(x)$ und mit $(*)$, daß $f'_-(x) \leq f'_+(x)$.

Folgerungen: Da q in x sowohl linksseitig als auch rechtsseitig einen Grenzwert hat, hat f sowohl l.s. als auch r.s. den Grenzwert $f(x)$; f ist also an jeder Stelle stetig. Ferner: f ist genau dann nicht differenzierbar in x, wenn $f'_-(x) \neq f'_+(x)$. Daß es höchstens abzählbar viele solche Stellen gibt, zeigt man i.w. wörtlich, wie die Tatsache, daß eine monotone Funktion höchstens abzählbar viele Unstetigkeitsstellen hat; siehe die Lösung zu 7.9 Aufgabe 18. Schließlich: Die Funktion $\varphi : I \to \mathbb{R}$ mit

$$\varphi(x) := \begin{cases} f'(x), & \text{falls } f \text{ in } x \text{ differenzierbar ist,} \\ \frac{1}{2}(f'_-(x) + f'_+(x)), & \text{falls } f \text{ in } x \text{ nicht differenzierbar ist,} \end{cases}$$

wächst monoton, und f ist nach dem Gesagten Stammfunktion zu φ.

20. Eine Stammfunktion ist die Betragsfunktion $|\ |$.

21. Eine Stammfunktion ist gegeben durch $F(x) := \sum_{n=1}^{\infty} 2^{-n} |x - a_n|$.

Sei $f_n(x) := 2^{-n} |x - a_n|$. Die Reihe $\sum_{n=1}^{\infty} f_n$ konvergiert normal auf $\mathbb{R}$, definiert also nach 7.3 eine stetige Funktion auf $\mathbb{R}$.

Jedes f_n ist differenzierbar in $\mathbb{R} \setminus A$ mit $f'_n(x) = 2^{-n} \operatorname{sign}(x - a_n)$ und Lipschitz-stetig mit der Lipschitz-Konstanten 2^{-n}. Nach 9.5 Satz $(*)$ ist also F differenzierbar in $\mathbb{R} \setminus A$ mit $F'(x) = f(x)$. Die Nicht-Differenzierbarkeit von F in a_n ergibt sich nach Aufspalten der Reihe in $f_n + \sum_{\nu \neq n} f_\nu$: Die Reihe $\sum_{\nu \neq n} f_\nu$ definiert eine in a_n differenzierbare Funktion, während f_n dort nicht differenzierbar ist; also ist auch F dort nicht differenzierbar.

22. Nach Abspalten endlich vieler Terme dürfen wir annehmen, daß $\sum_1^{\infty} \|f_n\| < \frac{1}{2}$ und $\sum_{n=1}^{\infty} \|f'_n\| < \frac{1}{2}$. Insbesondere ist dann $\|f_n\| \leq \frac{1}{2}$ für alle n und nach

8.13 Aufgabe 13 $\|\ln(1 + f_n)\| \leq 2\|f_n\|$ (ln der Hauptzweig des Logarithmus). Folglich konvergiert auch $\sum_{n=1}^{\infty} \ln(1 + f_n)$ normal, und es gilt

$$f := \prod_{n=1}^{\infty} (1 + f_n) = \exp\left(\sum_{n=1}^{\infty} \ln(1 + f_n)\right).$$

Die Funktion $g := \sum_{n=1}^{\infty} \ln(1 + f_n)$ ist differenzierbar nach dem ersten Satz in 9.5: Die normale Konvergenz der Reihe wurde bereits festgestellt; ferner: $\ln(1 + f_n)$ ist nach den Aussagen zur logarithmischen Ableitung in 9.2 differenzierbar und hat die Ableitung $f_n'/(1 + f_n)$. Die Reihe $\sum_{n=1}^{\infty} f_n'/(1 + f_n)$ dieser Ableitungen konvergiert normal wegen $\|f_n'/(1 + f_n)\| \leq 2\|f_n'\|$ nach Voraussetzung (ii). Also ist g differenzierbar, und es gilt

$$g' = \sum_{n=1}^{\infty} \left(\ln(1 + f_n)\right)' = \sum_{n=1}^{\infty} \frac{f_n'}{1 + f_n}.$$

Wegen $f = e^g$ ist ferner $f'/f = g'$. Damit folgt die Behauptung.

Zum Beispiel: Die Voraussetzungen (i) und (ii) sind auf jedem beschränkten Intervall erfüllt.

23. $h(x) := F\left(\dfrac{x - (a - \varepsilon)}{\varepsilon}\right) \cdot F\left(\dfrac{b + \varepsilon - x}{\varepsilon}\right)$, F wie in 9.6 (12).

Für eine weitere Konstruktion als Stammfunktion siehe 11.11 Aufgabe 18.

24. Sei $h : \mathbb{R} \to \mathbb{R}$ eine $\mathscr{C}^{\infty}$-Funktion mit $h(x) = 1$ für $|x| \leq 1$ und $h(x) = 0$ für $|x| \geq 2$. Man setze $h_n(x) := x^n h(x)$ und $M_n := \max\left\{\|h_n^{(0)}\|, \ldots, \|h_n^{(n)}\|\right\}$. Mit $b_n := |a_n| M_n + 1$ bilde man $f_n(x) := a_n h_n(b_n x)/n! \, b_n^n$. Die Funktion $f = \sum_{n=0}^{\infty} f_n$ leistet das Verlangte: Wegen $\|f_n^{(\nu)}\| \leq 1/n!$ für $n > \nu$ konvergiert für jedes ν die Reihe $\sum_{n=0}^{\infty} f_n^{(\nu)}$ der ν-ten Ableitungen normal. Nach 9.5 ist f eine $\mathscr{C}^{\infty}$-Funktion mit $f^{(\nu)} = \sum_{n=0}^{\infty} f_n^{(\nu)}$; insbesondere gilt $f^{(\nu)}(0) = \sum_{n=0}^{\infty} f_n^{(\nu)}(0) = a_\nu$.

Kapitel 10

1. a) e^x, e^{-x}, $\cos x$, $\sin x$.
   b) $\cos\sqrt{2}x$, $x\cos\sqrt{2}x$, $\sin\sqrt{2}x$, $x\sin\sqrt{2}x$.
   c) 1, x, $e^x \cos 2x$, $e^x \sin 2x$.

2. a) $x^3 - 6x$.   b) $\frac{1}{2}\sinh x$.   c) $\sin x \cdot \ln|\sin x| - x\cos x$.

3. Die homogene Gleichung $\ddot{y} + k/m \cdot \dot{y} = 0$ hat die Lösungen $c_1 + c_2 e^{-k/m \cdot t}$, $c_1, c_2 \in \mathbb{R}$, die inhomogene Gleichung $\ddot{y} + k/m \cdot \dot{y} = g$ als partikuläre Lösung eine lineare Funktion, nämlich $y_p = (mg/k)t$. Bei Berücksichtigung der Anfangsbedingungen erhält man

$$y(t) = \frac{mg}{k}\left(t - \frac{m}{k}\left(1 - e^{-k/m \cdot t}\right)\right). \qquad v_\infty = mg/k.$$

4. Man hat zwei Fälle zu unterscheiden:
   1. $in\omega$ ist für kein n Nullstelle des charakteristischen Polynoms $P(\lambda) = \lambda^2 + 2d\lambda + k$;
   2. $in\omega$ ist für mindestens ein n Nullstelle von P.

Fall 1. Dieser Fall liegt genau dann vor, wenn $d \neq 0$ ist oder $n^2\omega^2 \neq k$ für alle n. Im Anschluß an 10.4 (9) bilde man

$$y_p = \sum_{n=0}^{\infty} \frac{c_n}{P(in\omega)}\, e^{in\omega t}.$$

Die Reihe definiert eine $\mathscr{C}^2$-Funktion auf $\mathbb{R}$, da die durch 2-maliges gliedweises Differenzieren entstehende Reihe normal konvergiert ($|P(ni\omega)| \simeq n^2\omega^2$). Offensichtlich ist y_p eine partikuläre Lösung.

Fall 2. Dieser Fall liegt genau dann vor, wenn $d = 0$ und $(n_0\omega)^2 = k$ für ein n_0. Im Anschluß an 10.4 (11) und (9) erhält man als partikuläre Lösung

$$y_p = \frac{c_{n_0}}{2in_0\omega}\, t\, e^{in_0\omega t} + \sum_{n \neq n_0}^{\infty} \frac{c_n}{(n_0^2 - n^2)\omega^2}\, e^{in\omega t}.$$

Man beachte, daß die Reihe in beiden Fällen eine beschränkte Funktion definiert, der erste Summand des zweiten Falls aber unbeschränkt ist.

5. Genau dann gilt $\lim_{t\to\infty} y(t) = 0$ für jede Lösung y, wenn dies für alle Elemente eines Fundamentalsystems zutrifft. Nun gilt $\lim_{t\to\infty} t^k\, e^{\lambda t} = 0$ genau dann, wenn $\operatorname{Re}\lambda < 0$. Damit ergibt sich die Behauptung.

6. Wir betrachten zunächst die Bewegung des Mittelpunktes $s = \dfrac{x+y}{2}$ der Auslenkungen. Diese genügt dem AWP $\ddot{s} = -as$, $s(0) = 0$, $\dot{s}(0) = \frac{1}{2}$. Als Lösung ergibt sich $s(t) = \dfrac{1}{2\omega}\sin\omega t$, $\omega = \sqrt{a}$.

Sodann berechnet man $u := \dfrac{x-y}{2}$. u genügt dem AWP $\ddot{u} = -au - 2ku$, $u(0) = 0$, $\dot{u}(0) = 1$. Die Lösung ist $\dfrac{1}{\alpha}\sin\alpha t$ mit $\alpha := \sqrt{a+2k}$. Damit erhält man

$$x = s + u = \frac{1}{2\omega}\sin\omega t + \frac{1}{\alpha}\sin\alpha t,$$

$$y = s - u = \frac{1}{2\omega}\sin\omega t - \frac{1}{\alpha}\sin\alpha t.$$

7. a) Die Differentialgleichung für z lautet $\ddot{z} + 2iu\dot{z} + \gamma z = 0$. Die Nullstellen des charakteristischen Polynoms $\lambda^2 + 2iu\lambda + \gamma$ sind $-ui + \omega i$ und $-ui - \omega i$, $\omega := \sqrt{u^2 + \gamma}$. Somit hat man ein Fundamentalsystem in den Funktionen $e^{-ui\,t}\cos\omega t$ und $e^{-ui\,t}\sin\omega t$. Die allgemeine Lösung lautet daher

$$z(t) = e^{-ui\,t}(c_1\cos\omega t + c_2\sin\omega t), \quad c_1, c_2 \in \mathbb{C}.$$

Daraus liest man sofort ab, daß für jede Lösung die Abstandsfunktion $r(t) = |z(t)|$ die Periode $T = 2\pi/\omega$ hat.

b) $z(0) = x_0$ impliziert $c_1 = x_0$, und $\dot{z}(0) = iv_0$ impliziert $c_2 = \dfrac{i}{\omega}(v_0 + ux_0)$. Mit diesen Koeffizienten c_1, c_2 ergibt sich

$$r^2(t) = x_0^2 + C\sin^2\omega t, \qquad C := \frac{1}{\omega^2}(v_0 + ux_0)^2 - x_0^2.$$

Für $C < 0$ gilt $r(t) \leq x_0$, für $C > 0$ gilt $r(t) \geq x_0$. Die Gleichheit $r(t) = x_0$ für alle t tritt genau dann ein, wenn $C = 0$, d.h., wenn $v_0 = (-u \pm \omega)x_0$.

Im Fall $v_0 = 0$ ist $C < 0$, also gilt $r(t) \leq x_0$. Das Gleichheitszeichen tritt genau zu Zeiten t mit $\sin\omega t = 0$ ein, d.h., zu den Zeiten $k \cdot \pi/\omega$, $k \in \mathbb{Z}$.

Kapitel 11

1. f besitzt an jeder Stelle x den Grenzwert 0: Zu $\varepsilon > 0$ gibt es nämlich nur endlich viele rationale Zahlen p/q mit $1/q > \varepsilon$. f ist also eine Regelfunktion.

2. a) folgt aus dem Hauptsatz der Differential- und Integralrechnung.

   b) folgt aus $L'(x) = 1/x > 0$ und $L''(x) = -1/x^2 < 0$.

   c) $L(xy) = L(x) + \int_x^{xy} dt/t$. Durch die Substitution $t = x\tau$ geht das Integral über in $\int_1^y d\tau/\tau = L(y)$.

   d) $(L(e^x))' = L'(e^x) \cdot e^x = 1$; also ist $L(e^x) = x + \text{const.}$ Wegen $L(e^0) = 0$ ist const. $= 0$.

3. Sei $I_{n,m} := \int_0^1 x^n (1-x)^m \, dx$. Partielle Integration ergibt die Rekursionsformel $I_{n,m} = \dfrac{m}{n+1} I_{n+1,m-1}$. Mit $I_{n+m,0} = \dfrac{1}{n+m+1}$ folgt

$$I_{n,m} = \frac{n!\,m!}{(n+m+1)!}.$$

   Mit der Substitution $x := 2t - 1$ erhält man weiter

$$\int_{-1}^1 (1+x)^n (1-x)^m dx = 2^{n+m+1} \int_0^1 t^n (1-t)^m dt = 2^{n+m+1} \cdot I_{n,m}.$$

4. $\displaystyle\int_0^{\pi/2} \frac{1/\cos^2 \varphi}{a^2 \tan^2 \varphi + b^2} \, d\varphi = \int_0^\infty \frac{dt}{a^2 t^2 + b^2} = \frac{\pi}{2ab}.$

5. Es sei $L_{a,k} = \int_0^1 x^a \ln^k x \, dx$. Der Integrand kann stetig nach 0 fortgesetzt werden. Mittels partieller Integration erhält man die Rekursionsformel $L_{a,k+1} = -\dfrac{k+1}{a+1} L_{a,k}$. Zusammen mit $L_{a,0} = 1/(a+1)$ folgt

$$L_{a,k} = (-1)^k \frac{k!}{(a+1)^{k+1}}.$$

6. Die Funktion $x^x = e^{x \ln x}$ hat in 0 einen Grenzwert, kann also als stetig in $[0;1]$ angesehen werden. Mit $f : [0;1] \to \mathbb{R}$, $f(x) := x \ln x$ und $f(0) = 0$, gilt $x^x = \sum_{k=0}^\infty (f(x))^k/k!$. Da f in $[0;1]$ beschränkt ist, konvergiert die Reihe normal in $[0;1]$; sie darf also gliedweise integriert werden. Nach Aufgabe 5 ist $\int_0^1 x^k \ln^k x \, dx = (-1)^k k!/(k+1)^{k+1}$. Damit folgt die Behauptung.

   Zur Berechnung der Reihe bis auf 10^{-8} genau genügen wegen $9^9 > 3.5 \cdot 10^8$ nach dem Leibniz-Kriterium für alternierende Reihen die ersten 8 Summanden: Damit ergibt sich $\int_0^1 x^x \, dx = 0.78343051 + R$, $|R| < 10^{-8}$.

7. Wie für K(k) in 11.7 zeigt man

$$E(k) = \frac{\pi}{2} \left(1 - \sum_{n=1}^\infty \left(\frac{1 \cdot 3 \cdots (2n-1)}{2 \cdot 4 \cdots 2n} \right)^2 \cdot \frac{k^{2n}}{2n-1} \right).$$

8. a) $\displaystyle\int_0^\infty \frac{dx}{1+x^3} = \frac{2\pi}{3\sqrt{3}}$ (Partialbruchzerlegung und 11.4 Beispiel 8);

   b) $\displaystyle\int_0^\infty x^n e^{-ax} \cos bx \, dx = \frac{n!}{(a^2+b^2)^{n+1}} \operatorname{Re}(a+bi)^{n+1}$ (11.4 Beispiel 2);

   c) $\displaystyle\int_{-1}^1 \frac{dx}{(a-x)\sqrt{1-x^2}} = \frac{\pi}{\sqrt{a^2-1}}.$

9. Sei λ der Grenzwert. Dann gibt es ein $c \in [a; b)$ so, daß in $[c; b)$ die Abschätzung $|f| \le (|\lambda| + 1)|g|$ gilt. Mit dem Majorantenkriterium folgt daraus die Behauptung. Im Beispiel verwende man das Kriterium für die kritische Grenze b etwa mit $g(x) = (b - x)^{\beta-1}$.

10. Durch die Substitution $t := x^a$ kommt man auf das Gammaintegral.

11. Die Konvergenz des Integrals folgt aus dem Beispiel in Aufgabe 9. Der Wert $K(k)$ ergibt sich durch die Substitution $x = \sin\varphi$; siehe 11.6 (14).

12. Sei F eine Stammfunktion zu f und sei g monoton wachsend. Für beliebige $[\alpha; \beta] \subset [a; b)$ ist

$$\int_\alpha^\beta fg\,dx = Fg\big|_\alpha^\beta - \int_\alpha^\beta Fg'\,dx.$$

$Fg\big|_a^\beta$ hat für $\beta \to b$ einen Grenzwert aufgrund der Voraussetzungen des Kriteriums. Ferner: Zu $\varepsilon > 0$ gibt es ein b_0 so, daß $g(x) < \varepsilon/2M$ für $x \in [b_0, b)$, M eine Schranke für $|F|$. Für $[\alpha; \beta] \subset [b_0; b)$ folgt ($g' \ge 0$!)

$$\left| \int_\alpha^\beta Fg'\,dx \right| \le \int_\alpha^\beta |F|\,g'\,dx \le Mg\big|_\alpha^\beta \le \varepsilon.$$

Nach dem Cauchy-Kriterium hat auch $\int_a^\beta Fg'\,dx$ für $\beta \to b$ einen Grenzwert.

13. Es genügt, die Konvergenz des Integrals $\int_1^\infty e^{ix^a}\,dx$ zu zeigen. Durch die Substitution $x^a = t$ geht es über in $\dfrac{1}{a} \int_1^\infty e^{it} t^{1/a-1}\,dt$. Dieses Integral nun konvergiert tatsächlich nach dem Dirichletkriterium (Aufgabe 12). (Logisch korrekt muß man von zweiten Integral zum ersten übergehen.)

14. Das n-te Glied der Folge ist die Riemannsche Summe der Funktion $1/x$ zur Teilung von $[1; 2]$ in n gleichlange Intervalle mit Stützstellen in den Punkten $1 + k/n$, $k = 1, \ldots, n$. Der Limes ist also $\int_1^2 1/x\,dx = \ln 2$.

15. Diese Asymptotik folgt mit 11.9 (21) aus $\displaystyle\int_2^N \frac{1}{x \ln x}\,dx = \ln(\ln N) - \ln(\ln 2)$.

16. Wir betrachten zunächst zwei Spezialfälle.

   (i) $0 < a \le \pi$. Da $f(x)\sin x \ge 0$ ist, aber nicht überall 0, folgt die Behauptung mit dem Lemma in 11.3.

   (ii) $\pi < a \le 2\pi$. Mit der Zerlegung $[0; a] = [0; a - \pi] \cup [a - \pi; \pi] \cup [\pi; a]$ und unter Verwendung von $\sin(x + \pi) = -\sin x$ erhält man

$$\int_0^a f(x)\sin x\,dx = \int_0^{a-\pi} (f(x) - f(x + \pi))\sin x\,dx + \int_{a-\pi}^\pi f(x)\sin x\,dx.$$

Wegen $f(x) - f(x + \pi) > 0$ und $f(x) > 0$ in $[a - \pi; \pi]$ sind beide Integrale rechts positiv wieder nach dem Lemma in 11.3.

Auf diese zwei Spezialfälle führt man leicht den allgemeinen zurück und zwar durch Zerlegen von $[0; a]$ in endlich viele Intervalle $[k2\pi; (k + 1)2\pi]$, $k \in \mathbb{Z}$, und ein Intervall $[n2\pi; a]$ mit $1 - 2n\pi < 2\pi$, und anschließende Translationen um ganze Vielfache von 2π.

17. a) Durch die Substitution $t = -\tau$ erhält man $\mathrm{Si}(-x) = -\mathrm{Si}(x)$.

   b) Das ergibt sich aus den Vorzeichen der Ableitung $\mathrm{Si}'(x) = \sin x / x$.

c) Die erste Behauptung folgt daraus, daß Si in der Folge der Intervalle $[k\pi; (k+1)\pi]$ abwechselnd streng monoton wächst und fällt. Wir betrachten die Folge der Minima: Für $n \in \mathbb{N}$ gilt nach Aufgabe 16

$$\mathrm{Si}((2n+2)\pi) - \mathrm{Si}(2n\pi) = \int_{2n\pi}^{(2n+2)\pi} \frac{\sin t}{t}\, dt = \int_0^{2\pi} \frac{\sin t}{t + 2n\pi}\, dt > 0.$$

Analog zeigt man, daß die Folge der Maxima streng monoton fällt.

d) Siehe das erste Beispiel zum Majorantenkriterium in 11.9.

e) Aufgrund der Potenzreihenentwicklung des Sinus erhält man

$$\mathrm{Si}(\pi) = \int_0^\pi \frac{\sin t}{t}\, dt = \pi\left(1 - \frac{\pi^2}{3!\,3} + \frac{\pi^4}{5!\,5} - \frac{\pi^6}{7!\,7} + \frac{\pi^8}{9!\,9} - \cdots\right).$$

Die Reihe alterniert und bei Abbruch nach dem angeschriebenen Abschnitt ist der Fehler kleiner als $\pi^{10}/11!\,11 < 10^{-3}$. Man erhält $\mathrm{Si}(\pi) = 1.178\,\pi/2$.

18. a) Mit der in 9.6 (11) erklärten Funktion setze man $\varphi(x) := f(x-\alpha)\cdot f(\beta-x)$.

Dann hat $g := \varphi/c$, $c := \int_\alpha^\beta \varphi(x)\, dx$, die verlangten Eigenschaften.

b) Es seien g_1 und g_2 Funktionen wie in a) zu $[a-\varepsilon; a]$ bzw. $[b; b+\varepsilon]$. Die Stammfunktion h zu $g_1 - g_2$ mit $h(a-\varepsilon) = 0$ ist dann eine Hutfunktion,

$$h(x) = \int_{-\infty}^x \left(g_1(t) - g_2(t)\right) dt.$$

19. Die Linearität $\langle \alpha_1 f_1 + \alpha_2 f_2, g \rangle = \alpha_1\langle f_1, g \rangle + \alpha_2\langle f_2, g \rangle$ und die Symmetrie $\langle f, g \rangle = \overline{\langle g, f \rangle}$ sind offensichtlich gegeben. Die Positivität $\langle f, f \rangle > 0$ für $f \neq 0$ folgt aus dem Lemma in 11.3.

20. a) Zum Nachweis von $\langle P_m, P_n \rangle = 0$ für $m < n$ genügt es zu zeigen, daß $\langle x^\mu, P_n \rangle = 0$ für jedes Monom x^μ, $\mu < n$. Dieses nun ist enthalten in der allgemeineren Behauptung:

$$\langle x^\mu, \Phi^{(k)} \rangle = 0 \quad \text{für } k = 1, \ldots, n \text{ und } \mu < k \text{ wobei } \Phi(x) = (x^2 - 1)^n.$$

Nachweis dafür durch Induktion nach k: Im Fall $k = 1$ und dann $\mu = 0$ gilt $\langle 1, \Phi' \rangle = \Phi\big|_{-1}^1 = 0$. Den Schluß $k - 1 \to k$ ergibt eine partielle Integration:

$$\langle x^\mu, \Phi^{(k)} \rangle = x^\mu \Phi^{(k-1)}\big|_{-1}^1 - \mu\langle x^{\mu-1}, \Phi^{(k-1)} \rangle.$$

Beide Terme der rechten Seite sind Null; der erste, weil $\Phi^{(k-1)}$ in 1 und -1 Nullstellen hat, siehe 9.12 Aufgabe 10, der zweite nach Induktionsannahme. Nachweis von $\gamma_n := \langle P_n, P_n \rangle = \dfrac{2}{2n+1}$. Nach Definition ist

$$\gamma_n = \frac{1}{(2^n n!)^2} \int_{-1}^1 \mathrm{D}^n\left[(x^2 - 1)^n\right] \cdot \mathrm{D}^n\left[(x^2 - 1)^n\right] dx.$$

Wiederholte partielle Integration unter Beachtung der Tatsache, daß $\mathrm{D}^k\left[(x^2 - 1)^n\right]$ für $k < n$ in 1 und -1 Nullstellen hat, siehe 9.12 Aufgabe 10, ergibt

$$\gamma_n = \frac{1}{(2^n n!)^2} \int_{-1}^1 (1 - x^2)^n \cdot \mathrm{D}^{2n}\left[(x^2 - 1)^n\right] dx.$$

Mit $\mathrm{D}^{2n}\left[(x^2 - 1)^n\right] = (2n)!$ und $\int_{-1}^1 (1 - x^2)^n dx = \dfrac{2^{2n+1}(n!)^2}{(2n+1)!}$, siehe Aufgabe 3, folgt

$$\langle P_n, P_n \rangle = \gamma_n = \frac{2}{2n+1}.$$

b) Da P_k den Grad k hat, gibt es eine Darstellung

$(*)$ $\qquad\qquad x\,P_n = a_n P_{n+1} + b_n P_n + c_n P_{n-1} + Q$

mit $a_n, b_n, c_n \in \mathbb{R}$ und einem Polynom Q vom Grad $< n - 1$. Es gilt $\langle xP_n, Q\rangle = \langle P_n, xQ\rangle$. Nach Teil a) ergibt sich daher aus $(*)$ $\langle Q, Q\rangle = 0$. Folglich ist $Q = 0$. Ferner ist $b_n = 0$ wegen $P_n(-x) = (-1)^n P_n(x)$. Es bezeichne l_n den Leitkoeffizienten von P_n; nach Definition ist $l_n = \dfrac{(2n)!}{2^n (n!)^2}$. Aus $(*)$ folgt

$$a_n = \lim_{x\to\infty} \frac{x\,P_n(x)}{P_{n+1}(x)} = \frac{l_n}{l_{n-1}} = \frac{n+1}{2n+1}.$$

Für c_n erhalten wir aus $(*)$ durch Skalarmultiplikation mit P_{n-1}

$$c_n = \frac{\langle xP_n, P_{n-1}\rangle}{\langle P_{n-1}, P_{n-1}\rangle} = \frac{\langle P_n, xP_{n-1}\rangle}{\langle P_{n-1}, P_{n-1}\rangle}.$$

Mit der Darstellung $x\,P_{n-1} = \dfrac{l_{n-1}}{l_n} P_n + R$, R ein Polynom vom Grad $< n$, folgt weiter nach a)

$$c_n = \frac{l_{n-1}}{l_n} \cdot \frac{\langle P_n, P_n\rangle}{\langle P_{n-1}, P_{n-1}\rangle} = a_{n-1} \cdot \frac{\gamma_n}{\gamma_{n-1}} = \frac{n}{2n+1}.$$

21. a) Sei f eine Regelfunktion auf $[a; b]$ mit $\int_a^b |f(x)|\,\mathrm{d}x = 0$. Wir zeigen, daß $f(x) = 0$ an jeder Stetigkeitsstelle x. Wäre $f(x) \neq 0$, gäbe es eine Treppenfunktion φ mit $0 \leq \varphi \leq |f|$ und $\varphi \geq \frac{1}{2}|f(x)|$ in einem Teilintervall $J \subset [a; b]$. Damit folgte $\int_a^b |f|\,\mathrm{d}x \geq \int_a^b \varphi\,\mathrm{d}x \geq \frac{1}{2}|f(x)||J| \neq 0$, ein Widerspruch. Da f höchstens abzählbar viele Unstetigkeitsstellen hat, ist $f = 0$ fast überall.

b) Durch Reduktion auf die Minkowskische Ungleichung in 9.8 mittels Riemannscher Summen analog dem Beweis der Hölderschen Ungleichung für Integrale in 11.8.

22. Für eine Treppenfunktion φ mit $\|f - \varphi\|_{[a;b]} \leq \varepsilon/(b - a)$ gilt $\|f - \varphi\|_1 \leq \varepsilon$. Daher und wegen $\|f - F\|_1 \leq \|f - \varphi\|_1 + \|\varphi - F\|_1$ genügt es, die Behauptung für Treppenfunktionen zu zeigen. Dazu wiederum genügt es aus Linearitätsgründen für die charakteristische Funktion $\mathbf{1}_{[\alpha;\beta]}$ eines beliebigen Intervalls $[\alpha; \beta] \subset [a; b]$ eine Funktion F anzugeben. Eine solche ist z.B. jede Hutfunktion zu $[\alpha; \beta]$ wie in Aufgabe 18 b).

23. Die Behauptung gilt offensichtlich für Linearkombinationen $\psi = \sum_{k=1}^{n} c_k \mathbf{1}_{I_k}$ charakteristischer Funktionen von Intervallen. Im Fall einer beliebigen Regelfunktion wähle man auf $[a - 1; b + 1]$ eine Treppenfunktion φ so, daß $\|\varphi - f\|_{[a-1;b+1]} < \varepsilon/(b - a)$; sodann zu φ ein $\delta \leq 1$ so, daß

$$\int_a^b |\varphi(x + h) - \varphi(x)|\,\mathrm{d}x < \varepsilon \quad \text{für } h \text{ mit } |h| \leq \delta.$$

Für solche h gilt dann weiter

$$\int_a^b |f(x + h) - f(x)|\,\mathrm{d}x \leq \int_a^b |f(x + h) - \varphi(x + h)|\,\mathrm{d}x$$

$$+ \int_a^b |\varphi(x + h) - \varphi(h)|\,\mathrm{d}x + \int_a^b |\varphi(x) - f(x)|\,\mathrm{d}x.$$

Jedes Integral der rechten Seite hat einen Wert $< \varepsilon$. Daraus folgt die Behauptung.

24. Es genügt, die Behauptung für $\alpha \in \mathbb{N}$ zu beweisen.

Angenommen, $e^\alpha = a/b$ mit $a, b \in \mathbb{N}$. Mit f wie im Irrationalitätsbeweis für π ergäbe sich, daß $b \int_0^1 \alpha^{2n+1} e^{\alpha x} f(x) \, dx$ eine ganze Zahl zwischen 0 und 1 ist.

25. a) Diese Beziehung erhält man durch die Substitution $x = \sin \varphi$.

b) Es ist $L(0) = 0$, $L(1) = 1$; ferner wächst L auf $[0; 1]$ streng monoton, da dort

$$\frac{dx}{dt} = L'(t) = \frac{2aB}{A^2} \neq 0, \qquad B := (a+b) - (a-b)t^2.$$

Mit $C := \frac{1}{4}\left((a+b)^2 - (a-b)^2 t^2\right) = \left(\frac{a+b}{2}\right)^2 - \left(\left(\frac{a+b}{2}\right)^2 - ab\right)t^2$ gilt

$$1 - x^2 = 4(1 - t^2)C/A^2, \qquad a^2 - (a^2 - b^2)x^2 = a^2 B^2/A^2,$$

und folglich

$$I(a,b) = \int_0^1 \frac{(2aB/A^2)\,dt}{(2\sqrt{(1-t^2)C}/A)aB/A} = I\left(\frac{a+b}{2}, \sqrt{ab}\right).$$

c) Es seien (a_n) und (b_n) die Folgen mit $a_1 := a$, $b_1 := b$ und $a_{n+1} = \frac{1}{2}(a_n + b_n)$, $b_{n+1} := \sqrt{a_n b_n}$; dann ist $M := M(a; b)$ deren gemeinsamer Grenzwert. Wegen b) folgt

$$I(a; b) = I(a_2; b_2) = \ldots = I(a_k; b_k) = I(M; M) = \int_0^{\pi/2} \frac{d\varphi}{M} = \frac{\pi}{M};$$

und schließlich

$$K(k) = \int_0^{\pi/2} \frac{d\varphi}{\sqrt{1 - k^2 \sin^2 \varphi}} = I(1, \sqrt{1 - k^2}) = \frac{\pi}{2M(1, \sqrt{1 - k^2})},$$

d) Zur Berechnung von $K(\frac{1}{2}\sqrt{2})$ ermitteln wir für $a = \sqrt{2}$, $b = 1$ näherungsweise das arithmetisch-geometrische Mittel $M(\sqrt{2}, 1)$. Dazu berechnen wir der Reihe nach

$$a_1 = \frac{a+b}{2} = 1.2071067812, \qquad b_1 = \sqrt{ab} = 1.1892071150,$$

$$a_2 = \frac{a_1 + b_1}{2} = 1.1981569481, \qquad b_2 = \sqrt{a_1 b_1} = 1.1981235215,$$

$$a_3 = \frac{a_2 + b_2}{2} = 1.1981402348, \qquad b_3 = \sqrt{a_2 b_2} = 1.1981402347.$$

Nun ist $b_3 < M(\sqrt{2}, 1) < a_3$. Damit folgt

$$K\left(\frac{\sqrt{2}}{2}\right) = \frac{\sqrt{2}\pi}{2M(\sqrt{2}, 1)} = 1.854074677.$$

Kapitel 12

1. a) $s = \int_0^b \sqrt{1 + 4x^2} \, dx = \frac{b}{2}\sqrt{1 + 4b^2} + \frac{1}{4}\ln\left(2b + \sqrt{1 + 4b^2}\right)$;

b) $s = \int_0^\tau \sqrt{4t^2 + 9t^4} \, dt = \frac{8}{27}\left(\left(1 + \frac{9}{4}\tau^2\right)^{3/2} - 1\right)$.

2. Wir verwenden die Bezeichnungen der Definition in 12.2.

(i) Sei γ rektifizierbar. Für jedes $[\alpha; \beta] \subset (a; b)$ gilt nach Satz 2

$$\int_{\alpha}^{\beta} \|\dot{\gamma}(t)\| \, dt = \sup \{s(Z) \mid Z \text{ Zerlegung von } [\alpha; \beta]\} \leq s(\gamma).$$

Wegen dieser Beschränktheit existiert $\int_{a}^{b} \|\dot{\gamma}(t)\| \, dt$ und ist $\leq s(\gamma)$.

(ii) $\int_{a}^{b} \|\dot{\gamma}(t)\| \, dt$ existiere. Für jede Zerlegung $Z = \{t_0, \ldots, t_m\}$ gilt

$$s(Z) \leq \int_{t_0}^{t_m} \|\dot{\gamma}(t)\| \, dt \leq \int_{a}^{b} \|\dot{\gamma}(t)\| \, dt;$$

die erste Abschätzung folgt aus Satz 2, da $\gamma \mid [t_0; t_m]$ rektifizierbar ist. Wegen dieser Beschränktheit ist γ rektifizierbar, und es gilt

$$s(\gamma) \leq \int_{a}^{b} \|\dot{\gamma}(t)\| \, dt.$$

Zusammen mit (i) folgt $s(\gamma) = \int_{a}^{b} \|\dot{\gamma}(t)\| \, dt$.

Zum Beispiel: Im Fall $c > 0$ ist $\gamma|(-\infty; 0)$ rektifizierbar, da das Integral $\int_{-\infty}^{0} |c+i| \, e^{ct} = \sqrt{c^2 + 1}/c = s$ existiert; s ist zugleich die Länge dieses Teils.

3. Die Bedingung besagt, daß $\dot{\gamma}/\gamma = \text{const.}$, wobei die Konstante weder reell noch rein imaginär ist. Die Lösung der DGL ist die Umparametrisierung einer logarithmischen Spirale.

4. Folgt unmittelbar aus dem Liftungslemma.

5. a) Man identifiziere $\mathbb{R}^2$ mit $\mathbb{C}$. Die Translation des Scheibenmittelpunktes im Abstand 1 über der Achse $\mathbb{R}$ wird beschrieben durch $t \mapsto t + i$; die Drehung des angehefteten Punktes relativ zum Mittelpunkt durch $t \mapsto -\lambda i e^{-it}$. (Startort $-\lambda i$, Drehung im Uhrzeigersinn). Die tatsächliche Bewegung des angehefteten Punktes ergibt sich durch Überlagerung: $t \mapsto t + i - \lambda i e^{-it}$.
b) Die Funktion $x : \mathbb{R} \to \mathbb{R}$, $t \to t - \lambda \sin t$, wächst streng monoton wegen $\dot{x}(t) = 1 - \lambda \cos t > 0$ und ist weder nach oben noch nach unten beschränkt. Sie besitzt daher eine stetig differenzierbare Umkehrung $T : \mathbb{R} \to \mathbb{R}$. Damit ist die Spur der Zykloide der Graph von $y \circ T$.
c) Beweis durch Nachrechnen anhand von (15).

6. a) Analog zu 5a).
b) $s = 6R$, $F = \frac{3}{8}\pi R^2$.
c) Sei $R/r = m/n$ mit $m, n \in \mathbb{N}$; dann hat z die Periode $2n\pi$.

7. Die Bedingung $|r\,e^{i\varphi} - P_1| \cdot |r\,e^{i\varphi} - P_2| = \frac{1}{2}$ für einen Punkt $r\,e^{i\varphi}$, $|\varphi| \leq \pi/2$, der Lemniskate geht mit einer kurzen Umformung über in $r^2 = \cos 2\varphi$. $r^2 \geq 0$ impliziert weiter $|\varphi| \leq \pi/4$. Umgekehrt genügt jeder Punkt $r\,e^{i\varphi}$ mit $r = \sqrt{\cos 2\varphi}$, $|\varphi| \leq \pi/4$ der Lemniskatenbedingung.
Für $|\varphi| \leq \pi/4$ gilt $\sqrt{r^2(\varphi) + r'^2(\varphi)} = 1/\sqrt{\cos 2\varphi}$. Da das Integral

$$2s = \int_{-\pi/4}^{\pi/4} \frac{d\varphi}{\sqrt{\cos 2\varphi}} = 2 \int_{0}^{\pi/4} \frac{d\varphi}{\sqrt{1 - 2\sin^2 \varphi}}$$

existiert (Beweis mit dem Grenzwertkriterium in 11.11 Aufgabe 9) ist der Lemniskatenbogen zu $\varphi \in [0; \pi/4]$ rektifizierbar (Aufgabe 2) und hat die

Länge s. Die Substitution $\sqrt{2}\sin\varphi = \sin t$ führt das zuletzt angegebene Integral über in das elliptische Integral $K(1/\sqrt{2})$, siehe 11.6 (14).

Die Darstellung von s durch das lemniskatische Integral erhält man durch die Substitution $\varphi = \frac{1}{2}\arccos r^2$, die der Polarkoordinatendarstellung $r^2 = \cos 2\varphi$ entspringt.

8. Wir identifizieren $\mathbb{R}^2$ mit $\mathbb{C}$ und nehmen o.B.d.A. an, $\gamma : I \to \mathbb{C}$ habe die Geschwindigkeit 1. Dann ist $T(s) = \gamma'(s)$ und $N(s) = \mathrm{i}\gamma'(s)$. Nach (11) gilt:

    a) $\kappa = 0 \Longrightarrow \gamma'' = 0 \Longrightarrow \gamma(s) = as + b$.

    b) $\kappa = \text{const.} \Longrightarrow \gamma''(s) = \kappa\mathrm{i}\gamma'(s) \Longrightarrow \gamma'(s) = c\,\mathrm{e}^{\mathrm{i}\kappa s}$ mit $|c| = |\gamma'| = 1$. Mit einem $m \in \mathbb{C}$ folgt weiter $\gamma(s) = \frac{c}{\mathrm{i}\kappa}\mathrm{e}^{\mathrm{i}\kappa s} + m$, $s \in I$. γ liegt also auf einem Kreis mit Radius $1/|\kappa|$.

9. Bei der Identifikation $\mathbb{R}^2 = \mathbb{C}$ folgt das aus 12.4 (13).

10. Sei $z : [0; 1] \to \mathbb{C} \setminus \mathrm{Spur}\,\gamma$ die Verbindungskurve; also $z(0) = z_0$, $z(1) = z_1$. Die Funktion $s \mapsto n(\gamma; z(s))$ ist lokal konstant, also konstant.

11. a) Sei g eine Liftung für γ; dann ist $G := g - \ln|\gamma|$ eine für Γ. Damit folgt $G(b) - G(a) = g(b) - g(a)$; also ist $n(\Gamma; 0) = n(\gamma; 0)$.

    b) Sei $\Gamma = X + \mathrm{i}Y$. Mit der Integraldarstellung (22) erhält man

$$n(\Gamma; 0) = \frac{1}{2\pi\mathrm{i}} \int_a^b \dot{\Gamma}\overline{\Gamma}\,\mathrm{d}t = \frac{1}{2\pi\mathrm{i}} \int_a^b \left((X\dot{X} + Y\dot{Y}) + \mathrm{i}(X\dot{Y} - Y\dot{X})\right)\,\mathrm{d}t.$$

Wegen $X\dot{X} + Y\dot{Y} = \frac{1}{2}(X^2 + Y^2)^{\cdot}$ und $|\Gamma(b)| = |\Gamma(a)|$ folgt nach (16)

$$n(\Gamma; 0) = \frac{1}{2\pi} \int_a^b (X\dot{Y} - Y\dot{X})\,\mathrm{d}t = \frac{1}{\pi}F(\Gamma).$$

12. Mit einer hypothetischen Funktion h bilde man für $r \in [0; 1]$ die Kurven $\gamma_r(t) := h(r\,\mathrm{e}^{\mathrm{i}t})$, $t \in [0; 2\pi]$. Wie im Beweis des Fundamentalsatzes der Algebra in 12.8 führt man den Widerspruch $1 = n(\gamma_1; 0) = n(\gamma_0; 0) = 0$ herbei.

13. Man stelle eine Betrachtung an wie bei der Einführung der von einem Fahrstrahl an eine Kurve im $\mathbb{R}^2$ überstrichenen Sektorfläche in 12.5. Dabei verwende man, daß der Flächeninhalt eines orientierten Dreiecks im $\mathbb{R}^3$ mit den Ecken $0, P_1, P_2$ gegeben ist durch $\frac{1}{2}\|\overrightarrow{0P_1} \times \overrightarrow{P_1P_2}\|$.

14. Jeder Punkt $(x_0, y_0) \in I^2$ hat eine Darstellung mit $x_0 = \sum_{n=1}^{\infty} 2^{-n}a_{2n-1}$ und $y_0 = \sum_{n=1}^{\infty} 2^{-n}a_{2n}$, wobei jeder der Koeffizienten a_ν die Zahl 0 oder 1 ist. Für $t_0 = \sum_{n=1}^{\infty} 3^{-\nu-1}(2a_\nu)$ gilt $f(3^k t_0) = a_k$ und $\gamma(t_0) = (x_0, y_0)$.

Kapitel 13

1. a) $y(x) = x^2$;

    b) $y(x) = \left(\dfrac{a}{b + (a - b)\,\mathrm{e}^{-2ax}}\right)^{1/2}$;

    c) $y(x) = -\ln\cos x$ in $(-\pi/2; \pi/2)$ bzw. $y(x) = -\ln(\cos x + \mathrm{e} - 1)$ in $\mathbb{R}$.

2. Man betrachte die assoziierte lineare Differentialgleichung $\dot{z} = -az + b$. Diese hat auf $[0; \infty)$ genau eine Lösung z mit $z(0) = y_0^{-1}$: Sei A die Stammfunktion zu a mit $A(0) = 0$; dann ist diese Lösung gegeben durch

$$z(t) = \left(\int_0^t b(s)\,\mathrm{e}^{A(s)}\,\mathrm{d}s + \frac{1}{y_0}\right)\mathrm{e}^{-A(t)}.$$

Wegen $b > 0$ gilt $z > 0$ auf ganz $[0; \infty)$. Somit ist $y := z^{-1}$ eine positive Lösung von $\dot{y} = ay - by^2$ auf ganz $[0; \infty)$ mit $y(0) = y_0$, und zwar die einzige derartige Lösung.

3. Die DGL ist eine mit getrennten Veränderlichen für y'. Als Lösung für diese erhält man $\operatorname{arsinh} y' = ax + c_1$, $c_1 \in \mathbb{R}$, also $y' = \sinh(ax + c_1)$. Durch Integration ergibt sich schließlich $y(x) = a^{-1} \cosh(ax + c_1) + c_2$, $c_2 \in \mathbb{R}$.

4. Es sei H die Stammfunktion zu $1/h$ mit $H(y_0) = 0$. H ist eine streng monoton wachsende $\mathscr{C}^1$-Funktion, die wegen der Divergenz des angeschriebenen Integrals $[y_0; B)$ surjektiv auf $[0; \infty)$ abbildet. Ihre Umkehrfunktion $\varphi := H^{-1} : [0; \infty) \to [y_0; B)$ leistet das Verlangte: Aus $H(\varphi(t)) = t$ folgt durch Differenzieren $\dot{\varphi} = h(\varphi)$; ferner gilt $\varphi(0) = y_0$; $\lim\limits_{t \to \infty} \varphi(t) = B$ schließlich ergibt sich zusammen mit der Monotonie aus der Bijektivität von φ.

5. Es liegt eine autonome Differentialgleichung für $v = \dot{x}$ vor: $\dot{v} = g - \rho v^\beta$. Das AWP mit $v(0) = 0$ besitzt nach dem Beispiel zu Aufgabe 4 auf $[0; \infty)$ eine streng monoton wachsende Lösung v mit $v_\infty = (g/\rho)^{1/\beta}$; da v streng monoton wächst, ist $\ddot{x}(t) \geq 0$ in $[0; \infty)$.

Berechnung der Lösung für $\beta = 1$ bzw. $\beta = 2$:

$\beta = 1$. Es liegt eine lineare Differentialgleichung für $\dot{x}$ vor. Deren Lösung mit $\dot{x}(0) = 0$ lautet $\dot{x}(t) = (g/\rho) \cdot (1 - e^{-\rho t})$. Durch Integration ergibt sich

$$x(t) = \frac{g}{\rho} t + \frac{g}{\rho^2} (e^{-\rho t} - 1).$$

$\beta = 2$. Die Lösung für die Gleichung $\dot{v} = g - \rho v^2$ lautet

$$(\ast) \qquad \frac{1}{2\sqrt{g\rho}} \ln \left| \frac{v + \sqrt{g/\rho}}{v - \sqrt{g/\rho}} \right| = t + c, \qquad c \in \mathbb{R}.$$

Wegen $v(0) = 0$ ist $c = 0$, und da v monoton wachsend gegen $\sqrt{g/\rho}$ konvergiert, gilt $v - \sqrt{g/\rho} < 0$. Damit folgt aus $(\ast)$

$$\frac{v + \sqrt{g/\rho}}{v - \sqrt{g/\rho}} = -e^{2\sqrt{g\rho}\, t}, \qquad \dot{x}(t) = v(t) = \sqrt{g/\rho} \cdot \frac{e^{2\sqrt{g\rho}\, t} - 1}{e^{2\sqrt{g\rho}\, t} + 1}.$$

Durch Integration ergibt sich schließlich $x(t) = \dfrac{1}{\rho} \ln \cosh \sqrt{g\rho}\, t$.

6. Sei $D := 4ac - b^2$. Mit einer Konstanten C gilt:

   (i) $D > 0$: $y(t) = \dfrac{1}{2a} \left(-b + \sqrt{D} \tan\left(\sqrt{D}\, t/2 + C\right) \right)$;

   (ii) $D = 0$: $y(t) = \alpha - \dfrac{1}{at + C}$;

   (iii) $D < 0$: $y(t) = \dfrac{\alpha - \beta C\, e^{a(\alpha - \beta)t}}{1 - C\, e^{a(\alpha - \beta)t}}$, $\quad C \neq 0$.

7. Die konstante Funktion 1 ist eine Lösung der Differentialgleichung. $y \ln y$ ist in $\mathbb{R}_+$ stetig differenzierbar; nach dem Globalen Eindeutigkeitssatz gilt also $y > 1$ auf $\mathbb{R}$ für jede Lösung mit $y(0) > 1$. Eine solche Lösung fällt in $[0; \infty)$ streng monoton wegen $y' = -xy \ln y < 0$ in $(0; \infty)$ und wächst in $(-\infty; 0]$ streng monoton wegen $y' = -xy \ln y > 0$ in $(-\infty; 0)$. $y(0)$ ist also das absolute Maximum von y; es gilt $1 < y \leq y(0)$. Damit folgt, daß die

maximale Lösung φ mit $\varphi(0) > 1$ auf ganz $\mathbb{R}$ definiert ist. — Analog können die AWP mit $0 < y_0 < 1$ diskutiert werden. Berechnung der Lösungen:

$$\int_{y_0}^{y} \frac{d\eta}{\eta \ln \eta} = -\int_0^x \xi \, d\xi \implies \ln(\ln y/\ln y_0) = -\frac{1}{2}x^2;$$

also ist $y(x) = \exp\left(\eta_0 \, e^{-x^2/2}\right)$.

8. Sei $\varphi : (a; b) \to \mathbb{R}$ die maximale Lösung eines solchen AWP. Angenommen, es sei etwa $b < \sup J$. Auf $[x_0; b]$ besitzt dann y_1 ein Minimum m und y_2 ein Maximum M. Wegen der Maximalität der Lösung gibt es zu dem Kompaktum $[m; M]$ ein $\xi \in [x_0; b)$ mit $\varphi(\xi) \notin [m; M]$ im Widerspruch zu der in $[x_0; b)$ bestehenden Einschließung $y_1 \leq \varphi \leq y_2$.

9. Aus dem Energiesatz $\frac{1}{2}\dot{x}^2 + \alpha|x|^n = E$ folgt, daß es für $E < 0$ keine Lösung gibt und für $E = 0$ nur die Lösung $x = 0$. Für $E > 0$ hat die Gleichung $E - \alpha|x|^n = 0$ die Nullstellen $A := -\sqrt[n]{E/\alpha}$ und $B := \sqrt[n]{E/\alpha}$. Man sieht sofort, daß damit die Bedingungen (7) und (7') in 13.3 erfüllt sind. Es gibt also periodische Lösungen, und zwar mit der Periode

$$2 \int_A^B \frac{d\xi}{\sqrt{2(E - \alpha|\xi|^n)}} = 2 \sqrt[n]{\frac{E}{\alpha}} \cdot \frac{1}{\sqrt{2E}} \int_0^1 \frac{dt}{\sqrt{1 - t^n}}.$$

10. Offenbar ist $U(r) = \dfrac{\alpha}{2r^2} - \dfrac{\beta}{r}$.

a) Für E mit $-\beta^2/2\alpha < E < 0$ hat $E - U(r)$ zwei positive Nullstellen:

$$(*) \qquad A = \frac{-1}{2E}\left(\beta - \sqrt{\beta^2 + 2\alpha E}\right), \qquad B = \frac{-1}{2E}\left(\beta + \sqrt{\beta^2 + 2\alpha E}\right)$$

Man sieht leicht, daß mit diesen Nullstellen die Voraussetzungen (7) und (7') aus 13.3 erfüllt sind. Nach dem Satz von der periodischen Lösung in 13.3 existiert eine solche und hat die Periode

$$T = 2 \int_A^B \frac{d\xi}{\sqrt{2(E - U(\xi))}}.$$

Zur Berechnung des Integrals schreibe man $E - U(\xi) = \dfrac{-E}{\xi^2}(\xi - A)(B - \xi)$. Man erhält dann leicht

$$T = \frac{2\pi}{\sqrt{-2E}} \cdot \frac{A + B}{2}.$$

Da nach $(*)$ ferner $-\beta/2E = (A + B)/2$ gilt, folgt $T^2 = \dfrac{4\pi^2}{\beta}a^3$.

b) Eine Lösung hat dem AWP $\dot{r} = \sqrt{-2U(r)} = \dfrac{1}{r}\sqrt{2\beta r - \alpha}$, $r(0) = r_0$ zu genügen. Wegen $\dot{r} > 0$ wächst $r(t)$ monoton. Trennung der Variablen ergibt

$$t = \int_{r_0}^{r(t)} \frac{\xi \, d\xi}{\sqrt{2\beta\xi - \alpha}} = \frac{1}{3\beta^2} \sqrt{2\beta\xi - \alpha}\,(\alpha + \beta\xi)\Big|_{r_0}^{r(t)}.$$

Dieser Beziehung entnimmt man sofort, daß die Funktion $r(t)$ nicht beschränkt ist.

11. Wir zeigen zunächst, daß es genau eine Lösung φ mit $\varphi(0) = \varphi(T)$ gibt. Sei A die Stammfunktion zu a mit $A(0) = 0$. Jede Lösung φ hat genau eine

Darstellung $\varphi = (u + c)\,\mathrm{e}^A$ (u die Stammfunktion zu $b\,\mathrm{e}^{-A}$ mit $u(0) = 0$, $c \in \mathbb{R}$). Damit führt die Forderung $\varphi(0) = \varphi(T)$ auf

$$(\mathrm{e}^{A(T)} - 1)c = -u(T)\,\mathrm{e}^{A(T)}.$$

Diese Gleichung für c hat wegen $A(T) \neq 0$ genau eine Lösung. Wir zeigen schließlich, daß die Lösungsfunktion φ mit $\varphi(0) = \varphi(T)$ T-periodisch ist. Man betrachte $\psi(t) := \varphi(t + T)$. Wegen der T-Periodizität von a und b ist ψ eine Lösung der Differentialgleichung, und zwar jene mit dem Anfangswert $\psi(0) = \varphi(T) = \varphi(0)$. Wegen der eindeutigen Lösbarkeit der AWP folgt $\varphi(t) = \psi(t) = \varphi(t + T)$ für alle t.

Kapitel 14

1. $T_2 f(x; 1) = 1 + \dfrac{1}{4}(x - 1) - \dfrac{3}{32}(x - 1)^2$, $\qquad |R_3 f(x; 1)| \leq \dfrac{1}{3!}|x - 1|^3 \cdot M$,

   wobei $M = \max\left\{|f^{(3)}(\xi)| \mid \xi \in [0.9; 1.1]\right\} = \dfrac{21}{64} \cdot \dfrac{1}{0.9^3} \cdot \sqrt[4]{0.9} < 0.44$

2. a) Nach der Lagrange-Form des Restes gilt mit geeignetem ξ

   $$\mathrm{e}^x - E_{2k+1}(x) = R_{2k+2}(x) = \frac{x^{2k+2}}{(2k + 2)!}\,\mathrm{e}^\xi > 0 \text{ für } x \neq 0.$$

   b) Zum Nachweis von $S_{4k+3}(x) < \sin x$ etwa verwende man die Darstellung

   $$\sin x - S_{4k+3}(x) = R_{4k+4}(x) = \frac{1}{(4k + 3)!}\int_0^x (x - t)^{4k+3}\sin t\,\mathrm{d}t.$$

   Da die Funktion $t \mapsto (x - t)^{4k+3}$ für $x > 0$ in $(0; x)$ streng monoton fällt, ist $R_{4k+4}(x) > 0$; siehe dazu 11.11 Aufgabe 16.

   c) Analog zu Teil b) oder durch Reduktion auf b) mit Hilfe von 9.12 Aufgabe 6.

3. Mit der qualitativen Taylorformel 14.1 (5) folgt $\lim\limits_{x \to a} \dfrac{T_n f(x) - P(x)}{(x - a)^n} = 0$. Da $T_n f - P$ ein Polynom eines Grades $\leq n$ ist, ergibt sich daraus $P = T_n f$.

4. Wie für die Funktion 9.6 (11) zeigt man, daß $f \in \mathscr{C}^\infty(\mathbb{R})$, insbesondere, daß $f^{(k)}(0) = 0$ für alle k. Die Taylorreihe von f in 0 ist also die Nullreihe. Wegen $Tf(x; 0) \neq f(x)$ für alle $x \neq 0$ ist f in keiner Umgebung von 0 analytisch. Die Minimalstelle 0 kann durch das Kriterium in 14.1 nicht erkannt werden, da die Voraussetzungen des Kriteriums für kein n zutreffen.

5. a) Wegen $(1/\cos^2)' = \tan'$ erhält man die gesuchte Taylorreihe durch gliedweise Differentiation der Tangensreihe (13).

   b) Wegen $(\ln\cos)' = \tan$ erhält man die gesuchte Taylorreihe durch gliedweise Integration der Tangensreihe, wobei man als konstantes Glied $\ln\cos 0 = 0$ zu nehmen hat.

6. Wir schreiben $\cos z = \sum\limits_{\nu=0}^\infty \dfrac{\gamma_\nu}{\nu!} z^\nu$ und $\dfrac{1}{\cos z} = \sum\limits_{\mu=0}^\infty \dfrac{\varepsilon_\mu}{\mu!} z^\mu$; dabei ist $\gamma_\nu = 0, 1$ oder -1 und $\varepsilon_0 = 1/\cos 0 = 1$. Für $n \geq 1$ besagt das Gleichungssystem (9)

   $$\frac{\varepsilon_n}{n!} = -\sum_{\nu=1}^n \frac{\gamma_\nu}{\nu!} \cdot \frac{\varepsilon_{n-\nu}}{(n - \nu)!} = -\frac{1}{n!}\sum_{\nu=1}^n \binom{n}{\nu}\gamma_\nu \varepsilon_{n-\nu}.$$

ε_n ist also eine ganze Zahl, falls $\varepsilon_1, \ldots, \varepsilon_{n-1}$ ganze Zahlen sind. Folglich ist auch $E_{2n} = (-1)^n \varepsilon_{2n}$ eine ganze Zahl. Daß $\varepsilon_\mu = 0$, falls μ ungerade ist, folgt daraus, daß $1/\cos$ gerade ist.

$E_0 = 1$, $E_2 = -1$, $E_4 = 5$, $E_6 = -61$.

7. Die Existenz einer Potenzreihenentwicklung folgt aus dem Satz über die Komposition von Potenzreihen in 14.2: Man setze $f(x)$ ein in die Binomialreihe für $(1 + y)^s$. Ein Rekursionsverfahren zur Berechnung der b_n ergibt sich durch Koeffizientenvergleich in der Identität

$$s\big(1 + f(x)\big)^s f'(x) = \big((1 + f(x))^s\big)'(1 + f(x)).$$

Man erhält mit $b_0 = 1$:

(∗) $\qquad b_{n+1} = \dfrac{1}{n+1} \sum_{\nu=1}^{n+1} \big((s+1)\nu - (n+1)\big) a_\nu b_{n+1-\nu}$.

8. Man wende Aufgabe 7 an mit $f(t) := -2xt + t^2$ und $s = -\frac{1}{2}$. Für $x \in [-1; 1]$ und $t \in (-\frac{1}{3}; \frac{1}{3})$ ist $|f(x)| < 1$. Es gilt $P_0 = F(0)$ und $P_1 = F'(0)$. Die Rekursionsformel ist gerade die in der Lösung zu Aufgabe 7 angegebene Rekursionsformel (∗). Die Startwerte $P_0 = 1$, $P_1(x) = x$ und die 3-Term-Rekursionsformel sind die der Legendre-Polynome; siehe 11.11 Aufgabe 20. Somit ist P_n das n-te Legendre-Polynom.

9. Man wende das Newton-Verfahren an auf $f(x) = x^k - a$. f ist konvex; ferner ist $f(0) < 0$ und $f(b) > 0$ für jedes $b \geq 1 + a$. Mit jedem Intervall $(0; b)$, $b \geq 1 + a$, sind die Voraussetzungen des Konvergenzsatzes erfüllt. Folglich konvergiert für jeden Startwert $x_0 > 0$ die Newton-Folge (x_n) mit

$$x_{n+1} = x_n - \frac{x_n^k - a}{k x_n^{k-1}} = \frac{1}{k}\left((k-1)x_n + \frac{a}{x_n^{k-1}}\right)$$

gegen $\sqrt[k]{a}$.

10. Sei $f(\varphi) := \varphi - 0.1 \sin\varphi - 0.85$. f erfüllt in $[0; \pi]$ die Voraussetzungen (i), (ii) und (iii) des Konvergenzsatzes in 14.4. Ferner liegt die Iterierte $\varphi_1 = \pi - f(\pi)/f'(\pi)$ des rechten Randpunktes von $[0; \pi]$ in $[0; \pi]$. Somit besitzt f in $[0; \pi]$ genau eine Nullstelle ξ, und diese ist der Grenzwert der Folge (φ_n) mit $\varphi_0 = \pi$ und

$$\varphi_{n+1} = \varphi_n - \frac{f(\varphi_n)}{f'(\varphi_n)} = \varphi_n - \frac{\varphi_n - 0.1\sin\varphi_n - 0.85}{1 - 0.1\cos\varphi_n}.$$

$\varphi_3 = 0.930172$ löst die Gleichung auf 10^{-6} genau.

11. a) Man wähle ein L mit $|f'(\xi)| \leq L < 1$ und ein $\delta > 0$ so, daß $|f'(x)| \leq L$, falls $|x - \xi| \leq \delta$. Das Intervall $I := (\xi - \delta; \xi + \delta)$ hat die verlangten Eigenschaften: Ist $x_0 \in I$, so gilt auch $f(x_0) \in I$ nach dem Schrankensatz und die Folge (x_n) mit $x_{n+1} = f(x_n)$ konvergiert gegen ξ nach dem Kontraktionssatz ($A = [\xi - \delta; \xi + \delta]$).

b) Man wähle ein L mit $|f'(\xi)| \geq L > 1$ und ein $\delta > 0$ so, daß $|f'(x)| \geq L$, falls $|x - \xi| \leq \delta$. Das Intervall $I := (\xi - \delta; \xi + \delta)$ hat die verlangten Eigenschaften: Lägen für ein $x_0 \neq \xi$ alle x_n in I, so folgte nach dem Schrankensatz $|x_n - \xi| = |f(x_{n-1}) - f(\xi)| \geq L|x_{n-1} - \xi| \geq \ldots \geq L^n |x_0 - \xi|$. Widerspruch wegen $L^n \to \infty$.

Kapitel 15

1. Für jedes $x \in \mathbb{R}$ gilt $|f_n(x) - |x|| \leq \sqrt{1/n} \leq \varepsilon$, falls $n \geq 1/\varepsilon^2$.

2. a) Die Grenzfunktion $\lim_{n \to \infty} \sqrt[n]{x} = 1$ ist beschränkt, aber keine der Funktionen $\sqrt[n]{x}$ ist auf $(0; \infty)$ beschränkt. Die Konvergenz ist also nicht gleichmäßig. Sie ist jedoch lokal gleichmäßig auf jedem kompakten Teilintervall $[a; b] \subset (0; \infty)$, da $|\sqrt[n]{x} - 1| \leq \max\{|\sqrt[n]{a} - 1|, |\sqrt[n]{b} - 1|\}$ für alle $x \in [a; b]$.

b) Die Grenzfunktion $\lim_{n \to \infty} \dfrac{1}{1 + n|x|} = \begin{cases} 1 & \text{für } x = 0 \\ 0 & \text{für } x \neq 0 \end{cases}$ ist unstetig, aber jede Funktion f_n ist stetig. Die Konvergenz ist also nicht lokal gleichmäßig.

c) Es gilt $\lim_{n \to \infty} f_n(x) = 0$. Der Ableitung $f_n' = (1 - x/n)\,e^{-x/n}$ entnimmt man, daß f_n in $(-\infty; n)$ streng monoton wächst, in $(n; \infty)$ streng monoton fällt und in n das Maximum M_n annimmt, wobei $M_n = 1$ ist. (M_n) ist keine Nullfolge; also konvergiert (f_n) nicht gleichmäßig auf $\mathbb{R}$ gegen 0.

Behauptung: (i) (f_n) konvergiert gleichmäßig auf $(-\infty; 0]$ gegen 0. Das ergibt sich sofort mit dem Satz von Dini, siehe Aufgabe 10; für jedes $x \leq 0$ konvergiert nämlich die Folge $(x/n \cdot e^{-x/n})$ monoton wachsend gegen 0 (die Funktion $\xi \mapsto \xi e^{-\xi}$ ist in $(-\infty; 1)$ wachsend). (ii) Für jedes $a > 0$ konvergiert (f_n), $n \geq a$, gleichmäßig auf $[0; a]$ gegen 0. Das ergibt sich analog mit dem Satz von Dini. — Aus (i) und (ii) folgt, daß (f_n) für jedes $a > 0$ gleichmäßig auf $(-\infty; a]$ konvergiert; (f_n) konvergiert auf $\mathbb{R}$ lokal gleichmäßig.

3. Die erste der beiden Reihen in $(3')$ konvergiert gleichmäßig auf jedem kompakten Teilintervall $[\alpha; \beta] \subset (0; \pi)$, darf also über ein solches gliedweise integriert werden. Dadurch ergibt sich

$$\int_\alpha^\beta \ln\left(2 \sin \frac{x}{2}\right) dx = -\sum_{k=1}^\infty \frac{\sin k\beta - \sin k\alpha}{k^2}.$$

$\sum_{k=1}^\infty \sin kx/k^2$ konvergiert normal auf $\mathbb{R}$, definiert dort also eine stetige Funktion; daher gilt

$$\lim_{\alpha \downarrow 0} \sum_{k=1}^\infty \frac{\sin k\alpha}{k^2} = 0 = \lim_{\beta \uparrow \pi} \sum_{k=1}^\infty \frac{\sin k\beta}{k^2}.$$

4. Das Beispiel zum Dirichlet-Kriterium in 15.3 behandelt den Fall $s = 1$. Dessen Beweis kann wörtlich ausgedehnt werden.

5. Nach dem Abelschen Kriterium konvergiert $\sum_{n=1}^\infty a_n \cdot n^{-s}$ gleichmäßig auf $[0; \infty)$ und $\sum_{n=1}^\infty a_n \cdot (-n^{-s} \ln n)$ gleichmäßig auf jedem beschränkten Teilintervall in $[0; \infty)$. Mit Satz 3 folgt die Behauptung.

6. Es sei M' eine obere Schranke für alle $|f_n|$ und $|f|$. Eine solche gibt es: Man wähle n_0 so, daß $\|f - f_n\| \leq 1$ für alle $n \geq n_0$; dann ist $\|f\| \leq \|f_{n_0}\| + 1$ und $\|f_n\| \leq \|f\| + 1$ für alle $n \geq n_0$. Damit folgt die Existenz einer Schranke M'. Ferner sei M'' eine obere Schranke für alle $|g_n|$ und $|g|$. Dann gilt

$$\|fg - f_n g_n\| \leq M' \cdot \|g - g_n\| + M'' \cdot \|f - f_n\|.$$

Daraus ergibt sich sofort die gleichmäßige Konvergenz $(f_n g_n) \to fg$.
Auf die Beschränktheit kann nicht verzichtet werden; Beispiel: $f_n = 1/n$ und $g_n(x) = x$ auf $\mathbb{R}$ für alle $n \in \mathbb{N}$.

7. Es gilt $|f(x)| \geq a$ für alle x, also $\left| \dfrac{1}{f_n(x)} - \dfrac{1}{f(x)} \right| \leq \dfrac{1}{a^2} |f(x) - f_n(x)|$. Daraus folgt die gleichmäßige Konvergenz $(1/f_n) \to 1/f$.

8. Sei f die Grenzfunktion von (f_n). f ist stetig, und es sei $R := \|f\|_{[a;b]}$. Weiter sei n_0 so, daß $\|f_n - f\| \leq 1$ für $n \geq n_0$. Für $n \geq n_0$ gilt dann $f(x), f_n(x) \in \overline{K}_{R+1}(0)$. Sei nun $\varepsilon > 0$ gegeben. Da F auf $\overline{K}_{R+1}(0)$ gleichmäßig stetig ist, gibt es ein $\delta > 0$ so, daß $|F(z) - F(w)| < \varepsilon$ für $z, w \in \overline{K}_{R+1}(0)$ mit $|z - w| \leq \delta$. Zu δ wähle man schließlich ein $N \geq n_0$ so, daß $\|f_n - f\| \leq \delta$ für $n \geq N$. Für alle $x \in [a;b]$ und $n \geq N$ gilt dann $|f_n(x) - f(x)| \leq \delta$, und damit $|F(f(x)) - F(f_n(x))| \leq \varepsilon$.

9. a) Es gilt $\zeta(2n) \to 1$ für $n \to \infty$ wegen $1 < \zeta(s) < 1/(1 - 2^{1-s})$; siehe 6.2.I. Damit folgt aus 15.4 (6) die angegebene Asymptotik für $|B_{2n}|$.

   b) Der Konvergenzradius ist nach Cauchy-Hadamard das Reziproke zu

   $$\lim_{n \to \infty} \left(\frac{4^n (4^n - 1)}{(2n)!} |B_{2n}| \right)^{1/(2n-1)} = \frac{2}{\pi} \qquad \text{(Auswertung aufgrund von a)).}$$

10. Es genügt, den Fall $(f_n) \downarrow 0$ zu behandeln. (Man ersetze f_n durch $f_n - f$.) Sei $x_n \in K$ eine Maximalstelle von f_n und (x_{n_k}) eine konvergente Teilfolge mit einem Grenzwert $\xi \in K$. Zu $\varepsilon > 0$ wähle man ein f_p mit $f_p(\xi) < \varepsilon/2$ und eine Umgebung U von ξ so, daß $f_p(y) \leq \varepsilon$ für $y \in U$. Man wähle ferner ein $n_k \geq p$ so, daß $x_{n_k} \in U$. Dann gilt für alle $x \in K$ und alle $n \geq n_k$

$$f_n(x) \leq f_{n_k}(x) \leq f_{n_k}(x_{n_k}) \leq f_p(x_{n_k}) \leq \varepsilon.$$

11. Aus 15.2 Satz 2 folgt, daß f eine Regelfunktion ist. Ferner gilt $|f| \leq g$. Nach dem Majorantenkriterium ist f also integrierbar über $(0; \infty)$. Zum Nachweis der Vertauschungsregel zeigen wir

$$(*) \qquad \int_1^{\infty} f(x)\, dx = \lim_{n \to \infty} \int_1^{\infty} f_n(x)\, dx.$$

Zu ε wähle man $b > 1$ so, daß $\int_b^{\infty} g\, dx \leq \varepsilon$ und N so, daß $\left| \int_1^b (f - f_n)\, dx \right| \leq \varepsilon$ für $n \geq N$; nach 15.2 Satz 2 gibt es ein solches N. Für jedes $\beta \geq b$ und jedes $n \geq N$ gilt dann

$$\left| \int_1^{\beta} f\, dx - \int_1^{\beta} f_n\, dx \right| \leq \left| \int_1^b (f - f_n)\, dx \right| + \int_b^{\beta} |f|\, dx + \int_b^{\beta} |f_n|\, dx \leq 3\varepsilon.$$

Mit $\beta \to \infty$ folgt $\left| \int_1^{\infty} f\, dx - \int_1^{\infty} f_n\, dx \right| \leq 3\varepsilon$ für $n \geq N$. Das beweist $(*)$. Analog zeigt man $\int_0^1 f(x)\, dx = \lim_{n \to \infty} \int_0^1 f_n(x)\, dx$.

Daß man auf die Majorante nicht ersatzlos verzichten kann, zeigt die Folge der Funktionen $1/n \cdot 1_{[-n;n]}$, $n \in \mathbb{N}$.

12. Sei (p_n) eine Folge von Polynomen, die auf $[a;b]$ gleichmäßig gegen f' konvergiert. Dann leistet die durch $P_n(x) := \int_a^x p_n(t)\, dt + f(a)$ definierte Folge von Polynomen das Verlangte; (P_n) konvergiert gleichmäßig gegen f, da

$$|P_n(x) - f(x)| = \left| \int_a^x (p_n(t) - f'(t))\, dt \right| \leq (b - a) \cdot \|p_n - f'\| \quad \text{für alle } x.$$

13. (D1) ist klar, (D2) sieht man mit Hilfe der Substitution $x = a_n t$.

(D3): Zu $\varepsilon > 0$ wähle man ein b so, daß $\int_{\mathbb{R}\setminus[-\beta;\beta]} \varphi(x)\,dx < \varepsilon$ für alle $\beta > b$.
Für n mit $a_n r > b$ gilt dann

$$\int_{\mathbb{R}\setminus[-r;r]} \delta_n(t)\,dt = \int_{\mathbb{R}\setminus[-a_n r; a_n r]} \varphi(x)\,dx < \varepsilon.$$

14. Sei (h_k) eine monoton fallende Nullfolge positiver Zahlen und $a_k := 1/h_k$.
Nach Aufgabe 13 ist dann durch $\delta_k(t) := \pi^{-1} \cdot a_k/(1 + a_k^2 t^2)$ eine Dirac-Folge definiert. Setzen wir noch $f(t) = 0$ für $|t| \geq 1$, so ergibt der allgemeine Approximationssatz

$$\int_{-1}^{1} \frac{h_k}{h_k^2 + x^2} f(x)\,dx = \int_{\mathbb{R}} \frac{a_k}{1 + a_k^2 x^2} f(x)\,dx = \pi \int_{\mathbb{R}} \delta_k(t) f(t)\,dt \to \pi f(0).$$

15. a) ergibt sich aus der Binomialentwicklung: $\sum_{k=0}^{n} B_{n,k} = (x + 1 - x)^n$.

b) $\sum_{k=0}^{n} k\, B_{n,k} = \sum_{k=1}^{n} n\binom{n-1}{k-1} x^k (1-x)^{n-k} = nx \sum_{k=0}^{n-1} B_{n-1,k} = nx$.

Analog zeigt man die zweite Identität.

c) Diese Identität folgt aus den Identitäten in a) und b).

16. Zu gegebenem $\varepsilon > 0$ wähle man ein $\delta > 0$ so, daß $|f(x) - f(y)| < \varepsilon/2$ für $x, y \in [0;1]$ mit $|x - y| \leq \delta$. Aufgrund von 15a) gilt dann

$$|f(x) - B_n(f)(x)| = \left| \sum_{k=0}^{n} \left(f(x) - f\left(\frac{k}{n}\right) \right) B_{n,k}(x) \right|$$

$$\leq {\sum}' \left| f(x) - f\left(\frac{k}{n}\right) \right| B_{n,k}(x) + {\sum}'' \left| f(x) - f\left(\frac{k}{n}\right) \right| B_{n,k}(x);$$

dabei bedeute $\sum'$ Summation über die $k \in \{0, \dots, n\}$ mit $|k/n - x| \leq \delta$ und $\sum''$ Summation über die restlichen k. Nach Wahl von δ und wegen 15a) ist $\sum' \leq \varepsilon/2$. Für $\sum''$ erhält man mit 15c) eine Abschätzung durch

$$2\|f\| {\sum}'' B_{n,k} \leq 2\|f\| {\sum}'' \frac{(k/n - x)^2}{\delta^2} B_{n,k} \leq \frac{2\|f\|}{\delta^2 n} x(1-x).$$

Daraus folgt $\sum'' |f(x) - f(k/n)| B_{n,k}(x) \leq \varepsilon/2$ für $n \geq \|f\|/\delta^2 \varepsilon$ (man beachte: $x(1-x) \leq \frac{1}{4}$). Für diese n gilt somit $\|f - B_n f\| < \varepsilon$.

Kapitel 16

1. $Sf(x) = \sum_{n=1}^{\infty} (-1)^{n+1} \frac{\sin nx}{n}$. Nach dem Konvergenzsatz von Dirichlet gilt:
$Sf(x) = f(x)$ in $(-\pi; \pi)$ und $Sf(\pi) = 0 = \frac{1}{2}\big(f(\pi+) + f(\pi-)\big)$.

2. $Sf(x)$ konvergiert in jedem Punkt $x \in \mathbb{R}$, und in $x \in [-\pi; \pi]$ gilt

$$\cosh ax = \frac{2a}{\pi} \sinh a\pi \cdot \left(\frac{1}{2a^2} + \sum_{n=1}^{\infty} (-1)^n \frac{1}{a^2 + n^2} \cos nx \right).$$

Für $x = 0$ folgt

$$\sum_{n=1}^{\infty} \frac{1}{n^2 + a^2} = \frac{1}{2a^2} \big(a\pi \coth(a\pi) - 1 \big).$$

3. Die Voraussetzung impliziert $\sigma_n f = \sigma_n g$ für alle n. Mit dem Satz von Fejér folgt $f(x) = g(x)$ an jeder Stelle x, an der f und g stetig sind.

4. a) $Sf = \sum\limits_{k=-\infty}^{\infty} \widehat{f}(k)\,e_k$ konvergiert normal auf $\mathbb{R}$. Nach dem Darstellungssatz in 16.2 ist daher $Sf = f$.

b) Sf und Sg konvergieren absolut. Cauchy-Multiplikation dieser beiden Reihen ergibt $(fg)(x) = \sum_{k=-\infty}^{\infty} c_k\,e^{ikx}$, wobei $c_k = \sum_{\nu=-\infty}^{\infty} \widehat{f}(\nu)\widehat{g}(k-\nu)$, und $\sum_{k=-\infty}^{\infty} |c_k| < \infty$. Die Reihe $\sum_{k=-\infty}^{\infty} c_k\,e^{ikx}$ konvergiert also normal; damit folgt

$$\widehat{fg}(k) = \frac{1}{2\pi} \sum_{l=-\infty}^{\infty} c_l \int_{-\pi}^{\pi} e^{i(l-k)x}\,dx = c_k.$$

5. Es ist $f^{(k)} \in \mathscr{R}(\mathbb{T})$ mit $\widehat{f^{(k)}}(n) = (in)^k \widehat{f}(n)$ nach der Ableitungsregel (15). Zusammen mit dem Riemannschen Lemma folgt daraus die Behauptung.

6. a) Es gilt

$$S_{2n-1}(x) = \frac{4}{\pi} \sum_{k=0}^{n-1} \frac{\sin(2k+1)x}{2k+1} = \frac{4}{\pi}\left(\int_0^x \mathrm{Re} \sum_{k=0}^{n-1} e^{(2k+1)i\xi}\,d\xi \right).$$

Mit Hilfe der geometrischen Summenformel folgt daraus

$$S_{2n-1}(x) = \frac{2}{\pi} \int_0^x \frac{\sin 2n\xi}{\sin \xi}\,d\xi = \frac{1}{n\pi} \int_0^{2nx} \frac{\sin t}{\sin(t/2n)}\,dt.$$

b) Die Vorzeichendiskussion von $S_{2n-1}'(x) = \frac{2}{\pi} \cdot \frac{\sin(2nx)}{\sin x}$ liefert: S_{2n-1} hat in $[-\pi/2;\pi/2]$ isolierte lokale Extrema genau in den Punkten $x_k := k\pi/2n$, $|k| = 1,\ldots,n$; die Maximalstellen darunter sind diejenigen x_k mit $k > 0$, k ungerade, oder $k < 0$, k gerade. Für $m \in \mathbb{Z}$ mit $0 < 2m + 2 \le n$ erhält man mit der Integraldarstellung aus Teil a) und unter Anwendung von 11.11 Aufgabe 16

$$S_{2n-1}(x_{2m+2}) - S_{2n-1}(x_{2m}) = \frac{1}{\pi n} \int_0^{2\pi} \frac{\sin t}{\sin(t+2m\pi)/2n}\,dt > 0;$$

d.h., die Folge der Minima wächst. Analog für die Folge der Maxima. Ferner ist $S_{2n-1}(x_1) > S_{2n-1}(x_2)$. Da S_{2n-1} ungerade ist, folgt die Behauptung.

c) Nach Teil a) ist $S_{2n-1}(\pi/2n) = \frac{2}{\pi} \int_0^\pi \frac{\sin t}{t} \cdot f_n(t)\,dt$ mit $f_n(t) = \frac{t/2n}{\sin t/2n}$. Die Folge (f_n) konvergiert auf $[0;\pi]$ punktweise monoton fallend gegen 1, nach dem Satz von Dini also gleichmäßig. Es folgt, daß $(S_{2n-1}(\pi/2n))_{n\in\mathbb{N}}$ monoton fällt mit

$$\lim_{n\to\infty} S_{2n-1}\left(\frac{\pi}{2n}\right) = \frac{2}{\pi} \int_0^\pi \frac{\sin t}{t}\,dt = \frac{2}{\pi}\,\mathrm{Si}(\pi).$$

7. In Analogie zur Herleitung der PBZ des Cotangens in 16.2 zeigt man

$$\sin zx = \frac{1}{\pi} \sin \pi z \cdot \sum_{k=1}^{\infty} (-1)^k \left(\frac{1}{z-k} - \frac{1}{z+k} \right) \sin kx, \quad x \in (-\pi;\pi).$$

Für $x = \pi/2$ folgt daraus die angegebene Partialbruchzerlegung.

Die geometrische Reihenentwicklung von $\dfrac{2\nu+1}{(2\nu+1)^2-z^2}$, $|z|<1$, und der Doppelreihensatz führen auf

$$\frac{1}{\cos\pi z/2} = \frac{4}{\pi}\sum_{\nu=0}^{\infty}(-1)^{\nu}\cdot\left(\frac{1}{2\nu+1}+\sum_{n=1}^{\infty}\frac{(-1)^n z^{2n}}{(2\nu+1)^{2n+1}}\right)$$

$$= \frac{4}{\pi}\sum_{\nu=0}^{\infty}\frac{(-1)^{\nu}}{2\nu+1}+\frac{4}{\pi}\sum_{n=1}^{\infty}\left(\sum_{\nu=0}^{\infty}\frac{(-1)^{\nu}}{(2\nu+1)^{2n+1}}\right)(-1)^n z^{2n}.$$

Der Koeffizientenvergleich mit der Potenzreihenentwicklung von $1/\cos z$ aus 14.5 Aufgabe 6 liefert die Eulersche Formel; (∗) ergibt sich mit $E_2=-1$.

8. Sei $f(x)=\sum\limits_{n=1}^{\infty}\dfrac{1}{\sqrt{n}}\,e^{inx}$. Die Reihe konvergiert in $2\pi\mathbb{Z}$ und in jedem Intervall $[-R;R]$ mit $0<R<\pi$ gleichmäßig nach dem Dirichlet-Kriterium in 15.3; siehe auch 15.8 Aufgabe 4. Angenommen, f sei eine Regelfunktion auf $\mathbb{R}$. Wir zeigen zunächst, daß dann $\widehat{f}(k)-1/\sqrt{k}$ für jedes k. Beweis:

$$\widehat{f}(k) = \frac{1}{2\pi}\lim_{R\uparrow\pi}\int_{-R}^{R} f(x)\,e^{-ikx}\,dx$$

$$= \frac{1}{2\pi}\lim_{R\uparrow\pi}\sum_{n=1}^{\infty}\frac{1}{\sqrt{n}}\int_{-R}^{R} e^{i(n-k)x}\,dx$$

$$= \frac{1}{\sqrt{k}}+\frac{1}{2\pi i}\lim_{R\uparrow\pi}\sum_{\substack{n=1\\n\neq k}}^{\infty}\frac{1}{\sqrt{n}(n-k)}\Big(e^{i(n-k)R}-e^{-i(n-k)R}\Big).$$

Die Reihe $\phi(x):=\sum\limits_{\nu=1}^{\infty}\dfrac{1}{\nu\sqrt{\nu+k}}\Big(e^{i\nu x}-e^{-i\nu x}\Big)$ konvergiert normal auf $\mathbb{R}$, stellt also eine stetige Funktion dar; es ist also $\lim\limits_{R\uparrow\pi}\phi(x)=\phi(\pi)=0$. Damit folgt $\widehat{f}(k)=1/\sqrt{k}$.

Wir erhalten nun einen Widerspruch. Für eine 2π-periodische Regelfunktion konvergiert $\sum\limits_{k=1}^{\infty}\big|\widehat{f}(k)\big|^2$, was mit $\widehat{f}(k)=1/\sqrt{k}$ nicht der Fall ist.

9. Durch Zerlegen eines beliebigen Intervalls $[\alpha;\beta]$ in solche von Längen $\leq 2\pi$ führt man die Behauptung zurück auf den Fall $[\alpha;\beta]\subset[-\pi;\pi]$. Die Cauchy-Schwarzsche Ungleichung angewendet auf $f-S_nf$ und 1 ergibt dafür

$$\left|\int_{\alpha}^{\beta}(S_nf-f)\,dx\right|^2 \leq \int_{\alpha}^{\beta}|S_nf-f|^2\,dx\cdot\int_{\alpha}^{\beta}1\,dx$$

$$\leq 2\pi(\beta-\alpha)\|S_nf-f\|^2.$$

Mit der Parsevalschen Gleichung folgt hieraus sofort $\int_{\alpha}^{\beta}S_nf\,dx\to\int_{\alpha}^{\beta}f\,dx$. Ausgehend von der Entwicklung in Aufgabe 1 erhält man für $x\in[-\pi;\pi]$

$$\sum_{n=1}^{\infty}(-1)^n\frac{\cos nx}{n^2}=\frac{x^2}{4}-\frac{\pi^2}{12}\quad\text{und}\quad\sum_{n=1}^{\infty}(-1)^n\frac{\sin nx}{n^3}=\frac{x^3}{12}-\frac{\pi^2 x}{12}\ .$$

Für $x=\dfrac{\pi}{2}$ ergibt die letzte Identität die Summenformel (∗).

10. Das Integral konvergiert, da der Integrand auf ganz $\mathbb{R}$ stetig ist und von $1/x^2$ majorisiert wird. Sein Wert ist daher der folgende mit Hilfe des Satzes von Fejér berechnete Grenzwert

$$\lim_{n \to \infty} \int_{-n\pi/2}^{n\pi/2} \frac{\sin^2 x}{x^2}\, dx = \lim_{n \to \infty} \int_{-\pi}^{\pi} \frac{\sin^2 \frac{1}{2}nt}{\frac{1}{2}nt^2}\, dt$$

$$= \pi \lim_{n \to \infty} \frac{1}{2\pi} \int_{-\pi}^{\pi} F_n(t) \cdot \left(\frac{\sin \frac{1}{2}t}{\frac{1}{2}t} \right)^2 dt = \pi.$$

11. Aus $f - a \geq 0$ folgt wegen der Eigenschaften (F2) und (F1) des Fejér-Kerns $\sigma_n f - a = \sigma_n(f - a) \geq 0$. Analog ergibt sich die zweite Ungleichung.

Kapitel 17

1. $\Gamma(n + \frac{1}{2}) = \dfrac{1 \cdot 3 \cdots (2n - 1)}{2^n} \sqrt{\pi}.$

2. $\left| \dbinom{a}{n} \right| n^{a+1} = \left| \dfrac{n}{a - n} \cdot \dfrac{1}{\Gamma(-a)} \right| \to \left| \dfrac{1}{\Gamma(-a)} \right|$

3. Bei festem y erfüllt die Funktion $G(x) := \dfrac{\Gamma(x + y)}{\Gamma(y)} \cdot \displaystyle\int_0^1 t^{x-1}(1 - t)^{y-1}\, dt$ die Voraussetzungen des Satzes von Bohr-Mollerup. Folglich ist $G(x) = \Gamma(x)$.

4. $\displaystyle\int_0^1 \frac{t^{m-1}}{\sqrt{1 - t^n}}\, dt = \frac{1}{n} \int_0^1 \frac{s^{m/n-1}}{\sqrt{1 - s}}\, ds = \frac{1}{n} B\!\left(\frac{m}{n}, \frac{1}{2} \right) = \dfrac{\sqrt{\pi}\,\Gamma\!\left(\dfrac{m}{n} \right)}{n\Gamma\!\left(\dfrac{m}{n} + \dfrac{1}{2} \right)}.$

$\Gamma(\frac{3}{4})$ kann man nach dem Ergänzungssatz durch $\Gamma(\frac{1}{4})$ ausdrücken.

$\Gamma(\frac{5}{6})$ kann man nach der Verdopplungsformel durch $\Gamma(\frac{1}{3})$ und $\Gamma(\frac{2}{3})$ ausdrücken und $\Gamma(\frac{2}{3})$ laut Ergänzungssatz durch $\Gamma(\frac{1}{3})$.

5. Man substituiere $t = \sin^2 \varphi.$

Literatur

[1] AMANN, H., ESCHER, J.: *Analysis I, II.* Birkhäuser, Basel 1999.

[2] ARTIN, E.: *Einführung in die Theorie der Gammafunktion.* Teubner 1931.

[3] COURANT, R.: *Vorlesungen über Differential- und Integralrechnung 1, 2.* Springer, 1. Aufl. 1928, 4. Aufl. 1971.

[4] EBBINGHAUS H.-D. U.A.: *Zahlen, Grundwissen Mathematik.* Springer, 2. Aufl. 1988.

[5] EULER, L.: *Introductio in Analysin Infinitorum.* Lausanne 1748. Reprint bei Springer 1983. Übersetzung von H. Maser.

[6] FORSTER, O.: *Analysis 1.* Vieweg 5. Aufl. 1999.

[7] HOGATT, V.E.: *Fibonacci and Lucas numbers.* Boston 1969.

[8] KÖRNER, T.: *Fourier Analysis.* Cambridge Univ. Press 1988.

[9] SAGAN, H.: *Space-Filling Curves.* Springer 1993.

[10] STORCH, U., WIEBE, H.: *Lehrbuch der Mathematik I, II.* B.I. Wissenschaftsverlag 1988.

[11] WALTER, W.: *Analysis I.* Springer 1985.

[12] WALTER, W.: *Gewöhnliche Differentialgleichungen.* Springer 1994.

In [1] wird die Analysis von Anfang an im Rahmen normierter oder metrischer Räume entwickelt. [3] ist ein anschaulich verfasster Klassiker mit starken Bezügen zur Geometrie und Physik; er formuliert jedoch nicht immer in heute üblicher Strenge. [6] dringt ohne große Abstraktionen zu den wesentlichen Inhalten vor und stellt gelegentlich Bezüge zur Informatik her. [10] ist eine umfassende Darstellung mit zahlreichen Beispielen und Anwendungen. [11] präsentiert die Analysis in klassischer Weise und schildert ausführlich historische Sachverhalte.

Bezeichnungen

$\mathbf{1}_A$	charakteristische Funktion der Menge A	193
$|z|$	Betrag der Zahl z	9, 22
$|I|$	Länge des Intervalls I	11
$\simeq$	asymptotisch gleich	45, 95, 99
$\binom{z}{k}$	Binomialkoeffizient	3, 34
$n!$	Fakultät	2
$f * g$	Faltung der Funktionen f und g	310, 324
$[x]$	größte ganze Zahl $\leq x$	28
$\int_a^b f(x)\,\mathrm{d}x$	Integral der Funktion f über $[a;b]$	196
$[a;b]$, $(a;b)$, $[a;b)$, $(a;b]$	Intervalle	11
$\overline{z}$	konjugiert komplexe Zahl zu z	22, 29
$\|\;\|$	Norm	161, 217
$\langle\,,\,\rangle$	Skalarprodukt	161, 238, 334
$x \times y$	Vektorprodukt der Vektoren $x, y \in \mathbb{R}^3$	256
B_n	n-te Bernoulli-Zahl	289
$\mathbb{C}$	Körper der komplexen Zahlen	20
$\mathbb{C}^*$	$\mathbb{C} \setminus \{0\}$	24
$\mathbb{C}^-$	geschlitzte Ebene $\mathbb{C} \setminus (-\infty; 0]$	126
$\mathbb{C}^=$	2-fach geschlitzte Ebene $\mathbb{C} \setminus \{iy \mid y \in \mathbb{R}, |y| \geq 1\}$	128
$\overline{\mathbb{C}}$	kompaktifiziertes $\mathbb{C}$, $\overline{\mathbb{C}} = \mathbb{C} \cup \{\infty\}$	55
$\mathscr{C}^n$	Vektorraum der n-mal stetig differenzierbaren Funktionen	155
$\mathrm{D}f$	Ableitung von f	137
D_n	Dirichlet-Kern	322
$\mathbb{E}$	Einheitskreisscheibe $K_1(0)$	73
f'	Ableitung von f	137
$f'_+(x_0)$	rechtsseitige Ableitung von f an der Stelle x_0	165
$f'_-(x_0)$	linksseitige Ableitung von f an der Stelle x_0	165
$F(\gamma)$	vom Fahrstrahl an γ überstrichener orientierter Flächeninhalt	246
F_n	Fejér-Kern	322
$f^{(n)}$	n-te Ableitung von f	154
$\mathbb{H}$	obere Halbebene $\{z \in \mathbb{C} \mid \operatorname{Im} z > 0\}$	126

$\mathbb{H}_r$	rechte Halbebene $\{z \in \mathbb{C} \mid \operatorname{Re} z > 0\}$	127
i	imaginäre Einheit, $i^2 = -1$	21
$I_\varepsilon(a)$	offenes ε-Intervall um a	42
$\operatorname{Im} z$	Imaginärteil der komplexen Zahl z	22, 29
$\inf A$	Infimum von A	14
$K_\varepsilon(a)$	offene Kreisscheibe mit Radius ε um a	41
$\overline{K}_\varepsilon(a)$	berandete Kreisscheibe mit Radius ε um a	88
ℓ^2	Hilbertscher Folgenraum	78
$\liminf$	Limes inferior	50
$\limsup$	Limes superior	50
$M(a, b)$	arithmetisch-geometrisches Mittel	18
$\mathbb{N}$	Menge der natürlichen Zahlen $1, 2, 3, \ldots$	1
$\mathbb{N}_0$	Menge der natürlichen Zahlen und 0, $\mathbb{N} \cup \{0\}$	7
$n(\gamma; z_0)$	Windungszahl von γ um z_0	253, 254
o	Landau-Symbol	285
$\mathbb{Q}$	Körper der rationalen Zahlen	7
$\mathbb{R}$	Körper der reellen Zahlen	7
$\mathbb{R}^*$	$\mathbb{R} \setminus \{0\}$	8
$\mathbb{R}_+$	Menge der positiven reellen Zahlen	8
$\mathbb{R}_-$	Menge der negativen reellen Zahlen	8
$\overline{\mathbb{R}}$	kompaktifiziertes $\mathbb{R}$, $\overline{\mathbb{R}} = \mathbb{R} \cup \{-\infty, \infty\}$	54
$\operatorname{Re} z$	Realteil der komplexen Zahl z	22, 29
$\mathscr{R}(I)$	Vektorraum der Regelfunktionen auf I	193
$\mathscr{R}(\mathbb{T})$	Vektorraum der 2π-periodischen Regelfunktionen	324
S^1	1-Sphäre, $S^1 := \{z \in \mathbb{C} \mid |z| = 1\}$	24, 117
$s(\gamma)$	Bogenlänge der Kurve γ	239
$\sigma_n f$	n-tes Fejérpolynom von f	325
sign	Vorzeichenfunktion	101
sn	Funktion Sinus amplitudinis	279
Sf	Fourierreihe von f	325
$S_n f$	n-tes Fourierpolynom von f	325
$\sup A$	Supremum von A	14
$\mathbb{T}$	Periodenintervall einer 2π-periodischen Funktion	324
$\mathscr{T}[a; b]$	Vektorraum der Treppenfunktionen auf $[a; b]$	192
$T_n f(x; a)$	n-tes Taylorpolynom von f im Punkt a	282
$U^*(a)$	punktierte Umgebung von a	95
$\mathbb{Z}$	Ring der ganzen Zahlen	7
$\zeta(s)$	Riemannsche Zetafunktion	61

Namen- und Sachverzeichnis

Alle Abbildungen wurden von Niklas Beisert in METAPOST (zum Teil nach Vorlagen aus der dritten Auflage) erstellt.
Gesetzt von N. Beisert nach Quellen von S. Büddefeld und M. Kahlert in TeX (LaTeX 2ε) mit Makros von Johannes Küster und unter Verwendung von Zeichensätzen der American Mathematical Society, von Ralph Smith, Olaf Kummer und Johannes Küster.
TeX ist eingetragenes Warenzeichen der American Mathematical Society.
METAPOST ist eingetragenes Warenzeichen der AT&T Bell Laboratories.

Druck: Strauss GmbH, Mörlenbach
Verarbeitung: Schäffer, Grünstadt